大学物理学

（第二版）

主　编　何克明
副主编　潘正权　薛大建
参　编　陆文琴

图书在版编目（CIP）数据

大学物理学／何克明主编．—2版．—杭州：浙江大学出版社，2015.2(2026.1重印)

ISBN 978-7-308-14392-9

Ⅰ.①大… Ⅱ.①何… Ⅲ.①物理学—高等学校—教材 Ⅳ.①O4

中国版本图书馆CIP数据核字（2015）第032961号

大学物理学(第二版)

何克明　主编

责任编辑　石国华
封面设计　刘依群
出版发行　浙江大学出版社
（杭州市天目山路148号　邮政编码310007）
（网址：http://www.zjupress.com）
排　　版　杭州青翊图文设计有限公司
印　　刷　浙江临安曙光印务有限公司
开　　本　787mm×1092mm　1/16
印　　张　25.25
字　　数　663千
版 印 次　2015年2月第2版　2026年1月第9次印刷
书　　号　ISBN 978-7-308-14392-9
定　　价　65.00元

内 容 提 要

本书在知识的现代化，结构体系的系统性、完整性，内容的实用性，选材的趣味性方面做了有益的探索。

全书共 17 章。其中，第 1～16 章，除大学物理学的基本内容外，还在各章的最后，编写了与该章教学内容相关的“物理学与现代科学技术”一节。第 17 章简要地介绍了当代物理的新进展及应用。本书对物理模型的建立、思想方法和研究方法的培养、科学家探索历程的介绍给予相当的重视，以期培养和提高学生的物理素质。

本书具有内容丰富多彩、结构合理完整，深度、广度得当，易教易学及适用面广的特点。本书参考教学学时为 68～100 学时，尤为适用于大学物理教学学时为 72 学时左右的专业。对于教学学时为 96 学时左右的专业可将打星号“ * ”的内容全部讲授。

为便于教师教学，凡以本书为教材的教师，可向浙江大学出版社责任编辑免费索取全部习题解答(电子版)。电话：0571－88925938，E-mail：shigh888888@163.com。

前　言

当今世界科学技术正以前所未有的速度向前发展，不同学科、不同专业相互渗透、融合，交叉学科正在不断涌现。“专业化”教育模式已越来越显示出它的局限性。为了让学生了解当今科学技术现状及发展的前沿，为培养“重基础、宽口径”的全面发展的和谐人才，目前高校开设的课程普遍增多了。由于受总学时数的限制，一些基础课的学时数减少了，有些专业的大学物理课程只安排68学时。而物理学又是自然科学的一门重要基础学科，它历来是人类探索未知世界的有力工具和人类物质文明发展的动力。

一、本书编写的指导思想

如何在较少的学时内，比较系统全面地向学生介绍物理学的基础知识、思维方法及现代物理学的发展和应用是我们在编写这本书时反复讨论、仔细斟酌的问题，也是很多兄弟院校的同事正面临的和正在思考的问题，在借鉴国内外优秀教材的同时，结合我们长期讲授大学物理课程的经验，经过多次讨论，逐渐确定了两点编写指导思想：

1. 努力使学生对物理学的内容、方法，物理图像和概念，历史和现状及前沿有一个整体的理解和了解，力求将当今前沿的科学技术问题的物理内核在基础层次上反映到教学内容中来。

2. 努力培养学生的物理素质和科学思维，使学生逐步掌握科学研究方法，具有提出问题、解决问题及探索自然规律的能力，并具有创新精神。

二、本书的特色

本教材对科学知识的现代性，编写的系统性、完整性，内容的实用简明性，选材的趣味性四个特色做了探索。下面对这些特色作一点说明。

1. 为了能反映当代科学技术的新成就，我们在本书的最后，专门写了一章：当代物理的新进展及应用简介。内容包括现代光学中的激光、全息技术、光通信、亚原子物理中的放射性衰变、核反应、粒子物理与宇宙演化。而且结合各章的教学内容，在各章的最后，大多数安排了一节：物理学与现代科学技术。把新兴学科、边缘学科、交叉学科中，如混沌、超声波、熵和信息、耗散结构、超导、生物电现象等很有实用价值的内容作了简明的介绍。这样，既突出了课程内容的现代化，又拓宽了学生的视野，有利于激发学生的学习热情。

2. 为了在较少的学时中，保持物理内容的系统性、完整性，我们采取改革教材结构，精选教材内容，回避烦琐的数学运算等措施。如在光的干涉、衍射和偏振等章节，我们对传统的教材结构作了较大的变动。有的章节，写法上也是在其他教材中未曾见过的，如写抛体，则写：斜抛体的理想运动应满足哪些假设条件？其意图是使学生注意物理公式、定律中的隐含条件，培养学生正确运用物理知识及提高分析问题能力。对于不太重要的内容，在保持系统完整性的前提下，点到为止。

3. 对学生的物理素质培养，本教材给以相当的注重。如注重物理模型的建立(质点模型、刚体模型、弹簧振子模型等)，注重思想方法和研究方法的培养等。在力学中，不少章节插入了思想方法。如在第 2.4 节编入：用有效质量替代法求解复合阿特伍德机等，对培养学生的创新能力是有益的。本书还介绍了牛顿、爱因斯坦、法拉第、波尔四位有代表性的科学家，试图通过介绍他们探索科学的历程和科学的研究方法，使学生从中受到启发，以期学生今后为科学事业奋斗、献身。

4. 对于例题、思考题和习题，本教材也做了某些更新，尤其是光学和近代物理部分，做到内容新颖，并尽量反映物理学在各个领域的广泛应用。例题、习题中的数据也按有效数字运算规则进行数据处理。

在编写过程中，我们特别注意教材的易教性、易学性。本书采用国际单位制。

本书参考学时数为 68～100 学时。其中不打“*”号的内容，为 68 学时；若连同打“*”号的全部讲授则为 100 学时。

本书共 17 章，其中第 1～6 章及附录 1～5 由何克明编写，第 7、8、15、16 章由薛大建编写，第 9、10、11 章由陆文琴编写，第 12、13、14、17 章由潘正权编写。全书由何克明教授统稿，担任主编。

全书由陈凤至教授、吴惠桢教授、杨焕雄副教授、吕子君副教授组成审稿组。具体分工是陈凤至教授审阅力学第 1～6 章及第 17 章；吕子君副教授审阅热学第 7、8 章，杨焕雄副教授审阅电磁学第 9～11 章，吴惠桢教授审阅光学第 12～14 章及近代物理第 15、16 章。他们对原稿提出了不少宝贵的意见和建议，为保证本书质量起到了重要作用。在本书的编写出版过程中，自始至终得到浙江大学教务处，院、系领导的大力支持和关怀，尤其是物理系盛正卯教授，在物理学与现代科学技术中的“混沌”(chaos)中，曾提出过宝贵建议。特在此向他们表示深切的谢意。

由于编者能力、水平有限，错误不妥之处在所难免，敬请使用者多提宝贵建议和意见，不胜感激之至。

编　者

2002 年 5 月

第二版前言

第二版在遵循第一版编写的指导思想和特色的基础上，做了如下几点修改：

1. 力求跟上当今科学技术前沿，如在7.6节“多普勒效应的应用”一段中，增写了：2014年3月8日发生的“马航失联客机”残骸位置的推断；在物理学与现代科学技术——“探索太空”中，编进了2014年12月5日“美国新一代载人航天器猎户座试飞”的内容。

2. 新增了第4章刚体力学，由第一版第三章中的第四节内容和新补充的二节内容组成。这样使刚体力学较第一版更加系统和完整。

3. 新编入“流体力学”简介一节，一是为了使大学物理学中的物理模型更加完整；二是考虑到流体力学内容在航空、水利、医学等领域的应用越来越广泛。

4. 把生活中所见的一些现象，引入教学中，如“动量”概念，这样既可使物理概念容易理解，又可激发学生从物理的视角去观察、思考各种自然现象。

5. 我们删去了一些较老、较浅的内容，如原版中1.4节中“最短的安全车距与200m视测标志”等。

6. 在刚体力学、流体力学和电磁学等中增加了一些较新的例题和思考题。

本书第二版共18章，其中1～7章及附录1～5由何克明教授编写和校对；第8、9、16、17章及流体力学简介一节由薛大建副教授编写和校对；第10、11、12章由陆文琴副教授编写，由潘正权副教授校对；第13、14、15、18章由潘正权副教授编写和校对；全书由何克明教授统稿。

本书在使用过程中得到浙江大学校、院、系领导和老师们的支持和帮助，对此，我们表示真挚的谢意。限于编者水平，书中难免存在不妥之处，敬请使用者提出宝贵建议和意见，在此表示非常感谢。

编　者

2015年1月

目 录

第一篇 力学

第 1 章 质点运动学 …… 3

1.1 质点、参考系和坐标系 …… 3

1.1.1 理想模型——质点 …… 3

1.1.2 参考系和坐标系 …… 3

*1.2 时间和空间的测量 …… 3

1.2.1 时间的测量 …… 4

1.2.2 空间的测量 …… 5

1.3 位矢、速度和加速度 …… 5

1.3.1 位矢和运动方程 …… 6

1.3.2 位移 …… 6

1.3.3 速度 …… 6

1.3.4 加速度 …… 7

1.3.5 切向加速度和法向加速度 …… 8

1.4 运动学中的问题类型和常见运动 …… 9

1.4.1 直线运动 …… 10

1.4.2 理想的抛体运动应满足的四个假设条件 …… 11

1.4.3 圆周运动 …… 12

*1.5 相对运动 …… 14

思考题 …… 15

习 题 …… 16

物理学与现代科学技术 …… 17

探索太空 …… 17

第 2 章 质点动力学 …… 22

2.1 牛顿运动定律 …… 22

2.1.1 牛顿第一定律 …… 22

2.1.2 牛顿第二定律 …… 22

2.1.3 牛顿第三定律 …… 23

2.1.4 牛顿运动定律的适用范围 …… 23

2.2 四种基本的力和力学中的常见力 …… 24

2.2.1 四种基本的相互作用力 …… 24
2.2.2 力学中的常见力 …… 24
2.3 牛顿运动定律的应用 …… 25
2.3.1 动力学问题的类型及解题的基本方法 …… 25
2.3.2 在使用牛顿定律解题时的解题步骤 …… 25
*2.4 用有效质量替代法求解复合阿特伍德机 …… 27
2.4.1 简单阿特伍德机的有效质量 …… 27
2.4.2 求解复合机 …… 28
2.4.3 多次复合机 …… 29
2.4.4 学生练习 …… 29
*2.5 非惯性系、非惯性系中的运动定律 …… 30
2.5.1 惯性系和非惯性系 …… 30
2.5.2 非惯性系中的运动定律 …… 30
2.5.3 惯性力 …… 31
2.5.4 宇航员遇到的超重和失重 …… 31
*2.6 惯性离心力 …… 32
2.6.1 惯性离心力 …… 32
2.6.2 惯性离心力的典型事例及其应用 …… 32
2.6.3 科里奥利力简介 …… 32
思考题 …… 33
习 题 …… 33
科学家介绍 …… 35
牛 顿 …… 35

第3章 运动守恒定律 …… 37
3.1 功、动能定理 …… 37
3.1.1 变力沿曲线所做的功 …… 37
3.1.2 功率 …… 39
3.1.3 动能和动能定理 …… 39
3.2 保守力和势能 …… 40
3.2.1 保守力、非保守力和耗散力 …… 40
3.2.2 势能 …… 41
3.3 功能原理、机械能守恒和能量守恒定律 …… 42
3.3.1 功能原理 …… 42
3.3.2 机械能守恒和转换定律 …… 43
*3.3.3 能量守恒和转换定律 …… 43
*3.3.4 第一、第二、第三宇宙速度 …… 44
3.4 动量定理 …… 46
3.4.1 质点的动量和动量定理 …… 46
3.4.2 冲力和冲量 …… 46

3.4.3 对动量定理的几点说明 …… 47
3.5 动量守恒 …… 48
3.5.1 质点系的动量定理 …… 48
3.5.2 动量守恒定律 …… 49
3.5.3 同一性问题 …… 50
3.6 火箭飞行原理 …… 50
3.6.1 单级火箭的飞行 …… 50
*3.6.2 多级火箭 …… 51
*3.6.3 火箭的推力及火箭的运动方程 …… 51
3.7 质点的角动量定理和角动量守恒 …… 52
3.7.1 力矩 …… 52
3.7.2 角动量 …… 53
3.7.3 质点的角动量定理和角动量守恒 …… 53
3.7.4 角动量守恒定律的应用 …… 54
思考题 …… 55
习　题 …… 56

第 4 章 刚体力学 …… 58
4.1 刚体运动的描述 …… 58
4.1.1 刚体的平动和转动 …… 58
4.1.2 刚体定轴转动的描述 …… 59
4.2 刚体定轴转动的转动定律 …… 60
4.2.1 刚体定轴转动定律的表述及其与 $\boldsymbol{F}=m\boldsymbol{a}$ 的对比 …… 60
*4.2.2 刚体定轴转动定律的推导 …… 60
4.2.3 定轴转动的动力学问题的解题方法练习 …… 61
4.3 转动惯量 …… 62
4.3.1 转动惯量的概念 …… 62
4.3.2 转动惯量的计算 …… 63
*4.4 刚体的功和能 …… 66
4.4.1 力矩的功 …… 66
4.4.2 刚体的动能 …… 66
4.4.3 定轴转动中的动能定理 …… 67
4.4.4 刚体的势能 …… 67
4.5 刚体的角动量定理和角动量守恒 …… 68
4.5.1 刚体的角动量 …… 68
4.5.2 刚体的角动量定理 …… 69
4.5.3 角动量守恒及其应用 …… 69
*4.6 对称性与守恒定律 …… 71
4.6.1 对称性 …… 71
4.6.2 物理定律的对称性 …… 71

4.6.3 物理定律对称性与守恒定律 …… 72
*4.7 流体力学简介 …… 73
4.7.1 理想流体和定常流动 …… 73
4.7.2 流线和流管 …… 74
4.7.3 连续性方程 …… 74
4.7.4 伯努利方程 …… 74
4.7.5 伯努利方程的应用 …… 75
思考题 …… 76
习 题 …… 77
物理学与现代科学技术 …… 78
中国与其他强国重要科技成就时间比较 …… 78

第 5 章 狭义相对论基础 …… 80
5.1 伽利略变换和力学的相对性原理 …… 80
5.1.1 伽利略变换 …… 80
5.1.2 经典力学的时空观 …… 81
5.1.3 力学的相对性原理 …… 81
5.2 狭义相对论的基本原理 …… 82
5.2.1 经典力学的困难 …… 82
5.2.2 狭义相对论的基本原理 …… 82
5.3 洛仑兹变换 …… 83
*4.3.1 洛仑兹 …… 83
5.3.2 洛仑兹变换 …… 84
*4.3.3 相对论的速度变换式 …… 84
5.4 相对论的时空观 …… 86
5.4.1 同时性的相对性 …… 86
5.4.2 时间间隔的相对性 …… 86
5.4.3 空间长度的相对性 …… 88
5.5 狭义相对论动力学方程 …… 89
5.5.1 相对论质量与速率的关系 …… 89
5.5.2 相对论动量 …… 90
5.5.3 相对论动力学方程 …… 90
5.6 相对论动能和质能关系式 …… 91
5.6.1 相对论动能 …… 91
5.6.2 相对论质能关系式 …… 91
5.6.3 相对论能量和动量关系式 …… 92
*4.7 广义相对论简介 …… 93
5.7.1 等效原理和广义相对性原理 …… 93
5.7.2 广义相对论效应及其实验验证 …… 94
思考题 …… 95

习　题 ………………………………………………………………………… 95
科学家介绍 ……………………………………………………………………… 96
爱因斯坦 ……………………………………………………………………… 96

第 6 章　机械振动 ……………………………………………………………… 98
6.1　简谐振动……………………………………………………………………… 98
6.1.1　弹簧振子模型 ……………………………………………………………… 98
6.1.2　简谐振动的动力学方程 …………………………………………………… 98
6.1.3　简谐振动的速度和加速度 ………………………………………………… 99
6.1.4　描绘简谐振动的三个特征参量——振幅、周期和相位 ……………………… 100
6.1.5　相位差 ……………………………………………………………………… 100
6.2　简谐振动的旋转矢量表示法 ……………………………………………… 103
6.3　简谐振动的能量 …………………………………………………………… 105
6.4　简谐振动的合成 …………………………………………………………… 106
6.4.1　同方向同频率的两简谐振动的合成 ……………………………………… 106
6.4.2　两个互相垂直的同频率的简谐振动的合成………………………………… 107
*6.5　阻尼振动、受迫振动及共振 ……………………………………………… 109
6.5.1　阻尼振动…………………………………………………………………… 109
6.5.2　受迫振动和共振 …………………………………………………………… 110
思考题……………………………………………………………………………… 111
习　题……………………………………………………………………………… 111
物理学与现代科学技术…………………………………………………………… 112
混沌(chaos) ………………………………………………………………… 112

第 7 章　机械波…………………………………………………………………… 115
7.1　机械波的基本概念 ………………………………………………………… 115
7.1.1　机械波的产生条件和传播特征 …………………………………………… 115
7.1.2　机械波的类型 ……………………………………………………………… 116
7.1.3　波长、波速和波的频率 …………………………………………………… 116
7.2　平面简谐波的表达式 ……………………………………………………… 117
7.2.1　平面波的研究方法 ………………………………………………………… 117
7.2.2　平面简谐波的表达式 ……………………………………………………… 117
7.2.3　平面简谐波表达式的物理意义 …………………………………………… 118
7.2.4　计算题的类型 ……………………………………………………………… 119
*7.3　波的能量和能流密度 ……………………………………………………… 120
7.3.1　在波动存在的媒质内任一体积元 ΔV 中的能量 ………………………… 120
7.3.2　波的能量传播特征 ………………………………………………………… 121
7.3.3　能量密度…………………………………………………………………… 121
7.3.4　能流、能流密度或波强 …………………………………………………… 122
7.3.5　声强和声强级 ……………………………………………………………… 122

7.4 波的叠加原理和波的干涉 …… 123
7.4.1 波的叠加原理 …… 123
7.4.2 波的干涉 …… 123
*7.5 反射波的相位和驻波 …… 125
7.5.1 反射波的相位 …… 125
7.5.2 驻波 …… 126
*7.6 多普勒效应 …… 127
7.6.1 多普勒效应 …… 127
7.6.2 多普勒效应的应用 …… 128
思考题 …… 129
习　题 …… 130
物理学与现代科学技术 …… 131
超声波的特性及其应用 …… 131

第二篇　热　学

第 8 章　气体动理论 …… 137
8.1 气体动理论的基本观点 …… 137
8.1.1 分子运动的基本观点 …… 137
8.1.2 气体系统的平衡态 …… 138
8.1.3 分子运动的统计规律性 …… 139
8.2 气体运动状态的描述 …… 139
8.2.1 物态参量 …… 139
8.2.2 物态方程 …… 139
*8.2.3 道尔顿分压定律 …… 141
8.3 理想气体的压强公式和温度的意义 …… 141
8.3.1 克劳修斯的理想气体模型 …… 141
8.3.2 理想气体的压强公式 …… 142
8.3.3 温度的统计意义 …… 143
8.4 能量均分定理和理想气体的内能 …… 144
8.4.1 分子运动的自由度 …… 144
8.4.2 能量均分定理 …… 145
8.4.3 理想气体的内能 …… 145
8.5 麦克斯韦和玻耳兹曼统计分布律 …… 146
8.5.1 麦克斯韦速率分布定律 …… 146
8.5.2 分子速率的统计平均值 …… 146
*8.5.3 玻耳兹曼分布定律 …… 148
*8.5.4 大气密度和压强随高度的变化 …… 149
8.6 气体分子的碰撞 …… 149
8.6.1 平均碰撞频率 …… 150
8.6.2 平均自由程 …… 150

*8.7 非平衡态下气体内的迁移现象 …… 151
8.7.1 粘滞现象 …… 151
8.7.2 热传导现象 …… 152
8.7.3 扩散现象 …… 152
*8.8 液体的表面现象 …… 153
8.8.1 液体的表面张力 …… 153
8.8.2 弯曲液面下的附加压强 …… 154
8.8.3 润湿现象和毛细现象 …… 155
8.8.4 表面活性物质和表面吸附 …… 157
思考题 …… 158
习 题 …… 159

第9章 热力学基础 …… 160
9.1 热力学第一定律 …… 160
9.1.1 热力学的一些基本概念 …… 160
9.1.2 热力学第一定律 …… 162
9.2 理想气体的热力学过程 …… 162
9.2.1 理想气体的等体过程 …… 163
9.2.2 理想气体的等压过程 …… 163
9.2.3 理想气体的等温过程 …… 166
9.2.4 理想气体的绝热过程 …… 166
*9.2.5 理想气体的多方过程 …… 167
9.3 循环过程 …… 168
9.3.1 热机循环与制冷机循环 …… 168
9.3.2 卡诺循环 …… 170
9.4 热力学第二定理 …… 172
9.4.1 热力学第二定理的表述 …… 172
9.4.2 可逆过程和不可逆过程 …… 173
9.4.3 卡诺定理 …… 173
9.4.4 热力学第二定理的统计意义 …… 174
9.5 熵 …… 175
9.5.1 熵和熵增加原理 …… 175
*9.5.2 熵变计算 …… 177
思考题 …… 178
习 题 …… 178
物理学与现代科学技术 …… 180
熵与信息 …… 180
耗散结构 …… 181

第三篇 电磁学

第10章 静电场 …… 187

10.1 电荷的基本性质和库仑定律…… 187
10.1.1 电荷守恒 …… 187
10.1.2 电荷的量子化 …… 188
10.1.3 库仑定律 …… 188
10.1.4 静电力的叠加原理 …… 189
10.2 电场 电场强度…… 191
10.2.1 电场 …… 191
10.2.2 电场强度 …… 191
10.2.3 点电荷的场强 …… 191
10.2.4 电场强度叠加原理 …… 192
10.3 高斯定理…… 194
10.3.1 电力线 …… 194
10.3.2 电通量 …… 195
10.3.3 高斯定理 …… 195
10.3.4 利用高斯定理求场强 …… 197
10.4 静电场环路定理和电势…… 199
10.4.1 静电场力做的功…… 199
10.4.2 静电场的环路定理 …… 200
10.4.3 电势 …… 200
10.4.4 电势叠加原理 …… 202
10.5 静电场中的导体和电容器…… 203
10.5.1 导体的静电平衡…… 203
10.5.2 导体上的电荷分布 …… 204
10.5.3 导体表面的场强…… 204
10.5.4 静电屏蔽 …… 205
10.5.5 电容器的电容 …… 206
*10.6 静电场中的电介质 …… 208
10.6.1 有电介质的电容器 …… 208
10.6.2 电介质的极化 …… 209
10.6.3 电介质中的静电场 …… 210
10.6.4 有电介质时的高斯定理和电位移矢量 …… 212
10.7 静电场的能量…… 214
10.7.1 带电电容器的静电能 …… 214
10.7.2 电场的能量 …… 214
思考题…… 216
习　题…… 217
物理学与现代科学技术…… 219
生物的电现象及其应用 …… 219

第 11 章　稳恒磁场 …… 222

11.1 磁场和磁感应强度…… 222
11.1.1 基本磁现象 …… 222
11.1.2 磁场 …… 223
11.1.3 磁感应强度 …… 223
11.2 毕奥—萨伐尔定律…… 224
11.2.1 毕奥—萨伐尔定律 …… 224
11.2.2 运动电荷的磁场 …… 225
11.2.3 毕奥—萨伐尔定律的应用…… 226
11.3 磁场的高斯定理…… 228
11.3.1 磁感应线 …… 228
11.3.2 磁通量…… 228
11.3.3 磁场的高斯定理 …… 229
11.4 安培环路定理…… 229
11.4.1 安培环路定理的表述及验证 …… 229
11.4.2 安培环路定理的应用 …… 231
11.5 洛仑兹力和安培力…… 233
11.5.1 洛仑兹力 …… 233
11.5.2 安培力…… 234
*11.5.3 磁约束原理 …… 235
*11.6 介质中的磁场 …… 236
11.6.1 磁介质对磁场的影响 …… 236
11.6.2 有磁介质时的高斯定理 …… 237
11.6.3 有磁介质时的安培环路定理 …… 237
思考题…… 238
习 题…… 239
物理学与现代科学技术…… 242
超导的基本特性及其应用 …… 242

第 12 章 电磁感应和电磁场 …… 245
12.1 电磁感应的基本定律…… 245
12.1.1 电磁感应现象 …… 245
12.1.2 电动势…… 246
12.1.3 楞次定律 …… 247
12.1.4 法拉第电磁感应定律 …… 248
12.2 动生电动势和感生电动势…… 248
12.2.1 动生电动势 …… 249
12.2.2 感生电动势和感生电场 …… 250
12.3 自感和*互感 …… 252
12.3.1 自感现象 …… 252
12.3.2 自感电动势和自感系数 …… 252

*12.3.3 互感 …… 253
12.4 磁场的能量 …… 254
12.4.1 自感磁能 …… 254
12.4.2 磁场的能量 …… 255
12.5 位移电流和麦克斯韦方程组 …… 256
12.5.1 位移电流 …… 256
12.5.2 麦克斯韦方程组 …… 257
12.6 电磁波 …… 258
12.6.1 电磁波存在的预言及证实 …… 258
12.6.2 电磁波的基本性质 …… 259
12.6.3 电磁波谱 …… 259
思考题 …… 260
习　题 …… 261
科学家介绍 …… 262
法拉第 …… 262

第四篇　波动光学

第 13 章　光的干涉 …… 267
13.1 光干涉的基本原理 …… 267
13.1.1 光的干涉现象 …… 267
13.1.2 产生光干涉的基本条件 …… 267
13.1.3 光干涉的计算方法 …… 268
13.2 光干涉的实现方法及应用 …… 270
13.2.1 分波阵面的双光束干涉 …… 270
13.2.2 分振幅的双光束干涉 …… 273
13.2.3 光干涉在现代科技领域的应用 …… 279
思考题 …… 282
习　题 …… 283

第 14 章　光的衍射 …… 286
14.1 光衍射的基本原理 …… 286
14.1.1 光的衍射现象 …… 286
14.1.2 产生光衍射的基本条件 …… 286
14.1.3 光衍射的分类及计算方法 …… 287
14.2 光衍射的实现方法及应用 …… 288
14.2.1 单缝夫琅禾费衍射 …… 288
14.2.2 圆孔夫琅禾费衍射 …… 291
14.2.3 光栅衍射 …… 292
14.2.4 光衍射在现代科技领域中的应用 …… 295
思考题 …… 300

习　题 …… 301

第 15 章　光的偏振 …… 303
15.1　光偏振的基本原理 …… 303
15.1.1　光的偏振现象 …… 303
15.1.2　光偏振的产生及计算 …… 303
15.1.3　光偏振状态的分类及表示 …… 304
15.2　光偏振的实现方法及应用 …… 305
15.2.1　偏振片的起偏和检偏 …… 305
15.2.2　介质分界面上的反射和折射 …… 307
15.2.3　双折射 …… 309
15.2.4　光偏振在现代科技领域中的应用 …… 312
思考题 …… 315
习　题 …… 316

第五篇　近代物理及其应用

第 16 章　量子光学概论 …… 319
16.1　黑体辐射 …… 319
16.1.1　热辐射现象 …… 319
16.1.2　黑体辐射定律 …… 320
16.1.3　普朗克量子假设 …… 321
16.2　光电效应 …… 322
16.2.1　光电效应的实验规律 …… 322
16.2.2　爱因斯坦的光子假设和光电效应方程 …… 324
16.2.3　光电效应的应用 …… 324
16.3　康普顿效应 …… 325
16.3.1　康普顿效应 …… 325
16.3.2　光子理论的解释 …… 325
16.3.3　光的波粒二象性 …… 327
思考题 …… 327
习　题 …… 327

第 17 章　量子力学简介 …… 329
17.1　早期量子论 …… 329
17.1.1　原子模型 …… 329
17.1.2　氢原子光谱 …… 330
17.1.3　玻尔氢原子理论 …… 330
17.2　量子力学基本概念 …… 332
17.2.1　物质波 …… 333
17.2.2　波函数及其统计解释 …… 335

17.2.3 不确定关系 …… 336
17.2.4 薛定谔方程 …… 337
思考题 …… 341
习　题 …… 341

第 18 章　当代物理的新进展及应用简介 …… 342
18.1　现代光学及其应用 …… 342
18.1.1　激光 …… 342
18.1.2　激光全息术 …… 345
18.1.3　激光生物学与现代农业 …… 347
18.1.4　光通信 …… 349
18.2　亚原子物理简介 …… 350
18.2.1　原子核的基本结构 …… 351
18.2.2　放射性衰变和应用 …… 352
18.2.3　核反应及其应用 …… 352
18.2.4　粒子物理与宇宙演化 …… 358
思考题 …… 362
科学家介绍 …… 362
波　尔 …… 362

附录Ⅰ　矢　量 …… 365
附录Ⅱ　常用物理常量表 …… 370
附录Ⅲ　有关银河系、太阳、地球、月球的数据 …… 371
附录Ⅳ　数学公式 …… 372
附录Ⅴ　希腊字母表 …… 374
习题答案 …… 375
主要参考文献 …… 383

第一篇　力　学

一、力学的研究对象和范围

我们知道,任何物质都处在永恒不息的运动之中。运动有机械的、热的、电磁的、化学的、生命和思维的,从低级到高级的多种形式。运动是物质的存在形式和普遍属性。在各种形态的物质运动中,最简单的一种是物体位置随时间的变动。我们把物体之间(或物体内各部分之间)位置的相对变动称为机械运动。

力学是研究机械运动规律的科学,经典力学研究的范围是弱引力场中宏观物体的低速运动(低速是指速度小于小于光速),而处于高速运动状态(速度接近光速)的宏观物体则由相对论加以讨论。

二、力学的发展简史

力学是一门古老的学问,其渊源在西方可追溯到公元前 4 世纪古希腊学者柏拉图认为圆运动是天体的最完美的运动和亚里士多德关于力产生运动的说教;在中国可以追溯到公元前 5 世纪《墨经》中关于杠杆原理的论述。但力学(以及整个物理学)成为一门科学理论应该说是从 17 世纪伽利略论述惯性运动开始,继而于 1686 年牛顿在他的名著《自然哲学的数学原理》中发表了三条运动定律,随后以牛顿定律为基础,建立了牛顿力学即经典力学。它曾经被认为是完美普遍的理论而兴盛了约 300 年。直到 20 世纪初才发现了它的局限性,在高速领域为相对论所取代,在微观领域为量子力学所取代。

经典力学在机械制造、土木建筑、航天航空技术等领域中,具有极强的实用性,而且经典力学在一定意义上又是整个物理学的基础,所以学好力学是十分重要的。

第1章　质点运动学

1.1　质点、参考系和坐标系

1.1.1　理想模型——质点

研究表明，物质有实物和场两种存在形态。宏观的实际物体总是有形状，有大小，有质量的。但当物体的形状和大小对所研究的问题不起作用，或所起的作用可以忽略时，我们就可以把物体看成质点。因此，质点是不考虑其形状和大小但具有质量的物体，是实际物体的理想化模型。质点力学所研究的正是不考虑物体的形状和大小时，物体机械运动的规律。

把实际物体作为质点来处理是有条件的。一般说来，若物体各点的运动状态相同，如物体平动时，或物体各点的运动状态虽然不同，但在所研究的问题中这种差别可忽略时，就可以作为质点处理。

另外，可以作为质点处理的物体不一定很小，而很小的物体未必就能看成质点。同一物体在不同的问题中，有时可以看成质点，有时却不能，关键在于是否满足上述条件。如地球虽大(半径为 6.4×10^3 km)，当考虑它绕太阳公转时仍可以作为质点来处理。而研究其自转时，地球各点运动状态的差别就不能忽略，即不能把地球作为质点处理。又如分子、原子，它们虽小，但当研究其运动及内部的结构时，也不能把它们看成质点。

1.1.2　参考系和坐标系

一切物质都处在永恒不息的运动之中。运动的这种普遍性和永恒性又称为运动的绝对性。正因为运动的绝对性，才导致观察某一个物体的运动时只能选定另一物体作参考，被选作参考的另一物体(或一组相对静止的物体)就称为参考系。

由于可选的参考系很多，各参考系的运动也可能不同。因此，同一物体的运动，对于选用不同的参考系，所获的图像和结果就会不同。这一事实，就称为运动描述的相对性。例如在匀速直线前进的车厢中，自由下落的小球，从地面上看来小球却是在做抛体运动的。

为了能对物体的运动做定量的描述，需要在参考系上固定一个坐标系。最常用的坐标系是直角坐标系，有时也选用极坐标系、球坐标系。坐标系实质上是由实物构成的参考系的数学抽象。在讨论运动的一般性问题时，给出了坐标系，就意味着已选定了参考系。

*1.2　时间和空间的测量

物体的运动总是在一定的时间和空间中进行的。对物体，我们已建立了质点模型，而要在参考系和坐标系中定量地描述运动就需要知道怎样去测量时间和空间了。

1.2.1 时间的测量

时间的测量可以利用具有能周期性发生的过程或现象作为测量时间的一种工具。太阳的升落、月亮的盈亏、单摆的摆动等都可以作为测时工具。日常生活中，人们通常是用钟表（机械摆）来测量时间。

一、短的时间测量

对于时间小于 1s 的测量，利用机械摆已不能完成使命，人们就借助于电学中的谐振电路，利用电（电流或电压等）在电路中来回振动，其振动方式与摆锤的摆动方式相类似，这种称为电学摆的摆动周期很短。

调整谐振电路（电子振荡器）中各系数，可以制造一系列电子振荡器，利用电子技术制造出周期约为 10^{-12} s 的振荡器已不困难。

更短的时间的测量，要用另外的测量技术。以测量 π^0 介子寿命为例。π^0 介子在感光乳剂中产生并在其中留下微细的踪迹，用显微镜观察，平均而言一个 π^0 介子在蜕变之前大约走过了 10^{-7} m 距离，且速度近于光速，因此其寿命总共只有大约 10^{-16} s。但必须指出：首先，这里使用了一个与前不同的，然而是等效的“时间”定义；其次，这里测得的时间是一个统计平均值。

目前物理学中涉及的最小时间是 10^{-43} s，称为普朗克时间。

二、长的时间测量

要测量比一年更长的时间，其方法之一是把放射性材料作为一只“钟”来使用。如果一块材料在其形成时，其中含有数量为 N_0 的放射性，此刻（t 时刻）测得的数量为 N，那么只要求解方程

$$N=N_0(1/2)^{t/T}$$

就能计算这一物体的年龄 t，其中 T 为此放射性物质的半衰期。

利用上述规律性来测定物体年龄的严格前提是必须确定此物体中放射性物质的放射性总量 N_0。在某种情况下，这可以办到，例如，空气中的二氧化碳含有放射性同位素 C^{14}，由于宇宙射线的作用不断地补充衰变掉的 C^{14}，使保持某一确定比例，从而知道总含量 N_0。C^{14} 的半衰期是 5000 年。

为测定更早期事物的寿命，可通过测量具有不同半衰期的其他放射性同位素而得到。例如，U^{238} 具有的半衰期是 10^9 年。通过铀中铅的含量，可以测定某些岩石的年龄约为几十亿年。地球本身的年龄约为 55 亿年，而宇宙大约起源于 120 亿年之前。

三、时间的单位和标准

时间的单位是“秒”，定义为：位于海平面上的 ^{133}Cs 原子基态的两个超精细能级在零磁场中跃迁的辐射周期 T 与 1s 的关系为：

$$1s=9192631770\ T$$

选择一只标准的钟，使全世界有一个统一的计时，这无疑是方便的。格林尼治时间就是在这种需要下产生的。

1.2.2 空间的测量

一、长的长度测量

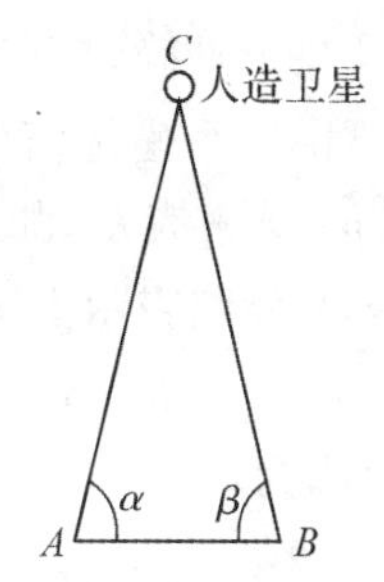

图 1.1 三角法测人造卫星的高度

三角法:例如,要测人造卫星(图 1.1 中的 C 处)的高度,可以通过安放在地球上两点 A 和 B 的两个望远镜同时测得对 C 的两个角度 α 和 β,再测出 A 与 B 两点之间的距离,从而得到它的高度。

20 世纪 60 年代初,人们利用雷达发射无线电波测定了地球到金星的距离,现在人们利用激光器发射的激光进行测量。这种方法利用无线电波(包括光波)以光速传播,并假定在地球和所测行星之间无论何处这个速度均相等,那么我们就可以从无线电波返回的时间来确定地球与行星的距离。

如何测量一个更为遥远的恒星的距离呢?经思考,人们还是用三角法,利用地球绕太阳公转,提供了为测量太阳系外恒星距离的一条基线。我们可在夏天和冬天用望远镜对准此恒星,并足够精确地测出两个角度,从而测得地球到恒星间的距离,如图 1.2 所示。

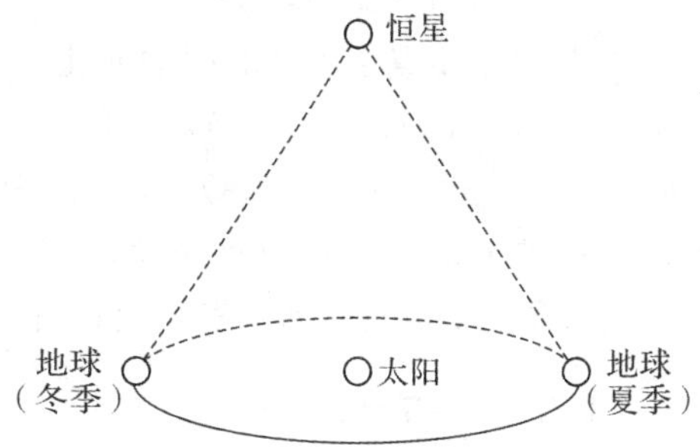

图 1.2 地球到恒星间距离的测量

如果恒星离得太远而不能应用三角法时又如何测量呢?天文学家发现,从恒星的颜色可以估计它的亮度(内在亮度)。他们通过测定许多靠近地球恒星(其距离可由三角法测得)的颜色和内在亮度所建立的一个确定关系。借助于这个关系,先测出遥远恒星的颜色,就可以用颜色-亮度关系确定其内在亮度;然后测定这颗恒星的亮度(称表观亮度),依表观亮度随距离平方减小的规律,就能够由上面得到的内在亮度算得此恒星离地球的距离。银河系中由一群恒星聚集而成的球状星团用此法测得的距离基本上是正确的。我们离银河系中心约有 10^{20} m 之遥。

二、短的长度测量

测量短的长度应采用小的单位。如把米(m)分成毫米(mm)、微米(μm)……如果物体小于可见光的波长就必须借助于像电子显微镜一类的仪器来继续这个过程。用 x 光衍射的方法能对更小尺度的物体进行测量,测得原子的直径约为 10^{-10} m。

对原子核大小的测定可以采用先测出它的表观面积 σ(称为有效截面),由于原子核近似球体,则可以利用 $\sigma=\pi r^2$ 算得原子核半径 r 大约为 10^{-15} m 的 1~6 倍。

三、长度的单位

长度的单位米被定义为:"米是光在真空中,在(1/299792458)s 时间间隔内所传播的路程长度。"按此定义,真空中的光速是一个常量

$$c=299792458\ \text{m/s}$$

1.3 位矢、速度和加速度

本节将简略地讨论一下描述质点运动的几个物理量及运动方程。

1.3.1 位矢和运动方程

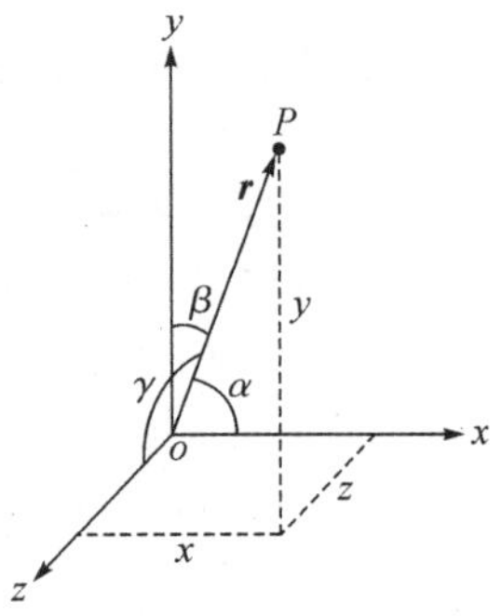

位矢 $\boldsymbol{r}$ 是确定质点位置的物理量。在直角坐标系中，质点 P 的位置可由三个坐标值(x,y,z)来确定，也可由原点 o 引向 P 点的有向线段$\overrightarrow{op}=\boldsymbol{r}$ 来表示，如图 1.3 所示，所以 $\boldsymbol{r}$ 就叫位置矢量，简称位矢。若 $\boldsymbol{i},\boldsymbol{j},\boldsymbol{k}$ 分别表示沿 x,y,z 轴正方向的单位矢量，则

$$\boldsymbol{r}=x\boldsymbol{i}+y\boldsymbol{j}+z\boldsymbol{k} \tag{1.1}$$

$\boldsymbol{r}$ 的大小为

$$r=|\boldsymbol{r}|=\sqrt{x^2+y^2+z^2} \tag{1.2}$$

图 1.3　直角坐标

$\boldsymbol{r}$ 的方向可用 $\boldsymbol{r}$ 的方向余弦求出，它的方向余弦为

$$\cos\alpha=x/r\ ,\ \cos\beta=y/r\ ,\ \cos\gamma=z/r \tag{1.3}$$

当质点运动时，位矢 $\boldsymbol{r}$ 以及 x,y,z 都将作为时间 t 的函数而变化，即

$$\boldsymbol{r}=\boldsymbol{r}(t) \tag{1.4a}$$

或

$$x=x(t)\ ,\ y=y(t)\ ,\ z=z(t) \tag{1.4b}$$

式(1.4)表示质点位置随时间的变化规律，就是运动方程。在实际运算时，常用式(1.4b)的分量式。若已知 $x(t),y(t),z(t)$，对于一切 t 值求出(x,y,z)，将它所表示的点连接起来就是该质点运动轨迹。例如，在平面运动中，从 $x=x(t)$和 $y=y(t)$中消去 t，就可得 x 和 y 的关系 $y=F(x)$或 $f(x,y)=0$，这就是轨迹方程。

当质点沿 x 坐标轴做直线运动时，其运动方程就是 $x=x(t)$。此时，$y=0,z=0$。

1.3.2 位移

位移 $\Delta\boldsymbol{r}$ 是描述质点位置变化的物理量，如图 1.4 所示。若质点沿某曲线运动，时刻 t 在 A 点，经 Δt 时间后，到达 B 点。在 Δt 内质点通过的路程 Δs 为$\overset{\frown}{AB}$，而位移 $\Delta\boldsymbol{r}$ 却是由 A 指向 B 的有向线段$\overrightarrow{\boldsymbol{AB}}$。若以 $\boldsymbol{r}_A,\boldsymbol{r}_B$ 表示质点在初、末位置的位矢，则 Δt 内质点的位移 $\Delta\boldsymbol{r}=\boldsymbol{r}_B-\boldsymbol{r}_A$。位移也是矢量，其大小是由初、末位置 A、B 间的距离表示，其方向是由 A 指向 B。

设在直角坐标系中位移 $\Delta\boldsymbol{r}$ 的分量为 $\Delta x,\Delta y,\Delta z$，则

$$\Delta\boldsymbol{r}=\Delta x\boldsymbol{i}+\Delta y\boldsymbol{j}+\Delta z\boldsymbol{k} \tag{1.5}$$

在直线运动中，若质点沿 x 轴运动，则质点的位移 $\Delta\boldsymbol{r}=\Delta x\boldsymbol{i}$。当 $\Delta x>0$ 时，质点位移沿 x 轴正向；$\Delta x<0$ 时，质点位移沿 x 轴负向。

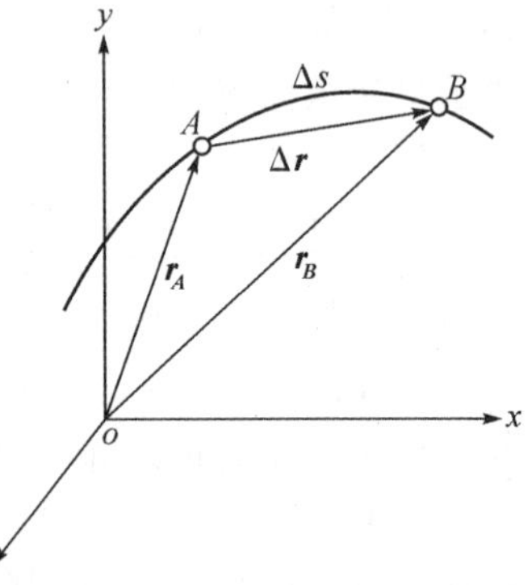

图 1.4　曲线运动中的位移

1.3.3 速度

速度是表示质点运动的快慢程度和运动方向的物理量。如图 1.4，若在 Δt 的时间内，质点的位移为 $\Delta\boldsymbol{r}$，则$\dfrac{\Delta\boldsymbol{r}}{\Delta t}$为 Δt 内的平均速度。当 $\Delta t\to 0$ 时，即

$$\boldsymbol{v}=\lim_{\Delta t\to 0}\left(\frac{\Delta\boldsymbol{r}}{\Delta t}\right)=\frac{\mathrm{d}\boldsymbol{r}}{\mathrm{d}t} \tag{1.6}$$

定义为质点在 t 时刻的瞬时速度。瞬时速度的方向是沿曲线的切线方向并指向质点前进的一侧。瞬时速度的大小为

$$|\boldsymbol{v}|=\lim_{\Delta t\to 0}\frac{|\Delta \boldsymbol{r}|}{\Delta t}=\lim_{\Delta t\to 0}\frac{\Delta s}{\Delta t}=\frac{\mathrm{d}s}{\mathrm{d}t} \tag{1.7}$$

式(1.7)说明瞬时速度的大小就等于瞬时速率。

在直角坐标系中，$\boldsymbol{v}$ 也可用它的三个分量 $\boldsymbol{v}_x$，$\boldsymbol{v}_y$，$\boldsymbol{v}_z$ 表示，$\boldsymbol{v}$ 与它的三个分量的关系为

$$\boldsymbol{v}=v_x\boldsymbol{i}+v_y\boldsymbol{j}+v_z\boldsymbol{k} \tag{1.8}$$

由式(1.6)和式(1.1)可知

$$v_x=\frac{\mathrm{d}x}{\mathrm{d}t}\text{，}v_y=\frac{\mathrm{d}y}{\mathrm{d}t}\text{，}v_z=\frac{\mathrm{d}z}{\mathrm{d}t} \tag{1.9}$$

在 v_x, v_y, v_z 已知的情况下，$\boldsymbol{v}$ 的大小

$$|\boldsymbol{v}|=v=\sqrt{v_x^2+v_y^2+v_z^2} \tag{1.10}$$

当质点沿 x 轴做直线运动时，在任意时刻的瞬时速率为

$$v=|\boldsymbol{v}|=\lim_{\Delta t\to 0}\frac{\Delta x}{\Delta t}=\frac{\mathrm{d}x}{\mathrm{d}t} \tag{1.11}$$

若 $v>0$，表示质点沿 x 轴的正向运动；$v<0$，表示质点沿 x 轴的负向运动。

1.3.4　加速度

为了描述质点的速度随时间变化的情况，而引入物理量加速度。如图 1.5(a)所示，设质点做曲线运动，在时刻 t 位于 A 点，矢径为 $\boldsymbol{r}_A$，速度为 $\boldsymbol{v}_A$，经 Δt 后，运动到 B 点，矢径为 $\boldsymbol{r}_B$，速度为 $\boldsymbol{v}_B$。可见在 Δt 内速度的变化 $\Delta\boldsymbol{v}=\boldsymbol{v}_B-\boldsymbol{v}_A$。若平移 $\boldsymbol{v}_A$ 和 $\boldsymbol{v}_B$，并使两矢量的始端重合，按照矢量三角形法则可得 $\Delta\boldsymbol{v}$ 的大小和方向，如图 1.5(b)所示。$\Delta\boldsymbol{v}/\Delta t$ 则表示在 Δt 内速度对于时间的平均变化率，称为在 Δt 时间内的平均加速度。当 $\Delta t\to 0$ 时，即

$$\boldsymbol{a}=\lim_{\Delta t\to 0}\frac{\Delta \boldsymbol{v}}{\Delta t}=\frac{\mathrm{d}\boldsymbol{v}}{\mathrm{d}t}=\frac{\mathrm{d}^2\boldsymbol{r}}{\mathrm{d}t^2} \tag{1.12}$$

$\boldsymbol{a}$ 称为质点在 t 时刻(位于 A 点)时的瞬时加速度，即加速度也等于矢径 $\boldsymbol{r}$ 对于时间的二阶导数。

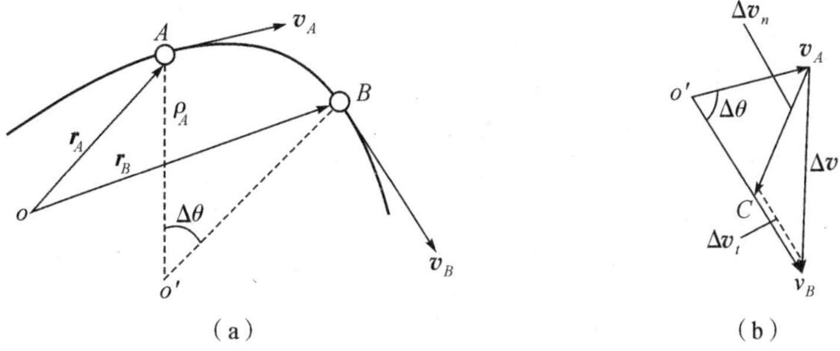

图 1.5　速度的增量

加速度是矢量。它的方向就是 $\Delta t\to 0$ 时 $\Delta\boldsymbol{v}$ 的极限方向。

在直角坐标中，加速度 $\boldsymbol{a}$ 同样可用它的三个分量 a_x, a_y, a_z 来表示，即

$$\boldsymbol{a}=a_x\boldsymbol{i}+a_y\boldsymbol{j}+a_z\boldsymbol{k} \tag{1.13}$$

其中

$$a_x=\frac{\mathrm{d}v_x}{\mathrm{d}t}=\frac{\mathrm{d}^2x}{\mathrm{d}t^2}\ ;\ a_y=\frac{\mathrm{d}v_y}{\mathrm{d}t}=\frac{\mathrm{d}^2y}{\mathrm{d}t^2}\ ;\ a_z=\frac{\mathrm{d}v_z}{\mathrm{d}t}=\frac{\mathrm{d}^2z}{\mathrm{d}t^2} \tag{1.14}$$

$\boldsymbol{a}$ 的大小为

$$a=\sqrt{a_x^2+a_y^2+a_z^2} \tag{1.15}$$

$\boldsymbol{a}$ 的方向由它的方向余弦来确定。

若质点沿 x 轴做直线运动时

$$a=\lim_{\Delta t\to 0}\frac{\Delta v}{\Delta t}=\frac{\mathrm{d}^2x}{\mathrm{d}t^2} \tag{1.16}$$

若 $a>0$,加速度方向与 x 轴正向相同;$a<0$,则与 x 轴正向相反。

［**例 1.1**］ 一质点的运动方程为 $x=ct$, $y=bt-gt^2/2$,其中 c,b,g 为常数,试求任一 t 时刻

(1)速度沿 x,y 方向的分量 v_x,v_y 和该时刻的速率;

(2)加速度沿 x,y 方向的分量 a_x,a_y 以及该时刻加速度的大小。

［**解**］(1)由式(1.9)得

$$v_x=\frac{\mathrm{d}x}{\mathrm{d}t}=c,\qquad v_y=\frac{\mathrm{d}y}{\mathrm{d}t}=b-gt$$

由式(1.10)可知该时刻的速率

$$v=\sqrt{v_x^2+v_y^2}=\sqrt{c^2+(b-gt)^2}$$

(2)由式(1.14)得 $a_x=0$, $a_y=-g$

由式(1.15)可知 $\boldsymbol{a}$ 的大小为 $a=\sqrt{a_x^2+a_y^2}=g$

1.3.5 切向加速度和法向加速度

质点作平面曲线运动时,把质点的加速度沿曲线的切线方向和法线方向分解,在解决问题时,有时是较方便的。加速度沿切线方向和法线方向的分量分别称为切向加速度 $\boldsymbol{a}_t$ 和法向加速度 $\boldsymbol{a}_n$。

在图 1.5(b)中,若 $o'C=v_A$,就可以把 Δt 时间内速度的变化 $\Delta\boldsymbol{v}=\boldsymbol{v}_B-\boldsymbol{v}_A$分解为两个分量 $\Delta\boldsymbol{v}_t$和 $\Delta\boldsymbol{v}_n$,如图 1.5(b)中的虚线所示。所以

$$\Delta\boldsymbol{v}=\Delta\boldsymbol{v}_t+\Delta\boldsymbol{v}_n \tag{1.17}$$

根据加速度的定义式(1.12)

$$\boldsymbol{a}=\lim_{\Delta t\to 0}\frac{\Delta\boldsymbol{v}}{\Delta t}=\lim_{\Delta t\to 0}\frac{\Delta\boldsymbol{v}_t}{\Delta t}+\lim_{\Delta t\to 0}\frac{\Delta\boldsymbol{v}_n}{\Delta t} \tag{1.18}$$

此式右边两项的意义:第一项,当 $\Delta t\to 0$ 时,$\boldsymbol{v}_B\to\boldsymbol{v}_A$,$\Delta\boldsymbol{v}_t$的方向就是趋近于 t 时刻,质点处于曲线 A 点时,曲线在 A 点的切线方向,所以第一项就称为切向加速度,用符号 $\boldsymbol{a}_t$ 表示

$$\boldsymbol{a}_t=\lim\frac{\Delta\boldsymbol{v}_t}{\Delta t} \tag{1.19}$$

它的大小为

$$a_t=\lim_{\Delta t\to 0}\frac{|\Delta\boldsymbol{v}_t|}{\Delta t}=\lim_{\Delta t\to 0}\frac{\Delta v}{\Delta t}=\frac{\mathrm{d}v}{\mathrm{d}t} \tag{1.20}$$

可见,切向加速度的大小就等于速率对时间的一阶导数,是反映由于速度大小变化而引起的加速度分量;第二项,当 $\Delta t\to 0$ 时,$\Delta\theta\to 0$,由于 $v_A=o'C$,由 v_A,$\Delta\boldsymbol{v}_n$和 $o'C$ 组成的三角形 $o'v_AC$ 是等腰的,所以 $\Delta\theta\to 0$ 时,$\Delta\boldsymbol{v}_n$就趋近于垂直$\boldsymbol{v}_A$。与$\boldsymbol{v}_A$垂直就是与曲线在 A 点的切线方向垂

直，即与曲线在 A 点的法线方向一致，所以，$\Delta t\to 0$ 时，$\Delta \boldsymbol{v}_n$ 或 $\dfrac{\Delta \boldsymbol{v}_n}{\Delta t}$ 的极限方向应沿曲线在 A 点的法线方向。因此第二项就称为法向加速度，用符号 $\boldsymbol{a}_n$ 表示

$$\boldsymbol{a}_n=\lim_{\Delta t\to 0}\frac{\Delta \boldsymbol{v}_n}{\Delta t} \tag{1.21}$$

可以推得法向加速度的大小

$$a_n=\lim_{\Delta t\to 0}\frac{|\Delta \boldsymbol{v}_n|}{\Delta t}=\frac{v^2}{\rho} \tag{1.22}$$

式中，v 是该时刻的速率，ρ 称为曲线在该点处的曲率半径，在圆周运动中各点的 ρ 大小相同，ρ 值就是圆的半径 R。法向加速度是反映由于速度方向变化而引起的加速度分量。

根据式(1.18)，质点的总加速度 $\boldsymbol{a}$ 为

$$\boldsymbol{a}=\boldsymbol{a}_t+\boldsymbol{a}_n \tag{1.23a}$$

如图1.6所示，其大小为

$$a=\sqrt{a_t^2+a_n^2}=\sqrt{\left(\frac{\mathrm{d}v}{\mathrm{d}t}\right)^2+\left(\frac{v^2}{\rho}\right)^2} \tag{1.23b}$$

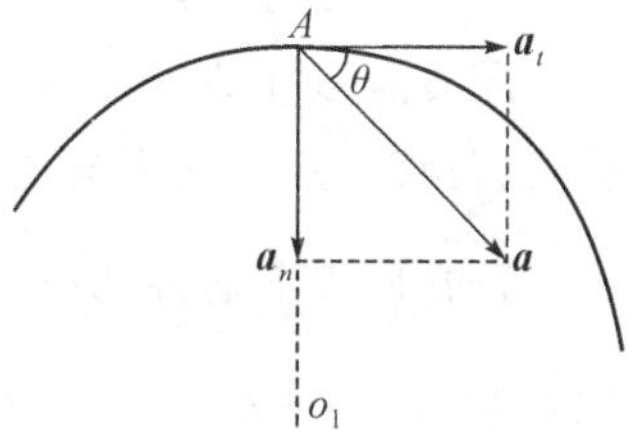

其方向可用 $\boldsymbol{a}$ 与切线方向所夹的角度 θ 表示之。即

$$\tan\theta=a_n/a_t \tag{1.24}$$

图1.6　切向加速度和法向加速度

必须注意：由于曲线上每点的切线和法线的方向各不相同，因此 $\boldsymbol{a}_t$ 和 $\boldsymbol{a}_n$ 的方向是不断改变的。

［例1.2］　根据例1.1中所列的运动方程。试求任一时刻 t 的切向加速度和法加速度。

［解］　①由例1.2的解可知，质点在任一时刻 t 的速率为

$$v=\sqrt{v_x^2+v_y^2}=\sqrt{c^2+(b-gt)^2}$$

故

$$a_t=\frac{\mathrm{d}v}{\mathrm{d}t}=-\frac{b-gt}{\sqrt{c^2+(b-gt)^2}}g$$

② 由例1.1中的解答中已知质点的 $a=\sqrt{a_x^2+a_y^2}=g$，再根据式(1.23b)可得

$$a_n^2=g^2-a_t^2=g^2-\frac{(b-gt)^2g^2}{c^2+(b-gt)^2}$$

$$a_n=\frac{cg}{\sqrt{c^2+(b-gt)^2}}$$

由例1.1和本例中所举的运动方程，实际上是质点在重力场中做抛体运动的方程。它的加速度就是重力加速度 g，方向始终竖直向下，但是它的 $\boldsymbol{a}_n$ 和 $\boldsymbol{a}_t$ 却是随时间变化的。在最高点时，$v_y=b-gt=0$，$a_t=0$，而 $a_n=g$ 。在其他位置时，$a_t\neq 0$，$a_n\neq g$，由于 $a_n=v^2/\rho$，故 $\rho=v^2/a_n$。因此还可根据 v 同 a_n 求出抛体运动时轨道曲率半径的变化规律。

1.4　运动学中的问题类型和常见运动

由前几节的讨论可知，如果有了质点的运动方程，即可求出质点在任一时刻的位置、速度和加速度，从而了解质点的全部运动状态。所以，运动方程是运动学问题的核心。在实际遇到的运动学问题中，大致有以下两种类型。

(1) 已知运动方程，求速度和加速度。

这类问题只需按公式

$$\boldsymbol{v}=\frac{\mathrm{d}\boldsymbol{r}}{\mathrm{d}t} \text{ 和 } \boldsymbol{a}=\frac{\mathrm{d}\,\boldsymbol{v}}{\mathrm{d}t}=\frac{\mathrm{d}^2\boldsymbol{r}}{\mathrm{d}t^2}$$

将已知的函数 $\boldsymbol{r}(t)$ 对时间求导数即可求解。前面的例 1.1 和例 1.2 就属于这两类问题。

(2) 已知加速度，求速度和运动方程，或已知速度求运动方程。

这类问题要应用积分法，在计算上较为复杂一些。下面将结合几种常见的运动，来说明以上两类问题的计算方法。

1.4.1 直线运动

一、匀加速直线运动公式推导

若质点以加速度 a 沿 x 轴运动，且 $t=0$ 时，$v=v_0$，$x=x_0$，试推导匀加速直线运动的速度公式、位移公式及速度与位移关系式。

这是属于上面说的第二类问题，要用积分法求解。由 $a=\frac{\mathrm{d}v}{\mathrm{d}t}$ 可知 $\mathrm{d}v=a\mathrm{d}t$。两边积分，并把初始条件 $t=0$ 时，$v=v_0$ 代入积分下限，任意时刻 t 时，速度为 $\boldsymbol{v}$ 代入积分上限，即有 $\int_{v_0}^{v}\mathrm{d}\,\boldsymbol{v}=\int_0^t a\mathrm{d}t$，得匀加速直线运动的速度公式

$$v-v_0=at,\qquad v=v_0+at \tag{1.25}$$

又因 $v=\frac{\mathrm{d}x}{\mathrm{d}t}$，所以 $\mathrm{d}x=v\mathrm{d}t=(v_0+at)\mathrm{d}t$，再积一次分，即

$$\int_{x_0}^{x}\mathrm{d}x=\int_0^t(v_0+at)\mathrm{d}t$$

可得位移公式

$$x-x_0=v_0t+\frac{1}{2}at^2 \tag{1.26}$$

因为 $$a=\frac{\mathrm{d}v}{\mathrm{d}t}=\frac{\mathrm{d}v}{\mathrm{d}x}\cdot\frac{\mathrm{d}x}{\mathrm{d}t}=v\cdot\frac{\mathrm{d}v}{\mathrm{d}x}$$

所以 $$v\mathrm{d}v=a\mathrm{d}x$$

$$\int_{v_0}^{v}v\mathrm{d}v=\int_{x_0}^{x}a\mathrm{d}x$$

得位移与速度关系式

$$v^2-v_0^2=2a(x-x_0) \tag{1.27}$$

在应用上述三公式时，应注意：

①先取好坐标的正向，由坐标的取向确定 x_0，x，v_0，v 和 a 的正负。②大学物理中经常遇见变加速运动，对于非匀加速直线运动，上述三个公式是不适用的。

二、错在哪里?

[例 1.3] 一物体沿 x 轴运动，其加速度和位移间的关系式为 $a=1+x$ 。在 $x=0$ 处的速度 $v_0=1.00\ \mathrm{m/s}$。求物体的速度与位置之间的关系式。

[解] 把已知条件 $x_0=0$，$v_0=1.00\ \mathrm{m/s}$，$a=1+x$ 代入式 $v_t^2-v_0^2=2a(x-x_0)$ 中，求得 $v=\sqrt{1+2x+2x^2}$ 。

分析:这样的解法和结果都是错误的。原因是:题中的物体在作 $a=1+x$ 的变加速运动,所以不能用匀加速运动的公式:$v_t^2-v_0^2=2a(x-x_0)$ 来求解。

正确的解法是利用以下分式:

$$a=\frac{\mathrm{d}v}{\mathrm{d}t}=\frac{\mathrm{d}v}{\mathrm{d}x}\cdot\frac{\mathrm{d}x}{\mathrm{d}t}=v\cdot\frac{\mathrm{d}v}{\mathrm{d}x},\ a\mathrm{d}x=v\mathrm{d}v,\ \int_{x_0}^{x}(1+x)\mathrm{d}x=\int_{v_0}^{v}v\mathrm{d}v$$

解得 $v=\sqrt{1+2x+x^2}$ (m/s)

推广:实际上,只要已知 $x=x(t)$,$v=v(t)$,$a=a(t)$ 或 $a=a(x)$ 中任何一个关系式,都可以用微分法或积分法,求出另外三个未知量。

1.4.2 理想的抛体运动应满足的四个假设条件

从地面上某点把一物体以某一角度 θ 投射出去,此物体在空中的运动就叫作抛体运动。抛体运动的特点是物体沿水平方向做匀速运动,沿竖直方向作加速度等于重力加速度 g 的匀变速运动。如图 1.7 所示,对静止于地面的直角坐标系 xoy 来说,

$$a_x=0 \tag{1.28}$$

$$a_y=-g \tag{1.29}$$

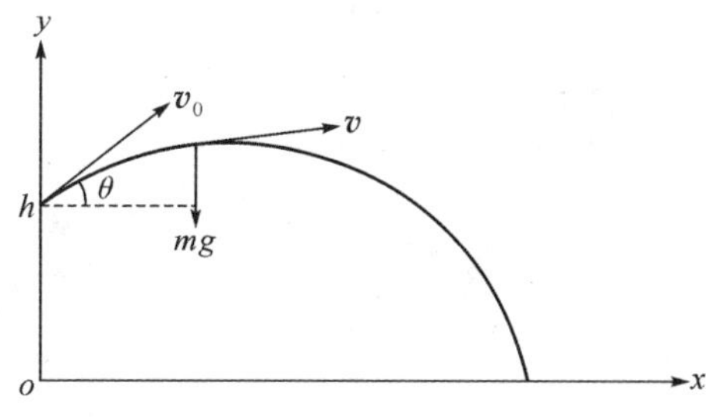

图 1.7 斜抛体运动

设 $t=0$ 时,位于 $x_0=0$,$y_0=h$ 处的抛射体以初速 v_0 沿与水平方向成 θ 角的方向抛出,则积分后的运动方程为

$$x=v_0\,t\cos\theta \tag{1.30}$$

$$y=v_0\,t\sin\theta-\frac{1}{2}gt^2+h \tag{1.31}$$

消去 t 后,得到弹道方程为

$$y=x\tan\theta-\frac{gx^2}{2\,v_0^2\cos^2\theta}+h \tag{1.32}$$

在得出上述方程的过程中,实际上包含了以下四个假设条件。

假设 1:抛射体的运动是在真空中进行的。因为在式(1.28)和式(1.29)中仅考虑了重力的作用。

假设 2:抛射体的射程与地球的尺寸相比很小,故地球表面可视为平面,抛射体运动所经过的空间各处重力相互平行。反之,当射程较大时,例如远程弹道导弹,将受地球球面曲率的影响使射程增大。

假设 3:抛射的高度与地球半径相比很小,各处重力加速度可视为常量且等于在地面的值。这是因为在对式(1.28)和式(1.29)积分中,把重力加速度 g 看成常量,且等于在地面的值。因此就要求抛射体的高度 $h\ll R_e$(地球半径),而实际上,$g=\dfrac{GM_e}{(R_e+h)^2}$ 是随高度 h 的增加而减小的。

假设 4:因在地面上静止的物体(即刚要抛前)已具有与地球在该点的转动速度相同的速度,在初速不太大时,抛射体的运动分析可以不考虑地球的转动。因为如果要考虑地球的自转,则静止于地面上的直角坐标系 xoy 属于非惯性系,而在式(1.28)和式(1.29)中没有考虑地球自转的影响,就应满足假设 4,即初速 $\boldsymbol{v}_0$ 不太大。试想,如果初速 $\boldsymbol{v}_0$ 大于第一宇宙速度(7.9 km/s)时,抛射体就可能不再落回地面,而是环绕地球运行了。此时,上述方程当然就完

全不适用了。

在学习中，注意公式、定律中所包含的隐含条件是十分重要的，这对培养正确运用物理知识，提高分析问题能力很有益处。

下面用猎人与猴子的古老演示来说明抛体在水平和垂直两方向的运动是相互独立的这一特点。见图 1.8，猎人用枪直接瞄准攀在树枝上的猴子，这里，猎人犯了个错误，他没有考虑到子弹做抛体运动。当猴子看到枪瞄准它时，也犯了错误，一见火光吓得立即掉下树枝。因为子弹和猴子在垂直方向由重力加速度引起的向下位移同样都是$\frac{1}{2}gt^2$。只要猎人到猴子的水平距离不太远，以及子弹的初速不太小，猴子在落地之前就难逃被子弹打中的悲惨命运。

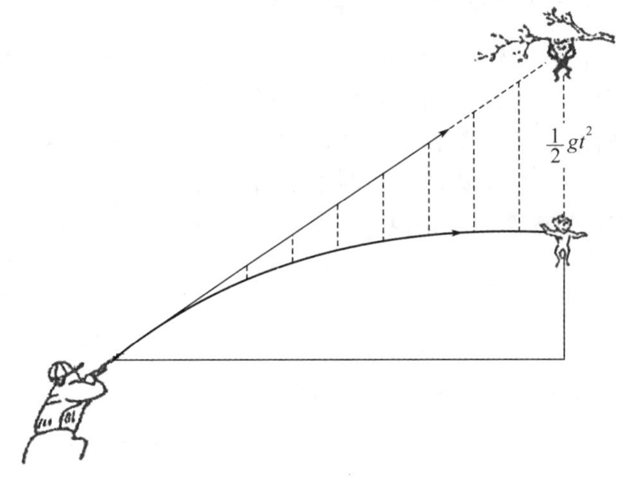

图 1.8　枪打猴子

1.4.3　圆周运动

一、描述圆周运动的角量

如图 1.9 所示，若质点作半径为 R 的圆周运动，t 时刻质点位于 A 处。角位置为 θ_0，在 $t+\Delta t$时刻质点运动到 B 处，角位置变为 θ，则 $\Delta\theta=\theta-\theta_0$，就称为 Δt 内质点的角位移。$\frac{\Delta\boldsymbol{\theta}}{\Delta t}=\boldsymbol{\omega}$ 称为 Δt 时间内质点的平均角速度。当 $\Delta t\to 0$ 时，即

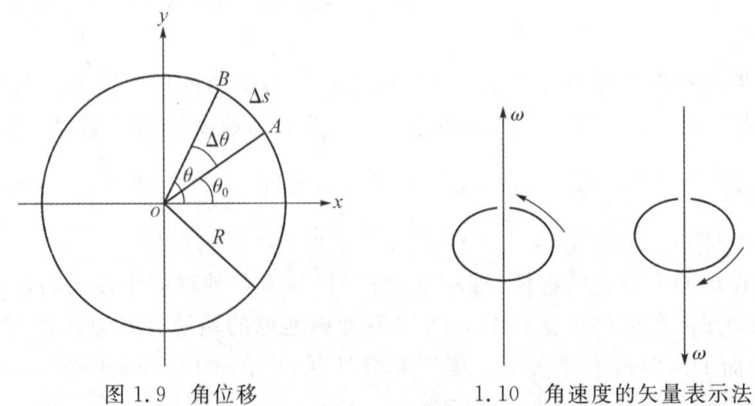

图 1.9　角位移　　1.10　角速度的矢量表示法

$$\boldsymbol{\omega}=\lim_{\Delta t\to 0}\frac{\Delta\theta}{\Delta t}=\frac{\mathrm{d}\theta}{\mathrm{d}t} \tag{1.33a}$$

就是瞬时角速度。角位移的单位是 rad(弧度),角速度的单位是 rad/s(弧度/秒)。角速度是矢量,它的方向同质点的实际转向之间存在如图 1.10 所示的右螺旋关系。当角位移为 $\Delta\theta$ 时,由图 1.9 可知,质点通过的路程为 $\Delta s=R\Delta\theta$,所以

$$\omega=\lim_{\Delta t\to 0}\frac{\Delta\theta}{\Delta t}=\lim_{\Delta t\to 0}\left(\frac{\Delta s}{R\,\Delta t}\right)=v/R \tag{1.33b}$$

式中,$\boldsymbol{v}$ 称为质点运动的线速度,并满足 $v=R\omega$。

对于变速圆周运动,因线速度 $\boldsymbol{v}$ 不断变化,所以角速度 $\boldsymbol{\omega}$ 也要变化。这时还必须引入描述角速度 $\boldsymbol{\omega}$ 变化快慢和方向变化的物理量——角加速度 $\boldsymbol{\alpha}$。设 t 时刻质点运动的角速度为 $\boldsymbol{\omega}$,$t+\Delta t$ 时刻为 $\boldsymbol{\omega}+\Delta\boldsymbol{\omega}$,则 $\bar{\boldsymbol{\alpha}}=\dfrac{\Delta\boldsymbol{\omega}}{\Delta t}$ 称为平均角加速度。$\Delta t\to 0$ 时,即

$$\boldsymbol{\alpha}=\lim_{\Delta t\to 0}\frac{\Delta\boldsymbol{\omega}}{\Delta t}=\frac{\mathrm{d}\boldsymbol{\omega}}{\mathrm{d}t} \tag{1.34}$$

$\boldsymbol{\alpha}$ 称为瞬时角加速度,单位为 $\mathrm{rad/s^2}$(弧度/秒^2)。角加速度也是矢量,其方向应与角速度增量的方向一致。若 $\Delta\omega>0$,$\boldsymbol{\alpha}$ 的方向与 $\boldsymbol{\omega}$ 相同,质点作加速转动,若 $\Delta\omega<0$,$\boldsymbol{\alpha}$ 的方向与 $\boldsymbol{\omega}$ 相反,质点作减速运动。

二、匀变速圆周运动的运动规律

在一般情况下角加速度 $\boldsymbol{\alpha}$ 不断变化,若 $\boldsymbol{\alpha}$ 保持不变时,这种运动称为匀变速圆周运动。设 $t=0$ 时,初角速度为 $\boldsymbol{\omega}_0$,任意时刻 t 角速度为 $\boldsymbol{\omega}$,则匀变速圆周运动的运动规律为

$$\omega=\omega_0+\alpha t \tag{1.35}$$

$$\theta-\theta_0=\omega_0 t+\frac{1}{2}\alpha t^2 \tag{1.36}$$

$$\omega^2-\omega_0^2=2\alpha(\theta-\theta_0) \tag{1.37}$$

显然,以上三个公式与匀加速直线运动的三个公式是完全类同的。

三、角量和线量的关系

对于半径为 R 的圆周运动,由于圆周上各点具有相同的曲率半径 R 和相同的曲率中心,即圆心,所以其法向加速度 $\boldsymbol{a}_n$ 始终指向圆心,因此也称为向心加速度。根据式(1.22)和(1.33b),向心加速度的大小为

$$a_n=v^2/R=R\omega^2 \tag{1.38}$$

如果是匀速圆周运动,$\boldsymbol{v}$ 和 $\boldsymbol{\omega}$ 的大小都不变,所以 $\boldsymbol{a}_n$ 的大小也不变。如果是变速圆周运动,则 $\boldsymbol{v}$ 和 $\boldsymbol{\omega}$ 均要变化,因而 $\boldsymbol{a}_n$ 的大小也要发生变化。此时,作圆周运动的质点,除具有向心加速度外,还具有因线速度的变化而引起的切向加速度 $\boldsymbol{a}_t$,由式(1.20b)和(1.33b)可知,$\boldsymbol{a}_t$ 的大小为

$$a_t=\frac{\mathrm{d}v}{\mathrm{d}t}=R\cdot\frac{\mathrm{d}\omega}{\mathrm{d}t}=R\alpha \tag{1.39}$$

这就是变速圆周运动中的切向加速度与角加速度之间的关系。在一般情况下,质点作圆周运动时的总加速度 $\boldsymbol{a}$ 同样决定于式(1.23a)。

小结:前面引入的 θ、$\Delta\theta$、ω、α 统称角量。线量和角量满足以下四个关系

① $\Delta s=R\Delta\theta$;　　② $v=R\omega$;

③ $a_t=R\alpha$;　　④ $a_n=R\omega^2$。

［例 1.4］ 一飞轮以速率 $n=1500(\mathrm{r\cdot min^{-1}})$（转·分$^{-1}$）转动，受到制动而均匀地减速，经 $t=50.0$ s 后静止。(1)求角加速度 $\boldsymbol{\alpha}$ 和制动开始到静止飞轮的转数 N；(2)求制动开始后 $t=25.0$ s 时，飞轮的角速度 $\boldsymbol{\omega}$ 的大小；(3)设飞轮的半径 $R=1.00$ m，求 $t=25.0$ s 时，飞轮边缘上一点的速度和加速度的大小。

［解］

(1)初角速度：$\omega_0=2\pi n=2\pi\times1500/60=50.0\pi(\mathrm{rad\cdot s^{-1}})$，当 $t=50.0$ s 时，$\omega=0$，代入 $\omega=\omega_0+\alpha t$，求得

$$\alpha=(\omega-\omega_0)/t=-50.0\pi/50.0=-\pi=-3.14\ (\mathrm{rad\cdot s^{-2}})$$

从开始制动到静止，飞轮的角位移及转数分别为

$$\theta-\theta_0=\omega_0 t+\frac{1}{2}\alpha t^2=50.0\pi\times50.0-\frac{1}{2}\pi\times(50.0)^2=1.25\times10^3\pi(\mathrm{rad})$$

$$N=1.25\times10^3\pi/2\pi=625\ (\mathrm{rev})$$

(2)$t=25.0$ s 时，飞轮的角速度为

$$\omega=\omega_0+\alpha t=50.0\pi-\pi\times25.0=25.0\pi(\mathrm{rad\cdot s^{-1}})=78.5\ (\mathrm{rad\cdot s})^{-1}$$

(3)$t=25.0$ s 时，飞轮边缘上一点的速度大小为

$$v=\omega R=25.0\pi\times1.00=78.5\ (\mathrm{m\cdot s^{-1}})$$

相应的切向加速度和向心加速度的大小为

$$a_t=aR=-\pi\times1.00=-3.14\ (\mathrm{m\cdot s^{-2}})$$

$$a_n=\omega^2R=(25.0\pi)^2\times1.00=6.16\times10^3(\mathrm{m\cdot s^{-2}})$$

*1.5 相对运动

在 1.1 节中曾指出，运动是绝对的，而运动的描述是相对的。选择不同的物体作为参照系来描述同一物体的运动，所观测到的运动状态是不相同的。本节将讨论，已知两个参照系 S 和 S'，它们之间有相对速度平动时，同一运动质点相对于 S 和 S' 这两个参考系的速度之间的关系和加速度之间的关系。

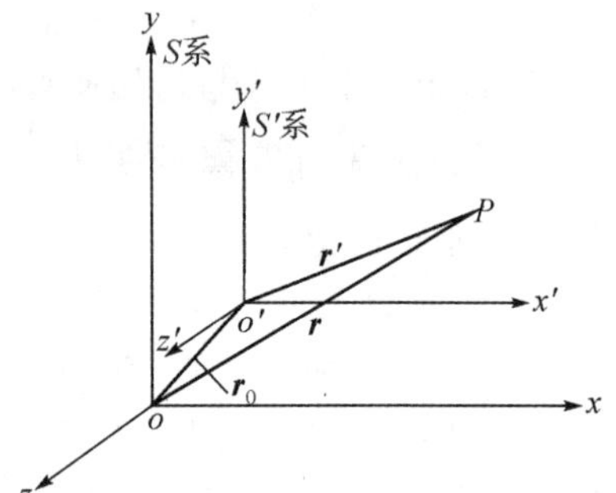

图 1.11 相对平动的参照系

如图 1.11 所示，参考系 S' 相对于参考系 S 以速度 $\boldsymbol{v}_0$ 平动。固定在这两参考系中的坐标系分别为 $o\text{-}xyz$ 和 $o'\text{-}x'y'z'$。

设一质点在空间运动，当它位于 P 点时，相对于 o 点的位置矢量为 $\boldsymbol{r}$，相对于 o' 点的位置矢量为 $\boldsymbol{r}'$，两者间的关系为

$$\boldsymbol{r}=\boldsymbol{r}_0+\boldsymbol{r}' \tag{1.40}$$

其中，$\boldsymbol{r}_0$ 是 o' 点相对于 o 点的位置矢量。

将式(1.40)两边分别对时间求一阶导数

$$\frac{\mathrm{d}\boldsymbol{r}}{\mathrm{d}t}=\frac{\mathrm{d}\boldsymbol{r}_0}{\mathrm{d}t}+\frac{\mathrm{d}\boldsymbol{r}'}{\mathrm{d}t}$$

立即得到

$$\boldsymbol{v}=\boldsymbol{v}_0+\boldsymbol{v}' \tag{1.41}$$

式中，$\boldsymbol{v}=\dfrac{\mathrm{d}\boldsymbol{r}}{\mathrm{d}t}$为质点在 S 系中的速度，习惯上称绝对速度；$\boldsymbol{v}'=\dfrac{\mathrm{d}\boldsymbol{r}'}{\mathrm{d}t}$为质点在 S'系中的速度，称为相对速度；$\boldsymbol{v}_0=\dfrac{\mathrm{d}\boldsymbol{r}_0}{\mathrm{d}t}$为 S'系相对于 S 系的速度，称为牵连速度。式(1.41)称为相对平动参考系中的速度变换式。它可表述为绝对速度等于牵连速度和相对速度的矢量和。

再将式(1.41)两边分别对 t 求导数

$$\frac{\mathrm{d}\boldsymbol{v}}{\mathrm{d}t}=\frac{\mathrm{d}\boldsymbol{v}_0}{\mathrm{d}t}+\frac{\mathrm{d}\boldsymbol{v}'}{\mathrm{d}t}$$

得

$$\boldsymbol{a}=\boldsymbol{a}_0+\boldsymbol{a}' \tag{1.42}$$

式中，$\boldsymbol{a}=\dfrac{\mathrm{d}\boldsymbol{v}}{\mathrm{d}t}$为质点在 S 系中的加速度，习惯上称绝对加速度。$\boldsymbol{a}'=\dfrac{\mathrm{d}\boldsymbol{v}'}{\mathrm{d}t}$为质点在 S'系中的加速度，称相对加速度。$\boldsymbol{a}_0=\dfrac{\mathrm{d}\boldsymbol{v}_0}{\mathrm{d}t}$ 为 S'系相对于 S 系的加速度，称牵连加速度。式(1.42)称为相对平动参考系中的加速度变换式。它可表述为绝对加速度等于牵连加速度和相对加速度的矢量和。

若 S'系相对于 S 系做匀速直线运动，$\boldsymbol{v}_0=$常量，则 $\boldsymbol{a}_0=0$，$\boldsymbol{a}=\boldsymbol{a}'$。即在两个相对做匀速直线运动的参考系中，质点具有相同的加速度。

［例 1.5］　在河水流速 $v_0=1.00$ m/s 的地方有小船渡河。如果希望小船以 $v=2.00$ m/s 的速率垂直于河岸横渡，问小船相对于河水的速度大小和方向应如何？

［解］　本题中讨论船的速度的参考系有两个，一个是河岸，一个是流水。设河岸为 S 系，流水为 S'系。S'相对于 S 系做匀速直线运动，速度为 $\boldsymbol{v}_0$，大小为 1.00 m/s，方向向东；船相对于河岸的速度为$\boldsymbol{v}$，其大小为$v=2.00$ m/s，其方向垂直于$\boldsymbol{v}_0$，向北。

由速度变换式(1.41)$\boldsymbol{v}=\boldsymbol{v}_0+\boldsymbol{v}'$，得船相对于河水的速度$\boldsymbol{v}'=\boldsymbol{v}-\boldsymbol{v}_0$。

图例 1.6

由速度矢量三角形(图例 1.6)，得$\boldsymbol{v}'$的大小为

$$v'=\sqrt{v_0^2+v^2}=\sqrt{1.00^2+2.00^2}\approx 2.24\ (\mathrm{m/s})$$

$\boldsymbol{v}'$与水流方向$\boldsymbol{v}_0$间的夹角为

$$\theta=\pi/2+\arctan(v_0/v)=\pi/2+\arctan(1.00/2.00)\approx 117^\circ$$

思考题

1.1　经典力学研究的对象和范围是什么？

1.2　回答下列问题：

(1) 位移和路程有何区别？

(2) 速度和速率有何区别？

(3) 瞬时速度和平均速度的区别和联系是什么？

1.3　回答下列问题并列举出符合你的答案的实例。

(1) 物体能否有一不变的速率而仍有一变化的速度？

(2) 速度为零的时刻，加速度是否一定是零？加速度为零的时刻，速度是否一定是零？

(3) 物体的加速度不断减小，而速度却不断增大，可能吗？

(4) 当物体具有大小、方向不变的加速度时，物体的速度方向能否有变化？

1.4 设质点的运动方程为 $x=x(t)$，$y=y(t)$。在计算质点的速度和加速度时，有人求出 $r=\sqrt{x^2+y^2}$，然后根据：$v=\dfrac{dr}{dt}$ 及 $a=\dfrac{d^2r}{dt^2}$，求出结果；又有人先计算速度和加速度的分量，再合成求得结果，即

$$v=\sqrt{\left(\frac{dx}{dt}\right)^2+\left(\frac{dy}{dt}\right)^2} \quad \text{及} \quad a=\sqrt{\left(\frac{d^2x}{dt^2}\right)^2+\left(\frac{d^2y}{dt^2}\right)^2}$$

你认为两种方法哪一种正确？两者差别何在？

1.5 切向加速度 $\boldsymbol{a}_t$ 的方向是否一定和速度方向相同？质点速率正在增大时，$\boldsymbol{a}_t$ 沿什么方向？质点速率正在减小时，$\boldsymbol{a}_t$ 又沿什么方向？

1.6 匀加速运动(加速度的大小、方向都不变的运动)一定是直线运动吗？举例说明之。

1.7 用具体例子说明以下各种情况都是可能的：

(1) 物体的运动方向与加速度方向相反；

(2) 加速度很大，但速度却很小，甚至为零；

(3) 加速度不等于零，但速度大小保持不变；

(4) 加速度大小保持不变，速度的方向却不断改变。

习 题

1.1 一质点沿 x 轴做直线运动，其运动方程为 $x=t^3-40t$。试求：(1)$t=2.0$ s 时 v_2 的大小和加速度 a_2 的数值；(2)在 $t=2.0$ s 时，该质点向哪个方向做什么运动？

1.2 已知质点的运动方程为 $x=2t$，$y=2-t^2$。(1)试导出质点的轨道方程；(2)计算 $t_1=1.0$ s 和 $t_2=2.0$ s 时质点的位矢 $\boldsymbol{r}_1$ 和 $\boldsymbol{r}_2$；(3)计算 1.0s 到 2.0s 之间质点的位移 $\Delta\boldsymbol{r}$；(4)计算质点在 2.0s 末时的速度 $\boldsymbol{v}_2$；(5)计算质点的加速度，并说明质点作什么运动？

1.3 已知质点沿 ox 轴运动，其速度方程为 $v=10+2t^2$。当 $t=0$ 时，质点位于 $x_0=20$ m 处。求：(1)在 $t=2.0$s 时，质点的加速度 a_2；(2)质点的运动方程；(3)第 3 秒内的位移 Δx

1.4 设质点 P 沿 x 轴，按加速度 $a=t+2$ 的规律运动，已知 $t=0$ 时，该质点位于原点 $x_0=0$ 处，此时它的速度 $v_0=1.0$ m/s，求此质点的速度表达式及运动方程。

1.5 设质点沿 x 轴按加速度 $a=3x+4$ 的规律运动，并已知 $x=0$ 处，速度 $v_0=5.0$ m/s，求此质点的速度表达式。

1.6 某种飞机起飞时要有 240 km/h 的速率才能离开地面，若起飞的加速度是 7.00 m/s^2，(1)它要在跑道上跑多长时间才能离开地面？在跑道上跑多远？(2)如果这架飞机要在航空母舰上起飞，而航空母舰上供起飞的跑道只有 100 m，那么在起飞时应该用弹射设备来使飞机得到一个多大的初速度？

1.7 用炮弹射击离炮台水平距离为 5000 m，高度为 200 m 处山坡上的目标，已测出从炮弹出口到击中目标所经过的时间为 15.0 s，若不计空气的阻力，求：(1)炮筒的仰角；(2)炮弹的出口速度；(3)炮弹所能达到的最大高度；(4)命中目标时炮弹的速度。

1.8 斜向上抛一球，抛出时初速度与水平成 60°角，1.0 s 后球仍斜向上升，但飞行方向与水平成 45°角。试求：(1)球将在何时达到最高点？(2)球在最高点时的速度。

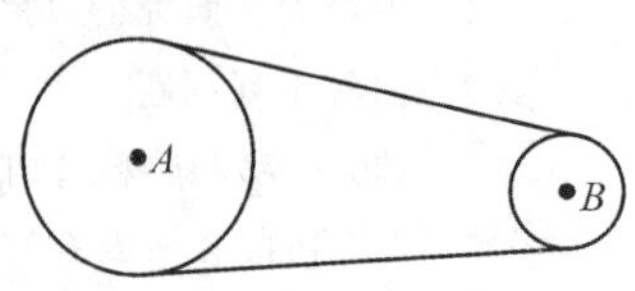

图题 1.9

1.9 如图题 1.9 所示，A，B 两轮上套有皮带，A 轮的半径 $R_1=40$ cm，转速为 180 r/min，求角速度 ω_1。B 轮用皮带转动，其半径 $R_2=20$ cm，求 B

轮的角速度ω_2。

1.10　有一半径R的定滑轮，沿轮缘绕有一根绳子，在绳子一端悬一物体。若开始时($\boldsymbol{v}_0=0$)物体和轮心的高度差为h，当定滑轮以不变的角加速度α绕轮心转动使物体上升时，试求物体的加速度、速度和运动方程(取竖直向下为x轴正向)。

1.11　汽车在半径$R=400$ m的圆弧弯道上行驶，设在某一时刻，汽车的速度为10 m/s，切向加速度为0.20 m/s^2。求汽车的法向加速度和总加速度的大小和方向。

1.12　一升降机以加速度1.22 m/s^{2}上升，当上升速度为2.44 m/s时，有一螺帽自升降机的天花板上松落。若天花板与升降机底面相距2.74 m，试求：(1)螺帽相对于升降机的运动方程；(2)螺帽从天花板落到升降机底面所需的时间；(3)在上述时间内，螺帽相对地面下降的距离。

1.13　如图题1.13所示，一飞机从A处向北飞到B处，然后又向南飞回A处，若飞机相对于空气的速度$\boldsymbol{v}$保持不变，而A与B之间距离为l，试证在空气相对于地面的速度$\boldsymbol{u}$为下述几种情况时，飞机往返一次的时间分别由下述的式子所表示，即

(1) 若$u=0$，即空气静止，往返时间$t_0=2l/v$；

(2) $u\neq0$，但方向由南向北，往返时间$t_1=t_0/(1-u^2/v^2)$；

(3) $u\neq0$，方向由东向西，往返时间$t_2=t_0/\sqrt{1-u^2/v^2}$。

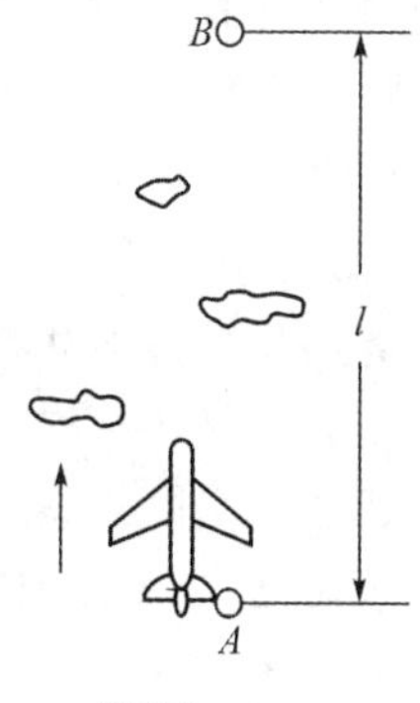

图题1.13

1.14　要使一人造星体脱离太阳系飞向宇宙空间，此星体对于太阳的速度至少应为42.2 km/s。由于地球绕太阳公转，相对于太阳的平均公转速度为29.8 km/s。则在地球上至少应以多大的速度发射，才能使人造星体脱离太阳系而成为宇宙飞船？

物理学与现代科学技术

探索太空

1. 人造卫星简介

人造地球卫星，简称“人造卫星”，是由人工制造，依靠火箭送上太空，并在地球大气层之外环绕地球运行的人造天体。目前，人造卫星主要用于无线电通信、电视转播、军事侦察、资源调查、气象预报、科学研究等方面。

按轨道分，人造卫星可分为同步卫星和极地卫星。按用途分，人造卫星可分为应用技术卫星、科学卫星和技术实验卫星。其中应用技术卫星又包括气象卫星、广播通信卫星和地球观测卫星。

自1957年苏联发射了第一颗人造卫星以来，世界各国共计已发射了7500余颗人造卫星。拥有人造卫星的国家、地区和组织达35个，但只有9个国家和1个组织是靠自己的力量研制发射的，它们是苏联、美国、欧洲空间机构、日本、中国、法国、印度、以色列、英国和韩国。

我国在1970年4月24日成功地发射“东方红1号”人造卫星。中国发射人造卫星的头号功臣是中国科学院院士赵九章教授。

2. 同步卫星

所谓同步卫星是指地球上的人看卫星好像是静止不动的。因此同步卫星必须满足以下三个条件：

(1) 卫星的角速度必须等于地球自转的角速度，即在23小时56分4.091秒内转一圈。

(2) 卫星的轨道必须是圆,并一定要位于与地球自转轴垂直的赤道平面内。

(3) 离赤道的高度是确定不变的,经精确计算高度为 35793 km。

1964 年,美国首先成功地发射了一颗同步卫星。我国也在 1984 年 4 月 8 日 19 时 20 分发射了一颗同步卫星——试验通信卫星。并在 4 月 16 日 18 时 27 分 57 秒成功地使它定点于东经 125 度的赤道上空。从发射到定点仅经过不到 8 昼夜,这在世界航天技术史上是罕见的(美国在 1964 年花了 40 天才定点,日本在 1984 年 1 月发射电视广播通信卫星也花了一个多月才定点)。

如图阅 1.1 所示,在赤道上空每隔 120 度各放置一颗同步卫星,有三颗这样的卫星,就能实现全球 24 小时通信。全球的电视转播就是靠这些卫星来实现的。目前已有近一百颗左右的同步卫星在赤道上空运行。因两颗同步卫星之间距离不能太近,每隔 3 度才可安置一颗,所以最多可容纳 120 颗同步卫星。

图阅 1.1 同步卫星

同步卫星的发射成功是近代尖端科学技术的伟大成就之一。同步卫星是利用运载火箭发射的。为了节省发射能量,在卫星进入同步轨道前,一般总是使它先经过一个中间轨道,也有用两个或三个中间轨道的。

用一个中间轨道的同步卫星发射过程大致如下:如图阅 1.2 所示,运载火箭点火后,就带着卫星离开地面。先是进入停泊轨道依惯性飞行,在这一轨道上运行不久,火箭就把卫星推上一个大的椭圆轨道。这一轨道叫霍曼轨道(即转移轨道),其远地点 A 和近地点 B 均在赤道平面上,而且在远地点和同步轨道相交。在霍曼轨道上运行几周后,当卫星经过远地点时,其上的远地点发动机点火,改变卫星的航向,使之进入地球赤道平面,同时增大卫星速度,使之达到同步运行速度(3.07 km/s)。但是由于远地点发动机各种工程参数的偏差,卫星不能一下子就进入对地球静止的同步轨道,而是在这种轨道附近漂移。此后还需要通过遥控调整,使卫星定点于赤道上空某处。

图阅 1.2(a)画的是相对于地球的同步卫星发射过程中所经历的轨道。图阅 1.2(b)画出了相对于太阳系的同步卫星发射轨道。这些都是多么奇妙而美丽的曲线啊!从这里也可以看出当人们掌握了自然界的规律时,能创造出多么神奇的事迹!据说,当阿波罗飞船从月球向地

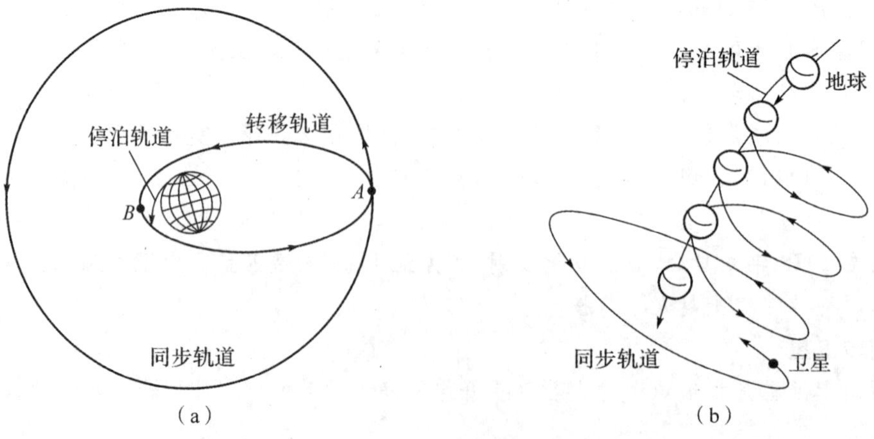

(a) (b)

图阅 1.2 同步卫星发射轨道

球回飞时,地面站问宇航员:“现在谁在驾驶?”宇航员回答说:“我想主要是牛顿在驾驶!”这句话的确象征性地道出了实情。

3. 卫星的回收

如果要求卫星在完成探测任务之后返回地面,采用的步骤是:首先,扔掉回收舱以外的部分;然后,调整卫星姿态,开动制动火箭使卫星脱离原运行轨道进入大气层,在到达距地面约15 km左右开始打开回收舱的降落伞;最后着陆。目前的航天飞机就是返回式卫星的一种发展,我国从1975年起已经成功地掌握了卫星回收技术。

4. 行星际探测器

行星际探测器是一种从地球飞向行星的人造天体,也称星际飞行器或自动行星际站。

行星际探测器的任务主要是对太阳系中的行星进行考察,因此要求飞行器尽量飞临该行星,或进入绕该行星的轨道,甚至在该行星上着陆。

在地球上发射这种行星飞行器必须考虑到以下三点:

(1) 飞行器的入轨速度应超过第二宇宙速度;

(2) 飞行器的日心轨道应与行星的日心轨道交会;

(3) 选择最佳轨道设计和发射时刻,使需提供的能量最少,并以最短的时间到达行星。

从力学角度来说的最佳轨道称为霍曼(W. Hohmann)轨道(霍曼是德国空间飞行理论的先驱)。霍曼是假定行星和地球的日心轨道是处在同一平面上的两个同心圆轨道来作理论分析的。例如,火星探测器和金星探测器的霍曼轨道如图阅1.3(a)和(b) 所示。

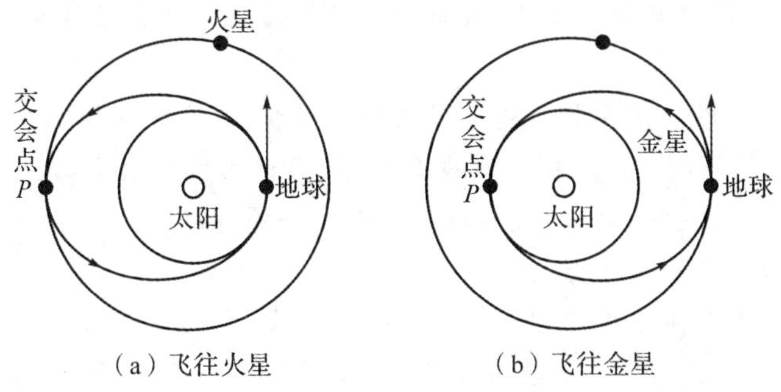

图阅1.3 霍曼轨道

由图阅1.3可见,火星探测器的霍曼轨道是以发射时刻的地球为近日点、飞临火星的位置为远日点的椭圆。而金星探测器的霍曼轨道是以发射的地球为远日点、飞临金星的位置为近日点的椭圆。根据火星或金星与地球的轨道平均半径和能量守恒定律。不难算出探测器从地球上发射时的入轨速度分别应为11.5 km/s和11.3 km/s。由开普勒定律可算出探测器的运行周期分别为518天和292天。然后对照火星和金星的运行周期,适当选择发射时刻,以期探测器飞行半个周期(分别为259天和146天)后,正好在P点与行星相遇。不过,这些数据都是仅从原理上所做的估算,根本没有计及许多因素对飞行器可能产生的摄动。实际的计算是极为复杂的,必须采用计算机进行计算,随时对飞行器的轨道进行遥控修正,才能使飞行成功。

从1962年起,美国和苏联竞相发射各种行星探测器。目前已对水星、金星、火星、木星、土星等发射了探测器。1975年,美国发射的海盗号(1号和2号)探测器飞行近一年到达火星并成功地在火星上着陆。1972年发射的先驱者号(10号和11号)探测器携带了地球的人体画、贺年卡和唱片,经5年的航程飞临土星,拍摄了大量土星光环的照片并发回地球,到1983年才与地球失去联系。而1977年8月美国发射的“旅行者2号”太空船已在太空遨游了12年,先后拜访了木星、土星、天王星，并于 1989 年 8 月 25 日飞临海王星（距海王星北极 4827 km 处），向地球发回的海王星彩色照片达 6000 余张，现在正以 16 km/s 的速度飞向太阳系的边陲（见图阅 1.4）。

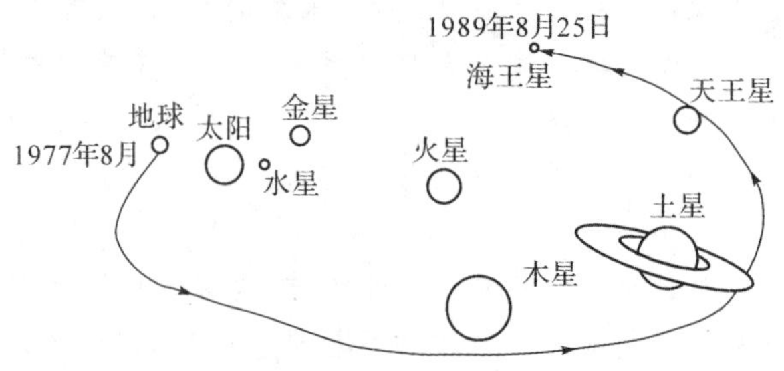

图阅 1.4 “旅行者 2 号”在太空遨游

5. 探测火星

根据科学家们的设想，人类探测火星分为六个阶段。第一阶段是派出探测器掠过火星。1962 年 11 月，苏联发射了“火星 1 号”探测器，这是人类发射的第一个火星发射器。但该探测器在飞离 1 亿公里时与地面失去了联系，从此下落不明。这被认为是人类火星之旅的开端。1965 年 7 月 15 日，美国的“水手 4 号”飞船接近火星，从距离火星 1 万公里处拍摄了 21 幅照片，发现火星上存在大量环形山，火星大气密度只有地球的 1%。火星既没有熔化的铁核也没有磁场。1969 年，美国“水手 5 号”和“水手 6 号”飞船再次掠过火星，它们拍摄的 200 多幅照片表明，火星表面的温度比预想的更低，火星大气中的二氧化碳含量高达 95%，水蒸气几乎难以寻觅。

火星探测的第二阶段是使探测器被火星的引力俘获，成为火星的卫星，以便在火星轨道上长期考察。1971 年 11 月，美国发射的“水手 9 号”飞船进入火星轨道，成为火星的第一颗人造卫星。“水手 9 号”成功拍摄了火星全貌，确认火星上并不存在运河，火星的一个半球上有许多环形山，外貌很像月球，另一个半球则比较平坦。

火星探测的第三阶段是派遣飞船在火星上着陆。1971 年 5 月 19 日和 28 日，苏联的“火星 2 号”和“火星 3 号”飞船相继发射升空。“火星 2 号”同年 11 月投下的探测仪器毁于火星表面；“火星 3 号”的登陆舱同年 12 月在火星上软着陆，但仅送回 22 秒钟信号就永远停止了工作。1976 年 7 月和 8 月，美国“海盗 1 号”、“海盗 2 号”飞船的着陆器分别在火星成功着陆。这两个着陆器携带了许多精密仪器，分析了火星的土壤，测量了风速、气压和温度，并确定了火星的大气成分。

火星探测的第四阶段的主要目的是让有轮子的火星车在地面工作人员的遥控下在火星上行驶，以实现对火星较大范围的移动考察。1996 年 12 月 4 日，美国发射了“火星探路者”飞船，于 1997 年 7 月 4 日成功地在火星登陆，并把在地球上重 7.5 kg 的六轮车送上火星。

如果“火星探路者”飞船的工作一切顺利，那么 科学家们将进行火星探测的第五步，即派遣一个自动取样飞船前往火星，把火星上的多种样品送回地球，供分析研究。

在这之后，火星考察将步入最终阶段——让人登上火星。根据 1998 年 9 月 14 日在莫斯科开幕的火星探测国际工作小组会议的报道：为了实现人类登上火星这一梦想，专家们认为应该建立一个重 400～800t 的火星轨道站。这个轨道站应由生活舱和动力装置组成。专家们计划，火星探测飞船从地球轨道出发，经过数月飞行，抵达火星轨道站，然后宇航员乘着陆舱在火星登陆。

6. 美国新一代载人航天器“猎户座”试飞

2014年12月5日，北京时间20时5分，美国“猎户座”飞船在佛罗里达州肯尼迪航天中心升空。此次试飞将全面测试“猎户座”的隔热罩，降落伞和其他系统的性能。

“猎户座”飞船绕地球飞行两圈，最终飞行高度将达到5800km，比国际空间站飞行高度还要高15倍。经过4个半小时的飞行，于北京时间12月6日0点30分，“猎户座”飞船在加州海岸外的太平洋着陆。这次试飞虽不载人，但带了很多纪念品。比如带着刻有超过100万人名字的微芯片，小量月球土壤样品……

美国在“阿波罗”登月任务结束后，转而使用航天飞机载人航天，航天飞机于2011年谢幕。此后，美国载人航天就依靠俄罗斯的飞船。“猎户座”是美国新一代载人航天器，它是放大版的“阿波罗”，可载4至6人。但更加先进，有一种开始新事物的感觉。

“猎户座”的下次试飞定于2018年，而首次载人飞行还要拖到2021年，然后它将超越月球首先抵达小行星，最终再奔赴火星，但那最早也要等到2030年。

第 2 章　质点动力学

2.1　牛顿运动定律

在质点运动学中，我们利用位矢、位移、速度等物理量，借助于运动方程对运动进行了描述。但没有涉及引起物体运动状态发生变化的原因。而在本章质点动力学中，我们将研究物体所受外力与其运动状态变化之间的规律。简而言之，动力学是解释和设计运动的。因为在生产实践、科学实验中，人们不仅要能描述运动，更需要精确地设计和控制物体的运动，如用火箭将人造卫星发射上天等。为此，必须研究物体间的相互作用以及它们和物体运动间的关系。找出基本规律，正确运用规律，这就是动力学的任务。而动力学的核心是牛顿运动定律，下面就先来阐述牛顿运动定律的基本内容。

2.1.1　牛顿第一定律

牛顿第一运动定律表述为：**任何物体都将保持静止或匀速直线运动状态，直到其他物体的作用迫使它改变这种状态时为止。**

牛顿第一定律不仅包含“惯性和力”这两个力学基本概念，还定义了一种参考系——惯性参照系，简称为惯性系。关于惯性系的概念将在后面 2.5.1 段中加以阐述。

2.1.2　牛顿第二定律

牛顿第一运动定律只是定性地指出了力和运动的关系。牛顿第二定律 $\boldsymbol{F}=m\boldsymbol{a}$ 则进一步给出了力和运动的定量关系。其实，$\boldsymbol{F}=m\boldsymbol{a}$ 是后人把它改写的。牛顿于 1687 年在他的名著《自然哲学的数学原理》一书中(按现代语言)是这样叙述他的第二定律的：

物体的动量对时间的变化率 $\frac{\mathrm{d}\boldsymbol{p}}{\mathrm{d}t}$ 与所加的外力 $\boldsymbol{F}$ 成正比，并且发生在所加外力的方向上。

即

$$\boldsymbol{F}=\frac{\mathrm{d}\boldsymbol{P}}{\mathrm{d}t}=\frac{\mathrm{d}(m\boldsymbol{v})}{\mathrm{d}t} \tag{2.1}$$

由于在速度 v 不太大时，物体的 m 可以认为是一个常量，所以才得到

$$\boldsymbol{F}=m\cdot\frac{\mathrm{d}\boldsymbol{v}}{\mathrm{d}t}+\frac{\mathrm{d}m}{\mathrm{d}t}\cdot\boldsymbol{v}=m\frac{\mathrm{d}\boldsymbol{v}}{\mathrm{d}t}=m\boldsymbol{a} \tag{2.2}$$

式(2.2)$\boldsymbol{F}=m\boldsymbol{a}$ 对于质量随时间改变的系统(例如研究火箭飞行过程中，因它的燃料不断燃烧，并喷气)就不能应用，而式(2.1)$\boldsymbol{F}=\frac{\mathrm{d}(m\boldsymbol{v})}{\mathrm{d}t}$是适用的。在相对论中，$\boldsymbol{F}=m\boldsymbol{a}$ 是不适用的，但是 $\boldsymbol{F}=\frac{\mathrm{d}\boldsymbol{P}}{\mathrm{d}t}$这一形式仍然成立。可见式(2.1)是牛顿第二定律的更普遍形式。牛顿在当时的

历史条件下，引入动量 $\boldsymbol{P}$ 的概念，并用以定义力，这是一个极有价值的科学预见。

应用牛顿第二定律时的注意事项：

(1) 第二定律只能直接应用于质点的运动。

(2) $\boldsymbol{F}=m\boldsymbol{a}$ 中的 $\boldsymbol{F}$ 是指合外力。

(3) 加速度 $\boldsymbol{a}$ 与 $\boldsymbol{F}$ 方向一致，说明只有沿力的作用方向物体才能产生加速度。在直角坐标系中 $\boldsymbol{F}=m\boldsymbol{a}$ 的分量形式为

$$\boldsymbol{F}_x=m\boldsymbol{a}_x,\ \boldsymbol{F}_y=m\boldsymbol{a}_y,\ \boldsymbol{F}_z=m\boldsymbol{a}_z \tag{2.3}$$

这就是说，各方向的分力都只能使物体产生自己方向的加速度。同样，可把式 $\boldsymbol{F}=m\boldsymbol{a}$ 沿切向和法向分解为

$$\boldsymbol{F}_t=m\boldsymbol{a}_t,\ \boldsymbol{F}_n=m\boldsymbol{a}_n \tag{2.4}$$

$\boldsymbol{F}_t$ 和 $\boldsymbol{F}_n$ 分别称为切向分力和法向分力。它们也只能分别使物体产生自己方向的加速度 $\boldsymbol{a}_t$ 和法向加速度 $\boldsymbol{a}_n$。

(4) $\boldsymbol{F}=m\boldsymbol{a}$ 所反映的力与加速度之间的关系是瞬时关系。

2.1.3 牛顿第三定律

牛顿第一、二定律是从力的作用效果(要使物体改变运动状态)上说明力；而牛顿第三定律却是从力的本质上说明力，指出力是物体间的相互作用。牛顿第三定律可表述为：

当物体 A 以力 $\boldsymbol{F}$ 作用于物体 B 时，物体 B 必定同时以大小相等、方向相反的同一性质的力 $\boldsymbol{F}$，沿同一直线作用于物体 A 上。牛顿第三定律的数学表述式为

$$\boldsymbol{F}=-\boldsymbol{F}' \tag{2.5}$$

牛顿第三定律又称为作用和反作用定律，是对作用力的相互性的说明。

2.1.4 牛顿运动定律的适用范围

牛顿运动定律的正确性被大量的事实(其中包括对海王星和冥王星的预言)所证明，因此它是质点动力学的基本定律，也是整个力学理论的基础。无论是日常生活、工程建设，还是探索宇宙，都离不开牛顿力学的指导。但是牛顿力学仍然是人类知识长河中的相对真理，是一个有着一定适用范围的理论。具体表现在以下几方面：

(1) 牛顿定律仅适用于惯性系。

(2) 牛顿定律仅适用于速度比光速 c($c=3\times10^8$ m/s)低得多的宏观物体。

(3) 牛顿力学仅适用于实物，不完全适用于场。例如，牛顿力学认为力的传递可以超越空间瞬时地传递，但实际两物体间的相互作用是靠场来传递的。这里可以打个比喻：如果把场看作是“炮弹”的话，当施力发射“炮弹”时，就立刻受到反冲，但作为“炮弹”的场在传播中是需要时间的，在它没有击中目标之前，目标物并未受到力，这时施力物和目标物的相互作用显然不遵守牛顿第三定律。所以在电磁学中，两个运动电荷之间的电磁力一般不遵守牛顿第三定律。而在普通力学问题中，由于物体距离很近，它们的相对运动速度又不大，所以牛顿第三定律总是适用的。

2.2 四种基本的力和力学中的常见力

2.2.1 四种基本的相互作用力

牛顿第三定律指出：力是物体间的相互作用。按力的基本性质区分，自然界中当前所认识的各种力可归结为以下四种基本的相互作用力：

(1) 引力相互作用力。由于物体具有质量，物体之间存在万有引力。万有引力的作用距离可以非常长，属于长程力。它主要在天体运行中起重要作用，地球对地面上物体的万有引力是重力。

(2) 电磁力相互作用力。存在于静止电荷或运动电荷之间，能引起带电质点运动状态变化。它也是一种长程力，并在一定范围内服从力学规律。弹性力和摩擦力从本质上看，则是来源于物质内部或原子间的电磁相互作用力，即属于电磁力的范畴。

(3) 强相互作用力(简称强力)。存在于核子(中子和质子)、介子和超子之间的一种相互作用力。由于它们的作用范围为 $10^{-15}\sim10^{-16}$ m，故叫作短程力。原子核内有带正电的质子。质子间距离很短，质子间的电磁斥力应该相当大。为什么质子能约束在小小的原子核内呢？就是由于在原子核内存在着比电磁力的强度更强的相互作用力之故。

(4) 弱相互作用力(简称弱力)。存在于大多数基本粒子之间的另一种相互作用力，它的作用范围更短，小于 10^{-17} m，所以也是一种短程力。但仅在粒子间的某些反应(如 β 衰变)中才显示出它的重要性。它的力程比强相互作用力的还要短，而且力很弱。所以叫弱相互作用力。

从复杂纷纭、多种多样的力中，人们认识到基本的自然力只有四种，这是物理学的很大成就。这是 20 世纪 30 年代的事。自那以后，人们就企图发现这四种力之间的联系。爱因斯坦曾企图把万有引力和电磁力统一起来，但没有成功。20 世纪 60 年代 S. L. 格拉肖、S. 温伯格和 A. 萨拉姆在杨振宁等提出的理论基础上，提出了一个把电磁力和弱相互作用力统一起来的理论，并且在 20 世纪 70 年代和 80 年代初期得到了实验上的证明。这种“电弱统一理论”的建立是物理学发展史上的又一里程碑。现在，人们期望有朝一日，将建立起电弱、电强相互作用力统一起来的“大统一理论”，以致最后将建立起把四种基本力都统一起来的“超统一理论。”

2.2.2 力学中的常见力

引力(包括重力)、弹性力(包括张力、压力)和摩擦力是力学中常见的力，下面将作扼要分析。

(1) **引力**是通过引力场而产生的物体间的相互作用力。根据万有引力定律，质量 m_1 和 m_2 的两质点，相距为 r 时，它们之间相互作用着的引力的大小为

$$F=G\frac{m_1m_2}{r^2} \tag{2.6}$$

其中，$G=6.67\times10^{-11}\,\mathrm{N\cdot m^2/kg^2}$，称为万有引力恒量。方向沿着两质点的连线。重力可近似地认为是地球对地球表面附近物体的吸引力。

(2) **弹性力**是发生在相互接触的物体之间，与物体的形变相联系的力。它包括弹簧的弹性力、绳子的拉力和挤压弹性力等。

按照胡克定律：在弹性限度内，弹簧的弹性力 $\boldsymbol{F}=-k\boldsymbol{x}$。式中，$\boldsymbol{x}$ 为弹簧的伸长量，k 为劲度系数，其大小则与弹簧的匝数、直径、线径和材料等因素有关。“－”号表示弹簧的弹性力的

方向总是企图使弹簧恢复原来的长度。

绳子内部各截面处的张力处处相等且等于作用在绳端的拉力，是要有条件的，条件是绳子没有加速度或绳子质量可以忽略不计。

挤压弹性力的最重要特点是总与接触面或接触面的公切面相垂直，因此常称挤压弹性力为正压力。

(3) **摩擦力**是当两物体间发生相对运动或有相对运动的趋势时，在两物体的接触面之间，沿接触面的方向上产生的，并且是阻碍两物体做相对运动的一种相互作用力。摩擦力分为静摩擦力和滑动摩擦力。当相互接触的两物体有相对运动的趋势，但还没有发生相对运动时，这时的摩擦力叫静摩擦力。随外力的大小而变，当外力增大到刚要使两物体发生相对运动时的静摩擦力叫最大摩擦力。对于一定材料构成的两物体，最大摩擦力的大小与两物体相互作用着的正压力 N 成正比，即 $f_{r\max}=\mu_0 N$，其中，μ_0 为静摩擦系数。在两物体发生相对运动后，实验证明这时的摩擦力比最大静摩擦力要小，并称为滑动摩擦力。它的大小为 $f_r=\mu N$，其中，μ 称为滑动摩擦系数。

2.3　牛顿运动定律的应用

本节讨论如何正确运用牛顿运动定律去解决质点动力学问题。为此首先讲两个问题。

2.3.1　动力学问题的类型及解题的基本方法

动力学问题中，通常质量是已知的，所以动力学问题可分为两类。

第一类是已知其他物体施于质点的作用力，求该质点的运动情况(指求 $\boldsymbol{r}(t)$，$\boldsymbol{v}(t)$，$\boldsymbol{a}(t)$)。这类问题的解题方法是：先由 $\sum \boldsymbol{F}_i = m\boldsymbol{a}$ 求得 $\boldsymbol{a}$；再由附加的初始条件，即 $t=0$ 时，$\boldsymbol{v}=\boldsymbol{v}_0$，$\boldsymbol{r}=\boldsymbol{r}_0$，利用式 $\boldsymbol{a}=\dfrac{\mathrm{d}\boldsymbol{v}}{\mathrm{d}t}$，$\boldsymbol{v}=\dfrac{\mathrm{d}\boldsymbol{r}}{\mathrm{d}t}$，通过积分求出 $\boldsymbol{v}(t)$ 和 $\boldsymbol{r}(t)$。

第二类是已知质点的运动情况，求作用于质点上的力。求解时，将 $\boldsymbol{r}(t)$，$\boldsymbol{v}(t)$，通过式 $\boldsymbol{v}=\dfrac{\mathrm{d}\boldsymbol{r}}{\mathrm{d}t}$，$\boldsymbol{a}=\dfrac{\mathrm{d}\boldsymbol{v}}{\mathrm{d}t}$ 求导得到 $\boldsymbol{a}$，再由 $\sum \boldsymbol{F}_i = m\boldsymbol{a}$ 求出力。

2.3.2　在使用牛顿定律解题时的解题步骤

(1) 搞清题意，选好研究对象。如题中研究对象涉及多个物体，则可用"隔离体法"求解。所谓"隔离体法"，是指把每个物体从总体中隔离出来(称隔离体)单独作为研究对象，把外界对隔离体的关系通过对它的力反映出来。

(2) 对研究对象作受力分析，并作出受力图。

(3) 根据研究对象的受力情况和问题的性质，选择(惯性)参照系，建立合适的坐标系。

(4) 根据牛顿第二定律与物理量间的其他关系(如运动学方面的关系，摩擦力与正压力间的关系，几何关系等)列出方程。

(5) 解方程，得结果，并对结果进行讨论。

[例 2.1]　如图例 2.1(a)所示，一小球在水中竖直下沉，已知小球的质量为 m，水对小球的浮力为 $\boldsymbol{B}$，水对小球的粘滞阻力 $\boldsymbol{f}$ 与小球的速度 $\boldsymbol{v}$ 成正比，可表示为 $\boldsymbol{f}=-h\boldsymbol{v}$ (h 是与水的粘滞性及小球半径有关的一个比例常数，叫作阻力系数，负号表示 $\boldsymbol{f}$ 的方向与 $\boldsymbol{v}$ 的方向相反)，

小球初速度为零。试求小球下沉的速度$\boldsymbol{v}=\boldsymbol{v}(t)=?$

［解］ 此题属于第一类问题，即已知力求运动。其解题步骤为：

① 选小球为研究对象。

② 对小球作受力分析，画受力图，见图例 2.1(a)。

③ 如图例 2.1(a)选 ox 坐标系。

④ 列出质点动力学方程式。

$$mg-B-hv=ma=m\frac{\mathrm{d}v}{\mathrm{d}t} \tag{例 2.1-1}$$

⑤ 解方程：将式例 2.1-1 分离变量，得

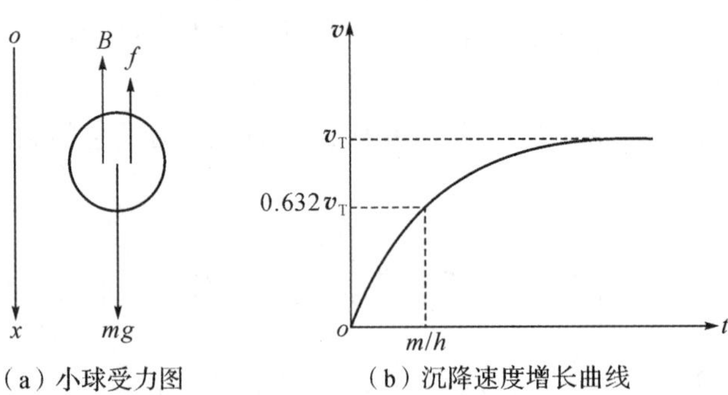

(a) 小球受力图 (b) 沉降速度增长曲线

图例 2.1

$$\mathrm{d}t=\frac{m\mathrm{d}v}{mg-B-hv}=-\frac{m}{h}\frac{\mathrm{d}(mg-B-hv)}{mg-B-hv}-\frac{h}{m}\mathrm{d}t=\frac{\mathrm{d}(mg-B-hv)}{mg-B-hv}$$

对等式两边分别积分，考虑到初始条件 $t=0$ 时，$v=0$，得

$$\int_0^t-\frac{h}{m}\mathrm{d}t=\int_0^v\frac{\mathrm{d}(mg-B-hv)}{mg-B-hv}$$

解得

$$v=\frac{mg-B}{h}(1-\mathrm{e}^{-\frac{h}{m}t}) \tag{例 2.1-2}$$

这就是小球下沉速度 v 随时间的变化规律，其 v-t 曲线如图例 2.1(b)所示。

⑥讨论：由式例 2.1-2 可知，当 t 增大时，v 也逐渐增大，而当 $t\to\infty$时，小球的速度趋向于 $v_T=(mg-B)/h$，我们称 v_T 为终极速度。值得指出：当 $t\to\infty$ 在物理上是指足够大。本例中只要$t\geqslant5\ m/h$时，就可以认为小球是以终极速度匀速下降了。

［例 2.2］ 怎样推拉最省力？

如图例 2.2(a)所示。一质量为 m 的物体 A，静止在倾角为 θ 的斜面上，已知物体 A 与斜面之间的静摩擦系数为 μ_s，要使物体开始向上移动，至少要用多大的力？

［解］ 此题属于第二类问题，即已知运动状态（静止）求作用力，而且还是一个有实用价值的求力的极小值的问题。为此，我们假设作用力 $\boldsymbol{F}$ 与斜面之间的交角为 α。

① 选物体 A 为研究对象。

② 对物体 A 作受力分析，画受力图。

③ 选地面为参照系，如图建立二维直角坐标 xoy。

④ 根据牛顿运动定律，对物体 A 列方程，则有

x 方向： $$F\cos\alpha-mg\sin\theta-\mu_sN=0 \tag{例 2.2-1}$$

y 方向： $$F\sin\alpha+N-mg\cos\theta=0 \tag{例 2.2-2}$$

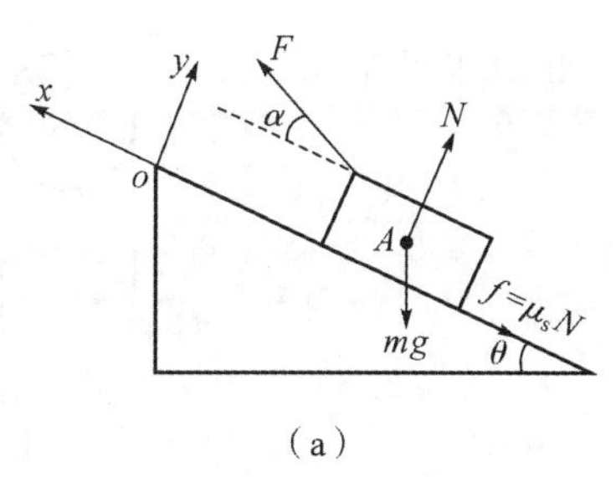

(a)

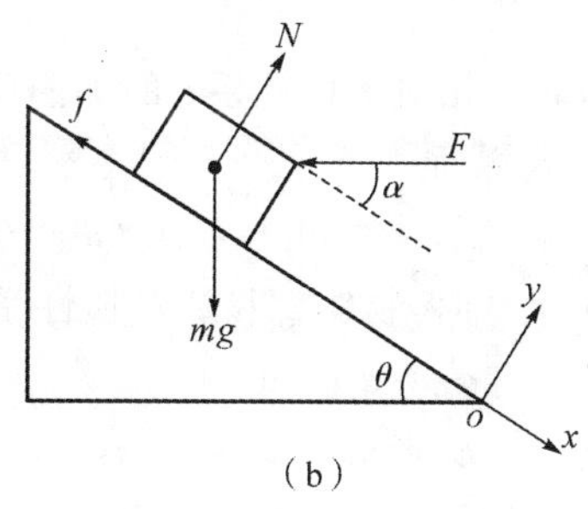

(b)

图例 2.2

⑤ 解方程：由式(例 2.2-2)求得 N，再代入式(例 2.2-1)，得到

$$F=\frac{mg(\sin\theta+\mu_s\cos\theta)}{\cos\alpha+\mu_s\sin\alpha} \quad (例\ 2.2\text{-}3)$$

因为上式(例 2.2-3)中的分子值不会改变。因此，当分母最大时，F 值即为最小。

令 $(\cos\alpha+\mu_s\sin\alpha)'=0$，求得当

$$\tan\alpha=\mu_s \quad (例\ 2.2\text{-}4)$$

时，F 为最小。将式(例 2.2-4)代入式(例 2.2-3)，化简后得最小值 F 为

$$F_{\min}=\frac{mg(\sin\theta+\mu_s\cos\theta)}{\sqrt{1+\mu_s^2}} \quad (例\ 2.2\text{-}5)$$

⑥ 讨论：由式(例 2.2-4)可知，α 其实就是物体在斜面上靠重力自行下滑的临界角 $\theta_s=\arctan\mu_s$，这说明，要使物体开始向上运动，则作用于物体上的向上拉力 F 与斜面成临界角 $\theta_s=\arctan\mu_s$ 时，所需的力最小。

如果我们把 $\mu_s=\tan\theta_s$ 代入式(例 2.2-5)，则可以得到利用 θ_s 表示的最小作用力的表示式

$$F_{\min}=mg\sin(\theta+\theta_s) \quad (例\ 2.2\text{-}6)$$

利用上述同样方法，还可以得到以下几个结论：

①如图例 2.2(b)所示，当斜面的倾角 θ 大于临界角 θ_s，而想要用一力 F 阻止物体从斜面上下滑，则也是阻力 F 与斜面成临界角，即 $\alpha=\theta_s$ 时，所需的力 F 最小，其大小为

$$F_{\min}=\frac{mg(\sin\theta-\mu_s\cos\theta)}{\sqrt{1+\mu_s^2}} \quad (例\ 2.2\text{-}7)$$

或

$$F_{\min}=mg\sin(\theta-\theta_s) \quad (例\ 2.2\text{-}8)$$

②在水平面上拉物体时，只要令 $\theta=0$，代入式(例 2.2-5)和式(例 2.2-6)，即得拉力 F 的最小值。

③如果物体已开始滑动，则应把滑动摩擦系数 μ_k 代替上述式中的静摩擦系数 μ_s，即为所要求的结论。

*2.4 用有效质量替代法求解复合阿特伍德机

2.4.1 简单阿特伍德机的有效质量

图 2.1 是简单的阿特伍德机的装置图。它由两个质量为 m_1 和 m_2 的物体 1 和 2(设 $m_1>m_2$)悬挂于滑轮 o 上组成。假定滑轮无阻力，绳子不会伸长，滑轮和绳的质量可以忽略不计，两物体和滑轮的加速度方向如图 2.1 所示。现选地球作惯性系 i，取垂直向上方向为坐标的正

方向。

当滑轮 o 相对于惯性系 i 的加速度 $\boldsymbol{a}_{0i}=0$ 时，物体 2 相对于滑轮 o 的加速度 $\boldsymbol{a}_{20}$ 满足

$$a_{20}=[(m_1-m_2)/(m_1+m_2)]g \tag{2.7}$$

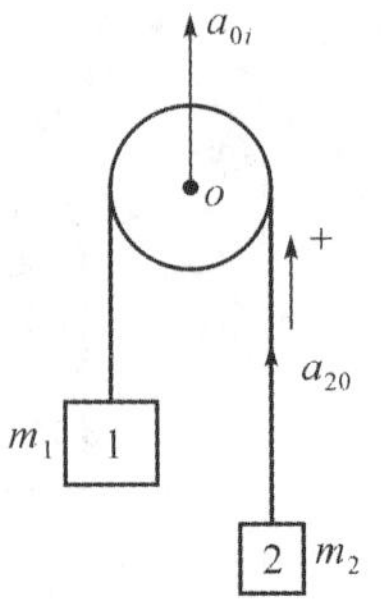

当 $\boldsymbol{a}_{0i}\neq 0$ 时，物体 1 和 2 对惯性系的加速度应为

$$\begin{aligned}\boldsymbol{a}_{2i}&=\boldsymbol{a}_{20}+\boldsymbol{a}_{0i}\\ \boldsymbol{a}_{1i}&=\boldsymbol{a}_{10}+\boldsymbol{a}_{0i}=-\boldsymbol{a}_{20}+\boldsymbol{a}_{0i}\end{aligned} \tag{2.8}$$

图 2.1 简单的阿特伍德机

对两个物体分别列运动方程得

$$T-m_2g=m_2(a_{20}+a_{0i})$$

$$T-m_1g=m_1(-a_{20}+a_{0i})$$

消去绳上张力 T，解得

$$a_{20}=[(m_1-m_2)/(m_1+m_2)]\cdot(g+a_{0i}) \tag{2.9}$$

显然，加速 m_2 的绳上张力 $T_2=m_2\text{g}+m_2a_{2i}$。将式(2.8)和式(2.9)代入可得

$$T_2=[2m_1m_2/(m_1+m_2)]\cdot(g+a_{0i})$$

按题意 $T_1=T_2$。因此，向上拉滑轮的绳上张力

$$T_0=T_1+T_2=[4m_1m_2/(m_1+m_2)]\cdot(g+a_{0i}) \tag{2.10}$$

式(2.10)可解释为：向上拉滑轮的绳上张力 T_0 等效于绳子下端悬挂一质量为 $4m_1m_2/(m_1+m_2)$ 的物体时的张力。

$$m_0=4m_1m_2/(m_1+m_2) \tag{2.11}$$

称为简单阿特伍德机的有效质量。

有效质量 m_0 具有这样的物理含义：任一简单的阿特伍德机在复合的阿特伍德机中(以下简称为复合机)，可由式(2.11)求出的单一质量 m_0 来代替。反之，悬挂于绳子上的任一质量 m_0，能够代替有效质量也为 m_0 的简单阿特伍德机。这一结论，对于求解复合机是非常有用的。

2.4.2 求解复合机

下面从最简单的复合机(图 2.2)开始讨论。它是用简单的阿特伍德机代替图 2.1 中质量 2 得到的。

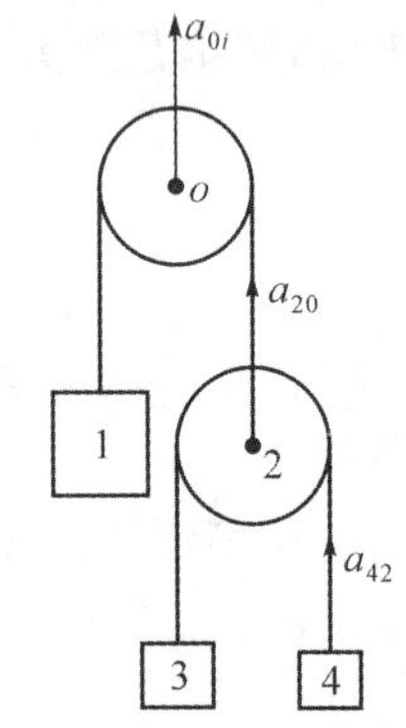

图 2.2 最简单的复合机

现在，定义为 m_2 包含滑轮 2 及质量 m_3,m_4 的简单阿特伍德机的有效质量。分析式(2.11)有

$$m_2=4m_3m_4/(m_3+m_4) \tag{2.12}$$

于是，在图 2.2 中运动的全部解就可以简便地写出：滑轮 2 相对于滑轮 o 的向上加速度 $\boldsymbol{a}_{20}$ 由式(2.9)给出，但式中 m_2 的值应由式(2.12)给出。滑轮 2 相对于惯性系的加速度 $\boldsymbol{a}_{2i}=\boldsymbol{a}_{20}+\boldsymbol{a}_{0i}$。质量 m_4 相对于滑轮 2 和相对惯性系的加速度 $\boldsymbol{a}_{42}$ 和 $\boldsymbol{a}_{4i}$ 为

$$\begin{aligned}a_{42}&=[(m_3-m_4)/(m_3+m_4)]\cdot(g+a_{2i})\\ \boldsymbol{a}_{4i}&=\boldsymbol{a}_{42}+\boldsymbol{a}_{2i}\end{aligned} \tag{2.13}$$

因质量 m_1,m_3,m_4 和 a_{0i} 都是已知的，所以利用式(2.8)，(2.9)，(2.12)就立即求出 $\boldsymbol{a}_{4i}$。由相互约束关系可知：m_3 相对滑轮 2 的加速度 $\boldsymbol{a}_{32}=-\boldsymbol{a}_{42}$，而 $\boldsymbol{a}_{3i}=\boldsymbol{a}_{32}+\boldsymbol{a}_{2i}=-\boldsymbol{a}_{42}+\boldsymbol{a}_{2i}$，$\boldsymbol{a}_{1i}=\boldsymbol{a}_{10}+\boldsymbol{a}_{0i}=-\boldsymbol{a}_{20}+\boldsymbol{a}_{0i}$，可见用“有效质量替代法”去求解复合机时，不必去解联立方程组。由前

面确定的加速度就可以求出每个新的未知加速度。

2.4.3　多次复合机

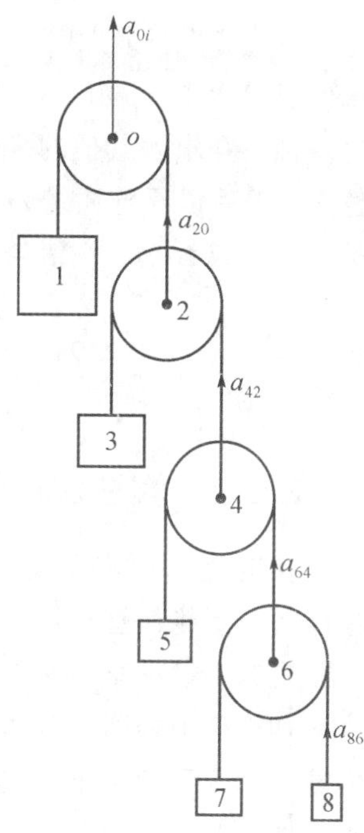

图 2.3　多次复合机

图 2.3 是含四个滑轮的多次复合机。它是在图 2.2 中,由悬挂质量 5 和 6 的滑轮 4 代替质量 4,再由悬挂质量 7 和 8 的滑轮 6 代替质量 6 而得到的。

对于这个问题,如果用正规的方法去求解是相当麻烦的。但是用“有效质量替代法”去求解则是简便的。只要用式(2.8)～(2.13),并再定义有效质量 m_4、m_6 如下:

$$\begin{aligned} m_4 &= 4m_5m_6/(m_5+m_6) \\ m_6 &= 4m_7m_8/(m_7+m_8) \end{aligned} \tag{2.14}$$

则此问题的全部解就容易写出。$\boldsymbol{a}_{2i}$ 和 $\boldsymbol{a}_{20}$ 还是利用式(2.8)和(2.9),其中 m_2 由式(2.12)给出,m_4 由式(2.14)给出。滑轮 4 的加速度由式(2.13)给出,滑轮 6 的加速度由下式给出

$$\begin{aligned} \boldsymbol{a}_{64} &= [(m_5-m_6)/(m_5+m_6)]\cdot(\boldsymbol{g}+\boldsymbol{a}_{4i}) \\ \boldsymbol{a}_{6i} &= \boldsymbol{a}_{64}+\boldsymbol{a}_{4i} \end{aligned} \tag{2.15}$$

m_6 由式(2.14)给出。质量 8 相对于滑轮 6 和惯性系的加速度由熟悉的下式给出

$$\begin{aligned} \boldsymbol{a}_{86} &= [(m_7-m_8)/(m_7+m_8)]\cdot(\boldsymbol{g}+\boldsymbol{a}_{6i}) \\ \boldsymbol{a}_{8i} &= \boldsymbol{a}_{86}+\boldsymbol{a}_{6i} \end{aligned} \tag{2.16}$$

质量 1,3,5,7 相对于它们各自的滑轮的加速度,由约束关系:$\boldsymbol{a}_{10}=-\boldsymbol{a}_{20}$,$\boldsymbol{a}_{32}=-\boldsymbol{a}_{42}$,$\boldsymbol{a}_{54}=-\boldsymbol{a}_{64}$ 和 $\boldsymbol{a}_{76}=-\boldsymbol{a}_{86}$ 给出。它们相对于惯性系的加速度由

$$\left.\begin{aligned} \boldsymbol{a}_{1i} &= \boldsymbol{a}_{10}+\boldsymbol{a}_{0i} \\ \boldsymbol{a}_{3i} &= \boldsymbol{a}_{32}+\boldsymbol{a}_{2i} \\ \boldsymbol{a}_{5i} &= \boldsymbol{a}_{54}+\boldsymbol{a}_{4i} \\ \boldsymbol{a}_{7i} &= \boldsymbol{a}_{76}+\boldsymbol{a}_{6i} \end{aligned}\right\} \tag{2.17}$$

与约束关系一起给出。于是,得到了问题的全部解。

当然,对复合机可以用比较正规的方法去求解。即在惯性系中对每一物体写出 $\boldsymbol{F}=m\boldsymbol{a}$,并考虑约束条件,由联列方程组解得结果。但是,这种方法,对于复合机来说,将是方程很多,代数运算冗长烦琐。如果有 n 个未知量,就得解 n 个线性方程。

对于图 2.3,这里写出了一个数字例子:我们取加速度以 g 作为单位量,质量以 m_1 作为单位量,并选取 $\boldsymbol{a}_{0i}=0$,$m_3=\frac{1}{2}$,$m_5=\frac{1}{4}$,$m_7=\frac{1}{8}$ 和 $m_8=\frac{1}{16}$。于是式(2.14)和式(2.12)给出了有效质量 $m_6=\frac{1}{6}$,$m_4=\frac{2}{5}$ 和 $m_2=\frac{8}{9}$。由式(2.9)给出 $a_{20}=a_{2i}=\frac{1}{17}$;由式(2.13)给出 $a_{42}=\frac{2}{17}$ 和 $a_{4i}=\frac{3}{17}$;由式(2.15)给出 $a_{64}=\frac{4}{17}$ 和 $a_{6i}=\frac{7}{17}$;最后由式(2.16)给出 $a_{86}=\frac{8}{17}$ 和 $a_{8i}=\frac{15}{17}$。根据式(2.17)得出质量 1,3,5 和 7 都是有相同的加速度(1/17)g。

2.4.4　学生练习

(1) 假如不是已知 a_{0i},而是已知悬挂滑轮 o 的绳上张力 T_0,则式(2.8)就变成为 a_{20}

$=[(m_1-m_2)/4m_1m_2]\cdot T_0$，$a_{2i}=a_{20}+a_{0i}$。而其余方程形式都不改变。

(2) 求所有绳上的张力。例如，对于图 2.3，$T_2=m_2\cdot(g+a_{2i})$。这里，m_2 由式(2.12)和式(2.14)给出，a_{2i} 由式(2.8)和式(2.9)给出。

推广并求解其他的复合机。例如，由图 2.2 开始，以悬挂质量 m_a 和 m_b 的阿特伍德机代替 m_1，然后以悬挂质量 m_c 和 m_d 的阿特伍德机代替 m_3。之后，如同图 2.3 那样做下去。无论是图 2.2 或者图 2.3 诸类，问题的全部解都可以简便地写出来。

*2.5 非惯性系、非惯性系中的运动定律

2.5.1 惯性系和非惯性系

在运动学中，按研究问题的方便，可以任意选择参照系。但在动力学中，应用牛顿定律时，参照系却不能任意选择。因为牛顿运动定律不是对所有参照系都成立的。请看下面的例子：

设有一辆小车 A 停在站台上，若选地面作参照系，则此小车所受的合力为零，所以加速度为零是符合牛顿第二定律 $\boldsymbol{F}=m\boldsymbol{a}$ 的。如果选择以加速度 $\boldsymbol{a}_0$ 运动的列车车厢作参照系，车厢内的观察者看到小车 A 是以 $\boldsymbol{a}_0$ 向车尾方向加速运动的。小车所受的合外力仍然是零，而却有了加速度 $\boldsymbol{a}_0$。这显然是违背牛顿定律的。因此，相对于作加速运动的车厢参考系，牛顿定律是不成立的。

由上例可见，对有些参考系牛顿定律成立，对另一些则不然。实际上，牛顿定律只有在惯性参考系(简称惯性系)中才成立。惯性系就是用牛顿第一定律定义的参考系，在此参考系中，一个不受力作用的物体将保持静止或做匀速直线运动。

惯性系有一个重要的性质，即：如果我们确认了某一参考系为惯性系，则相对于此参考系做匀速直线运动的任何其他参考系也一定是惯性系。反过来我们也可以说，相对于一个已知惯性系做加速运动的参考系，一定不是惯性系，或者说是一个非惯性系。

具体判断一个实际的参考系是不是惯性系，只能根据实验观察。太阳参考系，即原点固定在太阳中心而坐标轴指向固定方向(以恒星为基准)的参考系，是个很好的惯性系。这是因为通过天文观测或宇宙飞行器的发射与控制，人们知道了行星和宇宙飞行器的运动完全由牛顿定律支配的缘故(这里的作用力主要是万有引力或火箭的推动力)。地面参考系是坐标轴固定在地面上的参考系。由于地球有自转，但自转角速度较小，地面上各处相对自转轴的法向加速度($a_n=\omega^2R$)不超过 $3.40\times10^{-2}\,\mathrm{m/s^2}$(在赤道上)，所以地面参照系可以看作近似的惯性系，今后，在没有特别指明时，一律都把地面参照系称为惯性系。

2.5.2 非惯性系中的运动定律

前面已经指出，在非惯性系中，牛顿第一、二定律是不适用的。那么在非惯性系中，如何来分析和解决动力学问题呢？解决问题的基本思路是：把相对运动中的加速度变换式 $\boldsymbol{a}=\boldsymbol{a}'+\boldsymbol{a}_0$ 代入在惯性系 S 中成立的 $\boldsymbol{F}=m\boldsymbol{a}$ 中，经移项得：$\boldsymbol{F}+(-m\boldsymbol{a}_0)=m\boldsymbol{a}'$，然后把$(-m\boldsymbol{a}_0)$也看作质点所受的一种力，称之为惯性力 $\boldsymbol{f}^*$。这样就可得到非惯性系中的运动定律：

$$\boldsymbol{F}+\boldsymbol{f}^*=m\boldsymbol{a}' \tag{2.18}$$

式中，$\boldsymbol{F}=\sum\boldsymbol{F}_i$ 就是实际作用于质点的各种相互作用力(例如重力、弹力、摩擦力等)的合外

力；$\boldsymbol{f}^*=-m\boldsymbol{a}$ 是惯性力；$\boldsymbol{a}'$是质点相对于非惯性系（即相对于运动坐标系）S'的相对加速度。这样，在引入惯性力之后，式(2.18)就在形式上与牛顿第二定律保持了一致。用式(2.18)就可以来分析和解决非惯性系中的动力学问题了。

2.5.3　惯性力

惯性力定义为：$\boldsymbol{f}^*=-m\boldsymbol{a}_0$，其方向与非惯性系相对于惯性系的加速度（即相对运动中牵连加速度）$\boldsymbol{a}_0$ 的方向相反，其大小等于质点的质量 m 与 a_0 的乘积。

为了加强对惯性力的认识，我们仍用 2.5.1 节中的例子来加以说明。如前所述，把地面作为惯性系，则停在站台上的小车 A 是符合 $\boldsymbol{F}=m\boldsymbol{a}$ 的。而列车车厢是一个非惯性系，因为它相对于地面惯性系有一加速度 $\boldsymbol{a}_0$（现设 $\boldsymbol{a}_0$ 沿 x 轴正向）。车厢上的观察者看到的是小车 A 所受合力（重力和支持力的和）$\boldsymbol{F}$ 为零，而小车 A 却以 $\boldsymbol{a}_0$ 向 x 轴负方向加速运动。为了解释这一现象，车厢上的观察者就假设小车 A 除受重力和支持力的合力 $\boldsymbol{F}$ 外，还受到沿 x 轴负方向的惯性力 $\boldsymbol{f}^*=-m\boldsymbol{a}_0$。

通过上例分析，可以看出惯性力 $\boldsymbol{f}^*$ 具有以下的特征：

(1) 惯性力 $\boldsymbol{f}^*$ 是非惯性系中的观察者为了在非惯性系中应用牛顿第二定律而假想出来的力。惯性力与重力、张力、摩擦力等相互作用力有本质的不同。惯性力没有施力者，也就谈不上反作用力。惯性力只有使物体产生加速度的效果，而不具备力是物体间的相互作用这一特性。

(2) 惯性力的实质是非惯性系对惯性系加速度 $\boldsymbol{a}_0$ 的反映，或者说是物体惯性在非惯性系中的表现。在刹车时，乘客受惯性力作用而前倾就是一个受惯性力作用的常见例子。

2.5.4　宇航员遇到的超重和失重

日常生活中，当电梯加速上升时，人感到体重增加；电梯加速下降时，人感到体重减轻。这种超重和失重现象就是人除了重力外还受到惯性力作用之故。同样，在宇宙航行中，宇航员也会遇到超重和失重。

一、超重

当宇宙飞船离地加速竖直上升，且宇航员头向上，脚向下时，宇航员受到惯性力和重力的共同作用，会使宇航员的血液受惯性力作用而向下半身流动，头部血压下降，当加速度达到一定数值时，视觉变得模糊，进而周边视觉消失，视野缩小，发生灰视；加速度若进一步增大时，中心视觉也随之消失，两眼发黑，称为黑视。数值较大的正超重，可因脑组织缺氧而导致丧失意识。反之，在飞船返回大气层时，负加速度使宇航员产生负超重，这时血液从下身向头部流动，头部充血，则出现红视，负超重也会使人昏迷。迄今，对超重产生的这些有害的生理反应的防护办法是尽量降低飞船上升或下降时的加速度的数值，以及使人身体姿势与加速度 a 之间处于最有利的角度（如在火箭点火时，宇航员要躺着固定在坐椅上）。

二、完全失重

所谓完全失重，是指在飞行的飞船这一参考系中，惯性力与地球引力相抵消，使物体的合力（或视在重量）几乎为零。

在完全失重条件下，宇航员体内的血液分布发生了变化。他们的脸部变得浮肿，出现充血、恶心、腹胀甚至产生幻觉。初上太空，宇航员经常被“头痛”所困扰，并且发现自己的小腿圈小了，但身体却长高了约 2.54 cm。这是因为在失重状态下，人体的脊柱骨不再被压缩，骨骼处于松弛状,人就"长高"了。不过,一旦宇航员返回地面,他又会恢复到原来的高度。

在完全失重的环境里,许多事情是很奇妙的。宇航员可以把 2000 kg 的卫星毫不费力地举起;他若不小心把牛奶打翻,牛奶并不泼在地板上,液滴可以悬在空中一动也不动,也可以沿任何方向严格地做匀速直线运动,直到它碰到舱壁为止。在这样一个非惯性系的理想环境中,验证惯性定律,恐怕在伽利略时代是做梦也不会想到的。

*2.6 惯性离心力

2.6.1 惯性离心力

如图 2.4 所示,一圆盘以匀角速度 ω 转动,盘上沿半径有一条光滑槽。槽内有一小球 B,通过弹簧与盘中心(即原点 o')相连,并随盘一起转动。小球作圆周运动所需的向心力 $\boldsymbol{F}_n$ 由拉长的弹簧弹力提供。

$$\boldsymbol{F}_n = m\boldsymbol{a}_n = -m\omega^2\boldsymbol{R} \tag{2.19}$$

式中,R 表示由盘心 o' 指向小球 B 的矢径,"—"表示 $\boldsymbol{F}_n$ 的方向由 B 指向 o'。

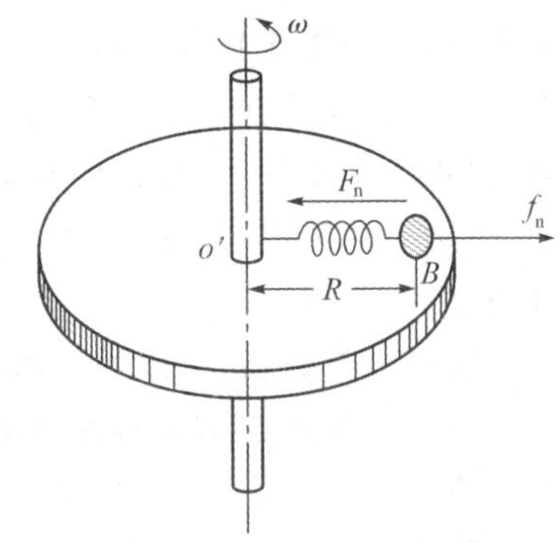

图 2.4 在转盘参照系上观察

若以转盘为参照系的观察者,却认为小球虽受指向盘心 o' 的弹力 $\boldsymbol{F}_n$ 的作用却保持静止,没有产生指向 o' 的加速度,这显然违反了牛顿第二定律。为了也能按照牛顿第二定律的形式解释这一事实,就必须假定,还有一个和 $\boldsymbol{F}_n$ 指向相反、大小相等的力 $\boldsymbol{f}_n$ 作用在小球上,其值为

$$\boldsymbol{f}_n = -m\boldsymbol{a}_n = m\omega^2\boldsymbol{R} \tag{2.20}$$

在 $\boldsymbol{F}_n$ 和 $\boldsymbol{f}_n$ 的共同作用下,小球才相对于转盘静止。这个力 $\boldsymbol{f}_n$ 称为惯性离心力。惯性离心力也是一种惯性力。

2.6.2 惯性离心力的典型事例及其应用

惯性离心力在日常生活和自然现象中也是常见的。例如当汽车转弯时,乘客向外倾倒的现象。以汽车为参照系时,就是因为乘客在惯性离心力和摩擦力的共同作用下产生一个使乘客向外转动的力矩。

我们知道,地球的赤道半径大于极半径,这是因为地球本身是一个转动系统。在地球绕地轴自转时,地球上的各点都要受到惯性离心力的作用。离地轴远的点比离地轴近的点所受的惯性离心力大,因此在其形成过程中地球就成为椭球形。又如同一物体的重量,一般地说随纬度而有微小的变化。在赤道处重量最轻,原因之一也是地球的自转,使得物体在不同的纬度处所受惯性离心力的大小不同而引起的。再如,洗衣机中的脱水装置,在转动时,能把衣服中的水脱掉,也是应用了这个道理。

2.6.3 科里奥利力简介

如果物体相对于转动参照系不是静止,而是做相对运动时,那么由转动参照系上的观察者看来,除惯性离心力外,物体还将受到另一惯性力的作用,这种惯性力是科里奥利力,它是 1832 年科里奥利在研究机械理论,主要是水轮机理论时,首先引入的。科里奥利力的大小和方向由下式决定：

$$f_k = -2m\boldsymbol{\omega} \times \boldsymbol{v}'$$

式中，m 是物体的质量，$\boldsymbol{\omega}$ 是转动参照系的角速度，$\boldsymbol{v}'$ 是物体相对于转动参照系的径向速度。

直接验证地球自转的著名的傅科摆实验，就是科里奥利力作用的结果。

思考题

2.1　在什么条件下，绳内各截面张力处处相等且等于作用在绳端的拉力？

2.2　试回答下列问题：

(1)物体受到几个力的作用时，是否一定产生加速度？

(2)若物体的速度很大，是否意味着其他物体对它作用的合外力也一定很大？

(3)物体运动的方向和合外力的方向总是相同的，此结论是否正确？

(4)物体运动时，如果它的速率不改变，它所受到的合外力是否为零？

2.3　指出图思考题 2.3 中所示 5 种情况下物体 A 所受摩擦力的方向。

(a)物体 A 静止在斜面上；(b)拉力小于 A 物重的一半，对 A 拉而不动；(c)拉力大于 A 物重的一半，对 A 拉而未动；(d)A 随 B 一起水平加速运动；(e)A 随 B 一起均匀转动。并由上述 5 种情况总结应当如何判断静摩擦力的方向。

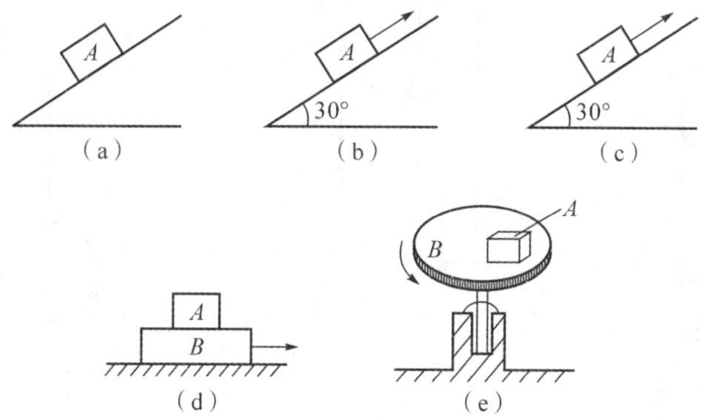

图思考题 2.3

*2.4　当飞机由爬升转为俯冲时(见图思考题 2.4(a))，飞行员由于脑充血而“红视”(视场变红)；当飞机由俯冲拉起时(见图思考题 2.4(b))，飞行员由于脑失血而“黑晕”(视场变黑)，这是为什么？

图思考题 2.4

*2.5　惯性力是怎样产生的？它有没有反作用力？为什么要引入惯性力？惯性力的方向和数值取决于什么因素？

习　题

2.1　设半径为 r，密度为 $\rho_水$ 的雨滴在空气中竖直落下，空气对雨滴的阻力 f 与雨滴下降速度 v 的平方成正比，并可表示为 $f=CSv^2$，这里 $S=\pi r^2$ 为雨滴的横截面积，C 为一个比例常数。试求雨滴下落的终极速度 $\boldsymbol{v}_T$，并说明小雨滴和大雨滴在空气中哪个降落得比较快？

2.2　用质量为 $m_1=50.0$ kg 的大板车，运送一质量为 $m_2=100$ kg 的木箱，如图题 2.2 所示。已知车板是水平的，木箱与车板间的摩擦系数 $\mu=0.500$，大板车与路面的滚动摩擦阻力可以忽略不计，问拉(或推)大板车的水平分力 F 最大不能超过多少，才能保证木箱不致往后溜下？

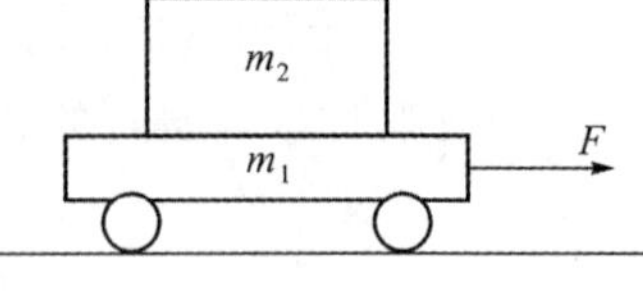

图题 2.2

2.3　在图例 2.2(b)中(第 27 页)，以一力 F 阻止物体从斜面上下滑(斜面的倾角 θ 大于临界角 $\theta_s=\arctan\mu_s$)。设物体的质量为 m，物体与斜面的摩擦系数为 μ_s。问阻止物体下滑的力 F 与斜面成多大角度时，所需的力 F 为最少？最小值 F 为多少？

2.4　如图题 2.4 所示，用绳 A 挂一滑轮，在轮上跨一绳，绳的 B 端挂一质量 40.0 kg 的平台，C 端被站在平台上的人拉住，人的质量 80.0 kg，当人用力拉绳，使自己和平台一起以加速度 $a=5.00$ m/s^2 上升时，试求：(1)A、B、C 各段绳上的张力；(2)人对平台的压力。(滑轮和绳的质量不计)

*2.5　图题 2.5 为最简单的复合阿特伍德机，其中 O 为定滑轮，2 为动滑轮，它们和绳的质量均可忽略。当 $m_1=2.00$ kg，$m_3=1.00$ kg，$m_4=0.500$ kg 时，试求：(1)物体 m_1，m_3 和 m_4 的加速度 a_{1i}，a_{3i} 和 a_{4i}；(2)每条绳上的张力，即 T_2，T_4 各为多少？

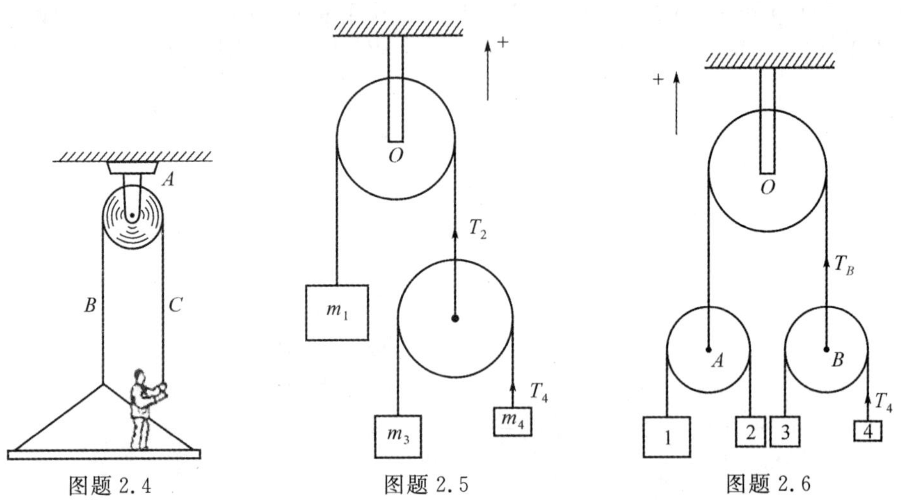

图题 2.4　　图题 2.5　　图题 2.6

*2.6　图题 2.6 为含滑轮 O,A,B 的复合阿特伍德机，滑轮和绳的质量均可忽略，当 $m_1=1$ kg，$m_2=m_3=\dfrac{1}{3}$ kg，$m_4=\dfrac{1}{9}$ kg 时，试求：(1)物体 m_4 的加速度 a_{4i}；(2)滑轮 O 和 B 上绳子的张力 T_B 和 T_4。

*2.7　当升降机以 $g/3$ 的加速度下降时，电梯中质量为 M 的人开始以相对于电梯为 $2g/3$ 的加速度向上举一质量为 m 的重物。试分别以地面和升降机为参照系，求人对升降机地板的压力 R。

*2.8　如图题 2.8 所示两根长为 a 的绳子连住一质量为 m 的小球。两绳的另一端分别固定在相距为 a 的棒的两点上，今使小球在水平面内绕棒作匀速圆周运动。求：(1)转速多大时，下面一根绳子刚伸直？(2)在(1)的情况下，上面一根绳子张力为多大？

*2.9　如图题 2.9 所示，一根不可伸长的无摩擦的轻绳跨过定滑轮，绳子一端挂一质量 $m=1.0$ kg 的重物，绳的另一端施力 F，当 $F=9.8$N 时，此系统处于平衡状态。从某一时刻开始，拉力按 $F=9.8+4t-2t^2$ 规律作用。问当拉力 F 变为9.8N 时，重物的最大速度是多少？

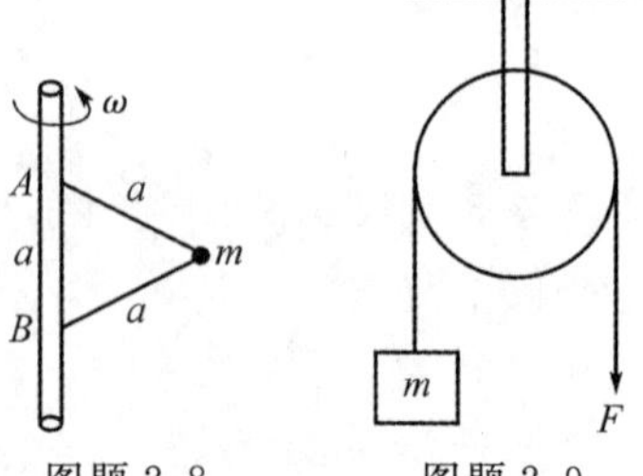

图题 2.8　　图题 2.9

科学家介绍

牛 顿

1. 生平简介

牛顿(Isaac Newton,1642—1727)是英国物理学家、数学家、天文学家和经典物理学的创始人。1642 年 12 月 25 日,牛顿生于英国英格兰林肯郡伍尔索普村的一个农民家庭。据说,牛顿小时学习成绩平平,但是喜欢玩弄一些小机械,制造水钟和风车,表现出对机械制作的浓厚兴趣,而且对问题爱寻根究底。1661 年,他考入了剑桥大学三一学院。在此期间,他认真阅读了许多物理和数学书籍,其中有开普勒的光学、欧几里得和笛卡尔的几何学。1663 年,三一学院创办自然科学讲座,第一位讲座主持人是数学家伊萨克·巴罗(Issac Barrow,1630—1677),是他把牛顿引向自然科学,特别是数学和光学的研究。

1665 年,牛顿毕业后留校。这年 6 月,剑桥因瘟疫的威胁而停课,牛顿也回家乡一连住了 20 个月。这 20 个月是他一生中创造力最旺盛的时期。他一生中最重要的科学发现,如微积分、万有引力定律、光的色散等在这一时期都已基本上孕育成熟。在以后岁月里,他的工作都是对这一时期研究工作的发展和完善。

1667 年,牛顿回到剑桥大学,翌年获得硕士学位。1669 年,巴罗辞去职务,让牛顿晋升为教授。1670 年,牛顿又担任了卢卡斯讲座教授。1672 年,他被选为皇家学会会员,此后一直在剑桥大学工作。1689 年和 1701 年,他先后两次以剑桥大学代表的身份被选入议会。1696 年,他被任命为皇家造币厂监督。1699 年,他又被任命为造币厂厂长,同年被选为巴黎科学院院士。1703 年起他被连选连任皇家学会会长,直到逝世。由于他在科学研究和币制改革上的功绩,1705 年被女王授予爵士爵位。他终生未婚,晚年由侄女照顾。1727 年 3 月 20 日病逝于肯辛顿村,享年 85 岁。在他一生的后二三十年里,他转而研究神学,他在神学方面的研究手稿竟有 150 万字之多,而在科学上却几乎不再有什么贡献了。

2. 科学成就

牛顿在数学、物理学、天文学等多方面创造了惊人的奇迹。

在数学方面,牛顿是微积分的创始人之一,同莱布尼兹一道名垂千古。1665 年,牛顿在 23 岁时便发现了"二项式定理"和"流数法","流数法"就是现代所说的微分法。同时,他还发现了流数法反演,即积分法。微积分的创立,为近代科学发展提供了最有效的工具,开辟了数学上的一个新纪元。

在物理学方面。牛顿取得了力学、热学、光学等多方面的巨大成就。牛顿是经典力学理论的开创者。他在 1687 年出版的名著《自然哲学的数学原理》(简称《原理》)中,把伽利略提出、笛卡儿完善的惯性定律写下来作为第一运动定律;他定义了质量、力和动量,提出了动量改变与外力的关系并把它作为第二运动定律;他写下了作用和反作用的关系作为第三运动定律。这一定律是在研究碰撞规律的基础上建立的,而在他之前,华里士、雷恩、惠更斯等人都仔细地研究过碰撞现象,实际上已发现了这一定律。他还写下了力的独立作用原理、伽利略的相对性原理、动量守恒定律,以及他对空间和时间的理解,即所谓绝对空间和绝对时间的概念,等等。

牛顿三大运动定律总结提炼了当时已发现的地面上所有力学现象的规律。它们形成了经典力学的基础，在以后的两百多年里几乎统治了物理学的各个领域。对于热、光、电现象人们都企图用牛顿定律加以解释，而且在有些方面，如热的动力论，居然取得了惊人的成功。这种理论上的成功甚至导致机械自然观的建立，最后曾从思想上束缚过自然科学的发展。在实践上，牛顿定律至今仍是许多工程技术，例如机械、土建、动力等理论基础，发挥着从不衰退的作用。在《原理》一书中，牛顿还继续了哥白尼、开普勒、伽利略等对行星运动的研究，在惠更斯的向心加速度概念和他自己的运动定律基础上得出了万有引力定律。实际上牛顿同代人胡克、雷恩、哈雷等人也提出了万有引力定律(万有引力一词出自胡克)，但他们只限于说明行星的圆运动，而牛顿用自己发明的微积分还解释了开普勒的椭圆轨道，从而圆满地解决了行星的运动问题。牛顿(还有胡克)正确地提出了地球表面物体受的重力和地球月球之间以及太阳行星之间的引力具有相同的本质。这样，再加上他原来是把用于地上的三条定律用于行星的运动而得出的正确结果，就宣告了天上地上的物体都遵循同一规律，彻底否定了亚里士多德以来人们认为天上和地上不同的思想。这是人类对自然界认识的第一次大综合、大飞跃。

除了在力学上的巨大成就外，牛顿在光学方面也有很大的贡献。例如，他发现并研究了色散现象。1704 年出版了《光学》一书，记载了他对光学的研究成果以及提出的问题。书中讨论了颜色、色光的反射和折射以及虹的形成，现在称之为"牛顿环"的光学现象的定量的研究，光和物体的相互"转化"问题，冰洲石的双折射现象等。关于光的本性，他曾谈论过"光微粒"。但他也并非是光的微粒说的坚持者，因为他也曾提到过"以太的振动"。

此外，在热学方面，牛顿确立了冷却定律。在粘滞流体动力学中，也表现了牛顿的巨大创造性，例如人们常把公式 $f=\eta\frac{\mathrm{d}v}{\mathrm{d}z}\Delta s$ 称作牛顿粘滞定律。

在天文学方面，牛顿可以称为近代伟大的天文学家。他的杰出贡献是制作了反射式望远镜。反射式望远镜的制造成功，是天文学史上的一项重大革新。自伽利略发明第一架天文望远镜以来，人们对宇宙的认识范围迅速扩展，但是当时流行的伽利略、开普勒等人发明和制造的折射望远镜，口径有限，制造大型望远镜不但困难，而且太庞大，同时折射望远镜的折射色差和球差都很大，这些大大限制了天文观测的范围。牛顿由于了解了白光的组成，因而于 1668 年设计制成了第一架反射式望远镜。这种望远镜能反射较广光谱范围的光而无色差，容易获得较大的口径，同时对球差也有校正。这样牛顿为现代大型天文望远镜的制造奠定了基础。

牛顿在天文学上的另一重要贡献是对行星的运动规律进行了全面考察，特别是对开普勒等人的学说进行过系统的研究。1686 年他在给哈雷的信中说明了天体可以按照质点处理而证明了开普勒的行星运动的椭圆形轨道以及彗星的抛物线轨道。牛顿还进一步发展了自己的理论，认为行星都是由于自转而使两极扁平赤道突出，还预言地球也是这样的球体。由于地球不是正球体，牛顿就指出太阳和月球的引力将不会通过地球中心，因此地轴将作一缓慢的圆锥运动。这便出现了二分点的岁差现象。对于潮汐现象，牛顿也作了解释，他认为这是太阳和月亮引力造成的。

牛顿继续并完成了由他的先辈们开始的科学革命，实现了物理学发展史上第一次大综合。他的科学成果对尔后两个多世纪自然科学的发展打上了深刻的烙印，他在近代自然科学发展史上占有独特的地位，但是牛顿对他自己所以能在科学上有突出的成就以及这些成就的历史地位有清醒的认识。他曾说："如果说我比多数人看得远一些的话，那是因为我站在巨人们的肩上。"在临终时，他还留下了这样的遗言："我不知道世人将如何看我，但是，就我自己看来，我好像不过是一个在海滨玩耍的小孩，不时地为找到一个比通常更光滑的卵石或更好的贝壳而感到高兴。但是，有待探索的真理的海洋正展现在我的面前。"

第3章 运动守恒定律

第二章我们讨论了质点动力学的基本定律——牛顿运动定律。本章将从牛顿运动定律出发，导出经典力学的三大定理和三大守恒定律，即动能定理和能量守恒定律，动量定理和动量守恒定律，以及角动量定理和角动量守恒定律。表面上看来，这三大定理仅是牛顿定律的数学变形，但物理学的发展表明：能量、动量和角动量是更为基本的物理量，它们的守恒定律具有更广泛、更深刻的意义。能量、动量和角动量及其各自的守恒定律是既适合于宏观世界，又适合于微观领域，既适用于实物又适用于场的物理量和运动规律。

3.1 功、动能定理

我们知道：$\boldsymbol{F}=m\boldsymbol{a}$ 这是一个瞬时关系式。而物体的运动过程总是在一定空间中和一段时间中进行的。从空间角度看，在不同的位置，物体所受的力 $\boldsymbol{F}$ 和加速度 $\boldsymbol{a}$ 可以是不同的；从时间角度看，在不同的时刻，物体所受的力和加速度也可以是不同的。那么，物体在力 $\boldsymbol{F}$ 的持续作用下，**力对空间的积累效应**，即 $\int \boldsymbol{F}\cdot \mathrm{d}\boldsymbol{r}$ 是什么呢？这就是力所做的功。而**力对时间的积累效应**，即 $\int \boldsymbol{F}\cdot \mathrm{d}t$ 就是力的冲量。

为了讨论能量守恒，我们将先讲功，再讲能，进而导出动能定理。然后阐述功和能之间的关系——功能原理。最后讨论机械能守恒、能量守恒定律。

3.1.1 变力沿曲线所做的功

中学物理中已经讲过功的含义，并且知道恒力做的功

$$A=F\Delta r\cos\theta=\boldsymbol{F}\cdot\Delta\boldsymbol{r} \tag{3.1}$$

其中，θ 是作用力 $\boldsymbol{F}$ 与位移 $\Delta\boldsymbol{r}$ 间的夹角。如图3.1所示，当质点在变力 $\boldsymbol{F}$ 作用下沿某一曲线轨道从 a 运动到 b 时，变力 $\boldsymbol{F}$ 在此过程中所做的功，要按下述步骤进行：

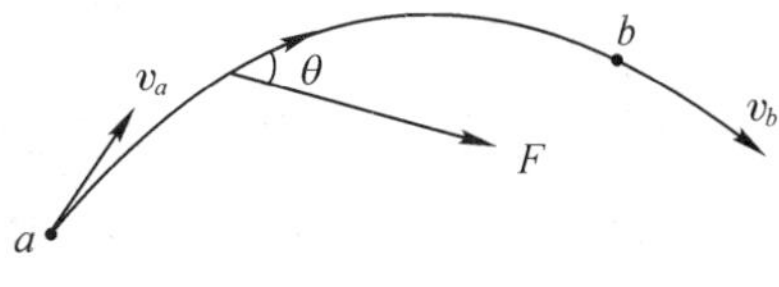

图3.1 变力做功

(1) 分割。把曲线 a 到 b 分成 n 小段，使每一小段都足够小，小到可以近似地看成直线，并近似沿曲线的切线方向，且每小段上力可视为恒力。

(2) 计算第 i 段 $\Delta\boldsymbol{r}_i$ 上力所做的元功：$\Delta A_i=\boldsymbol{F}_i\cdot\Delta\boldsymbol{r}_i$。

(3) 求和。当质点从 a 运动到时 b 时，变力 $\boldsymbol{F}$ 所做的总功近似为

$$A\approx\sum_{i=1}^{n}\Delta A_i=\sum_{i=1}^{n}(\boldsymbol{F}_i\cdot\Delta\boldsymbol{r}_i)$$

(4) 取 $n\to\infty$，求积分，得到功的计算式

$$A = \lim_{n \to 0} \sum_{i=1}^{n} (\boldsymbol{F}_i \cdot \Delta \boldsymbol{r}) = \int_a^b \boldsymbol{F} \cdot \mathrm{d}\boldsymbol{r} = \int_a^b F\cos\theta \mathrm{d}r \tag{3.2}$$

由上式可知：功的数值等于力 $\boldsymbol{F}$ 与元位移 $\mathrm{d}\boldsymbol{r}$ 的线积分。功的单位是焦(J)。功还具有以下几个性质：

(1) 功是标量，且有正负，其正负决定于力与位移间的夹角。

(2) 因位移是与参考系有关的相对量。因此，功随所选参考系的不同而异。

(3) 若质点同时受几个力作用，则合力做的功等于各分力所做之功的代数和。

证明如下：

$$A = \int_a^b \left(\sum_i \boldsymbol{F}_i \cdot \mathrm{d}\boldsymbol{r}\right) = \sum_i \int_a^b \boldsymbol{F}_i \cdot \mathrm{d}\boldsymbol{r} = \sum_i A_i$$

(4) 在直角坐标系中，单一力 $\boldsymbol{F}$ 对质点做的功可表示为

$$A = \int_a^b \mathrm{d}A = \int_a^b \boldsymbol{F} \cdot \mathrm{d}\boldsymbol{r} = \int_{x_a}^{x_b} \boldsymbol{F}_x \cdot \mathbf{d}\boldsymbol{x} + \int_{y_a}^{y_b} \boldsymbol{F}_y \cdot \mathrm{d}\boldsymbol{y} + \int_{z_a}^{z_b} \boldsymbol{F}_z \cdot \mathrm{d}\mathbf{z}$$

这里，(x_a, y_a, z_a) 和 (x_b, y_b, z_b) 是 a，b 两位置的直角坐标。因此，计算功的线积分可分为沿三个坐标轴的普通积分。

下面以弹性力和引力做功作为例子，进一步讨论变力做功的问题。

一、弹簧伸缩过程中，弹性力做的功

如图 3.2 所示，弹簧无伸长时，弹簧自由端的位置取为坐标原点 o。沿弹簧伸长的方向取为轴的正向。这时弹簧自由端的坐标 x 就等于弹簧的伸长量。根据胡克定律，弹性力

$$\boldsymbol{F} = -k\boldsymbol{x} \tag{3.3}$$

当把弹簧从 x_a 拉长到 x_b 时，弹性力所做的功应为

$$A = \int_{x_a}^{x_b} \boldsymbol{F} \cdot \mathrm{d}\boldsymbol{r} = \int_{x_a}^{x_b} -kx\mathrm{d}x = -\frac{1}{2}k(x_b^2 - x_a^2) \tag{3.4}$$

可见，在弹簧伸长过程中，拉力 $\boldsymbol{F}'$ 是做正功，弹性力 $\boldsymbol{F}$ 是做负功。

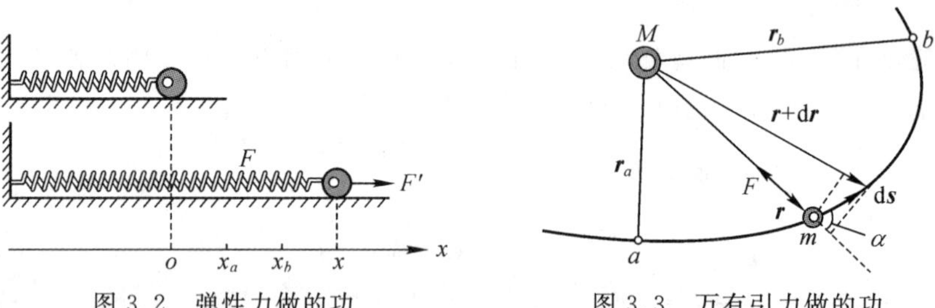

图 3.2　弹性力做的功　　　图 3.3　万有引力做的功

二、物体在引力场中移动时，万有引力做的功

如图 3.3 所示，质量 m 的物体在质量 M 的物体所产生的引力场中，由 a 点沿图示的路径移动到 b 点时，计算引力做的功：

首先计算在任一位移元 $\mathrm{d}s$ 中，引力做的元功 $\mathrm{d}A = \boldsymbol{F} \cdot \mathrm{d}\boldsymbol{s}$。

其中，$\boldsymbol{F} = -(GMm/r^2)\boldsymbol{r}/r = -(GMm/r^3)\boldsymbol{r}$，$\boldsymbol{r}$ 为由 M 指向 m 的矢径，负号表示 M 作用在 m 上的引力的方向与 $\boldsymbol{r}$ 相反，由此可得

$$\mathrm{d}A = -(GMm/r^3)\boldsymbol{r} \cdot \mathbf{d}\boldsymbol{s}$$

由图 3.3 可知，$\boldsymbol{r} \cdot \mathbf{d}\boldsymbol{s} = r\mathrm{d}s\cos\alpha = r\mathrm{d}r$，代入上式后得

$$\mathrm{d}A = -GMm\mathrm{d}r/r^2$$

再对上式积分，就可得到当 m 由 a 移到 b 时引力做的总功 A。即

$$A=-GMm\int_{r_a}^{r_b}\frac{\mathrm{d}r}{r^2}=-GMm\left(\frac{1}{r_a}-\frac{1}{r_b}\right) \tag{3.5}$$

式中，r_a，r_b 分别为 a，b 点离开 M 的距离。上式表明当 $r_a<r_b$，即 m 远离 M 时，$A<0$ 引力做负功，而当 $r_a>r_b$，即 m 接近 M 时，$A>0$ 引力做正功。

3.1.2 功率

为了反映做功的快慢，引入功率的概念。在 Δt 时间间隔内所做的功为 ΔA，则力在 Δt 内的平均功率为 $\bar{p}=\dfrac{\Delta A}{\Delta t}$。我们将 $\Delta t\to 0$ 时的平均功率的极限定义为**瞬时功率**

$$P=\lim_{\Delta t\to 0}\frac{\Delta A}{\Delta t}=\frac{\mathrm{d}A}{\mathrm{d}t} \tag{3.6}$$

将 $\mathrm{d}A=\boldsymbol{F}\cdot\mathrm{d}\boldsymbol{r}$ 代入式(3.6)得

$$P=\boldsymbol{F}\cdot\boldsymbol{v} \tag{3.7}$$

所以，瞬时功率等于力 $\boldsymbol{F}$ 与质点瞬时速度 $\boldsymbol{v}$ 的标量积。功率的单位是瓦(W)。因为功是能量转换的量度，所以，功率的大小给出了能量从一种形式向其他形式转换的快慢程度。

3.1.3 动能和动能定理

一、动能与参考系

前面刚讲完功，紧接着就来讲能。这是因为功和能是两个联系非常紧密的物理量，功是能量变化的一种量度，功是能量转移的一种手段。本节讲动能，下节讲势能。

一个质量为 m，以速度 $\boldsymbol{v}$ 运动的物体具有动能 $E_K=\dfrac{1}{2}mv^2$。从定义式 $E_K=\dfrac{1}{2}mv^2$ 可知：动能没有负值。由于速度 v 的大小与参考系的选择有关，所以动能的值 $E_K=\dfrac{1}{2}mv^2$ 也与参考系的选择有关。为什么汽车内写了“头、手请勿伸出车外”，这是因为头和手相对汽车座位这个参照系其速度和动能都为零，而相对车外的树等参考系却具有相当大的速度和动能。如头、手伸出车外碰上了树等就很危险了。

第二次世界大战时，德国法西斯侵略者打到了莫斯科城外。当时斯大林却要在莫斯科检阅苏联红军。希特勒得知此消息后派了很多飞机去轰炸接受检阅的苏联红军。可是德国的飞机就是无法飞进正在检阅的地方，其原因之一就是当时在莫斯科上空放满了大大小小的气球，如果飞机碰上气球，就相当于挨上了一发子弹。

二、动能定理

动能定理是用来阐述功和动能之间的关系的。如图 3.1 所示，质量 m 的物体在变力 $\boldsymbol{F}$ 的作用下，沿曲线从 a 运动到 b 时，速度从 $\boldsymbol{v}_a$ 变为 $\boldsymbol{v}_b$，在此过程中，外力所做的功

$$A=\int_a^b\boldsymbol{F}\cdot\mathrm{d}\boldsymbol{r}=\int_a^b F\cos\theta\mathrm{d}r$$

其中，$\boldsymbol{F}\cos\theta$ 为外力沿切线方向的分力 $\boldsymbol{F}_t$。

因 $F_t=ma_t=m\dfrac{\mathrm{d}v}{\mathrm{d}t}$，故元功 $\mathrm{d}A=F\cos\theta\mathrm{d}r=m\dfrac{\mathrm{d}v}{\mathrm{d}t}\cdot\mathrm{d}r=mv\mathrm{d}v$，所以

$$A=\int_a^b\mathrm{d}A=\int_{v_a}^{v_b}mv\mathrm{d}v=\frac{1}{2}mv_b^2-\frac{1}{2}mv_a^2 \tag{3.8}$$

此式说明**合外力对物体所做的总功等于物体动能的增量，这就是动能定理。**而式(3.8)就是动能定理的数学表达式。为简化，常用 E_{Ka}、E_{Kb} 分别表示物体的初、末动能。因此式(3.8)也常写为

$$A=E_{Kb}-E_{Ka}=\Delta E_K \tag{3.9}$$

动能定理完整地表述了功与动能的关系。它既说明运动的物体具有做功的本领，同时又说明合外力对物体做的功是物体动能变化的量度。动能定理在一切惯性系中都成立。

动能定理的应用主要有两方面，一是根据物体初、末状态的动能，可以直接计算出在此过程中外力对物体做的功，而不需要考虑中间过程变化。在很多情况下，这比直接由式(3.2)出发计算功要方便. 因为式(3.2)中的 $\boldsymbol{F}$ 是变力，在某些情况下，力随时间的变化是很复杂的，甚至是无法求出的。二是当直接计算功比较方便时，就可根据动能定理立即得到物体动能的变化。这往往也要比根据牛顿第二定律计算物体的速度或动能的变化来得方便。

[例 3.1] 如图例 3.1 所示，质量 m 的小球，系在绳子的一端，绳子的另一端固定在 o 点，绳子长 l。今将小球拉升到水平位置 A 处，然后放手。试求小球在任一位置 C 处(设$\angle AoC=\theta$)的速率 v 及绳上张力 T 的大小。

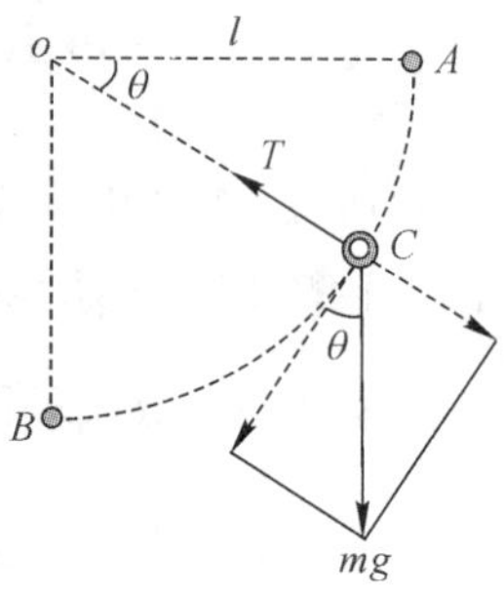

图例 3.1

[解] 根据动能定理，应有

$$A=\frac{1}{2}mv^2-0 \qquad \text{(例 3.1-1)}$$

因此，只要求出合外力对小球所做的功 A，就可求出小球在任意位置 C 处的速率 v。小球所受的力有绳子张力 T 和重力 mg。因张力 T 以及重力的径向分量 $mg\sin\theta$ 与小球的位移垂直，故不做功。当小球通过位移元 $\mathrm{d}r=l\mathrm{d}\theta$ 时，只有重力的切向分量 $mg\cos\theta$ 与位移的方向一致，所做的元功 $\mathrm{d}A$ 为

$$\mathrm{d}A=mg\cos\theta l\mathrm{d}\theta \qquad \text{(例 3.1-2)}$$

当小球由 A 移动到 C 时，合外力所做总功为

$$A=mgl\int_0^\theta\cos\theta\mathrm{d}\theta=mgl\sin\theta$$

代入式(例 13.1-1)后得

$$v=\sqrt{2gl\sin\theta}$$

这一结果也可直接从牛顿第二定律出发进行计算，不过要复杂一些。根据圆周运动向心力与向心加速度的关系，可得

$$T-mg\sin\theta=\frac{mv^2}{l} \qquad \text{(例 3.1-3)}$$

因此，小球处于 C 位置时，绳子张力 $T=3mg\sin\theta$

3.2 保守力和势能

3.2.1 保守力、非保守力和耗散力

前面在推导变力沿曲线轨道做功时，得到功的计算式 $A=\int_a^b\boldsymbol{F}\cdot\mathrm{d}\boldsymbol{r}$ 是沿质点运动轨道进行积分计算的，因此，一般地说，功的值既与质点运动的始、末位置有关，也与运动的路径有关。

但有些力做的功，只决定于质点的始、末位置，而与路径无关，这种力就叫保守力。否则就叫**非保守力**。

我们知道，重力做的功 A 为

$$A = mgh_a - mgh_b \tag{3.10}$$

这里，h_a，h_b 分别为物体在初、末位置时离地面的高度。可见，重力的功与物体移动的路径无关，只决定于初、末位置 h_a 和 h_b，所以重力是保守力。

同样，由式(3.4)和(3.5)可知，弹性力和引力的功也只决定于初、末位置，而与路径无关。因此弹性力和引力也都是保守力。

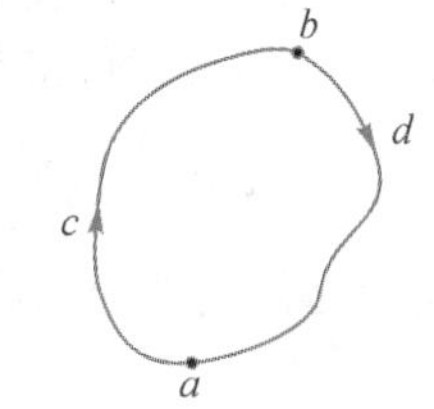

图 3.4　保守力沿任一闭合路径绕行一周，所做功为零

非保守力有两类：一类非保守力，如摩擦阻力它所做的功 $\boldsymbol{f} \cdot \mathrm{d}\boldsymbol{r} \leqslant 0$，作负功，则称为**耗散力**；另一类非保守力，如爆炸力所做的功 $\boldsymbol{f} \cdot \mathrm{d}\boldsymbol{r} > 0$，做正功。前者做功使机械能转化为热能，后者做功使其他形态的能量（如：化学能）转化为机械能。在一般情况下，非保守内力做功 $\mathrm{d}A$ 等于这两类力做功之和。

因为**保守力 F 对质点做的功与路径无关**，因此容易证明：保守力沿任意闭合路径的积分为零。亦即

$$\oint_{\text{任意}} \boldsymbol{F} \cdot \mathrm{d}\boldsymbol{r} = 0 \tag{3.11}$$

上式表明：**保守力沿任一闭合路径绕行一周，所做的功为零**（见图 3.4）。

3.2.2　势能

我们知道，功是能量变化的量度。动能定理说明了合外力所做的功是物体动能变化的量度；而保守力所做的功却是势能变化的量度。势能是与物体位置相联系的能量。式(3.10)、(3.4)、(3.5)中的 mgh_a，mgh_b；$kx_a^2/2$，$kx_b^2/2$；$-GMm/r_a$，$-GMm/r_b$ 分别称为初、末位置处的重力势能、弹性势能和引力势能，若用 E_{pa}，E_{pb} 表示初、末位置的势能，则可把上述三式归纳成一个式子，即

$$A = E_{pa} - E_{pb} = -(E_{pb} - E_{pa}) = -\Delta E_P \tag{3.12}$$

关于势能，必须**注意**以下几个问题：

(1) 只有对于保守力才能引入势能的概念。以后还会看到，静电力也是保守力，因此也可引入静电势能的概念。

(2) 与动能不同，势能是属于相互作用、有保守力的各物体组成的整个系统，引力势能应属于 M、m 两物体所组成的系统，弹性势能属于弹性体组成的系统，而重力势能属于地球和物体所组成的系统。平常说“某物体的势能”只是一种方便的说法，但又是一种不严格的说法。

(3) 保守力的功和势能变化间的关系，已由式(3.12)表示出来。此式说明，当 $A>0$ 时，$E_{pa}>E_{pb}$，即保守力做正功，系统的势能减少，或说保守力对外做功是以消耗系统本身的势能为代价的。当 $A<0$ 时，$E_{pa}<E_{pb}$，即保守力做负功，系统的势能将增加，或说外力克服保守力做功，将使系统的势能增加。

(4) 某点势能的表达式和势能零点。由于势能是与相互作用、有保守力的整个系统中各物体的相对位置有关，某点势能的数值，就只有相对的意义。当选取另一点作为势能零点，相对于势能零点，该点势能的数值才有绝对的意义。若使式(3.12)中的 $E_{pb}=0$，则 $E_{pa}=A$，这样

就可把任一点 a 的势能定义为：把物体从 a 点沿任意路径移到势能零点处时保守力 $F_{保}$ 所做的功。因此，可得任一点 a 的势能的计算公式。即

$$E_{pa}=\int_a^b \boldsymbol{F}_{保}\cdot \mathrm{d}\boldsymbol{r} \tag{3.13}$$

式中，b 点取为势能零点。

势能零点的选取一般以使势能的表达式具有最简单的形式为原则。例如，对于重力势能可取地面为零点，弹性势能取弹簧无伸长时的位置为零点，而引力势能取无穷远处为零点。因此根据式(3.13)，就可得到任一点处重力势能、弹性势能和引力势能的表达式分别为

$$E_{重}=mgh,\ E_{弹}=\frac{1}{2}kx^2,\ E_{引}=\frac{-GMm}{r}$$

其中，h 为物体离地面的高度，x 为弹簧的伸长量，r 为 M 与 m 间的距离。

3.3 功能原理、机械能守恒和能量守恒定律

3.3.1 功能原理

功能原理是讨论功和机械能变化的。设一物体系，由 n 个物体组成。现先对物体系中的每一个物体应用动能定理，再对等式两边求和，得到

$$\sum_{i=1}^{n}A_i=\sum_{i=1}^{n}\frac{1}{2}m_iv_i^2-\sum_{i=1}^{n}\frac{1}{2}m_iv_{i0}^2,\qquad i=1,2,\cdots,n$$

令

$$A=\sum_{i=1}^{n}A_i,\qquad E_{k1}=\sum_{i=1}^{n}\frac{1}{2}m_iv_{i0}^2,\qquad E_{k2}=\sum_{i=1}^{n}\frac{1}{2}m_iv_i^2$$

则上式可简写为

$$A=E_{k2}-E_{k1} \tag{3.14}$$

这里，E_{k2} 为系统的末动能，E_{k1} 为初动能，A 表示作用在系统内各物体上的所有力所做的总功。所有的力，应包括外力（系统外的物体作用在系统内任一物体上的力）和内力（系统内各物体之间的相互作用力）。内力可分为保守内力和非保守内力。因此，总功 A 可分为外力、保守内力和非保守内力所做的功。并分别记为 $A_{外}$，$A_{保内}$，$A_{非保内}$。这样可把式(3.14)改写为

$$A_{外}+A_{保内}+A_{非保内}=E_{k2}-E_{k1} \tag{3.15}$$

又由于保守内力做功等于系统势能的减少，即 $A_{保内}=-(E_{p2}-E_{p1})$，因而又可把式(3.15)写成

$$A_{外}+A_{非保内}=(E_{k2}+E_{p2})-(E_{k1}+E_{p1}) \tag{3.16}$$

上式右边的第一、二项分别为系统在末、初状态时的机械能。它们之差表示系统机械能的增量。**式(3.16)就是功能原理的数学表达式，它表明，外力和非保守内力对系统所做的总功应等于系统机械能的增量。**由功能原理可知，系统机械能的变化可以用外力和非保守内力对系统做的总功来量度。

关于功能原理，需要指出以下几点：

(1) 在功能原理中引入了势能项，而势能仅对物体系才有意义，故功能原理是属于物体系的规律。

(2) 功能原理是从牛顿运动定律导出的，只能适用于惯性系。对于地球参考系（包括地面参考系和地心参考系），功能原理虽然是近似的，但还是足够精确的。

3.3.2 机械能守恒和转换定律

由功能原理的表达式(3.16)可知,若外力和非保守内力对系统所做的总功为零,即

$$A_{外}+A_{非保内}=0 \tag{3.17}$$

则

$$E_{k2}+E_{p2}=E_{k1}+E_{p1}$$

即

$$E_k+E_p=常量 \tag{3.18}$$

上式就是机械能守恒和转换定律的表达式。此式说明,在式(3.17)的条件下,系统内各物体的动能和势能可以相互转换,但它们的总和却保持不变。这一结论就是**机械能守恒和转换定律。**

那么系统势能与动能间的转换是通过什么途径或方式来实现的呢?可以证明势能与动能之间的转换是通过保守内力做功来实现。实际上,不仅在机械能的范围内动能与势能之间的转换要靠功,各种不同形式的能量之间的转换也往往要靠功来实现。因此说功是实现能量转换的一种方式,而保守力的功就是在机械能范围内实现能量转换的方式或途径。

*3.3.3 能量守恒和转换定律

如果说保守力的功是在机械能范围内实现能量转换的方式,那么非保守力的功则是实现机械能与其他形式能量转换的一种方式。因此在一个系统内如果有非保守内力做功时,就将使系统的机械能与其他形式能量之间发生转换。例如在一个系统内各物体间的摩擦力做功将使机械能转换为热能、电能、光能等。若外力所做之功不能恰好补偿由此产生的机械能损失,系统的机械能就不再守恒,但是若把其他形式的能量也包括进去时,式(3.16)中的 $A_{非保内}$ 这一项就可用其他形式的能量的变化量来代替,这样就可把式(3.16)改写为

$$A_{外}=E_2-E_1 \tag{3.19}$$

其中,E_1 和 E_2 是系统在初、末状态时,包括其他形式能量在内的初、末态总能量。此式表明,外力对系统所做之功等于系统能量的增量,这一结论也称为一般情况(包括其他形式能量在内)时的功能原理。

当 $A_{外}=0$ 时,有

$$E_2=E_1 \quad 或 \quad E=常量 \tag{3.20}$$

此式就是能量守恒和转换定律的表达式。以后会知道,能量转换的方式除做功外,还有热量传递。因此要使一个系统的总能量保持不变,除外力对系统所做之功为零之外,还必须使系统同外界不发生热量的传递,符合这种条件的系统也叫封闭系统。在一个封闭系统内,不论发生何种变化过程,各种形式的能量可以互相转换,但总能量保持不变。这就是能量守恒和转换定律的语言表述。

[例 3.2] 如图例 3.2 所示,在水平地面上 A 处放有质量 $m=70\text{kg}$ 的一块钢材。设钢材和地面间的摩擦系数为 $\mu=0.20$,钢材在水平恒力 $F=300\text{N}$ 的作用下,由 A 拉到 B 处后松手。

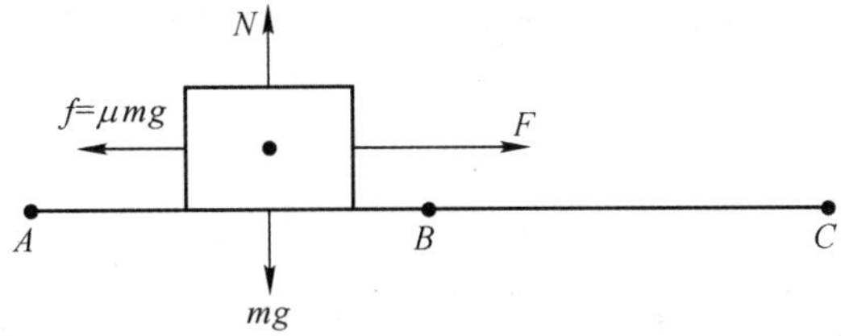

图例 3.2

已知 $AB=S=1.00\ \text{m}$,问钢材还能向前滑多远才停下来?

解法一:用牛顿第二定律解

以钢材作为研究对象,从 A 到 B 为匀加速运动,初速度为零,末速度为 v_B,有

$$F-\mu mg=ma \tag{1}$$

$$v_B^2-0=2as \tag{2}$$

从 B 到 C 为匀减速运动:$F=0$,初速度为 v_B,末速度为零,加速度为 a',有

$$\mu mg=ma' \tag{3}$$

$$0-v_B^2=2a's' \tag{4}$$

解以上四式,得

$$s'=BC=\frac{Fs}{\mu mg}-s=300\times1.00/(0.20\times70\times10)-1.00=1.14\ (\text{m})$$

解法二:用功能原理解

把地球和钢材组成的系统作为研究对象。分析在 $A\to B\to C$ 的整个过程中合外力做的功 $A_{外}=\boldsymbol{F}\cdot\boldsymbol{s}$,非保守力 $f=\mu mg$ 做的功 $A_{非保内}=f(s+s')=\mu mg(1.00+s')$。保守内力 mg、N 不做功。因为初、末两态(A 点、C 点)势能变化 $\Delta E_p=0$,动能变化 $\Delta E_k=0$,所以机械能变化为零。根据功能原理,$A_{外}+A_{非保内}=\Delta E$,立即得

$$Fs-\mu mg(s+s')=\Delta E_K+\Delta E_P=0$$

这样,只需一个方程,即可解出 $s'=\dfrac{Fs}{\mu mg}-s=1.14\text{m}$

小结:解法二表明:用功能原理解题时只需计算出全过程中系统非保守内力做的功 $A_{非保内}$ 和外力做的功 $A_{外}$,再找出初、末两态机械能的变化,不需考虑运动过程中的中间细节。因此,用功能原理解题比用牛顿定律解题方便得多。

试问:如用动能定理解此题应如何选研究对象?方程式又是怎样?

*3.3.4 第一、第二、第三宇宙速度

一、第一宇宙速度 $\boldsymbol{v}_1$

设人造卫星以环绕速度 v 绕地球做半径为 r 的圆周运动,卫星所需的向心力应等于地球对卫星的引力,即满足

$$m\frac{v^2}{r}=\frac{GM_Em}{r^2}$$

式中,m,M_E 分别为物体和地球的质量。由此式可得

$$v=\sqrt{\frac{GM_E}{r}} \tag{3.21}$$

上式说明:人造卫星的环绕速度 v 随 r 增大而减小,当 $r\to\infty$ 时,$v\to0$。

下面计算从地面上发射卫星所需的发射速度 v_0 为多大?把地球和卫星看成一个系统,由于只有引力(阻力忽略不计)的作用,所以系统的机械能守恒。因此,卫星在地面发射处的机械能等于卫星在半径为 r 的轨道上的机械能,即满足:

$$\frac{1}{2}mv_0^2-\frac{GM_Em}{R_E}=\frac{1}{2}mv^2-\frac{GM_Em}{r}$$

式中,R_E 为地球半径。

若把式(3.21)代入上式，又因 $g=\dfrac{GM_Em}{R_E^2}$，从而可得

$$v_0=\sqrt{2gR_E\left(1-\frac{R_E}{2r}\right)} \tag{3.22}$$

显然，r 愈大，所需发射速度 v_0 愈大。当 $r=R_E$ 时，即使人造卫星绕地球表面附近运动时，所需的发射速度，由式(3.22)可知为

$$v_1=\sqrt{gR_E}=\sqrt{9.81\times6.37\times10^6}=7.91(\text{km/s}) \tag{3.23}$$

这个最小的发射速度就称为第一宇宙速度。

二、第二宇宙速度$\boldsymbol{v}_2$

要使人造卫星脱离地球引力范围所需的最小发射速度称为第二宇宙速度$\boldsymbol{v}_2$。当人造卫星脱离地球引力范围时，$r\to\infty$，人造卫星的引力势能为零。因为是最小发射速度，所以可设此人造卫星相对于地球的速度也为零。根据机械能守恒定律，可得

$$\frac{1}{2}mv_2^2-\frac{GM_Em}{R_E}=0 \tag{3.24}$$

$$v_2=\sqrt{\frac{2GM_E}{R_E}}=\sqrt{2gR_E}=\sqrt{2}\,v_1=11.2(\text{km/s}) \tag{3.25}$$

可见第二宇宙速度为第一宇宙速度的$\sqrt{2}$倍。

三、第三宇宙速度$\boldsymbol{v}_3$

要使人造卫星脱离太阳系所需的最小发射速度，称为第三宇宙速度$\boldsymbol{v}_3$。第三宇宙速度的计算是一个很复杂的问题，因为人造卫星在整个飞行过程中要同时受到地球、太阳以及其他星体的引力，现在只作一种近似的计算。假设人造卫星从地面发射到脱离地球引力的过程中，仅受地球引力的作用，在脱离地球引力范围后，仅受太阳引力的作用。

由于人造卫星在克服地球引力后，还需克服太阳引力，因此人造卫星在克服地球引力后，还必须具有足够大的速度 v_{3e}，根据机械能守恒定律

$$\frac{1}{2}mv_3^2-\frac{GM_Em}{R_E}=\frac{1}{2}mv_{3e}^2$$

由式(3.24)，可把上式改写为

$$\frac{1}{2}mv_3^2=\frac{1}{2}mv_2^2+\frac{1}{2}mv_{3e}^2 \quad 或 \quad v_3^2=v_2^2+v_{3e}^2 \tag{3.26}$$

上述讨论是以地球为参照系的。因此其中 v_{3e} 同 v_2，v_3 一样都是人造卫星相对于地球的速度。$\frac{1}{2}mv_{3e}^2$是克服地球引力后，人造卫星还具有的以地球为参照系的动能。在考虑人造卫星脱离太阳引力的过程中，以太阳为参照系比较方便，因此，必须把 v_{3e} 换算成相对于太阳的速度。若设此速度为 v_{3s}，由于此时仅需考虑太阳的引力，因此就可把问题转换为在地球上以相对于太阳的速度 v_{3s} 发射人造卫星，为脱离太阳引力，v_{3s} 至少应为多大？根据机械能守恒定律，若以太阳为参照系，且不考虑地球引力时，人造卫星在地球上的机械能应等于刚能脱离太阳引力时的机械能，此时人造卫星势能为零，动能也刚好为零。即有

$$\frac{1}{2}mv_{3s}^2-GM_sm/r_{se}=0$$

式中，M_s 为太阳质量，r_{se} 为太阳到地球的平均距离，由此式可得

$$v_{3s}=\sqrt{2GM_s/r_{se}}$$

代入有关数据后，可得 $v_{3s}=42.2$ km/s。现在就只需解决 v_{3e}与 v_{3s}间的关系问题。由于地球绕太阳公转，其平均速度为 29.8 km/s。因此若沿地球轨道运动的方向发射人造卫星，根据相对运动的概念

$$v_{3s}=v_{3e}+29.8$$

$$v_{3e}=42.2-29.8=12.4(\text{km/s})$$

代入式(3.26)可得第三宇宙速度的数值为

$$v_3=\sqrt{v_2^2+v_{3e}^2}=16.7(\text{km/s}) \tag{3.27}$$

3.4 动量定理

3.4.1 质点的动量和动量定理

一、动量 $\boldsymbol{p}$

在生产和生活实践中，许多现象表明，物体的运动状态不仅取决于速度，而且与物体质量相关。例如，据 2014 年 12 月 2 日交通安全日报道，车辆超速(占总交通事故的 20%)和超载是七大道路交通事故中最主要的二种。众所周知，在同样刹车制动力下，速度越大，车辆越难停下，容易发生车辆追尾；而超载则由于质量增加，在同样车速和制动力下，也不容易使车及时停下，从而造成事故。类似的例子很多，这就要求，在量度物体机械运动状态时，必须同时考虑速度$\boldsymbol{v}$ 和质量 m 这两个因素。因此，我们把动量 $\boldsymbol{p}$ 定义为

$$\boldsymbol{p}=m\boldsymbol{v}$$

动量是一个矢量，其方向与速度方向相同，它的单位是 kg · m/s。

二、动量定理

在 2.1 中已指出，牛顿自己表达的第二定律是

$$\boldsymbol{F}=\frac{\mathrm{d}\boldsymbol{p}}{\mathrm{d}t}=\frac{\mathrm{d}(m\boldsymbol{v})}{\mathrm{d}t}$$

若将上式两边同乘 $\mathrm{d}t$，就成为 $\boldsymbol{F}\mathrm{d}t=\mathrm{d}\boldsymbol{p}=\mathrm{d}(m\boldsymbol{v})$。如果在 $t_1\sim t_2$ 有限时间内求积分，则可得到

$$\int_{t_1}^{t_2}\boldsymbol{F}\mathrm{d}t=\int_{p_1}^{p_2}\mathrm{d}\boldsymbol{p}=\boldsymbol{p}_2-\boldsymbol{p}_1=m\boldsymbol{v}_2-m\boldsymbol{v}_1 \tag{3.28}$$

式中，$\boldsymbol{p}_2$，$\boldsymbol{v}_2$和 $\boldsymbol{p}_1$，$\boldsymbol{v}_1$分别为 t_2 和 t_1 时刻质点的动量和速度。

现用 I 表示式(3.28)中左边的力对时间的积分，即

$$\boldsymbol{I}=\int_{t_1}^{t_2}\boldsymbol{F}\mathrm{d}t \tag{3.29}$$

并称 $\boldsymbol{I}$ 为力在 t_1 到 t_2 时间内的冲量。则式(3.28)表明：**质点动量的增量等于合力对质点作用的冲量**。这一结论称为**质点动量定理**。

3.4.2 冲力和冲量

(1)冲量。冲量 $\boldsymbol{I}=\int_{t1}^{t_2}\boldsymbol{F}\mathrm{d}t$ 是矢量函数的积分，因此冲量是矢量，其方向与动量增量 $\Delta m\boldsymbol{v}$

的方向相同，只有在 $\boldsymbol{F}$ 的方向不变时，$\boldsymbol{I}$ 和 $\boldsymbol{F}$ 才有相同的方向。

在直角坐标系中，冲量可以分解为三个分量：I_x，I_y 和 I_z。且有

$$\boldsymbol{I}=I_x\boldsymbol{i}+I_y\boldsymbol{j}+I_z\boldsymbol{k}=\left(\int_{t_1}^{t_2}F_x\mathrm{d}t\right)\boldsymbol{i}+\left(\int F_y\mathrm{d}t\right)\boldsymbol{j}+\left(\int_{t_1}^{t_2}F_z\mathrm{d}t\right)\boldsymbol{k}$$

动量定理也可以写成三个分量式

$$\left.\begin{aligned}I_x&=\int_{t_1}^{t_2}F_x\mathrm{d}t=mv_x-mv_{0x}\\I_y&=\int_{t_1}^{t_2}F_y\mathrm{d}t=mv_y-mv_{0y}\\I_z&=\int_{t_1}^{t_2}F_z\mathrm{d}t=mv_z-mv_{0z}\end{aligned}\right\}\tag{3.30}$$

此式表明：某方向的冲量分量只能改变该方向的动量分量，而不能改变垂直于该方向的动量分量。

(2)冲力。在 $\boldsymbol{I}=\int_{t_1}^{t_2}\boldsymbol{F}\cdot\mathrm{d}t$ 中的 $\boldsymbol{F}(t)$ 称为冲力。在冲击、碰撞这类问题中，力的作用时间很短暂，且力随时间变化很复杂。这时可由质点在冲击、碰撞前后动量的增量算出力的冲量，再用下式估算出平均冲力 $\bar{\boldsymbol{F}}$

$$\bar{\boldsymbol{F}}=\frac{m\boldsymbol{v}_2-m\boldsymbol{v}_1}{t_2-t_1}\tag{3.31}$$

这种估计，在实际问题中是很需要的。

(3)应用。物体的动量变化是由作用于物体的冲量引起的，而冲量却决定于力和时间两个因素。因此，同样的动量变化，既可以很大的力在很短的时间内实现，也可以较小的力在较长的时间内实现。这在生产和生活实践中都有广泛应用。例如渡轮驶靠码头时，在码头和船只相接触处都装有橡皮轮胎作为缓冲装备，就是为了延长碰撞时间以减小冲力。火车车厢两端的缓冲器和车厢底下的减震器，高层楼房施工时脚手架下张置的安全网，都是为了达到同样的目的。在日常生活中，当人们用手接住对方抛来的重物时，例如去接快速传来的篮球时，总是把手顺势向后一缩。跳远比赛时，总是要到沙坑上去跳。这样做的理由就是为了减少冲量或为了增长冲击时间减少冲击，从而减小冲力。相反，在打击、锻压这类过程中，则是利用短暂的作用时间来获得巨大的冲击力。

3.4.3 对动量定理的几点说明

(1)动量定理是由牛顿第二定律导出的，因此其适用范围与牛顿第二定律一样，适用于所有的惯性系。但是牛顿定律对解决冲击、碰撞这类问题，由于中间过程很复杂，实际上无法直接应用。而动量定理却表明，可以不管其中间过程，只要知道物体的末动量和初动量的矢量差，就可知道物体所受的冲量。这是用动量定理解决力学问题的优点。

(2)动量定理是一个矢量方程，它表明合力的冲量的方向和受力质点的动量增量的方向一致。一般情况下，冲量的方向并不一定和质点的初动量或末动量方向相同。帆船能够逆风行驶，是这一结论的生动例证。如图3.5所示，风从与船身成夹角 $\alpha(\alpha<90°)$ 的方向吹来，经验表明，只要帆的方位与帆形合适，帆船会在风力作用下逆风前进。怎样解释这一现象呢？设风的初速度为 v_0。风吹到帆上后，由于帆的作用，速度变为 v，且 v 和 v_0 的大小相差不大。根据动量定理可得：帆给风的冲量 $\boldsymbol{I}=m(\boldsymbol{v}-\boldsymbol{v}_0)=m\Delta\boldsymbol{v}$，风给帆的冲量 $\boldsymbol{I}'=-m\Delta\boldsymbol{v}$。风给帆的力 $\boldsymbol{f}'$

在垂直于船身方向的分力由水对船的横向阻力所平衡，而它沿船身方向的分力则推动船向前航行。

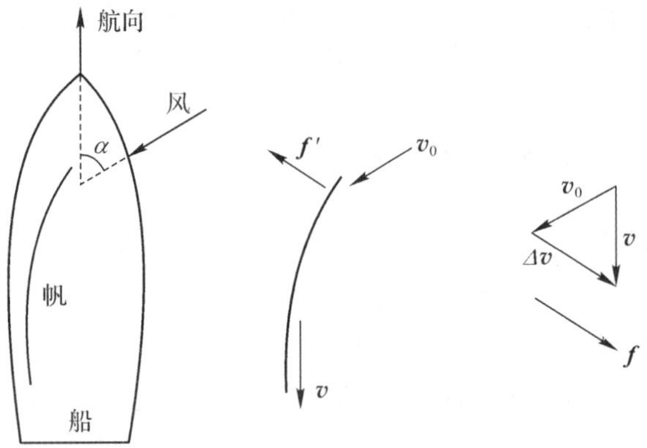

图 3.5　帆船逆风行驶

3.5　动量守恒

3.5.1　质点系的动量定理

先讨论包含有两个质点的质点系。设系统内的两质点，质量为 m_1 和 m_2，在 t_0 和 t 时的动量，所受的外力和内力分别为

$$m_1: m_1\boldsymbol{v}_{10},\ m_1\boldsymbol{v}_1, \boldsymbol{F}_1, \boldsymbol{f}_{12}$$

$$m_2: m_2\boldsymbol{v}_{20},\ m_2\boldsymbol{v}_2, \boldsymbol{F}_2, \boldsymbol{f}_{21}$$

对 m_1, m_2 分别运用动量定理，则有

$$\int_{t_0}^{t}(\boldsymbol{F}_1+\boldsymbol{f}_{12})\mathrm{d}t = m_1\boldsymbol{v}_1 - m_1\boldsymbol{v}_{10}$$

$$\int_{t_0}^{t}(\boldsymbol{F}_2+\boldsymbol{f}_{21})\mathrm{d}t = m_2\boldsymbol{v}_2 - m_2\boldsymbol{v}_{20}$$

将两式相加并注意到 $\boldsymbol{f}_{12}=\boldsymbol{f}_{21}$，得

$$\int_{t_0}^{t}\sum_{i=1}^{2}\boldsymbol{F}_i\mathrm{d}t = \sum_{i=1}^{2}(m_i\boldsymbol{v}_i - m_i\boldsymbol{v}_{i0})$$

再将上式推广到由 n 个质点组成的系统。就得到

$$\int_{t_0}^{t}\sum_{i=1}^{n}\boldsymbol{F}_i\mathrm{d}t = \sum_{i=1}^{n}m_i\boldsymbol{v}_i - \sum_{i=1}^{n}m_i\boldsymbol{v}_{i0} = \boldsymbol{p}-\boldsymbol{p}_0 \tag{3.32}$$

式中，$\boldsymbol{p}_0=\sum_{i=1}^{n}m_i\boldsymbol{v}_{i0}$，$\boldsymbol{p}=\sum_{i=1}^{n}m_i\boldsymbol{v}_i$，称为质点系的初、末动量。式(3.32)称为质点系的动量定理，它表明质点系动量的变化等于它所受外力矢量和的冲量。

由上可见，质点系的内力可以改变每一个质点的动量，但不能改变质点系的动量。尽管外力可能作用在不同的质点上，但就计算质点系的动量变化而言，各外力可先用矢量求和，然后再计算冲量。

3.5.2　动量守恒定律

由式(3.32)可知,对于质点系,在相互作用过程中的任一时刻 $\sum \boldsymbol{F}_i=0$ 时,则有

$$\sum_{i=1}^{n} m_i \boldsymbol{v}_i = \text{恒矢量} \tag{3.33}$$

上式就是动量守恒定律的数学表达式。可表述为:n **个有相互作用的物体在相互作用过程中的任何时刻,合外力都等于零时,则在整个相互作用过程中,系统的动量都保持不变。**

关于动量守恒定律的几点说明:

(1) 系统动量守恒定律的条件应是

$$\sum \boldsymbol{F}_i = 0 \tag{3.34}$$

要符合这个条件,大致有三种情况:一是没有外力作用;二是有外力作用,但合力等于零;三是有外力作用,但当外力的大小与内力相比可以忽略时,例如,当内力为极短时间的巨大的冲力,而外力是不大的重力时(如在爆炸冲击,碰撞等过程中),也可应用动量守恒定律处理问题。

(2)动量守恒定律的表达式(3.33)是一个矢量式,写成分量式时应为

$$\begin{aligned} \sum_i m_i v_{ix} &= \text{恒量} \quad (\text{条件} \sum_i F_{ix} = 0) \\ \sum_i m_i v_{iy} &= \text{恒量} \quad (\text{条件} \sum_i F_{iy} = 0) \\ \sum_i m_i v_{iz} &= \text{恒量} \quad (\text{条件} \sum_i F_{iz} = 0) \end{aligned} \tag{3.35}$$

此分量式说明若 $\sum_i F_{ix} = 0$,而 $\sum_i F_{iy} \neq 0$, $\sum_i F_{iz} \neq 0$ 则系统的动量不守恒,但沿 x 方向的动量分量是守恒的。这就是说若合外力沿某方向的分量为零时,即使系统的动量不守恒,但系统动量沿该方向的分量仍守恒。

(3)动量守恒是指系统的动量保持不变,这并不意味着系统中每个物体的动量保持不变。由于系统内各物体间的相互作用,一定是一些物体的动量增加了,而另一些物体的动量减少了,并且一些物体增加的动量一定等于另一些物体减少的动量,结果系统的动量仍保持不变,这也说明动量是可以传递和转移的。一些物体的动量可以传递给另一些物体,这也意味着物体的机械运动是可以传递或转移的,结果是一些物体的机械运动就转化为另外一些物体的机械运动。正是从这种意义上说,动量是物体机械运动的一种量度。

(4)动量守恒定律虽然是从牛顿第二定律导出的,但随着科学技术的不断发展,认识到动量守恒定律不仅适用于宏观物体所组成的系统,而且也适用与分子、原子和原子核等微观粒子所组成的系统。在微观粒子领域中牛顿第二定律已不再适用,因此动量守恒定律同能量守恒定律一样,比牛顿定律具有更大的普遍性,也是自然界的一条普遍规律。

(5) 式(3.33)中,组成系统的各物体的速度,必须是相对于同一参照系的速度。

[例 3.3]　如图例 3.3 所示,设炮车以仰角 θ 发射一炮弹,炮车和炮弹的质量分别为 M 和 m,若炮弹出口时相对于炮车的速度为 $\boldsymbol{u}$,试求忽略地面与炮车间的摩擦力时,炮车的反冲速度 $\boldsymbol{v}$ 。

图例 3.3　炮车的反冲

[解]　把炮身和炮弹作为一个系统来加以研究。

当忽略地面与炮车间的摩擦力时,虽在水平方向上系统不受外力的作用,而在竖直方向上却受到重力和地面对

炮车的压力的作用,也就是说系统所受合外力不等于零,系统的动量不守恒。但系统动量沿水平方向的分量却是守恒的。开始时系统动量为零,经 Δt 时间后,炮弹出口时,设炮车的速度,即反冲速度为$\boldsymbol{v}$(沿水平方向),而炮弹速度沿水平方向的分量为 v_x,所以应有

$$Mv+mv_x=0$$

注意,v 和 v_x 都应是相对地的速度。根据相对运动的概念

$$v_x=v+u_x=v+u\cos\theta\ ,\ Mv+m(v+u\cos\theta)=0$$

得
$$v=-[m/(M+m)]u\cos\theta$$

其中,"—"号说明$\boldsymbol{v}$的方向应沿 x 的负方向。

3.5.3 同一性问题

所谓同一性是指定律或公式中的物理量,在某些方面必须保持一致。常遇到的同一性有参照系、时刻、研究对象及状态的同一性,不注意同一性则将造成谬误。

例如,有一质量 $M=100$ kg 的小车,在光滑水平道上以速度 $v_0=2.0$ m/s 匀速前进,车上有一质量 $m=50$ kg 的人,以与小车前进的反方向、相对于小车 $v'_{人对车}=1.0$ m/s 跳出,问跳出后小车的速度 $v_车$ 等于多少?

显然此例可用动量守恒求解。

列式 1:$(M+m)v_0=Mv_车-mv'_{人对车}$,显然违反了参照系的同一性,求得错误的答案 $v_车=3.5$ m/s。

列式 2:$(M+m)v_0=Mv_车+m(v_0-v'_{人对车})$,由于违反了时刻的同一性,而得出 $v_车=2.5$ m/s的错误答案。因人跳出时刻,人对地的速度应是 $v_车-v'_{人对车}$,不是 $v_0-v'_{人对车}$。人在跳前,人对车的相对速度为 0 ,$v'_{人对车}=1.0$ m/s 应是人对跳出后的小车的相对速度,因此正确的列式为

$$(M+m)v_0=Mv_车+m(v_车-v'_{人对车})$$

正确答案为 $v_车=\frac{7}{3}\approx 2.3$ m/s。

3.6 火箭飞行原理

火箭飞行的基本原理可用动量守恒定律加以说明。下面先来讨论火箭在太空中作直线飞行时的情况。此时空气的阻力和重力都可忽略不计,因此,由火箭箭体和燃料燃烧后从尾部喷出的气体组成的系统是符合动量守恒的。但由于火箭是不断地喷出气体,火箭箭体的质量是不断地减小的。因此在应用动量守恒时,必须取一段很短的时间 dt 内来考察。因为在 dt 内可认为系统的质量是不变的。这就是处理问题的基点。

3.6.1 单级火箭的飞行

如图 3.6,设火箭作直线飞行,某时刻 t,火箭的质量为 m,速度为 v,在很短的时间 dt 内,火箭喷出了质量为 dm'的气体,同时使火箭的速度增加了 dv,因此在 $t+dt$ 时刻,火箭的质量变为$(m-dm')$,而速度$(v+dv)$。显然 t 时刻,系统(即火箭)的动量为 mv,若设喷出的气体相对于火箭的速度(叫喷气速度)为 u,即在 $t+dt$ 时刻,系统(喷气和火箭)的动量应为火箭的动量$(m-dm')(v+dv)$与喷气的动量 $dm'(v+dv-u)$之和。这里,$(v+dv-u)$为喷气相对于地

的速率。根据动量守恒定律应有

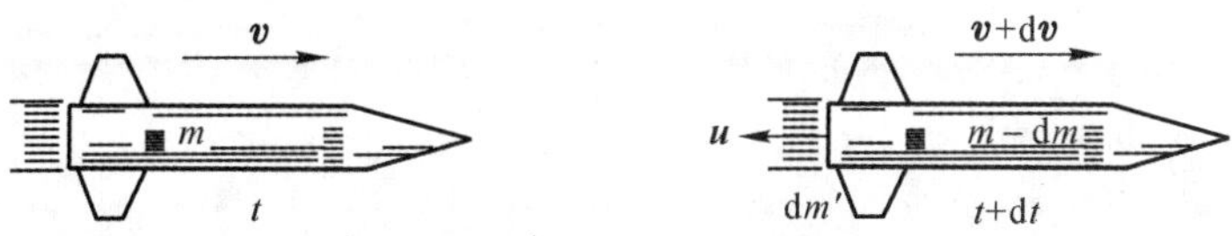

图 3.6　火箭飞行原理

$$mv=(m-\mathrm{d}m')(v+\mathrm{d}v)+\mathrm{d}m'(v+\mathrm{d}v-u)$$

将此式简化后得 $m\mathrm{d}v-u\mathrm{d}m'=0$。在 $\mathrm{d}t$ 内火箭质量的改变 $\mathrm{d}m=-\mathrm{d}m'$，所以 $m\mathrm{d}v+u\mathrm{d}m=0$，移项后，得

$$\mathrm{d}v=-u\frac{\mathrm{d}m}{m} \tag{3.36}$$

设火箭开始飞行，即 $t=0$ 时，其质量为 M_0，速度 $v_0=0$。燃料烧尽时，火箭能达到的速度，在喷气速度不变的情况下为

$$v=-\int_{M_0}^{M}u\frac{\mathrm{d}m}{m}=u\ln\frac{M_0}{M} \tag{3.37}$$

式中，M_0/M 称为火箭的质量比。由此式可知，要提高火箭的速度，一是要提高火箭的喷气速度 u；二是要提高它的质量比。要提高喷气速度就需要有高燃烧效率的高能燃料。目前，化学燃料所能达到的最大喷气速度约为 2500 m/s，而质量比又很难超过 10，代入式(3.37)得目前单级火箭所达到的速度 $v_{\max}=2500\ \ln 10\approx 5.76\ (\mathrm{km/s})$，它远小于第一宇宙速度 $v_1=7.9\ \mathrm{km/s}$。因此，单级火箭无法使卫星绕地球运转。为此，必须采用多级火箭。

*3.6.2　多级火箭

所谓多级火箭，就是由几个火箭连接而成的火箭组合，图 3.7 就是三级火箭的示意图。火箭起飞时，第一级的发动机开始工作，推动各级火箭一起前进。当第一级火箭燃烧尽后，第二级火箭开始工作，并自动脱落第一级火箭的外壳。因此第二级火箭在第一级火箭的基础上进一步加速。依此类推，可达到所需要的最终速度。前一级火箭外壳的脱落，使下一级火箭减轻负担，实际上，就是提高了质量比。因此与携带同样多燃料的单级火箭相比，多级火箭能达到更高的最终速度。

图 3.7　三级火箭

可以证明，对于 n 级火箭，若各级火箭的喷气速度都为 u，则其最终速度 $v_n=u\ln(N_1,N_2,\cdots,N_n)$，

式中，$N_1,N_2,\cdots,N_n$ 为各级火箭的质量比。由于所有的质量比总是大于 1。因此火箭级数增加时，就可获得较高的速度。例如一个三级火箭，若质量比 $N_1=N_2=N_3=5$，喷气速度 $u=2000\ \mathrm{m/s}$，则其最终速度 $v=u\ln N^3\approx 9.7\ \mathrm{km/s}$。在考虑了空气阻力和火箭本身重量的影响后，其实际速度仍可达到发射人造卫星所需的速度。

*3.6.3　火箭的推力及火箭的运动方程

一、火箭的推力

若以喷出的气体 $\mathrm{d}m$ 为研究对象，它在 $\mathrm{d}t$ 时间内的动量变化为(见图 3.6)

$$(v+\mathrm{d}v-u)\mathrm{d}m-v\mathrm{d}m=-u\mathrm{d}m+\mathrm{d}v\mathrm{d}m\approx -u\mathrm{d}m$$

按动量定理：$-u\dfrac{dm}{dt}$就应等于喷出的气体受到的推力，而这个力的反作用力就是火箭箭体受到的推力 F_p，

$$F_p=u\frac{dm}{dt}$$

上式表明火箭的推力正比于喷气速度 u 和喷气流量$\dfrac{dm}{dt}$。例如已知运载阿波罗登月飞船的火箭——土星 V 的第一级的 $u=2500$ m/s，$\dfrac{dm}{dt}\approx1.4\times10^4$ kg/s，由上式可算出推力 $F_p\approx3.5\times10^7$ N。

二、火箭箭体的运动方程

设 F 表示火箭系统受到的外力（如重力、空气阻力等），则根据动量定理可得到

$$F+F_p=ma=m\frac{dv}{dt}$$

式中，F_p 为火箭受到的推力，只要$(F+F_p)>0$，火箭就能升空。

3.7 质点的角动量定理和角动量守恒

上节我们讨论了与平动相联系的守恒量——动量，本节来讨论与转动相联系的守恒量——角动量。

在自然界中，常会遇到质点绕一定中心运动的情况，大的如行星绕太阳公转，月亮绕地球运动；小的如原子中电子绕原子核的转动等等。对于这些运动，若引入物理量——力矩、角动量，并进而找出它们之间的规律，即角动量定理和角动量守恒，对于研究转动问题是很有益处的。

3.7.1 力矩

力矩是反映力的转动效应而引入的物理量。

一、力矩的定义

在惯性系中，取一直角坐标系 o-xyz，如图 3.8 所示。一质量为 m 的质点，位于矢径 $\boldsymbol{r}(x,y,z)$所确定的 P 处，并受力 $\boldsymbol{F}$ 的作用。则力 $\boldsymbol{F}$ 关于原点 o 的力矩 $\boldsymbol{M}_0$ 定义为

$$\boldsymbol{M}_0=\boldsymbol{r}\times\boldsymbol{F} \tag{3.38}$$

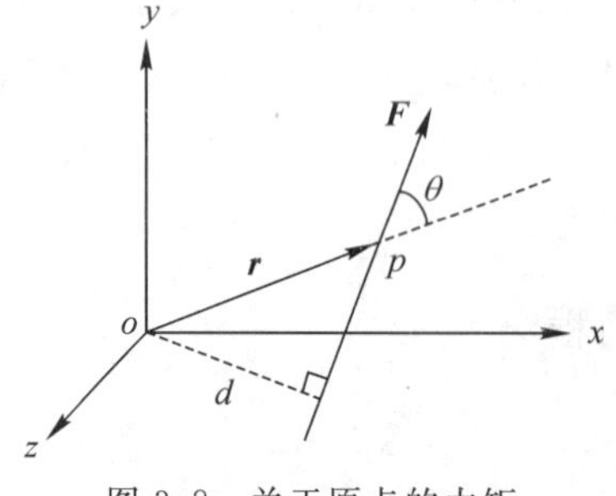

图 3.8 关于原点的力矩

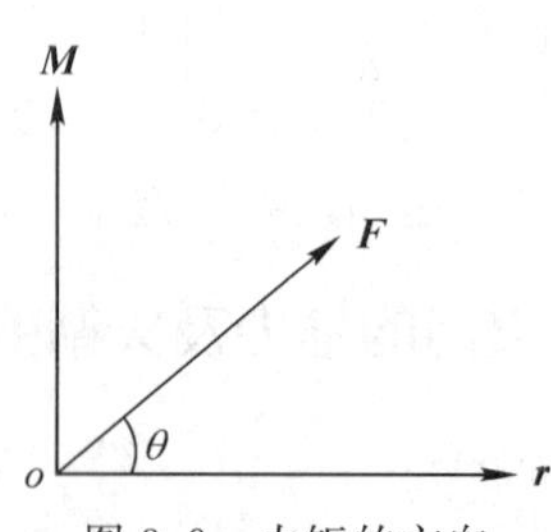

图 3.9 力矩的方向

由矢量矢积知识可知，力矩 $\boldsymbol{M}_0$ 的大小为 $M_0=Fr\sin\theta=Fd$，即力乘力臂。式中的 θ 是 $\boldsymbol{F}$

与 $\boldsymbol{r}$ 之间的夹角。而它的方向决定于 $\boldsymbol{r}\times\boldsymbol{F}$，即 $\boldsymbol{M}$ 应垂直于包含 $\boldsymbol{r}$ 和 $\boldsymbol{F}$ 的平面，并且把右手四指从 $\boldsymbol{r}$ 经由小于 180°角的路径指向 $\boldsymbol{F}$ 时，大拇指的指向就是力矩 $\boldsymbol{M}$ 的方向，如图 3.9 所示。力矩的单位是 N · m。

二、关于轴的力矩

如图 3.10 所示，设 $\boldsymbol{r}$ 和 $\boldsymbol{F}$ 都在 xz 平面内，由力矩的定义式 $\boldsymbol{M}=\boldsymbol{r}\times\boldsymbol{F}$，可以证明这时质点只有绕 y 轴的转动效应，或者说，这时关于原点的力矩就等于关于 y 轴的力矩。由此可见，当 $\boldsymbol{r}$ 和 $\boldsymbol{F}$ 都在垂直于某轴的平面内，并把该轴与平面的交点取为原点时，关于原点的力矩才与关于该轴的力矩相等。在刚体的定轴转动中遇到的就是这种情况。

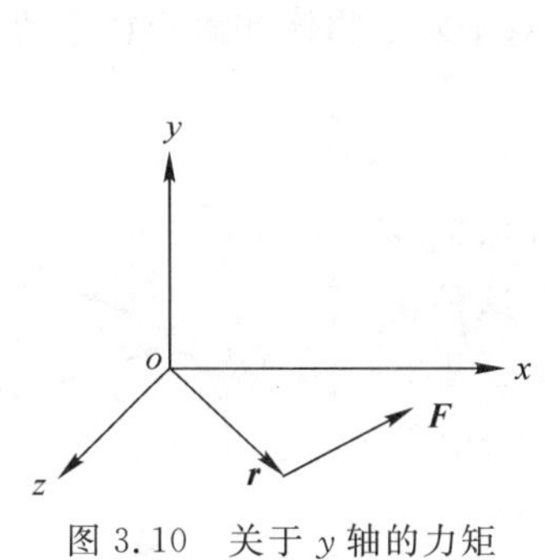

图 3.10　关于 y 轴的力矩

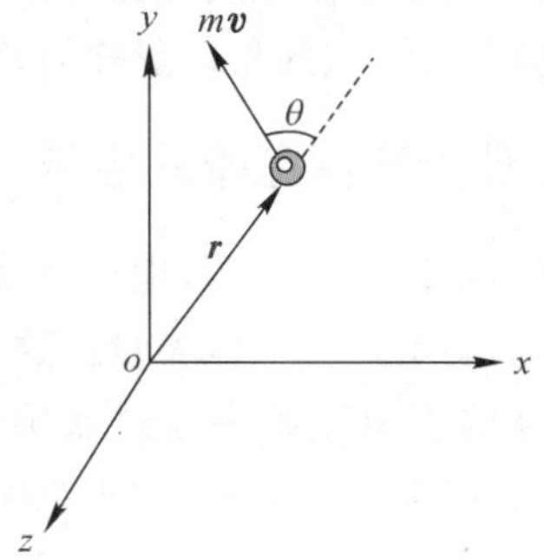

图 3.11　关于原点的角动量

3.7.2　角动量

一、定义

质点在力的作用下，若在时刻 t 位于由矢径 $\boldsymbol{r}$ 所确定的位置。其动量为 $m\boldsymbol{v}$，则同力矩的定义类似，把

$$\boldsymbol{L}=\boldsymbol{r}\times m\boldsymbol{v} \tag{3.39}$$

定义为质点关于原点 o 的角动量(见图 3.11)，它的大小为

$$L=rmv\sin\theta$$

式中，θ 是 $m\boldsymbol{v}$ 与 $\boldsymbol{r}$ 间的夹角，方向由 $\boldsymbol{r}\times\boldsymbol{v}$ 决定。角动量的单位是 $\mathrm{kg\cdot m^2/s}$。

二、关于轴的角动量

与力矩完全类似的讨论可以得出：当质点及其动量都在 xz 平面内时，质点关于原点 o 的角动量 $\boldsymbol{L}$ 就等于关于 y 轴的角动量 L_y。因此，只有当 $\boldsymbol{r}$ 和 $m\boldsymbol{v}$ 都在垂直于轴的平面内，并且把轴与平面的交点作为原点时，关于原点的角动量才等于关于该轴的角动量。

3.7.3　质点的角动量定理和角动量守恒

一、质点角动量定理 $\boldsymbol{M}=\dfrac{\mathrm{d}\boldsymbol{L}}{\mathrm{d}t}$

下面来讨论力矩与质点角动量改变之间的关系。将角动量 $\boldsymbol{L}$ 对时间求导数，得

$$\frac{\mathrm{d}\boldsymbol{L}}{\mathrm{d}t}=\frac{\mathrm{d}}{\mathrm{d}t}(\boldsymbol{r}\times m\boldsymbol{v})=\boldsymbol{r}\times\frac{\mathrm{d}(m\boldsymbol{v})}{\mathrm{d}t}+\frac{\mathrm{d}\boldsymbol{r}}{\mathrm{d}t}\times m\boldsymbol{v}$$

因 $\dfrac{\mathrm{d}\boldsymbol{r}}{\mathrm{d}t}\times m\boldsymbol{v}=\boldsymbol{v}\times m\boldsymbol{v}=0$，$\boldsymbol{r}\times\dfrac{\mathrm{d}(m\boldsymbol{v})}{\mathrm{d}t}=\boldsymbol{r}\times\boldsymbol{F}=\boldsymbol{M}$，代入上式，即得到

$$\boldsymbol{M}=\frac{\mathrm{d}\boldsymbol{L}}{\mathrm{d}t} \tag{3.40}$$

式(3.40)即为质点的角动量定理。它说明，**在力矩的作用下，质点的角动量要发生变化，质点所受的关于某点的合力矩应等于该点的质点角动量对时间的变化率。**

二、质点的角动量守恒定律

由式(3.40)可知，当 $\boldsymbol{M}=0$ 时，有 $\frac{\mathrm{d}\boldsymbol{L}}{\mathrm{d}t}=0$，即质点的角动量

$$\boldsymbol{L}=\boldsymbol{L}_0=\text{恒矢量} \tag{3.41}$$

说明：**在运动过程中，若作用在质点上的力对某点的合力矩为零，则质点对该点的角动量保持不变**，这一结论就称为**质点的角动量守恒定律**。它对于宏观物体和微观粒子的运动都适用。

3.7.4 角动量守恒定律的应用

用角动量守恒定律可以证明，地球绕太阳公转时，地球关于太阳中心的角动量是一个恒矢量。这是因为在这种情况下，太阳对地球的引力是始终通过太阳中心的(见图 3.12)，因此地球所受的关于太阳中心的力矩 $\boldsymbol{M}=0$，由式(3.40)可知

$$\frac{\mathrm{d}\boldsymbol{L}}{\mathrm{d}t}=0 \quad 或 \quad \boldsymbol{L}=\text{恒矢量}$$

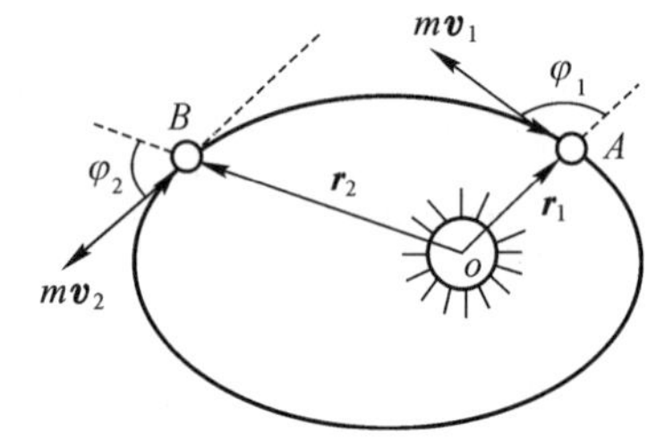

图 3.12 地球绕太阳公转的角动量

这就是说，在地球公转轨道的各点，地球关于太阳中心的角动量的大小和方向都应相同。关于 $\boldsymbol{L}$ 的方向，由 $\boldsymbol{r}\times\boldsymbol{v}$ 决定。关于 $\boldsymbol{L}$ 的大小，例如在任意两点 A,B 应分别为 $r_1mv_1\sin\varphi_1$，$r_2mv_2\sin\varphi_2$，且有 $r_1mv_1\sin\varphi_1=r_2mv_2\sin\varphi_2$。实际上，除地球绕太阳的公转，太阳对地球的引力通过太阳中心外，月球以及人造卫星绕地球转动时，地球对它们的引力也始终通过地心。原子核对绕其运动的电子的静电引力同样始终通过原子核的中心，还有在匀速圆周运动中，质点所受的向心力也始终通过圆心。如果质点所受的力的作用线始终通过某个确定的点，就说质点所受的力是有心力，而该确定的点就称力心。当质点只受有心力作用时，质点所受的关于力心的力矩始终为零。因此由式(3.40)可知，质点关于力心的角动量就始终保持不变，或说关于力心的角动量守恒。

角动量守恒定律是自然界的一条基本的规律，许多重要的自然现象都可应用角动量守恒定律给予解释。例如解释地球为什么虽受太阳的引力作用，但不会落到太阳上去。这是因为在太阳系形成之始，地球已具有一定的初始角动量绕太阳转动，由于角动量守恒，地球将保持这个角动量不变。如果它落到太阳上去，则其角动量将变为零，即不再守恒，所以这种现象不会发生。相反，人造地球卫星在运行一段时间后之所以会落回地球，是由于卫星运动时受到与其运动方向相反的大气阻力。阻力方向不通过地球中心，相对于地心有一定的力矩，因而在阻力矩的作用下，卫星的角动量不断地减小，最后落回地球。

[例 3.4] 使质量 m 的小球在一光滑的水平板上做半径为 r_1、速度为 v_1 的匀速圆周运动。小球所需的向心力由系在小球上并通过一竖直管的轻绳所提供。当往下拉绳，使小球作圆周运动的半径变为 r_2 时，试问此时小球的速度为多大？

[解] 由于小球只受有心力的作用，关于力心的力矩等于零，因此虽然小球的动量不断改变，而关于力心的角动量却守恒。所以

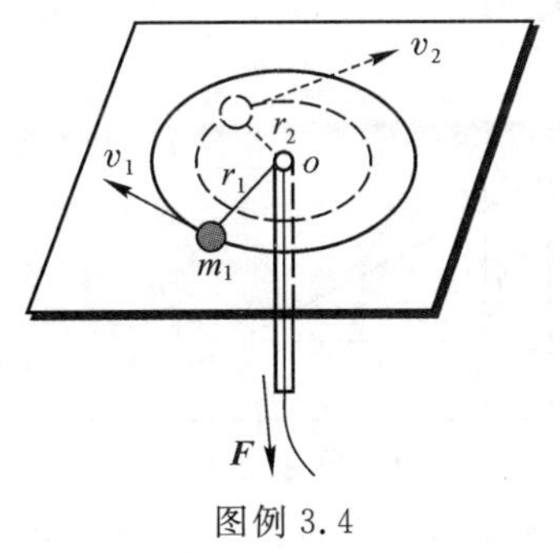

图例 3.4

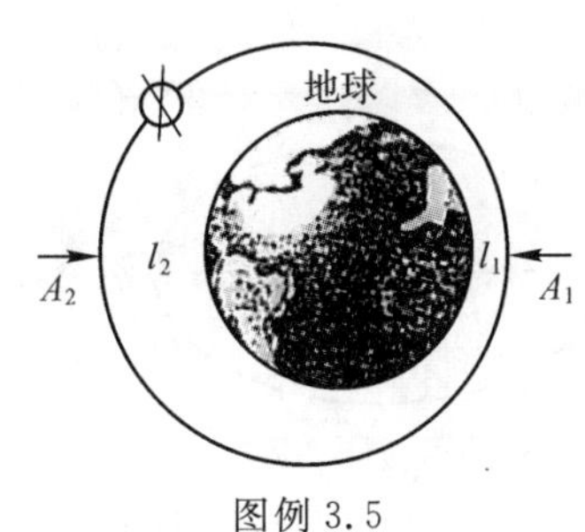

图例 3.5

$$r_2mv_2=r_1mv_1$$

即
$$v_2=\frac{r_1}{r_2}v_1$$

因为 $r_1>r_2$，所以 $v_2>v_1$。可见，当往下拉绳使小球作圆周运动的半径缩小时，小球的运动速度将增加。这是由于拉力对小球做功的结果。

[例 3.5] 我国第一颗人造卫星绕地球沿椭圆轨道运动。地心为该椭圆的一个焦点。已知地球的平均半径 $R=6378$ km。卫星距地面最近距离 $l_1=439$ km，最远距离 $l_2=2384$ km，若卫星在近地点 A_1 的速度 $v_1=8.10$ km/s，求人造卫星在远地点 A_2 的速度。

[解] 由于可认为卫星仅受地球引力（通过地心的有心力）的作用，对于地心的力矩为零，因此卫星关于地心的角动量守恒。则

$$(l_2+R)mv_2=(l_1+R)mv_1$$

$$v_2=\frac{l_1+R}{l_2+R}v_1$$

代入数据后得

$$v_2=6.30\ \text{km/s}$$

思考题

3.1 物体从粗糙的斜面上滑下的过程中，物体受哪些力作用？哪些力对物体做正功？哪些力对物体做负功？哪些力对物体不做功？

3.2 将同一物体提升相等的高度，下面两种提法，哪种提法所需做的功较少？(1)匀速提起。(2)匀加速提起。

3.3 各举一例说明(1)恒力对做直线运动的物体做功；(2)恒力对做曲线运动的物体做功；(3)变力对做直线运动物体做功；(4)变力对做曲线运动的物体做功。

3.4 摩擦力是否一定做负功？举例说明。

3.5 功是否与参照系有关？动能定理是否与参照系有关？请说明为什么？

3.6 为什么汽车上坡时要降低车速？

3.7 用手在一弹簧下挂一重物后，立即将手离开，重物将迅速下沉，使弹簧拉伸到某一最大长度后回升（见图思考题 3.7(a)）；如果我们用手托着它缓缓下沉，到达某一高度时它就不动了（见图思考题 3.7(b)）。试比较重物在 A,B,C 三位置上总势能（重力势能和弹性势能之和）的大小。

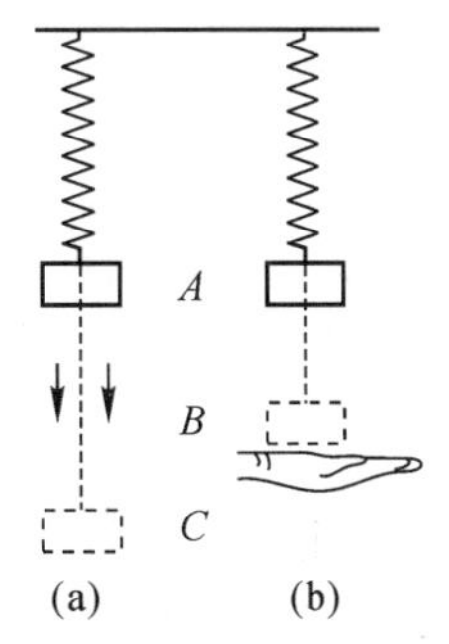

图思考题 3.7

3.8 地球绕太阳 S 运行（见图思考题 3.8），从近日点 P 向远日点 Q 运行的过程中，太阳引力对它做正功还是做负功？从远日点 Q 向近日点 P 运动的过程中，太阳引

力对它做正功还是做负功？由这个功来判断地球的动能以及地球和太阳系统的引力势能在这两阶段运动中各是增加还是减少？

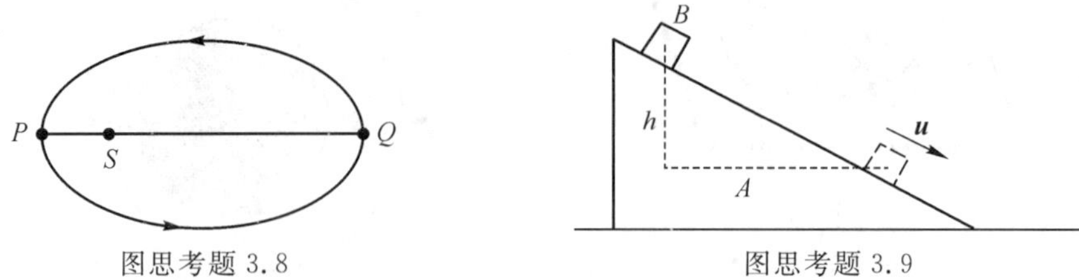

图思考题 3.8　　　　图思考题 3.9

3.9　如图思考题 3.9 所示，物体 B（质量为 m）放在光滑斜面 A（质量为 M）上，两者最初静止于一个光滑平面上。有人以 A 为参考系，写出 B 下落高度 h 时的速率 u 的公式为

$$mgh=\frac{1}{2}mu^2$$

式中，u 是 B 相对于 A 的速率。这一公式为什么错了？正确的公式应如何写？

3.10　甲将弹簧从平衡位置开始拉长 l，乙在此基础上再拉长 $0.5l$。谁做的功较多？

3.11　一小孩用力 F 推地上的木箱，推了一段时间 Δt，但未推动，求这推力的冲量。木箱既然受了力 F 的冲量，为什么动量没有改变？

3.12　试比较机械能守恒和动量守恒的条件，判断下列说法的正误，并说明理由。

(1)不受外力的系统，总动量和总机械能必然同时守恒；

(2)合外力为零，内力中只有保守力的系统机械能必然守恒；

(3)仅受保守内力作用的系统，必然同时满足动量守恒和机械能守恒。

3.13　火箭为什么能在真空中飞行？

习　题

3.1　一人从 10.0 m 深的水井中提水，起始时桶中装有 10.0 kg 的水，由于水桶漏水，每升高 1 m 要漏去 0.200 kg 的水，求匀速地把水桶从井中提到井口，人所做的功。

3.2　一地下蓄水池，面积为 50m^2，蓄水深度 1.5 m，若水平面低于地面 5.0 m，问将这池水全部吸到地面，需要做多少功？若抽水机效率为 80%，输入功率 35 kW，则需多少时间？

3.3　一力作用在质量为 4.00 kg 的质点上，质点的运动方程为 $x=4t-2t^2+t^3$。试求最初 3.00s 内该力所做的功。

3.4　一质量为 m 的人造地球卫星沿一圆形轨道运动，离开地面的高度等于地球半径 R_E 的 2 倍。试以 m、R_E、引入常量 G、地球质量 M_E 表示出：(1)卫星的动能 E_K；(2)卫星在地球引力场中的引力势能 E_P；(3)卫星的总机械能 E。

3.5　用铁锤将一铁钉击入木板，设木板对铁钉的阻力与铁钉进入木板的深度成正比，在铁锤击第一次时，能将小钉击入木板内 1.00 cm。问击第二次时能击入木板多深？（假定打击时铁锤没有回跳，且两次打击时的速度相同）

3.6　如图题 3.6 所示，一弹簧劲度系数为 k，一端固定在 A 点，一端连一质量 m 的物体，靠在半径为 a 的光滑圆柱体表面上。弹簧原长为 AB，在变力 F 作用下，物体极缓慢地沿表面从位置 B 移到 C，求力所做的功。

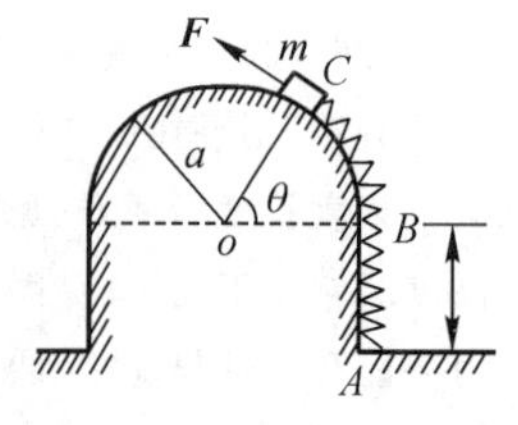

图题 3.6

3.7　我国第一颗人造卫星绕地球沿椭圆轨道运动，地球中心为该椭圆的一个焦点，卫星距地面最近距离为 $l_1=439$ km，最远距离为 $l_2=2384$ km，若卫星在近地点的速度 $\boldsymbol{v}_1=8.10$ km/s。试根据：(1)动能定理；(2)机械能守恒定律。求卫星在远地点的速度 $\boldsymbol{v}_2$，并说明可以根据动能定理解此题的理由。（已知地球平均半径 $R=$

6378 km，地球质量 $M_e=5.977\times10^{24}$ kg，引力常量 $G=6.672\times10^{-11}\,\mathrm{N\cdot m^2/kg^2}$）

3.8　高空走钢丝演员的质量为 50kg，为安全起见，演员腰上系一根 5.0m 长的弹性安全带，弹性缓冲时间为 1.0s。当演员不慎跌下时，在缓冲时间内安全带给演员的平均作用力有多大？（g 取 $10\mathrm{m/s^2}$）

3.9　将一盒放在秤盘上，并将秤的读数调整到零，然后从高出盒底 $h=4.9$m 处，将小石子流以 $n=100$ 个/s 的速率注入盒内。设每一石子的质量 $m=2.0\times10^{-2}$kg，落到盒内后就停止运动。求石子从开始注入盒内到 $t=10$s 时秤的读数。

3.10　如图题 3.10 所示，一浮吊的质量 $M=2.0\times10^4$kg，由岸上吊起 $m=2.0\times10^3$kg 的重物后，再将吊杆 OA 与竖直方向的夹角 θ 由 60°转到 30°，设杆长 $l=OA=8.0$m，忽略水的阻力和杆重，求浮吊在水平方向移动的距离，并指明浮吊朝哪边移动？

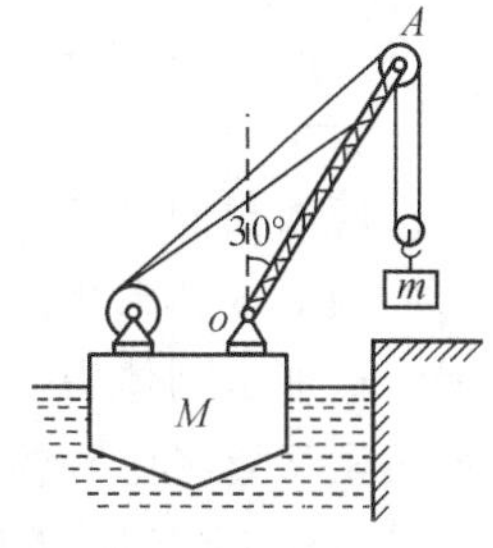

图题 3.10

3.11　一质量为 m 的炮弹以初速 $\boldsymbol{v}_0$ 竖直向上发射，发射后经 t 秒在空中自动爆炸，若分成质量相同的 A,B,C 三块碎片，其中 A 块的速度为零，B,C 两块的速度大小相同，且 B 块的速度方向与水平成 α 角，求 B,C 两碎片的速度（大小和方向）。

3.12　一载人小船静止与湖面上。小船质量为 100kg，船头到船尾共长 3.6m，人的质量为 50kg。试问当人从船尾走到船头时，船将移动多少距离？假定水的阻力不计。

3.13　如图题 3.13 所示，一质量为 m 的物体，从质量为 M 的弧形槽顶端由静止滑下。设圆弧形槽的半径为 R，张角为 $\pi/2$，如所有摩擦力都可忽略，求：(1)物体刚离开槽底端时，物体和槽的速度各为多少？(2)物体从 A 滑到 B 的过程中，物体对槽所做的功 A 。*(3)物体到达 B 时对槽的压力。

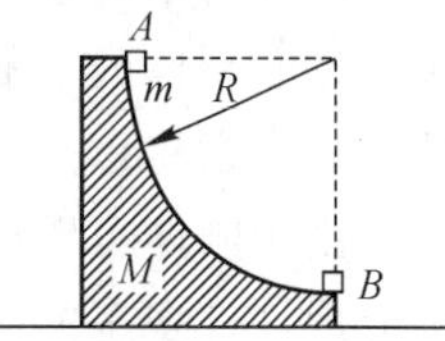

图题 3.13

*3.14　质量 6000kg 的火箭，竖直发射，若喷气速度为 1000m/s，问每秒内必须喷出多少气体，才能满足下列条件：(1)能克服火箭重量所需要的推力；(2)能使火箭最初向上的加速度为 $19.6\mathrm{m/s^2}$。

3.15　质量 m 的质点在垂直于 z 轴的平面内绕 z 轴作以半径为 R 的匀变速圆周运动，其切向加速度为 $\boldsymbol{a}$，若 $t=0$ 时，质点的速度为 $\boldsymbol{v}_0$。试求 t 时刻：(1)质点所受的关于 z 轴的力矩；(2)关于 z 轴的质点的角动量；(3)验证上述两者之间符合式 $M=\dfrac{\mathrm{d}L}{\mathrm{d}t}$ 所表示的关系。

3.16　如图题 3.16 所示，一半径为 R 的滑轮上绕着绳子，在绳子的一端系一质量 m 的物体。开始时使物体与轮轴 o 处于同一水平位置上。并设轴 o 离地面的高度为 h，若忽略滑轮和绳的质量，忽略摩擦，则当物体由高度 h 处下落时，试求：(1)在任意时刻，物体所受的关于轮轴的力矩；(2)根据式 $M=\dfrac{\mathrm{d}L}{\mathrm{d}t}$ 求物体落地时的速度。

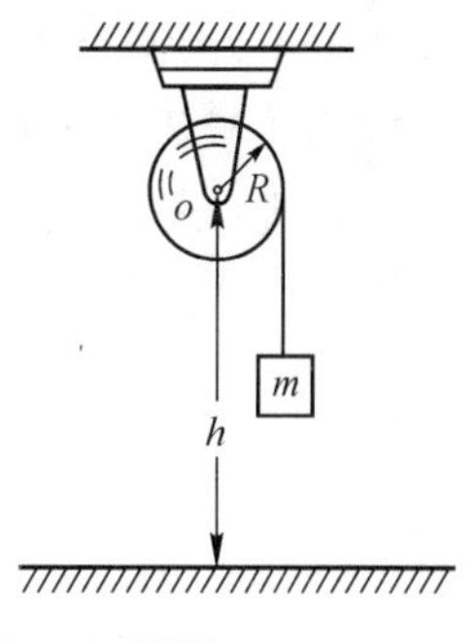

图题 3.16

*3.17　试证明质点在有心力作用下运动时，在相等时间内，它对力心的位置矢量在空间扫过相等面积。

3.18　哈雷彗星绕太阳运动的轨道是一个椭圆，它离太阳最近的距离 $r_1=8.75\times10^{10}$m，此时它的速率是 $v_1=5.46\times10^4$m/s。它离太阳最远时的速率是 $v_2=9.08\times10^2$m/s。这时它离太阳的距离是多少？

3.19　水星绕太阳运行轨道的近日点距太阳 $r_1=4.59\times10^{10}$m，远日点距太阳 $r_2=6.98\times10^{10}$m。已知太阳的质量 $M=1.99\times10^{30}$kg 求水星经近日点和远日点时的速率 v_1 和 v_2。

第 4 章　刚体力学

前面我们已经学习了质点力学，明确了质点的运动规律。所谓质点是只考虑质量，而忽略物体的形状和大小的理想模型。如果要考虑物体的形状、大小时，物体的运动规律是怎么样的呢？这就是刚体力学要研究的内容。为此，先要明白刚体的概念。所谓**刚体是既要考虑物体的质量又要考虑物体的形状和大小，但仍然忽略形变的物体模型**。由于它要考虑物体的形状、大小，所以它比质点模型更接近于实际物体。又因为刚体是忽略了物体的形变，所以刚体可看成是由大量质点所组成的，但物体内各质点间的相对距离保持不变的理想化的物体模型。

刚体力学的研究对象是刚体的运动规律，刚体的运动一般可归纳为三种情况，即平动、定轴转动和刚体的一般运动。所谓刚体的一般运动，就是刚体在每一瞬时既有平动又有转动的情况。本章将重点讨论刚体的定轴转动。

由于刚体可看成是大量质点组成的系统，因此**刚体力学的基本研究方法**是先把刚体无限细分成许许多多的质量为 $\Delta m_i(i=1,2,3,\cdots)$ 的质量元，每一个质量元都可看成一个质点，然后再根据问题的性质把质点力学的有关规律应用于刚体中的每一个质点（质量元），最后把组成刚体的所有质点的运动规律叠加，就可得到相应的刚体运动的规律。为清楚起见，往往先研究质点组（由两个以上的质点组成的系统）的运动规律，然后推广到刚体。质点组和刚体的主要区别在于质点组是由有限个质点组成的系统（其质量分布是不连续的），因此质点组和刚体的运动规律是类似的。组成质点组的各质点间的相对距离保持不变的质点组叫**刚性质点组**，否则就是非刚性的质点组。

4.1　刚体运动的描述

4.1.1　刚体的平动和转动

一、刚体的平动

在运动过程中，如果刚体上任意一直线在各个时刻的位置始终彼此平行，这种运动叫作**刚体的平动**。如图 4.1 所示，$AB /\!/ A'B' /\!/ A''B''$，$BC /\!/ B'C' /\!/ B''C''$，…，所以此刚体的运动是平动。

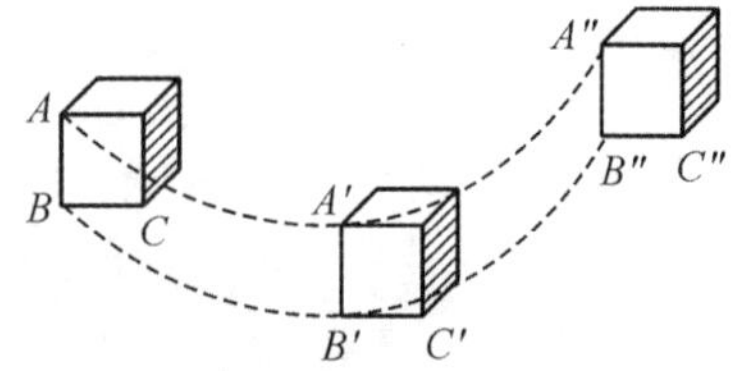

图 4.1　刚体的平动

平动的基本特征是：刚体上每一点的运动轨迹 $AA'A''$，$BB'B''$，$CC'C''$，…，都相同。因而在 Δt 时间内，刚体中各个质点经过的位移 $\Delta \boldsymbol{r}$ 都相同，在任一时刻 t，各质点的速度和加速度也一样。根据这一特征，当刚体作平动时，我们可以选取刚体上的任一点（通常是选质心这一点）来代表其运动。所以描写质点运动的物理量以及质点运动学和质点动力学的全部规律都适用于刚体的平动。以前讲的质点运动，实际上是指刚体的平动。

二、刚体的定轴转动

如果刚体运动时，其上各点都绕同一直线（此直线称转轴）作圆周运动，则称为刚体的转动。而转轴是固定的转动称为刚体的定轴转动。如电动机转子的转动，机器上飞轮的转动，以及门窗的开和关等都是定轴转动。

刚体的一般运动可看成是平动和转动的合成。例如拧螺钉时可将螺钉的运动分解为：沿轴线方向前进的平动和绕轴线的转动。下面着重讨论如何描述刚体的定轴转动。

4.1.2　刚体定轴转动的描述

一、定轴转动的特点和研究方法

刚体作定轴转动时，刚体上的各点都绕固定轴作圆周运动，刚体内平行于转轴的直线上的各点都具有相同的运动状态。因此只要搞清刚体内某一垂直于转轴的平面上各点的运动，就可了解整个刚体的运动。这一**垂直于转轴的平面称为转动平面。研究刚体的定轴转动，实际上只需研究转动平面的定轴转动。**

二、描述定轴转动的物理量和运动学规律

为了引入描述定轴转动的物理量，先在转动平面内选取 ox 方向作为参考方向，如图 4.2 所示。图中，o 为转轴与转动平面的交点。然后再考虑转动平面上的一点 P，P 点是在转动平面内绕 o 点作半径为 oP 的圆周运动。在任一时刻，它有确定的角位置 θ、角速度 $\boldsymbol{\omega}$ 和角加速度 $\boldsymbol{\alpha}$。由于刚体上各点的相对位置在转动中是不变的，因此在同一时间间隔 Δt 内，各点都应有相同的角位移 $\Delta\theta$，并且在任一时刻也都具有相同的角速度 $\boldsymbol{\omega}=\frac{\mathrm{d}Q}{\mathrm{d}t}$和角加速度 $\boldsymbol{\alpha}=\frac{\mathrm{d}\boldsymbol{\omega}}{\mathrm{d}t}$。可见，描述质点作圆周运动的物理量 $\theta,\Delta\theta,\omega,\alpha$，以及表示质点作圆周运动规律的公式，同样适用于刚体的定轴转动，它们就是定轴转动的运动学规律。

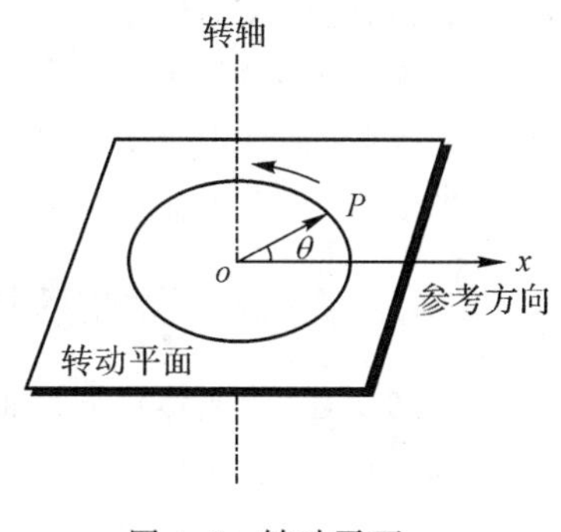

图 4.2　转动平面

由于刚体上各质点离转轴的距离 R 是不同的，因而各质点的速度和加速度是不同的。角量与线量的关系式：

$$\Delta S=R\Delta S$$
$$v=R\alpha$$
$$a_t=R\alpha$$
$$a_n=R\omega^2$$

已在前面 1.4.3 节圆周运动中讨论过，这里不再证明。同理，对于刚体的匀角加速定轴转动，下列公式：

$$\omega=\omega_0+\alpha t$$
$$\theta-\theta_0=\omega_0 t+\frac{1}{2}\alpha t^2$$
$$\omega^2-\omega_0^2=2\alpha(\theta-\theta_0)$$

也同样适用。

4.2 刚体定轴转动的转动定律

4.2.1 刚体定轴转动定律的表述及其与 $\boldsymbol{F}=m\boldsymbol{a}$ 的对比

众所周知，在质点力学中有非常重要的牛顿第二定律 $\boldsymbol{F}=m\boldsymbol{a}$。而在刚体力学中也有与 $\boldsymbol{F}=m\boldsymbol{a}$ 形式相同、地位相当的定轴转动的转动定律，它是定量研究刚体定轴转动问题的基本定律，其数学表示式(推导见 *4.2.2)为

$$\boldsymbol{M}=J\boldsymbol{\alpha} \tag{4.1}$$

式中，$\boldsymbol{M}$ 是刚体转轴所受的合外力矩，J 为刚体的转动惯量，$\boldsymbol{\alpha}$ 是刚体绕定轴转动的角加速度，其中，合外力矩 $\boldsymbol{M}$ 和角加速度 $\boldsymbol{\alpha}$ 的方向相同，都是沿着转轴方向。

与牛顿第二定律 $\boldsymbol{a}=\dfrac{\boldsymbol{F}}{m}$ 的表述一样，转动定律 $\boldsymbol{\alpha}=\dfrac{\boldsymbol{M}}{J}$ 可表述为：**在定轴转动中，刚体在外力矩的作用下，它的转动状态，即角速度 $\boldsymbol{\omega}$ 将发生变化，角速度对时间的变化率 $\dfrac{\mathrm{d}\boldsymbol{\omega}}{\mathrm{d}t}$，即角加速度 $\boldsymbol{\alpha}$ 与作用在刚体上的合外力矩 $\boldsymbol{M}$ 成正比，与刚体的转动惯量 J 成反比。**

我们知道，在惯性系中，力 $\boldsymbol{F}$ 是产生平动加速度 $\boldsymbol{a}$(即引起速度变化)改变物体平动状态的原因。而合外力矩 $\boldsymbol{M}$ 则是产生转动角加速度 $\boldsymbol{\alpha}$(即引起角速度 $\boldsymbol{\omega}$ 变化)改变刚体转动状态的原因。因此，平动中力 $\boldsymbol{F}$、质量 m、加速度 $\boldsymbol{a}$、速度 $\boldsymbol{v}$ ……与定轴转动中的力矩 $\boldsymbol{M}$、转动惯量 J、角加速度 $\boldsymbol{\alpha}$、角速度 $\boldsymbol{\omega}$……各自对应，且地位相当。

*4.2.2 刚体定轴转动定律的推导

如前所述，当刚体作固定轴转动时，刚体内每个质元都在垂直于转轴的平面内绕转轴做圆周运动。这些质元对各自转动中心的位矢虽然各不相同，但却具有大小和方向都相同的角速度 $\boldsymbol{\omega}$ 和角加速度 $\boldsymbol{\alpha}$，这个 $\boldsymbol{\omega}$ 和 $\boldsymbol{\alpha}$ 也就叫作刚体的**角速度**和**角加速度**。$\boldsymbol{\omega}$ 的方向沿转轴，其指向与各质元沿圆周的绕行方向之间遵从右手螺旋定则；$\boldsymbol{\alpha}$ 的方向也沿转轴，其指向视 ω 值的增减而定。

图 4.3 表示一个刚体绕 Oz 轴作定轴转动。其角速度为 $\boldsymbol{\omega}$，角加速度为 $\boldsymbol{\alpha}$，现在在刚体的转动平面中任取一质元 Δm_i，其位矢为 $\boldsymbol{r}_i$(离转轴的距离为 r_i)。设质元 Δm_i 所受的外力为 $\boldsymbol{F}_i$，内力为 $\boldsymbol{f}_i$(这里 $\boldsymbol{f}_i$)表示刚体中的所有其他质元对质元 Δm_i 作用力的合力)。为了简化讨论起见，假设外力 $\boldsymbol{F}_i$ 和内力 $\boldsymbol{f}_i$ 的作用线都位于质元 Δm_i 所在的垂直于轴的转动平面内，它们与位矢 $\boldsymbol{r}_i$ 的夹角分别为 φ_i 和 θ_i。根据牛顿第二定律，对质元 Δm_i 有

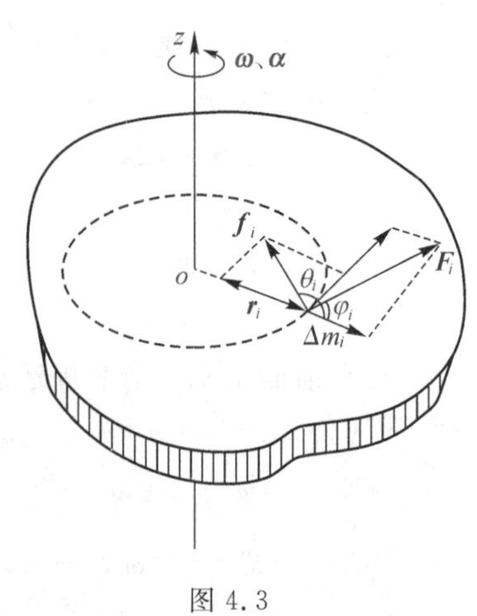

图 4.3

$$\boldsymbol{F}_i+\boldsymbol{f}_i=\Delta m_i\boldsymbol{a}_i \tag{1}$$

式中 $\boldsymbol{a}_i$ 是质元 Δm_i 的加速度。因为质元 Δm_i 绕轴作圆周运动，所以上式的法向投影式为：

$$F_i\cos\varphi_i+f_i\cos\theta_i=\Delta m_i a_{in} \tag{2}$$

切向投影式为：

$$F_i\sin\varphi_i+f_i\sin\theta_i=\Delta m_i a_{i\tau} \tag{3}$$

把 a_{in} 和 $a_{i\tau}$ 与刚体绕定轴转动的角速度 ω、角加速度 α 间的关系：$a_{in}=r_i\omega^2$。

$a_{i\tau}=r_i\alpha$，分别代入(2)，(3)式，得：

$$F_i\cos\varphi_i+f_i\cos\theta_i=\Delta m_i r_i\omega^2 \tag{4}$$

$$F_i\sin\varphi_i+f_i\sin\theta_i=\Delta m_i r_i\alpha \tag{5}$$

(4)式左边表示质元 Δm_i 所受的法向力，因为法向力的作用线是通过转轴的，对转轴的力矩为零，对刚体的转动不起作用，可不必讨论。(5)式左边表示质元 Δm_i 所受的切向力，对刚体的转动有作用。在(5)式的两边分别乘以力臂 r_i，得

$$F_i r_i\sin\varphi_i+f_i r_i\sin\theta_i=\Delta m_i r_i^2\alpha \tag{6}$$

上式左边第一项 $F_i r_i\sin\varphi_i$ 是外力 $\boldsymbol{F}_i$ 对转轴的力矩，而第二项 $f_i r_i\sin\theta_i$ 是内力 $\boldsymbol{f}_i$ 对转轴的力矩。

对于刚体的所有质元，都可写出与(6)式相应的式子，把这些式子全部相加，则有

$$\sum_i F_i r_i\sin\varphi_i+\sum_i f_i r_i\sin\theta_i=(\sum_i\Delta m_i r_i^2)\alpha \tag{7}$$

因为内力中的每一对作用与反作用力大小相等、方向相反，且力的作用线在同一直线上，对转轴的力臂相同，因而每一对作用力与反作用力对转轴的力矩必定是大小相等、方向相反；所以(7)式左边表示所有内力力矩之和的第二项等于零，即 $\sum\limits_i f_i r_i\sin\theta_i=0$。这样，(7)式左边只剩下第一项，就是刚体所受各外力对转轴 Oz 的力矩的代数和，称为合外力矩，现用符号 M 表示，则有

$$M=\sum_i F_i r_i\sin\varphi_i=(\sum_i\Delta m_i r_i^2)\alpha \tag{8}$$

上式中右边的 $\sum\limits_i\Delta m_i r_i^2$ 是由刚体本身性质所决定的物理量，用符号 J 表示，

$$J=\sum_i\Delta m_i r_i^2 \tag{9}$$

J 称为刚体对给定转轴的**转动惯量**。于是(8)式可表示为

$$M=J\alpha \tag{10}$$

至此定轴转动的转动定律数学表示式推导完毕。

4.2.3　定轴转动的动力学问题的解题方法练习

如果在一个物体系中，有的物体作平动，有的物体作定轴转动，处理此类问题，仍然可以应用**隔离体法**，但应分清哪些物体作平动，哪些物体作定轴转动。把平动物体隔离出来，按牛顿第二定律写出其动力学方程；把定轴转动物体隔离出来，按转动定律写出其动力学方程。然后对这些方程综合求解。下面将通过[例 4.1]说明这种方法。

[例 4.1]　如图例 4.1(a)所示一轻绳跨过一定滑轮(可视为圆盘)，设定滑轮的质量为 m，半径为 r，转动惯量 $J=\dfrac{1}{2}mr^2$，若在绳的两端分别悬着质量 m_1，m_2 的物体($m_1<m_2$)。当两物体运动时，轮轴 o 作用于滑轮的摩擦阻力矩为 $\boldsymbol{M}_r$，设绳与滑轮间无相对滑动，试求物体的加速度、滑轮的角加速度和绳的张力。

[解]　先作研究对象的受力图，如图例 4.1(b)，由于要考虑滑轮质量，所以两边绳子的张力不再相等，即 $T_1\neq T_2$。图中 α 是表示滑轮的角加速度。

然后对平动物体 m_1, m_2 应用牛顿第二定律，可列出下列二个方程

$$T_1 - m_1 g = m_1 a \qquad (例 4.1\text{-}1)$$

$$m_2 g - T_2 = m_2 a \qquad (例 4.1\text{-}2)$$

对定轴转动的滑轮应用转动定律：合外力矩 $M = J\alpha$ 得到

$$T_2 r - T_1 r - M_r = J\alpha \qquad (例 4.1\text{-}3)$$

上面只有三个方程却含有 T_1, T_2, a, α 四个未知数，还缺一个方程才能求解，可以从运动学（或几何学）中去找关系式。考虑到绳与滑轮间无相对滑动，所以轮缘上各点的切向加速度 a_t 应等于物体的加速度 a，而 $a_t = r\alpha$，由此得

$$a = r\alpha \qquad (例 4.1\text{-}4)$$

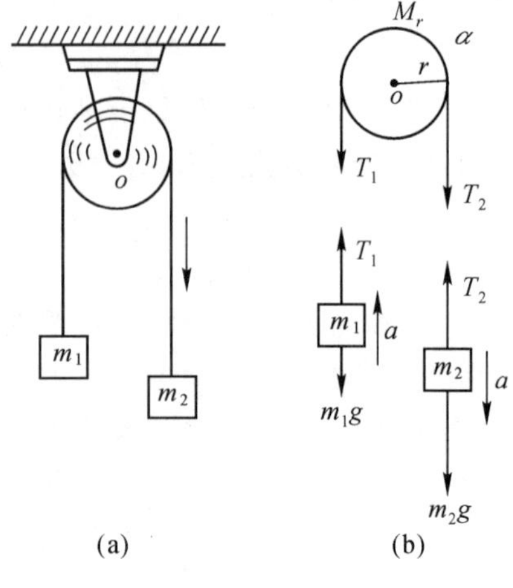

图例 4.1

解上述方程组，并代入 J 的表示式后，可得如下结果

$$a = [(m_2 - m_1)g - M_r/r]/(m_1 + m_2 + m/2)$$

$$\alpha = a/r = [(m_2 - m_1)g - M_r/r]/[(m_1 + m_2 + m/2)r]$$

$$T_1 = m_1[(2m_2 + m/2)g - M_r/r]/(m_1 + m_2 + m/2)$$

$$T_2 = m_2[(2m_1 + m/2)g + M_r/r]/(m_1 + m_2 + m/2)$$

显然，只有在忽略滑轮质量（$m=0$）和摩擦（$M_r=0$）时，才有 $T_1 = T_2$。

这是一道典型的定轴转动动力学例题，请根据此例题，自己小结一下，此题的解题步骤，对今后解定轴转动的动力学习题是很有益处的。

4.3 转动惯量

4.3.1 转动惯量的概念

我们知道，物体的质量 m 是物体惯性的量度，由式 $\boldsymbol{M} = J\boldsymbol{\alpha}$，可知，若刚体不受外力作用（即 $\boldsymbol{M}=0$）则 $\boldsymbol{\alpha}=0$ 刚体将保持原来的转动状态不变。即原来静止的刚体将继续保持静止，原来以角速度 $\boldsymbol{\omega}_0$ 转动的刚体仍将继续以 $\boldsymbol{\omega}_0$ 做匀速转动，我们把刚体这种有保持原来转动状态不变的特性叫刚体的转动惯性。而**转动惯量 J 则是物体转动惯性的量度**。转动惯量越大的物体，要改变它的转动状态就越不容易。转动惯量的定义式为

$$J = \sum_i \Delta m_i r_i^2 \qquad (4.2)$$

由转动惯量的定义式可知，转动惯量等于刚体中每一质量元的质量 Δm_i 和该质量元到转轴距离平方 r_i^2 的乘积之总和。因此**转动惯量具有相加性**。这说明了**几个物体对于同一转轴的转动惯量 J 等于这几个物体各自对该轴的转动惯量 J_i 之和**，即

$$J = J_1 + J_2 + \cdots + J_n \qquad (4.3)$$

物体的转动惯量的大小决定于物体的质量、物体的质量分布及转轴的位置这三个因素，而与坐标的取法、坐标原点的位置及物体的角速度等都无关。转动惯量 J 是个标量，其单位是 $\mathrm{kg \cdot m^2}$。

4.3.2　转动惯量的计算

一、利用转动惯量的定义式来计算转动惯量

这是一种基本的计算方法。对于刚性质点组，则以 m_i 代替 Δm_i，即

$$J = \sum_i m_i r_i^2 \tag{4.4}$$

对于质量连续分布的刚体，要用积分代替求和。若以 dm 表示质量元，而以 r 表示该质量元离转轴的距离，则

$$J = \int r^2 \mathrm{d}m \tag{4.5}$$

积分应涉及整个刚体。

［例 4.2］　如图例 4.2 所示，质量为 m_1 和 m_2 的两质点，固定在质量可忽略不计的刚性杆两端，杆 o 处与刚性轴 zoz' 成 α 角斜向固联。设质点到 o 点的距离分别为 r_1 和 r_2，求此刚体对 zoz' 轴的转动惯量。

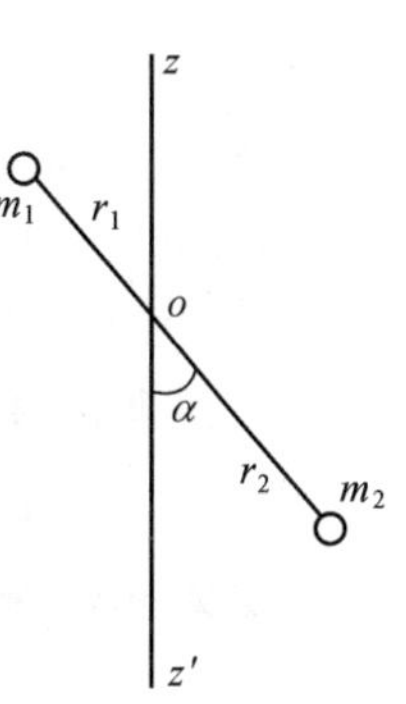

图例　4.2

［解］按题意，应该用刚性质点组求转动惯量的公式 $J = \sum_i m_i r_i^2$ 求解。**但应注意的是**，公式中的 r_i 是 m_i 到转轴的距离，而不是 m_i 到交点（或原点）的距离。因此刚体对 zoz' 轴的转动惯量 J 为

$$J = m_1 r_1^2 \sin^2\alpha + m_2 r_2^2 \sin^2\alpha$$

［例 4.3］　试计算质量为 m，长为 l 的均匀细棒的转动惯量。

(1)转轴通过棒中心并与棒垂直；

(2)转轴通过棒的一端并与棒垂直。

图例　4.3

［解］(1)先考虑离转轴为 x 的质量元 $\mathrm{d}m = (m/l)\mathrm{d}x$ 的转动惯量

$$\mathrm{d}J = x^2 \mathrm{d}m = (m/l)x^2 \mathrm{d}x$$

整条棒关于通过棒中心，并与棒垂直的转轴的转动惯量为

$$J = \int_{-l/2}^{l/2} \frac{m}{l} x^2 \mathrm{d}x = \frac{1}{3}\frac{m}{l} x^3 \Big|_{-l/2}^{l/2} = \frac{1}{12} m l^2$$

(2)转轴通过棒的一端并与棒垂直时，其方法相同，只是积分限从 0 至 l 即可。这时

$$J = \int_0^l \frac{m}{l} x^2 \mathrm{d}x = \frac{1}{3}\frac{m}{l} x^3 \Big|_0^l = \frac{1}{3} m l^2$$

由此例可见，同一物体的转动惯量，因转轴位置不同而不同。因此对于转动惯量，必须指明是关于哪一根轴的转动惯量。

［例 4.4］　试分别求质量为 m，半径为 r 的圆环和圆盘，对于通过圆心并垂直于圆面的转轴的转动惯量。

［解］　(1)薄圆环的转动惯量。如图例 4.4(a)所示，对于薄圆环可认为质量全部集中在半径为 r 的圆周上，由于所有的质量元都离轴等远，都为半径 r，故

$$J = \int r^2 \mathrm{d}m = r^2 \int \mathrm{d}m = m r^2 \tag{例 4.4-1}$$

(2)圆盘的转动惯量。用 $\sigma = m/(\pi r^2)$ 表示匀质圆盘的面密度。其中半径为 $x \to x + \mathrm{d}x$ 这一圆环的质量为 $\mathrm{d}m = \sigma \cdot 2\pi x \mathrm{d}x$，见图例 4.4(b)，根据式(例 4.4-1)，此圆环的转动惯量 dJ 为

$$\mathrm{d}J = x^2 \mathrm{d}m = 2\pi\sigma x^3 \mathrm{d}x$$

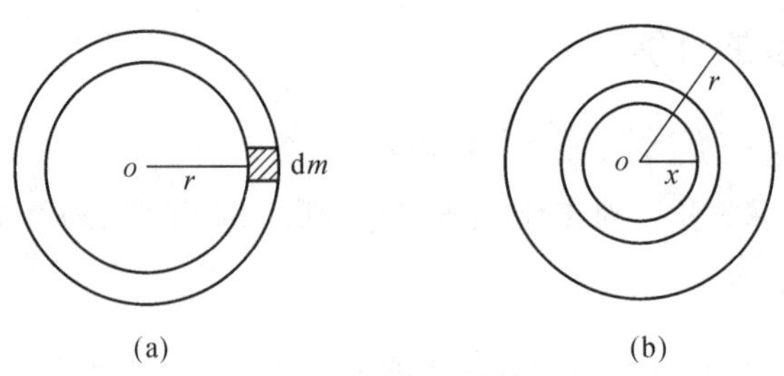

图例 4.4

所以圆盘的转动惯量为

$$J = 2\pi\sigma\int_0^r x^3 \mathrm{d}x = \frac{1}{2}mr^2 \qquad (例 4.4\text{-}2)$$

由此可知,相同质量、相同半径、转轴位置也相同的圆环和圆盘,它们转动惯量并不相同,其原因就在于两者的质量分布不同,圆环的质量全部集中在圆周上,因此它的转动惯量就比质量均匀分布的圆盘要大。机器上的飞轮,边缘部分厚,中间部分薄,就是为了增大它的转动惯量。

式(例 4.4-2)显然也适用于圆柱体。

下面来介绍在计算转动惯量中很有用的平行轴定理和正交轴定理。

二、平行轴定理

设刚体绕通过质心转轴的转动惯量为 J_C,将轴朝任何方向平行移动一个距离 d(见图 4.4),**则绕此轴的转动惯量 J_D 为**

$$\boldsymbol{J}_D = \boldsymbol{J}_C + m\boldsymbol{d}^2 \qquad (4.6)$$

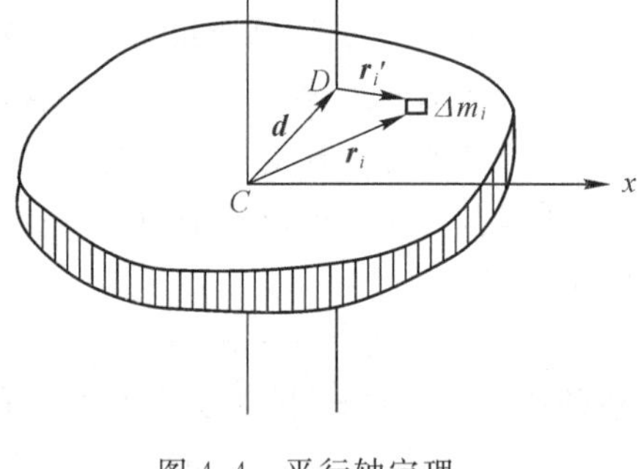

图 4.4 平行轴定理

证:设在垂直于转轴的平面内从质心 C 到 D 点的位矢为 $\boldsymbol{d}$,以 D 和 C 为参考点,质量元 Δm_i 的位矢分别为 $\boldsymbol{r}'_i$ 和 $\boldsymbol{r}_i$,则

$$\begin{aligned}\boldsymbol{r}'^2_i &= \boldsymbol{r}'_i \cdot \boldsymbol{r}'_i = (\boldsymbol{r}_i - \boldsymbol{d}) \cdot (\boldsymbol{r}_i - \boldsymbol{d}) \\ &= r_i^2 - 2\boldsymbol{d} \cdot \boldsymbol{r}_i + d^2\end{aligned}$$

故 $J_D = \sum_i \Delta m_i r'^2_i = \sum_i \Delta m_i r_i^2 + (\sum_i \Delta m_i) d^2 - 2(\sum_i \Delta m_i \boldsymbol{r}_i) \cdot \boldsymbol{d} = J_c + md^2 - 0$,最后一项为零是因转动惯量与坐标原点的取法无关,我们把原点取在质心 C 上,那么,质心的 $\boldsymbol{r}_c = 0$,根据质心的定义式,$\boldsymbol{r}_c = \dfrac{\sum \Delta m_i \boldsymbol{r}_i}{\sum \Delta m_i} = 0$,导致 $\sum \Delta m_i \boldsymbol{r}_i = 0$。至此定理得正。

利用平行轴定理,我们很容易计算出圆盘绕通过边缘且与盘面垂直的转轴的转动惯量。如图 4.5 所示,这时 d 等于圆盘的半径 r,所以

$$J = J_C + md^2 = \frac{1}{2}mr^2 + mr^2 = \frac{3}{2}mr^2$$

其他情况(例如棒、细圆环等),将转轴平移到任一位置时,也可用平行轴定理求出转动惯量。

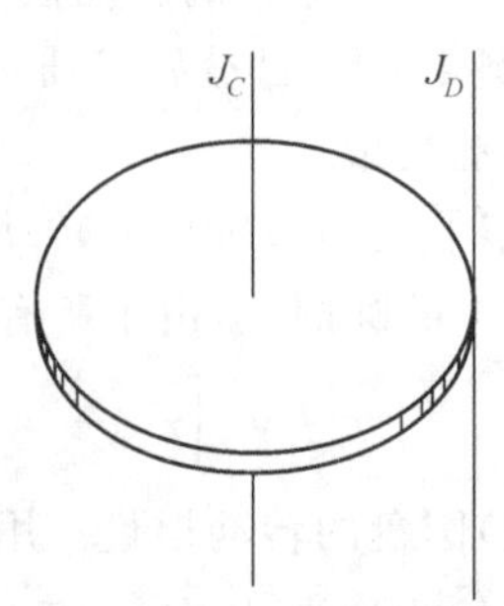

图 4.5 用平行轴定理计算转动惯量

*三、正交轴定理

薄板状刚体对板面内两正交轴(x 轴,y 轴)的转动惯量之和(J_x+J_y)等于该刚体对通过两轴交点 O 的垂直于板面的 z 轴的转动惯量 J_z。

图 4.6 表示一薄板状物体。设板面在 xy 平面内,选取两正交轴的交点 O 点为原点

$$J_x=\sum \Delta m_i y_i^2$$

$$J_y=\sum \Delta m_i x_i^2$$

两式相加,可得

$$J_x+J_y=\sum \Delta m_i(x_i^2+y_i^2)=\sum \Delta m_i r_i^2$$

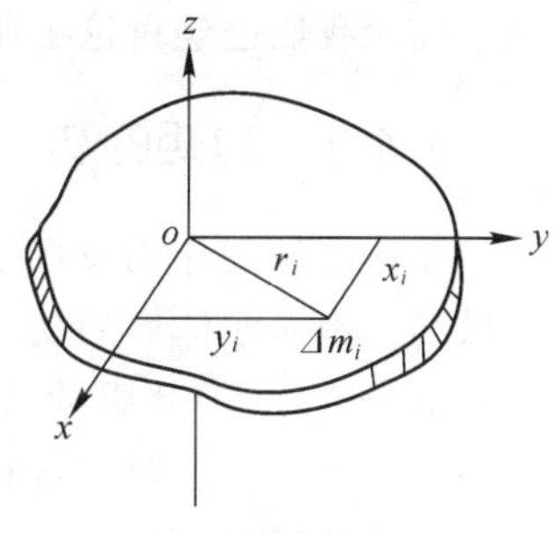

图 4.6　正交轴定理

所以

$$\boldsymbol{J_x+J_y=J_z} \tag{4.7}$$

这就是正交轴定理.此定理只适用于平面薄板状的刚体,并限于板面内的两轴相互垂直,z 轴与板面正交。

应用正交轴定理很容易求出圆环或圆盘绕直径的转动惯量。由于对称性,$J_x=J_y=\frac{1}{2}J_z$,由圆环的 $J_z=mr^2$ 得圆环绕直径的 $J_x=J_y=\frac{1}{2}mr^2$,由圆盘的 $J_z=\frac{1}{2}mr^2$ 得圆盘绕直径的 $J_x=J_y=\frac{1}{4}mr^2$。

另外,计算转动惯量的方法还有标度变换法①,补偿法②等,有兴趣的读者可参阅有关资料(见本书表 4.1 的下边注①、注②)。

表 4.1 中列出了一些常用具有几何对称性的物体的转动惯量。

表 4.1　常用的转动惯量

刚　体	轴的位置	转动惯量
细圆环	通过环心并与环面垂直	mr^2
	沿直径	$mr^2/2$
薄圆盘	通过盘心并与盘面垂直	$mr^2/2$
	沿直径	$mr^2/4$
细棒	通过一端与棒垂直	$ml^2/3$
	通过中心与棒垂直	$ml^2/12$
圆柱体	沿几何轴	$mr^2/2$
内外半径 r_1,r_2 的圆筒	沿几何轴	$m(r_1^2+r_2^2)/2$
球体	沿直径	$2mr^2/5$

注:表中 m,r,l 分别为刚体的质量、半径和长度。

注①　标度变换法,可参阅:(1)Am. J. Phy 53(3), May 1985. 501. (2)赵凯华,罗蔚茵.新概念物理教程力学.北京:高等教育出版社出版,1995. 178~180.

注②　补偿法,可参阅:补偿法在物理解题中的应用.物理通报,1984(3):18.

* 4.4 刚体的功和能

前面我们已经讨论了刚体的动力学，现在来讨论刚体的功和能，重点是讨论定轴转动

4.4.1 力矩的功

刚体在外力作用下作定轴转动时，刚体中的每一质量元都要作圆周运动而产生位移，外力要做功。力对刚体做的功，显然就是各个力对各个相应质量元做功的总和。

对于刚体，因其质量元间的相对位置不变，故内力不做功，仅需考虑外力的功。又对于定轴转动的情形，垂直于转动平面的力也不会做功。故假设作用在质量元 Δm_i 上的外力 $\boldsymbol{F}_i$ 位于转动平面之内。当刚体转过角度 $\mathrm{d}\theta$ 时，质量元 Δm_i 的位移为 $\mathrm{d}s_i$（见图 4.7），则力 $\boldsymbol{F}_i$ 做的元功

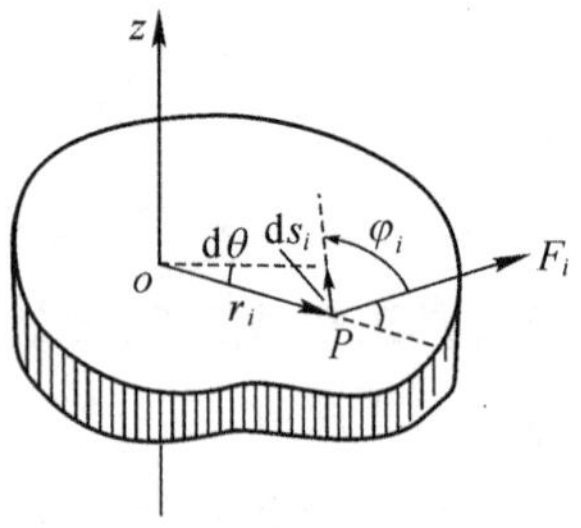

图 4.7 计算力矩的功

$$\mathrm{d}A_i=\boldsymbol{F}_i\cdot\mathrm{d}\boldsymbol{s}_i=F_i\cos\varphi_i\mathrm{d}s_i=F_i\cos\varphi_i r_i\mathrm{d}\theta$$

而 $$M_i=F_i\cos\varphi_i r_i$$

所以 $$\mathrm{d}A_i=M_i\mathrm{d}\theta$$

设刚体从 θ_0 转到 θ，则力 $\boldsymbol{F}_i$ 做的功可由积分得到

$$A_i=\int_{\theta_0}^{\theta}M_i\mathrm{d}\theta$$

再对各个外力的功求和，就得到所有外力做的总功

$$A=\sum_i A_i=\sum_i\left(\int_{\theta_0}^{\theta}M_i\mathrm{d}\theta\right)=\int_{\theta_0}^{\theta}\left(\sum_i M_i\right)\mathrm{d}\theta=\int_{\theta_0}^{\theta}M\mathrm{d}\theta \tag{4.8}$$

式中，$\boldsymbol{M}=\sum_i \boldsymbol{M}_i$ **为刚体受到的合外力矩。**

式(4.8)表明，**在刚体定轴转动过程中力对刚体做的功等于合外力矩与刚体元角位移乘积的积分，称为力矩的功。而力矩的功率为**

$$P=\frac{\mathrm{d}A}{\mathrm{d}t}=M\frac{\mathrm{d}\theta}{\mathrm{d}t}=M\omega \tag{4.9}$$

即力矩的功率等于力矩与角速度的乘积。

4.4.2 刚体的动能

若刚体以角速度 ω 绕一定轴转动，它的转动动能是刚体中所有质量元作圆周运动的动能之和，即

$$E_k=\sum_i\frac{1}{2}\Delta m_i v_i^2=\sum_i\frac{1}{2}\Delta m_i r_i^2\omega^2=\frac{1}{2}J\omega^2 \tag{4.10}$$

上式，不仅在地位上与质点的动能定义式 $E_k=\frac{1}{2}mv^2$ 相当，而且两者在形式上也非常相似。

由平行轴定理 $J=J_C+md^2$ 可得

$$E_k=\frac{1}{2}(J_C+md^2)\omega^2=\frac{1}{2}J_C\omega^2+\frac{1}{2}md^2\omega^2$$

$$=\frac{1}{2}J_C\omega^2+\frac{1}{2}mv_C^2 \tag{4.11}$$

可见，刚体绕定轴转动的动能可分解成两部分：一是刚体绕质心转动的动能 $\frac{1}{2}J_C\omega^2$，二是刚体随质心平动的动能 $\frac{1}{2}mv_C^2$（参见图 4.8）。

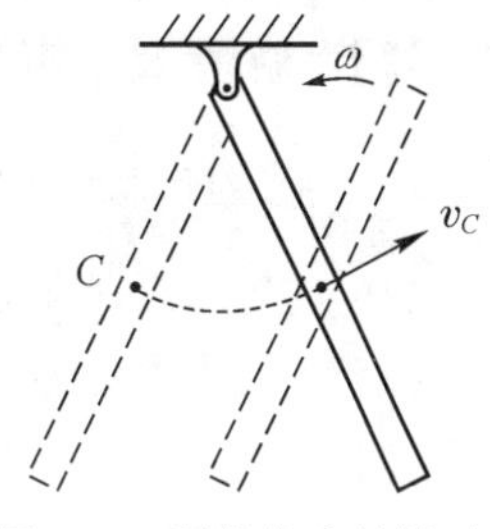

图 4.8 刚体绕定轴转动的动能分解

可以证明，刚体作平面运动时，它的动能也为随质心运动的平动动能 $\frac{1}{2}mv_C^2$ 和绕质心转动的转动动能 $\frac{1}{2}J_C\omega^2$ 之和。

4.4.3 定轴转动中的动能定理

在定轴转动中，由于外力矩做功，使刚体的转动动能发生变化。**合外力矩对定轴转动刚体所做的功等于刚体转动动能的增量**，即

$$A=\int_{\theta_0}^{\theta} M\mathrm{d}\theta=\frac{1}{2}J\omega^2-\frac{1}{2}J\omega_0^2 \tag{4.12}$$

上式就是刚体作**定轴转动时的动能定理**。现证明如下：

由定轴转动定律有

$$M=J\alpha=J\,\frac{\mathrm{d}\omega}{\mathrm{d}t}=J\,\frac{\mathrm{d}\omega}{\mathrm{d}\theta}\frac{\mathrm{d}\theta}{\mathrm{d}t}=J\omega\,\frac{\mathrm{d}\omega}{\mathrm{d}\theta}$$

$$M\mathrm{d}\theta=J\omega\mathrm{d}\omega$$

将上式从 θ_0 到 θ 积分，立即得到

$$\int_{\theta_0}^{\theta} M\mathrm{d}\theta=\int_{\omega_0}^{\omega} J\omega\,\mathrm{d}\omega=\frac{1}{2}J\omega^2-\frac{1}{2}J\omega_0^2$$

*4.4.4 刚体的势能

如果一个刚体受到保守力的作用，也可以引入势能的概念。例如在重力场中的刚体就具有一定的重力势能，它的重力势能就是它的各质元重力势能的总和。对于一个不太大，质量为 m 的刚体（图 4.9），它的重力势能为

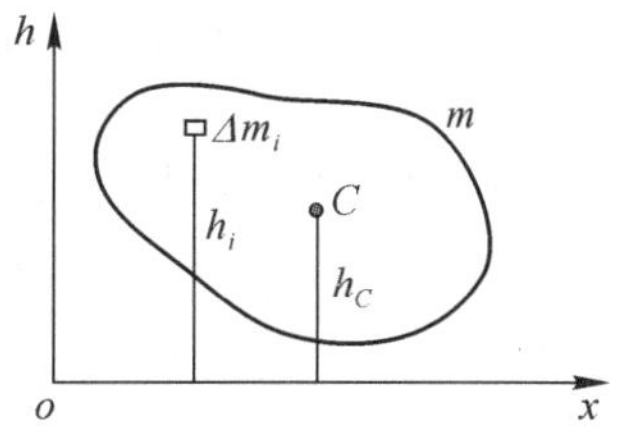

$$E_p=\sum_i \Delta m_i g h_i=g\sum_i \Delta m_i h_i$$

图 4.9 刚体的重力势能

根据质心的定义，此刚体的质心的高度应为

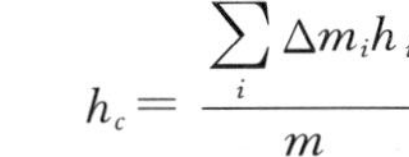

$$h_c=\frac{\sum\limits_i \Delta m_i h_i}{m}$$

所以上式可以写成

$$E_p=mgh_C \tag{4.13}$$

这一结果说明，**一个不太大的刚体的重力势能和它的全部质量集中在质心时所具有的势能一样**。

对于包含有刚体的系统，如果在运动过程中，只有保守内力做功，则这系统的机械能也应该守恒。我们将通过［例 4.5］解法 2 进行说明。

［例 4.5］ 一均匀细棒，长约 l，质量为 m_1。在棒的一端连一质量为 m_2，半径为 r 的均质

圆盘。棒的另一端通过光滑的水平轴 O,并可在绕轴的竖直平面内自由转动,若使棒由水平位置开始自由转动,求棒在竖直位置时,盘心 P 点的速度。

[解] 解法 1:根据定轴转动中的动能定理,应有

$$A=\frac{1}{2}J\omega^2-0 \qquad \text{(例 4.5-1)}$$

若求出在竖直位置时角速度 ω,就可由 $v=(l+r)\omega$ 求出 P 点的速度。而要求出 ω,必须先求出在这过程中外力矩做的功 A。在此过程中,支撑力 N 通过转轴,因此刚体只受重力矩 M 的作用,在任一位置 θ 时,所受的重力矩为

$$M=[m_1gl/2+m_2g(l+r)]\cos\theta \qquad \text{(例 4.5-2)}$$

在转过 $\mathrm{d}\theta$ 时,重力矩做的元功为

$$\mathrm{d}A=M\mathrm{d}\theta=[m_1gl/2+m_2g(l+r)]\cos\theta\mathrm{d}\theta$$

在 θ 由 $0\to\pi/2$ 的过程中做的总功为

$$A=[m_1gl/2+m_2g(l+r)]\int_0^{\pi/2}\cos\theta\mathrm{d}\theta$$

$$=[m_1l/2+m_2(l+r)]g \qquad \text{(例 4.5-3)}$$

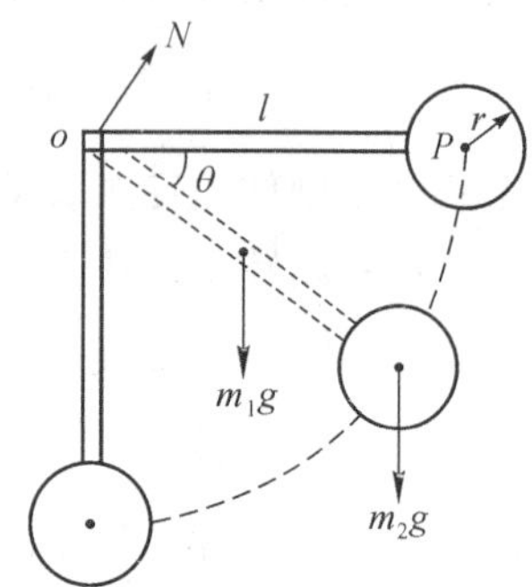

图例 4.5

把上式代入式(例 4.5-1)得

$$\omega=\sqrt{[m_1l+2m_2(l+r)]g/J}$$

$$v=(l+r)\omega=(l+r)\sqrt{[m_1l+2m_2(l+r)]g/J}$$

式中的 J 为刚体关于 O 轴的转动惯量,由下式决定,即

$$J=m_1l^2/3+m_2r^2/2+m_2(l+r)^2$$

* 解法 2:在此题中,只有重力(保守力)做功,当把地球和刚体作为一系统时,系统的机械能守恒。

若把刚体在竖直位置时 P 点的位置作为势能的零点。刚开始时,机械能只是势能 $(m_1+m_2)g\cdot(l+r)$;竖直位置时,动能为 $J\omega^2/2$,势能为 $(m_1+m_2)gh_C$,h_C 为质心离 P 点的距离

$$h_C=\frac{m_1(r+l/2)}{m_1+m_2}$$

所以竖直位置时的机械能为

$$J\omega^2/2+m_1g(r+l/2)$$

因此 $$J\omega^2/2+m_1g(r+l/2)=(m_1+m_2)g(l+r)$$

或 $$J\omega^2/2=m_1gl/2+m_2g(l+r) \qquad \text{(例 4.5-4)}$$

上式与(例 4.5-1)和(例 4.5-3)两式联合得到的结果完全相同,但这种解法比较简单。

4.5 刚体的角动量定理和角动量守恒

4.5.1 刚体的角动量

刚体绕轴转动时,组成刚体的所有质元都绕同一轴做圆周运动。刚体对转轴的角动量就是所有质元对该轴的角动量的总和。

$$\boldsymbol{L}=\sum_i\Delta m_i\boldsymbol{v}_i\boldsymbol{r}_i=\sum_i\Delta m_i(\boldsymbol{r}_i\boldsymbol{\omega})\boldsymbol{r}_i=(\sum_i\Delta m_ir_i^2)\boldsymbol{\omega}=J\boldsymbol{\omega} \qquad (4.14)$$

如果绕轴转动系统是由 N 块刚体组成,则可以把式 $J=J_1+J_2+\cdots+J_N$ 代入式(4.14)

得转动系统的总角动量

$$\boldsymbol{L}=J\boldsymbol{\omega}=J_1\boldsymbol{\omega}+J_2\boldsymbol{\omega}+\cdots+J_N\boldsymbol{\omega}=\boldsymbol{L}_1+\boldsymbol{L}_2+\cdots+\boldsymbol{L}_N \tag{4.15}$$

式中：$J_1,J_2,\cdots,J_N$ 和 $\boldsymbol{L}_1,\boldsymbol{L}_2,\cdots,\boldsymbol{L}_N$ 分别是各部分对同一转轴的转动惯量和角动量。

4.5.2　刚体的角动量定理

将式(4.14)代入刚体的定轴转动定律：$\boldsymbol{M}=J\boldsymbol{\alpha}$；注意到在定轴转动中刚体的转动惯量 J 恒定不变，得：

$$\boldsymbol{M}=J\boldsymbol{\alpha}=J\frac{\mathrm{d}\boldsymbol{\omega}}{\mathrm{d}t}=\frac{\mathrm{d}(J\boldsymbol{\omega})}{\mathrm{d}t}=\frac{\mathrm{d}\boldsymbol{L}}{\mathrm{d}t} \tag{4.16}$$

上式表明：**物体所受对某给定轴的合外力矩等于物体对该轴的角动量的时间变化率**。这是用角动量陈述的定轴转动定律。

由式(4.16)，有

$$\boldsymbol{M}\mathrm{d}t=\mathrm{d}\boldsymbol{L} \tag{4.17}$$

在 $t_0\rightarrow t$ 过程中，则有

$$\int_{t_0}^{t}\boldsymbol{M}\mathrm{d}t=\int_{L_0}^{L}\mathrm{d}\boldsymbol{L}=\boldsymbol{L}-\boldsymbol{L}_0=J\boldsymbol{\omega}-J_0\boldsymbol{\omega}_0 \tag{4.18}$$

上式中，$\boldsymbol{L}_0,J_0,\boldsymbol{\omega}_0$ 分别表示 t_0 时刻的角动量、转动惯量和角速度；$\boldsymbol{L},J,\boldsymbol{\omega}$ 分别表示 t 时刻的角动量、转动惯量和角速度。

我们把力矩 $\boldsymbol{M}$ 与力矩所作用的时间 $\mathrm{d}t$ 的乘积 $\boldsymbol{M}\mathrm{d}t$ 称为**冲量矩**。在有限长的时间间隔 $t_0\rightarrow t$ 内，冲量矩用积分式 $\int_{t_0}^{t}\boldsymbol{M}\mathrm{d}t$ 表示。与冲量 $I=\int_{t_0}^{t}\boldsymbol{F}\mathrm{d}t$ 是力的时间积累作用相似，我们用冲量矩表示力矩的时间积累作用。

式(4.17)和式(4.18)给出：**转动刚体所受的冲量矩等于该刚体在这段时间内的角动量的增量。**这一关系叫作**刚体的角动量定理。**

4.5.3　角动量守恒及其应用

由式(4.17)可知，如果刚体所受的合外力矩 $\boldsymbol{M}=0$，则有

$$\mathrm{d}\boldsymbol{L}=\mathrm{d}(J\boldsymbol{\omega})=0$$

或

$$\boldsymbol{L}=J\boldsymbol{\omega}=\text{恒矢量} \tag{4.19}$$

亦即：**当刚体所受对转轴的合外力矩等于零时，刚体的角动量保持不变。**这一结论称为**刚体绕定轴的角动量守恒定律**。

对于非刚体，如果组成它的各质元绕共同转轴转动，而且各质元的角速度相同，则 $\boldsymbol{L}=J\boldsymbol{\omega}$ 的结论也同样成立。因为转动体是非刚体，所以其转动惯量是可变的。角动量守恒表现为 J 增大时，$\boldsymbol{\omega}$ 减小；J 减小时，$\boldsymbol{\omega}$ 增大。例如，芭蕾舞演员、溜冰运动员等绕通过足尖的竖直轴旋转时，常将手臂及腿伸开以使转动惯量增大，转速减小；将手臂及腿朝身体靠拢以使转速增大。又如跳水运动员在空中翻筋斗，跳在空中时，将臂和腿尽量卷缩起来，以减小转动惯量，因而角速度增大，在空中迅速翻转；当快接近水面时，再伸直臂和腿以增大转动惯量，减小角速度，以便竖直地进入水中(图 4.10)。以上两例所依据的原理正是角动量守恒定律。

最后，顺便指出，动量和角动量各反映了运动物体的一个方面的属性和规律，因而既相互联系又相互有区别。从历史上看，在 18 世纪，力学中已引入了角动量；到 19 世纪人们才把它看成是基本概念之一；直到 20 世纪物理学的研究深入到微观领域后，人们才进一步认识到角

动量的重要意义。现代物理学的研究结果表明微观粒子一般也具有角动量，而且角动量守恒定律是并列于动量守恒定律的基本规律。

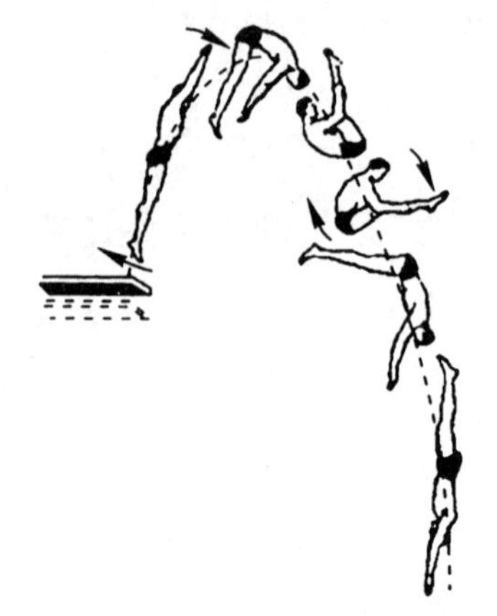

图 4.10　运动员跳水时，转动惯量和角速度变化的情况

［**例 4.6**］　某些质量较大的恒星在其核燃料燃尽，达到生命末期时，会发生所谓超新星爆发，这时星体中有大量的物质喷入星际空间，同时星的内核却向内收缩，坍塌成为体积很小的中子星。中子星是一种异常致密的星体，一汤匙中子星物质就有几亿吨质量。设某恒星绕自转轴每 45 天转一周，它的内核半径 R_0 约为 2×10^7 m，坍缩成半径 R 仅为 6×10^3 m 的中子星，计算中子星的角速度。计算时可将在坍缩前后的星体的内核当作是均质圆球。

［**解**］　在星际空间中恒星不会受到显著的外力矩，因此恒星的角动量应满足守恒定律，它的内核角动量也应保持不变，即坍缩前后的角动量 $J_0\omega_0$ 和 $J\omega$ 应相等。

$$J_0\omega_0=J\omega$$

将
$$J_0=\frac{2}{5}mR_0^2,\ J=\frac{2}{5}mR^2$$

代入可得
$$\frac{2}{5}mR_0^2\omega_0=\frac{2}{5}mR^2\omega$$

所以
$$\omega=\omega_0\left(\frac{R_0}{R}\right)^2=\frac{1}{45}\left(\frac{2\times10^7}{6\times10^3}\right)^2=2.5\times10^5(\text{转/天})=18(\text{s}^{-1})$$

由于中子星的致密性和极快的自转角速度，在星体周围形成极强的磁场，并且沿着磁轴的方向发射出很强的无线电波、光或 X 射线。当中子星旋转时，这个辐射束就扫过空间。当它扫过地球时，就能检测到脉冲信号，因此，中子星又称脉冲星。目前已探测到脉冲星超过 300 个。

本章，我们重点讨论了刚体的定轴转动。容易发现，无论是描写运动的物理量，还是运动规律，在质点运动与刚体定轴转动之间都有惊人的类同性。表 4.2 对质点运动与刚体定轴转动的物理量和运动规律作了类比，这将有助于在整体上理解力学定律，并了解它们之间的联系。其实，类比是一种很有效的科学研究方法。只要回顾一下物理学的发展史，就可知道，历史上许多重大的科学发展，就是借助类比的方法来获得的。

表 4.2　质点运动与刚体定轴转动的物理量和运动规律类比

质点的运动		刚体的定轴转动	
速度	$\boldsymbol{v}=\frac{\mathrm{d}\boldsymbol{r}}{\mathrm{d}t}$	角速度	$\omega=\frac{\mathrm{d}\theta}{\mathrm{d}t}$
加速度	$\boldsymbol{a}=\frac{\mathrm{d}\boldsymbol{v}}{\mathrm{d}t}=\frac{\mathrm{d}^2\boldsymbol{r}}{\mathrm{d}t^2}$	角加速度	$\alpha=\frac{\mathrm{d}\omega}{\mathrm{d}t}=\frac{\mathrm{d}^2\theta}{\mathrm{d}t^2}$
质量	m	转动惯量	$J=\int r^2\mathrm{d}m$
力	$\boldsymbol{F}$	力矩	$M=r_\perp F_\perp$（$_\perp$表示垂直转轴）
运动定律	$\boldsymbol{F}=m\boldsymbol{a}$	转动定律	$M=J\alpha$

续表

质点的运动		刚体的定轴转动	
力的功	$A_{AB}=\int_a^b \boldsymbol{F}\cdot d\boldsymbol{r}$	力矩的功	$A_{AB}=\int_{\theta_0}^{\theta} M d\theta$
功率	$P=\boldsymbol{F}\cdot\boldsymbol{v}$	功率	$P=M\omega$
动能	$E_k=\frac{1}{2}mv^2$	转动动能	$E_k=\frac{1}{2}J\omega^2$
动能定理	$A=\frac{1}{2}mv_b^2-\frac{1}{2}mv_a^2$	动能定理	$A=\frac{1}{2}J\omega^2-\frac{1}{2}J\omega_0^2$
重力势能	$E_p=mgh$	重力势能	$E_p=mgh_C$
机械能守恒	只有保守力做功时,E_k+E_p=恒量	机械能守恒	只有保守力做功时,E_k+E_p=恒量
动量	$\boldsymbol{p}=m\boldsymbol{v}$	角动量	$L=J\omega$
动量定理	$\boldsymbol{F}=\frac{d(m\boldsymbol{v})}{dt}$	角动量定理	$M=\frac{d(J\omega)}{dt}$
动量守恒	$\boldsymbol{F}=0$ 时,$m\boldsymbol{v}$= 恒矢量	角动量守恒	$M=0$ 时,$J\boldsymbol{\omega}$=恒矢量

*4.6 对称性与守恒定律

我们已经介绍了能量、动量和角动量三大守恒定律。当然,它们首先是从大量经验(观测与实验)中总结出来的。可是,19 世纪能量守恒定律的三位奠基人迈耶、焦耳和亥姆霍兹都相信,能量守恒的深刻根据是超乎经验的。我们知道,守恒定律的起缘是对称性的,即时空的均匀性。下面先来解释一下对称性。

4.6.1 对称性

在自然界中,对称性是广泛存在的。例如在艺术、建筑领域中,尤其是我国古代的宫殿、庙宇建筑中,都有较高的左右对称性。在生物界中,花卉、鱼、虫、兽和人体中也具有对称性。

在物理学中将对称性的概念又加以扩展,物理学家认为,若某事物、某性质、某规律在某种变换之后仍保持不变就称为具有对称性,也称为在某种变换下的不变性。由于事物在变换后完全复原,因此变换前后是不能区分的,也无法作出辨别性的测量。故物理学中将对称性、在变换下的不变性、不可区分性和不可认识性四者给予相同的含义。

4.6.2 物理定律的对称性

物理定律的对称性是指物理定律在某种变换下的不变性。这些变换包括时间的平移、空间平移和转动、空间镜像、惯性系坐标变换等。

一、物理定律的时间平移不变性

在同宇宙演化相比短得多的有限时间中,物理定律在任何时刻都相同,即无论时间向后推移到过去,或向前推移到未来,物理定律都不会改变。例如不管是 300 年前牛顿的时代,还是现在,甚至是遥远的将来,牛顿定律的形式都不会改变。又如一个实验只要不改变实验条件和所使用的仪器,不管是今天去做还是明天去做,都应得到相同的结果。这一点似乎是不言自明的事实,这一事实称为物理定律的时间平移不变性,或者说对物理定律而言,时间有均匀性。

二、物理定律的空间平移不变性

在今日宇宙空间的有限范围中,物理定律在空间任何位置都相同。不管是在地球上的何处,还是在太阳系中,甚至是在遥远星系中的某处,只要外界条件相同,物理定律都应相同。这一性质称为物理定律的空间平移不变性,即对物理定律而言,空间具有均匀性。

三、物理定律的空间转动不变性

物理定律在空间所有方向上都相同,不管将物理实验仪器在空间如何转向,只要实验条件相同,就应得到相同的实验结果,即实验过程遵循相同的物理定律。这一性质称为物理定律的空间转动不变性,即对物理定律而言,空间为各向同性。

限于篇幅,对物理定律的镜像不变性,物理定律的惯性系变换不变性等等,就不作介绍了。

以上简述了物理定律的某些对称性,可以指出这些对称性都可用一种否定形式来表述。就是说我们不能通过物理实验来确定我们所处的时间的绝对值、所在的空间绝对位置和空间的绝对方向,也不能确定绝对的左和绝对的右。在参考系内做物理实验也不能确定参考系在空间的绝对速度。物理定律的对称性归根到底反映了我们所处时空的特性。

4.6.3 物理定律对称性与守恒定律

由于物理定律具有某种对称性,就以相应的方式限制了物理定律,继而使遵循物理定律的物质体系的运动受到某种制约。这种制约就是物质体系在运动中保持某个物理量为恒量,于是物理定律的一种对称性就导致一种守恒定律。例如,因为时间的均匀性、空间的均匀性与各向同性,即物理定律在时间平移、空间平移和转动下的不变性要求对物质体系的运动作出限制,这些限制就是体系在运动中必须遵从的能量守恒、动量守恒和角动量守恒定律。

限于篇幅,下面我们仅简单讨论一下能量守恒与时间平移不变性(即对称性)的关系。

能量守恒定律。从宏观的角度看,物体系有保守系和非保守系之分。前者机械能守恒,后者则不然。从微观的角度看无所谓耗散力,在一切系统中,粒子与粒子之间的相互作用可通过相互作用势(譬如像图 4.11 所给出的分子力势能)来表达。时间均匀性,或者说,时间平移不变性意味着这种相互作用势只与两粒子的相对位置有关,亦即,对于同样的相对位置,粒子间的相互作用势不应随时间而变。在这种情况下系统的总能量(动能+势能)自然是守恒的。我们可以举一个例子来说明,在相反的情况下能量可以不守恒。浙江省安吉县已经建成亚洲最大、世界第二的天荒坪抽水蓄能电站(发电容量为 180×10^4 kW),夜间用电低谷时抽水上山,白天用电高峰时放水发电。利用昼夜能源的价值不同,可以获得很好的经济效益。倘若昼夜变化的不仅是能源的价值,而且是重力加速度 g(它代表着万有引力的强度),从而水库中同样的水位所蓄的重力势能 mgh 做周期性的变化,则抽水蓄能电站获得的将不仅是经济效益,而且是能量的盈余。于是,永动机的梦想实现了。但时间的平移不变性不允许出现这种情况。

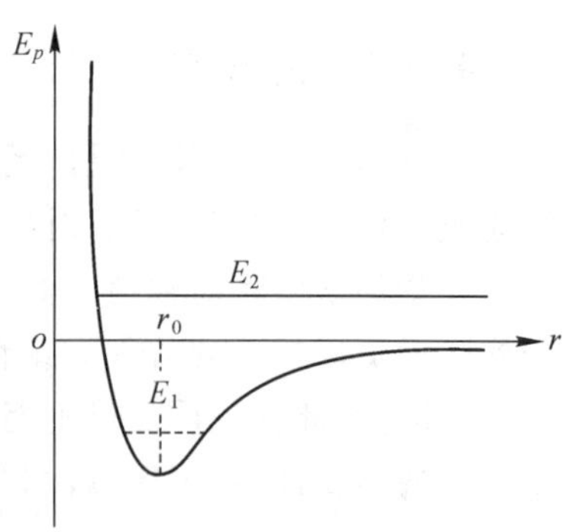

图 4.11 分子力势能曲线

现把目前物理学所证明的对称性与守恒定律的对应关系列成表 4.3。

表 4.3 对称性与守恒定律的对应关系

不可测量性	物理定律 变换不变性	守恒定律	精确程度
时间绝对值 (时间均匀性)	时间平移	能量	精确
空间绝对位置 (空间均匀性)	空间平移	动量	精确
空间绝对方向 (空间各向同性)	空间转动	角动量	精确
空间左和右 (左右对称性)	空间反演	宇称	在弱相互 作用中破缺
惯性系等价	伽利略变换 洛仑兹变换	时空绝对性 时空四维间隔 四维动量	$v \ll c$ 近似成立 精确 精确
带电粒子与中性 粒子的相对相位	电荷规范变换	电荷	精确
重子与其他粒子 的相对相位	重子规范变换	重子数	精确
轻子与其他粒子 的相对相位	轻子规范变换	轻子数	精确
时间流动方向	时间反馈		破缺(原因不明)
粒子与反粒子	电荷共轭	电荷　宇称	在弱作用中破缺

*4.7 流体力学简介

与固体相比,液体和气体都不能保持固定的形状。液体和气体的各部分容易发生相对运动,产生形变,这种性质称为**流动性**,具有流动性的物体称为**流体**。流体是液体和气体的总称。流体力学是研究流体的运动规律(包括平衡规律)以及流体与相邻的固体之间的相互作用规律的一门学科,流体力学在航空、水利、化工、医学等领域有着广泛的应用。

4.7.1 理想流体和定常流动

实际存在的各种液体和气体,除了具有共同的流动性外,还有**可压缩性**和**粘滞性**。流体的可压缩性是指流体在压力变化或温度变化的条件下,体积或密度发生改变的性质;粘滞性是指流体流动时内部产生内摩擦力的性质。在一定条件下,可压缩性和粘滞性对流体的运动影响较小,研究时为简化问题,引入理想流体的模型,**理想流体**是绝对不可压缩、完全没有粘滞性的流体。

流体在运动时,一般情况下,构成流体的粒子在空间各点运动的速度是不同的,而且在不同时刻通过空间同一点的各粒子的速度也是不相同的,即流体的流速是空间坐标和时间的函数 $v(x,y,z,t)$,称为流场。若流体在空间任意点的流速不随时间变化,则这样的流动称为**定常流动**,或**稳定流性**。

4.7.2 流线和流管

为了形象地描述流体运动、表示流场的情况，在流体流动的空间，作一系列曲线，曲线上任一点的切线方向都与该点的流速方向一致，这些曲线称为**流线**，流线反映的是同一时刻空间各点的流速分布情况。由于任一时刻空间每一点的流速只有一个方向，所以流线不会相交。图 4.12 给出了几种流场的流线图。

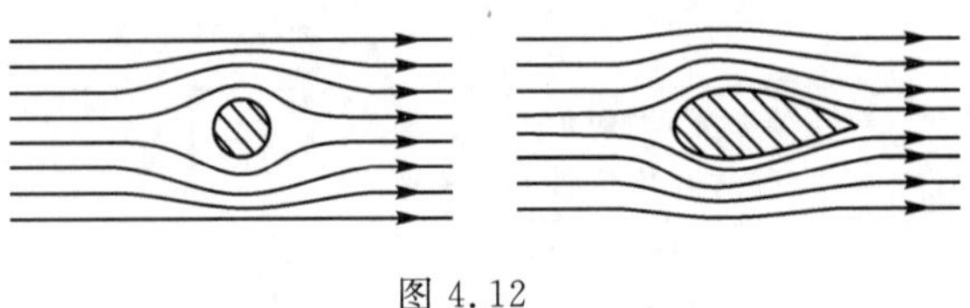

图 4.12

流线围成的管状体称为**流管**。当流体作定常流动时，流线的分布不随时间变化，流线即为流体质点的运动轨迹，因此，管内流体只能在管内流动，不会从管壁流出，管外流体也不会从管壁流入。

4.7.3 连续性方程

如图 4.13，考虑理想流体的定常流动，在流管中取两个与流管垂直的截面，面积分别为 S_1 和 S_2，设在两截面处流体的平均流速分别为 v_1 和 v_2，由于理想流体是不可压缩的，则在 Δt 时间内，从两截面处流过的流体体积相等，有

$$S_1 v_1 \Delta t = S_2 v_2 \Delta t$$

即

$$S_1 v_1 = S_2 v_2$$

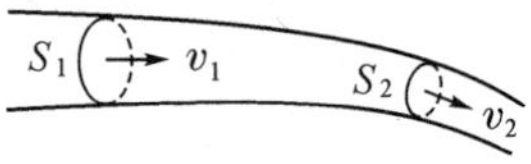

图 4.13

截面 S_1 和 S_2 可在流管中任意位置处选取，故上式可表示为

$$Sv = \text{常量} \tag{4.20}$$

式(4.20)称为流体的**连续性方程**。它表明，理想流体做定常流动时，流管的横截面积与该点的平均流速成反比，流管较粗处流速较小，流管较细处流速较大。

单位时间内通过流管某截面的流体的体积称为该截面的**体积流量**，简称流量，用 Q_V 表示，单位为 m^3/s。理想流体做定常流动时，有

$$Q_V = \frac{dV}{dt} = Sv = \text{常量} \tag{4.21}$$

连续性方程也可表述为：理想流体做定常流动时，流管任意截面处的流量相等。

单位时间内通过流管某截面的流体的质量称为该截面的**质量流量**，用 Q_m 表示，单位为 kg/s。理想流体做定常流动时，流体的密度为常量 ρ，故有

$$Q_m = \frac{dm}{dt} = \rho S v = \text{常量} \tag{4.22}$$

它说明，理想流体做定常流动时，单位时间内通过流管任一截面的流体质量都相等。

4.7.4 伯努利方程

理想流体做定常流动时，不仅各处流速会不同，各处的高度和压强通常也是变化的。下面利用功能原理来推导这些量之间的关系。在图 4.14 所示细流管中取 S_1 和 S_2 两截面，以截面 S_1 和 S_2 间的流体为研究对象，截面 S_1 处高度为 h_1，压强为 p_1，流速为 v_1；截面 S_2 处高度为 h_2，压强为 p_2，流速为 v_2。考虑经过 Δt 时间后，研究对象移动至 S_1' 和 S_2' 两截面之间，这一过程中，系统所受外力做的功有 S_1 截面左侧流体的推力 $p_1 S_1$ 做的正功，S_2 截面右侧流体的阻

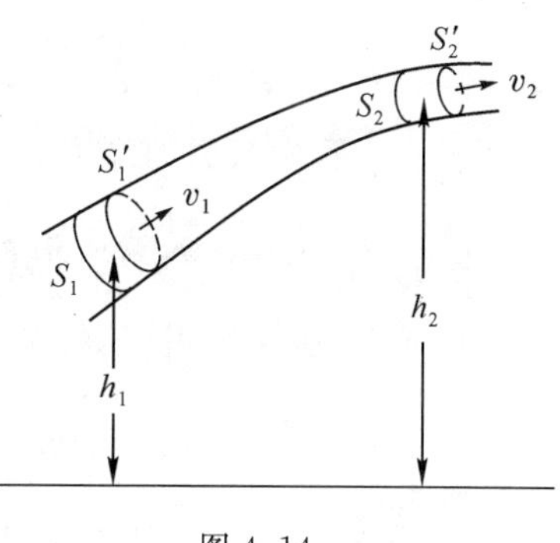

图 4.14

力 p_2S_2 做的负功；流管侧面外流体对流管的作用力垂直于管壁，运动过程中不做功；因为理想流体完全没有粘滞性，故不存在内摩擦力，即无非保守内力做功。因此，该过程中外力对系统做的总功为

$$A=p_1S_1v_1\Delta t-p_2S_2v_2\Delta t$$

设研究对象在 Δt 时间内动能和势能的变化分别为 ΔE_k 和 ΔE_p，考虑到过程中在截面 S_1'和 S_2 之间的一段流体的动能和势能没有变化，系统机械能的变化相当于在 S_1 和 S_1'之间的小块流体运动至 S_2 和 S_2'之间，设该小块流体质量为 m，体积 $\Delta V=S_1v_1\Delta t=S_2v_2\Delta t$，$\Delta t$ 时间内系统的机械能的变化为

$$\Delta E=\Delta E_k+\Delta E_p=\frac{1}{2}mv_2^2+mgh_2-\frac{1}{2}mv_1^2-mgh_1$$

根据功能原理，有

$$A=\Delta E=\Delta E_k+\Delta E_p$$

即

$$p_1S_1v_1\Delta t-p_2S_2v_2\Delta t=\frac{1}{2}mv_2^2+mgh_2-\frac{1}{2}mv_1^2-mgh_1$$

移项，得

$$p_1S_1v_1\Delta t+\frac{1}{2}mv_1^2+mgh_1=p_2S_2v_2\Delta t+\frac{1}{2}mv_2^2+mgh_2$$

将各项除以 ΔV，得

$$p_1+\frac{1}{2}\rho v_1^2+\rho gh_1=p_2+\frac{1}{2}\rho v_2^2+\rho gh_2$$

式中 $\rho=m/\Delta V$ 是流体的密度，由于 S_1 和 S_2 两截面是任意的，故上式可表示为

$$p+\frac{1}{2}\rho v^2+\rho gh=\text{常量} \tag{4.23}$$

式(4.23)称为**伯努利(D. Bernoulli)方程**，是理想流体运动的基本定律，它表明：理想流体作定常流动时，同一流管任一截面处，流体内的压强、单位体积中的动能和单位体积中的势能之和为一常量，本质上是理想流体在重力场中流动时的功能关系。

4.7.5 伯努利方程的应用

一、流量计

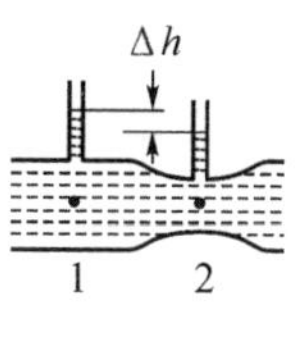

图 4.15

图 4.15 所示为用于测量液体流量的**汾丘里流量计(Venturimeter)**的工作原理图。测量时流量计水平放置在流动的液体中，当液体从水平管的 1 点和 2 点处流过时，由于截面 S_1 和 S_2 不同，因此压强 p_1 和 p_2 不同。应用伯努利方程，可得

$$\frac{1}{2}\rho v_1^2+p_1=\frac{1}{2}\rho v_2^2+p_2$$

式中，ρ 是液体的密度，根据连续性方程 $S_1v_1=S_2v_2$，解得

$$v_1=S_2\sqrt{\frac{2(p_1-p_2)}{\rho(S_1^2-S_2^2)}}$$

由两竖直支管中液面的高度差可求得压强差 $p_1-p_2=\rho g\Delta h$，从而求得流量为

$$Q=S_1v_1=S_1S_2\sqrt{\frac{2g\Delta h}{\rho'(S_1^2-S_2^2)}}$$

图 4.16 所示为用于测量气体流量的汾丘里流量计。气体的流量为

$$Q=S_1S_2\sqrt{\frac{2\rho g\Delta h}{\rho'(S_1^2-S_2^2)}}$$

式中，ρ 为 U 型管中液体的密度，ρ' 为气体的密度。

图 4.16

二、流速计

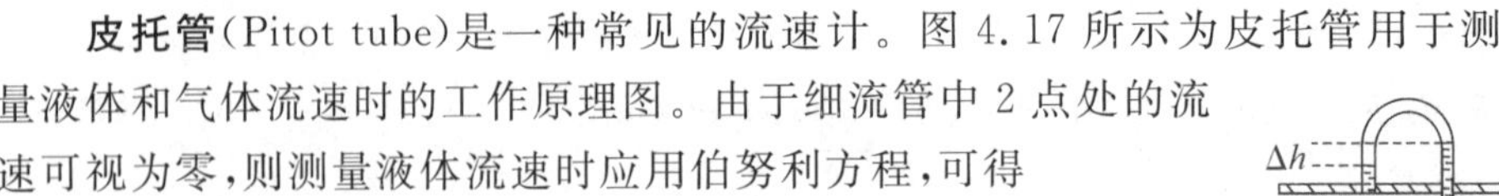

皮托管(Pitot tube)是一种常见的流速计。图 4.17 所示为皮托管用于测量液体和气体流速时的工作原理图。由于细流管中 2 点处的流速可视为零，则测量液体流速时应用伯努利方程，可得

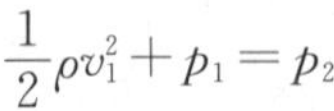

$$\frac{1}{2}\rho v_1^2+p_1=p_2$$

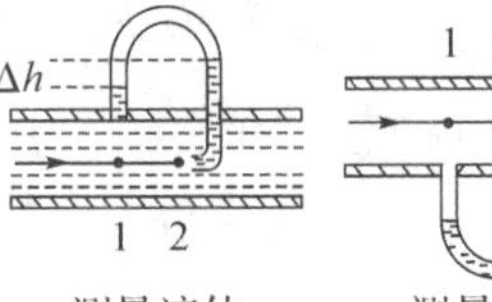

图 4.17

式中，ρ 为液体的密度，压强差为 U 型管中液面的高度差确定：$p_2-p_1=\rho g\Delta h$，得

$$v=v_1=\sqrt{2g\Delta h}$$

测量气体流速时，同样可得

$$v=\sqrt{\frac{2\rho g\Delta h}{\rho'}}$$

式中，ρ 为 U 型管中液体的密度，ρ' 为气体的密度。

三、虹吸管

虹吸管(siphon)是常用的一种排出容器内液体的装置，如图 4.18 所示。将排水管中充满液体，一端置于液面下；另一端在容器外，管口低于液面，液体便会从管口不断流出，这一现象称为**虹吸现象**。从管口流出的液体速度可由伯努利方程求得。在容器内液面和排水管出水口处取 1 点和 2 点，考虑到 1 点处液面的面积远大于 2 点处管口的截面，v_1 可忽略，且两点均与大气接触，压强为大气压，应用伯努利方程，有

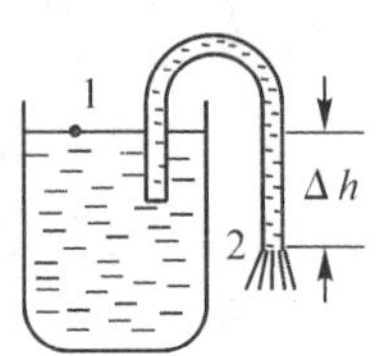

图 4.18

$$\rho gh_1=\frac{1}{2}\rho v_2^2+\rho gh_2$$

由图知 $h_1-h_2=\Delta h$，则出口处液体的流速为

$$v=v_2=\sqrt{2g\Delta h}$$

思考题

4.1 汽车在弯曲的道路上转弯行驶时，其运动是否为平动？

4.2 刚体在恒力 $\boldsymbol{F}$ 作用下，所产生的力矩一定是恒力矩吗？

4.3 已知刚体绕定轴做逆时针转动，并以此转向为正，若某时刻的角速度为 ω，角加速度为 α，试就下列情况指出刚体在该时刻的运动状态：

(1)$\omega>0,\alpha<0$;(2)$\omega<0,\alpha<0$;(3)$\omega<0,\alpha>0$。

4.4 在求刚体所受的合外力矩时,能否用平行四边形或多边形法则,先求刚体所受外力的矢量和,再求它对轴的力矩?

4.5 一个转动着的飞轮,如果不供给它能量,最终将停下来。试用转动定律解释这一现象。

4.6 试问你自己作什么姿势和对什么样的轴,转动惯量最小或最大?

4.7 一个系统的动量守恒和角动量守恒的条件有何不同?

4.8 两个半径相同的轮子,质量相同。但一个轮子的质量聚集在边缘附近,另一个轮子的质量分布比较均匀,试问:

(1)如果它们的角动量相同,哪个轮子转得快?

(2)如果它们的角速度相同,哪个轮子的角动量大?

4.9 为什么跳水运动员在起跳时两腿两臂伸直,在空中时把两腿两臂收拢,入水前重新又伸直?

*4.10 在推导伯努利方程时,曾作过哪些假设?即伯努利方程的适用条件是什么?

*4.11 若两船只平行前进时靠得较近,从流体力学的原理说明为什么它们极易相撞?

习 题

4.1 已知刚体定轴转动的运动方程为 $\theta=2\pi-\frac{5}{2}\pi t+\frac{\pi}{2}t^2$(rad)。求:(1)第 4 秒末的角位置、角速度和角加速度;(2)第 4 秒内的角位移;(3)刚体作什么运动?

4.2 一直径为 0.30m 的飞轮,使其由静止均匀地加速转动,经 0.50s 后转速达 10r/s。试求:(1)飞轮的角加速度及在这段时间内转过的转数;(2)从开始转动后 $t=10$s 时飞轮的角速度及轮缘上的一点的速度和加速度。

4.3 两物体的质量分别为 m_1 和 m_2,滑轮的转动惯量为 J,半径为 r。求下述两种情况下系统的加速度 $\boldsymbol{a}$ 及绳张力 T_1,T_2。(1)m_2 与桌面间的摩擦系数为 μ;(2)m_2 与桌面间为光滑。(设绳和滑轮间无相对滑动,忽略轮与轴间的摩擦力)

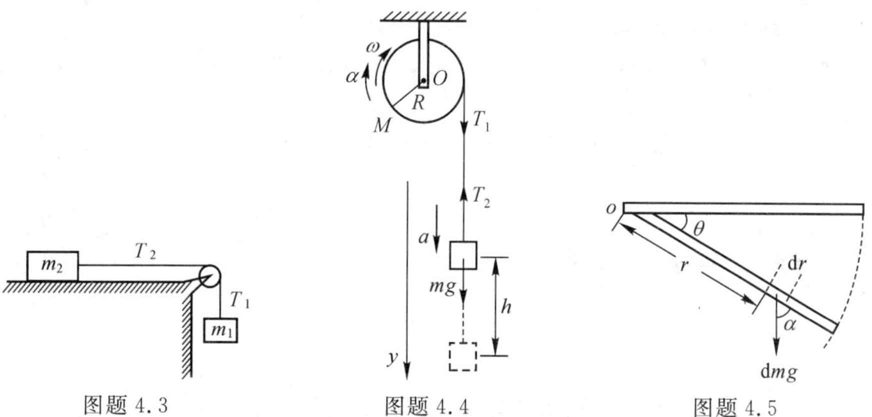

图题 4.3　　图题 4.4　　图题 4.5

4.4 如图题 4.4 所示,一个质量为 M,半径为 R 的定滑轮(当作均匀圆盘)上面绕有细绳。绳的一端固定在滑轮边上,另一端挂一质量为 m 的物体而下垂。忽略轴处摩擦,求物体 m 由静止下落 h 高度时的速度和此时滑轮的角速度。

4.5 质量 2.00kg 的棒,长 $l=1.20$m,可绕通过其一端的水平轴自由转动。开始时,使棒在水平位置,然后放手,试求棒转过 30.0°角和通过竖直位置时棒所受的力矩,棒的角动量和角加速度及端点的速度。(棒关于转轴的转动惯量 $J=ml^2/3$)

4.6　试求质量 m、长 l 的均匀细棒 AB 绕：(1)通过中心 O，并与棒成 α 角的转轴的转动惯量 J_0；(2)通过端点 A，并与棒成 α 角的转轴的转动惯量 J_A。

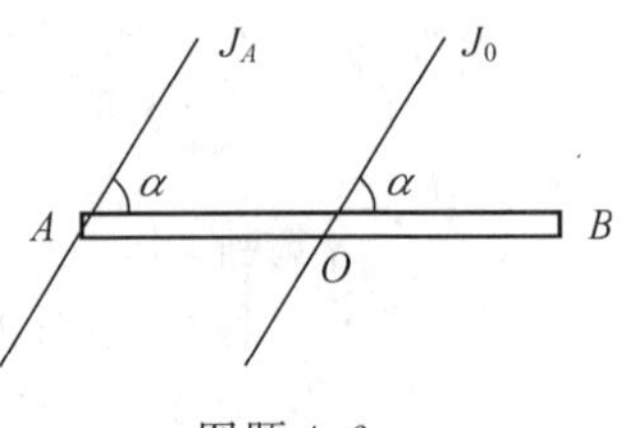

图题 4.6

4.7　试计算质量均为 m，半径均为 r 的均质薄圆环和薄圆盘对于以直径为轴的转动惯量。

4.8　试计算质量 m，内外半径分别为 R_1，R_2 的中空圆盘，关于：(1)通过盘心并垂直盘面的转动惯量 J_z。(2)以直径为转轴的转动惯量 J_y。

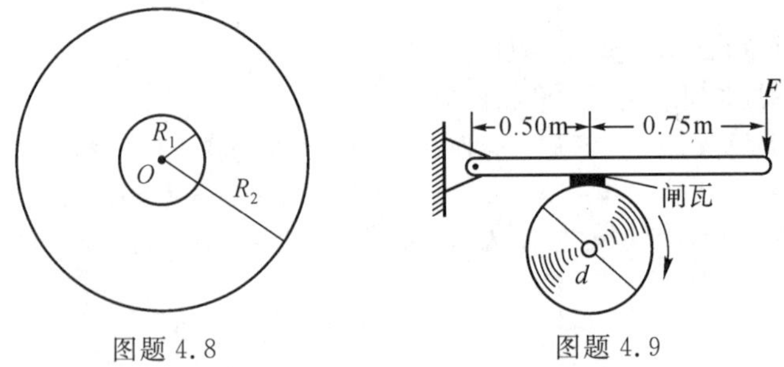

图题 4.8　　图题 4.9

4.9　飞轮质量 60kg(设全部集中在轮缘上)，直径为 0.50m，转速为 1000r/min。现要求在 5.0s 内使其制动，求制动力 F。设闸瓦与飞轮间的摩擦系数 $\mu=0.40$，尺寸如图题 4.9 所示。

*4.10　某一冲床利用飞轮的转动动能通过曲柄联杆机构的传动，带动冲头在铁板上穿孔。已知飞轮的半径为 $r=0.400\text{m}$，质量为 $m=600\text{kg}$，可以看成均匀圆盘。飞轮的正常转速是 $n_1=240\text{r/min}$，冲一次孔转速减低 20%。求冲一次孔，冲头做了多少功？

*4.11　利用机械能守恒定律解习题 4.4，求物体 m 下落 h 高度时的速度。

4.12　有一均质圆盘状水平转台，质量 $M=200\text{kg}$，半径 $R=3.0\text{m}$，可绕轴自由转动。今台上有一人质量 $m=50\text{kg}$，他站在离转轴 $r=1.0\text{m}$ 处时转台和人一起以 $\omega_1=1.35\text{rad/s}$ 的角速度转动。问当此人走到转台边时，转台和人一起转动的角速度 ω_2 是多大？

*4.13　水平的自来水管粗处的直径是细处的两倍。如果水在粗处的流速和压强分别是 1.00m/s 和 $1.57\times10^5\text{Pa}$，那么水在细处的流速和压强各是多少？

*4.14　将皮托管插入河水中测量水的流速，测得两竖直管水柱上升的高度分别为 0.40cm 和 5.5cm，求水的流速。

*4.15　若在盛有水的 U 型管一端口处沿水平方向吹气，使空气以 15m/s 的速度流过该端口。求两管中水面的高度差。空气密度为 1.3kg/m^3。

物理学与现代科学技术

中国与其他强国重要科技成就时间比较

科技成就	第一次制成的年份						相差年数 Δt
	美国	苏联	英国	法国	日本	中国	
反应堆	1942	1946	1947	1948		1956	14 年
原子弹	1945	1949	1952	1960		1964	19 年

续表

科技成就	第一次制成的年份						相差年数 Δt
	美国	苏联	英国	法国	日本	中国	
氢弹	1952	1953	1957	1968		1967	15 年
卫星	1958	1957	1962	1965	1970	1970	13 年
喷气机	1942	1945	1941	1946		1958	17 年
试制计算机	1946	1953	1949		1957	1958	12 年
计算机(商品)	1951	1958	1952		1959	1966	15 年
半导体元件	1952	1956	1953		1954	1960	8 年
集成电路	1958	1968	1957		1960	1969	12 年

注:Δt 为我国与世界上第一次制成的国家相差年数。

说明:我国在 20 世纪初才开始引进现代科学,而进度却是惊人地快。今天,我国已加入国际科技竞赛。到 21 世纪中叶,我国有可能成为一个世界级的科技强国。

第 5 章 狭义相对论基础

前面学习的经典力学是适用于宏观、低速物体的运动规律，而本章将要介绍的相对论是质点在高速，即当速度可与光速(3×10^8 m/s)相比拟时的运动规律。

1905 年，爱因斯坦发表了狭义相对论。相对论是在研究传播电磁场的媒质——以太的存在问题时产生的。但是相对论的成就，远远地超出了电磁场理论的范围，它给出了高速运动物体的力学规律，并从根本上改变了许多世纪以来所形成的有关时间、空间和运动的原有概念，建立了新的时空概念，揭露了质量和能量的内在联系，开始了有关万有引力本质的探索。相对论目前不但已经被大量的实验事实所证实，并且已经成为一些现代工程技术中不可缺少的理论基础。

为了加深对相对论时空观的理解，本章先讨论经典牛顿力学的时空观，然后介绍狭义相对论的基本原理和相对论力学的一些重要结论，最后介绍一下爱因斯坦和他的广义相对论。

5.1 伽利略变换和力学的相对性原理

5.1.1 伽利略变换

要描述一个物理事件，必须首先确定事件发生的地点和时间，也就是必须首先确定事件发生的时空坐标(x,y,z,t)。伽利略变换所解决就是在两个不同的惯性系上，对同一物理事件发生的地点和时间(即时空坐标)的描述之间的联系。

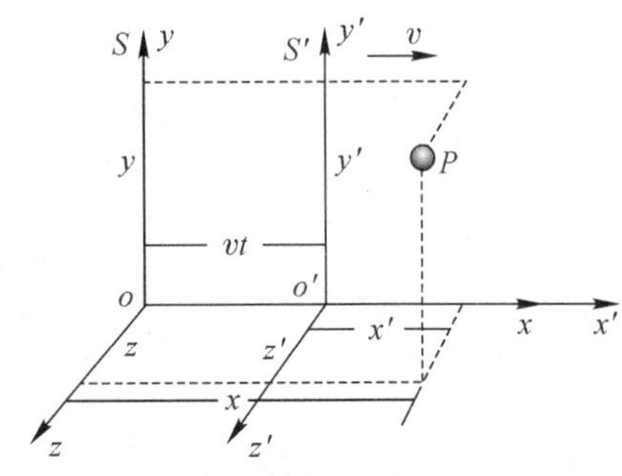

图 5.1 惯性系 S 和 S'

现在考虑一个惯性系 S 和另一个相对于 S 以速度$\boldsymbol{v}$做匀速直线运动的参照系 S'，如图 5.1。为方便起见，我们选定它们的三条坐标轴彼此平行，并设它们相对运动的方向沿着公共的 $x(x')$轴，在 S 系的原点 o 与 S'系的原点 o'重合的瞬间，S 与 S'系中的时钟读数均为零。以后我们在讨论问题时也都引用这种假设。

设一个物理事件发生在 P 点，S 系中的观测者用(x,y,z,t)来描写它，而 S'系中的观测者则用(x',y',z',t')来描写它。

伽利略变换指明，在(x,y,z,t)与(x',y',z',t')之间存在如下关系

$$x'=x-vt;\ y'=y;\ z'=z;\ t'=t$$

或

$$x=x'+vt';\ y=y';\ z=z';\ t=t'。\tag{5.1}$$

式(5.1)就称为伽利略变换式。

5.1.2　经典力学的时空观

伽利略变换看起来很简单，也很显然，但是它却包含着深奥的假设和物理内容。首先伽利略变换包含了经典力学关于时间和空间是绝对不变的观念。例如在 S' 系中我们测量一根沿 x' 轴放置的棒的长度。测出该棒两个端点的坐标分别为 $x_1{}'$ 和 $x_2{}'$，则该棒的长度为

$$l'=x_2{}'-x_1{}'$$

那么在 S 系测量棒的长度 l 应是多少呢？由于棒相对 S' 系是静止的而相对 S 系是以速度 $\boldsymbol{v}$ 运动的，要准确测得棒两端的坐标 x_2 和 x_1。根据伽利略变换式我们可得出

$$x_2=x_2{}'+vt$$

$$x_1=x_1{}'+vt$$

因此，棒在 S 系里的长度

$$l=x_2-x_1=x_2{}'-x_1{}'=l'$$

由此可见，棒的长度即棒两端点的空间间隔，无论在 S 系还是在 S' 系测得的结果是相同的 。一般来说，任何两事件之间的空间间隔不会因惯性系的相对运动而发生变化，这就是经典力学中绝对空间的观念。用牛顿的话来说“绝对的空间，就其本性而言，是与外界任何事物无关而永远是相同的和不动的。”

同样，在伽利略变换中 $t=t'$ 表示不同惯性系中事件发生的时间间隔也是绝对不变的，它不会因惯性系的相对运动而发生变化。牛顿也说过“绝对的、真正的和数学的时间自身在流逝着，而且由于本性而均匀地与任何其他外界事物无关地流逝着。”这种绝对不变的时间和空间的观念同我们日常生活中关于时间和空间的概念是一致的，它们都与运动无关。

5.1.3　力学的相对性原理

伽利略变换不仅包含了经典力学的时空观，而且还反映了力学的相对性原理。力学的相对性原理可表述为各种力学定律在所有的惯性系中具有相同的数学形式，一切惯性系都是等效的。现证明如下：

用 $u_x=\dfrac{\mathrm{d}x}{\mathrm{d}t}$ 和 $u_x{}'=\dfrac{\mathrm{d}x'}{\mathrm{d}t'}$ 分别表示 S 系和 S' 系中测得物体运动的速度，由于时间是绝对的，即有 $\mathrm{d}t'=\mathrm{d}t$。把式(5.1)对时间求导数我们可得到速度和加速度的变换式

$$u_x=u_x{}'+v\quad u_y=u_y{}'\quad u_z=u_z{}'$$

$$a_x=a_x{}'\quad a_y=a_y{}'\quad a_z=a_z{}'$$

由上式可见，在两个不同的惯性系中，加速度的分量是相等的。因为在经典力学中认为质量的量度是不受参照系的运动影响的，所以不难证明牛顿运动定律在 S 和 S' 系中具有相同的数学形式，即都是 $\boldsymbol{F}=m\boldsymbol{a}$。同样，我们利用伽利略变换可以证明其他力学定律(如动量守恒定律、能量守恒定律等)在不同的惯性系中其数学形式保持不变。

其实，在一切惯性系中物体的运动规律都相同，这是很明显的。例如在地面上，跟在相对地面做匀速直线运动的火车上做自由落体实验得出的运动规律显然是相同的，都满足 $\boldsymbol{F}=m\boldsymbol{g}$。运动规律不会因我们所选的惯性系不同而发生变化。

5.2　狭义相对论的基本原理

5.2.1　经典力学的困难

由于绝对时空观和伽利略变换与日常经验符合得很好。因此，它的局限性一直没有被暴露出来，甚至长期被视为绝对真理。直到 19 世纪中叶，麦克斯韦建立了严谨完美的电磁场理论，并预言光是一种电磁波，而且不久也为实验所证实时，经典力学的缺陷才开始暴露了。当时，在分析与物体运动有关的电磁现象时，也发现有符合相对性原理的实例。例如在电磁感应现象中，是由磁体和线圈的相对运动决定线圈内产生的感生电动势的。因此，也提出了同样的问题，对于不同的惯性系，电磁现象的基本规律麦克斯韦方程组的形式是一样的吗？结果是用伽利略变换对电磁现象的基本规律进行变换，发现这些规律对于不同的惯性系并不具有相同的形式。是伽利略变换对电磁现象不适用呢？还是电磁现象的基本规律有问题，即伽利略变换与电磁现象符合力学的相对性原理的设想发生了矛盾。

在这个问题中，光速的数值起了特别重要的作用。以 c 表示在某一惯性系 S 中测得的光在真空中的速率，以 c' 表示在另一惯性系 S' 中测得的光在真空中的速率，u 为 S' 相对于 S 的速率，根据伽利略变换，就应该有

$$c'=c\pm u$$

式中，u 前面的正负号由 c 和 u 的方向相反或相同而定。但是麦克斯韦的电磁场理论给出的结果与此不相符。该理论给出的光在真空中的速率

$$c=1/\sqrt{\varepsilon_0\mu_0} \tag{5.2}$$

式中，ε_0 为真空中的电容率，又称介电常量，μ_0 为真空中的磁导率，ε_0，μ_0 是两个电磁学常量。将这两个值 $\varepsilon_0=8.8542\times10^{-12}\ \mathrm{C^2\cdot N^{-1}\cdot m^{-2}}$，$\mu_0=4\pi\times10^{-7}\mathrm{N\cdot s^2\cdot C^{-2}}$，代入上式，可得

$$c=2.9979\times10^8\mathrm{m/s}$$

由于 ε_0，μ_0 与参考系无关，因此 c 也应该与参考系无关。这就是说，在任何参考系中测得的光在真空中速率都应该是这一量值。这一结论还为后来的很多精确的实验（最著名的是 1887 年迈克尔逊和莫莱做的实验）和观察所证实。它们都明确无误地证明光速的测量结果与光源和测量者的相对运动无关，亦即光速与参考系无关。这就是说，光或电磁波的运动不服从伽利略变换！

5.2.2　狭义相对论的基本原理

伽利略变换和电磁规律的矛盾促使人们思考下述问题：是伽利略变换正确，而电磁现象的基本规律不符合相对性原理呢？还是已发现的电磁现象的基本规律是符合相对性原理的，而伽利略变换，实际上是绝对时空概念，应该修正呢？爱因斯坦对这个问题进行了长期的深入的研究。

早在 1895 年，16 岁的爱因斯坦正在瑞士读中学，他在学习电磁学时，提出一个有趣的“追光”问题：设想我们能以光速 c 运动来追随一束光线，究竟会看到什么现象呢？如果能看到在空间振荡着而停滞不前的电磁场，则麦克斯韦方程组就要失效；如果仍看到光以速度 c 前进，则显然与伽利略变换式相抵触。爱因斯坦以超人的智慧和对事物的高度洞察力选择了光速不变而放弃了伽利略速度变换式，同时他还相信自然界应具有内在的统一性，描述自然界的物理

定律也应该具有统一性。他认为伽利略相对性原理不仅适用于力学定律，也应适用于包括光学在内的一切物理定律。爱因斯坦经过了 10 年的深思熟虑，终于在 1905 年提出以下两个原理作为基本假设，并从它们出发建立了完整的狭义相对论理论：

(1)相对性原理。在任何惯性系中，物理定律都相同，即具有相同的数学形式。

(2)光速不变原理。在所有的惯性系中，真空中的光速是不变的常量 c，它与光源或观察者是否运动无关。

第一个原理实际上是把力学相对性原理进行了推广。不仅是力学定律，其他一切物理定律，包括电磁学、光学等物理定律都应遵守相对性原理，即任何惯性系对所有的物理定律都是等效的。第二个原理是建立在光速不变这个实验事实上的。从 1676 年由丹麦天文学家罗麦开始，许多科学家对真空中的光速作过无数次的测量，还没有发现光速与参考系有关的任何迹象，也没有发现光速与观察者的运动速度以及光源的运动速度有什么联系。正是根据光在真空中的传播速度与参考系无关这一性质，在精密的激光测量技术的基础上，现在把光在真空中的速率 c 规定为一个基本的物理常量，其值定义为

$$c = 299792458\mathrm{m/s}$$

SI 制中的长度单位“m”就是根据光速的这一规定而定义的。

5.3　洛仑兹变换

上节已经介绍了相对论的两个基本原理。就是在看起来是这样简单又这样普通的两个假设的基础上，爱因斯坦建立了一整套完整的理论——狭义相对论，从而把物理学推进到一个崭新的阶段。由于在这里涉及的只是相互间无加速度运动的惯性系，所以叫狭义相对论，以区别于后来又被爱因斯坦发展的广义相对论，在那里讨论了相互间作加速运动的参考系。

既然选择了相对性原理，那就必须修改经典的伽利略变换。爱因斯坦则是根据狭义相对论的两条基本原理从考虑同时性的相对性出发，导出了一套新的时空变换公式——洛仑兹变换。

*4.3.1　洛仑兹

由于早在爱因斯坦之前，洛仑兹在研究高速运动的电磁规律时，已经于 1904 年提出了这套时空变换式，因此这套时空变换式被命名为洛仑兹变换。下面简单介绍一下洛仑兹的生平业绩，并略述洛仑兹在已经提出了变换式的情况下却未能建立相对论的原因，这也许是很有启发的。

洛仑兹(H. A. Lorentz，1853—1928)，荷兰人，19 世纪末著名的理论物理学家。1892 年他提出经典金属电子论，导出了磁场作用在运动电荷上的力，即洛仑兹力。1896 年，他用电子论解释了塞曼效应，因而获得 1902 年诺贝尔物理学奖。1904 年，为了解决麦克斯韦电磁理论与经典理论之间的矛盾，使麦克斯韦方程组也满足相对性原理，他在承认以太的基础上，研究运动媒质中的电动力学时，首先提出了一套坐标变换式，即书中所称的著名的洛仑兹变换式。洛仑兹证明了麦克斯韦方程组在洛仑兹变换下保持形式不变，洛仑兹变换与电磁现象实验结果一致。但是，究竟应该怎样理解洛仑兹变换呢？问题并没有得到解决。十分可惜的是，洛仑兹本人虽然找到了这一套变换关系，却仍旧保留了以太绝对参照系的看法，陈旧的观点束缚了他进一步发展理论的能力。可以说，洛仑兹已经快要走到相对论的“大门”旁边了，却未能发展洛

仑兹变换的科学内涵。

5.3.2 洛仑兹变换

我们仍利用图5.1中的两个惯性系 S 和 S'，并同样假定在空间 P 点发生一事件（例如一次爆炸），它在 S 系里的时空坐标为 $P(x,y,z,t)$，而在 S' 系里的时空坐标为 $P'(x',y',z',t')$。根据爱因斯坦相对论的两个基本原理，可以导出如下的洛仑兹变换式（推导从略）。

从 S 系变换到 S' 系的一套时空变换关系式为

$$\left.\begin{aligned} x' &= (x-vt)/\sqrt{1-\beta^2} \\ y' &= y, z'=z \\ t' &= (t-vx/c^2)/\sqrt{1-\beta^2} \end{aligned}\right\} \tag{5.3}$$

式中，常数 $\beta=v/c$。式(5.3)就是相对论洛仑兹变换式。由于 S' 系相对 S 系以速度 v 运动，那么 S 系相对 S' 系的速度就是 $-v$，故从式(5.3)很容易得到从 S' 系变换到 S 系的洛仑兹变换式为

$$\left.\begin{aligned} x &= (x'+vt')/\sqrt{1-\beta^2} \\ y &= y'; z=z' \\ t &= (t'+vx'/c^2)/\sqrt{1-\beta^2} \end{aligned}\right\} \tag{5.4}$$

下面对洛仑兹变换式做三点说明：

(1)洛仑兹变换式(5.3)、(5.4)的最大特点是：① $t'\neq t$；② t' 的数值不仅与 t 的数值有关，而且还与 x 的数值有关。也就是说，从一惯性系测得某事件发生的时刻不仅与另一惯性系测得某事件发生的时刻有关，且与该事件发生的地点也有关。这表示一惯性系中对空间坐标测量的结果也参与决定另一惯性系对时间测量的结果。空间测量和时间测量是相互有关的，经典力学中关于独立于空间之外的绝对时间和独立于时间之外的绝对空间不复存在，这就反映了相对论有关时间和空间的新观念。

(2)从洛仑兹变换式还可以看出真空中的光速 c 是各种物体运动速度的极限。物体运动速度不可能出现超光速现象。因为如果一个惯性系相对另一惯性系的速度 $v>c$，则 $\sqrt{1-\beta^2}$ 成为虚数，但由于 t 和 x 都是实数，因此 v 不可能超过光速。这就说明物体之间相对运动的速度不能大于 c，光速 c 是物体运动速度的极限。这是洛仑兹变换式的一个重要推论。

(3)洛仑兹变换不仅能导出空间和时间的相对论效应（这种效应在高速世界是非常明显的），而且在相对运动速度远小于光速的低速世界，即 $v\ll c$ 时，只要将式(5.4)中的 v/c^2 和 v^2/c^2 项忽略，则洛仑兹变换将自动过渡到伽利略变换。因此洛仑兹变换式是更加普遍适用的变换关系式，也是更加深刻反映时空特性的变换式。

*5.3.3 相对论的速度变换式

根据速度定义，物体的速度分量：

在 S 系中为

$$u_x=\frac{\mathrm{d}x}{\mathrm{d}t}\ ,\ u_y=\frac{\mathrm{d}y}{\mathrm{d}t}\ ,\ u_z=\frac{\mathrm{d}z}{\mathrm{d}t}$$

在 S' 系中为

$$u_{x'}=\frac{\mathrm{d}x'}{\mathrm{d}t'}\ ,\ u_{y'}=\frac{\mathrm{d}y'}{\mathrm{d}t'}\ ,\ u_{z'}=\frac{\mathrm{d}z'}{\mathrm{d}t'}$$

对洛仑兹变换式(5.3)两边求微分，有

$$dx'=\frac{dx-vdt}{\sqrt{1-v^2/c^2}}\ ,\ dy'=dy\ ,\ dz'=dz\ ,\ dt'=\frac{dt-\frac{vdx}{c^2}}{\sqrt{1-v^2/c^2}}$$

用上面的第四式除其余三式，并将速度分量定义式代入，即得

$$u_x'=\frac{u_x-v}{1-vu_x/c^2}\ ;\ u_y'=\frac{u_y\sqrt{1-v^2/c^2}}{1-vu_x/c^2}\ ;\ u_z'=\frac{u_z\sqrt{1-v^2/c^2}}{1-vu_x/c^2} \tag{5.5}$$

同理可得上式的逆变换如下

$$u_x=\frac{u_x'+v}{1+vu'_x/c^2}\ ;\ u_y=\frac{u_y'\sqrt{1-v^2/c^2}}{1+vu_x'/c^2}\ ;\ u_z=\frac{u_z'\sqrt{1-v^2/c^2}}{1+vu_x'/c^2} \tag{5.6}$$

式(5.5)和式(5.6)是狭义相对论的速度变换关系，也称为爱因斯坦速度变换式。它是同一物体的速度在两个惯性系之间的变换关系。

下面对相对论的速度变换式作两点说明。

(1)由式(5.5)和式(5.6)可以看出，当 $v\ll c$ 时，爱因斯坦速度变换式变成伽利略速度变换式，因此，伽利略速度变换是在 $v\ll c$ 时爱因斯坦速度变换的近似式，也只有在 $v\ll c$ 的条件下，伽利略速度变换才成立。当 v 与 c 接近时，伽利略速度变换不再适用，而必须应用爱因斯坦速度变换。

(2)利用速度变换式，我们容易证明无论两个惯性系的相对速度是多少，在一个惯性系里的光速是 c 的话，那么在另一惯性系里的光速也是 c，决不会产生超光速现象。

[例 5.1]　设有两个惯性系 S 和 S'，对应坐标轴互相平行，S'系相对 S 系以速度 $v=0.60c$ 沿 x 轴正方向运动，$t=t'=0$ 时，两个原点 o 和 o' 互相重合。若在 S'系中 $t'=5.0\times10^{-7}$s 时，在 $x'=30$m，$y'=40$m，$z'=50$m 处发出一个闪光，问：在 S 系中观测，此闪光何时发生于何处？(1)按伽利略变换求解；(2)按洛仑兹变换求解。哪种解法是正确的？哪种解法是错误的？

[解]　(1)按伽利略变换，在 S 系中，此闪光发生时间和地点为

$$t=t'=5.0\times10^{-7}(\text{s})$$

$$x=x'+vt'=30+0.60\times3.0\times10^8\times5.0\times10^{-7}=120(\text{m})$$

$$y=y'=40(\text{m})\quad z=z'=50(\text{m})$$

(2)按洛仑兹变换，由式(5.4)知，在 S 系中，此闪光发生时刻为

$$t=(t'+vx'/c^2)/\sqrt{1-v^2/c^2}=\frac{5.0\times10^{-7}+0.6c\times\frac{30}{c^2}}{\sqrt{1-0.6^2}}=7.0\times10^{-7}(\text{s})$$

此闪光发生地点为

$$x=\frac{x'+vt'}{(\sqrt{1-v^2/c^2})}=\frac{30+0.6c\times5.0\times10^{-7}}{\sqrt{1-0.6^2}}=\frac{120}{0.8}=150(\text{m})$$

$$y=y'=40(\text{m})$$

$$z=z'=50(\text{m})$$

因为 $v=0.60c$，已接近光速，所以，按洛仑兹变换求解是正确的，按伽利略变换求解是错误的。当 $v\ll c$ 时，按洛仑兹变换求解当然仍旧是正确的，但为计算方便，可用伽利略变换近似求解。

[例 5.2]　一宇宙飞船以 $0.90c$ 的速度离开地球，如在宇宙飞船飞行方向发射一相对飞船速度为 $0.70c$ 的火箭，试问火箭相对地球的速度是多少？

[解] 该问题如按经典的速度相加定理,则火箭相对地球的速度为 $u=u'+v=0.90c+0.70c=1.60c$,这就出现了超光速的谬论。但按相对论速度变换式(5.6),则有

$$u_x=\frac{u_x'+v}{1+u'_xv/c^2}=\frac{0.70c+0.90c}{1+\frac{(0.70c)(0.90c)}{c^2}}=0.98c$$

飞船相对地球的速度为 $0.98c$,不会出现超光速现象。

5.4 相对论的时空观

利用相对论的两个基本原理或者用洛仑兹变换都可以得出:空间距离和时间间隔都不是绝对不变的,而是相对的。时空的相对性是对经典力学的时空观以及人们传统观念的一次大变革。下面先来分析。

5.4.1 同时性的相对性

爱因斯坦认为:凡是与时间有关的一切判断,总是与"同时"这个概念相联系的。比如我们说:"某列火车 7 点钟到达杭州火车站",其意思是指:"我的表的短指针指在'7 点'同火车到达杭州站是同时的事件"。如果从相对论基本假设出发,就能证明在某一惯性系中同时发生的两件事,在另一相对它运动的惯性系中,并不一定同时发生。这一结论称为同时性的相对性。下面将按爱因斯坦逻辑推理的方法,用理想的光学实验来说明。

如图 5.2 所示,假设一高速列车以恒定速度 v 向右行驶,在车厢的中间有一观察者同时向车厢前后方发出一光信号,而在车厢的前后端各装有一只光信号探测器,由于光到达前后端的距离相同,因此车厢上的观察者认为光到达前后端是同时的。但在地面上 S 系的观察者来看,由于车厢是向右运动的,光信号虽然以同样的速度向前和向后运动,但传播的距离发生变化,向前方的光信号距离增加,而向后方的光信号传播的距离减小。因此,地面上的观察者认为光信号先到达车厢后端的探测器而后到达车厢前端的探测器。这就说明了与事件发生的地点相对静止的惯性系上是同时发生的两事件,在与事件发生地点做相对运动的惯性系中却认为是不同的,同时性也是相对的。

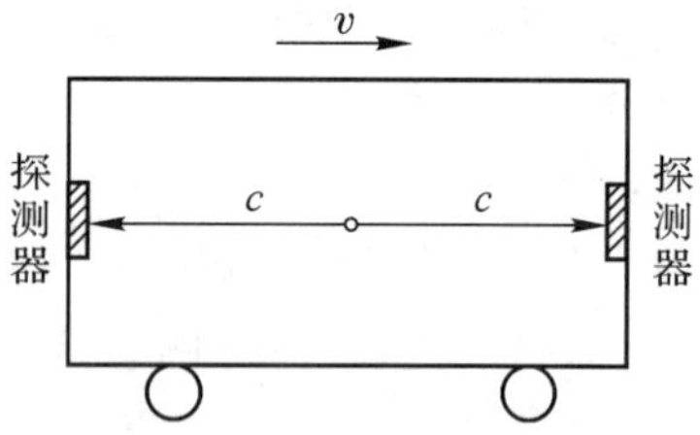

图 5.2 高速运动列车上信号的同时性测量

5.4.2 时间间隔的相对性

既然在不同惯性系中,"同时"是一个相对的概念,那么,两个事件的时间间隔或一个过程的持续时间也会与参考系有关。为了导出不同参考系中时间间隔的相互关系,可以考察如下的理想例子。

如图 5.3(a)所示,假设 S'系是一高速运动的列车,现在我们在列车车厢的 A'处向 y'方向距离 A'的长度为 d 的一反射镜发出一个光信号,此光信号经反射后仍旧返回到 A',因此在车厢上的观察者测得光信号返回所需的时间间隔为 $\Delta t'=2d/c$。

那么固定在地面上的 S 系里的观察者测得该光信号往返所需的时间间隔 Δt 应是多少呢? 由于 S'系相对 S 系以速度 v 向右运动,在 S 系里的观察者发现光信号往返的距离不是 $2d$

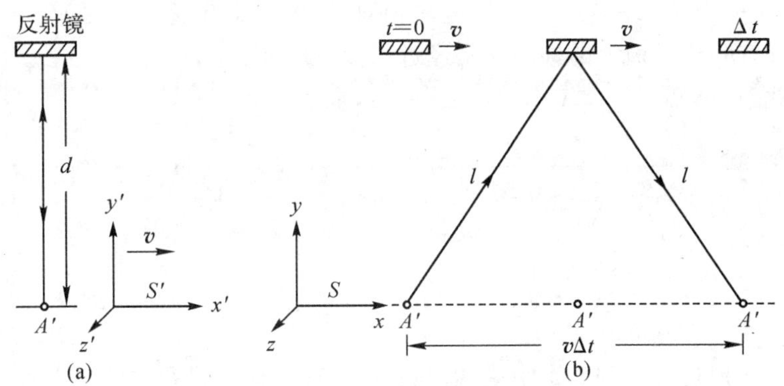

图 5.3　S 系和 S' 系中光信号往返路径

而是 $2l$。由图 5.3(b)可知

$$l=\sqrt{d^2+\left(\frac{v\Delta t}{2}\right)^2}$$

所以,S 系测得光信号往返所需时间间隔为

$$\Delta t=\frac{2l}{c}=\frac{2}{c}\cdot\sqrt{d^2+\left(\frac{v\Delta t}{2}\right)^2}$$

将 $\Delta t'=2d/c$ 代入上式,即可得到

$$\Delta t=\frac{\Delta t'}{\sqrt{1-v^2/c^2}} \tag{5.7}$$

式中,Δt 和 $\Delta t'$分别是在 S 系和 S'系中,光信号在 A'处的发出事件,与在 A'处的收到事件之间的时间间隔。式(5.7)是根据相对论的两条基本假设原理得到的。因为在式(5.7)的推导过程中应用了在 S 系和 S'系中光速不变,都是 c;也应用了物理定律都相同,即时间间隔都是路程除以速度的这类物理定律。由式(5.7)可见,在 S'系发生在同一地点的两个事件相隔的时间 $\Delta t'$总是小于 S 系中测得的这两个事件相隔的时间 Δt,两者之间差一个 $\sqrt{1-v^2/c^2}$ 因子。这就从数量上显示了时间测量的相对性。它也表明时间间隔不再是一个绝对不变的量而是与运动速度密切相关。

在某一参考系中同一地点先后发生的两个事件之间的时间间隔叫固有时。记作 Δt。它是静止于此参考系中的一只钟测出的。在上面的例子中,$\Delta t'$就是光从 A'发出后返回 A'所经历的固有时 Δt。由式(5.7)可以看出,固有时最短。而在其他相对运动的参照系中测得的时间间隔总是比固有时长,这种时间膨胀的相对论效应在许多高速运动的基本粒子寿命的测量中得到了证实。例如 π 介子会衰变为 μ 介子,它的固有寿命为 2.60×10^{-8}s。在宇宙射线中的 π 介子以 $0.913c$ 的速度射向大气层,我们在实验室中测得它的寿命为 6.37×10^{-8}s,它是固有寿命的两倍多。为什么同样的 π 介子寿命会膨胀了这么多呢?这是因为实验室参照系相对宇宙射线中的 π 介子以 $0.913c$ 速度运动,根据运动时间膨胀的式(5.7),可以算出

$$\Delta t=\frac{\Delta t'}{\sqrt{1-v^2/c^2}}=\frac{2.60\times10^{-8}}{\sqrt{1-(0.913c/c)^2}}=6.37\times10^{-8}(\text{s})$$

由此可见,从相对论时间膨胀计算结果与实验观察值符合得很好。

实际上,近代高能粒子实验,每天都在考验相对论,而相对论每次都经受住了这种考验。

但是这种相对论效应在日常生活中是很难观察到的。下面举一例题来说明。

［**例 5.3**］ 一飞船以 $v=9\times10^3\,\text{m/s}$ 速率相对于地面(假定为惯性系)匀速飞行。飞船上的钟走了 5s 的时间,用地面上的钟测量是经过了多少时间?

［**解**］ 按题意,已知 $v=9\times10^3\,\text{m/s}$, $\Delta t'=5\text{s}$,求 $\Delta t=?$

$$\Delta t=\frac{\Delta t'}{\sqrt{1-\frac{v^2}{c^2}}}=\frac{5}{\sqrt{1-\left(\frac{9\times10^3}{3\times10^8}\right)^2}}$$

$$\approx5\left[1+\frac{1}{2}\times(3\times10^{-5})^2\right]$$

$$\approx5.000000002(\text{s})$$

此结果说明对于飞船这样大的速率来说,时间膨胀效应实际上是很难测量出来的。

其实,利用洛仑兹变换推导运动时间膨胀的公式(5.7)非常方便。设在 S' 系,在同一地点 x' 处发生两个事件的时间间隔为

$$\Delta t'=t_2'-t_1'$$

那么在 S 系测得该两个事件的时间间隔 $\Delta t=t_2-t_1$ 应为多少呢?由洛仑兹变换式(5.4)可知

$$t_2=\left(t_2'+\frac{vx'}{c^2}\right)\Big/\sqrt{1-\beta^2}$$

$$t_1=\left(t_1'+\frac{vx'}{c^2}\right)\Big/\sqrt{1-\beta^2}$$

把 t_1、t_2 填代入 $\Delta t=t_2-t_1$ 中立即得到式(5.7)

$$\Delta t=t_2-t_1=\frac{t_2'-t_1'}{\sqrt{1-\beta^2}}=\frac{\Delta t'}{\sqrt{1-\beta^2}}$$

5.4.3 空间长度的相对性

不仅时间间隔具有相对性,而且空间长度也具有相对性。在讨论空间长度测量时,首先应该明确的是,长度测量是与同时性概念密切相关的。在某一参考系中测量棒的长度,就是要测量它的两端点在同一时刻的位置之间的距离。

根据爱因斯坦的观点,既然同时性是相对的,那么长度的测量也必定是相对的。为了说明长度测量和参考系的运动有什么关系,我们仍利用惯性系 S 和 S',如图 5.4 所示,设 S 系中沿 x 轴有一静止的直尺,两个端点的空间坐标分别为 x_1 和 x_2,则直尺在 S 系中的长度为

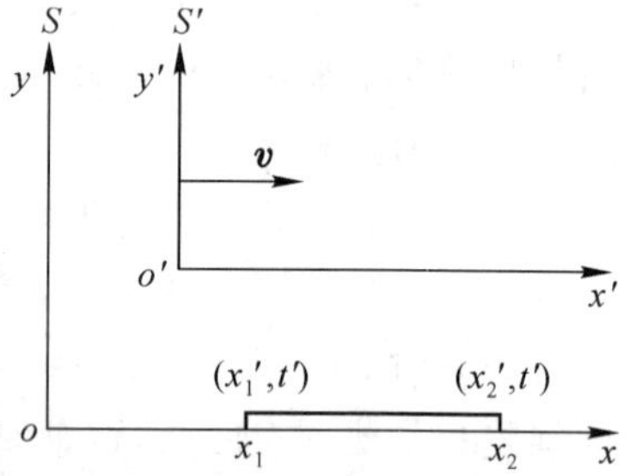

$$l_0=x_2-x_1$$

图 5.4 长度的相对性

由于直尺在 S 系中是静止的,空间坐标 x_1 和 x_2 不随时间变化,因此,是否同时记下 x_1 和 x_2,是无所谓的。通常,直尺在与直尺相对静止的参照系中的长度,称为固有长度或者静长,用符号 l_0 表示。

因为直尺相对 S' 系在运动,在 S' 系中,直尺两端的空间坐标 x_1' 和 x_2' 随时间而变化,所以在 S' 系中测量此直尺的长度,必须于 S' 系中的同一时刻 t',记下直尺两端的空间坐标 x_1' 和 x_2',S' 系中直尺的长度为

$$l'=x_2'-x_1'$$

按洛仑兹变换式(5.4)，有

$$x_1=\frac{x_1'+vt'}{\sqrt{1-v^2/c^2}}\ ,\ x_2=\frac{x_2'+vt'}{\sqrt{1-v^2/c^2}}$$

故

$$l'=x_2'-x_1'=(x_2-x_1)\sqrt{1-v^2/c^2}$$

因 $x_2-x_1=l_0$，故此直尺在 S' 中的长度为

$$l'=l_0\sqrt{1-v^2/c^2} \tag{5.8.a}$$

反之，如果直尺在 S' 系中是沿 x' 轴静止的，那么在 S 系中是运动的。这时，直尺在 S' 系中的长度为静长 l_0，可以证明，直尺在 S 系中的长度为

$$l=l_0\sqrt{1-v^2/c^2} \tag{5.8.b}$$

式(5.8)表明，在相对直尺静止的惯性系中，直尺的长度最大，等于直尺的静长 l_0。**在相对直尺运动的惯性系中**，直尺**沿运动方向的长度必小于静长**。这一相对论效应，称为**长度收缩**。长度收缩并非直尺的内部材料结构发生了变化，而是空间间隔的测量具有相对性的反映。

在与相对运动垂直的方向上，无相对运动，故不发生长度收缩。

长度收缩是相对于静长 l_0 而言的。若直尺在 S 系和 S' 系中都不静止，则 S 系中直尺的长度 l 与 S' 系中直尺的长度 l' 之间是不满足式(5.8)的。

[**例 5.4**]　地球上有一宇宙飞船，长度为 100m。现以速度 $v=0.995c$ 飞向空间，试问地球上的观察者测得宇宙飞船的长度是多少？

[**解**]　按题意宇宙飞船的长度 100m 应是相对静止的参照系中测得的长度 l_0，而飞行时地球观察者测得的长度应为运动物体的长度，因此，按公式(5.8b)可得

$$l=l_0\sqrt{1-v^2/c^2}=100\sqrt{1-(0.995)^2}=9.99(\mathrm{m})$$

由此可见，对于接近光速运动的物体，相对论长度收缩效应是非常显著的。但在日常生活中的低速运动，这种效应也是很难观察到的，如上例中换成是一以速度为 50m/s 的火车，则地面上的观察者测得列车长度

$$l=l_0\sqrt{1-v^2/c^2}=100\sqrt{1-\left(\frac{50}{3\times10^8}\right)^2}\approx100-3.34\times10^{-12}(\mathrm{m})$$

即 100m 长的列车只缩短了 $3.34\times10^{-6}\,\mu\mathrm{m}$，这种长度收缩是无法测量的，完全可忽略不计。

综上所述，根据相对论基本原理所得出的空间和时间的观念与经典的时空观念是截然不同的。相对论认为空间和时间不是绝对不变的，而是与物体运动有关，空间间隔和时间间隔都是一种相对的概念，在不同的惯性系中具有不同的数值。这种结论用经典的伽利略变换是无法得出的，因此我们必须要有反映相对论的时空观的更普遍适用的变换关系式——洛仑兹变换式，它既能反映高速运动世界的相对论效应又能在低速世界过渡到经典的伽利略变换式。

5.5　狭义相对论动力学方程

5.5.1　相对论质量与速率的关系

在经典力学中，认为质量也是一个绝对不变的量，因而牛顿运动定律 $\boldsymbol{F}=m\boldsymbol{a}$ 在伽利略变换下保持不变。但这个关系式在洛仑兹变换下不再保持不变，这和相对论的基本原理是相矛盾的，为了使牛顿运动定律在洛仑兹变换下保持相同的形式，必须对质量是一个绝对不变的经

典观念进行修正。这一点我们从牛顿定律 $\boldsymbol{F}=m\boldsymbol{a}$ 中也可看出。由于 m 是一个常量,则加速度和力成正比,只要这个力继续不断的作用下去,物体的速度就会不断增大,以至物体的速度一直可以增至无限大。这一结果不仅与相对论中物体速度不能超过光速这一极限值相矛盾,而且也与实验事实相违背。斯坦福大学电子直线加速器,全长 $3\times10^3\,\mathrm{m}$,加速电场的电场强度为 $7\times10^6\,\mathrm{V\cdot m^{-1}}$,在进口处电子的初速可视为零。如果认为电子质量 $9.11\times10^{-31}\,\mathrm{kg}$ 是恒定不变的,据经典理论的计算结果是:在加速器末端电子将获得速率为 $8.6\times10^{10}\,\mathrm{m\cdot s^{-1}}$,高达光速的 280 倍以上。而实验测得的电子速率只是 $0.9999999997c$,没有超过光速。迄今为止,整个高能物理的所有实验都支持相对论中光速是物体运动的极限速度的结论。那么产生问题的根源是什么呢? 根源在于经典力学中把质量看成是绝对不变的。1901 年德国科学家考夫曼(W. Koufmann,1871—1947)从镭辐射测 β 射线在电场和磁场中的偏转的实验中,发现了物体的质量随速率变化的事实。1905 年爱因斯坦在狭义相对论中,从理论上证明了物体的质量是随速率而变化的。根据动量守恒定律和相对论的速度变换关系,可以导出质量和速率的关系是

$$m=\frac{m_0}{\sqrt{1-\beta^2}} \tag{5.9}$$

式中,m_0 为物体相对观察者静止时测得的质量,叫作静质量,而 m 为相对观察者以速度 v 运动时的质量,叫作相对论质量。由质速关系式可见,物体的质量随速度 v 的增加而增大,所以质量也不是一个绝对不变的量而是与运动有关的相对量。

此外,从式(5.9)可以看出,静质量不为零的物体,其速度不可能超过光速,否则 m 变成虚数。而运动速度等于光速的粒子,如光子,它的静质量一定等于零。当物体的运动速度 $v\ll c$ 时,即在低速极限时,$m=m_0$。此时质量为一常量,过渡到经典力学中的质量概念。因此相对论质速关系式是一个更具普遍适用的关系式。

5.5.2 相对论动量

在对经典力学中质量概念进行修正后,自然在相对论中动量的表达式也与经典力学不同。按(5.9)式,我们可得出相对论动量表达式为

$$\boldsymbol{p}=m\boldsymbol{v}=\frac{m_0}{\sqrt{1-\beta^2}}\boldsymbol{v} \tag{5.10}$$

由此可见,相对论动量不再与速度 $\boldsymbol{v}$ 成简单的正比关系,由于 $\beta^2=v^2/c^2$,故动量与速度成较复杂的曲线关系。但在非相对论低速近似下,即 $v\ll c$ 时,相对论动量又过渡到经典动量的表达式 $\boldsymbol{p}=m_0\boldsymbol{v}$。

5.5.3 相对论动力学方程

我们知道经典力学中牛顿第二定律是由 $\boldsymbol{F}=\mathrm{d}\boldsymbol{p}/\mathrm{d}t$ 导出的,由于认为质量是常量,故有

$$\boldsymbol{F}=\frac{\mathrm{d}\boldsymbol{p}}{\mathrm{d}t}=m_0\frac{\mathrm{d}\boldsymbol{v}}{\mathrm{d}t}=m_0\boldsymbol{a}$$

而在相对论中质量与速度有关,故牛顿定律应该写为

$$\boldsymbol{F}=\frac{\mathrm{d}\boldsymbol{p}}{\mathrm{d}t}=\frac{\mathrm{d}(m\boldsymbol{v})}{\mathrm{d}t}=\frac{\mathrm{d}}{\mathrm{d}t}\left(\frac{m_0\boldsymbol{v}}{\sqrt{1-\beta^2}}\right) \tag{5.11}$$

式(5.11)就是狭义相对论的动力学方程。它在形式上与牛顿第二定律的一般形式相似,但质

量 m 是按质速关系变化的，由

$$\boldsymbol{F}=\frac{\mathrm{d}\boldsymbol{p}}{\mathrm{d}t}=m\frac{\mathrm{d}\boldsymbol{v}}{\mathrm{d}t}+\boldsymbol{v}\frac{\mathrm{d}m}{\mathrm{d}t}$$

可见：力不再与加速度成简单的正比关系，而且随着速度增加，相对质量也增大，加速度反而减小，从而物体速度增加越来越困难。当 $v\rightarrow c$ 时，$m\rightarrow\infty$，物体的速度永远达不到光速这一极限值。

［例 5.5］ 设 π 介子以 $v=0.80c$（c 为真空中的光速）的速度运动，求此时的质量为静止质量的多少倍？

［解］ 将 $v=0.80c$ 直接代入质量与速率的关系式，求出此时的质量为

$$m=\frac{m_0}{\sqrt{1-v^2/c^2}}=\frac{m_0}{\sqrt{1-0.80^2}}=\frac{m_0}{0.6}=\frac{5}{3}m_0\approx 1.7m_0$$

得出以 $0.80c$ 速度运动的 π 介子的质量为静止质量 m_0 的 1.7 倍。

5.6　相对论动能和质能关系式

5.6.1　相对论动能

在经典力学中，一质量为 m，速度为 $\boldsymbol{v}$ 的物体其动能为 $E_k=\frac{1}{2}mv^2$，这是由经典力学的动力学方程 $\boldsymbol{F}=m\boldsymbol{a}$ 推导出来的。而在狭义相对论中动力学方程不再是 $\boldsymbol{F}=m\boldsymbol{a}$，而是

$$\boldsymbol{F}=\frac{\mathrm{d}}{\mathrm{d}t}(m\boldsymbol{v})=\frac{\mathrm{d}}{\mathrm{d}t}\left(\frac{m_0\boldsymbol{v}}{\sqrt{1-\beta^2}}\right)$$

因此，相对论中的动能表示式自然不再是 $E_k=\frac{1}{2}mv^2$ 了！根据相对论理论，可以证明，质点动能 E_k 的相对论表示式为

$$E_k=mc^2-m_0c^2=m_0c^2\left(1/\sqrt{1-v^2/c^2}-1\right) \tag{5.12}$$

式中，m 为以速度 v 运动时物体的质量，m_0 为物体的静止质量，c 为真空中的光速。式(5.12)说明，一个物体的相对论动能等于它由于运动而增加的质量（$\Delta m=m-m_0$）乘以光速的平方。

在 $v\ll c$ 时，即在非相对论近似中，式(5.12)也自动地过渡到经典的动能表示式。这是因为式(5.12)括号中的

$$(1-v^2/c^2)^{-\frac{1}{2}}\approx 1+\frac{1}{2}\frac{v^2}{c^2}$$

将它代入式(5.12)即可得到

$$E_k=m_0c^2\left(1+\frac{1}{2}\frac{v^2}{c^2}-1\right)=\frac{1}{2}m_0v^2$$

5.6.2　相对论质能关系式

从式(5.12)可以得到：$mc^2=m_0c^2+E_k$。由于 E_k 具有能量的量纲，所以上式中的 mc^2 和 m_0c^2 也具有能量的量纲。m_0c^2 是与静止质量相联系的能量，被称为静止能量，用符号 E_0 表示。mc^2 是等于静止能量和动能之和，称之为总能量，用符号 E 表示，则有

$$E=mc^2=m_0c^2/\sqrt{1-\beta^2} \tag{5.13}$$

式(5.13)就是相对论质能关系式。它表明质量与能量之间具有不可分割的联系。质量和能量是反映物质的两个基本性质,在物质世界中没有脱离质量的能量,也没有无能量的质量。当物质的质量变化为 Δm 时,必然伴随着能量的变化 ΔE。ΔE 与 Δm 之间满足关系式 $\Delta E=\Delta mc^2$。相对论的质能关系式为原子能的释放提供了理论依据,同时基本粒子间的质能转化也为质能关系提供了直接的实验证明。

[例 **5.6**] 太阳向四周空间辐射能量,每秒钟相应的质量亏损若为 4.5×10^9 kg,求:

(1)太阳辐射的功率,(2)一年内太阳相应的静止质量亏损为多少千克。

[解] (1)由质量能量关系式知,每秒太阳的辐射能量 $\Delta E=\Delta mc^2=4.5\times10^9\times(3\times10^8)^2=4.05\times10^{26}$(J),即太阳辐射功率为 4.05×10^{26} W。

(2) 一年内太阳相应的质量损失为

$\Delta m=365\times24\times60\times60\times4.5\times10^9=1.4\times10^{17}$(kg)

可见,一年内太阳辐射的能量和相应的静止质量亏损是多么巨大啊!

[例 **5.7**] 电子的质量为 9.109×10^{-31} kg,美国斯坦福电子直线加速器全长为 3.0×10^3 m,加速电场是 7.0×10^6 V/m,试问电子经该加速器加速后获得的动能是多少?出口处电子的速度有多大?(设电子进口处的速度等于零)

电子经加速器加速后的动能为

$$E_k=7.0\times10^6\times3.0\times10^3=2.1\times10^4(\text{MeV})$$

电子的静止能量为

$$\begin{aligned}m_0c^2&=(9.109\times10^{-31})\times(2.998\times10^8)^2=8.187\times10^{-14}(\text{J})\\&=5.117\times10^5(\text{eV})=0.5117(\text{MeV})\end{aligned}$$

由相对论动能表达式(5.12)可得

$$\frac{1}{\sqrt{1-\beta^2}}=\frac{E_k}{m_0c^2}+1=\frac{2.1\times10^4}{0.511}+1=4.10\times10^4$$

再将 $\beta=v/c$ 代入上式可得电子出口处的速度为

$$v=0.9999999997c$$

5.6.3 相对论能量和动量关系式

把质速关系式(5.9)两边平方,然后同乘以 $(1-\beta^2)\cdot c^4$,则可得

$$m^2c^4-m^2v^2c^2=m_0^2c^4$$

将相对论动量 $p=mv$ 代入上式,即可得

$$E^2=c^2p^2+m_0^2c^4 \tag{5.14}$$

这就是相对论能量动量关系式。它表明总能量、静止能量和动量乘光速形成一直角三角形关系。E 为斜边,m_0c^2 和 pc 为直角边。如图 5.5 所示。

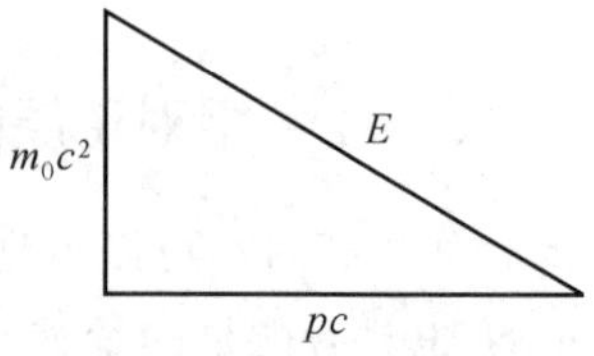

图 5.5 相对论能量动量关系

在非相对论近似下,即 $v\ll c$ 时,则有

$$E=(c^2p^2+m_0^2c^4)^{\frac{1}{2}}=m_0c^2\left(1+\frac{p^2}{m_0^2c^2}\right)^{\frac{1}{2}}\approx m_0c^2+\frac{p^2}{2m_0}$$

此时,总能量等于静止能量加非相对论动能。

在相对论极限情况下,如光子,它的速度为光速 c 而静止质量为 0。则由式(5.14),得

$$E = pc$$

*5.7　广义相对论简介

爱因斯坦在建立狭义相对论不久，就感到这个理论存在着如下两个问题：

(1)承认惯性系的特殊地位。因为牛顿定律和狭义相对论都仅仅适用于惯性系，而在自然界中又根本不存在严格的惯性系，大量的实际参考系都是非惯性系。爱因斯坦认为非惯性系与惯性系应处于相同的地位，应能同样有效地描述物理定律。1907 年，他在"关于相对论原理和由此得出的结论"一文中写道："迄今为止，我们只把相对论原理，即认为自然规律同参考系无关这一假设应用于非加速参考系。是否可以设想相对性原理对相互作加速运动的参考系也仍然成立。"

(2)无法在狭义相对论的基础上，建立令人满意的引力场理论。狭义相对论的基本思想之一是否定物质或能量以无限速度传递的可能，即否定一切超越时空的相互作用。麦克斯韦的电磁场理论是符合这一观点的，而牛顿的万有引力定律却带有超距作用的烙印。爱因斯坦认为应该用引力场理论代替牛顿引力理论，应该类似于电磁场方程建立引力场方程，并从实验中探测引力波是否存在。爱因斯坦发现在狭义相对论基础上是无法建立引力场理论的。这是使他困惑的第二个问题。

为解决以上这两个问题，爱因斯坦又经过了 11 年的探索，提出了广义相对论原理和等效原理。并在这两条原理的基础上于 1916 年创立了广义相对论。

5.7.1　等效原理和广义相对性原理

一、等效原理

1907 年，爱因斯坦从惯性质量与引力质量精确相等，以及在同一引力场中一切物体都有相同的下落加速度的实验事实出发，提出了等效原理。这一原理，爱因斯坦是通过以下假想实验来说明的。

设有一密封舱，在舱内的观察者无法观察到舱外的情况。若此舱放在地面上，舱内的观察者会看到舱内的物体都以重力加速度 g 自由下落。若将此舱放在没有地球引力的太空中以加速度 g 向上运动，则舱内观察者同样会看到物体以加速度 g 落向舱底。见图 5.6 所示。前者是地球引力产生而后者是由加速系的惯性力产生。爱因斯坦认为惯性力和引力是等效的，因此舱内观察者就不可能通过任何力学实验来判定密封舱究竟是停在地面上还是在太空中作加速飞行。假想实验说明加速度与引力场的作用是等效的。这一结论称为等效原理。按照这一原理，如果使密封舱在引力场中自由下落，那么加速度将引力抵消，此密封舱就与静止在无引力场空间时完全一样。

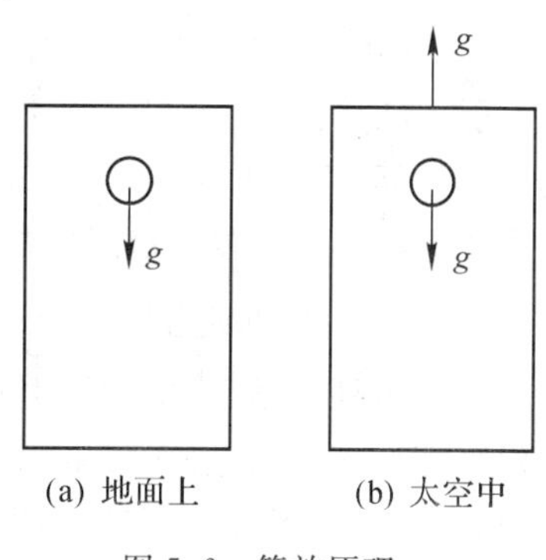

图 5.6　等效原理

二、广义相对性原理

爱因斯坦认为大自然的规律是统一、和谐、简洁的，惯性参照系不应该具有特殊的优越性。根据等效原理，爱因斯坦提出：一切物理定律在所有参照系中(无论是惯性系和非惯性系)都具有相同的形式，所有的参照系都是等价的。这就是广义相对性原理。显然，广义相对性原理将狭义相对性原理推广到了非惯性参考系。

5.7.2 广义相对论效应及其实验验证

在等效原理和广义相对性原理的基础上，利用四维时空观念，爱因斯坦建立了引力场的广义相对论。

根据广义相对论，爱因斯坦提出了以下几个著名的预言，这些预言已先后被实验证实。对这几个预言，下面仅作简单通俗的介绍。

一、光线在引力场中的偏转

设密闭舱静止在无引力场的空间，从舱的左壁上水平地发出一束光线，则光线水平地射到舱的右壁上，如图 5.7(a)所示。如果密闭舱在无引力场的空间匀加速上升，那么从舱的左壁水平发出的光线将向下偏转，如图 5.7(b)所示。

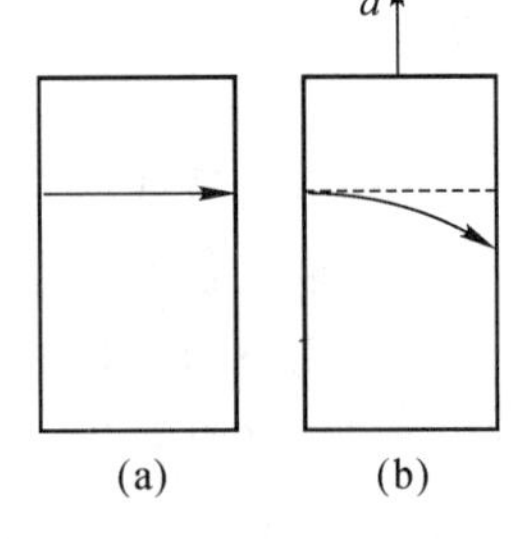

图 5.7 光线的偏转

根据等效原理，加速度与引力场等效，故光线在引力场中必定要发生偏转。按爱因斯坦计算，星光从太阳旁边经过时，要偏转 1.75″。

由于太阳光很强，这种偏转只有在日全食时才能观测到。

1919 年，英国天文学家爱丁顿和戴森分别前往西非和巴西，观测当年 5 月 29 日发生的日全食，这时在太阳的背后是毕宿星群。从两地的实际观测照片计算出的星光偏转角分别为 1.61″和 1.98″，从而令人信服地证实了广义相对论的预言。（见图 5.8）

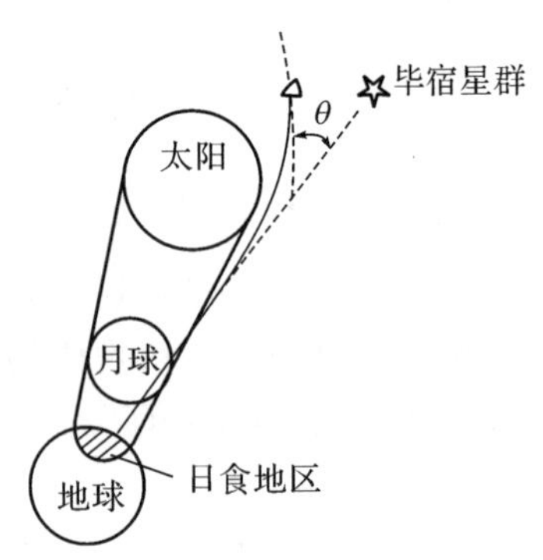

图 5.8

二、引力红移

根据广义相对论，光在引力场中传播时，随着引力势的增大，光的频率要减小，波将向波长较长的红端移动。这一现象称为引力红移。

1925 年，美国天文学家亚当斯在观测天狼伴星的光谱中发现了这种红移现象，观测结果和理论预言符合得很好。

三、水星轨道的旋进

按牛顿力学，行星的轨道是一绕太阳运动的封闭椭圆轨道。但根据广义相对论，在太阳周围由于引力场的作用会使空间发生弯曲，这使行星每绕太阳转一圈又回到近日点时，近日点的位置将产生一角位移 $\Delta\theta$。这种每转一周产生的进动是逐年累加的，根据广义相对论计算，水星近日点每一百年旋进 43″。天文观察的结果是 $\Delta\theta=43.1''\pm 0.5''$。因此，理论和实验的观测符合的相当好。

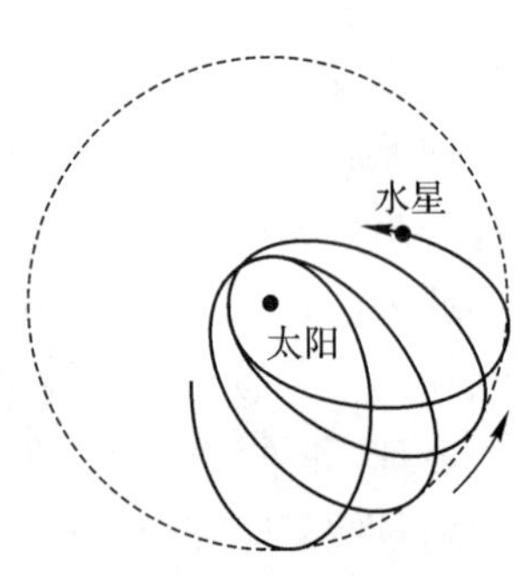

图 5.9 水星近日点的旋进

广义相对论还有一个非常重要的推论就是黑洞。当质量很大的物质集中到一个非常有限的区域时，由于强大的引力作用，连光线都被强引力吸入这个区域而不能逃逸，这就是黑洞。在黑洞里，即使最明亮的星体也像消失了一样。要形成黑洞，必须把物质压缩到非常高的密度，理论上估计要使太阳成为一个黑洞，必须把它的半径压缩到 3km。根据现在的猜测，宇宙在演化过程中，一些恒星在演化晚期可能在引力收缩下坍缩成一个黑洞。因此黑洞的探索对宇宙的形成及检验广义相对论都有非常重要的意义，它已成为当前天体物理领域中的一个热门课题。

思考题

5.1　在 S 系中的观察者看来，两事件是同时发生的，对 S' 系的观察者来说这两件事也一定是同时的吗？

5.2　两块表经过校准，一块带入火箭，一块留在地面。火箭上的人观察舱内一物理过程共 1 小时，而地球上的人观察此过程大于 1 小时，那么火箭上的表是否坏了呢？

5.3　火箭上的人看地球上的米尺长度收缩，则地球上的人看火箭上的米尺是否伸长呢？

5.4　什么是洛仑兹变换？它与伽利略变换有什么联系和区别？

5.5　物体的运动速度是否能大于真空中的光速？

5.6　什么是静止质量？一个物体的质量在两个相互做匀速直线运动的惯性系中是否相同？为什么？

5.7　在狭义相对论中，动量是如何定义的？狭义相对论中的动力学方程是怎样的？它与 $\boldsymbol{F}=m\boldsymbol{a}$ 的关系如何？

5.8　什么是静止能量？什么是总能量？静止能量、总能量、动能三者之间的关系如何？

5.9　相对论动能公式是怎样的？它与经典力学的动能公式有何区别和联系？

习　题

5.1　μ 介子是不稳定的粒子，在实验室测得的静止 μ 介子的寿命是 2.2×10^{-6}s，而在地面上测得宇宙射线中高速运动的 μ 介子寿命为 1.9×10^{-5}s，求宇宙射线中 μ 介子的速率。

5.2　地面上的观察者测得一高空中的宇宙飞船发出的闪光持续时间为 5.00×10^{-3}s，而宇宙飞船上的宇宙员测得同一闪光的时间为 2.00×10^{-5}s，试问这两个时间中哪一个是固有时间，宇宙飞船相对地面的速度是多少？

5.3　一米尺以很快的速度在你面前通过，如果你测得该米尺的长度为 0.76m，试求米尺对你运动的速率。

5.4　在 2010 年，一宇宙飞船将以 $0.800c$ 的速度飞过月球空间站，在月球空间站上的科学家测得宇宙飞船的长度为 160m，试问宇宙飞船在月球着落后，科学家测得飞船的长度是多少？

*5.5　从地球上测得宇宙飞船 A 以速度 2.50×10^{8}m/s 飞行，另一宇宙飞船 B 以速度 2.00×10^{8}m/s 尾随飞船 A，求宇宙飞船 B 相对 A 的速度以及飞船 A 相对 B 的速度。

5.6　已知 μ 介子的运动质量 m 是静止质量 m_0 的 2.3 倍。求此时 μ 介子的运动速度 v 是多少？

5.7　把电子的速度从 $0.900c$ 增加到 $0.990c$ 时所需的能量是多少？这时电子的质量增加了多少？

5.8　已知电子的静止质量 $m_e=9.109\times10^{-31}$kg，中子的静止质量为 $m_n=1.675\times10^{-27}$kg，质子的静止质量为 $m_p=1.673\times10^{-27}$kg。当一个中子衰变成一个质子和一个电子时，所释放的能量是多少电子伏特？

5.9　电子总能为 4.5MeV 时，其速度和动量各是多少？

*5.10　当一粒子的动能等于它的静止能量时，试问这时粒子的运动速度是多少？

5.11　一粒子具有静止质量为 3.32×10^{-27}kg，动量为 9.65×10^{-19}kg · m/s，试问它的总能量是多少？总能和静止能量之比是多少？

科学家介绍

爱因斯坦

1. 生平简介

A. 爱因斯坦(Albert Einstein,1879—1955)是20世纪最伟大的自然科学家、物理学家,物理学革命的旗手。1879年3月14日出身于德国符腾堡的乌尔姆市。他的父亲是一个小业主。1894年他的家迁至意大利米兰。1896年进入瑞士苏黎世联邦工业大学师范系,攻读物理学。1900年大学毕业。毕业后就失业。1902年,经朋友介绍在伯尔尼市联邦专利局任一名普通职员。

1905年,26岁的爱因斯坦发表了三篇非常重要的论文(《布朗运动的分析》、《光电效应》和《狭义相对论》)。当时担任德国《物理学年鉴》主编的著名物理学家普朗克在收到了爱因斯坦的论文后就坚决地支持他,并认为他将是科学界的新星。

1909年,爱因斯坦成为苏黎世大学的客座教授。

1910年,爱因斯坦被推荐为当时属于德国的布拉格大学的理论物理教授的候选人。当教育部长向普朗克征求意见时,这位物理学权威认为爱因斯坦将是20世纪的哥白尼。于是在1911年,爱因斯坦出任布拉格大学教授。1914年,他担任了柏林恺撒—威廉皇帝物理研究所所长。同年,爱因斯坦又被选为普鲁士皇家科学院院士。后来又被英国皇家学会等世界著名学术团体聘为外籍会员。

1921年,爱因斯坦研究的光电效应获得了诺贝尔物理学奖。1933年,希特勒上台后,德国纳粹排犹运动越演越烈。著名科学家爱因斯坦也遭迫害,不仅巴伐利亚科学院把他除名,而且纳粹还去他故乡抄家,将他的财产全部没收并把他的著作和书籍付之一炬。爱因斯坦不堪纳粹政权的迫害而移居美国。

1930年,美国普林斯顿大学创建了"普林斯顿高级研究所"。应所长之邀,爱因斯坦担任终身研究员,1945年他辞去了教授职务,但仍在普林斯顿研究所从事研究工作。直到1955年4月18日逝世。

2. 科学成就

爱因斯坦的主要科学成就有以下几方面:

(1)创立了狭义相对论。他于1905年在德国《物理学杂志》第4篇,17卷发表了题为《论动体的电动力学》的论文,完整地提出了狭义相对论,揭示了空间和时间的联系,轰动了整个科学界。同年又提出了质能相当关系,在理论上为原子能时代开辟了道路。

(2)发展了量子理论。他于1905年同一本杂志上发表了题为《关于光的产生和转化的一个启发性观点》的论文,提出了光的量子论。正是由于这篇论文的观点使他获得了1921年的诺贝尔物理学奖。1916年他又提出受激辐射理论,成为20世纪60年代崛起的激光技术的理论基础。1924年还发展了量子统计理论。

(3)建立了广义相对论。他在1916年创立了广义相对论,揭示了空间、时间、物质、运动的统一性,几何学和物理学的统一性,解释了引力的本质,从而为现代天体物理学和宇宙学的发展打下了重要的基础。

另外,1905 年他对布朗运动的研究为气体动理论作出重大贡献。

爱因斯坦一生都在致力于现代物理学的研究,坚韧不拔,勇于探索,敢于创新。在他晚年 70 多岁的时候,仍然每天坚持从住所步行到研究所工作。20 世纪 50 年代,他在《相对论的意义》最后一版中还加进一个新的附录,介绍他晚年从事的大统一理论,尝试把引力和电磁力统一起来。这项工作虽然在他有生之年未能成功,但他的这种超前的、深刻的对物理学基本观念的洞察力对现代物理学发展产生了极为深远的影响。物理学家杨振宁曾这样评价爱因斯坦对物理学的贡献:"在 20 世纪初期,人类对物质世界的认识发生了三次革命,爱因斯坦个人独立地完成了其中的两次(1905 年的狭义相对论和 1915 年提出的广义相对论),对第三次革命(量子力学)的形成与发展作出了贡献和帮助。"

爱因斯坦之所以能取得这样伟大的科学成就,归因于他的勤奋、刻苦的工作态度与求实、严谨的科学作风,更重要的应归因他那对一切传统和现成的知识所采取的独立的批判精神。他不因循守旧,别人都认为一目了然的结论,他会觉得大有问题,于是深入研究,非彻底搞清楚不可。他不迷信权威,敢于离经叛道,敢于创新。

3. 高尚品质

爱因斯坦的精神境界非常高尚。在巨大的荣誉面前他从不把自己的成就全归功于自己,总是强调前人的工作为他创造了条件。例如,关于相对论的创立,他曾讲过:"我想到的是牛顿……法拉第和麦克斯韦……相对论实在可以说是对麦克斯韦和洛仑兹的伟大构思画的最后一笔。"他还说过:"人是为别人而生存的。""人只有献身于社会,才能找出那实际上是短暂而有风险的生命的意义。"

爱因斯坦是这样说的,也是这样做的。在他的一生中,除了孜孜不倦地从事科学研究外,他还积极参加正义的社会斗争。他旗帜鲜明地反对德国法西斯政权和它发动的侵略战争。他一再向各国呼吁,用联合经济抵制制止日本对华的军事侵略。1925 年沈钧儒等"七君子"因主张抗日被捕,他热情地参与了正义营救和声援。战后,在美国他又积极参加了反对扩军备战政策和保卫民主权利的斗争。

爱因斯坦关心青年,关心教育,在《论教育》一文中,他根据自己的经验说出了十分有见解的话:"学校的目标应当是培养有独立行动和独立思考的个人,不过他们要把为社会服务看作是自己人生的最高目标。""学校的目标始终应当是:青年人在离开学校时,是作为一个和谐的人,而不是作为一个专家……发展独立思考和独立判断的一般能力,应当始终放在首位,而不应当把专业知识放在首位。如果一个人掌握了他的学科的基础理论,并且学会了独立思考和工作,他必定会找到自己的道路,而且比起那种主要以获得细节知识为其培训内容的人来,他一定会更好地适应进步和变化。"

爱因斯坦于 1922 年年底赴日本讲学的来回路途中,曾两次在上海停留。第一次,北京大学曾邀请他讲学,但正式邀请信为邮程所阻,他以为邀请已被取消而未能成行。第二次适逢元旦,他曾作了一次有关相对论的演讲。

1952 年,以色列政府请他出任以色列总统,被谢绝。

第 6 章　机械振动

物体在某一位置(这一位置称为平衡位置)附近来回往复的运动称为机械振动。机械振动在自然界中、日常生活中是广泛存在的。例如,摆的运动、汽缸中活塞的运动、人的声带的振动、乐器中气柱和琴弦的振动、机器开动时各部分微小颤动等都是机械振动。

振动是声学、地震学、建筑力学、机械原理、造船学等所必需的基础知识,也是光学、电学、交流电工学、无线电技术以及原子物理学等所不可缺少的基础。这是因为除机械振动外,自然界中还存在很多类似于振动的现象。广义地说,任何一个物理量(如物体的位置矢量、电流、电场强度或磁场强度等)在某个定值附近反复变化,都可称为振动。因此学好振动,为下一章学习波,甚至是为学好整个物理学打好基础。在振动中,最简单、最基本的振动是简谐振动,其他任何复杂的振动都可分解为若干简谐振动的合成。因此,本章中首先重点讨论简谐振动,然后介绍振动的合成。最后考虑接近实际的阻尼振动、受迫振动和共振。

6.1　简谐振动

如果一质点沿固定直线,在其平衡位置附近来回往复地运动。其对平衡位置 o 的位移 x 随时间 t 的变化可表示为正弦或余弦函数(本书采用余弦函数),即

$$x=A\cos(\omega t+\varphi) \tag{6.1}$$

这种振动称为**简谐振动**。式(6.1)就称为简谐振动的表达式或运动方程式,式(6.1)中 A,ω,φ 分别称为简谐振动的振幅、角频率和初相。下面先建立理想模型,再讨论质点在何种性质的力的作用下,才会作简谐振动。

6.1.1　弹簧振子模型

将弹簧一端固定,另一端系一物体,并将此物体放在水平面上或竖直悬挂在弹簧下,物体一旦受到扰动,就会在弹簧作用下不断地振动起来。设弹簧本身的质量可略去不计,作用于物体的弹力都满足胡克定律,而发生振动的物体仅作往复地平移,并可将物体视为质点。这样的弹簧—物体系统就称为弹簧振子。显然,弹簧振子是一个理想模型,但它在研究振动问题中具有普遍的代表性,虽然其他一些振动系统(如单摆、复摆等)的具体结构与弹簧振子不同,但振动的基本规律都是相同的。

6.1.2　简谐振动的动力学方程

图 6.1 表示由劲度系数为 k 的轻弹簧和质量为 m 的质点组成的弹簧振子。现取平衡位置为原点 o,在 $x=0$ 处,质点所受的合力 $F=0$。在弹性限度内离开平衡位置的位移为 x 时,

质点所受的合力为

$$F=-kx \tag{6.2}$$

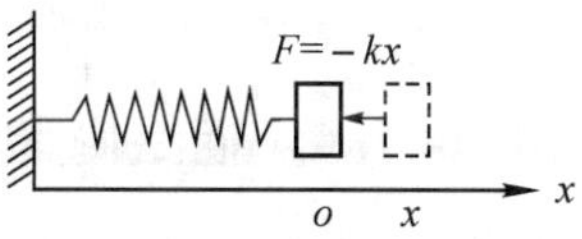

图 6.1　弹簧振子

由 $F=ma$，得 $a=-kx/m$，现令 $\omega^2=k/m$，则上式变为

$$a=\frac{\mathrm{d}^2x}{\mathrm{d}t^2}=-\omega^2x$$

移项后得：

$$\frac{\mathrm{d}^2x}{\mathrm{d}t^2}+\omega^2x=0 \tag{6.3}$$

式(6.3)就是振动物体的动力学方程。根据微分方程理论，可得式(6.3)的解为

$$x=A\cos(\omega t+\varphi)$$

可见弹簧振子中的物体所做的正是简谐振动。其中，A,φ 为二阶微分方程式(6.3)的两个积分常量，实际上就是振动的振幅和初相。A,φ 的值，由初始条件确定，我们放在稍后一点讨论。

我们知道，决定物体如何运动的应是物体所受的力或力矩。由式(6.2)可知，当振动物体所受的力与物体对其平衡位置的位移成正比，方向与位移相反且总是指向其平衡位置，那么，该物体将发生简谐振动。而这种性质的力称为线性回复力。对弹簧振子而言，其线性回复力就是弹力(也称弹性回复力)，但对其他的振动系统，后面将指出：其线性回复力不一定是弹力(例如单摆)。

值得指出的是，式(6.3)具有普遍意义。如果物体的振动方程具有式(6.3)的形式，那么物体一定在作简谐振动。反之，不满足式(6.3)的就不是简谐振动。因此，式(6.3)是简谐振动的判别式，也是定义式。

可以证明单摆、复摆在小角度时的摆动可以视为是简谐振动。其实，一个在作微振动的系统，一般都可以当作简谐振动处理。例如，分子中的原子或晶体的晶格离子在其平衡位置附近的振动就可当作简谐振动。

6.1.3　简谐振动的速度和加速度

把式(6.1)对时间微分一次，就可得做简谐振动时质点速度随时间的变化规律，即

$$\begin{aligned} v&=\frac{\mathrm{d}x}{\mathrm{d}t}=-A\omega\sin(\omega t+\varphi)\\ &=A\omega\cos\left(\omega t+\varphi+\frac{\pi}{2}\right) \end{aligned} \tag{6.4}$$

式中，$A\omega=v_m$ 称为速度振幅。

把式(6.4)再对时间微分一次，就得质点加速度随时间变化规律为

$$a=\frac{\mathrm{d}v}{\mathrm{d}t}=-A\omega^2\cos(\omega t+\varphi) \tag{6.5}$$

式中，$A\omega^2=a_m$ 称为加速度振幅。由上述讨论可知：在简谐振动中，质点的速度和加速度同位移一样，也按余弦(或正弦)规律变化，若把式(6.1)代入式(6.5)，则质点加速度的表达式为

$$a=-\omega^2x \tag{6.6}$$

上式表明，在简谐振动中，质点加速度的大小与位移成正比，而方向始终与位移相反，即指向平衡位置。由式(6.6)所确定的质点加速度的特点是简谐振动所特有的，称为简谐振动运动学特征。这就是说，只要物体的加速度(包括角加速度)具有与式 $a=-\omega^2x$(包括 $\alpha=-\omega^2\theta$) 相同

的形式,物体就肯定作简谐振动。因此,式(6.6)也可作为简谐振动的另一定义式。

6.1.4 描绘简谐振动的三个特征参量——振幅、周期和相位

一、振幅

振幅 A 表示质点偏离平衡位置的最大距离。它的大小决定于振动的初始条件,振幅的平方是与系统的机械能 E 成正比的,即 $A^2 \propto E$。

二、周期和频率

完成一次振动所需的时间称**周期**,用符号 T 表示。单位时间内的振动次数称为**频率**,用 ν 表示,它的单位是 1/s,称赫兹(Hz)。角频率 ω 是 2π 秒内的振动次数,单位为 rad/s。这三者间的关系为

$$\omega=2\pi\nu=2\pi/T \ , \ \nu=1/T \tag{6.7}$$

只要知道其中一个量,就可知道另外两个量。T、ν 和 ω 完全由谐振子本身的性质决定,即由振动物体的质量和线性回复力(或回复力矩)决定。对于弹簧振子,由 $\omega^2=k/m$,得

$$\omega=\sqrt{k/m} \ , \ \nu=\frac{1}{2\pi}\sqrt{k/m} \ , \ T=2\pi\sqrt{m/k} \tag{6.8}$$

因此,T、ν 和 ω 分别称为谐振子的固有周期、固有频率和固有角频率。
对于单摆

$$\omega=\sqrt{g/l} \ , \ T=2\pi\sqrt{l/g} \tag{6.9}$$

三、相位

频率或周期用来描述振动的快慢,振幅描述振动的空间范围。第三个很有用的特征参量是 $\omega t+\varphi$,称为**相位**。它的作用有:①在已知 A 和 ω 的情况下,将一定的相位值代入式(6.1)和式(6.4),可以算出振动物体的位移和速度。也就是说,相位能方便地确定任一时刻 t 质点的振动状态。②相位还能清楚地反映出振动质点的运动状态在作周期性变化的特点,即相位是以 2π 为周期,时间是以周期 T 在作周期性变化的。

相位的概念不仅在物理学和工程技术上有重要的意义,而且在物理学近年来发现的许多新奇现象里(如 AB 效应,AC 效应,分数量子霍尔效应等),相位也扮演着有声有色的角色。

我们把振动开始时,即 $t=0$ 时的相位 φ,叫初相位。将初始条件 $t=0$ 时,$x=x_0$,$v=v_0$ 代入式(6.1)和式(6.4),得到

$$x_0=A\cos\varphi \ , \ v_0=-A\omega\sin\varphi \tag{6.10}$$

就可求出

$$A=\sqrt{x_0^2+v_0^2/\omega^2} \ , \ \tan\varphi=-\frac{v_0}{\omega x_0} \tag{6.11}$$

上式说明 A 和 φ 是由初始条件决定的。在应用式 $\tan\varphi=-\frac{v_0}{\omega x_0}$ 时,应注意:对于同一个 $\tan\varphi$ 的值,在 $0\sim2\pi$ 内有两个 φ 值,必须选取能同时满足式(6.10)中两个式子的那个 φ 值。

6.1.5 相位差

相位是相对的,因为对于单个简谐振动来说,通过计时零点的选择总可以使初相位 $\varphi=0$。而各个简谐振动之间的相位差 $\Delta\varphi$ 却是重要的。对于两个不同频率的简谐振动,它们的相位

差 $\Delta\varphi$ 是随时间而变化的。但对于两个同频率的简谐振动

$$x_1 = A_1\cos(\omega t + \varphi_1),$$
$$x_2 = A_2\cos(\omega t + \varphi_2)$$

它们的相位差 $\Delta\varphi = \varphi_2 - \varphi_1$（即为初相差）是恒定不变的。$\Delta\varphi$ 可能有下列四种情况：

①$\varphi_2 - \varphi_1 = 0$，称振动 x_1 和 x_2 同相；

②$\varphi_2 - \varphi_1 = \pm\pi$，称振动 x_1 和 x_2 反相；

③$\pi > \varphi_2 - \varphi_1 > 0$，称振动 x_2 超前，振动 x_1 落后；

④$\pi > \varphi_1 - \varphi_2 > 0$，称振动 x_1 超前，振动 x_2 落后。

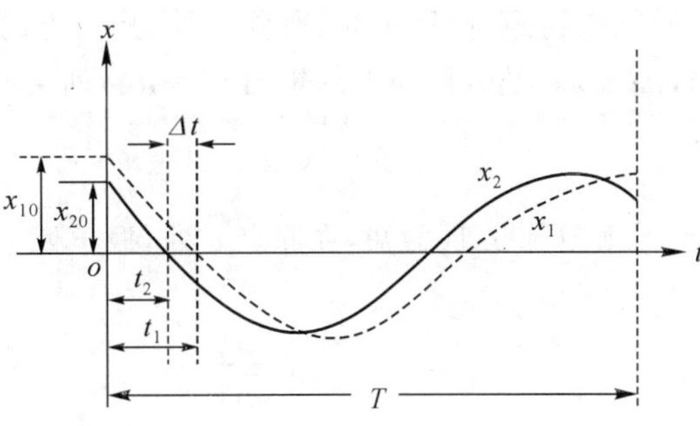

图 6.2 x_2 比 x_1 超前时两个同频简谐振动的 x-t 曲线

图 6.2 表示了振动 x_2 比 x_1 超前时两个同频率简谐振动 x_1、x_2 的位移随时间变化的曲线。由图可知，当 $\Delta\varphi = \varphi_2 - \varphi_1 > 0$ 时，则在一周期内简谐振动 x_2 要比 x_1 先到达负的最大位移和正的最大位移，或沿着相同的方向 x_2 总是比 x_1 先通过平衡位置，同理，当 $\Delta\varphi = \varphi_2 - \varphi_1 < 0$ 时，就是说 x_2 比 x_1 落后。图 6.3(a)、(b)分别表示两同频简谐振动为同相和反相的位移随时间变化的曲线。

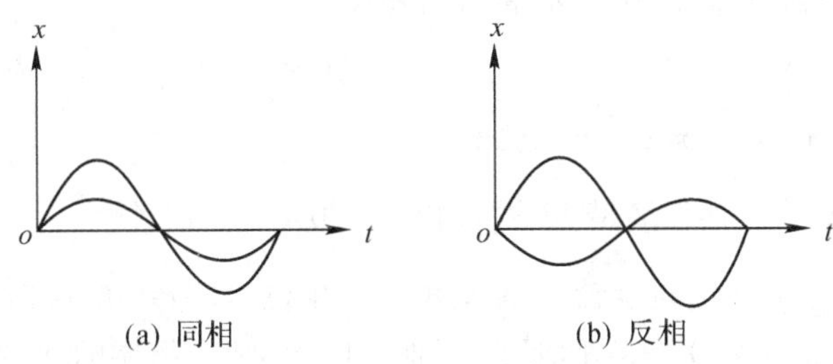

图 6.3 两个同频简谐振动

若设 t_1、t_2 分别为 x_1、x_2 以同一方向通过平衡位置的时间，则

$$x_1 = A_1\cos(\omega t_1 + \varphi_1) = 0$$
$$x_2 = A_2\cos(\omega t_2 + \varphi_2) = 0$$

又 $\omega t_2 + \varphi_2 = \omega t_1 + \varphi_1$，所以 x_2 比 x_1 超前的时间 Δt 为

$$\Delta t = t_1 - t_2 = (\varphi_2 - \varphi_1)/\omega \tag{6.12}$$

可见，相位上超前（或落后）$\Delta\varphi$，相当于在时间上超前（或落后）

$$\Delta t = \Delta\varphi/\omega$$

[例 6.1] 一轻质竖直弹簧振子，劲度系数为 k，原长为 l_0，上端固定，下端挂一质量为 m 的重物作为振子（可看作质点），待其平衡后，再拉下一距离 A，然后放手，任其振动，如图例6.1所示。若空气阻力忽略不计，弹簧形变很小，服从胡克定律。(1)试证明此竖直弹簧振子在做简谐振动。(2)设重物质量 $m = 0.1\text{kg}$，劲度系数 $k = 0.4\text{N/m}$，求此弹簧振子的周期。(3)设挂重物后，弹簧伸长了 Δl，试推导弹簧振子的周期公式为 $T = 2\pi\sqrt{\Delta l/g}$。

[解] (1)要证明弹簧振子在作简谐振动，只需证明弹簧振子在任意位置 x 所受的合外力 $F = -kx$。

如图例 6.1(a)所示，在未加重物时，弹簧保持原长 l_0，当下端悬挂质量为 m 的重物后，设伸长了 Δl，以此时重物的平衡位置作为坐标原点 o，并取 x 轴向下为正。如图例 6.1(b)所示，

振子(重物)在位移 x 时,所受的外力有:方向向上的弹簧弹力 $T=k(\Delta l+x)$,及方向向下的重力 $G=mg$,列 $\boldsymbol{F}=m\boldsymbol{a}$,有

$$F=mg-k(\Delta l+x)=m\frac{\mathrm{d}^2x}{\mathrm{d}t^2} \tag{1}$$

由图例 6.1(b)知,在原点 o 处,振子处于平衡 $mg=T_0=k\Delta l$,代入式(1)

$$F=-kx=m\frac{\mathrm{d}^2x}{\mathrm{d}t^2} \tag{2}$$

令 $\omega^2=k/m$,经整理,即得简谐振动的动力学方程

$$\frac{\mathrm{d}^2x}{\mathrm{d}t^2}+\omega^2x=0 \tag{3}$$

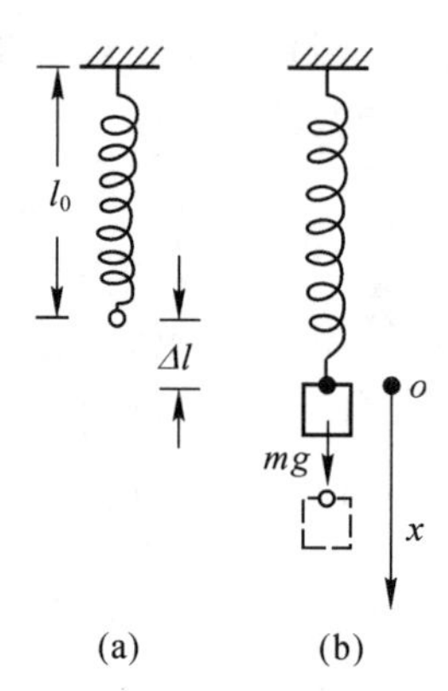

图例 6.1 竖直弹簧振子

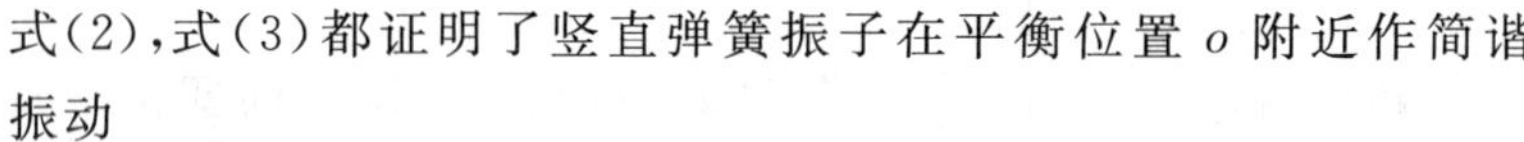
式(2),式(3)都证明了竖直弹簧振子在平衡位置 o 附近作简谐振动

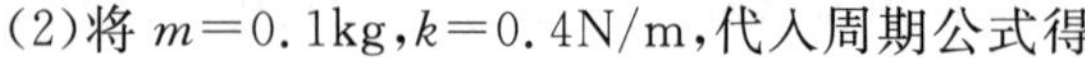
(2)将 $m=0.1\text{kg}$,$k=0.4\text{N/m}$,代入周期公式得

$$T=2\pi\sqrt{m/k}=2\times\pi\sqrt{0.1/0.4}=\pi\approx3.14(\text{s})$$

(3)因为在平衡位置 o 处,满足 $mg=k\Delta l$,可算出 $k=mg/\Delta l$,代入弹簧振子的周期公式 $T=2\pi\sqrt{m/k}$ 中,立即得到用伸长 Δl 表示的周期公式:

$$T=2\pi\sqrt{\Delta l/g} \tag{4}$$

式(4)与单摆的周期公式 $T=2\pi\sqrt{l/g}$ 极为相似。

[例 6.2] 一物体沿 x 轴作简谐振动,振幅为 $4.0\times10^{-2}\text{m}$,频率 $\nu=\frac{1}{2}\text{Hz}$。当 $t=0$ 时,位移为 $2.0\times10^{-2}\text{m}$,且向 x 轴正向运动。试求:(1)初相位;(2)$t=0.5\text{s}$ 时物体的位置、速度和加速度;*(3)在 $x=-2.0\times10^{-2}\text{m}$ 处,且向 x 轴负向运动时,物体的速度和加速度,以及从这一位置回到平衡位置所需的最短时间。

[解] 由简谐振动的表达式 $x=A\cos(\omega t+\varphi)$ 出发。

(1)因 $A=4.0\times10^{-2}\text{m}$,$\omega=2\pi\nu=\pi\text{s}^{-1}$,所以 $x=4.0\times10^{-2}\cos(\pi t+\varphi)\text{m}$,代入 $t=0$ 时,$x=2.0\times10^{-2}\text{m}$ 的条件,得

$$\cos\varphi=2.0\times10^{-2}/4.0\times10^{-2}$$

$$\varphi=\pm\pi/3$$

要决定 φ 的"+""−"号,还必须由 $t=0$ 时的速度方向来决定。因任意时刻的速度为 $v=-4.0\times10^{-2}\pi\sin(\pi t+\varphi)$,由题设条件,$t=0$ 时,$v=-4.0\times10^{-2}\pi\sin\varphi>0$,所以 $\sin\varphi<0$,φ 应取"−"号,则初相 $\varphi=-\pi/3$。

(2)由上述结果可知,任意时刻质点的位移、速度和加速度分别为

$$x=4.0\times10^{-2}\cos(\pi t-\pi/3) \tag{1}$$

$$v=-4.0\times10^{-2}\pi\sin(\pi t-\pi/3) \tag{2}$$

$$a=-4.0\times10^{-2}\pi^2\cos(\pi t-\pi/3) \tag{3}$$

把 $t=0.5\text{s}$ 代入上述三式,可得该时刻质点的位移、速度和加速度分别为

$$x=2.0\times10^{-2}\sqrt{3}\approx3.5\times10^{-2}(\text{m})$$

$$v=-2.0\times10^{-2}\pi\approx-6.3\times10^{-2}(\text{m/s})$$

$$a=-2.0\times10^{-2}\sqrt{3}\pi^2\approx-0.34(\text{m/s}^2)$$

*(3)设 $x=-2.0\times10^{-2}\text{m}$ 时，相应的时刻为 t_1，所以

$$-2.0\times10^{-2}=4.0\times10^{-2}\cos(\pi t_1-\pi/3)$$

$$\cos(\pi t_1-\pi/3)=-1/2$$

$$\pi t_1-\pi/3=2\pi/3 \quad 或 \quad \pi t_1-\pi/3=4\pi/3$$

$$t_1=1\text{s} \quad 或 \quad t_1=(5/3)\text{s}$$

因 t_1 时刻，$v<0$（向 x 轴负向运动），所以应取 $t_1=1\text{s}$，把此结果代入式(2)和(3)，得此时的速度和加速度分别为

$$v=-2.0\times10^{-2}\sqrt{3}\pi=-0.109(\text{m/s})$$

$$a=2.0\times10^{-2}\pi^2=0.197(\text{m/s}^2)$$

若设物体回到平衡位置的时刻为 t_2，则

$$0=4.0\times10^{-2}\cos(\pi t_2-\pi/3)$$

$$\cos(\pi t_2-\pi/3)=0$$

$$\pi t_2-\pi/3=\pi/2 \quad 或 \quad \pi t_2-\pi/3=3\pi/2$$

$$t_2=(5/6)(\text{s}) \quad 或 \quad t_2=(11/6)(\text{s})$$

因为由 $x=-2.0\times10^{-2}\text{m}$ 回到平衡位置，所以回到平衡位置时，$v>0$。由式(2)可知，$\pi t_2-\pi/3$ 应取 $3\pi/2$，所以 $t_2=(11/6)\text{s}$，可见由 $x=-2.0\times10^{-2}\text{m}$ 处回到平衡位置所需时间为

$$\Delta t=t_2-t_1=11/6-1=(5/6)(\text{s})$$

6.2 简谐振动的旋转矢量表示法

在研究简谐振动问题时，常采用一种较方便而又直观的几何方法，称为旋转矢量表示法。下面介绍它的具体做法。

先取一条 x 轴，并把平衡位置取为原点 o，如图 6.4 所示，再由原点 o 引出一长度等于振幅的矢量 $\boldsymbol{A}$，称为振幅矢量，并使它在 $t=0$ 时，同 x 轴正向的夹角等于初相 φ，然后使 $\boldsymbol{A}$ 绕 o 沿逆时针方向以等于角频率 ω 的角速度做匀角速转动。这样，任意时刻 t，$\boldsymbol{A}$ 与 x 轴的夹角 $\omega t+\varphi$ 就表示该时刻振动质点的相位，而 $\boldsymbol{A}$ 在 x 轴上的投影 $x=A\cos(\omega t+\varphi)$ 就表示该时刻振动质点对于平衡位置 o 的位移。

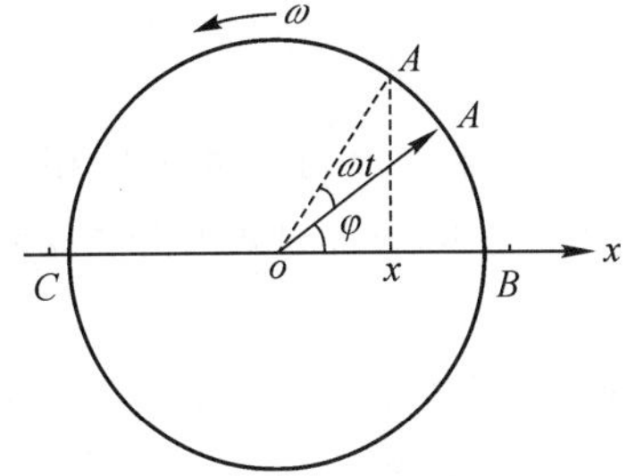

图 6.4 旋转矢量表示法

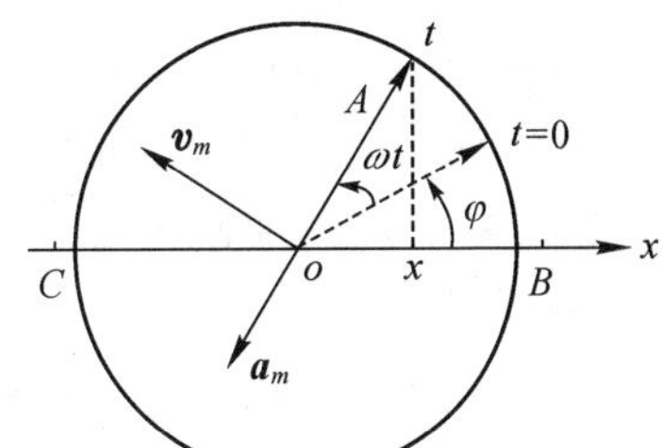

图 6.5 同一简谐振动中位移、速度、加速度之间的相位关系

随着时间的推移，矢量 $\boldsymbol{A}$ 的端点将画出一个圆，而其端点在 x 轴上的投影点将在 BC 范围内作简谐振动，这个旋转着的矢量 $\boldsymbol{A}$ 就称为振幅旋转矢量。

按照式(6.4)和式(6.5)，还可在图 6.5 上画出速度振幅矢量 $\boldsymbol{v}_m$ 和加速度振幅矢量 $\boldsymbol{a}_m$，它

们都以同一角速度 ω 旋转，但在相位上 $\boldsymbol{v}_m$ 比 $\boldsymbol{A}$ 超前 $\frac{\pi}{2}$，$\boldsymbol{a}_m$ 比 $\boldsymbol{v}_m$ 又超前 $\frac{\pi}{2}$，所以 $\boldsymbol{a}_m$ 与 $\boldsymbol{A}$ 反相。这样图 6.5 非常直观地表示了同一简谐振动中，不同物理量位移、速度、加速度之间的相位关系。

旋转矢量表示法应用很多，图 6.6(a)表示有不同初相的两同频简谐振动，其相位差 $\Delta\varphi=\varphi_2-\varphi_1>0$，简谐振动 x_2 比 x_1 超前。图 6.6(b)和(c)分别表示 x_1 与 x_2 同相和反相的两同频简谐振动。

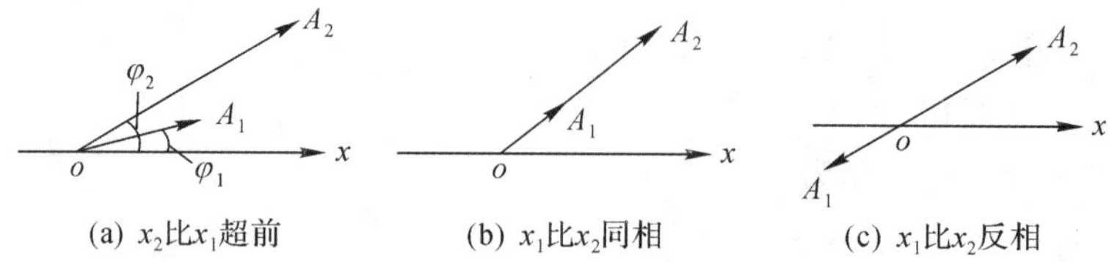

图 6.6　用旋转矢量表示的两同频简谐振动

[例 6.3]　试用旋转矢量的方法求解[例 6.2]。

[解]　(1) 因 $A=4.0\times10^{-2}\text{m}$，$t=0$ 时，初位移 $x_0=2.0\times10^{-2}\text{m}$，且向 x 轴正向运动，这就决定了 $t=0$ 时振幅矢量 $\boldsymbol{A}$ 的位置必须符合这样两个条件：①$\boldsymbol{A}$ 在 x 轴上的投影应为 x_0；②当 $\boldsymbol{A}$ 沿逆时针方向转动时，其端点在 x 轴上的投影应沿 x 轴正向运动。

由图例 6.3 可知

$$\cos\varphi=x_0/A=1/2$$

$$\varphi=-\pi/3$$

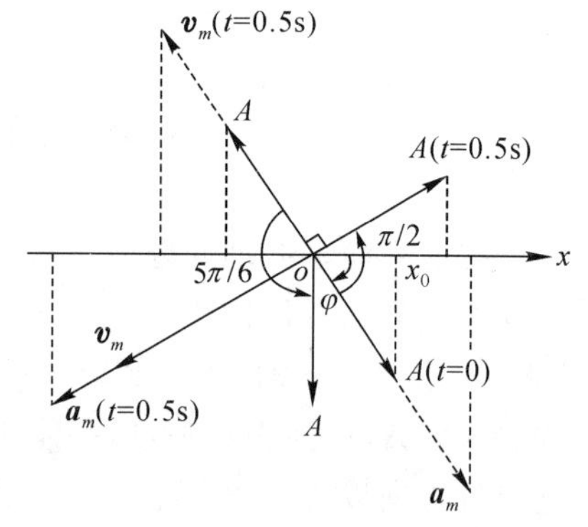

图例 6.3

(2) $t=0.5\text{s}$ 时，$\boldsymbol{A}$ 应由 $t=0$ 时的位置沿逆时针方向转过 $\omega t=\pi/2$ 的角度。由图可知，此时物体位置应为

$$x=A\cos(\pi/6)=4.0\times10^{-2}\times\sqrt{3}/2$$

$$=3.5\times10^{-2}(\text{m})$$

因速度振幅矢量 $\boldsymbol{v}_m$ 和加速度振幅矢量 $\boldsymbol{a}_m$ 分别与 $\boldsymbol{A}$ 垂直和反向，因此由图可知此时物体的速度和加速度分别为

$$v=-v_m\cos(\pi/3)=-A\omega\cos(\pi/3)$$

$$=-6.3\times10^{-2}(\text{m/s})$$

$$a=-a_m\cos(\pi/6)=-A\omega^2\cos(\pi/6)$$

$$=-0.34(\text{m/s}^2)$$

*(3) $x=-2.0\times10^{-2}\text{m}$，且向 x 轴负向运动时，$\boldsymbol{A}$ 显然转到了与 $t=0$ 时的 $\boldsymbol{A}$ 方向相反的位置，此时的速度振幅矢量 $\boldsymbol{v}_m$ 和加速度振幅矢量 $\boldsymbol{a}_m$ 显然分别与 $t=0.5\text{s}$ 时的 $\boldsymbol{a}_m$ 和 $t=0$ 时的 $\boldsymbol{A}$ 重合，由图可知，此时

$$v=-v_m\cos(\pi/6)=-A\omega\cos(\pi/6)=-0.109(\text{m/s})$$

$$a=a_m\cos(\pi/6)=A\omega^2\cos(\pi/3)=0.197(\text{m/s}^2)$$

当物体由此位置回到平衡位置时，振幅矢量 $\boldsymbol{A}$ 就转到与 x 轴垂直的位置。由图可知，这两个位置间的相位差 $\Delta\varphi=5\pi/6$。所以回到平衡位置所需时间为

$$\Delta t=\Delta\varphi/\omega=(5/6)(\text{s})$$

由此例可知，用旋转矢量法解，要简便得多。

6.3 简谐振动的能量

现以水平方向振动的弹簧振子为例，讨论简谐振动的能量。弹簧振子的动能是振子中物块的动能，势能是振子中弹簧的弹性势能。两者之和为弹簧振子的总能量，由式(6.1)和(6.4)及 $\omega^2=k/m$，可分别求得

$$E_p=\frac{1}{2}kx^2=\frac{1}{2}m\omega^2A^2\cos^2(\omega t+\varphi) \tag{6.13}$$

$$E_k=\frac{1}{2}mv^2=\frac{1}{2}m\omega^2A^2\sin^2(\omega t+\varphi) \tag{6.14}$$

$$E=E_k+E_p=\frac{1}{2}m\omega^2A^2 \quad 或 \quad E=\frac{1}{2}kA^2 \tag{6.15}$$

由以上三式可知：

(1)弹簧振子在振动过程中，它的动能和势能都要随时间而变化，但总的机械能却守恒。对于确定的振动系统来说，总的机械能与振幅的平方成正比。

(2)关于功能和势能随时间的变化规律，根据三角公式可把 E_k 和 E_p 分别改写成

$$E_k=E\sin^2(\omega t+\varphi)=\frac{1}{2}E-\frac{1}{2}E\cos(2\omega t+2\varphi)$$

$$E_p=E\cos^2(\omega t+\varphi)=\frac{1}{2}E+\frac{1}{2}E\cos(2\omega t+2\varphi)$$

可见，E_k 和 E_p 都在 $E/2$(总能量的一半)附近按余弦规律随时间而变化，且它们的变化频率都是谐振子振动频率的两倍。但 E_k 和 E_p 在相位上是相反的。

(3)用式 $\bar{E}_k=\frac{1}{T}\int_0^T E_k\mathrm{d}t$ 和 $\bar{E}_p=\frac{1}{T}\int_0^T E_p\mathrm{d}t$ 计算简谐振动的动能、势能在一周期内的平均值，结果是 $\bar{E}_k=\bar{E}_p=\frac{1}{2}E$。

能量守恒是简谐振动的基本特点之一，具有普遍意义。不论哪一种简谐振动能量都守恒，而且以平衡位置($x=0$)为零势点($E_p=0$)时，系统总能量中势能与 x^2 成正比，动能与 v^2 成正比，系统总能量恒定不变，且数值与振幅平方成正比的关系。这个能量来源于激发振动时系统获得的能量。

[例 6.4] 一质量为 1.0×10^{-2}kg 的物体，以 1.0×10^{-2}m 振幅作简谐振动，速度的最大值为 2.0×10^{-2}m/s。求：(1)振动的周期；(2)总能量；(3)物体在何处时，其动能和势能相等。

[解]

(1)由 $v_m=A\omega$，得 $\omega=v_m/A=2.0\times10^{-2}/1.0\times10^{-2}=2(\text{Hz})$

$$T=2\pi/\omega=2\pi/2=\pi\approx3.14(\text{s})$$

(2)$E=\frac{1}{2}m\omega^2A^2=\frac{1}{2}\times1.0\times10^{-2}\times2^2\times(1.0\times10^{-2})^2=2.0\times10^{-6}(\text{J})$

(3)$E_p=\frac{1}{2}kx^2=\frac{1}{2}E$

$$x^2=E/k=\frac{m\omega^2A^2/2}{m\omega^2}=A^2/2$$

$$x=\pm A/\sqrt{2}=\pm1.0\times10^{-2}/\sqrt{2}=\pm7.07\times10^{-3}(\text{m})$$

6.4 简谐振动的合成

前面几节讨论的是质点只参与一个简谐振动时的规律。但在实际情况中，经常会遇见一个质点同时参与几个振动的情况，例如，当你参加文娱晚会时，演员的歌声和乐队的伴奏声都会同时传到你的耳膜，你的耳膜就同时参与了几个振动。本节研究的就是一个质点同时参与几个振动时，质点的运动规律，即研究振动的合成问题。通常情况下的振动合成问题是比较复杂的，本节研究的两种简单而又重要的振动合成，而且它还为后面学习波的干涉、衍射和偏振打下基础。

6.4.1 同方向同频率的两简谐振动的合成

设一质点同时参与两个同频率的沿 x 方向的简谐振动，这两个振动在任一时刻 t 的位移分别为

$$x_1=A_1\cos(\omega t+\varphi_1) \qquad x_2=A_2\cos(\omega t+\varphi_2)$$

式中，A_1、A_2 和 φ_1、φ_2 分别为两振动的振幅和初相。质点在时刻 t 的合位移 x，应为上述两个位移的代数和，即

$$x=x_1+x_2=A_1\cos(\omega t+\varphi_1)+A_2\cos(\omega t+\varphi_2)$$

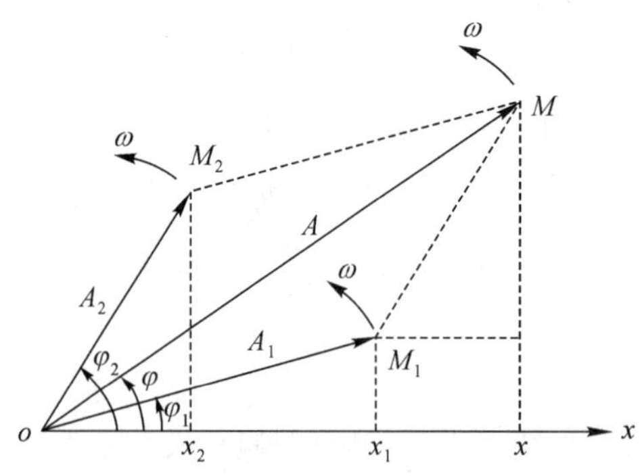

图 6.7 同方向同频率的两简谐振动的合成

应用旋转矢量图，可以很方便地求出上述合振动，如图 6.7 所示，用 $\boldsymbol{A}_1$ 和 $\boldsymbol{A}_2$ 代表上述两简谐振动的振幅矢量，由于 $\boldsymbol{A}_1$ 和 $\boldsymbol{A}_2$ 都以 ω 作逆时针转动，它们之间的夹角 $\varphi_2-\varphi_1$ 保持恒定，合矢量 $\boldsymbol{A}=\boldsymbol{A}_1+\boldsymbol{A}_2$，也同样以 ω 旋转，显然 $\boldsymbol{A}$ 在 x 轴上的投影为 $x=x_1+x_2$。因此，$\boldsymbol{A}$ 就是对应合振动的旋转矢量，并且

$$x=x_1+x_2=A\cos(\omega t+\varphi)$$

利用图 6.7，再应用简单的几何关系，容易得到

$$A=\sqrt{A_1^2+A_2^2+2A_1A_2\cos(\varphi_2-\varphi_1)} \tag{6.16}$$

$$\tan\varphi=\frac{A_1\sin\varphi_1+A_2\sin\varphi_2}{A_1\cos\varphi_1+A_2\cos\varphi_2} \tag{6.17}$$

上述结果表明，同方向同频率两简谐振动合成的结果仍是同方向同频率的简谐振动。在 A_1 和 A_2 一定时，合振动的振幅 A 取决于分振动的相位差，特别当：

(1) $\varphi_2-\varphi_1=2k\pi$ 时，$A=A_1+A_2$ 为最大

(2) $\varphi_2-\varphi_1=(2k+1)\pi$ 时，$A=|A_1-A_2|$ 为最小

其中，$k=0,\pm1,\pm2,\cdots$。

［例 6.5］ 一质点同时参与同方向同频率的两个振动

$$x_1=3\sin(5t+\frac{2}{3}\pi)\text{cm}$$

$$x_2=4\cos(5t-\frac{1}{3}\pi)\text{cm}$$

试求合振动的振幅、初相位，并写出合振动方程。

［解］ 求解同方向同频率两个简谐振动的合成方法有三角解析法和旋转矢量法。前者演算较多，留给读者做练习。此处只介绍比较直观的旋转矢量法。为了比较两个振动的相位，把两个振动的位移都表示成余弦形式（或正弦形式）。由三角公式 $\sin\theta=\cos(\theta-\frac{\pi}{2})$，把 x_1 表示成

$$x_1=3\cos(5t+\frac{\pi}{6})\text{cm}$$

作 $t=0$ 时的旋转矢量图，如图例 6.5 所示，由式(6.16)得合振幅的大小

$$\begin{aligned}A&=\sqrt{A_1^2+A_2^2+2A_1A_2\cos(\varphi_2-\varphi_1)}\\&=\sqrt{3^2+4^2+2\times3\times4\cos(-\frac{\pi}{3}-\frac{\pi}{6})}\\&=\sqrt{3^2+4^2}=5(\text{cm})\end{aligned}$$

由式(6.17)求出合振动的初相位为

$$\begin{aligned}\tan\varphi&=\frac{A_1\sin\varphi_1+A_2\sin\varphi_2}{A_1\cos\varphi_1+A_2\cos\varphi_2}\\&=\frac{3\sin\frac{\pi}{6}+4\sin(-\frac{\pi}{3})}{3\cos\frac{\pi}{6}+4\cos(-\frac{\pi}{3})}\\&=-0.427\end{aligned}$$

$$\varphi=-23.13°\approx-0.404(\text{rad})$$

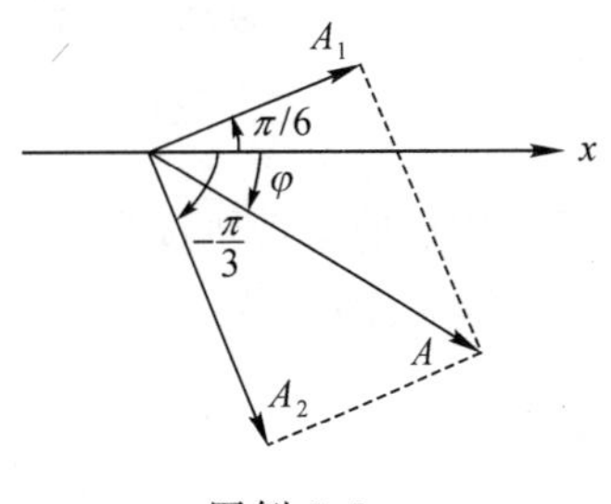

图例 6.5

故合振动方程为

$$x=5\cos(5t-0.404)(\text{cm})$$

6.4.2 两个互相垂直的同频率的简谐振动的合成

设一个质点同时参与两个同频率的简谐振动，且这两个振动是在互相垂直的 x，y 轴上进行的，其位移表达式为

$$x=A_1\cos(\omega t+\varphi_1)\qquad y=A_2\cos(\omega t+\varphi_2)$$

消去时间参量 t，就可得到质点在 xoy 平面上运动的轨迹方程

$$\frac{x^2}{A_1^2}+\frac{y^2}{A_2^2}-\frac{2xy}{A_1A_2}\cos(\varphi_2-\varphi_1)=\sin^2(\varphi_2-\varphi_1)\tag{6.18}$$

这是椭圆的方程式，这个椭圆的形状由两个分振动的相位差($\varphi_2-\varphi_1$)决定。下面分析几种特殊情形：

(1)两个分振动的相位相同，即 $\varphi_2-\varphi_1=0$ 时，从式(6.18)可得

$$y=(A_2/A_1)x\tag{6.19}$$

这是一条通过原点的直线，直线的斜率为 $\tan\theta = A_2/A_1$。而质点距原点的位移 s 满足下列方程

$$s = \sqrt{x^2 + y^2} = \sqrt{A_1^2 + A_2^2}\cos(\omega t + \varphi) \tag{6.20}$$

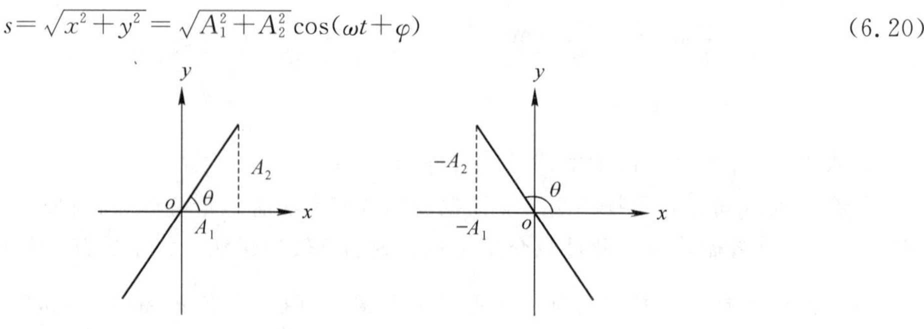

图 6.8 两垂直同频率简谐振动的合成

这里 $\varphi = \varphi_2 = \varphi_1$。上式表明合振动仍是简谐振动，频率和分振动的频率相同，振幅为 $A = \sqrt{A_1^2 + A_2^2}$，且振动是在 $y = (A_2/A_1)x$ 直线上进行的，见图 6.8(a)。

(2)两个分振动的相位差为 π，即 $\varphi_2 - \varphi_1 = \pi$ 时，由式(6.18)可得

$$y = -(A_2/A_1)x \tag{6.21}$$

这条通过原点的直线的斜率为 $\tan\theta = A_2/A_1$。合振动也是简谐振动，表达式与式(6.20)相同，但振动是沿 $y = -(A_2/A_1)x$ 直线进行的，见图 6.8(b)。

(3)两个分振动的相位差为 $\pm\pi/2$，即 $\varphi_2 - \varphi_1 = \pm\pi/2$ 时，式(6.18)成为

$$\frac{x^2}{A_1^2} + \frac{y^2}{A_2^2} = 1 \tag{6.22}$$

所以质点的运动轨迹为以 x，y 轴为长短轴的正椭圆，如图 6.9 所示。沿 x 轴的轴长为 $2A_1$，沿 y 轴的轴长为 $2A_2$。

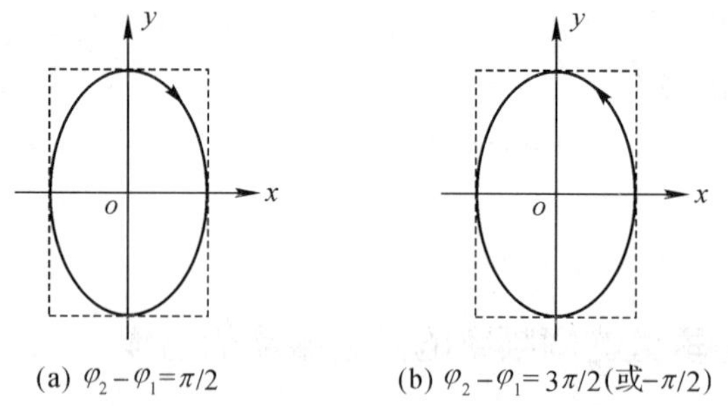

图 6.9 两垂直同频率简谐振动的合成

现在再来讨论质点的运动方向。当 $\varphi_2 - \varphi_1 = \pi/2$ 时，两分振动的方程为

$$x = A_1\cos(\omega t + \varphi_1)$$

$$y = A_2\cos(\omega t + \varphi_1 + \pi/2)$$

设在某一时刻 $(\omega t + \varphi_1) = 0$，这时振动质点的位置为 $x = A_1$，$y = 0$，在稍后一个时刻，t 稍微增大，这时 x 为正值，y 为负值，即质点运动到第Ⅳ象限，可见质点是沿顺时针方向运动的，如图 6.9(a)。而当 $\varphi_2 - \varphi_1 = 3\pi/2$(或 $-\pi/2$)时，质点是沿逆时针方向运动的，如图 6.9(b)。读者可自行分析。

在这种情形中，如果两个分振动的振幅相等，$A_1 = A_2$，则质点的运动轨迹为圆。

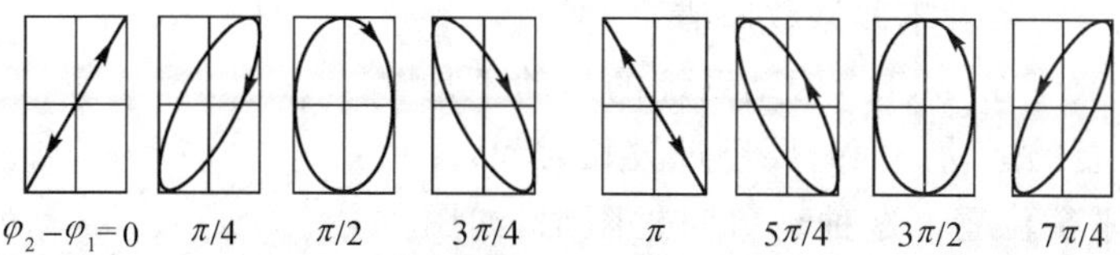

图 6.10 不同相位差时两垂直同频率振动的合成轨迹

(4)相位差等于其他任意值。质点的运动轨迹不是以 x 轴和 y 轴为长短轴的椭圆，而是其他方向的椭圆。图 6.10 画出几种不同相位差的简谐振动的合成运动轨迹。

综合以上的讨论可知，两个频率相同的互相垂直的简谐振动合成后，合振动在一直线上或椭圆上进行，我们知道直线是退化的椭圆。当两个分振动的振幅相等时椭圆轨迹就成为圆形轨迹。

*6.5 阻尼振动、受迫振动及共振

6.5.1 阻尼振动

前面讨论的简谐振动是物体仅仅受到线性回复力($-kx$)的作用下产生的，没有阻力，外加策动力等其他的力对它的作用，因此简谐振动又叫作无阻尼的自由振动。

实际上，振动系统通常都处在气体或液体之中，它们受到周围介质对它的阻力。实验指出，当运动物体的速度不太大时，介质对物体的阻力 f 与速度成正比，阻力与速度方向相反，即

$$f=-\gamma v=\gamma\frac{\mathrm{d}x}{\mathrm{d}t} \tag{6.23}$$

式中，γ 称为阻尼系数，它的大小由物体的形状、大小和介质的性质来决定。

我们把物体在线性回复力($-kx$)和阻力 f 同时作用下产生的振动称为**阻尼振动**。对质量为 m 的阻尼振动的物体列 $\boldsymbol{F}=m\boldsymbol{a}$，则有

$$-kx-\gamma\frac{\mathrm{d}x}{\mathrm{d}t}=m\frac{\mathrm{d}^2x}{\mathrm{d}t^2}$$

令 $\omega_0^2=\dfrac{k}{m},\quad 2\beta=\dfrac{\gamma}{m}$

这里 ω_0 为无阻尼振动的固有角频率，β 为阻尼因子，代入上式可改写成

$$\frac{\mathrm{d}^2x}{\mathrm{d}t^2}+2\beta\frac{\mathrm{d}x}{\mathrm{d}t}+\omega_0^2x=0 \tag{6.24}$$

在阻尼作用较少(即 $\beta<\omega_0$)时，此方程的解为

$$x=A\mathrm{e}^{-\beta t}\cos(\omega' t+\varphi) \tag{6.25}$$

式中，A 和 φ 是由初始条件及 ω_0 和 β 决定的积分常量，而

$$\omega'=\sqrt{\omega_0^2-\beta^2}$$

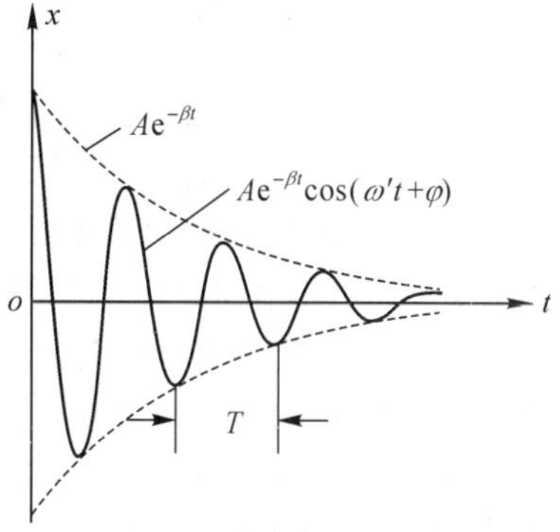

图 6.11 阻尼振动

式(6.25)即为阻尼振动的表达式，图 6.11 画出了相应的位移时间曲线。式(6.25)中的 $A\mathrm{e}^{-\beta t}$ 可以看作是随时间变化的振幅，它随时间是按指数规律衰减的。阻尼作用愈大，振幅衰减得愈快。显然阻尼振动不是简谐振动。它也不是严

格的周期运动，因为位移并不能恢复原值。

当阻尼很大，致使 $\beta>\omega_0$ 时，振动系统的运动不是周期的，也不是往复的运动。而是要经过较长时间，才能单调地回复到平衡位置。这种现象叫过阻尼，如图 6.12 所示。

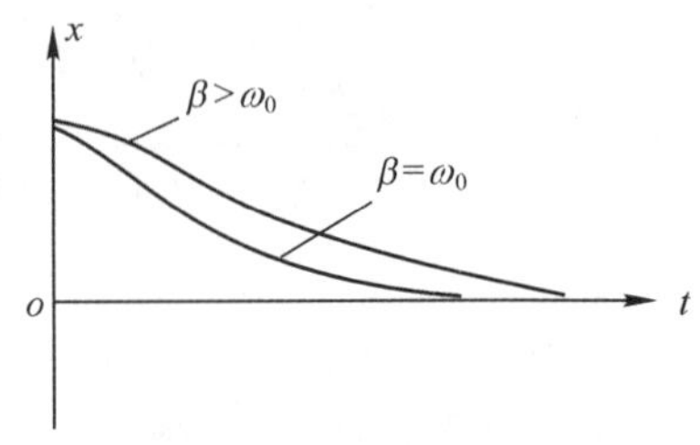

图 6.12　过阻尼振动和临界阻尼振动

当阻尼的大小介于两者之间，以使 $\beta=\omega_0$ 时，振动系统将最快地回到并停止在平衡位置，这种现象叫临界阻尼，如图 6.12 所示。

实际中，常常根据不同的要求，通过控制阻尼的大小来控制物体的运动状态。例如，在灵敏电流计等精密仪表中，为使指针在读完读数后尽快地回到平衡位置(零点)，又避免往复摆动，应使指针返回时所受的电磁阻尼恰好满足使指针的运动为临界阻尼状态。但这又不是容易做到的，于是为了避免指针处于过阻尼而过慢地回到零点，一般使指针尽可能接近临界阻尼又稍偏向于弱阻尼状态。

6.5.2　受迫振动和共振

前面讨论的阻尼振动，因为受阻力作用，振动的振幅会随时间逐渐衰减，以致振动不能持久。要维持持续的振动，外界必须对振子施加持续的周期性的外力，使其因阻尼而损失的能量得到不断的补充。振子在周期性外力作用下发生的振动叫受迫振动，并把周期性外力称为强迫力，或称驱动力。受迫振动例子很多，如大人推小孩荡秋千；收音机播音时，喇叭中纸盆的振动；机器运转时引起底座的振动等都是受迫振动。

在受迫振动中，系统因外力对系统做功而获得能量，同时又因阻力而损耗能量。当外力对系统所做的功，恰好补偿系统因阻力而损耗的能量时，系统的能量保持不变，受迫振动也就达到稳定状态。可以证明，如果受迫振动受到周期性外力 $f\approx H\cos pt$ 是按余弦规律变化的话，则稳定的受迫振动也是等幅振动，其位移表达式为

$$x=A\cos(pt+\varphi) \tag{6.26}$$

应该指出：上式中，受迫振动的角频率是周期性强迫力的角频率 p，而不是系统的固有角频率 ω。

值得注意的是，受迫振动的振幅不但和周期外力的振幅有关，而且和周期外力的频率有关。当外力的频率与振动系统的固有频率相接近时，外力在整个周期对系统做正功增多，因此供给系统的能量增多，受迫振动的振幅也增大。可以证明：当强迫外力的角频率 $p=\sqrt{\omega_0^2-2\beta^2}$ 时(对于给定的振动系统和给定的强迫外力的力幅 H 而言)，受迫振动系统的振幅将达到最大，我们把这种在周期性外力作用下，振幅达到最大的现象称为(位移)共振。

共振现象极为普遍，在声、光、无线电、原子物理及核物理以及工程技术领域中都会遇到。共振现象有其有利的一面，如许多声学仪器，例如提琴的琴箱，就是利用共振来提高音响效果的，收音机中调谐回路也是应用电共振原理设计进行选电台的，原子核的磁性共振是研究固体性质的有力工具等等。但共振现象也可引起损害，例如当军队或火车通过桥梁时，整齐的步伐或车轮在铁轨接头撞击力都是周期性力，如果这种周期性力的频率接近于桥梁振动的固有频率，就可使桥梁的振动激烈到足以破坏桥梁的程度。又如各种机器的转动部分都不可能造得完全平衡，因此机器工作时要产生与转动同频率的周期性力，如果力的频率接近于机器各部分的固有频率，将引起机器部件作受迫振动，影响加工精度，甚至可能发生损坏事故。所以某些

精密机床或精密仪器(如摄制全息照片的工作台),为了避免外来机械干扰所引起的振动,通常筑有较大的混凝土基础,并铺设弹性垫层以增大质量 m,或减小劲度系数 k,从而降低固有频率,使它远小于外来干扰力的频率,有效地避免了外来干扰的影响。

思考题

6.1 如图思考题 6.1 所示,将单摆拉到与竖直方向的夹角为 φ 后,放手任其摆动,试问 φ 是振动的初相吗?单摆的角速度是振动的圆频率吗?

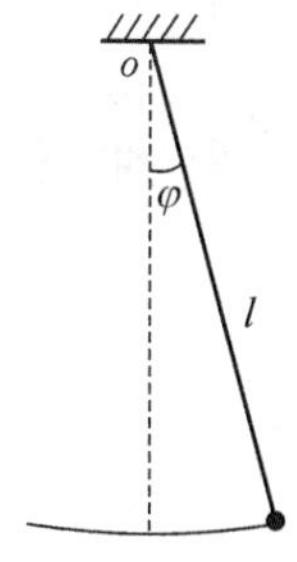

图思考题 6.1

6.2 如将水平弹簧振子改作竖直弹簧振子,其固有频率有无变化?为什么?

6.3 两个完全相同的弹簧振子,但运动状态不同,如果一个振子通过平衡位置的速度比另一个大,问两者的周期是否相同?能量是否相同?

6.4 有两个垂直悬挂的相同弹簧,在弹簧下端分别挂着两个不同质量的物体,若这两弹簧振子以相同的振幅作简谐振动,问振动能量是否相同?为什么?

6.5 两个同方向、同频率的简谐振动合成时,在分振幅 A_1、A_2 一定时,合振幅 A 取决于两分振动的什么?当相位差等于多少时,合振幅最大?相位差为何值时,合振幅最少?

习 题

6.1 如图题 6.1 所示,将弹簧振子放在光滑的斜面上,使它自由振动,问它是否在做简谐振动?(设弹簧的劲度系数为 k,振子质量为 m,静平衡时弹簧比原长伸长了 b)。

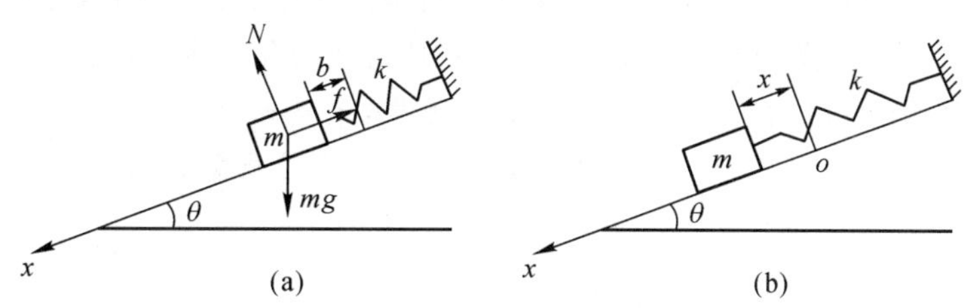

图题 6.1

6.2 一物体按 $x=5.00\times10^{-3}\cos(8\pi t+\pi/3)$ 的规律振动,式中 t 以秒为单位,x 以米为单位。试求:(1)振动的角频率、周期、振幅、初相、速度和加速度的最大值;(2)$t=1.00$s,2.00s,10.00s 等时刻的相位各为多少? *(3)分别画出位移,速度,加速度与时间的关系曲线。

6.3 一物体沿 x 轴作振幅为 A 的简谐振动,其表达式用余弦函数表示。若 $t=0$ 时,物体的运动状态为:(1)$x_0=-A$;(2)过平衡位置向 x 正向运动;(3)过 $x=A/2$ 处向 x 负向运动;(4)$x=A/\sqrt{2}$ 处向 x 正向运动。试用旋转矢量法确定相应的初相值。

6.4 作简谐振动的小球,速度最大值 $v_m=3.00\times10^{-2}$ m/s,振幅 $A=2.00\times10^{-2}$ m,若 $t=0$ 时速度具有正最大值。试求:(1)振动的周期;(2)加速度的最大值;(3)振动的表达式。

*6.5 有一轻弹簧,下悬质量 1.0×10^{-3} kg 的物体时,伸长量为 4.9×10^{-2} m;用此弹簧和一质量 8.0×10^{-3} kg 的小球构成弹簧振子,将小球由平衡位置向下拉开 1.0×10^{-2} m 后,给予向上的初速度 $v_0=5.0\times10^{-2}$ m/s,试求小球的振动周期及振动表达式。

6.6 一质量为 1.0×10^{-2} kg 的物体做简谐振动,其振幅为 0.24m,周期为 4.0s。当 $t=0$ 时位移为 +0.24m。求:(1)$t=0.50$s 时物体所在位置;(2)$t=0.50$s 时,物体所受力的大小和方向;(3)由起始位置运动到 $x=0.12$m 处所需要的最少时间;(4)在 $x=0.12$m 处,物体的动能、势能和总能量。

6.7 质量为 5.0×10^{-3} kg 的物体作周期为 6.0s,振幅为 4.0×10^{-2} m 的简谐振动,设 $t=0$ 时,该物体恰好在平衡位置向负方向运动,求 $t=2.0$s 时物体的动能和势能。

6.8 有两个相同方向的简谐振动 $x_1=5.0\times10^{-2}\cos(10t+3\pi/4)$ 和 $x_2=6.0\times10^{-2}\cos(10t+\pi/4)$。(1)试求其合振动的振幅和初相;(2)若有另一振动 $x_3=7.0\times10^{-2}\cos(10t+\varphi)$,试问 φ 为何值时 x_1+x_3 的振幅为最大? φ 为何值时 x_2+x_3 的振幅为最小?(x 的单位为 m)。

6.9 一质点同时参与两个同方向、同频率的简谐振动,它们的振动方程分别为 $x_1=6\cos(2t+\pi/6)$ 和 $x_2=8\cos(2t-\pi/3)$。试用旋转矢量法求出合振动方程。(x 的单位为 cm)

6.10 两个同方向、同频率的简谐振动,振幅分别为 $A_1=5.0\times10^{-2}$ m 和 $A_2=7.0\times10^{-2}$ m,组成一个振幅为 $A=9.0\times10^{-2}$ m 的简谐振动,试求两个振动的相位差。

物理学与现代科学技术

混　沌(chaos)

20 世纪 70 年代末以来,在世界学术界迅速掀起研究混沌理论的热潮,从数学到物理学,乃至天文学、化学、生物学等其他自然科学领域。

1. 什么是混沌?

混沌是在决定性动力学系统中出现的一种貌似随机的运动。我们知道动力学系统通常是由微分方程,差分方程或简单的迭代方程所描述的,决定性是指方程中的系数都是确定的。从数学上来说,对于给定的初始值,决定性方程应给出确定的解,描写出系统的确定行为。例如抛体运动、简谐振动等,物体所受的力是给定的,一旦已知初始条件(初位置和初速度)就可以由严格的运动方程解出物体在任何时刻的位置和速度,也就是运动是完全可以预测的。1957 年哈雷彗星在预定的时间回归,1846 年海王星在预言的方位上被发现,都有力地证明了这种可预测性。

但是到了 20 世纪 60 年代,人们发现,牛顿力学所显示出的决定论的可预测性,只是那些受力和位置或速度有线性关系的系统(称线性系统)才具有的。对于受力较复杂的某些非线性系统,过程会因初始值极微小的扰动而产生很大的变化,即系统对初值极为敏感。由于这种初值敏感性,从物理上看,过程好像是随机的。这种貌似随机性与方程中有反映外界干扰的随机项或随机系数而引起的随机性不同,是决定性系统内部所固有的,因而可称之为内禀随机性。

2. 人口模型和倍周期现象

为了说明混沌现象的主要特征,下面先举一个简单的迭代系统的例子,即所谓的虫口模型或人口模型。众所周知,人口的增长是以前一年的人口 x_n 为基数的。如人口的增长率为 μ,则当年的人口 $x_{n+1}=\mu x_n$。若 $\mu<1$,则人口将逐年减少;$\mu>1$,则人口将逐年增长。以此为模型,马尔萨斯提出了他的"人口论",根据当时的国际环境,他认为世界人口每经过 25 年将翻一番。他的模型显然是太简单了!事实上,由于资源和空间的限制,人口不可能无限膨胀。人口增加了,将导致疾病传播,相互竞争的机会增加,从而又将反过来压制人口的增长。若考虑两两传播或竞争,由 x_n 个人口相互配对的次数为 $\frac{1}{2}x_n(x_n-1)$,所以更合适的模型应为

$$x_{n+1}=\mu x_n-\frac{\beta}{2}x_n(x_n-1)=\left(\mu+\frac{\beta}{2}\right)x_n-\frac{\beta}{2}x_n^2$$

式中,引入了参量 β(β 表示两两传播疾病或相互竞争(争斗)导致死亡的概率),如选取适当的

人口单位，即令 $r=\mu+\frac{\beta}{2}, x_n=(2r/\beta)y_n$，可将上式改写为

$$y_{n+1}=ry_n(1-y_n)$$

这里，$y_n=0$，表示人口灭绝；$y_n=1$，表示达到最大人口数，而参量 r 取值通常在 0～4 之间。

显然这个模型是决定性的，即若知道了今年的精确人口数，就可精确知道明年、后年，及以后任何一年的人口数。当 $r<1$ 很小时，则若干年以后，人口会逐渐减少，最终将趋向零。如果 r 逐渐增大，例如 $r=2.7$ 时，则你可发现以一个任意的初始值出发，经过若干年的演化，最后人口会在两个数值(0.5130 和 0.7995)之间振荡。这就是所谓的二周期现象，或出现大年小年现象。这表明人口多时，减少的因素起更大作用，而人口少了之后，资源和空间足够大，又将使人口增长。如继续增大 r，就会出现四周期、八周期，等倍周期现象。当 r 超过某一定值 r_0 时，周期变为无穷大，即无周期了，此时就出现了混沌。

3. 混沌的基本特征

混沌运动的基本特征是对初值的极端敏感性。如在上例中，若取 $r=3.9$，你可用计算器作计算，发现再也没有周期现象了，而且若干年后的人口数对初始值的依赖非常敏感。例如取 $y_0=0.4000$，经 16 次迭代后，得 $y_{16}=0.2443$，而取 $y_0'=0.4001$，两者只相差 1/4000，同样经 16 次迭代后得 y_{16}' 为 0.9016，两者之比竟达 3.7 倍。也就是说，这样小的初始误差，却导致这么大的结果差别。显然作这样的预测就没有实际意义了，因为任何测量总是有误差的。也就是说，出现混沌后，近期预测是可能的而长期预测本质上是不可能的。这样的混沌现象还广泛地出现于其他各个领域之中。

例如：天气测报，由于大气测量数据中，总是存在着微小的误差，而大气动力学系统又处于混沌状态。因此，将测得的温度、气压、湿度等代入非线性的大气动力学微分方程，可以很精确地预报 2～3 天后的天气状况，但是对天气作长期的精确预报是不可能的。对于这一结论早在 1961 年冬，就由美国气象学家洛伦茨(E. N. Lorenz)发现。他把这种天气对于初值的极端敏感反应用一个很风趣的词："蝴蝶效应"来表述。其意思是：今天在杭州，由于有一只蝴蝶拍动一下翅膀，引起蝴蝶附近的气压等初始值的微小变化，经过二三十天后，可能在另一地方(例如广州)引起一场大风雨。

值得指出，虽然非线性是产生混沌的根源，但是，并不是所有的非线性系统都一定能产生混沌现象。事实上，即使是上述能产生混沌现象的非线性人口模型，也只是在参量 $r>3.5699$ 以后才能出现混沌。

4. 混沌的应用

混沌理论在 20 世纪七八十年代得到迅猛发展，发现了许多规律，如分岔图的分形结构，普适常数等。20 世纪 90 年代开始走向应用阶段，下面简单地介绍一下混沌的应用。

首先在天体运动方面，混沌理论可以解释火星和木星之间的小行星的分布。假如仅仅根据牛顿力学。这些小行星(直径约在 1～1000km 之间)它们绕太阳运行应有稳定的轨道。但是由于它们离木星较近，而木星又是太阳系的最大行星。木星对小行星运动的长期引力影响就可能引起小行星进入混沌运动。其后果是偏离原来的轨道，有些甚至成为流星，并不断地散落到地球上来。还有人提出：恐龙及其他以植物为食的动物的灭绝是因为在 6500 万年前曾有一颗大的小行星在混沌运动中脱离小行星带撞击地球之故。

其次，人体免疫反应，也可以说是有反馈的混沌。混沌由于其多样性，它就可以提供充分的选择机会。某种病菌入侵体内后，人体的生产器官就开始制造各种各样的分子，并把它们输

送到病菌入侵处。当发现某种型号分子能完全包围入侵者时，就向生产器官发出反馈信息。于是生产器官就立即只大量生产这种对路的特定型号的分子，迅速地把所有入侵病菌包围，并把病菌全部排出体外。随后，生产器官关闭，一切恢复正常。生物进化，适者生存、发展，不适者淘汰、灭绝，也是具有反馈的混沌。

在生命科学中，人们发现各种心律不齐、房室传导阻滞等都与混沌运动有联系。癫痫患者发病时，脑电波呈现明显的周期性，而健康人的脑电波呈混沌状态，在这些领域中，对混沌的研究都有重要意义。

此外，人们还利用混沌作密码通信，理解流体中的湍流现象，解释经济领域的股票，期货的价格波动等。因为混沌应用实在太多，这里就不再一一列举了。

第7章　机械波

振动和波联系非常密切，振动状态的传播过程就叫波动，简称波。波动是一种重要的运动形式，它在物理学的许多领域中都会涉及。例如，放声高歌，在空气中激荡着声波；投石于静水，在水面激起水波。声波、水波都是机械振动在物质中（在波动中常称媒质中）的传播，统称为机械波。又如我们收听收看各种电视节目，是由于电视机接收到电视台发出的电磁波的结果；我们能够看到周围的世界，是由于光波作用于眼睛引起视觉的结果。可见，在物理学的力学、电磁学、光学等领域中，都存在波动这种运动形式。

除了宏观领域的机械波和电磁波外，在微观领域内还存在物质波。三类波在本质上虽有所不同，但都具有波动的共同特征，例如都会发生波的干涉、衍射等。因此对机械波的研究有助于对其他波动过程的了解。而且机械波中引入的有关波动的一些基本概念和规律，对其他波动过程仍是适用的，它是讨论各种波动过程的基础。

因本章只讨论机械波，而且着重讨论在弹性媒质中传播的弹性波，因此，先来讨论机械波的一些基本概念。

7.1　机械波的基本概念

7.1.1　机械波的产生条件和传播特征

前面已经指出，机械波是机械振动在媒质中的传播。那么机械波在媒质中是怎样产生和传播的呢？原来，在弹性媒质内相邻各质元之间是由弹性力相联系着的。当任一质元 A 在外界作用下偏离平衡位置时，邻近质元就将对 A 作用一个弹性回复力，使 A 在平衡位置附近作振动；同时邻近质元又受到质元 A 以及次邻近的其他质元的弹性回复力作用，也在各自的平衡位置附近陆续地振动起来。于是振动就会由近及远，由此及彼地传播出去。这就是机械波产生和传播的微观机制。

我们把引起波动的最初开始振动的这部分物质或质元叫波源或振源。传播波动的物质叫媒质。由上可知，波源和媒质是产生机械波的两个必要条件。例如把一个电铃放在一个密封的抽真空的玻璃罩中，虽然看到电铃（波源）的振动，却听不到声音。这是因为玻璃罩中没有弹性媒质——空气，振动不能传播之故。

分析上面所述的机械波产生及传播的微观机制，可以得出机械波在传播过程中有以下两个特征：

(1)波是振动的传播，并不是波动到达的媒质中的质元的传播，而是质元振动状态，或者说是相位的传播。波动到达的媒质中的各质元仅在本身的平衡位置附近，与波源做同样的振动

(相同的周期或频率,相同的振幅)。

(2)质元振动状态(相位)的传播是需要时间的,离波源较近的质元,波动先到达,先开始振动。因此,波在媒质中传播时,媒质中的各质元是在先后不同的时间内沿着波的传播方向依次发生同样的振动,这是传播过程最基本的特征。

7.1.2 机械波的类型

(1)**弹性波、重力波和表面张力波** 按引起机械波的传播原因不同,可把机械波分成弹性波、重力波和表面张力波。例如常见的水波这种机械波,它的传播是因为水面上的质元受重力和表面张力共同作用的结果,在重力起主要作用时可认为是一种重力波,在表面张力起主要作用时可认为是一种表面张力波。再如声波,它之所以能在固体、液体和气体中传播,是因为这些物体的各质元间相互作用有弹性力之故,因此是一种弹性波。传播弹性波的物质通常称为弹性媒质。

(2)**横波和纵波** 按媒质中质元的振动方向和波的传播方向来区别,波又可分为横波和纵波。质元的振动方向与波的传播方向垂直的波称为横波;振动方向与波的传播方向一致的波,称为纵波。

横波和纵波是两种最基本的波型,例如声波是一种纵波,而沿一紧张着的细绳传播的波是横波。电磁波由于电磁振动的方向总是与电磁波的传播方向垂直,因此也是横波。但有些波动的情况比较复杂,不能简单地归结为横波或纵波,例如水波及在地下深处发生的地震波等则是比较复杂的波形。在本课程只讨论横波和纵波。

(3)**平面波、球面波、柱面波** 波在媒质中传播时,把某一时刻具有相同振动状态或相位的各质元连接起来,一般情况下为一曲面。这一曲面叫波阵面,波动到达的最前面的一个波阵面叫波前。若波源是点波源,则在各向同性的媒质中,波阵面是以波源为中心的球面,这种波就称为球面波。由点波源密集排成的直线构成线波源,线波源可以产生柱面波。很大的平面波源,可以产生平面波。此外,在离波源很远处,球面波或柱面波的波阵面的一部分可看成平面,可当作平面波处理。

沿波的传播方向所引的直线叫波线或射线,在各向同性媒质中,波线与波阵面垂直,而在各向异性媒质中波线与波阵面不一定垂直。

7.1.3 波长、波速和波的频率

(1)**波长 λ** 在波的传播方向上具有相同振动状态的任意两相邻质元间的距离叫波长。

(2)**波速 u** 单位时间内某一确定的振动状态所传播的距离叫波速。因振动状态可由相位来描述,所以波速又称相速,用 u 表示。实验和理论都证明,波速完全取决于媒质的性质,具体地说就是取决于媒质的弹性模量和密度。

(3)**波的频率 ν** 波是振动的传播,单位时间内振动传播出去的波长的数目称为波的频率。因为波源振动一周,质元的振动状态将传播出去一个波长的距离,单位时间内波源振动 ν 次,质元的振动状态将传播出去 ν 个波长的距离,因此波的频率应等于波源的振动频率 ν。振动状态传播出去一个波长所需的时间称为波的周期,显然也应等于波源的振动周期 T,因此波的频率 ν 与周期 T 间的关系仍为

$$\nu=1/T \tag{7.1}$$

u、λ、T、ν 之间的关系为

$$u=\lambda/T=\lambda\nu \tag{7.2}$$

上式对任何波动都适用。

7.2　平面简谐波的表达式

什么叫平面简谐波？若在波的传播过程中，媒质中各质元都在作简谐振动，这种前进中的波叫**简谐波**，如果波阵面又是平面，则叫**平面简谐波**。我们知道，任何复杂的振动都可看成是许多简谐振动的合成，因此任何复杂的波也可以看成是由许多简谐波的合成。所以简谐波是一种最基本最重要的波型。

7.2.1　平面波的研究方法

平面波的波阵面是平面，所有的波线都是垂直于波阵面的平行线。由于同一波阵面上的有关质元的振动状态都是相同的，因此只要知道其中任一条波线上的各质元在任一时刻的振动情况，就可知道在平面波的传播过程中媒质中所有质元的振动情况，即知道了平面波的传播规律。因此在研究平面波时，只要研究位于其中任一条波线上的各质元在任一时刻的振动状态就可以了。这就是研究平面波传播规律的方法和出发点。平面简谐波是最简单的平面波，上述方法自然适用。

7.2.2　平面简谐波的表达式

若以 x 轴表示任一条波线，y 表示位于 x 轴上的各质元离开平衡位置的位移。要知道位于 x 轴上的各点在任一时刻的振动状态，就必须求出位于 x 轴上的任一质元在任一时刻离开平衡位置的位移，即必须求出位于 x 轴上的任一质元的振动方程。由于平面简谐波是简谐振动的传播，在波的传播过程中位于 x 轴上的各质元都将在先后不同的时间内沿着波的传播方向依次作简谐振动，因此任一质元的振动方程，即平面简谐波的表达式必须具有余弦或正弦函数的形式。

(1)沿 x 轴正向传播的平面简谐波。

如图 7.1，在无吸收的均匀的无限大媒质中，有一沿 x 轴正向传播的平面简谐波，波速为 u。若已知原点 o 的振动方程为

$$y_0=A\cos\omega t \tag{7.3}$$

试问位于 x 处的任一质元 B 在任意时刻 t 的位移 y_B 应为多少？由于 o 点的振动传到 B 需要时间 $t'=x/u$。这就是说某时刻 o 点的位移应与 t' 时间后 B 点的位移相等，或者说在任意时刻 t，B 点的位移 y_B 应等于 t' 时间前，即在 $t-t'$ 时刻 o 点的位移，所以

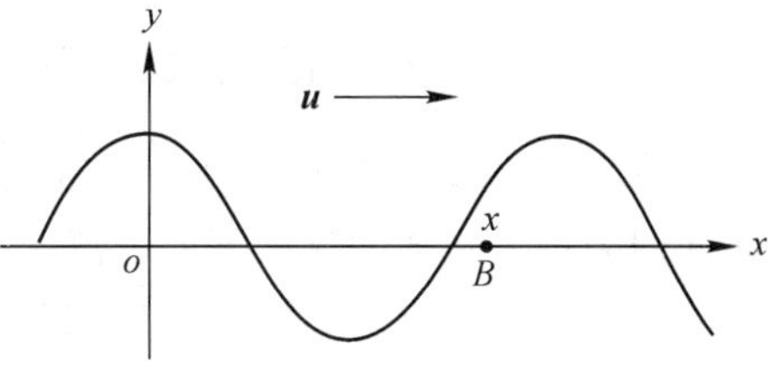

图 7.1　沿 x 轴正向传播的平面简谐波

$$y_B=A\cos\omega(t-t')=A\cos\omega(t-x/u)$$

由于 B 点是任意的，可把上式中的下标 B 去掉，于是可得

$$y=A\cos\omega(t-x/u) \tag{7.4}$$

这就是波速为 u 的沿 x 正向传播的平面简谐波的表达式。

(2)沿 x 轴负向传播的平面简谐波。

若波的传播方向与 x 轴正向相反,这样 B 点的振动就要比 o 点的振动早 $t'=x/u$ 的时间,因此任意时刻 t,B 点的位移等于 t'时间后,即在 $t+t'$时刻 o 点的位移。于是可得沿 x 轴负向传播的平面简谐波的表达式为

$$y=A\cos\omega(t+x/u) \tag{7.5}$$

(3)平面简谐波表达式的其他形式。

根据 $\omega=2\pi/T=2\pi\nu$ 和 $u=\lambda\nu=\lambda/T$ 的关系,可把式(7.4)和(7.5)改写成

$$\begin{aligned} y &=A\cos(\omega t\mp 2\pi x/\lambda)=A\cos 2\pi(t/T\mp x/\lambda) \\ &=A\cos(2\pi/\lambda)(ut\mp x) \end{aligned} \tag{7.6}$$

式中取"－"号和取"＋"号分别为沿 x 轴正向和负向传播的平面简谐波。

引入波数 k

$$k=\frac{2\pi}{\lambda} \tag{7.7}$$

k 与 λ 的关系类似于 ω 与 T 的关系,$\omega=2\pi/T$ 可理解为单位时间内振动相位的变化,而 $2\pi/\lambda$ 可理解为单位长度上波的相位变化。利用波长 λ 和波数 k,还可将式(7.6)表示为

$$y=A\cos(\omega t\mp kx) \tag{7.8}$$

(4)几点说明。

①平面简谐波的以上几种表达式都是设原点 o 的振动方程的初相 $\varphi=0$,如果初相 $\varphi\neq 0$,则应改写为

$$y=A\cos\left[\omega\left(t\mp\frac{x}{u}\right)+\varphi\right] \tag{7.9}$$

②设已知 x_0 处质元的振动方程为 $y=A\cos(\omega t+\varphi)$,则此平面简谐波的表达式为

$$y=A\cos\left[\omega\left(t\mp\frac{x-x_0}{u}\right)+\varphi\right] \tag{7.10}$$

③上述表达式中的 x 是任一质元 B 在 x 轴上的坐标值,而不是表示离原点 o 的距离,只有当 $x>0$ 时,两者才一致。若 $x<0$,则 B 点离 o 的距离应为 $-x$。

④上述表达式,对纵波和横波都适用。

7.2.3 平面简谐波表达式的物理意义

平面简谐波的表达式,实际上是解决了在波的传播过程中,由已知质元的振动求任意其他质元的振动表达式问题。下面以波向 x 轴正方向传播为例来说明表达式的物理意义。

(1)当位置 $x=x_1$ 确定时,则式(7.8)变为

$$y=A\cos(\omega t-kx_1)$$

上式即为坐标为 x_1 处质元的振动方程,其中初相 $\varphi_1=-kx_1$。而在同时刻 t,同一波线上 x_2 处质元的振动方程为

$$y=A\cos(\omega t-kx_2)$$

其初相 $\varphi_2=-kx_2$。x_2 和 x_1 两处质元的相位差

$$\Delta\varphi=\varphi_2-\varphi_1=-k(x_2-x_1)=-\frac{2\pi}{\lambda}\Delta x \tag{7.11}$$

式(7.11)表明:在同一波线上相距为波长整数倍的两点处,两质元振动的相位始终相同。因此波长 λ 反映了波在空间中传播的周期性。

(2)当时间 $t=t_1$ 确定时,则式(7.8)变为

$$y=A\cos(\omega t_1-kx)$$

上式表示时刻 t_1 时各质元离各自平衡位置的位移,即为 t_1 时刻的波形图。由式(7.8)可知,对于给定的 x,如果在时间上相差 Δt,则其质元振动在相位上相差

$$\Delta\varphi=\omega\Delta t=\frac{2\pi}{T}\Delta t \tag{7.12}$$

式(7.12)表明:当 Δt 为周期的整数倍时,质元的振动总是同相的。因此周期 T 反映了波在时间上的周期性。

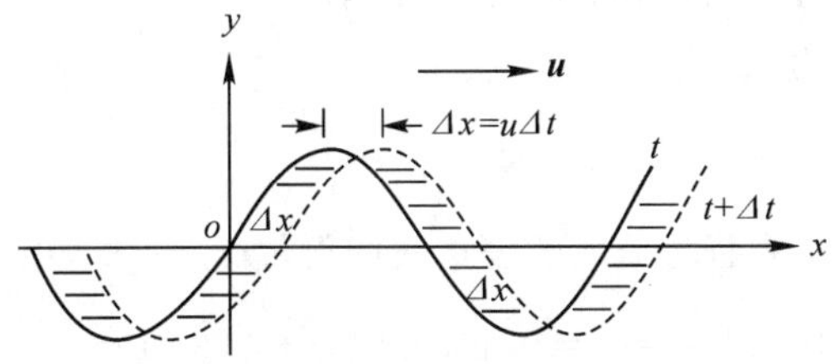

图 7.2　波的传播

(3)如果 x,t 都在变化,那么平面简谐波的表达式表示了不同时刻的不同波形。如图 7.2 所示,图中实线表示 t 时刻的波形,虚线表示 $t+\Delta t$ 时刻的波形,可见,波的表达式表明在波的传播过程中,波形将沿波的传播方向不断向前推移,波的传播速度也就是波形的推移速度。

7.2.4　计算题的类型

计算题有两大类型。一是已知平面简谐波的表达式 $y=A\cos\omega(t\mp\frac{x}{u})$,能写出振幅 A,角频率 ω 及波速 u 的值;然后借助于公式 $\omega=2\pi\nu$,求出 ν,利用 $T=1/\nu$,求得周期 T,再由 $\lambda=u\cdot T$,算出波长 λ。例 7.1 就是属于这种类型。第二种类型可以说是第一种类型的逆命题,即已知 A、ν、ω、u、λ、T 中的三个量,能写出平面简谐波的表达式,进而求出某点的振动方程,两点的相位差 $\Delta\varphi$。例 7.2 就是属于第二种类型。

[例 7.1]　一横波在弦上传播,其表达式为 $y=0.02\cos\pi(5x-200t)$,位移的单位为 m。求振幅 A,波长 λ,频率 ν,周期 T 和波速 u。

[解]　一般所用的方法是将给定的表达式与标准的表达式

$$y=A\cos2\pi\nu(t-\frac{x}{u})=A\cos2\pi(\frac{t}{T}-\frac{x}{\lambda})$$

相比较,从而求出各参量。现在

$$\begin{aligned}y&=0.02\cos\pi(5x-200t)=0.02\cos\pi(200t-5x)\\&=0.02\cos200\pi(t-\frac{x}{40})=0.02\cos2\pi(\frac{t}{0.01}-\frac{x}{0.4})\end{aligned}$$

所以,此波向 x 轴正方向传播,而

$A=0.02\text{m}$　　$\nu=100\text{Hz}$　　$T=0.01\text{s}$

$u=40\text{m/s}$　　$\lambda=0.4\text{m}$

[例 7.2]　已知一平面简谐波,向 x 轴的负方向传播,它的振幅 $A=0.10\text{m}$,周期 $T=0.50\text{s}$,波长 $\lambda=1.0\text{m}$。

(1)试写出此平面简谐波的表达式;

(2)求 $x_1=0.50\text{m}$ 处质元的振动方程；

(3)求 $x_1=0.50\text{m}$ 和 $x_2=0.25\text{m}$ 两处振动的相位差 $\Delta\varphi$。

(4)写出 $t=\frac{1}{8}\text{s}$ 时的波形表示式；

(5)求 $x=0.50\text{m}$ 处，$t=\frac{1}{8}\text{s}$ 时质元的速度。

[解] (1)要写出表达式，必须先求出 ω, u 等参量。

$$\omega=2\pi\nu=2\pi/T=2\pi/0.50=4\pi(\text{s}^{-1})$$

$$u=\nu\cdot\lambda=\lambda/T=1.0/0.50=2.0(\text{m/s})$$

所以平面简谐波的表达式为

$$y=A\cos\omega(t+\frac{x}{u})=0.10\cos4\pi(t+\frac{x}{2})$$

(2)将 $x_1=0.50\text{m}$ 代入平面简谐波的表达式即得位于 $x=0.50\text{m}$ 处质元的振动方程

$$y=0.10\cos4\pi(t+\frac{0.50}{2})=0.10\cos(4\pi t+\pi)(\text{m})$$

可见在 $x_1=0.50\text{m}$ 的质元比原点处质元在相位上超前 π。

(3)$x_1=0.50\text{m}$ 和 $x_2=0.25\text{m}$，两处的相位差

$$\Delta\varphi=-\frac{2\pi}{\lambda}(x_2-x_1)=-\frac{2\pi}{1.0}(0.25-0.50)=\frac{\pi}{2}$$

(4)将 $t=\frac{1}{8}\text{s}$ 代入平面简谐波的表达式，即得此时的波形表达式

$$y=0.10\cos4\pi(\frac{1}{8}+\frac{x}{2})=0.10\sin2\pi x(\text{m})$$

(5)将已得到的波动表达式对时间求偏导数，可得振动速度表达式，再把时间、位置的数值代入就可得到结果。即

$$v=\frac{\partial y}{\partial t}=\frac{\partial}{\partial t}[0.10\cos4\pi(t+\frac{x}{2})]=-0.10\times4\pi\sin4\pi(t+\frac{x}{2})$$

将 $t=\frac{1}{8}\text{s}, x=0.50\text{m}$，代入上式得

$$v=-0.10\times4\pi\sin4\pi(\frac{1}{8}+\frac{1}{4})=0.4\pi\approx1.26(\text{m/s})$$

*7.3 波的能量和能流密度

在有波传播的媒质中，各质元在各自的平衡位置附近振动，也都发生形变，因此各质元都有动能 ΔE_k 和弹性形变势能 ΔE_p。而机械波是振动状态的传播，一定的状态是与一定的能量相对应的，所以振动状态的传播必然伴随着能量的传播。下面就来讨论波的能量的传播。

7.3.1 在波动存在的媒质内任一体积元 ΔV 中的能量

假设平面简谐波在密度为 ρ 的均匀媒质中传播，其波动方程为

$$y=A\cos\omega(t-\frac{x}{u})$$

由于振动，平衡位置在 x 处的质元在任意时刻 t 的速度为

$$v=\frac{dy}{dt}=-A\omega\sin\omega(t-\frac{x}{u})$$

设每个质元的体积为 ΔV，质量为 $\Delta m=\rho\Delta V$，显然，所有质元都在各自平衡位置附近作持续的简谐振动，每个质元的动能 ΔE_k 为

$$\Delta E_k=\frac{1}{2}\Delta mv^2=\frac{1}{2}\rho\Delta VA^2\omega^2\sin^2\omega(t-\frac{x}{u}) \tag{7.13}$$

理论上，也可以推导出，在此时刻，体积元 ΔV 中由于形变而具有的势能 ΔE_p 也为

$$\Delta E_p=\frac{1}{2}\rho\Delta VA^2\omega^2\sin^2\omega(t-\frac{x}{u}) \tag{7.14}$$

因此，在波动存在的媒质中任一体积元 ΔV 中的总机械能 ΔE 为

$$\Delta E=\Delta E_k+\Delta E_p=\rho\Delta VA^2\omega^2\sin^2\omega(t-\frac{x}{u}) \tag{7.15}$$

7.3.2 波的能量传播特征

(1)任一时刻，任一体积元 ΔV 中的动能和势能，不仅大小相等，而且相位也相同。波的能量的这一特性已由式(7.13)和(7.14)直接表示出来，它同单个质元简谐振动时动能和势能间的关系是完全不同的。

(2)由式(7.15)可知，任一体积元 ΔV 内的能量是时间和位置的周期性函数，对于确定的体积元来说，能量随时间作周期性变化，说明体积元连续地接收能量，又连续地放出能量。若接收和放出能量的步调不同，接收多放出少时，能量增加，接收少放出多时，能量减少。因此在波动中任一体积元的机械能是不守恒的。各体积元在不断地交换能量、传递能量，它们都是传播能量的机构。

(3)波的能量以波速 u 沿着波的传播方向向前传播，利用 $\sin^2\alpha=(1-\cos2\alpha)/2$ 可把式(7.15)改写为

$$\Delta E=\frac{1}{2}\rho\Delta VA^2\omega^2-\frac{1}{2}\rho\Delta VA^2\omega^2\cos2\omega(t-\frac{x}{u})$$

把上式与沿 x 轴正向传播的平面简谐波的表达式 $y=A\cos\omega(t-\frac{x}{u})$ 比较一下，就可明白：能量传播的方向同波的传播方向一致，能量移动的速度就是波的传播速度。波所传播的能量，自然来自波源。波动过程可看成是能量的传播过程，或者说波是能量传播的一种形式。

7.3.3 能量密度

在波动存在的媒质中单位体积内的机械能称为能量密度，用 e 表示。显然

$$e=\frac{\Delta E}{\Delta V}=\frac{\Delta E_k}{\Delta V}+\frac{\Delta E_p}{\Delta V}=e_k+e_p=\rho A^2\omega^2\sin^2\omega(t-\frac{x}{u}) \tag{7.16}$$

由式(7.16)可知，波的能量密度与振幅的平方、角频率的平方及媒质的密度成正比。由此式还可看到，某一位置 x 处的波的能量密度是随时间而变化的。实际上，常用振动在一周期内的平均值，即平均能量密度 $\bar{e}$ 来表示波的能量。

$$\bar{e}=\frac{1}{T}\int_0^T\rho A^2\omega^2\sin^2\omega(t-\frac{x}{u})\mathrm{d}t=\frac{1}{2}\rho A^2\omega^2 \tag{7.17}$$

可见，平均能量密度刚好为能量密度最大值的一半。以上结果对所有弹性波都成立。

7.3.4 能流、能流密度或波强

一、能流

由于能量是以波速 u 沿波的传播方向随波一起向前传播的，因此我们把单位时间内通过某截面 S 的能量称为通过截面 S 的能流。对于垂直波传播方向的某截面 S，能流 P 应等于单位时间通过该截面波的体积 $(u\times1)S$ 与单位体积的能量 e 之积，即

$$P=u\cdot S\cdot e \tag{7.18}$$

能流的单位为 W。上式中由于 e 是周期函数，所以 P 也是周期函数，其平均值为该面的平均能流，即

$$\overline{P}=uS\bar{e} \tag{7.19}$$

二、能流密度或波强

单位时间通过垂直于波传播方向的单位面积的平均能量称为能流密度，用 $\boldsymbol{I}$ 表示。显然能流密度 $\boldsymbol{I}$ 在数值上为 $\boldsymbol{I}=\bar{e}u$，方向沿波传播方向，所以能流密度矢量 $\boldsymbol{I}$ 为

$$\boldsymbol{I}=\bar{e}\,\boldsymbol{u}=\frac{1}{2}\rho A^2\omega^2\boldsymbol{u} \tag{7.20}$$

通常说波的强度就是指能流密度的大小。声强、光强就是由声波、光波能流密度的数值给出的。波强 I 的单位为 $\mathrm{W/m^2}$。

［例 7.3］ 用聚焦超声波的方法，可以在液体中产生声强达 $1.20\times10^9\,\mathrm{W/m^2}$ 的大振幅超声波。设频率为 $5.00\times10^5\,\mathrm{Hz}$，液体的密度为 $1.00\times10^3\,\mathrm{kg/m^3}$，声速为 $1.50\times10^3\,\mathrm{m/s}$，求这时液体质点声振动的振幅。

［解］ 因 $I=\frac{1}{2}\rho uA^2\omega^2$，所以

$$A=\frac{1}{\omega}\sqrt{\frac{2I}{\rho u}}=\frac{1}{2\pi\times5.00\times10^5}\sqrt{\frac{2\times1.20\times10^9}{1.00\times10^3\times1.50\times10^3}}=1.27\times10^{-5}\,(\mathrm{m})$$

可见液体中声振动的振幅是极小的。

7.3.5 声强和声强级

通常把频率约在 20～20000Hz 之间，能引起人类听觉的机械波，叫作声波。在气体和液体中传播的声波都是纵波。声强就是声波的能流密度。要引起听觉，不仅频率要求在 20 到 20000Hz 之间，还要有声强范围。大多数正常人刚好能听见 1000Hz 声音的声强约为 $10^{-12}\,\mathrm{W/m^2}$。对于给定的频率，刚好能听见的最小声强称为该频率的闻阈值。因此 $10^{-12}\,\mathrm{W/m^2}$ 就是 1000Hz 声音的闻阈值。能引起听觉的最高声强，对于 1000Hz 的声音，约为 $1\mathrm{W/m^2}$，声强再增大，只能引起痛觉。闻阈值与频率的关系很大，实验表明，频率为 2000 到 3000Hz 的声音，闻阈值最小，也就是说人耳对这种频率的声音感觉最灵敏。随着频率的增加或减少闻阈值都要迅速增加。

由于可闻声波声强范围极为广泛，需要比较彼此相差 10^{12} 倍的声强，而且人耳对声音强弱的主观感觉（称作响度）又是大致正比于声强的对数。所以声强级 L 是以声强的对数来标度的：

$$L=\lg\frac{I}{I_0} \tag{7.21}$$

这里 I_0 是选定的标准声强，其值 $I_0=10^{-12}\,\mathrm{W/m^2}$。声强级 L 的单位为贝，国际符号为 B。因为贝单位较大，通常取其 1/10，即分贝(dB)作为单位。用分贝表示时，声强级的公式为

$$L=10\lg\frac{I}{I_0} \tag{7.22}$$

在式(7.22)中，由于 $I_0=10^{-12}\,\mathrm{W/m^2}$ 是选定的，所以如果已知声强级可求得声源的声强 I；反之，如果已知声强 I，也可求出声源的声强级。

声强级在 40～60dB 之间，人们感到响度正常。低于 40dB 就感到响度低了，在 60～80dB 之间感到太响了，超过 120dB 只能引起痛觉，而不能引起听觉，所以太响的噪声对人体健康是有害的。

［例 7.4］ 设喷呐演奏的平均声强级为 70dB，试求：(1)此喷呐的平均声强 I_1；(2)四只同样的喷呐合奏时的声强 I_4 及其声强级 L_4。

［解］ (1)由式 $L_1=10\lg\dfrac{I_1}{I_0}$ 得，$I_1=10^7I_0=10^{-5}\,\mathrm{W/m^2}$。

(2)四只喷呐合奏时的声强

$$I_4=4I_1=4\times10^{-5}\,\mathrm{W/m^2}$$

合奏时的声强级为

$$L=10\lg(I_4/I_0)=10\lg4+70\approx76(\mathrm{dB})$$

由此例可见，声强增大到 4 倍，而声强级只增加 8.6%。

7.4 波的叠加原理和波的干涉

7.4.1 波的叠加原理

波的叠加原理是要解决几列波同时在同一媒质中传播时，波的传播规律问题。几个波同时在同一媒质中传播的情况，在日常生活中也是常见的。例如在开文娱晚会时，听者可以分辨出各种乐器的伴奏声和演员的歌唱声。再如两列水波可以相互穿过，各自传播。从大量现象的观察、归纳，得到几个波同时在同一媒质中传播时的传播规律是：

(1)几个波同时在同一媒质中传播时，每个波都将保持其原有的特性不变，即保持其原来的频率、波长、振动方向和传播方向不变。

(2)任一时刻 t，媒质中任一质元的振动位移是各个波单独传播时在该点所产生的位移的矢量和(振动方向相同时为代数和)。

以上两条就是波的叠加原理，它是研究由于波的叠加而出现的一些重要现象的基础，如波的干涉和衍射现象。同时根据波的叠加原理，还可将一个复杂的波看成是许多简谐波合成的结果。

波的叠加原理对满足线性微分方程的波，无论是机械波还是电磁波都是适用的。本书只讨论小振幅，即叠加原理适用的情况。

7.4.2 波的干涉

两列波相遇，在相遇点都会发生叠加，但不一定会产生干涉。所以波的干涉是波叠加的一种特殊情况。

一、波的干涉条件

两列波要产生干涉必须满足一定的条件,叫相干条件。满足相干条件的波叫相干波,相干波的波源叫相干波源。通常只要频率相同,且具有恒定相位差的两个波源所产生的波就能发生干涉,但是要使干涉现象变得明显,还需附加两个条件,那就是两个波的振动方向相同以及两个波的振幅不能相差太大。

二、干涉的分析

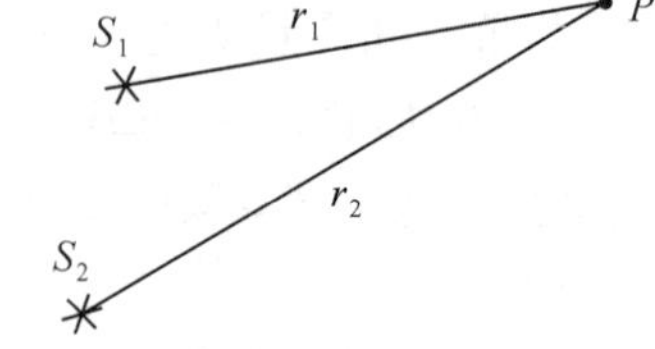

图 7.3　两相干波在某点 P 的干涉

如图 7.3,设两个相干波源 S_1,S_2 的振动表达式分别为

$$y_1=A_{10}\cos(\omega t+\varphi_1)\ ,\ y_2=A_{20}\cos(\omega t+\varphi_2)$$

它们的频率相同,相位差 $\varphi_2-\varphi_1$ 也恒定,且都沿 y 方向振动,因此符合相干条件。

它们发出的波在空间任一点 P 相遇,P 点的振动根据波的叠加原理,应是两个波源独自在该点所产生的振动的合成。S_1 和 S_2 在 P 点产生的振动位移分别为

$$y_{1P}=A_1\cos(\omega t+\varphi_1-2\pi r_1/\lambda)$$

$$y_{2P}=A_2\cos(\omega t+\varphi_2-2\pi r_2/\lambda)$$

因此 P 点的振动实际上就是两个同方向、同频率的谐振动的合成。P 点将仍是同方向、同频率的谐振动,它的合振幅根据式(6.16)应为

$$A=\sqrt{A_1^2+A_2^2+2A_1A_2\cos[\varphi_2-\varphi_1-2\pi(r_2-r_1)/\lambda]}\tag{7.23}$$

由此式可知,由于两波源的相位差是恒定的,因此两个波在空间任一点产生的两振动的相位差

$$\Delta\varphi=\varphi_2-\varphi_1-2\pi(r_2-r_1)/\lambda$$

也是恒定的。由上述两式可知,当

$$\Delta\varphi=\begin{cases}2k\pi\text{ 时}, & \text{合振幅 }A=A_1+A_2\text{ 为最大}\\(2k+1)\pi\text{ 时}, & \text{合振幅 }A=|A_1-A_2|\text{ 为最小}\end{cases}\Bigg\}k=0,\pm1,\pm2,\cdots$$

以上就是在发生干涉的区域,用相位差表示的合振幅为最大和最小的条件。

为了从能量上分析波的干涉现象,我们把式(7.23)改写为

$$A^2=A_1^2+A_2^2+2A_1A_2\cos\Delta\varphi$$

因为平面简谐波的强度 I 与振幅的平方成正比,所以合成波的强度 I 应为

$$I=I_1+I_2+2\sqrt{I_1I_2}\cos\Delta\varphi\tag{7.24}$$

为方便计,设两波源同相,即 $\varphi_1=\varphi_2$,这时

$$\Delta\varphi=-\frac{2\pi}{\lambda}(r_2-r_1)\tag{7.25}$$

通常把波源到任一点 P 的距离叫波程,因此上式中的 r_2-r_1 称为波程差,用 δ 表示之。当改用波程差 δ 表示时,就可得

当 $\delta=\pm k\lambda$ 时,$A=A_1+A_2$ 为最大

$$I=I_1+I_2+2\sqrt{I_1I_2}\tag{7.26}$$

当 $\delta=\pm(2k+1)\lambda/2$ 时,$A=|A_1-A_2|$ 为最小

$$I=I_1+I_2-2\sqrt{I_1I_2}\tag{7.27}$$

由式(7.26)和式(7.27)可见,当两相干波源同相($\varphi_1=\varphi_2$)时,在两个波叠加的区域内,对于波程差为零或波长的整数倍的各点,合振幅 A 为最大,合波强大于分波强度之和,这些空间

点称为两波相长点。而波程差等于半波长的奇数倍的各点，合振幅为最小，合波强小于分波强之和，这些空间点称为两波相消点。如又满足 $A_1=A_2$ 时，相长点的合振幅 $A=2A_1=2A_2$，合波强 $I=4I_1=4I_2$；相消点的合振幅 $A=0$，合波强 $I=0$。因此，从能量上看，当两相干波发生干涉时，在两波交叠的区域，合成波在空间各处的强度并不等于两个分流强度之和，而是作了重新分布。并且这种新的强度分布在时间上是稳定的、在空间上是强弱相间具有周期性的一种分布。即出现通常所说的干涉条纹或干涉图样。

如果在空间交叠的两个波有不同的频率，或有不同的振动方向，或波源的初相位不恒定时，其合成波的情况就会相当复杂，此时就不会发生干涉现象。

*7.5　反射波的相位和驻波

当波动垂直入射到媒质的分界面处时，往往有一部分透过界面形成透射波，而另一部分则在界面处产生反射，形成反射波。此时反射波的强度若小于入射波的强度，这种反射称为非完全反射；如果没有透射而是全部形成反射，在不计能量损耗时，反射波强度应等于入射波的强度，这种反射称为完全反射。本节将先来讨论反射波的相位，再来分析研究驻波。

7.5.1　反射波的相位

一、入射波在固定端的完全反射

如图 7.4 所示，由于音叉的振动，使弦上产生波动，当波传到固定端(劈尖 B 处)时，入射波 y_1 将被完全反射，形成与传播方向相反的反射波 y_2。y_1 和 y_2 发生干涉，形成如图 7.4 所示的驻波。如图 7.5 所示，若把原点取在固定端，则入射波的表达式为

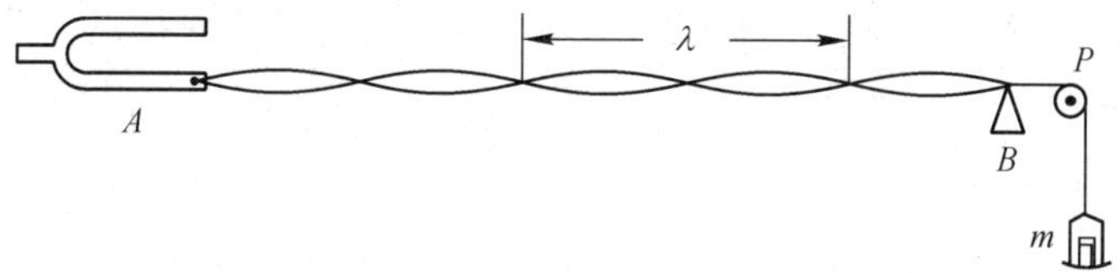

图 7.4　驻波实验

$$y_1=A\cos\omega(t-\frac{x}{u}) \tag{7.28}$$

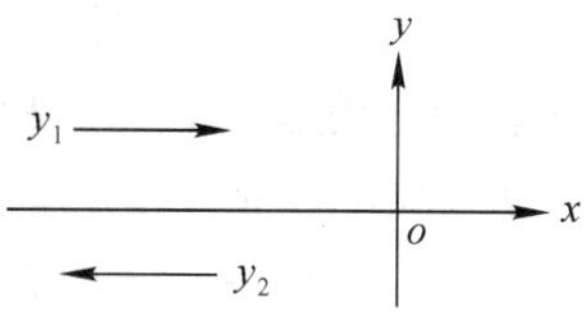

用 y_2 表示由反射波引起的媒质任一点的振动位移。根据波的叠加原则，媒质中任一点的位移 y 应是由入射波和反射波分别在该点引起的振动位移的矢量和。但在固定端，$x=0$ 处，$y=0=y_{10}+y_{20}$。而入射波在 $x=0$ 处的位移，由式(7.28)可知为

$$y_{10}=A\cos\omega t \tag{7.29}$$

图 7.5　入射波在固定端的完全反射

所以，反射波在 $x=0$ 处引起的位移必定为

$$y_{20}=-A\cos\omega t=A\cos(\omega t+\pi) \tag{7.30}$$

把此式与式(7.29)比较可以看出，在固定端反射波和入射波的相位差为 π，通常称为反射波有 π 的相位突变，或说反射波有半波损失。由式(7.30)就能写出反射波的表达式为

$$y_2=A\cos[\omega(t+\frac{x}{u})+\pi] \tag{7.31}$$

二、入射波在自由端的完全反射

若图 7.5 中原点表示自由端，这时入射波 y_1 的表达式仍与式(7.28)相同。但由于此时 $x=0$ 处为自由端，而在自由端处媒质最容易振动，可以推得在任一时刻它的振幅应是最大。由波的叠加原理可知，入射波和反射波在该点($x=0$)的振动应是同相的，或者说在反射处，反射波的相位没有变化。由此可得反射波在 $x=0$ 处引起的振动为 $y_{20}=A\cos\omega t$，从而可写出反射波的表达式为

$$y_2=A\cos\omega(t+\frac{x}{u})$$

凡是反射波的相位在反射处有 π 的相位突变(如在固定端的反射)，称为半波反射，而在反射处反射波的相位没有变化(如在自由端的反射)，称为全波反射。

三、非完全反射时反射波的相位

在非完全反射时，透射波的相位没有变化，而反射波的相位却与两种媒质的性质有关。通常把密度 ρ 和波速 u 的乘积 ρu 较大的媒质称为波密媒质，较小的称为波疏媒质。当波动由波疏媒质向波密媒质入射时，好比向固定端入射那样，反射波有 π 的相位突变。由波密媒质向波疏媒质入射时，好比向自由端入射那样，反射波没有相位变化。

7.5.2 驻波

从前面的分析可知，入射波和在两种媒质的界面上反射的反射波是同频率、同振动方向、在任一点处都有恒定的相位差，因此是相干波，它们在同一媒质中沿相反方向传播时就会发生干涉。由于这种波的干涉图像有它的特殊性，所以称为驻波。一般说来，入射波和反射波的振幅是不相等的。为简单起见，在书上仅讨论反射波和入射波的振幅相等，即完全反射的情况。

现以入射波在固定端的反射而形成的驻波为例，来说明驻波的特点。若坐标的选取仍如图 7.5 所示，入射波和反射波的表达式分别为式(7.28)和式(7.31)。根据波的叠加原理，媒质中任一点的合位移为

$$\begin{aligned} y &= y_1+y_2=A\cos\omega(t-\frac{x}{u})-A\cos\omega(t+\frac{x}{u}) \\ &= 2A\sin\frac{\omega}{u}x\sin\omega t=2A\sin\frac{2\pi}{\lambda}x\cdot\sin\frac{2\pi}{T}t \end{aligned} \tag{7.32}$$

这就是驻波表达式的一种形式。由此式可以看到，由于反射波和入射波合成的结果，媒质中的各点都作同频率的简谐振动，但各点的振幅 $|2A\sin(2\pi x/\lambda)|$ 却随位置而变化。在 $|\sin(2\pi x/\lambda)|=1$，即在 $2\pi x/\lambda=\pm(2k+1)\pi/2$ 的各点，振幅有最大值。振幅最大值的点称为波腹，其位置决定于

$$x=\pm(2k+1)\lambda/4, \qquad k=0,1,2,\cdots \tag{7.33}$$

在 $\sin(2\pi x/\lambda)=0$，即在 $2\pi x/\lambda=\pm k\pi$ 的各点振幅却为零，振幅为零的各点称为波节，其位置决定于

$$x=\pm k\lambda/2, \qquad k=0,1,2,\cdots \tag{7.34}$$

图 7.6 画出了在一周期内的不同时刻驻波的波形。由图可以看到相邻波腹或相邻波节间的距离 Δx 都是 $\lambda/2$，若把相邻波节之间的媒质作为一个分段的话，那么在同一分段内的各质元有相同的振动相位，而相邻分段之间的相位却相反。图 7.6 还表明，驻波波形并没有沿传播方向移动，这就是驻波名称的来由。

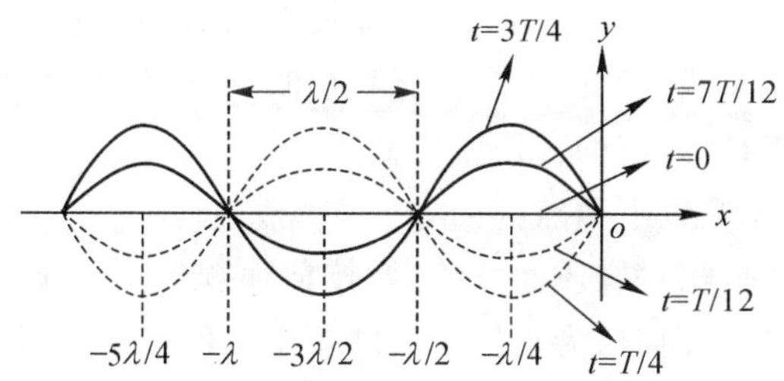

图 7.6　在一周期内不同时刻驻波的波形

从能量上看，由于入射波和反射波的能流密度大小相等，而方向相反，所以合起来的能流密度为零。因此驻波不传播能量。只是在相邻的波节和波腹之间发生动能和势能的周期性地转换。在转换过程中，能量不断地由波腹附近转移到波节附近，再由波节附近转移回波腹附近。驻波实际上是一种连续体的振动。

可以利用驻波测定波速，这是测定波速的一种基本方法。例如测定横波沿弦线的传播速度，就可利用如图 7.4 所示的装置。弦线的一端与音叉相连，另一端通过滑轮悬一重物 m，以使弦产生张力。当音叉振动时，用增减重物的重量或移动尖劈 B 的方法，就可在弦上出现稳定的驻波。若已知音叉的频率 ν，同时由实验测定波长 λ，就可求出波速 $u=\lambda\nu$。若同时测出弦的线密度 μ，并由绳端所悬重物的重量求出此时弦线中的张力 T，还可验证横波沿弦线的波速公式 $u=\sqrt{T/\mu}$。

驻波在声学、无线电、激光、雷达中有许多重要的应用，既可以用来测定波长，又可用来确定系统的固有频率。驻波还可以用来进行无损探伤。

*7.6　多普勒效应

7.6.1　多普勒效应

在前面的讨论中，波源和观察者都是相对媒质静止的，这时波源的频率 ν 和观察者收听到的频率 ν' 是相同的。当波源和观察者做相对运动时，与两者相对静止时相比，可以观察到频率或波长的变化，两者接近时频率增加，远离时频率降低。这种现象是奥地利科学家多普勒(J. C. Doppler)在 1842 年提出的，故称为多普勒效应或多普勒频移。下面就来介绍多普勒频移公式。

设波源 S 和观察者 B 相对媒质静止时，观测到的频率和波长分别为 ν 和 λ，其波速 $u=\nu\lambda$。并规定由波源指向观察者的方向为正。如图 7.7 所示，当波源和观察者相对于媒质分别以 v_S 和 v_B 的速度沿直线 SB 运动时可以证明，此时观察者观测到的频率 ν' 为

$$\nu'=\left(\frac{u-v_B}{u-v_S}\right)\nu=\left(1+\frac{v_S-v_B}{u-v_S}\right)\nu \tag{7.35}$$

上式称为多普勒频移公式。

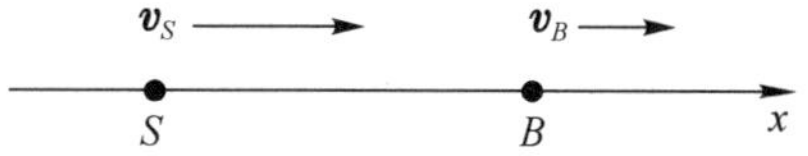

$\boldsymbol{v}_S$ →　　$\boldsymbol{v}_B$ →

S　　B　　x

图 7.7

一般情况下，波速 u 总是比波源和观察者的运动速度都大，即 $(u-v_S)>0$。所以当

$(v_S - v_B) > 0$ 时，$\nu' > \nu$；$(v_S - v_B) < 0$ 时，$\nu' < \nu$。即波源与观察者相互接近时，频率增加；而当两者远离时，观测到的频率降低。因此火车驶近我们时，汽笛的音调听起来就比火车静止时汽笛的音调高；火车驶离我们时，汽笛的音调就变低。

在应用式(7.35)中应注意以下两点：

(1)式中各速度的值都是相对媒质而言的，要按前面规定的方向取正负号，即当 v_S，v_B 的方向是沿波源指向观察者的方向时，为正值。反之要用负值代入式(7.35)进行计算。

(2)如果观察者与波源不沿两者连线方向运动，则要将速度$\boldsymbol{v}_B$和$\boldsymbol{v}_S$在连线方向上的分量值代入式(7.35)中进行计算。

多普勒效应不限于机械波，对于真空中的电磁波(光波)，由于光速 c 与参考系无关，多普勒效应的公式中只出现观察者对波源的相对速度。

7.6.2 多普勒效应的应用

一、推断“马航失联客机”的位置

2014 年 3 月 8 日发生了轰动全球的马来西亚航空公司 *MH*370 客机失去联系的事件。失去联系后，飞机上的通信设备被关闭，但仍有终端设备每隔一小时能自动发射出“*ping*”的简单的声脉冲信号，而且这种“*ping*”信号被卫星接收到只少六次，这说明失去联系后，飞机只少飞行了 5 小时。由于飞机和卫星都在运动，利用从飞机发射到被卫星接收到的信号时间及仰角等信息，再根据多普勒效应计算出(各次)飞机与卫星的距离，计算数据表明飞机向南飞行，坠机前一直保持 9144 米的巡航飞行高度，又假设飞机以自动巡航速度，大约 350 节(630 公里/小时)飞行，就“猜”出了飞机残骸的最终大概位置。(在澳大利亚以西的南印度洋中某一海域范围内)。

二、多普勒效应的其他广泛应用

多普勒效应在科学研究、工程技术、交通管理、医疗诊断等各方面有着十分广泛的应用。基于反射波多普勒效应的原理，雷达系统已广泛地应用于车辆、导弹、人造卫星等运动目标速度的监测。在医院里用的“B 超”，是利用超声波的多普勒效应来检查人体内脏，血液系统的运动状况的。在工矿企业中则利用多普勒效应来测量管道中悬浮物液体的流速。例如，分子、原子和离子由于热运动产生的多普勒效应使其发射和吸收的谱线增宽，在天体物理和受控热核聚变实验装置中谱线的多普勒增宽已成为一种恒星大气、等离子体物理状态的重要测量和诊断手段。多普勒效应在各方面的影响，已是不胜枚举。

若波源的速度$\boldsymbol{v}_S$超过波速时，则不是产生多普勒效应。此时，波面的包络面是圆锥状，称为马赫锥(Mach cone)。这种形式的波动叫作激波(bow wave)。这种超波速运动，本书不作讨论。

[例 7.5] 一声源 S 的频率为 2040Hz，相对于地以 $v_S = 0.25$ m/s的速率向反射面接近，如图例 7.5 所示，设空气中的声速为 340 m/s，求：

(1)反射面接到的声波的频率 ν'；

(2)反射声波的传播速率；

(3)反射波的波长 λ'；

(4)观察者站在 A 点听到的拍频。

[解] (1)将 $v_S = 0.25$m/s，$v_B = 0$ 代入式(7.35)，得

$$\nu'=\left(\frac{u-v_B}{u-v_S}\right)\nu=\frac{340}{340-0.25}\times 2040=2041.5(\mathrm{Hz})$$

(2)因波速决定于媒质，所以反射波的速率不变，即为 340m/s。

(3)反射波的波长 λ' 为

$$\lambda'=u/\nu'=340/2041.5=0.167(\mathrm{m})$$

图例 7.5

(4)将 $v_S=-0.25\mathrm{m/s}$，$u_B=0$ 代入 $\nu''=\frac{u}{u-u_s}\nu$

得观察者直接从波源接收到频率 ν'' 为

$$\nu''=\frac{340}{340+0.25}\times 2040=2038.5(\mathrm{Hz})$$

所以观察者站在 A 处听到的拍频率为

$$\nu'-\nu''=3(\mathrm{Hz})$$

[例 7.6]　利用多普勒效应监测车速。固定波源发出频率为 $\nu=100\mathrm{kHz}$ 的超声波，当汽车向着波源行驶时，与波源安装在一起的接收器接收到从汽车反射回来的波的频率为 $\nu''=110\mathrm{Hz}$，求车速 v，已知空气中的声速为 $u=340\mathrm{m/s}$。

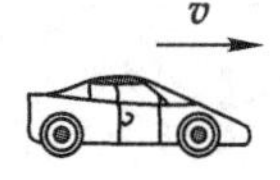
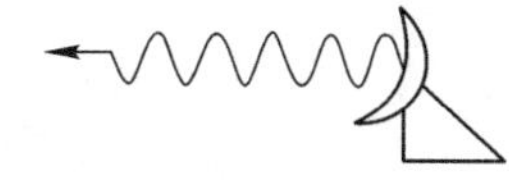

图例 7.6

[解]　如图所示。首先，地面固定波源发出超声波，汽车作为接收器向着波源运动，气以它接收到的频率为

$$\nu'=\frac{u+\boldsymbol{v}}{u}$$

然后，汽车又作为波源，它以上式得出的频率发出反射波，并向着地面接收器运动，所以地面接收器接收到的频率为

$$\nu''=\frac{u}{u-\boldsymbol{v}}\nu'=\frac{\boldsymbol{v}+u}{u-\boldsymbol{v}}$$

于是，得出车速为

$$\boldsymbol{v}=\frac{\nu''-\nu}{\nu''+\nu}u=16.2\mathrm{m/s}=58.3\mathrm{km/h}$$

思考题

7.1　真空中能否传播机械波？为什么？

7.2　设在媒质中有一振源作简谐振动并产生一平面简谐波，问：(1)振源的周期与波动的周期数值是否相同？(2)振动的速度与波传播速度数值是否相同？

7.3　机械波通过不同媒质时，波长 λ、周期 T、频率 ν 和波速 u，哪几个量要改变？哪几个量不改变？

7.4　波动过程中体积元的总能量随时间变化，这和能量守恒定律是否矛盾？试加以分析。

7.5　什么叫波的平均能量密度？什么叫波的强度？两者有何联系？

7.6　两列波发生干涉的相干条件是什么？

7.7　有一横波和一纵波在同一媒质中传播，能否形成通常所说的干涉？

7.8　在两种不同媒质的交界面上，当波垂直入射而反射时，在什么情况下产生相位 π 的突变，什么情况下不产生相位 π 的突变？

习 题

7.1 已知常温下，空气中的声速 $u_1=340\text{m/s}$，水中的声速 $u_2=1450\text{m/s}$，问频率为 1000Hz 的声波在空气中和在水中的波长各为多少？

7.2 某时刻在某段媒质中的横波波形如图题 7.2 所示，是沿 x 负向传播。(1)试用符号画出图中标明的各质点在该时刻的运动方向；(2)若以该时刻作为计算时间的起点，试问 I,E,C 三质点振动的初相分别为多少？(设质点的振幅为 A，波的频率为 ν)；(3)画出经 1/4 周期后的波形图。

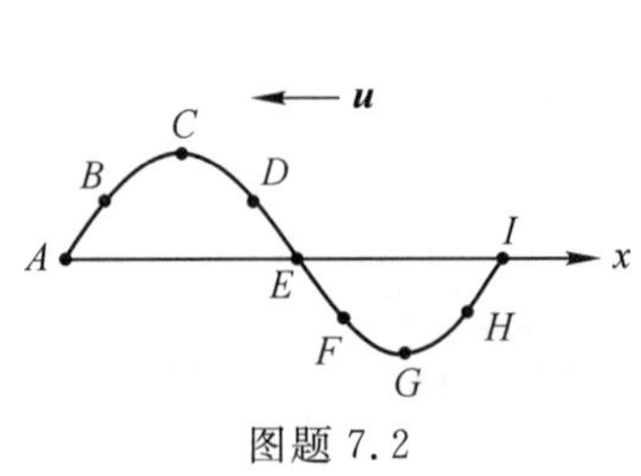

图题 7.2

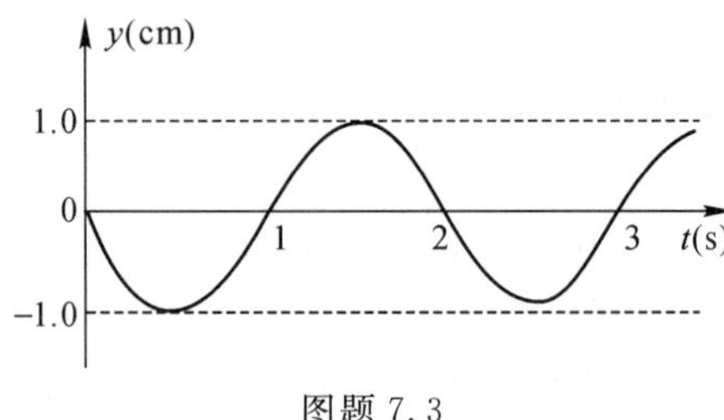

图题 7.3

7.3 一振源在媒质内做简谐振动，图题 7.3 为它的振动曲线，此振动向 x 正方向发出一平面简谐波，波速为0.4m/s，若以振源处作为坐标原点，试根据图中数据，写出波动方程。

7.4 一平面简谐波沿 x 轴负向传播，其振幅为 0.01m，频率为 550Hz，波速为 330m/s，试写出此平面简谐波的表达式。

7.5 一连续正弦纵波从波源发出，沿着线圈弹簧传播，波源和弹簧相连，频率为 25Hz，弹簧中相邻两疏部中心间的距离为 0.24m，求波速。若弹簧中某一圈的最大纵向位移为 $3.0\times10^{-2}\text{m}$，而此波沿 x 轴正向传播，波源位于 $x=0$ 处，在 $t=0$ 时波源的位移为零，且向 x 轴正向运动。试写出此简谐波的表达式。

7.6 有一沿绳传播的横波为

$$y=0.10\cos(\pi x-2\pi t)(\text{m})$$

试求：(1)波的振幅、频率、波速和波长；(2)求绳子中某质点的最大横向速度。(波长、振幅的单位为 m)

7.7 频率为 500Hz 的波，其波速为 350m/s。(1)相位差为 60°的两点间相距多远？(2)在某点、时间间隔为 $1.00\times10^{-3}\text{s}$ 的两个位移，其相位差多大？

7.8 频率 $\nu=12.5\text{kHz}$ 的余弦纵波沿细长的金属棒传播，已知波源的振幅 $A=1.0\times10^{-4}\text{m}$，波速 $u=5.0\times10^3\text{m/s}$。试求：(1)波源的振动方程；(2)余弦纵波的表达式；(3)离波源 0.10m 处质点的振动方程；(4)离波源 0.20m 和 0.30m 的两质点振动的相位差；(5)在波源振动 $2.1\times10^{-3}\text{s}$ 时的波形。

7.9 两个声强级相差 10dB 的声源(例如一为 80dB，一为 70dB)相加后声强级为多少？此结果可以说明什么问题？

*7.10 有一平面简谐波在密度为 ρ 的媒质中以速度 u 传播。(1)若媒质中质点振动的振幅和加速度振幅分别为 A 和 a_m，试求此波的波强或能量密度；(2)若速度振幅为 v_m，试求此波的波强或能流密度。

*7.11 同一媒质中的两个波源位于 A,B 两点，其振幅相等，频率都是 100Hz，相位差为 π。若 A,B 两点相距为 30m，波在媒质中的传播速度为 400m/s，试求 AB 连线上因干涉而静止的各点位置。

*7.12 若一弦上的驻波表示式为：

$$y=2.0\times10^{-2}\cos(0.16)x\cos750t(\text{m})$$

试求：(1)形成此驻波的沿相反方向传播的两行波的表达式以及它们的振幅和波速；(2)相邻波节间的距离；(3)$t=2.0\times10^{-3}\text{s}$ 时，位于 $x=5.0\times10^{-2}\text{m}$ 处质点的振动速度。

*7.13 正在报警的警钟，每隔 0.50s 响一声，一声接一声地响着，有人在以 60km/h 的速度向警钟行驶的火车中，问此人在 5min 内听到几响？(设声速 $u=333\text{m/s}$)

*7.14 一声源的频率为 1080Hz，相对于地以 30.0m/s 的速率向右运动，在其右方有一反射面相对于地

以65.0m/s向左运动。设空气中的声速为331m/s,求:(1)反射面接到的声波频率;(2)反射声波的传播速率;(3)反射波的波长。

物理学与现代科学技术

超声波的特性及其应用

1.超声波的特性

超声波是一种振动频率高于20000Hz,人耳不能闻听的机械波。由于超声波频率高(可高达5×10^8Hz),波长短(短到接近可见光的波长),从而使得它具有以下几个特性。

(1)传播的方向性好。我们知道,通常的声波,由于波长长,衍射作用十分显著,可以认为是沿各方向均匀传播的。而超声波的波长很短,只有当它遇到比它的波长还小的障碍物时才有显著的衍射。因此在通常的情况下,超声波的波束就像光线束那样沿直线传播。例如蝙蝠,它靠什么捕捉昆虫?某种意义上讲,靠它有一张宽度约为0.5cm的嘴巴,由它不断地发出的超声脉冲波。由于这种超声脉冲波具有极好的方向性,当遇到昆虫等障碍物时,就会反射,通过接收超声反射讯号来确定昆虫位置(这种方法称为回声定位法),进而捕捉昆虫。第二次世界大战时,人类已使用回声探测技术来侦察水下的潜艇。

(2)超声波的能量大。由于声强$I=\frac{1}{2}\rho uA^2\omega^2$,即声强是与频率的平方成正比,因此在振幅相同的情况下,与可闻声波相比,超声波的能量要大得多。例如10^6Hz的超声波的能量为10^3Hz的声波能量的100万倍。由于超声波的能量大、频率高,在传播时将导致媒质在局部范围内可以产生很高的声压或集中很多的振动能量,可以在几毫米的范围内产生巨大的加速度梯度。这种情况不仅有可能使液体本身的分子结构遭到破坏,而且还可能击碎处于液体中的固体物质,同时还在液体中出现了一种被称为“空化”的现象。超声波的能量及其所产生的空化现象,使得超声波在冶金、清洗、材料加工等方面获得了重要的应用,而且还可使在常温常压下不能发生的一些化学反应,在超声波的空化作用下得以发生。

(3)穿透能力强。由于在不同媒质中,超声波能量衰减的快慢是不同的,加上超声波的能量大,所以超声波在某些媒质中穿透能力相当强,如超声检测设备所发生的超声波可以穿透几十米长的金属或几千米以至几万米厚的水层。下面对超声波的应用作一介绍。

2.超声波的应用

(1)超声检查方面的应用

利用超声波的定向传播特性以及穿透能力强,可以检查媒质内部深处的情况。现以超声探测金属试件内部的缺陷(包括裂痕、气泡、杂质等)为例,加以说明。图阅7.1是探测试件内部缺陷的示意图。F为脉冲超声波发射探头,G为接收探头,两者都紧贴在待测试件S的一定部件上,并利用示波器来观察超声脉冲波形。如果在检查部位的试件内部没有缺陷(见图阅7.1(a)),那么示波器的荧光屏上就显出如图阅7.1(b)的波。左边的脉冲波f反映发射波,右边的脉冲波g反映从试件底部发射回来的反射波,两个脉冲的间隔大小对应超声波从发射到接收间的时间长短,也就是超声波在试件内来回传播一次所需要的时间。如果在检查部位试

件内部存在缺陷 Q(见图阅 7.1(c)),那么由于部分超声波中途从缺陷上反射回来,在荧光屏上就显出图阅 7.1(d)的波形。中间出现的脉冲波 q 反映从缺陷上反射回来的波。根据这种波形图,不但能够检查出试件内部是否存在缺陷,而且从 q 离开 f 和 g 的间隔还可以求出缺陷在试件内部的位置,如果进一步研究脉冲波,还可以深入分析缺陷大小和形状等细节。

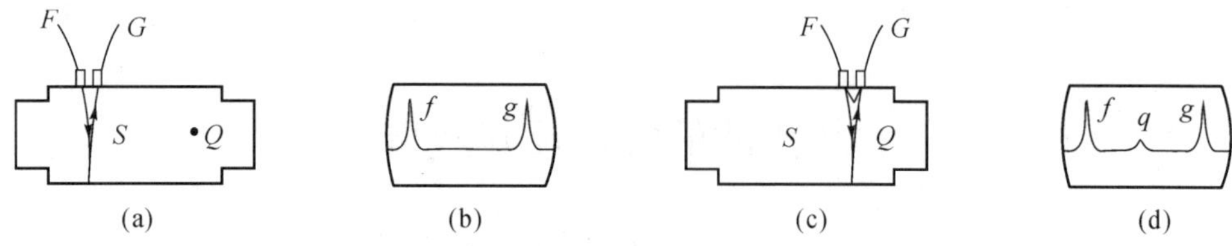

图阅 7.1　超声波探测试件内部缺陷

上述利用反射脉冲超声波探测媒质内部缺陷的方法,具有设备轻巧、操作简便、探测灵敏、使用安全等优点,而且也不会损伤待查的试件。根据同样的原理制成的超声仪器有很多类似的应用。如果把这种仪器装在船只上,就可以在海洋中测定海深、探测鱼群、确定其他舰艇和暗礁的位置;如把这种仪器装在液体底部,就可用来检查液体表面的变化情况。

(2)超声测量方面的应用

使用脉冲超声波时,根据波形图可以确定超声波从发射到接收的时间间隔。如果已知超声波传播经过的路程,就可以求出超声波的波速。当媒质中的某个物理量与超声波波速有确定的关系时,那么就可以通过这种关系,对此物理量加以间接的测定。现在我们以超声测定橡胶乳液的比重为例,来说明超声波测量方面的应用。

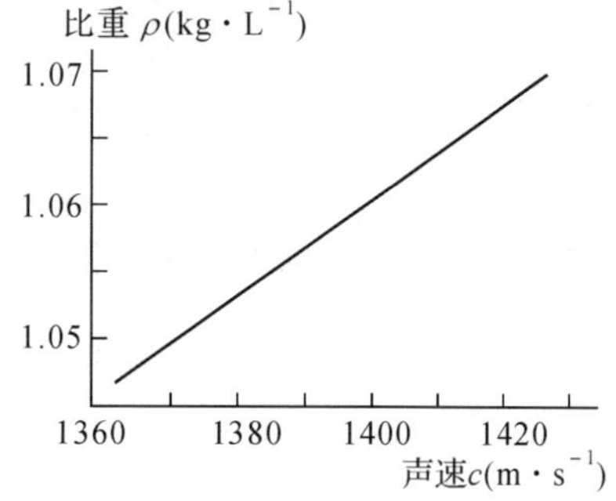

图阅 7.2　在 40℃时橡胶乳液的比重一声速曲线

超声测定比重的原理是:对于某一定品种的橡胶乳液,当温度不变时,在乳液中传播的超声波波速随着乳液比重的变化而变化。图阅 7.2 就是由大量实验确定在 40℃时橡胶乳液的比重与声速的关系曲线,可见两者成正比关系。因此只要测得乳液中的声速,由图阅 7.2 所示的曲线即可得出乳液的比重。

图阅 7.3 是超声测定比重装置的示意图,容器内装有橡胶乳液。脉冲超声波发射探头 F 和接收探头 G 面对面固定在装置容器器壁上,相互间距离为 d。测定超声波从发射到接收的时间间隔为 t,就可以求出超声波在橡胶乳液中传播的速度 $v=d/t$,在现场实际使用时,对超声波仪器预先作适当的校正,就可以在指示器上直接读出乳液比重的数值。

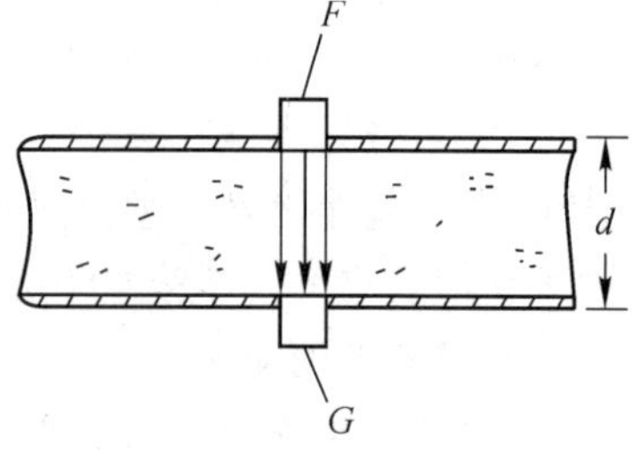

图阅 7.3　超声测定比重装置

用这种方法测定橡胶乳液比重,不但灵敏度高,容易实现快速连续测定,而且由于测试时待测容器可以密闭,橡胶乳液所含有毒蒸气不会向外扩散,从而确保工作人员的安全卫生。

上述对非声学量作超声测量的方法有很多类似的应用。例如用超声可以测定一些气体和液体的温度、固体的弹性模量、混凝土的强度等。

(3)超声处理方面的应用

①超声清洗。精密的金属零件放在有强烈超声作用的清洗液里,可以使它的内外表面清洗得非常洁净。被油脂玷污的羊毛,用超声波脱脂,不但作用迅速而且不会使纤维受到损伤。

②超声焊接。把两块比较薄的金属片夹在一起，施以超声波作用以后，就可以把它们焊接起来。焊接的强度高，金属变形小，是一种新型的焊接技术。一些具有热熔性的塑料和合成纤维也可采用超声焊接。

③超声加工。采用特殊形式的钻头，在钻头和被钻材料间加些研磨剂，施加超声波使钻头迅速振动冲击研磨剂，就可以在坚硬材料上打出所需形状的小孔。

④超声乳化。在两种不会互相混合的液体中，例如油和水，经过超声处理，能把一种液体击成极细的微粒悬浮在另一种液体中而成为乳液。用超声波制成的乳液，颗粒细小，能保存很长时间。根据同样的原理也可把染料击成极小的微粒，使染色更加均匀牢固。

(4)医疗卫生方面的应用

①超声诊断仪

超声诊断仪是一种利用低强度的超声波来检测人体组织的生理、病理的诊断仪器。通常由换能器(探头)、发射电路、接收电路和显示系统所组成，其基本原理是通过超声探头向人体内发射超声波，由接收器获得被体内不同组织和器官所反射、散射或透射的超声信号，再根据该信号特点作出诊断。超声诊断具有无损伤和灵敏度较高的优点。

超声诊断仪有：A型超声诊断仪，B型超声诊断仪(简称B超)，M型超声诊断仪和超声多普勒诊断仪。A型超声诊断仪是超声技术应用于医学诊断中最早的诊断仪器，B型超声诊断仪是在A型基础上发展起来的，它们都是根据超声脉冲原理制成的，它们给临床诊断提供了很多有用的信息，尤其是B超，在现代医学诊断中占有重要地位。M型超声诊断仪常用于心脏运动的探查，故又称脉冲回波超声心动图仪。超声多普勒诊断仪是利用超声多普勒效应原理，来检测人体内部运动器官和组织的运动状态的。现在已出现了全数字的彩色多普勒超声诊断仪，适用了多种临床检查，技术上可以进行电子凸陈和电子线阵扫描。

②超声治疗

• 超声理疗。适用于扭挫伤、肌痛、腰痛、关节炎、软组织炎症。它是利用超声换能器发射强度适宜的超声波，透入人体病变组织，利用超声波的热作用和机械按摩作用等，以达到解痛、促进康复等医疗目的。

• 超声药物透入治疗。它是利用超声波，可使体表结构对药物的通透性增强的特性，把药物(如抗生素类、维生素类、中草药等)经过皮肤或黏膜送入体内进行治疗的一种方法。

• 超声外科治疗。它是用“超声手术刀”代替传统的手术刀，利用超声粉碎，切割人体病变组织，进行临床外科治疗。超声外科治疗已在眼外科、骨外科、脑外科、矫形外科以及击碎结石和坚硬的牙垢等领域得到广泛的应用。

下面对白内障超声乳化摘除和折叠式人工晶体植入手术作简要介绍。这种手术是20世纪80年代末和90年代初出现的。它是利用高新技术的结晶——超声波通过3mm的切口把混浊晶体震碎后吸除，再用一枚可折叠的柔软人工晶体，先折叠起来，通过3mm切口植入，然后人工晶体在眼内恢复原有的大小，这样，小小的3mm切口就不需要任何缝线。据原浙江医科大学附属第二医院从1994年以来的病例统计，手术后一周94.4%病人的视力可以恢复到0.5以上，其中71%可以达到1.0。现在，甚至可以不注射麻药，只要在眼球表面滴几滴麻药就可以进行手术。

超声波的应用还很多，例如，用超声雾化器来治疗呼吸系统的疾病，利用超声波灭鼠也有奇效，在粮站、餐饮业等鼠害较为突出的地方，用超声波灭鼠是既安全又无污染的好方法。

第二篇　热学

生物进化的过程中，高级生命形式的一个主要特征是保持体温恒定，这使得在所有物理因子中，冷热对人类具有最大的影响。人类对冷热的意识与生俱来，对热的应用可以追溯到远古时代。人类的文明起源于对火的应用，早在170万年前，中国的元谋人就学会了用火。恩格斯曾指出："摩擦生火第一次使人支配了一种自然力，从而最终把人同动物界分开。"火的发明和利用也是人类认识和掌握热学的最初尝试。

人们对自然界的认识总是从实践到理论，经过归纳、提炼、总结，再回到实践。人类对火和热现象本质的认识也是经过长期实践和研究，走过曲折漫长道路发展起来的。历史上对热本性的认识，曾有"热质说"和"热动说"两种观点之争。中国古时的五行学说认为，水、火、木、金、土是构成宇宙万物的物质元素，古希腊四元素学说认为，宇宙万物是由土、水、气、火四种元素组成。"热质说"继承了上述观点，认为热是一种没有重量的特殊物质，叫作"热质"(caloric)，它可以渗入一切物体之中，可以从一个物体流向另一物体。热质不能创造，也不能消灭。热质总量守恒。热质多，温度高。"热质说"观点成功地解释了有关热传导、热膨胀以及量热学中的一些现象。18世纪，"热质说"占据主要统治地位。"热质说"把热看成是一种物质，而不是一种运动形态，从而对热学的进一步发展起到了严重的阻碍作用。对"热质说"的挑战，首先是英国的伦福德伯爵(Count Rumford)，他在慕尼黑兵工厂监制大炮膛孔时，通过对摩擦做功而产生热现象的观察和研究，在1798年，向英国皇家学会提出的报告"论摩擦激起的热源"中认为热不可能是具体的物质实体，而只能是一种"运动"。半个世纪后，英国物理学家焦耳(J. P. Joule)精确测定了热功当量，建立了能量守恒定律后，才彻底动摇了"热质说"的根基，确立了"热动说"，即热的运动学说的地位。

第8章 气体动理论

宏观物体都是由大量分子、原子(微观粒子)组成。这些分子、原子永远处于复杂的无规则运动之中,这种运动就叫作热运动。表征单个微粒的体积、质量、速度和能量等的物理量叫作**微观量**,表征大量微粒集体特征的物理量,如温度、压强等叫作**宏观量**。研究物质热运动形态及热运动与物质的其他基本运动形态之间关系的微观理论,称为**分子动理论**,又称为**分子物理学**,由于它主要应用于气体,并取得了很大的成功,也称为**气体动理论**,它以物质的分子、原子结构概念和热运动概念为基础,应用统计物理学方法,总结和概括了微观粒子热运动与物质宏观性质之间的联系,即建立起微观量与宏观量之间的联系,从本质上阐明了物质的宏观运动规律。

气体动理论和热力学都是研究热运动现象和规律的,后者是由物质的宏观特性出发,由实验总结得出热力学定律,从能量的角度来研究系统与热现象有关的宏观规律。

8.1 气体动理论的基本观点

8.1.1 分子运动的基本观点

19世纪60年代,研究热现象的微观理论迅速发展起来。当时发展的分子运动理论首先在解决气体问题上获得很大成功,以后又推广到解决液体、固体等问题。在实验基础上总结出来的分子运动理论,包括以下三个基本观点:

一、宏观物体由大量分子(或原子)组成

我们已经知道,所有物质都是由分子组成,分子是保持物质化学性质的最小微粒。分子的线度和质量都很微小,如氢分子的直径约为2.73×10^{-10} m,水分子的直径约为3.86×10^{-10} m,氢分子的质量为3.35×10^{-27} kg,水分子的质量为3.01×10^{-26} kg。组成物体的分子数却是大量的,但它们并非一个挨一个紧密地聚集在一起,它们之间有空隙。气体容易被压缩,水和酒精混合后总体积减小,钢筒中的油在2×10^{9} Pa的高压下能从筒壁上渗出等,都是分子间有空隙的证明。

二、分子(或原子)永不停息地、无规则地运动着

气体、液体、固体中都有扩散现象,这是分子运动的有力证明。最著名的实验是**布朗运动**实验。1827年,布朗在显微镜下观察到悬浮在液体中的花粉微粒总是在无规则地、永不停息地运动着,这就是布朗运动。精确的实验表明,在排除了外界干扰的情况下,布朗运动仍然存在,大量无规则热运动的液体分子不断地撞击悬浮微粒是唯一的解释。图8.1是每隔一定时

间，如半分钟，记录的布朗微粒的位置，然后用直线依次连接所得的图形。

图 8.1　布朗运动的径迹

人们对布朗运动的研究一直没有停止过，近代研究发现，将记录的时间再减短，如 1 秒钟，则原来的每一段直线又将被与图 8.1 所类似的布朗径迹代替，再减小时空尺度进行观察，亦是如此。几何形体的这种性质称为自相似性。布朗运动的径迹、蜿蜒曲折的海岸线、奇形怪状的积云……自然界这类杂乱的、不规则、不光滑却具有自相似性的几何形体，1975 年由曼德布罗特命名为**分形**(fractal)。

布朗运动还提供了从理论角度了解力学原理和非线性过程的途径，引申出用于研究随机过程的数学方法，并有助于了解星团的动力学、生态系统的演化和机票价格的波动。

三、分子间有相互作用力

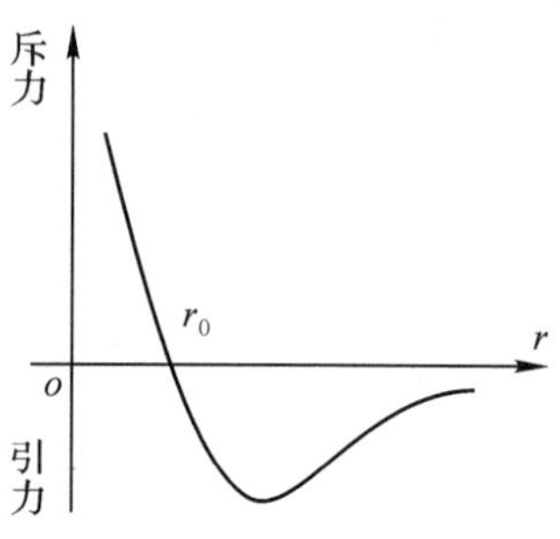

图 8.2　分子力与分子间距

大量分子相互聚集形成物体的一定形状和体积，当试图改变固体的形状或液体的体积时，都要施加一定的外力，撤去外力，它们又会在一定程度上恢复原状。这说明分子间有互相作用力。分子之间既存在着吸引力又存在着排斥力，随着分子之间距离的不同而变化。图 8.2 是分子力 f 随距离 r 变化的示意图。图中的 r_0 为平衡位置，约为 10^{-10}m，当 $r=r_0$ 时，吸引力与排斥力相等，总分子力等于零；当 $r<r_0$ 时，分子力表现为斥力，且随 r 的减小，排斥力迅速增加；当 $r>r_0$ 时，表现为引力，随 r 的增加，引力先是增加，然后减小，当 r 大于约 10^{-9} m 以后，分子间的作用力就可忽略不计。可见分子力的作用范围是极微小的，是短程力。

分子间为什么会同时存在吸引力和排斥力呢？原因就在于分子是由原子组成，而原子是由带正电的原子核和带负电的电子组成的正、负电荷系统，同性相斥，异性相吸，因此，分子力源于电磁力。

近代技术已能实现对分子力和原子力的大小进行探测，并制造出了足以看清固体表面原子排布的原子显微镜。

8.1.2　气体系统的平衡态

对于一定质量的气体分子系统，如果系统与外界没有能量交换，内部也没有任何形式的能量转换(如化学反应、核反应等)，则不管系统内各部分原来的宏观性质如何，经过一定时间后，它的压强、温度、密度都会达到均匀一致的状态，且都不随时间变化，我们称这样的状态为系统的**平衡状态**，简称**平衡态**。

例如，当两个温度不同的物体相互接触后，冷的物体会变热，热的物体会变冷，最后温度趋于一致；又若将两种气体分子混合在一起，经过一定时间的扩散后，两种气体分子在空间各处的分布也将趋于均匀。

应当指出，在平衡态下，系统的宏观性质(如压强、温度、密度等)虽然不发生变化，但从微观角度看，气体分子的热运动是永不停息的，只不过平衡态时，大量分子运动的平均效果不随时间变化，所以气体的平衡态应该是一种动态平衡，通常称为**热动平衡**。处于动态平衡时，系统的宏观性质还是会发生微小的变化，称为**涨落**。涨落现象引起的变化，对于宏观的物质系统来说,一般是极其微小的,可以忽略。

8.1.3　分子运动的统计规律性

在研究气体分子组成的系统中,有大量的分子,它们相互频繁地碰撞,每个分子的位置、速度时刻都在变化,分子运动显得杂乱无章,我们无法跟踪个别分子的运动。然而,实验表明,大量分子整体表现出来的行为却是有规律的,如容器中的气体在不受到外界影响时,其压强、温度和密度等势必趋于均匀,而达到平衡状态,此时,气体分子在空间的分布是均匀的,且不随时间变化,因此,分子沿任一方向运动的机会均等,沿任一方向运动的分子数目相等,分子速度在各个方向上的各种平均值相等。显然,在大量分子无序的运动中必然包含着一种规律性,即大量随机事件所服从的统计规律性。

下面我们利用统计方法讨论分子速度分量平方的统计平均值。设容器中有 N 个气体分子,达到均匀分布后,t 时刻,第 i 个分子的速度为$\boldsymbol{v}_i$,在直角坐标系中其分量为 v_{ix}、v_{iy}和 v_{iz},相应速度分量平方的算术平均值定义为

$$\overline{v_x^2}=\frac{1}{N}\sum_{i=1}^{N}v_{ix}^2,\ \overline{v_y^2}=\frac{1}{N}\sum_{i=1}^{N}v_{iy}^2,\ \overline{v_z^2}=\frac{1}{N}\sum_{i=1}^{N}v_{iz}^2$$

由于

$$v_i^2=\boldsymbol{v}_i\cdot\boldsymbol{v}_i=v_{ix}^2+v_{iy}^2+v_{iz}^2$$

$$\overline{v^2}=\frac{1}{N}\sum_{i=1}^{N}v_i^2=\frac{1}{N}\sum_{i=1}^{N}(v_{ix}^2+v_{iy}^2+v_{iz}^2)=\overline{v_x^2}+\overline{v_y^2}+\overline{v_z^2}$$

由统计规律性　$\overline{v_x^2}=\overline{v_y^2}=\overline{v_z^2}$

所以

$$\overline{v_x^2}=\overline{v_y^2}=\overline{v_z^2}=\frac{1}{3}\overline{v^2} \tag{8.1}$$

8.2　气体运动状态的描述

8.2.1　物态参量

在平衡态下,系统的各种宏观量都具有确定值,可用一组物理量来描述系统的热力学状态,这些物理量就称为**物态参量**。选作物态参量的物理量应是相互独立的,对于一定量的气体,可选取体积(V),压强(p)和温度(T)三个物理量中的任意两个,就能确定它的状态。以物态参量为自变量,平衡态下其他的宏观量可表达为物态参量的函数,称为**态函数**。

在生活中,我们利用温度表示物体的冷热程度,在热物理学中,温度又是一个特殊的物理量,它标志着组成系统的大量微观粒子无规则热运动的剧烈程度。温度的数值表示法叫作**温标**。我们现在常用的温标有摄氏温标 t 和热力学温标 T。热力学温标是在热力学第二定律的基础上引入的,它是不依赖于任何具体测温物质的最基本的温标。热力学温标 T 的单位是开尔文(Kelvin, 1824—1907),简称开,用 K 表示,是国际单位制的基本单位之一。热力学温标的$T=0$K称为绝对零度。1960 年国际计量大会规定,摄氏温标由热力学温标导出,定义$t=T-273.15$。

8.2.2　物态方程

在平衡态下,热力学系统的温度和其他物态参量之间的函数关系,称为系统的**物态方程**。

应用统计物理学的理论,原则上可以根据物质的微观结构导出物态方程。

对于能准确遵守玻意耳定律、盖·吕萨克定律和查理定律这三个实验定律的气体,我们称为**理想气体**。考虑质量为 m、摩尔质量为 M 的理想气体,应用上述三定律,就能得到理想气体在平衡态下,三个参量 p、V、T 之间满足的关系:

$$pV=\frac{m}{M}RT \tag{8.2}$$

上式称为**理想气体物态方程**,式中 R 为普适气体常量,其值 $R=8.314510\mathrm{J\cdot mol^{-1}\cdot K^{-1}}$。

由于 1 摩尔气体的分子数是恒定的,称为阿伏伽德罗常量 $N_0=6.022\times10^{23}\mathrm{mol^{-1}}$,以 μ 表示一个气体分子的质量,显然,摩尔质量 $M=\mu N_0$,若质量为 m 的气体中有 N 个分子,则 $m=\mu N$,将 M 和 m 代入理想气体物态方程式(8.2)中

$$pV=\frac{\mu N}{\mu N_0}RT=\frac{N}{N_0}RT$$

$$p=\frac{N}{V}\frac{R}{N_0}T=nkT \tag{8.3}$$

式中,$n=\dfrac{N}{V}$为单位体积的分子数,称为**分子数密度**,$k=\dfrac{R}{N_0}=1.38\times10^{-23}\mathrm{J\cdot K^{-1}}$称为**玻尔兹曼常量**,式(8.3)是理想气体物态方程的另一种表达形式。

应该指出,虽然真正的理想气体并不存在,但是它仍然是一个简单有用的概念。实验表明,当实际气体在密度很小,压强不太大,温度不太低时,就很接近于理想气体,能较好地服从理想气体的物态方程。

对于实际气体的处理,通常是将气体分子作一些简化假设后,推导出物态方程,或经过实验推出形式上比较复杂,然而准确度较高的经验公式。

简化处理中最有代表性的是**范德瓦耳斯**(Van der Waals, 1837—1923)**方程**,对于质量为 m、摩尔质量为 M 的实际气体,范德瓦耳斯方程为

$$\left(p+\frac{m^2}{M^2}\frac{a}{V^2}\right)\left(V-\frac{m}{M}b\right)=\frac{m}{M}RT \tag{8.4}$$

式中,a 和 b 是由实验测定的常量,见表 8.1,它们分别是考虑了分子间的吸引力和分子本身的体积而引进的修正。

表 8.1 范德瓦耳斯常量 a 和 b 的实验值

气 体	a ($\mathrm{Pa\cdot m^6\cdot mol^{-2}}$)	b ($\mathrm{m^3\cdot mol^{-1}}$)
H_2	2.476×10^{-2}	2.661×10^{-5}
He	3.456×10^{-3}	2.370×10^{-5}
CO_2	3.639×10^{-1}	4.267×10^{-5}
H_2O	5.535×10^{-1}	3.049×10^{-5}
O_2	1.378×10^{-1}	3.183×10^{-5}
N_2	1.408×10^{-1}	3.913×10^{-5}

经验公式中最具有代表性的是用级数表示的**卡末林－昂内斯**(Kamerling-Onnes)**方程**,对于 1mol 实际气体,卡末林－昂内斯方程为

$$pV=A+Bp+Cp^2+Dp^3+\cdots$$

或 $$pV=A'+\frac{B'}{V}+\frac{C'}{V^2}+\frac{D'}{V^3}+\cdots \tag{8.5}$$

式中，A、B、C、…和 A'、B'、C'、…系数分别称为第一、第二、第三**位力系数**，它们都是与实际气体性质有关的温度的函数，可由实验来测定。当压强趋于零或体积趋于无穷大时，经验公式就过渡到理想气体的物态方程。

*8.2.3 道尔顿分压定律

在实际情况中，同一体积中往往存在有不同成分的气体，即混合气体。比如我们赖以生存的空气，空气中主要的气体成分是氮和氧，它们所占的比例为氮 78.0%，氧 20.7%。通常把某成分气体在相同温度下单独占有混合气体原有体积时的压强，称为该气体的**分压强**。设有 i 种不同成分的气体，贮存在同一容器中，它们的温度相同，各种成分的分子数密度分别为 n_1，n_2，…，n_i，则总分子数密度，即单位体积内的分子总数为

$$n=n_1+n_2+\cdots+n_i$$

代入式(8.3)中，得

$$p=nkT=(n_1+n_2+\cdots+n_i)kT=n_1kT+n_2kT+\cdots+n_ikT=p_1+p_2+\cdots+p_i \tag{8.6}$$

式中，$p_1=n_1kT$，$p_2=n_2kT$，…，$p_i=n_ikT$，分别是各种气体成分的分压强。混合理想气体的总压强等于各种气体成分的分压强之和，这就是**道尔顿分压定律**。

按照道尔顿分压定律，根据氮和氧在大气中所占的比例，很容易算出在标准状态下，氮和氧的分压强分别为 7.90×10^4 Pa 和 2.10×10^4 Pa。潜水员在深水下工作时，周围压强大于大气压，为维持正常呼吸，供潜水员呼吸的气体的压强也要提高，使体内外压强相等，不然的话，水对胸腹的压迫会使呼吸困难，甚至不能呼吸。但这时不能使用高压的压缩空气，因为在压缩空气中，氮的分压也提高了，溶解在体液中的氮增多，将引起氮麻醉。实验指出，潜水员潜入深度超过 91m(水下每加深 10m 约增加一个大气压，即 10^5 Pa)时，将出现酒醉样的状态，然后意识模糊。因此，潜水员呼吸时不用压缩空气，而是用氦—氧混合气体。氦比氮的麻醉作用小，因氦的溶解量仅为氮的 40%，且氦原子小，扩散速率为氮的 2.5 倍，能更快的排出体外。另外，在压缩空气中，氧的分压也会提高，这不利于人体的中枢神经。当氧分压提高到 2 个大气压时，便出现痉挛或昏迷，这就是氧中毒。所以在高压环境下工作时是用含有一定百分比氧气(比如 30%的氧气)的氦—氧混合气体，目的是在提高总压强的同时保证氧分压不至升得过高。飞行员飞入高空时，由于空气总压强下降，导致氧分压过低，解决的办法是提高氧分压，而不是在于总压强是否提高。

8.3 理想气体的压强公式和温度的意义

热的运动学说理论的确定为气体动理论奠定了基础，1857 年德国物理学家克劳修斯(Clausius，1822—1888)发表了论文“论我们称为热的运动”，对气体动理论做了较全面的论述，用统计平均的方法，推导出了理想气体的压强、温度等公式，从而揭示了压强、温度的微观意义。

8.3.1 克劳修斯的理想气体模型

对于理想气体的宏观性质，其物态参量之间的相互关系可以用理想气体物态方程来确定。

在实验中，我们发现，当温度足够高以及压强不是很大时，许多气体都非常好地遵从这个方程。这说明，对于不同的理想气体，可以用同一种微观模型来描述，克劳修斯首先提出了理想气体的微观模型，它们必须满足下述条件：

(1)同类气体分子的大小和质量完全相同，每个分子可以看作一个粒子，分子本身的体积与它们运动所能到达的空间相比可以忽略。

(2)分子不停地做无规则运动，分子的运动遵从牛顿运动定律，除碰撞的瞬间外，分子之间的相互作用可忽略不计。重力的影响也可忽略不计。

(3)分子之间、分子与器壁之间的碰撞是完全弹性的，碰撞时占据的时间与两次碰撞之间的平均时间间隔相比非常短，可以忽略不计。

克劳修斯除了建立了理想气体的模型外，在着手推导气体的压强公式时，他还认识到，对于大量分子组成的系统，要确定每一个分子和器壁碰撞的过程及行为是不可能的，也是没有意义的。因此，他引进了统计平均值的概念，以代替对单个分子运动的描述。他提出，每个分子的实际速度千差万别，计算时可以赋予所有分子一个平均速度，在这个速度下，所有分子的动能应与实际速度下所有分子的动能一致。

在平衡态下，气体内各部分密度相等，按照统计规律，气体分子的速度符合我们在 8.1.3 节中所得到的关系式(8.1)。

8.3.2 理想气体的压强公式

气体施于器壁的压强，实际上是大量气体分子和器壁相互碰撞的结果。就某一个分子而言，它与器壁的碰撞是断续的，每次碰撞的位置、给器壁的冲量都是随机不定的，但是对于大量的分子来说，在连续的时间内有许多分子与器壁相撞，在宏观上就表现为给器壁一个持续的作用力。这和雨点打在雨伞上的情形很相似，一个个雨点落在雨伞上是断续的，大量密集的雨点落到雨伞上就使我们感觉到一个均匀持续向下的力。

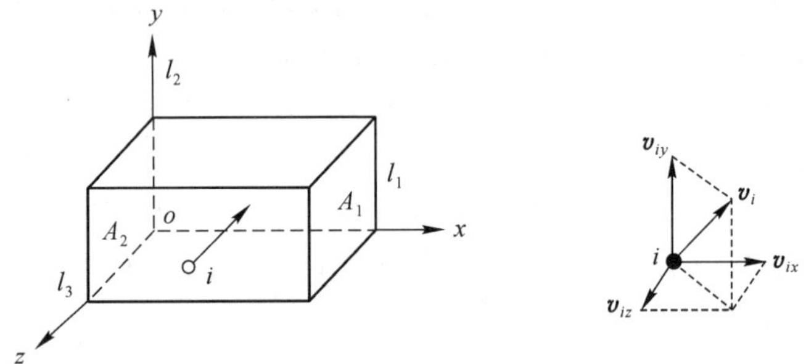

图 8.3　压强公式的推导

设边长为 l_1、l_2 和 l_3，总体积为 $V=l_1l_2l_3$ 的长方形容器中有 N 个同类气体分子，每个分子的质量为 μ。在平衡态时，容器壁上各处的压强相同，故我们只需计算其中一个器壁上的压强就可以了，如计算图 8.3 中与 x 轴垂直的、面积为 S_A 的 A_1 面所受到的压强。考虑第 i 个分子，它的速度为 $\boldsymbol{v}_i$，在直角坐标系中的三个分量为 v_{ix}，v_{iy}，v_{iz}。

根据理想气体分子模型，分子 i 与 A_1 面的碰撞是完全弹性的，碰撞后，i 分子的速度变为 $-v_{ix}$，v_{iy}，v_{iz}，只是 x 方向上速度的方向与原来的相反，则 i 分子与 A_1 面碰撞一次施加给 A_1 面的冲量为 $2\mu v_{ix}$，i 分子在 A_1、A_2 面间来回一次所需的时间为 $\frac{2l_1}{v_{ix}}$，单位时间内 i 分子与 A_1 面的碰撞次数为$\frac{v_{ix}}{2l_1}$，单位时间内 i 分子施予 A_1 面的冲量为$\frac{2\mu v_{ix}^2}{2l_1}$，单位时间内 N 个分子施予 A_1 面的冲量，即 A_1 面所受到的平均冲击力为

$$\overline{F}=\sum_{i=1}^{N}\frac{\mu v_{ix}^2}{l_1}=\frac{\mu v_{1x}^2}{l_1}+\frac{\mu v_{2x}^2}{l_1}+\cdots+\frac{\mu v_{Nx}^2}{l_1}=\frac{\mu}{l_1}\sum v_{ix}^2$$

所以 A_1 面所受到的压强为

$$p=\frac{\overline{F}}{S_A}=\frac{\overline{F}}{l_2 l_3}=\frac{\mu}{l_1 l_2 l_3}\sum v_{ix}^2=\frac{\mu N}{V}\left(\frac{v_{1x}^2+v_{2x}^2+\cdots+v_{Nx}^2}{N}\right)$$

上式中，$\frac{N}{V}$可用单位体积中的分子数 n 来表示，括号中为 N 个分子沿 x 方向速度分量平方的平均值，用$\overline{v_x^2}$来表示，再应用统计结果公式(8.1)，上式可改写为

$$p=\frac{1}{3}n\mu\overline{v^2}=\frac{2}{3}n\left(\frac{1}{2}\mu\overline{v^2}\right)=\frac{2}{3}n\overline{\varepsilon_t} \tag{8.7}$$

这就是理想气体的**压强公式**，式中$\overline{\varepsilon_t}=\frac{1}{2}\mu\overline{v^2}$是一个气体分子的平均平动动能。压强公式表明，理想气体作用于器壁上的压强决定于单位体积内的分子数 n 和分子平均平动动能$\overline{\varepsilon_t}$，n 和$\overline{\varepsilon_t}$越大压强越大。

从压强公式(8.7)的推导过程中可以看出，在对于单个分子的运动处理时我们仍认定它遵守经典力学定律，而对大量分子的运动行为特征，运用统计平均的方法，最终把宏观物理量压强 p 与大量分子运动的微观物理量的统计平均值$\overline{v^2}$和$\overline{\varepsilon_t}$联系了起来，因而压强是一个统计规律，具有统计意义。式(8.7)是气体动理论的一个基本公式。

8.3.3 温度的统计意义

根据理想气体的压强公式和物态方程，我们可以导出气体的温度与分子平均平动动能的关系，从而阐明温度这一概念的微观本质。

将理想气体物态方程式(8.3)$p=nkT$ 与理想气体压强公式(8.7)比较，得

$$\overline{\varepsilon_t}=\frac{1}{2}\mu\overline{v^2}=\frac{3}{2}kT \tag{8.8}$$

上式是宏观量温度 T 与微观量平均值$\overline{\varepsilon_t}$之间的联系公式，称为理想气体的**能量公式**，它和压强公式一样，也是气体动理论的基本公式之一。式(8.8)揭示了温度的统计意义和微观本质，气体的绝对温度是分子平均平动动能的量度。分子平均平动动能的大小是分子热运动剧烈程度的反映，所以，温度是气体内分子热运动剧烈程度的标志。这一结论适用于任何物体。式(8.8)还表明温度和压强一样，具有统计意义，离开了“大量分子”和“统计平均”，仅就个别分子而言，温度是没的意义的。

从能量公式中我们可以计算气体分子速率平方的开方根，称为方均根速率

$$\sqrt{\overline{v^2}}=\sqrt{\frac{3kT}{\mu}}=\sqrt{\frac{3RT}{M}} \tag{8.9}$$

另外，按式(8.8)推断，当 $T=0\text{K}$ 时，$\overline{\varepsilon_t}=0$，分子的热运动将停止。实际上，分子的热运动是永远不会停止的，所以，热力学温度的绝对零度只能接近而不能达到。近代量子理论指出，即使在绝对零度，组成固体点阵的粒子也还具有某种振动能量，称为**零点能**。至于气体，在温度尚未达到绝对零度前就已变为液体或固体了，式(8.8)也就不能运用了。

[例 8.1] 计算在 27.0℃时,(1)氧分子的方均根速率;(2)一个氧分子的平均平动动能;(3)一克氧分子的平动动能。

[解]

$$(1)\sqrt{\overline{v^2}}=\sqrt{\frac{3RT}{M}}=\sqrt{\frac{3\times 8.31\times(273+27)}{32\times 10^{-3}}}\approx 483(\mathrm{m/s})$$

$$(2)\overline{\varepsilon_t}=\frac{1}{2}\mu\overline{v^2}=\frac{3}{2}kT=\frac{3}{2}\times 1.38\times 10^{-23}\times 300\approx 6.21\times 10^{-21}(\mathrm{J})$$

$$(3)E_t=N\left(\frac{1}{2}\mu\overline{v^2}\right)=\frac{m}{M}N_0\left(\frac{1}{2}\mu\overline{v^2}\right)$$

$$=\frac{10^{-3}}{32\times 10^{-3}}\times 6.02\times 10^{23}\times 6.21\times 10^{-21}\approx 1.17\times 10^{2}(\mathrm{J})$$

8.4 能量均分定理和理想气体的内能

在讨论压强公式和能量公式时,是将理想气体分子作为一个弹性质点来处理,从而分子的运动只有平动。在研究分子热运动能量时发现,分子具有比较复杂的内部结构,运动时,不仅有平动动能,而且还有转动动能以及振动动能。分子是由原子组成,对于单原子分子,如氦、氖、氩等的运动,可以只考虑其平动,而对于双原子分子,如氢、氮、氧等,不仅具有平动,而且还有两原子绕质心的转动,及两原子在其连线方向上的振动,对多原子分子也是一样,运动可以有平动、转动和振动,因此,气体分子热运动的能量应包括这些运动所具有的所有能量。

8.4.1 分子运动的自由度

自由度原是力学中的一个重要概念,被推广使用于所有的科技领域。确定一个物体的空间位置所需的独立坐标数,称为该物体的**自由度**。一个物体有几种自由运动的可能性,确定它的空间位置时就需要几个独立坐标,所以自由度是表示物体有多少种自由运动可能性的物理量。

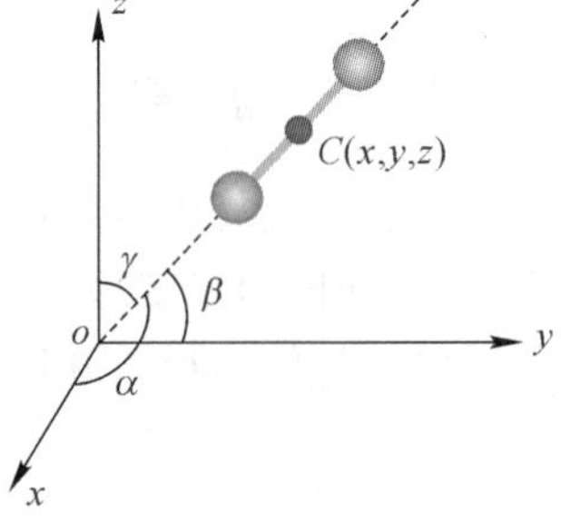

图 8.4 刚性双原子分子的自由度

一个可以在空间自由运动的质点,需要三个独立的坐标来确定它的位置,所以自由质点有三个自由度。单原子分子可以看作一个质点,因此具有 3 个平动自由度,即 $t=3$。对双原子分子,如果把原子之间的连接键看作是刚性的,那么可以作为刚体,如图 8.4 所示。确定分子质心位置 C 需 x、y、z 三个坐标,确定原子连接键的方位需用 α、β、γ 三个方向角,因总有 $\cos^2\alpha+\cos^2\beta+\cos^2\gamma=1$,所以只有两个方向角是独立的,这两个角坐标实际上给出了分子的转动状态。原子看作质点,绕原子连接键的转动不考虑,像刚性杆一样,双原子分子有 3 个平动自由度,2 个转动自由度,$r=2$,$i=t+r=5$,共 5 个自由度。在温度较高时,两个原子之间的距离还会发生变化,还必须考虑原子之间的振动,应再加上一个自由度。对于刚性多原子分子,如图 8.5,还需要一个确定分子绕通过质心轴转动的角度坐标 φ,$r=3$,$i=t+r=6$,共有 6 个自由度。当

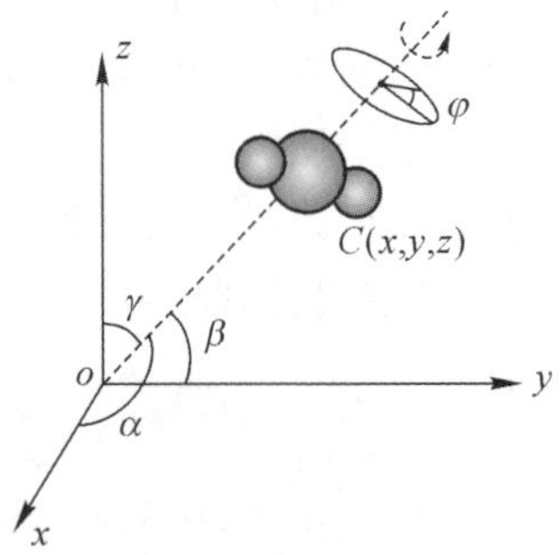

图 8.5 刚性多原子分子的自由度

然,温度较高时还需考虑振动自由度。

在常温下($T<500\text{K}$),把分子看作刚体所得结果与实验基本相符,因此可以忽略分子内部的振动。

8.4.2　能量均分定理

前面,我们已经得到了理想气体分子的平均平动动能为$\overline{\varepsilon_t}$,由于气体分子沿各个方向运动的机会均等,有$\overline{v_x^2}=\overline{v_y^2}=\overline{v_z^2}$

则
$$\overline{\varepsilon_t}=\frac{3}{2}kT=\frac{1}{2}\mu\overline{v^2}=\frac{1}{2}\mu\overline{v_x^2}+\frac{1}{2}\mu\overline{v_y^2}+\frac{1}{2}\mu\overline{v_z^2}$$

故
$$\frac{1}{2}\mu\overline{v_x^2}=\frac{1}{2}\mu\overline{v_y^2}=\frac{1}{2}\mu\overline{v_z^2}=\frac{1}{2}kT$$

上式表明,分子的平均平动动能均等地分配给每个平动自由度。

这个结论可以推广到分子的转动和振动,经典统计理论证明:在温度为 T 的平衡态下,物质(气体、液体或固体)分子的每一个自由度都具有相同的平均动能,其大小都等于$\frac{1}{2}kT$。这就是**能量按自由度均分定理**。根据这一定理,自由度为 i 的分子,其平均动能为

$$\overline{\varepsilon_k}=\frac{i}{2}kT \tag{8.10}$$

在常温下,分子可视为刚性,即无振动能量,单原子分子、双原子分子和多原子分子的自由度分别是 $i=3$、5 和 6,相应的平均动能为$\overline{\varepsilon_k}=\frac{3}{2}kT$、$\frac{5}{2}kT$ 和 $3kT$。

必须指出,能量按自由度均分定理是对大量分子统计平均的结果,对于个别分子来说,在某一瞬时它的各种形式的动能可与平均值有很大的差别,且不一定按自由度均分。但对大量分子整体来说,由于分子的无规则运动和不断地碰撞,分子间能量可以相互传递,能量形式可以相互转化,一个自由度的能量可以转化为另一个自由度的能量,一个自由度的能量多了,在碰撞、传递、转化时变为其他自由度能量的概率就大,因此,在平衡状态时,能量就被自由度平均分配了。

8.4.3　理想气体的内能

在热学中,气体的内能是指气体所有分子各种形式的动能以及分子之间相互作用势能的总和。对于理想气体,由于分子间相互作用力可忽略,分子间的相互作用势能便忽略不计,理想气体的内能只是所有分子各种无规则热运动动能的总和。

设气体分子的自由度为 i,一个分子的平均动能为$\frac{i}{2}kT$,1mol 理想气体有 N_0 个气体分子,则 1mol 理想气体的内能为

$$E_0=N_0\left(\frac{i}{2}kT\right)=\frac{i}{2}RT$$

质量为 m、摩尔质量为 M 的理想气体,内能为

$$E=\frac{m}{M}\frac{i}{2}RT \tag{8.11}$$

上式表明,对于一定量的某种理想气体,其内能只与温度有关,与体积和压强无关。所以理想气体的内能是温度的单值函数。这一性质也作为理想气体的另一定义。

特别要注意，理想气体的内能只是指气体分子各种无规则热运动能量的总和，并不计及分子有规则运动（指整体定向运动）的能量。气体分子的内能与宏观运动的机械能有明显的区别，不可混为一谈。

8.5 麦克斯韦和玻耳兹曼统计分布律

8.5.1 麦克斯韦速率分布定律

在推导理想气体的压强公式时，引出了分子平均平动动能的概念，在温度为 T 的平衡态下，气体分子的平均平动动能为

$$\overline{\varepsilon_t}=\frac{1}{2}\mu\overline{v^2}=\frac{3}{2}kT$$

这是一个确定的值。对单个分子来讲，它的速率可以和其他分子速率相差很大，但它们的平均平动动能却是一定的。可见，对大量分子而言，它们的速率分布是有一定规律的。1858 年，麦克斯韦（J. C. Maxwell，1831—1879）利用统计物理理论首先得到了分子分布的规律，而当时分子概念还只是一种假设。

麦克斯韦指出，在温度为 T 的平衡态下，分子速率可以有各种不同的值，因而速率在 v 到 $v+\mathrm{d}v$ 区间的分子数 $\mathrm{d}N$ 与总分子数 N 的百分比，即速率在 v 到 $v+\mathrm{d}v$ 内的分子概率，在各不同的 v 附近是不相同的，其值应该与所取的速率区间宽度 $\mathrm{d}v$ 成正比，并且是速率 v 的函数，可以写成

$$\frac{\mathrm{d}N}{N}=f(v)\mathrm{d}v$$

或

$$f(v)=\frac{\mathrm{d}N/N}{\mathrm{d}v} \tag{8.12}$$

式中，函数 $f(v)$ 称为**速率分布函数**，它的物理意义是速率在 v 附近单位速率区间内分子数占总分子数的百分比，或者说是分子在速率 v 附近单位速率区间内的概率。麦克斯韦以统计物理学为基础，认为两个分子相互碰撞时，在一切方向上的反冲概率相等；速度的各分量 v_x、v_y、v_z 的分布彼此独立；速度分布不受外界影响。从上述三个假设出发，导出了速率分布函数

$$f(v)=4\pi\left(\frac{\mu}{2\pi kT}\right)^{3/2}v^2\mathrm{e}^{-\mu v^2/(2kT)} \tag{8.13}$$

随着真空技术的发展，斯特恩（O. Stern）于 1920 年最早测定了分子速率。

8.5.2 分子速率的统计平均值

以 v 为横轴，$f(v)$ 为纵轴，由式(8.13)画出的曲线如图8.6所示，叫作**麦克斯韦速率分布曲线**，它形象地表示出气体分子按速率分布的情况。

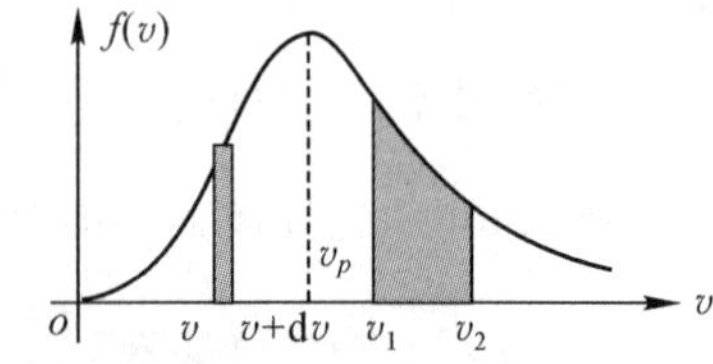

图 8.6　麦克斯韦速率分布曲线

速率分布曲线从坐标原点出发，经过一极大值后，随速率的增加而渐近于横坐标轴。这说明，气体分子的速率可以取 0 到∞之间的一切数值，速率很大和很小的分子数所占的比率实际上都很小，而具有中等速率的分子数所占的比率却很大。

在任一微小速率区间 $v\sim v+\mathrm{d}v$ 内，分子数占总分子数的比率为 $v\sim v+\mathrm{d}v$ 曲线下的窄条面积，即

$$\frac{dN}{N}=f(v)dv$$

而任一有限区间 $v_1 \sim v_2$ 曲线下的面积就表示为在这个范围内的相对分子数，可用积分求得

$$\frac{\Delta N}{N}=\int_{v_1}^{v_2} f(v)dv$$

v 在 $0\sim\infty$ 区间内的分子数即为总分子数 N，所以整条曲线下的总面积表示所有可能速率的分子数占总分子数的比率，显然等于1，即

$$\int_0^{\infty} f(v)dv=1 \tag{8.14}$$

式(8.14)叫作速率分布函数的归一化条件。

从速率分布曲线中，我们可以得到三种具有代表性的分子速率，它们是分子速率的三种统计值。

(1)最概然速率 v_p

在速率分布曲线中，$f(v)$ 有一极大值，与这个极大值相对应的速率叫作**最概然速率**，用 v_p 表示。它的物理意义是，在一定温度下，速率与 v_p 相近的气体分子所占的比率为最大，相对分子数最多。由极值条件

$$\frac{df(v)}{dv}=4\pi\left(\frac{\mu}{2\pi kT}\right)^{3/2}\left[2v e^{-\mu v^2/(2kT)}-2v^2\frac{\mu v}{2kT}e^{-\mu v^2/(2kT)}\right]_{v=v_p}=0$$

可求得

$$v_p=\sqrt{\frac{2kT}{\mu}}=\sqrt{\frac{2RT}{M}}\approx 1.41\sqrt{\frac{RT}{M}} \tag{8.15}$$

可见，温度越高，v_p 越大；分子质量越大，v_p 越小。

(2)平均速率 $\bar{v}$

大量分子速率的算术平均值叫作分子的**平均速率**，用 $\bar{v}$ 表示。由求平均公式

$$\bar{v}=\frac{1}{N}\int_0^{\infty} v dN=\int_0^{\infty} v f(v)dv$$

代入速率分布函数表达式(8.13)，积分后得

$$\bar{v}=\sqrt{\frac{8kT}{\pi\mu}}=\sqrt{\frac{8RT}{\pi M}}\approx 1.60\sqrt{\frac{RT}{M}} \tag{8.16}$$

(3)方均根速率 $\sqrt{\overline{v^2}}$

利用统计平均方法，同样可以计算大量分子速率平方平均值的开方根

$$\overline{v^2}=\frac{1}{N}\int_0^{\infty} v^2 dN=\int_0^{\infty} v^2 f(v)dv$$

积分后再开方，即

$$\sqrt{\overline{v^2}}=\sqrt{\frac{3kT}{\mu}}=\sqrt{\frac{3RT}{M}}\approx 1.73\sqrt{\frac{RT}{M}} \tag{8.17}$$

可见，所得结果与式(8.9)一致。

由上面的结果可以看出，气体的三种速率都与 $\sqrt{T}$ 成正比，与 $\sqrt{\mu}$ 或 $\sqrt{M}$ 成反比。其大小关系为 $\sqrt{\overline{v^2}}>\bar{v}>v_p$。对给定气体，即 μ 为一定时，温度升高，气体分子的热运动加剧，分子速率小的分子数减少，而速率大的分子数增加，最概然速率变大，所以曲线的峰点移向速率大的一方。但由于曲线下的面积恒为1，所以分布曲线向速率大的方向展宽的同时，曲线的高度降

低,整个曲线变得较为平坦。图 8.7 给出了氮气分子在两个温度下的速率分布曲线。

在一定温度 T 下,当分子的种类不同,即分子质量不同时,速率分布曲线也会发生变化,质量小的气体分子速率分布曲线较为平坦,最概然速率较大。

表 8.2 给出了 0℃时几种气体分子的三种速率值。

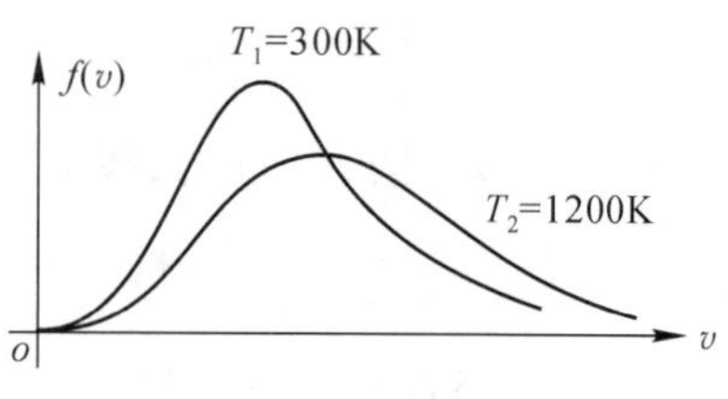

图 8.7　氮气分子在不同温度下的速率分布曲线

表 8.2　0℃时几种气体分子 $\sqrt{\overline{v^2}}$、$\bar{v}$、v_p 的数值　(m/s)

气　体	方均根速率 $\sqrt{\overline{v^2}}$	平均速率 $\bar{v}$	最概然速率 v_p
O_2	461	425	377
N_2	492	453	406
H_2	1814	1698	1508

[**例 8.2**]　计算 7.0℃时,速率在 400～440m/s 范围内空气分子的百分数,空气的平均摩尔质量为 29×10^{-3}kg/mol。

[**解**]　已知 $v=400$m/s , $\Delta v=40$, $v_p=\sqrt{\dfrac{2RT}{M}}=\sqrt{\dfrac{2\times8.31\times280}{29\times10^{-3}}}\approx400.6$(m/s),

$\dfrac{\Delta v}{v_p}=\dfrac{40}{400.6}\approx0.1$, $\dfrac{v}{v_p}\approx1$ 将 $v_p=\sqrt{\dfrac{2kT}{\mu}}$ 代入 $f(v)$,得 $f(v)=\dfrac{4}{\sqrt{\pi}}\dfrac{v^2}{v_p^3}\mathrm{e}^{-(v/v_p)^2}$

则

$$\frac{\Delta N}{N}\approx f(v)\Delta v=\frac{4}{\sqrt{\pi}}\mathrm{e}^{-(v/v_p)^2}\left(\frac{v}{v_p}\right)^2\left(\frac{\Delta v}{v_p}\right)=\frac{4}{\sqrt{\pi}}\mathrm{e}^{-1}\times0.1\approx8.3\%$$

在实际问题中,一般能满足 $\Delta v\ll v$ 时,都可用此方法计算而不必采用积分形式。

*8.5.3　玻耳兹曼分布定律

麦克斯韦在推导分子速率分布函数时,曾假设分子速率分布不受外界的影响,因此只讨论了气体在无外力场作用而处于平衡态时的情形,这时,气体分子在空间的位置分布是均匀的,气体的密度和压强处处相等。实际问题中,气体往往是处于某外力场(如重力场、电场、磁场等)中的,此时就必须考虑外力场的影响,那么,气体分子空间位置的分布将不再均匀,气体的密度和压强也不再处处相等。

我们注意到,在麦克斯韦速率分布函数中,其指数项中仅含有分子的平动动能 $\varepsilon_k=\mu v^2/2$,玻尔兹曼认为,如果分子处在外力场中,还需考虑分子的势能 ε_p,则应以分子的总能量 $\varepsilon=\varepsilon_k+\varepsilon_p$ 来代替指数项中的动能 ε_k,同时,由于分子在空间的分布不均匀,确定分子数所占的比率时,也应考虑不同坐标(x,y,z)处的情况,从而,玻尔兹曼把麦克斯韦速率分布函数推广到分子在外力场中运动的情形。玻尔兹曼运用统计方法得到,速率间隔在 $v_x\sim v_x+\mathrm{d}v_x$,$v_y\sim v_y+\mathrm{d}v_y$,$v_z\sim v_z+\mathrm{d}v_z$ 的区间内,坐标间隔在 $x\sim x+\mathrm{d}x$,$y\sim y+\mathrm{d}y$,$z\sim z+\mathrm{d}z$ 范围内的分子数 $\mathrm{d}N$ 占总分子数 N 的比率为

$$\frac{\mathrm{d}N}{N}=\left(\frac{\mu}{2\pi kT}\right)^{3/2}\mathrm{e}^{-(\varepsilon_k+\varepsilon_p)/(kT)}\mathrm{d}v_x\mathrm{d}v_y\mathrm{d}v_z\mathrm{d}x\mathrm{d}y\mathrm{d}z \tag{8.18}$$

上式被称为**玻尔兹曼分布定律**，也称为**玻尔兹曼分子按能量分布律**。式中 $\mathrm{e}^{-(\varepsilon_k+\varepsilon_p)/kT}=\mathrm{e}^{-\varepsilon/kT}$ 项叫作玻尔兹曼因子，它反映了分子在某一状态区间的百分比与能量 ε 有关，能量大的状态区间内分子数少，且随能量的增加，按指数规律迅速地减少。

将式(8.18)对所有可能的速度积分，并考虑归一化条件后，就可以得到，在 (x,y,z) 坐标附近体积微元 $\mathrm{d}V=\mathrm{d}x\mathrm{d}y\mathrm{d}z$ 中的分子数 $\mathrm{d}N'$ 与势能 ε_p 的关系

$$\mathrm{d}N'=n_0\mathrm{e}^{-\varepsilon_p/(kT)}\mathrm{d}V$$

或

$$n=\frac{\mathrm{d}N'}{\mathrm{d}V}=n_0\mathrm{e}^{-\varepsilon_p/(kT)} \tag{8.19}$$

式中，n 为在空间坐标 (x,y,z) 附近单位体积中的分子数，即分子数密度，n_0 为 $\varepsilon_p=0$ 处的分子数密度。这是玻尔兹曼分布定律的常用形式，它表明分子按势能分布的规律。玻尔兹曼分布定律是一个普遍规律，它不仅适用于气体分子，而且对任何物质的微粒都适用。

*8.5.4　大气密度和压强随高度的变化

在重力场中，气体分子在空间的分布不再均匀，由于重力的作用，分子将向地面聚集，分子数密度随高度增加而减小，根据玻尔兹曼分布定律，可以确定气体分子在重力场中按高度分布的规律。以垂直向上建立坐标 z 轴，设 $z=0$ 处单位体积内的分子数为 n_0，在地球表面附近，分子的重力势能为 $\varepsilon_p=\mu gz$，则分布在高度为 z 处单位体积内的分子数为

$$n=n_0\mathrm{e}^{-\mu gz/kT} \tag{8.20}$$

上式表明，在重力场中，气体的分子数密度 n 随高度 z 的增加按指数规律减小。分子质量越大，重力作用越强，n 减小的越快；温度 T 越高，分子无规则运动越剧烈，n 减小的就较缓慢。事实上，正是无规则热运动和重力这两种相对的作用使得分子密度具有上疏下密的分布。

式(8.20)不仅适用于重力场中的气体，也适用于悬浮在气体或液体中的微粒。

利用式(8.20)我们可以确定大气压强随高度变化的规律，如果把空气看作理想气体，在温度 T 时将式(8.20)代入理想气体物态方程 $p=nkT$ 中，得

$$p=n_0kT\mathrm{e}^{-\mu gz/(kT)}=p_0\mathrm{e}^{-Mgz/(RT)} \tag{8.21}$$

式中，$p_0=n_0kT$ 表示 $z=0$ 处的大气压强，M 为空气的平均摩尔质量。上式叫作**等温气压公式**，它表示大气压强随高度按指数减小。由于大气的温度是随高度变化的，所以只有在高度相差不大的范围内，计算结果才与实际情况符合。在登山运动和航空中，还可以应用式(8.21)来估算高度 z。将式(8.21)取对数，得

$$z=\frac{RT}{gM}\ln\frac{p_0}{p}$$

8.6　气体分子的碰撞

从前面我们知道，气体分子在常温下平均以每秒几百米的速度运动着，这样看来，似乎气体的一切过程都能在瞬间完成。但实际上情况并不如此，比如气体的扩散过程就进行得相当缓慢。我们有这样的经验，在室内打开一瓶香水，距离几米远处却要数秒钟甚至几分钟后才能闻到香味，这是为什么呢？原因是气体分子在扩散过程中，不停地与其他分子碰撞，使它只能

沿着一条曲折迂回的路径前进。克劳修斯1858年在"关于气体分子运动的平均自由程"一文中指出，气体分子扩散过程进行得快慢取决于分子间碰撞的频率程度和两次碰撞之间的平均距离。

8.6.1 平均碰撞频率

分子间的碰撞实质上是在分子力作用下分子相互间的散射过程。对单个分子来说，单位时间内与多少个分子相碰、相邻两次碰撞之间走过多少直线路程，方向如何，完全是随机的。但在平衡态下，对大量分子而言，每个分子在单位时间内与其他分子碰撞次数的统计平均值，却是一定的，称为**平均碰撞频率**，用 $\bar{z}$ 表示。

我们把分子看作直径为 d 的弹性小球，考虑分子 A，设它以平均相对速率 u 运动，这样其他分子可以认为相对静止不动，如图8.8。以 A 小球的球心运动轨迹为轴线，以分子的有效直径 d 为半径，作一个曲折圆柱体，凡是球心在圆柱体内的分子，即球心到轴线的距离小于 d 的分子都将与分子 A 碰撞，一秒钟内，分子 A 所走的长度为 u，设气体分子数密度为 n，则长为 u、半径为 d 的圆柱体中共有分子数 $n\cdot\pi d^2 u$，因此，分子的平均碰撞频率为

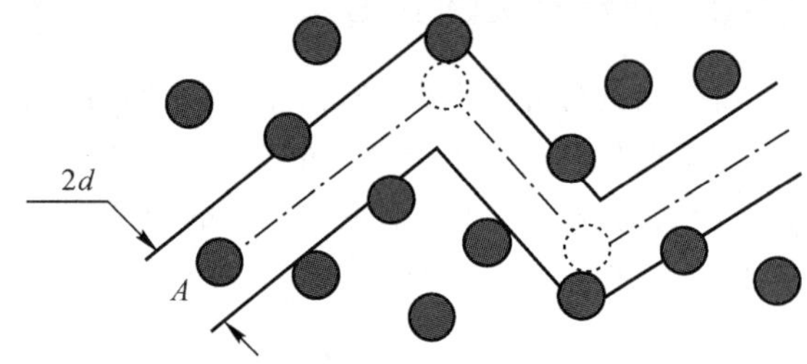

图8.8 分子的平均碰撞频率

$$\bar{z}=n\pi d^2 u$$

考虑到所有分子实际上都在运动，利用麦克斯韦速率分布定律可以证明平均相对速率 u 与平均速率 $\bar{v}$ 的关系是 $u=\sqrt{2}\bar{v}$，所以

$$\bar{z}=\sqrt{2}\pi d^2 n\bar{v} \tag{8.22}$$

气体分子的平均碰撞频率与分子的平均速率、分子数密度、分子的有效直径的平方成正比。

8.6.2 平均自由程

气体分子在连续两次碰撞之间所通过的平均路程称为分子的**平均自由程**，用 $\bar{\lambda}$ 表示。一秒钟内分子平均走过的路程是 $\bar{v}$，平均碰撞次数是 $\bar{z}$，所以

$$\bar{\lambda}=\frac{\bar{v}}{\bar{z}}=\frac{1}{\sqrt{2}\pi d^2 n} \tag{8.23}$$

以 $p=nkT$ 代入上式，得

$$\bar{\lambda}=\frac{kT}{\sqrt{2}\pi d^2 p} \tag{8.24}$$

式(8.24)表示理想气体的平均自由程 $\bar{\lambda}$ 与温度 T 成正比，与压强 p 成反比，而与平均速率 $\bar{v}$ 无关。

[例8.3] 求在25℃、一个大气压下氢分子的平均速率、平均碰撞频率和平均自由程(氢分子的有效直径为 2.73×10^{-10} m)。

[解] 已知 $d=2.73\times10^{-10}\mathrm{m}$，$p=1.013\times10^{5}\mathrm{Pa}$，$T=273+25=298\mathrm{K}$，氢气可视为理想气体，则分子数密度为

$$n=\frac{p}{kT}=\frac{1.013\times10^{5}}{1.38\times10^{-23}\times298}=2.46\times10^{25}(\mathrm{m}^{-3})$$

平均速率为

$$\bar{v}=\sqrt{\frac{8RT}{\pi M}}=\sqrt{\frac{8\times8.31\times298}{3.14\times2.02\times10^{-3}}}=1.77\times10^{3}(\mathrm{m/s})$$

平均碰撞频率为

$$\bar{z}=\sqrt{2}\pi^2d^2n\bar{v}=\sqrt{2}\pi(2.73\times10^{-10})^2\times2.46\times10^{25}\times1.77\times10^{3}=1.44\times10^{10}(\mathrm{s}^{-1})$$

平均自由程为

$$\bar{\lambda}=\frac{\bar{v}}{z}=\frac{1.77\times10^{3}}{1.44\times10^{10}}=1.23\times10^{-7}(\mathrm{m})$$

表 8.3 列出了由实验得到的几种气体在 25℃和一个大气压下的分子有效直径 d、平均自由程 $\bar{\lambda}$ 和平均碰撞频率 $\bar{z}$ 的数值。

表 8.3　几种气体分子在 25℃、一个大气压下的 d、$\bar{\lambda}$、$\bar{z}$ 值

气　体	有效直径 d(m)	平均自由程 $\bar{\lambda}$(m)	平均碰撞频率 $\bar{z}(\mathrm{s}^{-1})$
H_2	2.73×10^{-10}	12.3×10^{-8}	14.4×10^{9}
He	2.18×10^{-10}	19.0×10^{-8}	6.6×10^{9}
N_2	3.74×10^{-10}	6.50×10^{-8}	7.3×10^{9}
O_2	3.57×10^{-10}	7.14×10^{-8}	6.1×10^{9}
CO_2	4.56×10^{-10}	4.41×10^{-8}	8.6×10^{9}
空气	3.70×10^{-10}	6.68×10^{-8}	7.0×10^{9}

从表 8.3 中可以看出，气体分子的平均自由程很小，约为 $10^{-8}\mathrm{m}$，平均每隔 $0.01\mu\mathrm{m}$ 就要碰撞一次，而碰撞频率却大得惊人，每秒平均碰撞约为近百亿次。

*8.7　非平衡态下气体内的迁移现象

前面我们所讨论的都是气体在热平衡状态下的性质。实际问题中，常涉及非平衡态下的变化过程。在非平衡态下，气体内部密度、温度、流速不均匀，由于分子间的频繁碰撞，非平衡态向平衡态转变的过程称为气体内的**迁移现象**或**输运现象**。主要迁移现象有三种：粘滞现象、热传导现象和扩散现象。

8.7.1　粘滞现象

当气体在流动时，各气流层的定向运动速度（不是分子热运动速度）不同，层与层之间有相对运动，由于摩擦作用，快层将减慢，慢层会变快，这一现象叫作**粘滞现象**或**内摩擦现象**。

设有一定量气体，在两块大平行平板 A、B 之间，如图 8.9 所示。大平板 B 静止，A 以速度 v_0 沿 x 轴正方向运动，设想把气体分成许多平行于大平板的薄气层。由于相邻两气层之间有相对运动，在两气层的接触面上，便产生了一对阻碍两气层相对运动的等值反向的摩擦力，叫作**内摩擦力**或**粘滞力**。气层沿 x 方向的运动速度，在与 A 相接触的面上为最大，向下逐层递

减，因此，在沿 y 轴方向上出现了流速的空间变化率 $\mathrm{d}v/\mathrm{d}y$，称为**速度梯度**，即流速在薄层单位距离上的增量。考虑坐标在 y 处的两薄层分界面上，产生的一对摩擦力的大小为 $\mathrm{d}f$，实验证明，内摩擦力的大小 $\mathrm{d}f$ 与该处的速度梯度 $\mathrm{d}v/\mathrm{d}y$ 成正比，与两薄层接触面积 $\mathrm{d}S$ 成正比，即

$$\mathrm{d}f=\pm\eta\frac{\mathrm{d}v}{\mathrm{d}y}\mathrm{d}S \tag{8.25}$$

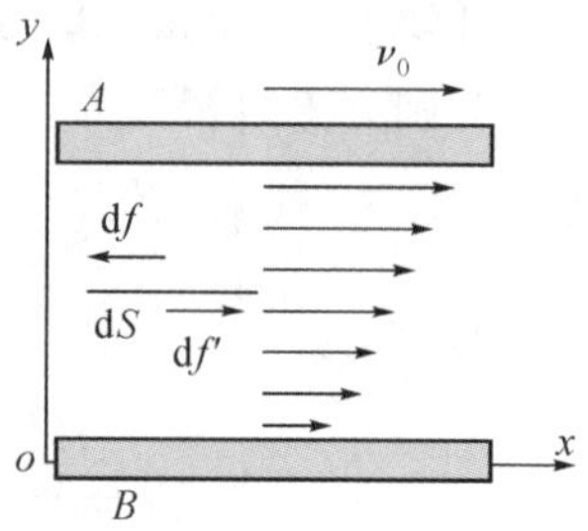

图 8.9　气体的粘滞现象

式中，比例系数 η 称为**内摩擦系数**或**粘滞系数**、**粘度**，它与气体的性质和状态有关，单位是帕·秒(Pa·s)。式(8.25)称为**粘滞定律**。对上层气体来说，流速快，内摩擦力 $\mathrm{d}f$ 为阻力，取负号；对下层气体，流速慢，$\mathrm{d}f$ 为动力，取正号。

从气体动理论的观点看，气体流动时，分子除了带有无序热运动的动量和能量外，同时还带有定向运动的动量，接触面上层中气体分子的动量大，下层中气体分子的动量小，由于无规则热运动，上下两层中的分子会越过界面，经过相互碰撞，传递动量，使上层定向运动动量减小，下层定向运动动量增加，根据动量定理 $\mathrm{d}p=f\mathrm{d}t$，式(8.25)可以改写为

$$\mathrm{d}p=\pm\eta\frac{\mathrm{d}v}{\mathrm{d}y}\mathrm{d}S\mathrm{d}t$$

式中，$\mathrm{d}p$ 为 $\mathrm{d}t$ 时间内沿 y 方向上两气层之间迁移的动量。因此，气体的粘滞现象在微观上是气体分子定向动量迁移的过程。

8.7.2　热传导现象

气体内部温度不均匀时，就会有热量从高温处向低温处传递，这一热量的输运过程叫作**热传导**。

设气体温度沿 x 轴方向由高逐渐向低变化，温度沿 x 轴的变化率 $\mathrm{d}T/\mathrm{d}x$ 称为**温度梯度**。取垂直于 x 轴的某一平面元 $\mathrm{d}S$，实验证明，$\mathrm{d}t$ 时间内，由温度高向温度低通过 $\mathrm{d}S$ 截面所传递的热量 $\mathrm{d}Q$，与该处的温度梯度成正比，与面积 $\mathrm{d}S$ 成正比，即

$$\frac{\mathrm{d}Q}{\mathrm{d}t}=-K\frac{\mathrm{d}T}{\mathrm{d}x}\mathrm{d}S \tag{8.26}$$

式中，比例系数 K 称为**导热系数**或**热导率**，它与气体的性质和状态有关，单位是 W/(m·K)。负号表示热量向着温度低的方向传递，与温度梯度的方向相反。实验测得在 0℃时氢的导热系数为 1.59×10^{-3} W/(m·K)，氧为 2.42×10^{-2} W/(m·K)，空气为 2.3×10^{-2} W/(m·K)，100℃的水蒸气为 2.18×10^{-2} W/(m·K)，可见气体的导热系数很小，所以当对流不存在时，气体可作为很好的绝热材料。

从气体动理论的观点来看，热传导现象是易于理解的。由于分子的无规则热运动，$\mathrm{d}S$ 两边的气体分子不断通过 $\mathrm{d}S$ 截面相互交换分子，结果使一部分热运动的能量从高温气体部分输运到低温气体部分，在宏观上就形成了热量的传递。因此，热传导现象在微观上是气体分子热运动能量的迁移过程。

8.7.3　扩散现象

如果容器中各部分的气体种类不同，或同一种气体分子在容器中各部分的密度不同，经过一段时间后，由于分子无规则的热运动而相互掺和，容器中各部分气体的成分以及气体的密度

将趋向均匀一致，这一过程叫作**扩散**。

为使讨论简单，我们只考虑一种气体由于各部分密度不均匀而进行的单纯扩散。设气体密度减小的方向为 x 轴正方向，密度沿 x 轴的变化率 $\mathrm{d}\rho/\mathrm{d}x$ 称为**密度梯度**。在 x 处取垂直于 x 轴的面元 $\mathrm{d}S$，实验证明，$\mathrm{d}t$ 时间内，从密度较大一侧通过 $\mathrm{d}S$ 截面向密度较小一侧扩散的分子质量 $\mathrm{d}m$，与该处的密度梯度成正比，与面积 $\mathrm{d}S$ 成正比，即

$$\frac{\mathrm{d}m}{\mathrm{d}t}=-D\frac{\mathrm{d}\rho}{\mathrm{d}x}\mathrm{d}S \tag{8.27}$$

式中，比例系数 D 称为**扩散系数**，也和气体的性质及状态有关，单位是 m^2/s。负号表示气体的扩散从密度大处向密度小处进行，与密度梯度的方向相反。

从气体动理论的观点来看，扩散现象是分子无规则热运动的结果，$\mathrm{d}S$ 两边分子不断通过 $\mathrm{d}S$ 面，在单位时间内由密度大的一边通过 $\mathrm{d}S$ 面的分子数，要比从密度小的一边通过 $\mathrm{d}S$ 面的分子数多，结果有净分子数从密度大的一边迁移到密度小的一边，在宏观上就形成了扩散现象。由于分子都有质量，因此这个过程在微观上是分子质量的迁移过程。

*8.8　液体的表面现象

分子之间的作用力有引力和斥力，在讨论理想气体分子时，由于气体分子之间的距离较大，所以除了碰撞瞬间外，我们忽略了分子之间的相互作用力。对于液体，其分子之间的距离相对较小，分子之间的作用力表现为引力。正是由于分子之间的相互作用，使得当液体与气体、液体与固体以及液体与不相混合的其他液体相接触时，在液体表面产生一种特殊的现象，使液体的表面犹如张紧的弹性薄膜，我们称为**液体的表面现象**。

8.8.1　液体的表面张力

在一般情况下，液体分子的距离使得分子之间的作用为引力，随着分子间距离逐渐增加，这种引力变得越来越弱而趋于零(参看 8.1.1 节中的图 8.2)，所以液体中某一分子只受到周围有限范围内的其他分子的作用。设分子间的有效作用距离为 r_e，当分子间距离大于 r_e 时，就可忽略它们之间的相互作用，r_e 的数量级约为 $10^{-9}\,\mathrm{m}$。我们考察在液体内部的一个分子 A 的受力情况，见图 8.10。以分子 A 为圆心，r_e 为半径，作一球体，显然，只有分布在球内的分子才对球心分子 A 具有吸引力，此球称为作用球。在稳定的均匀液体中，分子各处密度相同，由对称性可知，分子 A 所受合吸引力为零。我们再来看靠近液体表面的分子 B，在与空气接触的液体表面作一厚度为 r_e 的液层，称为液体的表面层。当分子 B 位于表面层内时，分子 B 的作用球有一部分落在空气中，由于气体分子密度远小于液体分子密度，则气体分子对分子 B 的作用力很小，所以分子 B 的受力对称性被破坏，分子 B 受到一个垂直于液面并指向液体内部的合力。从上述分析可知，在液体表面层内的分子都将受到一个垂直液面向内的作用力，越接近表面，受力越大，于是液体表面层内的分子有挤入液体内部的强烈倾向。这在宏观上表现为液体有尽量收缩表面积以至最小的趋势。如果试图把液体内部的分子移到表面层内，则必须克服上述合力做功，从而增加了分子的势能，这种表面层中分子之间的相互作用势能称为**表面能**。

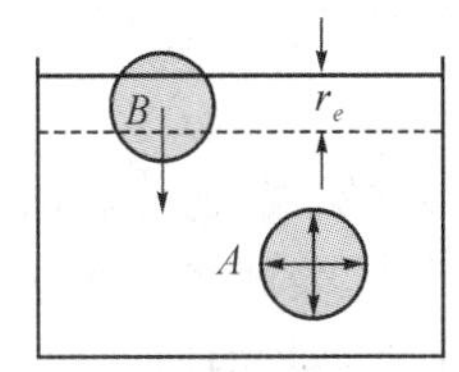

图 8.10　液体分子的相互作用

日常生活中我们看到,小水滴、小水银滴、肥皂泡以及悬浮在比重相同的水和酒精混合液中的橄榄油滴等,都呈现球形状,这是由于在体积相同的情况下,球体的表面积最小,从而势能最小,系统最为稳定。

由于液体分子的相互作用,使得液体表面在宏观上犹如受到一种方向沿液体表面、结果使液体表面积减小的力的作用,这种力叫作**表面张力**。

设想在液体表面上任取长为 l 的线段,表面张力 f 为 l 两侧液面之间的相互拉力,定义表面张力 f 的方向沿液体的表面,与 l 垂直,大小与 l 成正比

$$f=\alpha l \tag{8.28}$$

式中,比例系数 α 称为液体的**表面张力系数**,它与液体的性质和温度有关。在 SI 制中,α 的单位是 $N \cdot m^{-1}$。

液体表面张力 f 的大小常用表面张力系数 α 来描述。表面张力系数 α 还可以从能量的角度来定义,α 反映了液体表面能的大小。

取一 U 型金属框,框上装有可以自由移动的金属细丝 AB,长为 l,AB 左侧框中张满液膜,如图 8.11 所示。由于存在表面张力,为使 AB 平衡,须加一与表面张力大小相等,方向相反的外力 F,考虑到液膜有两个表面,所以

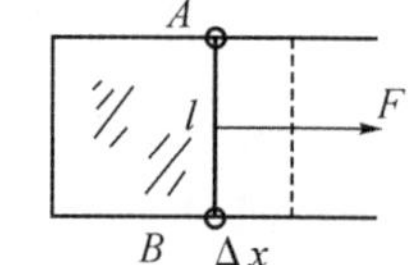

图 8.11 表面张力和表面能

$$F=2\alpha l$$

设想在 F 作用下,将 AB 匀速地向右移动微小距离 Δx,则外力做功为

$$\Delta A=F\Delta x=2\alpha l\Delta x=\alpha\Delta S$$

式中,$\Delta S=2l\Delta x$ 为液膜表面积的增量,由于外力做的功完全用于克服表面张力,从而增加了液体的表面能,即表面能的增量 $\Delta E=\Delta A$,于是

$$\alpha=\frac{\Delta E}{\Delta S} \tag{8.29}$$

上式表明,表面张力系数也可以表示为单位表面积上所具有的表面能。所以 α 的单位也可写成 $J \cdot m^{-2}$。

实验发现,液体表面张力系数与温度有密切关系,随着温度的升高,α 的值几乎线性地减小。另外,表面张力系数还随液体中含杂质的程度而改变。表 8.4 给出了一些液体在 20℃下表面张力系数的值,表 8.5 给出了水在不同温度下的表面张力系数值。

表 8.4 部分液体的表面张力系数

液 体	乙 醚	皂 液	酒 精	血 浆	水	水 银
$\alpha(10^{-3}N/m)$	17	20	22	60	73	540

表 8.5 水在不同温度下的表面张力系数

温度(℃)	0	20	30	60	80	100
$\alpha(10^{-3}N/m)$	76	73	71	66	63	60

8.8.2 弯曲液面下的附加压强

静止液体的表面,一般是一个水平面,表面张力的方向与液面平行,不产生垂直于液面的

压力。在有些情况下，由于有表面张力的存在，使液体的表面呈弯曲形状，如水滴、肥皂泡的表面是球面，水银滴的表面是椭球面，液体与固体及气体接触的表面也会弯曲，这时表面张力在垂直于液面的方向上有分量，如图 8.12 所示的球型液滴表面上，表面张力 f 的方向沿 ΔS 周界的切线方向，表面张力的合力将指向液体内部，这个合力使液面好像紧压在液体上，形成额外的压强，从而液面两侧的压强不相等，有一压强差，称为**附加压强**。

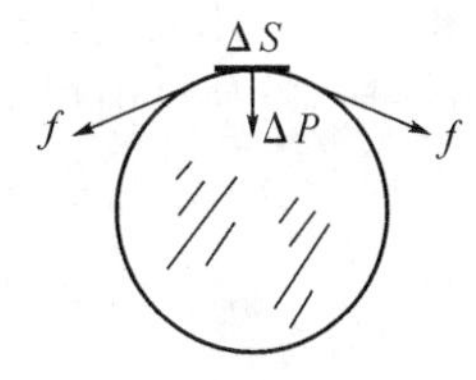

图 8.12 弯曲液面下的附加压强

附加压强是由液体弯曲面上表面张力的合力形成，所以附加压强的大小必与弯曲液面的曲率和表面张力系数有关。我们以半径为 R 的球型液面来讨论附加压强 Δp 的大小。

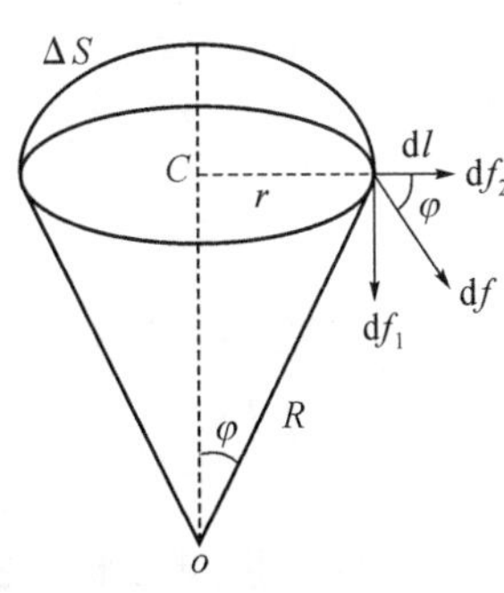

图 8.13 凸球面附加压强的计算

图 8.13 是从球型液滴上分离出来的一小块液面 ΔS，ΔS 的周界是半径 r 的圆，沿周界任取一线段微元 dl，dl 上的表面张力大小为 $df=\alpha dl$，df 沿球面的切线方向，将 df 分解为垂直和水平方向的分力，垂直方向的分力 $df_1=df\sin\varphi=\alpha dl\sin\varphi$，水平分力 $df_2=df\cos\varphi$ 与轴线 OC 垂直，并且具有轴对称性，在整个周界上这部分的合力为零，所以沿 ΔS 面的整个周界，表面张力的合力为一竖直向下指向液体内部的力

$$f=\oint df_1=\oint\alpha\sin\varphi dl=2\pi r\alpha\sin\varphi$$

由几何关系 $r=R\sin\varphi$，f 垂直作用下的液体面积 $\Delta S'=\pi r^2$，附加压强为

$$\Delta p=\frac{f}{\Delta S'}=\frac{2\alpha}{R} \tag{8.30}$$

上式称为**拉普拉斯定律**，表明弯曲液面两侧的压强差与表面张力系数 α 成正比，与曲率半径 R 成反比。

上面是从凸球形液面导出的附加压强公式，在液面为凹面时，同样可以得到上述公式，但此时表面张力合力的方向是指向液体外部，则液体外侧的压强大于液体内侧的压强。总之，在弯曲液面凹的一侧的压强要大于凸的一侧的压强。

在空气中的球形液膜，如肥皂泡，因膜的厚度很薄，内外两层液面的半径可以看作相同，如图 8.14，则可知泡内气体的压强要比泡外空气中的压强大，泡内外的压强差为 $p-p_0=\dfrac{4\alpha}{R}$。

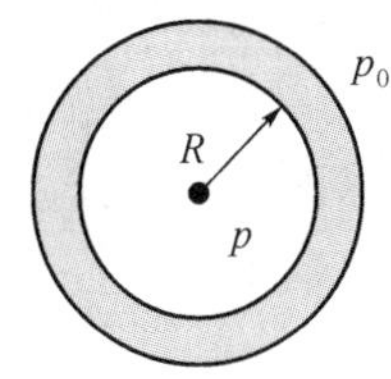

图 8.14 球形液膜内外的压强差

8.8.3 润湿现象和毛细现象

一、润湿现象

当固体和液体接触时，由于液体分子和固体分子之间的相互作用，有时液体尽量在固体表面伸展、漫延开来，例如水和玻璃、水银和锌板，这种情形称为**润湿现象**；而有时液体在固体表面上却聚集成珠状，如水和石蜡、水银和玻璃，此时我们称为**不润湿现象**。这些现象都是液体和固体接触时的表面现象。

类似液体与气体接触时的表面现象的讨论，在与固体接触的液体内作一厚度为作用半径 r_e 的液层，称为**附着层**。在附着层内的液体分子将受到两种力的作用，一种是液体分子的吸引力，称为**内聚力**，另一种是固体分子的吸引力，称为**附着力**。如果附着力大于内聚力，则分子被拉向固体表面,分子将尽量挤入附着层,使附着层有伸展倾向而表现为润湿现象,如图 8.15(a)所示;如果内聚力大于附着力,则分子被拉向液体内部,附着层有收缩的倾向而表现为不润湿现象,如图 8.15(b)所示。

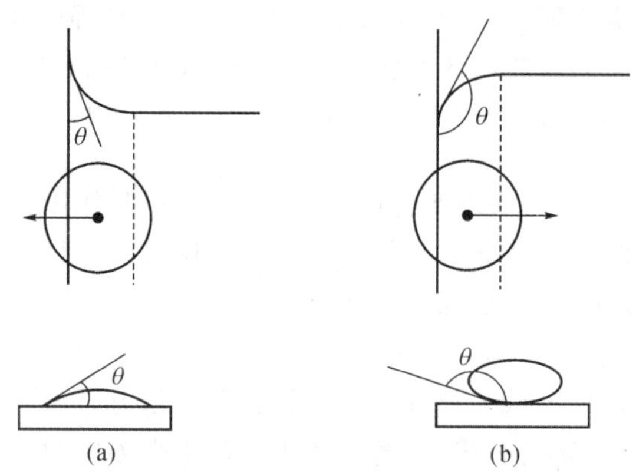

图 8.15　附着层和接触角

通常用接触角来描述润湿和不润湿现象。在液体和固体接触处,液体表面的切线与固体表面,经过液体内部之间的夹角 θ 称为**接触角**,见图 8.15。θ 为锐角时,表现为润湿现象,$\theta=0$ 称为完全润湿。θ 为钝角时,表现为不润湿现象,$\theta=\pi$ 为完全不润湿。表 8.6 给出了几种常见液体和固体的接触角。

表 8.6　常见液体和固体的接触角

液体及相邻的固体	水、玻璃	乙醇、玻璃	水银、玻璃	水、石蜡
接触角 θ	0	0	140°	107°

二、毛细现象

通常把内径很小的管子叫作毛细管,将毛细管插入液体中,管子内外液面不等高的现象叫作**毛细现象**。如果液体能润湿管壁,管内液面升高;如果液体不能润湿管壁,管内液面下降。毛细现象是由液体的表面张力引起的,液体与管壁的接触角决定了管内液面的升降。

图 8.16 显示了液体润湿管壁时的毛细现象。设毛细管半径为 r,管内液面是半径为 R 的球面的一部分。平衡时,同一水平面上管内外的压强相等,液体内深度差 h 两点的压强差为 ρgh,即

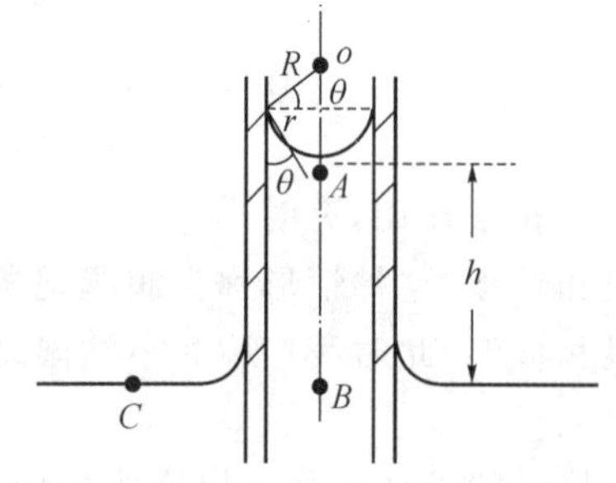

图 8.16　润湿时的毛细现象

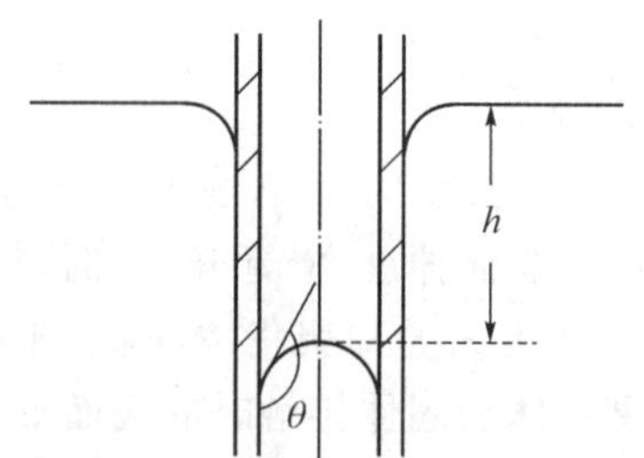

图 8.17　不润湿时的毛细现象

$$p_0=p_c=p_B,\ p_B-p_A=\rho gh$$

再由弯曲液面下 A 处的压强 $p_A=p_0-\Delta p$，得

$$\rho gh=\Delta p=\frac{2\alpha}{R}$$

上式表明，管内液体上升 h 高度时，所产生的压强差 ρgh 恰好与附加压强相抵消，达到平衡。由图 8.16 得 $r=R\cos\theta$，所以液面上升的高度 h 为

$$h=\frac{2\alpha\cos\theta}{\rho gr} \tag{8.31}$$

对于液体不润湿固体的情况，上式仍能计算毛细管内外液面的高度差，见图 8.17，这时接触角 θ 为钝角，h 为负值，表示管内液面比管外液面低。

对植物的研究表明，毛细作用是植物体内液体输运的重要途径之一，在植物的细胞壁中含有大量的毛细管，这些毛细管是由原纤维间的细小空间形成的，管径可以细到 10^{-7} m 的数量级，它足以将水分送到很高的树顶上去，当然，毛细作用并非植物中输送水分的唯一途径。毛细作用还对保持土壤水分起着重要作用。当土壤中的水分含量较少时，孔隙较大的毛细管吸力相对较小，从而先丧失其水分，然而在较小孔隙中的水分由于有较大的毛细管吸力而保留下来。

三、气体栓塞

在润湿情况下，液体在细管中流动时，如果管中有气泡，液体的流动将受到阻碍，气泡多时可能造成堵塞，这种现象叫作**气体栓塞**。气体栓塞现象不难用弯曲液面下的附加压强来解释。若细管中有一气泡，当管两端压强相等时，液体不流动，气泡两液面的曲率半径相等，产生的附加压强相等。当管两端的压强不相等时，液体本应在压强差的作用下开始流动，但由于管中有气泡，此时气泡两液面的曲率半径会发生变化，以减小液体流动的压强差，如图 8.18，管中压强 $p_1>p_2$，液体有向右流动的趋势，这时气泡左边弯曲液面的曲率半径变大，附加压强 p_L 减小，而右边液面的曲率半径变小，附加压强 p_R 增加，附加压强的差值 p_R-p_L 以抵消使液体流动的压强差 p_1-p_2，所以，管两端的压强差 p_1-p_2 较小时液体仍不能流动。只有当两端的压强差超过某一临界值 Δp 时，液体才能流动，临界值 Δp 与液体和管壁的性质、管的半径有关。当管中有 n 个气泡，只有在 $p_1-p_2>n\Delta p$ 时，液体才能带动气泡流动。

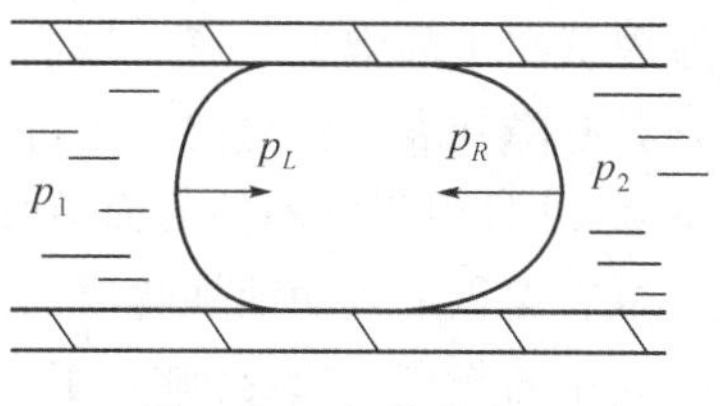

图 8.18　气体栓塞

人体血管中出现足够多的气泡时，血液的流动就会受到阻碍，甚至造成气体栓塞。例如，深海作业的潜水员从深水处上来，或患者和工作人员从高压氧舱中出来，都应当有适当的缓冲时间，否则在高压时溶于血液中的过量气体，在正常压强下会迅速释放出来，形成气泡，如在微血管血液中析出的气泡过多，就可能造成气体栓塞现象。另外在临床输液或静脉注射时要特别注意不能让空气随同药液注入血管，以免引起气体栓塞。

8.8.4　表面活性物质和表面吸附

液体的表面能应该向着降低的方向进行，从而使系统处于稳定的状态。要使表面能降低，可以采用两条途径，一是对一定量的物质减小其表面积；另一种是降低表面张力系数。小液滴合成大液滴，就是减小表面积的常见例子。而降低表面张力系数，就要靠吸附作用，吸附作用是一种物质分子或原子附着在另一种物质表面上的现象。

对溶液来说，溶剂中如果溶有某种溶质，其表面张力系数就要发生改变。从大量实验可知，有些物质溶于水，使表面张力系数降低，而有些物质溶于水使表面张力系数升高。使表面

张力系数降低的物质称为**表面活性物质**。水的表面活性物质常见的有有机酸、蛋黄素、酚、醛、酮、肥皂等，并且表面张力系数随着溶质的浓度增加而降低。还有一类使水的表面张力系数增加的物质，如蔗糖、食盐等，这一类物质称为非活性物质。

当某些表面活性物质加入溶液中时，表面活性物质会从溶液内部被驱至表面层，这种现象叫作溶剂对表面活性物质的**表面吸附**。由分子热运动，表面活性物质也不可能全部集中于液体表面，但在表面的浓度要大大高于液体内部的浓度。所以表面活性物质加入不多，就能使溶液的表面张力系数显著减小。

液体的表面张力和表面活性物质的讨论对我们理解肺的呼吸过程有很重要的意义。人体肺组织由 3 亿～4 亿个微小的肺泡组成，而肺泡是由极薄的单层上皮细胞构成的微小含气囊泡，大小形状不等，平均直径约为 $250\mu m$。在呼吸过程中，吸气时肺泡扩张，呼气时肺泡收缩。肺泡的内壁表层还覆盖一薄层液体，它与肺泡内气体间形成了液—气交界面，存在着表面张力。若将肺泡看成是此液体构成的球形液泡，可根据拉普拉斯公式来分析肺泡大小的变化，如果大小肺泡表面张力系数一定，那么，肺泡内压强与肺泡半径成反比，小肺泡内压强大，大肺泡内压强小。如果这些肺泡彼此连通，结果小肺泡的气体将不断流入大肺泡，小肺泡萎缩，大肺泡膨胀，肺泡失去稳定性。但是事实上大小肺泡保持着相对的稳定性和正常的生理功能。其原因就在于肺泡壁上有一层表面活性物质(由肺泡Ⅱ型细胞合成并释放出来的磷脂类物质)，它具有降低表面张力的作用，使其表面张力系数降低为原来的 1/7～1/14，这就使得收缩压强下降，并且由于肺泡的表面活性物质的量是不变的，呼吸时肺泡扩张、收缩，其浓度(指吸附剂单位表面积上表面活性物质的分子数)将发生变化，这种表面活性物质的存在起到调节表面张力大小的作用，以维持肺泡工作的稳定性。例如，在吸气时，肺泡表面积增加，表面活性物质浓度随半径增大而减小，所以肺泡变大，表面张力系数相对增大，从而控制了附加压强随肺泡扩张的减小，使肺泡不致过度膨胀。在呼气时，肺泡体积缩小，表面活性物质的浓度随半径缩小而增加，所以肺泡变小，表面张力系数相对减小，从而控制了附加压强随肺泡缩小而增大，使肺泡不致完全闭合，以维持大小肺泡的正常工作。另外，因肺泡大小不一，肺泡壁很薄，具有很大的通透性，肺泡内表面活性物质调节着大小肺泡的表面张力系数，从而使得小肺泡不致萎缩，而大肺泡不致过分膨胀，以维持大小不一的肺泡工作的稳定性。如因患病缺乏表面活性物质将发生肺不张症。初生儿也可因缺乏表面活性物质而发生肺不张，造成肺功能障碍，而危及生命。所以表面活性物质在肺的呼吸过程中具有重要的生理意义。

思考题

8.1 什么是平衡态？将一金属棒的一端与热水接触，另一端与冰水接触，当棒中的温度不变化后，棒是否处于平衡态？

8.2 什么是理想气体？理想气体的宏观性质和微观性质如何？

8.3 对一定量的气体来说，当温度不变，气体压强随体积的减小而增大；当体积不变时，压强随温度升高而增大，从宏观来看，这两种变化同样使压强增大，从微观来看，它们是否有区别？

8.4 给汽车充气，充到同样的程度，在夏天和冬天，充入气体的质量是否相同？

8.5 盛有气体的容器相对地面静止，若在外力的作用下，容器相对地面运动，这时气体的总能量增加了，气体的温度是否因此也升高了？

8.6 试说明下列各量的物理意义：(1) $\frac{1}{2}kT$；(2) $\frac{3}{2}kT$；(3) $\frac{i}{2}kT$；(4) $\frac{i}{2}RT$；(5) $\frac{m}{M}\frac{3}{2}RT$；(6) $\frac{m}{M}\frac{i}{2}RT$。

8.7　有两瓶不同种类的理想气体，一瓶是氦，一瓶是氮，它们的压强相同，温度相同，但体积不同，试问：(1)单位体积的分子数是否相同？　(2)单位体积的气体质量是否相同？　(3)单位体积的气体内能是否相同？

8.8　速率分布函数的物理意义是什么？试说明下列各量的意义：(1)$f(v)\mathrm{d}v$；(2)$Nf(v)\mathrm{d}v$；(3)$\int_{v_1}^{v_2} f(v)\mathrm{d}v$；(4)$\int_{v_1}^{v_2} Nf(v)\mathrm{d}v$；(5)$\int_{v_1}^{v_2} vf(v)\mathrm{d}v$；(6)$\int_{v_1}^{v_2} Nvf(v)\mathrm{d}v$。

8.9　有哪些方法可以使气体分子的碰撞频率减小？

8.10　何为液体的表面张力？表面张力系数有哪些定义？产生表面张力的原因是什么？

习　题

8.1　烧瓶中有 1.00×10^{-3} kg 氧，压强是 1.013×10^{6} 帕，温度是 47.0℃，因为漏气使压强降为原来的 5/8，温度降到 27.0℃，求(1)烧瓶的容积；(2)在两次观察之间漏去了多少氧？

8.2　用下面的方法可以测定气体的摩尔质量。容积为 V 的容器内装满试验的气体，测出其压强为 p_1，温度为 T。并称出容器连同气体的质量为 M_1，然后除去一部分气体，使其压强降为 p_2，温度保持不变。再称出容器连同气体的质量为 M_2，试求该气体的摩尔质量。

8.3　求氮气在 1.013×10^{5} Pa 和 20℃时的质量密度和分子数密度。

8.4　在海平面上，已知肺泡内气体的总压强为 1.013×10^{5} Pa，(1)若肺泡内气体的二氧化碳分压是40.0 mmHg，求二氧化碳所占的百分数是多少？(2)若肺泡内气体中氧所占的成分为 13.7%，求肺泡内氧分压是多少？

8.5　温度为 400K 时，1mol 氢气和 1mol 氦气分子总的平动动能、转动动能和内能各为多少？

8.6　容器内盛有 1mol 的某种理想气体，外界向气体输入 2.08×10^{2} J 热量，测得其温度升高 10.0K，求该气体分子的自由度。

8.7　压强为 1.013×10^{5} Pa、温度为 27.0℃时，求氧气单位体积内的分子数、一个分子的质量、分子密度和分子的平均平动动能。

8.8　设每秒钟有 10^{23} 个氧分子，以 500m/s 的速度沿着与器壁法线成 45°角的方向撞在面积为 $2.00\times10^{-4}\,\mathrm{m}^2$ 的器壁上，求这群分子作用在器壁上的压强。

8.9　氖管中有氖气 1.00×10^{-2} mol，10^{4} 个能量为 10^{12} eV 的宇宙射线粒子射入氖管后，能量全部被氖气吸收，氖气的温度升高多少？

8.10　已知某一温度下氧气分子的最概然速率是 500m/s，求在这个温度下氢气分子的最概然速率。

8.11　试计算温度为 300K 时，氢、氧和水银蒸汽分子的方均根速率和平均平动动能。

8.12　设容器 V 内盛有分子质量分别为 μ_1 和 μ_2 两种单原子分子气体，此混合气体处在热平衡态时内能为 E，求这两种气体分子的平均速率之比及混合气体的压强。

8.13　求在重力场中气体分子密度比地面少一半处的高度(设在此范围内重力场均匀且温度相同)，此高度称特征高度。

8.14　(1)求氮气分子在标准状态下的碰撞频率；(2)若温度不变，气压降到 1.33×10^{-4} Pa，碰撞频率又为多少？(设分子的有效直径为 1.00×10^{-10} m)

8.15　电子真空管的真空度为 1.00×10^{-5} mmHg，设分子的有效直径为 3.00×10^{-10} m，求 27.0℃时单位体积中的分子数及分子的平均自由程。

8.16　在半膨胀的肺中，肺泡的平均半径约为 60μm。假定表面活性物质使肺泡的表面张力系数为 50×10^{-3} N/m，求肺泡中的附加压强。

8.17　将一毛细管插入水中，其末端在水面下 10cm 处。设在完全润湿的条件下，水在管中可上升到比周围水面高 4.0cm。求当将其下端吹成一半球形气泡时，泡内压强比大气压高多少？

第 9 章　热力学基础

热力学是热学理论的一个方面。它主要是从能量转换的观点来研究物质的热性质。它的基础是由大量实验事实总结出来的热力学定律。它不涉及物质的微观结构和微观粒子的相互作用，因此，它是来于实践的客观理论，具有高度的可靠性和普遍性，有着广泛的实际应用，特别是对复杂系统（包括生命系统）的分析。

本章主要介绍热力学中的一些基本概念，热力学第一定律以及它在理想气体几种变化过程中的应用，热力学第二定律和熵的概念以及它们的应用。

9.1　热力学第一定律

9.1.1　热力学的一些基本概念

一、热力学系统

在热学中，常把所研究的宏观物体叫作**热力学系统**，简称**系统**。在系统外部，与系统行为有关的周围环境叫作**外界**。通常热力学系统可以分为三类，若系统与外界不能进行物质交换，仅可进行能量交换，则称为**封闭系统**；既不能进行物质交换，又不能进行能量交换的，称为**孤立系统**；两者都能进行交换的，称为**开放系统**。

二、准静态过程

系统处于平衡态时，可以用物态方程来描述。当系统与外界交换能量时，系统的状态要发生变化，从一个平衡态变为另一平衡态，系统状态随时间的变化过程，称为**热力学过程**。实际过程进行时，如果过程进行得很快，新的平衡尚未建立又开始了下一步的变化，则在过程进行中系统一直处于非平衡态，直至过程结束才达到新的平衡态。这种过程称为**非静态过程**。如果过程进行得无限缓慢，在任何时刻系统都无限接近于平衡态，则过程可以看作是由一连串依次相接的平衡态所组成，可以用平衡态下系统的性质来研究，这种过程称为**准静态过程**。准静态过程是从实际过程中抽象出来的理想过程，热力学中以准静态过程的研究为基础。

准静态过程在理论研究上有着重要的作用，因为在此种过程中系统时时处于平衡态，因而全过程可以用物态参量来描述。对理想气体就可用 p、V、T 来描述，并在 p-V 图上可用一条曲线来表示，如图 9.1 中曲线 ABC，曲线上任一点都表示过程进行中系统经历的一个平衡态。

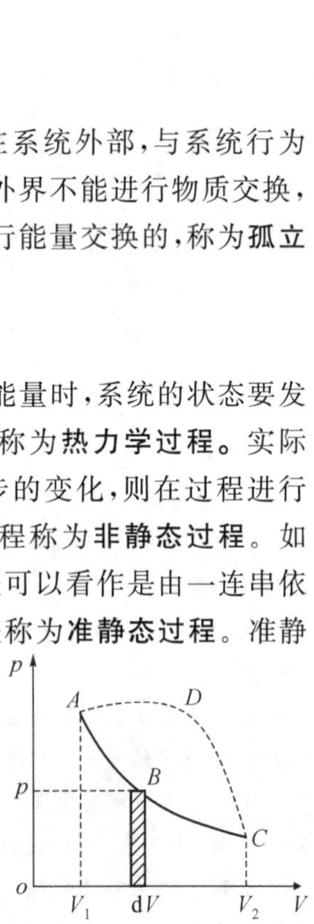

图 9.1　功的图示法

三、内能

系统内部所有分子或原子热运动的动能和相互作用的势能的总和，即为系统的**内能**。在更普遍的情况下，还可以包括系统内电磁、化学、原子、核等其他形式的能量。但不包括系统宏观运动的机械能。根据能量守恒定律，每个系统在一定的状态下，它的内能只有一个量值。当系统从某平衡态经热力学过程到达另一平衡态后，系统内能的改变量只由始末状态决定，而与热力学过程无关，因此，系统的内能是状态的单值函数。由上一章我们知道，理想气体的内能 $E=\frac{m}{M}\frac{i}{2}RT$。

四、功与热量

系统由一个状态转变为另一状态，内能要改变，系统和外界就要交换能量。系统可以通过自身体积的变化来对外做功，实现能量的交换。设在图 9.2 中的气缸内盛有一定量的气体，活塞的面积是 S，气体的压强为 p，活塞受到的作用力为 $F=pS$。当气体膨胀，活塞无摩擦地移动距离 $\mathrm{d}l$ 时，这一过程中气体所做的元功为

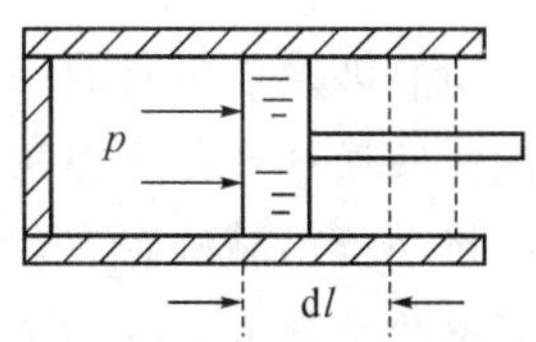

图 9.2　气体推动活塞做功

$$\mathrm{d}A=F\mathrm{d}l=pS\mathrm{d}l=p\mathrm{d}V \tag{9.1}$$

式中，$\mathrm{d}V=S\mathrm{d}l$ 是气体增加的体积。在图 9.1 的 p-V 图中，曲线下阴影部分的面积就是 $p\mathrm{d}V$。如果气体在膨胀过程的开始时体积为 V_1，最后的体积为 V_2，则由 V_1 膨胀到 V_2 的过程中，气体对外界所做的总功为

$$A=\int\mathrm{d}A=\int_{V_1}^{V_2}p\mathrm{d}V \tag{9.2}$$

也就是图 9.1 中整个曲线 ABC 下的面积。

从图 9.1 可以看出，若系统由状态 A 出发，经状态 D 至状态 C（图中虚线表示的过程），则虚线 ADC 下的面积显然和 ABC 下的面积不同，这说明功与过程有关而不是系统的状态函数。

系统与外界交换能量的另一种主要方式是传递热量。设有两温度不同的物体，相互接触，经过一段时间后，它们的温度趋于一致，这说明在此过程中两物体间有能量交换，它们的内能都有了改变，这是由两物体接触处的分子频繁的碰撞实现的。这种方式的能量交换我们称为传递热量。

做功和传递热量在改变系统的内能方面是等效的，但它们之间有着本质的区别，做功是通过系统与外界物体发生宏观的相对位移而实现，传递热量则是通过物质微观分子的相互作用来完成的。可以说做功是交换能量的宏观方式，而传递热量是交换能量的微观方式。在 SI 制中，功和热量的单位都是焦。

五、热容

一定量物质温度升高 1K 时所吸收的热量，称为该物质的**热容**。物体单位质量的热容，称为该物体的**比热**。比热的定义式为 $c=\frac{\mathrm{d}Q}{m\mathrm{d}T}$，可知，质量为 m 的物体，当温度从 T_1 升到 T_2 时，所吸收的热量为

$$Q=m\int_{T_1}^{T_2}c\mathrm{d}T$$

式中，c 是温度 T 的函数，随温度不同而有变化，只有当温度间隔不大时，c 才可看作常量，这时 $Q=mc\Delta T$，比热 c 的单位是 J/(kg · K)。

1mol 物质，在一定过程 l 中，温度升高 1K 所吸收的热量，称为该物质在给定过程 l 中的**摩尔热容**，数学表达式为

$$C_l=\frac{\mathrm{d}Q_l}{\mathrm{d}T} \tag{9.3}$$

式中 $\mathrm{d}Q_l$ 为过程 l 中 1mol 物质温度改变 $\mathrm{d}T$ 时所吸收或放出的热量。SI 制中，摩尔热容的单位是 J/(mol · K)。

9.1.2 热力学第一定律

所有涉及能量转换的物理变化过程都遵循能量转换和守恒定律。通常把包含热现象在内的能量转换和守恒定律叫作**热力学第一定律。**

设系统由某确定态，经历一个热力学过程到达另一确定态，内能由 E_1 变化为 E_2，则系统内能的改变量为 $\Delta E=E_2-E_1$。由于在实际过程中，做功和传递热量是同时存在的，因此假定外界向系统传递热量为 Q，系统对外界做功为 A，根据能量守恒定律，得

$$Q=\Delta E+A \tag{9.4}$$

上式即是热力学第一定律的数学表达式，其物理意义是：传递给系统的热量等于系统内能的增量与系统对外做功之和。应用热力学第一定律时，必须注意符号规则和单位。式中各量可以是正的，也可以是负的。系统从外界吸收热量时，Q 为正，反之为负；系统内能增加时，ΔE 为正，反之为负；系统对外界做功时，A 为正，反之为负。另外，各量的单位必须统一，SI 制中，都用焦做单位。

对于态的微小变化过程，系统吸收微小热量 $\mathrm{d}Q$，对外界作微量功 $\mathrm{d}A$，内能亦增加微量 $\mathrm{d}E$，这时式(9.4)写成

$$\mathrm{d}Q=\mathrm{d}E+\mathrm{d}A \tag{9.5}$$

上式就是热力学第一定律的微分式。根据式(9.2)，当气体由态 $A(p_1,V_1,T_1)$ 变化到态 $B(p_2,V_2,T_2)$ 时，热力学第一定律可以写成

$$Q=\Delta E+\int_{V_1}^{V_2}p\mathrm{d}V \tag{9.6}$$

由上式可以知道，系统吸入和放出的热量一般也随过程的不同而异，因此热量和功一样都不是状态的函数。

热力学第一定律是根据大量实验事实总结出来的，从热力学第一定律所得出的许多结论与观察的事实也非常符合，它是一个普适定律。

历史上曾经有人幻想要制造一种机器，它不需要任何燃料和动力，却能够不断地做功，这种机器称为第一类永动机。热力学第一定律指出，做功必须由能量转换而来，不能无中生有地创造能量，所以这类永动机是不可能制成的，因此热力学第一定律又称为**第一类永动机不可能定律。**

9.2 理想气体的热力学过程

热力学第一定律适用于任何热力学系统的任何过程。在这一节中，我们应用热力学第一

定律讨论理想气体的几种准静态过程的特殊规律。

9.2.1 理想气体的等体过程

系统体积保持不变时的状态变化过程,称为**等体过程**。等体过程的特征是$V=$常量,$\mathrm{d}V=0$。等体过程方程为$p/T=$常量,在p-V图上,等体过程对应一条与V轴垂直的线段,称等体线(图9.3)。等体过程中,由于$\mathrm{d}V=0$,所以系统对外做功为零,即$A=0$。由热力学第一定律,可得

$$Q_V=\Delta E \tag{9.7}$$

这就是说,等体过程中传递给系统的热量Q_V全部用来增加气体的内能,对理想气体来说,就是增加气体分子的动能,而气体向外界放出热量就将使气体内能减少。

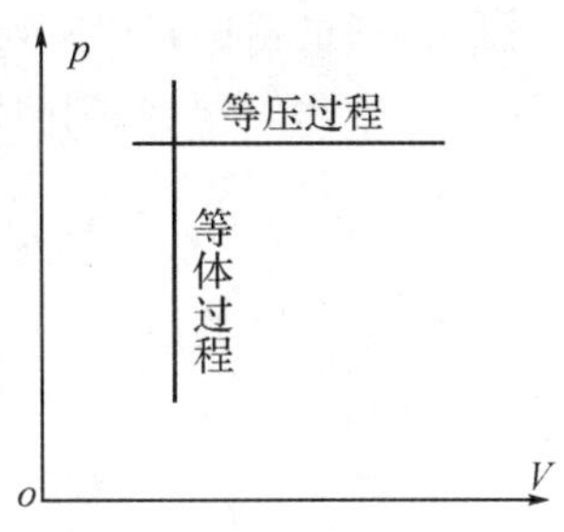

图9.3　等体和等压过程

对于理想气体,内能$E=\frac{mi}{2M}RT$,式(9.7)可以写成

$$Q_V=\frac{mi}{2M}R\Delta T \tag{9.8}$$

根据热容的定义,一摩尔气体在等体过程中的热容称为**定体摩尔热容**,用C_V表示,由式(9.3)得

$$C_V=\frac{\mathrm{d}Q_V}{\mathrm{d}T}$$

因$m/M=1$,由式9.8知$\mathrm{d}Q_V=\frac{i}{2}R\mathrm{d}T$,代入上式,得

$$C_V=\frac{i}{2}R \tag{9.9}$$

对一定量理想气体,在等体过程中,温度升高ΔT,则气体所吸收的热量为

$$Q_V=\frac{m}{M}C_V\Delta T \tag{9.10}$$

内能的增量亦为

$$\Delta E=\frac{m}{M}C_V\Delta T \tag{9.11}$$

由于内能是状态的函数,与过程无关,因此对任意两个状态,内能的变化都可用此式表示。

由式(9.9)可知,理想气体的定体摩尔热容与温度无关,只与分子自由度i成正比。对单原子分子气体$i=3$,双原子分子气体$i=5$,多原子分子气体$i=6$,其相应的定体摩尔热容C_V为$\frac{3}{2}R$、$\frac{5}{2}R$和$3R$,数值约为12.5J/(mol·K)、20.8J/(mol·K)和24.9J/(mol·K)。

9.2.2 理想气体的等压过程

系统压强保持不变的状态变化过程,称为**等压过程**。等压过程的特征是$p=$常量,$\mathrm{d}p=0$。等压过程方程为$V/T=$常量。在p-V图上,等压过程对应一条与p轴垂直的线段,称等压线(图8.3)。等压过程中,气体体积由V_1变化至V_2,系统对外界做功为

$$A_p=\int_{V_1}^{V_2}p\mathrm{d}V=p(V_2-V_1)$$

由热力学第一定律，得

$$Q_p = \Delta E + p(V_2 - V_1) \tag{9.12}$$

对于等压膨胀过程，$V_2 > V_1$，$A_p > 0$，根据理想气体物态方程，可知 $T_2 > T_1$，所以上式表示：在等压膨胀过程中，气体吸收的热量 Q_p，一部分用以增加系统内能，另一部分转换为对外界做的功。由内能的表达式和理想气体物态方程，式(9.12)可表示为

$$Q_p = \frac{m}{M}C_V(T_2 - T_1) + \frac{m}{M}R(T_2 - T_1) \tag{9.13}$$

根据热容的定义，一摩尔气体在等压过程中的热容称为**定压摩尔热容**，用 C_p 表示，由式(9.3)得

$$C_p = \frac{\mathrm{d}Q_p}{\mathrm{d}T}$$

因 $m/M = 1$，由式(9.13)知 $\mathrm{d}Q = C_V\mathrm{d}T + R\mathrm{d}T$，代入上式，得

$$C_p = C_V + R \tag{9.14}$$

上式叫作**迈耶公式**。它表明，理想气体的定压摩尔热容比定体摩尔热容大一个常量 R。也就是说，在等压过程中，1mol 理想气体温度升高 1K 时，要比等体过程中多吸收 8.31J 的热量，这部分热量就是用来转换为气体膨胀时对外界所做的功。对一定量气体，在等压过程中温度升高 ΔT 时，气体所吸收的热量为

$$Q_p = \frac{m}{M}C_p\Delta T \tag{9.15}$$

将式(9.9)代入式(9.14)，有

$$C_p = \frac{i}{2}R + R \tag{9.16}$$

由此可知，理想气体的定压摩尔热容 C_p 也只与气体分子的自由度 i 有关，而与气体的温度无关。对于单原子分子气体、双原子分子气体和多原子分子气体，其相应定压摩尔热容 C_p 为 $\frac{5}{2}R$、$\frac{7}{2}R$ 和 $4R$，数值约为 20.8J/(mol·K)、29.1J/(mol·K)和 33.2J/(mol·K)。

在实际应用中，常用到 C_p 与 C_V 的比值，以 γ 表示，叫作**摩尔热容比**

$$\gamma = \frac{C_p}{C_v} = 1 + \frac{2}{i} \tag{9.17}$$

因为 $C_p > C_V$，所以 γ 恒大于 1。理想气体的 γ 也只与气体分子自由度有关，而与温度无关。对单原子、双原子和多原子分子气体，γ 的值约为 1.67、1.40 和 1.33。表 9.1 列出一些在温度为 293K 和压强为 1.013×10^5 Pa 条件下，由实验确定的实际气体摩尔热容值。从表中看出，单原子及双原子分子气体的 C_V、C_p 和 γ 的实验值与理论值相接近。这表明经典的热容理论能近似地解释单原子和双原子分子气体，但对多原子分子气体，特别是结构复杂的多原子分子气体，如氯仿、乙醇等，理论值与实验值显著不符，原因之一，是忽略了分子内部原子的振动；原因之二，是气体动理论以能量连续的概念为基础。因此经典的热容理论有它的局限性，对多原子分子气体只有应用量子统计理论才能较好地解释。

表 9.1 一些气体的摩尔热容实验值

（293K、1.013×10^5 Pa，C_V、C_p 的单位为 $\text{J}\cdot\text{mol}^{-1}\cdot\text{K}^{-1}$）

原子数	气体	C_V	C_p	C_p-C_V	γ
单原子气体分子	氦	12.5	20.9	9.4	1.67
	氩	12.5	21.2	8.7	1.65
双原子气体分子	氢	20.4	28.8	9.4	1.41
	氮	20.4	28.6	8.2	1.41
	一氧化碳	21.2	29.3	8.1	1.40
	氧	21.0	28.9	7.9	1.40
多原子气体分子	水蒸气	27.8	36.2	9.4	1.31
	甲烷	27.2	35.6	8.4	1.30
	氯仿	63.7	72.0	8.3	1.13
	乙醇	79.2	87.5	8.2	1.11

［**例 9.1**］ 一定量的理想氧气，经图例 9.1 所示的 ADC 和 ABC 两个不同过程，由状态 A 变化到状态 C。图中 $p_2=2p_1$，$V_2=2V_1$。求气体分别在这两个过程中从外界所吸收的热量。

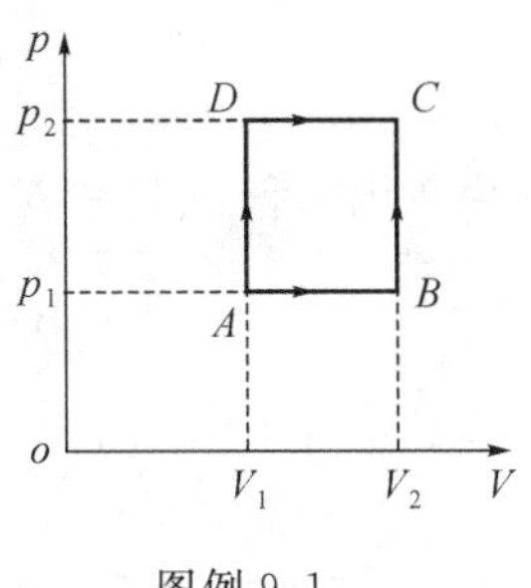

图例 9.1

［**解 1**］ 状态 A 到状态 C 之间的内能增量与过程无关

$$\Delta E=\frac{m}{M}C_V(T_C-T_A)=\frac{i}{2}\frac{m}{M}R(T_C-T_A)$$

$$=\frac{5}{2}(p_2V_2-p_1V_1)$$

式中，$i=5$。等体过程不做功，等压过程 AB 的功 $A_{AB}=p_1(V_2-V_1)$，

等压过程 DC 的功 $A_{DC}=p_2(V_2-V_1)$，根据热力学第一定律，过程 ABC 中所吸收的热量为

$$Q_{ABC}=\Delta E+A_{AB}=\frac{5}{2}(p_2V_2-p_1V_1)+p_1(V_2-V_1)$$

$$=\frac{17}{2}p_1V_1$$

过程 ADC 中所吸收的热量为

$$Q_{ADC}=\Delta E+A_{DC}=\frac{5}{2}(p_2V_2-p_1V_1)+p_2(V_2-V_1)=\frac{19}{2}p_1V_1$$

［**解 2**］ 过程 ABC 中吸收的热量为

$$Q_{ABC}=Q_{AB}+Q_{BC}=\frac{m}{M}C_p(T_B-T_A)+\frac{m}{M}C_V(T_C-T_B)$$

$$=\frac{C_p}{R}(p_1V_2-p_1V_1)+\frac{C_V}{R}(p_2V_2-p_1V_2)$$

$$=\frac{i+2}{2}p_1(V_2-V_1)+\frac{i}{2}(p_2-p_1)V_2=\frac{17}{2}p_1V_1$$

过程 ADC 中吸收的热量为

$$Q_{ADC}=Q_{AD}+Q_{DC}=\frac{m}{M}C_V(T_D-T_A)+\frac{m}{M}C_p(T_C-T_D)$$

$$=\frac{i}{2}(p_2V_1-p_1V_1)+\frac{i+2}{2}(p_2V_2-p_2V_1)=\frac{19}{2}p_1V_1$$

9.2.3 理想气体的等温过程

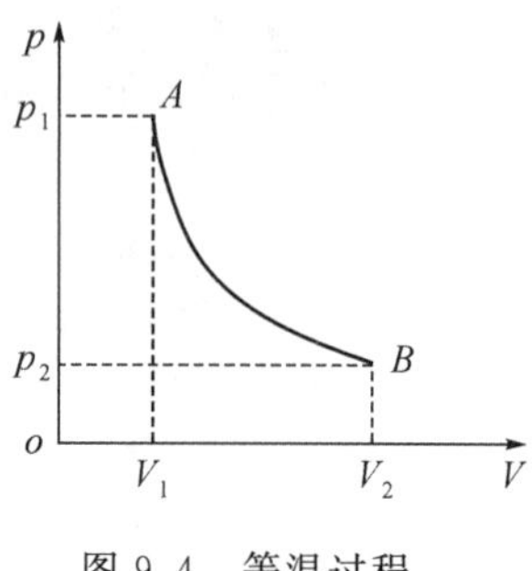

图 9.4 等温过程

系统温度保持不变的状态变化过程,称为**等温过程**。等温过程的特征是 T=常量,$\mathrm{d}T=0$。等温过程方程为 pV=常量。等温过程在 p-V 图上对应一条双曲线,称为等温线(图 9.4)。等温过程中,气体内能不变,即 $\Delta E=0$,由热力学第一定律,得

$$Q_T = A_T = \int_{V_1}^{V_2} p\mathrm{d}V$$

上式表明,等温过程中,系统从外界吸收的热量,等于对外界所做的功。由理想气体物态方程知,当温度 T 不变时,压强 p 仅是体积 V 的函数,将 $p=\frac{m}{M}\frac{RT}{V}$ 代入上式,得

$$Q_T = A_T = \frac{m}{M}RT\int_{V_1}^{V_2}\frac{\mathrm{d}V}{V} = \frac{m}{M}RT\ln\frac{V_2}{V_1} \tag{9.18}$$

由等温方程 $p_1V_1=p_2V_2$,上式又可写成

$$Q_T=A_T=\frac{m}{M}RT\ln\frac{p_1}{p_2} \tag{9.19}$$

其数值等于图 9.4 中等温线 AB 下的面积。

根据热容的定义,等温过程的摩尔热容为无限大。这是因为在等温过程中无论吸收多少热量,温度都保持不变,只有热容无限大时才有可能。

[例 9.2] 在温度为 27.0℃的等温过程中,5.60×10^{-2}kg 氮气,压强增加了一倍,求气体的内能变化、吸收的热量和对外界所做的功。

[解] $T=273+27=300(\mathrm{K})$,$m=5.6\times10^{-2}(\mathrm{kg})$,氮气的摩尔数 $\frac{m}{M}=\frac{0.056}{28\times10^{-3}}=2(\mathrm{mol})$,根据题意有 $p_2=2p_1$,内能由温度确定,等温过程中 $\Delta E=0$,由式(9.19)

$$Q_T=A_T=\frac{m}{M}RT\ln\frac{p_1}{p_2}=2\times8.31\times300\times\ln\frac{1}{2}\approx-3.46\times10^3(\mathrm{J})$$

式中,负号表示气体放出热量,并且外界对气体做正功。

9.2.4 理想气体的绝热过程

系统状态变化的整个过程中始终不和外界交换热量,这种过程称为**绝热过程**。绝热过程的特征是 $\mathrm{d}Q=0$,系统和外界交换热量为零。由热力学第一定律,有

$$Q=\Delta E+A_Q=0$$

微分式为

$$\mathrm{d}Q=\mathrm{d}E+\mathrm{d}A=\frac{m}{M}C_V\mathrm{d}T+p\mathrm{d}V=0 \tag{9.20}$$

上式表示,在绝热过程中,气体膨胀对外界做功是由其内能减少来实现的。

下面我们导出绝热过程方程。

在绝热过程中,态参量 p、V 和 T 都是变量,将理想气体物态方程 $PV=\frac{m}{M}RT$ 微分,得

$$p\mathrm{d}V+V\mathrm{d}p=\frac{m}{M}R\mathrm{d}T \tag{9.21}$$

上式和式(9.20)联立,消去 $\mathrm{d}T$ 得

$$(C_V+R)p\mathrm{d}V=-C_V V\mathrm{d}p$$

因为 $C_V+R=C_p$,$\gamma=C_p/C_V$,故上式变为

$$\frac{\mathrm{d}p}{p}+\gamma\frac{\mathrm{d}V}{V}=0$$

积分后,得

$$pV^\gamma=常量 \tag{9.22}$$

上式叫作**泊松方程**。式中常量决定于气体的质量和初始状态。由理想气体物态方程和泊松方程消去 p 或 V,得

$$V^{\gamma-1}T=常量 \tag{9.23}$$

$$p^{\gamma-1}T^{-\gamma}=常量 \tag{9.24}$$

以上三式都称为理想气体的绝热方程。根据泊松方程,可在 p-V 图上画出相应的曲线,称为绝热线(图 9.5)。

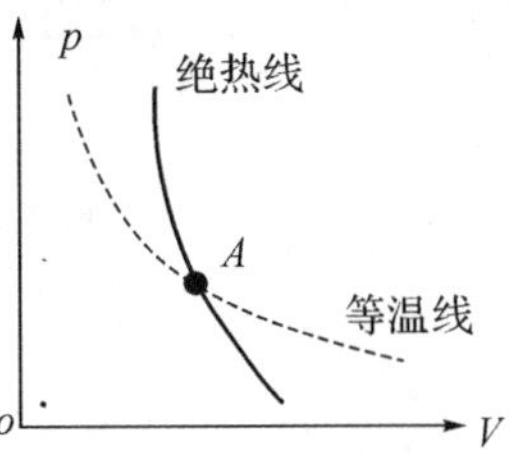

图 9.5　绝热线

与等温线相比较,绝热线的斜率为 $\left(\frac{\mathrm{d}p}{\mathrm{d}V}\right)_Q=-\gamma\frac{p}{V}$,等温线的斜率为 $\left(\frac{\mathrm{d}p}{\mathrm{d}V}\right)_T=-\frac{p}{V}$,因为 $\gamma>1$,所以在同一点(如图 9.5 中 A 点)绝热线斜率的绝对值要比等温线斜率的绝对值大,即绝热线比等温线要陡些,对此可解释如下:由 $p=nkT$,两过程中当气体由图 9.5 中 A 点继续膨胀同样体积时,单位体积内的分子数减少,在等温过程中,温度 T 不变,压强仅由于分子数密度减少而下降;在绝热过程中,膨胀气体体积,一方面分子数密度减少使压强下降,另一方面,气体对外界做功,使内能减少,从而温度随之降低,又使压强下降。因此,当气体体积增加相同时,绝热过程中压强降低的要大一些。

利用绝热方程 $pV^\gamma=常量$,我们可直接导出绝热过程中功的计算关系式。设 p_1 和 V_1 表示初始态的压强和体积,p_2 和 V_2 表示末了态的压强和体积,$pV^\gamma=p_1V_1^\gamma=p_2V_2^\gamma$,则

$$A_Q=\int_{V_1}^{V_2}p\mathrm{d}V=p_1V_1^\gamma\int_{V_1}^{V_2}V^{-\gamma}\mathrm{d}V=\frac{p_1V_1^\gamma}{1-\gamma}(V_2^{1-\gamma}-V_1^{1-\gamma})=\frac{p_1V_1-p_2V_2}{\gamma-1} \tag{9.25}$$

根据热容定义,在绝热过程中,气体不吸收热量,而温度却能变化,因此,绝热过程的摩尔热容为零。

*9.2.5　理想气体的多方过程

实际应用中,气体中所进行的状态变化过程既不是完全的等温过程,也不是完全的绝热过程,而常常是介于两者之间的过程,因而常用下述公式来表示在气体中进行的实际过程:

$$pV^n=常量 \tag{9.26}$$

凡满足这一方程的过程,叫作**多方过程**。式中 n 是一个常数,称为**多方指数**。其数值随具体过程而定。类似式(9.25),理想气体的多方过中,气体从状态 $A(p_1,V_1,T_1)$ 变化到状态 $B(p_2,V_2,T_2)$,对外做功

$$A=\frac{p_1V_1-p_2V_2}{n-1} \tag{9.27}$$

多方过程可描述任一实际过程,因而等体、等压、等温和绝热过程都是多方过程的特例。等压过程中,压强 p 是常量,$n=0$;等温过程中,$pV=常量$,$n=1$;绝热过程中,$pV^\gamma=常量$,$n=\gamma$;等体过程中,当 $n\to\pm\infty$ 时,$(pV^n)^{1/n}=V=常量$,故 $n=\pm\infty$。

在热工实际过程中进行的热力学过程,大都属于多方过程,因此,多方过程有着重要的实

用价值。

下面，将理想气体上述各过程中的一些重要公式列表对照（表 9.2），以供参考。

表 9.2　理想气体的各种过程

过程名称	等压过程	等温过程	绝热过程	等体过程	多方过程
多方指数	0	1	γ	$\pm\infty$	n
过程方程	V/T＝常量	pV＝常量	pV^{γ}＝常量	p/T＝常量	pV^{n}＝常量
吸收热量 Q	$\frac{m}{M}C_p\Delta T$	$\frac{m}{M}RT\ln\frac{V_2}{V_1}$	0	$\frac{m}{M}C_V\Delta T$	$\frac{m}{M}C_n\Delta T$
对外做功 A	$p\Delta V$ 或 $\frac{m}{M}R\Delta T$	$\frac{m}{M}RT\ln\frac{V_2}{V_1}$ 或 $p_1V_1\ln\frac{p_1}{p_2}$	$-\frac{m}{M}C_V\Delta T$ 或 $\frac{\Delta(pV)}{1-\gamma}$	0	$\frac{\Delta(pV)}{1-n}$
内能增量 ΔE	$\frac{m}{M}C_V\Delta T$	0	$\frac{m}{M}C_V\Delta T$ 或 $\frac{\Delta(pV)}{\gamma-1}$	$\frac{m}{M}C_V\Delta T$	$\frac{m}{M}C_V\Delta T$

［例 9.3］　标准态下的 1.40×10^{-2} kg 氮气分别通过下列准静态过程压缩为原体积的一半：(1)等温过程；(2)绝热过程。求这些过程中气体对外所做的功、吸收的热量和内能的增量。设氮气可看作理想气体。

［解］　已知 $\frac{m}{M}=\frac{0.014}{0.028}=0.5, C_V=\frac{5}{2}R=20.8(\text{J}\cdot\text{mol}^{-1}\cdot\text{K}^{-1})$，

$$\gamma=C_p/C_V=1+2/i=1.4$$

(1)等温过程

$$\Delta E=0$$

$$Q_T=A_T=\frac{m}{M}RT\ln\frac{V_2}{V_1}=0.5\times8.31\times273\times\ln\frac{1}{2}\approx-786(\text{J})$$

外界对气体做功 786J，气体放热 786J。

(2)绝热过程

$$Q=0$$

$$T_2=T_1\left(\frac{V_1}{V_2}\right)^{\gamma-1}=273\times2^{1.4-1}\approx360(\text{K})$$

$$A_Q=-\Delta E=-\frac{m}{M}C_V(T_2-T_1)=-0.5\times20.8\times(360-273)\approx-905(\text{J})$$

即外界对气体做功 905J，内能增加 905J。

9.3　循环过程

9.3.1　热机循环与制冷机循环

热力学是从对热机效率的研究而发展起来的，**热机**就是将燃料的热量转换为功的装置，蒸汽机、内燃机、汽轮机等都是热机。任何热机工作时都将经历循环过程。热力学系统以某初始

态开始经历若干不同的状态变化过程，又回到原来的初始态，这样周而复始的变化过程称为**循环过程**，简称**循环**。该热力学物质系统叫作**工作物质**。在 p-V 图上，工作物质所经历的准静态循环过程可用一条闭合曲线来表示，见图 9.6。由于系统的内能是状态的单值函数，所以经过一个循环后，仍返回原始态，它的内能没有改变，$\Delta E=0$，这是循环过程的特征。

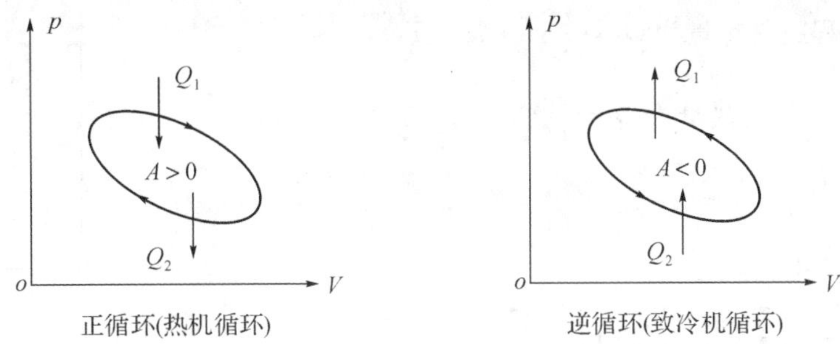

图 9.6　循环过程

在整个循环过程中，系统对外界做功的代数和称为**净功**，其数值等于闭合曲线所包围的面积。若过程是沿曲线顺时针绕行，所做净功 A 为正，称为正循环（热机循环），若过程是沿曲线逆时针绕行，所做净功 A 为负，称为逆循环（制冷机循环）。

在一个环过程中，将系统从外界吸收的热量总和记为 Q_1，放出的热量总和记为 Q_2（Q_2 为绝对值）。由热力学第一定律可知，正循环过程中，系统从外界吸收的热量 Q_1 必然大于放出的热量 Q_2，而其差值 Q_1-Q_2 就等于对外界所做的净功 A，即 $A=Q_1-Q_2>0$。

例如，蒸汽机的工作物质是水和水蒸气。水从锅炉（高温热源）吸收热量 Q_1，变成水蒸气推动活塞对外做净功 A，废气进入冷凝器，向大气（低温热源）放出热量 Q_2 而凝结成水。然后，再开始新的一个循环。经历一次循环，热机做的功 A 是从吸收的热量 Q_1 中转化而来，由此定义：一个正循环中，系统对外界所做净功 A 与所吸收的热量总和 Q_1 的比值，称为**热机效率**，通常用 η 表示，即

$$\eta=\frac{A}{Q_1}=\frac{Q_1-Q_2}{Q_1}=1-\frac{Q_2}{Q_1} \tag{9.28}$$

热机效率是热机效能的一个重要标志，它表示热机吸取的热量有多少能转换为有用的功。不同的热机因循环过程不同，从而有不同的效率。

逆循环反映了制冷机的工作原理。逆循环依靠外界对系统做功 A，使系统从低温热源处吸取热量 Q_2，然后在高温热源处放出热量 $Q_1=A+Q_2$。低温热源处的温度降低是消耗外界的功来实现的，因此制冷机的功效，常用从低温热源处吸收的热量 Q_2 和外界做功 A 的比值来衡量，这个比值叫作**制冷系数**，用 w 表示

$$w=\frac{Q_2}{A}=\frac{Q_2}{Q_1-Q_2} \tag{9.29}$$

家用电冰箱就是一种常用的制冷机。工作物质是较易液化的物质，如氨或氟利昂。氨气在压缩机内被急速压缩，变为高温高压气体，压缩机做功 A，氨气进入冷凝器（高温热源）后，向大气（周围空气）放出热量 Q_1 凝结为液态氨。液体经节流阀后喷入蒸发器，剧烈沸腾，蒸发为气体，同时从冰箱内（低温热源）吸收热量 Q_2，使冰箱内温度降低。已气化的氨气再进入压缩机，进行下一个循环。

［例 9.4］　四冲程汽油内燃机中的工作循环，可近似地以一定量理想气体进行如图例 9.4 所示的循环来代替。ab 为绝热压缩过程，将汽油蒸汽和空气的混合气体急速压缩；bc 为电火

花引爆，温度和压强急剧上升的等体吸热过程；cd 为因高温高压气体膨胀，而推动活塞对外做功的绝热膨胀过程；da 为排出废气骤然降压的等体放热过程。在一次循环中，工作物质的化学成分发生了变化并未回复初始状态，故严格讲，这不是循环过程。这一循环称为**奥托循环**或称**定体加热循环**。试求奥托循环的效率。

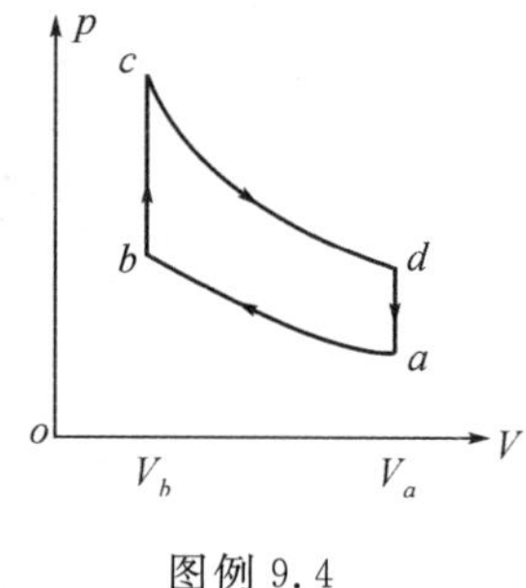

图例 9.4

［**解**］ bc 过程吸收热量为 $Q_1=\frac{m}{M}C_V(T_c-T_b)$，

da 过程放出热量为 $Q_2=\frac{m}{M}C_V(T_d-T_a)$

循环效率为 $\eta=\frac{Q_1-Q_2}{Q_1}=1-\frac{T_d-T_a}{T_c-T_b}=1-\frac{T_a}{T_b}\frac{T_d/T_a-1}{T_c/T_b-1}$

绝热过程 ab 和 cd 中，有

$$\frac{T_a}{T_b}=\left(\frac{V_b}{V_a}\right)^{\gamma-1},\frac{T_d}{T_c}=\left(\frac{V_b}{V_a}\right)^{\gamma-1}$$

因此 $$\frac{T_d}{T_a}=\frac{T_c}{T_b}$$

故 $$\eta=1-\frac{T_a}{T_b}=1-\left(\frac{V_a}{V_b}\right)^{1-\gamma}=1-r^{1-\gamma}$$

循环的效率完全由绝热压缩比 $r=V_a/V_b$ 所决定，并随着 r 的增大而增大。但汽油内燃机的压缩比不能大于 7，否则混合气体还未压缩到 V_b，就已自燃引爆了。若 $r=V_a/V_b=7,\gamma=1.4$，则理想奥托循环效率 $\eta\approx55\%$。汽油内燃机的实际效率只有 25%左右。

9.3.2 卡诺循环

19 世纪开始，蒸汽机在工业、交通运输中起到越来越重要的作用，为了提高热机的效率，科学家们进行了理论上的研究。1824 年法国青年工程师卡诺(Carnot，1796—1832)对热机的最大可能效率问题进行理论上的研究，提出来一个理想热机模型和理想循环过程，这种重要的理论上的循环，称为**卡诺循环**。这一理论循环对于提高实际热机效率有着重要的理论指导意义。

卡诺循环包括两个等温过程和两个绝热过程，都是准静态过程，且工作物质是理想气体，它是实际热机运转过程的理想化，所以按卡诺循环工作的热机叫作理想热机或卡诺热机。

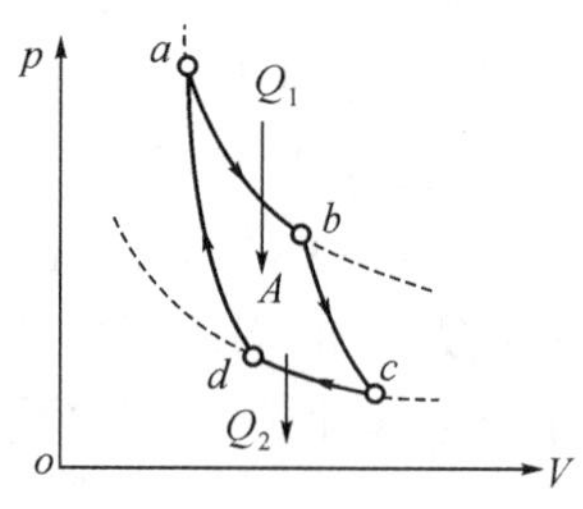

图 9.7　卡诺循环

卡诺循环在 p-V 图上是由两条绝热线和两条等温线组成，如图 9.7 所示。设工作物质由态 a 开始，按顺时针方向作正循环。曲线 ab 为等温膨胀过程，系统从温度为 T_1 的高温热源吸取热量 Q_{ab}，做正功为 A_{ab}，内能不变；曲线 bc 为绝热膨胀过程，这时系统不与外界交换热量，减少内能对外做正功为 A_{bc}；曲线 cd 为等温压缩过程，在这一过程中，系统向温度为 T_2 的低温热源放出热量，交换热量为 Q_{cd}，系统对外界做功 A_{cd} 为负，内能不变；最后，曲线 da 为绝热压缩过程，这时系统也不与外界交换热量，系统做功 A_{da} 为负，内能增加，正好又回到原初始态 a。

四个过程中热量、功和内能的计算为：

$a\rightarrow b$ 等温膨胀：$Q_{ab}=A_{ab}=\frac{m}{M}RT_1\ln\frac{V_2}{V_1}$，$\Delta E_{ab}=0$

$b\to c$ 绝热膨胀：$Q_{bc}=0$ ，$A_{bc}=-\Delta E_{bc}=-\frac{m}{M}C_V(T_2-T_1)$

$c\to d$ 等温压缩：$Q_{cd}=A_{cd}=\frac{m}{M}RT_2\ln\frac{V_4}{V_3}$ ，$\Delta E_{cd}=0$

$d\to a$ 绝热压缩：$Q_{da}=0$ ，$A_{da}=-\Delta E_{da}=-\frac{m}{M}C_V(T_1-T_2)$

式中，V_1、V_2、V_3 和 V_4 分别表示在态 a、b、c 和 d 时气体的体积。经循环，系统吸热总和 $Q_1=Q_{ab}$，放热总和 $Q_2=-Q_{cd}(Q_{cd}<0)$，根据热力学第一定律，将四过程中的功相加，得净功

$$A=\Sigma A_i=Q_{ab}+(-\Delta E_{bc})+Q_{cd}+(-\Delta E_{da})=Q_1-Q_2$$

上式表示循环中系统吸收的热量总和 Q_1 不能全部转换为功，只有 Q_1-Q_2 部分热量转换为功 A。吸收热量总和 Q_1 的值为

$$Q_1=\frac{m}{M}RT_1\ln\frac{V_2}{V_1}$$

放出热量总和 Q_2 的值为

$$Q_2=-\frac{m}{M}RT_2\ln\frac{V_4}{V_3}=\frac{m}{M}RT_2\ln\frac{V_3}{V_4}$$

因为在绝热过程 bc 和 da 中，有 $V_2^{\gamma-1}T_1=V_3^{\gamma-1}T_2$ 和 $V_1^{\gamma-1}T_1=V_4^{\gamma-1}T_2$，两式比较，得

$$\left(\frac{V_2}{V_1}\right)^{\gamma-1}=\left(\frac{V_3}{V_4}\right)^{\gamma-1}\quad 即\frac{V_2}{V_1}=\frac{V_3}{V_4}$$

比较 Q_1 和 Q_2，有

$$\frac{Q_1}{T_1}=\frac{Q_2}{T_2} \tag{9.30}$$

根据热机效率公式(9.28)，可得卡诺热机效率

$$\eta_c=\frac{A}{Q_1}=1-\frac{Q_2}{Q_1}=1-\frac{T_2}{T_1} \tag{9.31}$$

根据以上讨论，可以看出：

(1)要完成一次卡诺循环，必须要有高温和低温两个热源。也就是说，热机不可能把从高温热源处吸取的热量全部用来对外界做功，而必须有一部分热量从低温热源处传递到外界。

(2)卡诺循环的效率只与两热源的温度有关，和工作物质无关。高温热源温度越高，低温热源温度越低，也就是两热源的温差越大，则从高温热源处所吸取的热量的可用价值就越大，效率越高。

(3)卡诺循环的效率是与两热源的绝对温度有关，即使在没有摩擦等损耗存在的理想情形下，由于受到热源温度的限制，卡诺热机的效率也是小于 1 的。而工作于两热源之间的所有实际热机，因不能满足无摩擦等理想条件，所以效率总是小于式(9.31)所得到的数值。

要提高热机效率，应尽量设法提高高温热源的温度，因为低温热源总是和热机周围环境相联系着，如大气或海水，它们的容量很大，降低低温热源的温度不容易。

实际热机工作时，由于高温热源和低温热源的热容并非无限大，所以效率的计算还有变化。有文献表明，此时热机效率可用下式计算

$$\eta=1-\left[\frac{2\sqrt{T_2}}{\sqrt{T_1}+\sqrt{T_{1n}}}+\left(\frac{2\sqrt{T_1}}{\sqrt{T_1}+\sqrt{T_{1n}}}-1\right)\frac{C_1}{C_2}\right]$$

式中，T_1、T_2 为高低温热源的初温，T_{1n}为高温热源的末温，C_1、C_2 为高低温热源的热容。如热电厂锅炉温度 $T_1\approx580$℃，冷凝器温度 $T_2\approx30$℃，若按卡诺循环计算，效率 $\eta_c\approx64\%$，而实际

效率只有30%左右，这时也可用经验公式 $\eta=1-\sqrt{\frac{T_2}{T_1}}$ 进行估算，计算得效率约为40%，更接近实际效率。

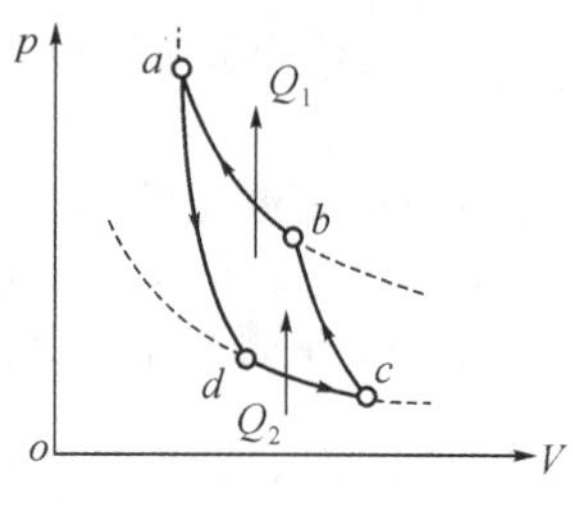

图 9.8 卡诺逆循环

图9.7所示的循环也可以沿着相反的方向进行，即成为卡诺制冷机。工作物质自 a 点沿 adc 膨胀，再沿 cba 压缩回到 a，如图8.8所示。这一循环过程中，气体在低温下膨胀，而在高温下压缩，叫作卡诺逆循环。循环过程中外界对系统做功 A，系统从低温热源（如冷冻室）吸收热量 Q_2，使低温热源处的温度降低，并向高温热源（如大气）放出热量 $Q_1=A+Q_2$。由式(9.29)和式(9.30)可得卡诺逆循环制冷机的制冷系数

$$w=\frac{Q_2}{A}=\frac{Q_2}{Q_1-Q_2}=\frac{T_2}{T_1-T_2} \tag{9.32}$$

9.4 热力学第二定律

9.4.1 热力学第二定律的表述

从上面的讨论中，我们知道，一个循环动作的热机不可能单从高温热源处吸取热量使其全部变为功，而必须在低温热源处放出一部分热量，也就是说，即使在理想情况下，热机效率也不能达到100%。

开尔文于1851年总结以上事实，得出热力学第二定律，表达如下：**不可能制造一种循环动作的热机，它只从单一热源吸取热量，使之全部转变为功而不引起其他任何变化。**

历史上，也曾有人试图制造一种热机，只从一个热源（如海洋、大气）吸取热量，不断做功。它并不违背热力学第一定律，这种机器叫作第二类永动机，或单热源热机。如果这种想法是可能的，以海水作为单一热源取得热量，只要海水温度降低0.01K，就可使全世界工厂开动若干年。在确定了热力学第二定律以后，人们知道，第二类永动机仅是一种幻想而已，所以，热力学第二定律又可表述为**第二类永动机不可能定律**。

根据制冷机的原理以及对许多自然现象的观察，克劳修斯于1850年总结出热力学第二定律的另一表述：**不可能制造一种循环动作的机器，它不消耗其他形式的能量，而使热量从低温热源传递到高温热源。**或者说，**热量不能自动地从低温物体传向高温物体。**

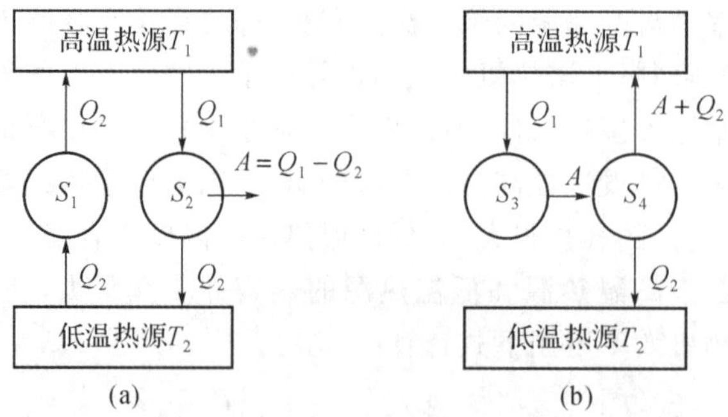

图 9.9 热力学第二定律两种表述一致性的证明

热力学第二定律的开尔文表述和克劳修斯表述表面上看仿佛毫无关系，实质上它们是完全等价的，它们的一致性可以从下述论证得到。

如图 9.9(a)所示,假定有一违背克劳修斯表述的制冷机 S_1,它不需外界的帮助而能从低温热源中取得热量 Q_2 并传输给高温热源,这样,我们可再利用一台卡诺热机 S_2,它从高温热源中吸取热量 Q_1,向低温热源放出热量 Q_2,在这个过程中热机 S_2 对外做功 $A=Q_1-Q_2$。若将两机器联合起来,它们总的效果就是只从单一的高温热源吸取了热量 Q_1-Q_2,并把它全部转换为功 A,而在低温热源处并没有引起任何的变化。这就违背了开尔文的表述。同样,在图 9.9(b)中,假定有一违背开尔文表述的热机 S_3,它能够从高温热源吸取热量 Q_1,使之全部转换为功 A。那么,利用一个卡诺逆循环制冷机 S_4 来接受这个功,就可以从低温热源取得热量 Q_2,同时将 $Q_2+A=Q_1+Q_2$ 的热量传递给高温热源。总的效果是没有消耗其他形式的能量,而使热量 Q_2 从低温热源输送到高温热源,这就违背了克劳修斯表述。由此可见,违背第一种表述也必然违背第二种表述,反之亦然。这就表明两种表述是等效的。

9.4.2　可逆过程和不可逆过程

热力学第二定律是经过无数事实总结出来的,它反映了自然过程进行的方向和规律,它指出自然界中出现的过程是有方向性的,自然界的一切过程都满足能量守恒定律,但并不是所有能量守恒的过程都能自发进行,某些方向的过程可以实现,而另一些方向的过程虽然符合热力学第一定律,却不能够实现。

一个系统,经历某一过程,若存在着一个逆过程,它不仅使系统恢复到原来状态,而且使外界也恢复原样又不引起其他变化,则此过程为**可逆过程**。反之,若不论用任何方法都不能使系统和外界同时完全恢复到原来状态,则此过程就是**不可逆过程**。

根据热力学第二定律的两种表述,我们知道,通过摩擦而使功变为热量的过程是不可逆的;热量直接由高温物体传向低温物体的过程也是不可逆的。另外,气体向真空中的自由膨胀过程也是不可逆过程。这些过程的逆过程都不能使外界和系统同时完全复原。事实上,在自然界中,一切实际过程都是不可逆的。

那么,有没有可逆过程呢?可逆过程是理想过程,只有对一些实际过程进行理想化假设后,才可以认为是可逆的过程。例如一个单摆,如果不考虑空气阻力和其他摩擦力的作用,它离开某一位置后,经过一个周期又回到原来位置,而周围都无变化,这样的单摆摆动过程是可逆过程。

在热力学中,只有当系统的状态变化过程进行得无限缓慢,而且没有摩擦等引起能量的耗散,这样的准静态过程,才是可逆过程。可逆过程只是实际过程在某种精确度上的近似情形。研究可逆过程,就是研究从实际情况中抽象出来的理想情况,且可以基本上掌握实际过程的规律性,并可由此进一步探讨实际过程的更精确的规律。本章所讨论的热力学过程,除特别指明外,都视为可逆过程。

9.4.3　卡诺定理

理想卡诺循环的每一个过程都是可逆的,所以卡诺循环是可逆循环。在卡诺循环中,正循环和逆循环经历相应的过程所做的功以及与外界交换的热量均是等值异号的。凡能做可逆循环的热机就叫作可逆热机,否则叫作不可逆热机。

在所有的循环中,哪一个循环的效率是最高的呢?1824 年卡诺在他的论文“关于热的动力的思考”一文中提出了在热机理论和实践上都有着重要意义的卡诺定理,其文字表述如下:

(1)在相同的高温热源(温度为 T_1)和相同的低温热源(温度为 T_2)之间工作的一切可逆

热机，其效率都相同，与工作物质无关；

(2)在相同的高温热源和相同的低温热源之间工作的一切不可逆热机，其效率不可能大于可逆热机的效率。

这里所指的热源都是温度均匀的恒温热源。可逆热机只在确定温度为 T_1 的热源处吸热，并在另一确定温度为 T_2 的热源处放热，从而对外做功，则该可逆热机必然是卡诺热机，其循环是由两条等温线和两条绝热线所组成的卡诺循环。

将卡诺定理用数学式表示为

$$\eta \leqslant 1-\frac{T_2}{T_1}$$

式中，“=”号对应可逆循环，“<”号对应不可逆循环。

以上两个结论可用热力学第二定律加以证明，它们是研究热机效率的重要理论。从卡诺定理我们可以看出，使实际热机的循环过程尽量接近可逆热机和尽量扩大热机高低温热源的温度差，这是提高热机效率的两个重要途径。

9.4.4 热力学第二定律的统计意义

热力学第二定律指出的宏观热现象过程的不可逆性，是具有它的统计意义的。我们以气体自由膨胀过程的不可逆性来说明。设有容器用隔板分为 A、B 两部分。A 内充满气体，B 是真空的，把隔板抽去，则 A 内气体分子将自动扩散进入 B。

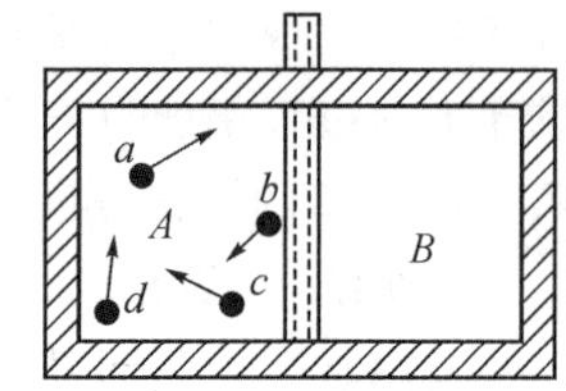

图 9.10　气体自由膨胀不可逆性的统计意义

为了便于说明，仅考虑只有 a、b、c、d 四个分子的情形，如图9.10所示。由于热运动，隔板抽去后，分子 a 可以在整个容器中出现，它在 A 中或 B 中出现的概率是相等的，都是 1/2。对于四个气体分子，按统计方法，从微观上看，它们在容器两半部内可能的分布情况有 16 种，这每一种分布状态称为系统的一种**微观状态**，则微观态的总数 $\Omega=16$；从宏观角度看，对同种类的分子不加以区别，只考虑 A、B 两部分出现分子数的多少来确定状态，这样确定的状态称为**宏观状态**。每一个宏观状态可以包含数个微观状态，某一宏观状态所包含的微观状态的数目，称为该宏观状态的**热力学概率**，用 w 表示，该宏观状态出现的概率便为 $P=w/\Omega$。如三个分子回到 A 半部的宏观状态包含有四种微观状态，即分子 a、b、c、d 分别单独在 B 半部的情形，该宏观状态出现的概率为 $P=w/\Omega=4/16=1/4$；同理，四个分子都出现在 A 半部或 B 半部的概率各是 $1/16=1/2^4$。可见分子同时都返回 A 的概率比容器两半部都有分子分布时的概率小，并且分子数目越大，全部返回的概率就越小。如果 A 内原有气体分子数 N 个，则分子分布的微观状态总数为 2^N，分子集中于半部的概率为 $1/2^N$，当 N 足够大时，$1/2^N\to 0$，这时分子全部返回到 A 半部的概率趋于零，即逆过程不能实现。由此可见，不可逆过程实质上是一个由概率较小的宏观状态到概率较大的宏观状态的变化过程。

对于热功转换和热量传递的方向问题，应用统计观点同样可以得到说明。功变热的过程是机械能转变为内能的过程，机械能是分子有规则定向运动的能量，而内能是分子无规则热运动的能量，当物体的定向运动受到制止后(如物体自由降落至地面)，分子的有规则定向运动将变为无规则热运动，机械能全部变为内能(物体温度升高)。但相反的过程，是分子的无规则热运动自发地全部变为有规则的定向运动，这对大量分子的宏观系统来讲，其概率小到实际上不可能(如物体不能自动地降低温度或从地面升高)。热量从高温物体传向低温物体，是大量微观分子热运动能量的传递，高温物体分子的能量要比低温物体分子的能量大，能量从高温物体传向低温物体的概率就比反向传递的概率大得多，这和气体自由膨胀的情形相似。

因此，我们说热力学第二定律的微观本质是一条统计性的规律，其微观形式的表述为：一个不受外界影响的孤立系统，内部发生的过程总是由一个有序程度较高、概率较小的态到比较无序、概率较大的态的变化过程。所以它的逆过程出现的可能性非常小，实际上是观察不到的。这就是热力学第二定律的统计意义。

统计特性是大量分子运动的统计平均结果，热力学第二定律只适用于大量分子集体所发生的现象，而不适用于少数分子所表现的行为。另外，热力学第二定律也不能外推到整个宇宙。热力学第二定律是建筑在有限的空间和时间范围内所观察的现象上的，热力学中所说的孤立系统是指外界对它影响较弱的有限系统，因此，无限的宇宙不能看成是一个有限的孤立系统。

9.5　熵

热力学第二定律概括了热力学过程进行的条件和方向。开尔文表述指出了热功转换过程的不可逆性，克劳修斯表述指出了热传递过程的不可逆性。由两种表述的一致性可知，这两种不可逆过程存在着内在的联系，由其中一个过程的不可逆性可以推断另一过程的不可逆性。事实上，自然界中的一切实际过程都是不可逆的，而所有不可逆过程都是彼此联系着的。由可逆过程的定义我们知道，实际的热力学系统的任何过程，在没有外界的帮助下，不可能自动复原，可见，热力学系统所进行的不可逆过程的初态和终态之间有着重大的差异，这种差异决定了过程的方向。由此可以根据热力学第二定律找到一个与系统态有关的新的态函数，对一个确定态，这个函数有一个确定的值。当系统自发地从初态向末态过渡时，此函数值也只向一个方向变化，可根据这个态函数单向变化的性质来判断实际过程进行的方向。克劳修斯将这个函数称为熵(entropy)。

9.5.1　熵和熵增加原理

在研究热机效率时，从卡诺循环中，我们得到式(9.30)：$\frac{Q_1}{T_1}=\frac{Q_2}{T_2}$，式中 Q_1、Q_2 是绝对值，Q_2 为放热，如果用热力学第一定律中规定的符号规则，将 Q_1 和 Q_2 用代数值来表示过程中的吸热，则上式可写成$\frac{Q_1}{T_1}=\frac{-Q_2}{T_2}$，即$\frac{Q_1}{T_1}+\frac{Q_2}{T_2}=0$，这说明在一个卡诺循环中，代数量 Q/T 的总和等于零。

现在我们考察一个任意可逆循环过程，如图 9.11 中的闭合曲线 $ABCDA$，我们用一系列窄长可逆卡诺循环过程之和来代替，可以看出，图中一系列卡诺循环的外边界所形成的折线与曲线 $ABCDA$ 相近似，卡诺循环取得愈多，近似程度愈好。将所有卡诺循环中 Q/T 相加，有

$$\sum \frac{Q}{T}=0$$

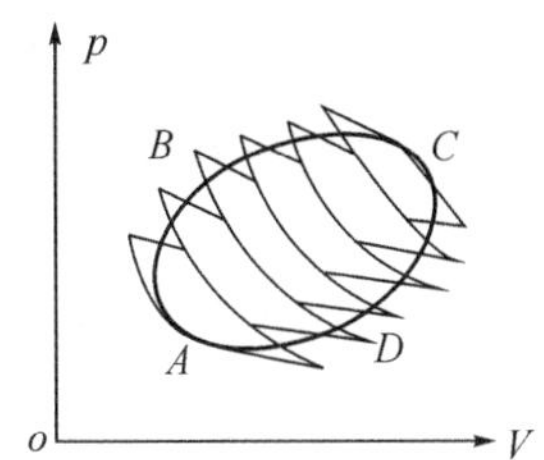

图 9.11　用一系列卡诺循环代替可逆循环

在卡诺循环数目趋于无限多的极限情形下，外边界折线就

趋于曲线 $ABCDA$,上式求和号变为积分号,即

$$\oint \frac{dQ}{T} = 0 \tag{9.33}$$

此式称为克劳修斯等式。式中积分是沿闭合曲线 $ABCDA$ 进行的,若将闭合曲线看成是由 ABC 和 CDA 两个可逆过程所组成,则有

$$\oint \frac{dQ}{T} = \int_{A(B)}^{C} \frac{dQ}{T} + \int_{C(D)}^{A} \frac{dQ}{T} = 0$$

$$\int_{A(B)}^{C} \frac{dQ}{T} = -\int_{C(D)}^{A} \frac{dQ}{T} = \int_{A(D)}^{C} \frac{dQ}{T}$$

上式表明,对任何可逆过程,dQ/T 的积分只决定于过程的始、末态,而与所经历的过程无关。克劳修斯根据这个性质,引进一个新的态函数 S,叫作熵。系统在态 A 时,熵为 S_A,而在态 C 时,熵为 S_C,对可逆过程

$$\Delta S = S_C - S_A = \int_A^C \frac{dQ}{T} \tag{9.34}$$

式中,A 和 C 是积分路线的起点和终点,ΔS 表示态 A 到态 C 之间的熵变增量,dQ 表示系统在温度 T 时吸收或放出的微小热量,吸收热量为正,放出热量为负。可见,只要始末两态确定,不管变化过程如何,熵的差值始终不变。在一个可逆循环中系统的熵变等于零。对微小过程,熵增量可写成

$$dS = \frac{dQ}{T} \tag{9.35}$$

熵(S)的单位是 J/K。

对于不可逆过程,由于其中间态不是平衡态,我们无法按实际的过程计算熵的改变。但只要系统的始末两态都是平衡态,则我们可以设计一便于计算的可逆过程,连接始态和末态,并按这可逆过程来计算系统的熵变。

根据卡诺定理,可以证明,对于任何不可逆过程,系统和外界的熵的总和是增加的,因此,式(9.34)修改为

$$\Delta S = S_C - S_A \geqslant \int_A^C \frac{dQ}{T} \tag{9.36}$$

等号适用于可逆过程,不等号适用于不可逆过程。根据此式我们可以判断过程的性质和进行的方向。

对于一个孤立系统内进行的过程,由于与外界不交换热量,有 $dQ=0$,所以

$$\Delta S \geqslant 0 \tag{9.37}$$

即:孤立系统中进行的过程如果是可逆的,则系统熵不变,若过程是不可逆的,则系统的熵增加,孤立系统中的熵不可能减少。这就是**熵增加原理**。熵增加原理亦是热力学第二定律的又一种表达,因此,式(9.37)便是热力学第二定律的数学表达式。熵是热力学系统无序程度的量度。

由熵增加原理和热力学第二定律的统计意义,我们知道,在孤立系统的自发过程中,熵和热力学概率都要增加,显然两者之间应有一定关系,玻尔兹曼指出:

$$S = k\ln w \tag{9.38}$$

式中,k 为玻尔兹曼常量,此式称为**玻尔兹曼公式**,它将宏观量熵 S 与微观量热力学概率 w 联系了起来,对熵给予统计解释。

*9.5.2 熵变计算

应用公式(9.34)可以计算状态变化过程中的熵变。

[例 9.5] 物体等压受热过程中的熵变。将 1.0kg 温度为 100℃ 的水和 1.0kg 温度为 0℃ 的水混合。分别计算高温水和低温水在这一过程中的熵变。若将它们看成是一个系统，则系统总的熵变是多少？

[解] 已知 $m_1=1.0\text{kg}$，$m_2=1.0\text{kg}$，$T_1=273\text{K}$，$T_2=373\text{K}$，水的比热在此温度范围内可看作常量 $c=4.18\times10^3\text{J}/(\text{kg}\cdot\text{K})$，由量热学原理可知混合水的最后温度为

$$T_3=(273+373)/2=323\text{K}$$

低温水的熵变

$$\Delta S_1=\int\frac{\text{d}Q}{T}=m_1c\int_{T_1}^{T_3}\frac{\text{d}T}{T}=m_1c\ln\frac{T_3}{T_1}=1.0\times4.18\times10^3\times\ln\frac{323}{273}\approx7.0\times10^2(\text{J/K})$$

高温水的熵变

$$\Delta S_2=\int\frac{\text{d}Q}{T}=m_2c\int_{T_2}^{T_3}\frac{\text{d}T}{T}=m_2c\ln\frac{T_3}{T_2}=1.0\times4.18\times10^3\times\ln\frac{323}{373}\approx-6.0\times10^2(\text{J/K})$$

总的熵变

$$\Delta S=\Delta S_1+\Delta S_2=7.0\times10^2-6.0\times10^2=1.0\times10^2(\text{J/K})$$

在混合过程中，高温水的熵减少，低温水的熵增加。若将高温水和低温水合起来，可看作是孤立系统，过程中系统的熵是增加的，可见这是一个不可逆过程。

[例 9.6] 设 1mol 理想气体从态 A 变化到态 C，可经历三条途径，如图例 9.6 所示。若态 C 时气体的体积是态 A 时的 2 倍，求分别沿这三条途径的熵变。(AC 为等温过程，AD 为绝热过程)

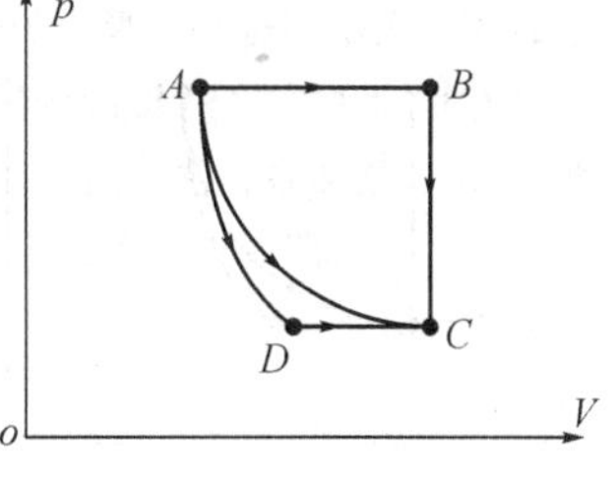

图例 9.6 三条途径的熵变

[解] 已知 $p_A=p_B$，$V_C=2V_A$，$T_A=T_C$。

(1)途径 ABC：AB 为等压过程，$\text{d}Q_p=\frac{m}{M}C_p\text{d}T$，$BC$ 为等体过程，$\text{d}Q_V=\frac{m}{M}C_V\text{d}T$，熵变

$$\begin{aligned}\Delta S_1&=\int_A^B\frac{\text{d}Q_p}{T}+\int_B^C\frac{\text{d}Q_V}{T}=\frac{m}{M}C_p\int_{T_A}^{T_B}\frac{\text{d}T}{T}+\frac{m}{M}C_V\int_{T_B}^{T_C}\frac{\text{d}T}{T}\\&=\frac{m}{M}C_p(\ln T_B-\ln T_A)+\frac{m}{M}C_V(\ln T_C-\ln T_B)\\&=\frac{m}{M}(C_p-C_V)\ln\frac{T_B}{T_A}=\frac{m}{M}R\ln\frac{V_B}{V_A}=\frac{m}{M}R\ln2\\&=1\times8.31\times\ln2\approx5.67(\text{J/K})\end{aligned}$$

(2)途径 AC：AC 为等温线，熵变

$$\Delta S_2=\int_A^C\frac{\text{d}Q}{T}=\frac{1}{T}\int\text{d}Q=\frac{m}{M}R\ln\frac{V_C}{V_A}=\frac{m}{M}R\ln2=\Delta S_1$$

(3)途径 ADC：AD 为绝热过程，$\text{d}Q=0$，DC 为等压过程，由两过程方程：

$$T_AV_A^{\gamma-1}=T_DV_D^{\gamma-1},$$

$$T_D/V_D=T_C/V_C \text{ 和 } T_C=T_A,$$

得
$$\frac{T_C}{T_D}=\left(\frac{V_C}{V_A}\right)^{\frac{\gamma-1}{\gamma}};$$

熵变

$$\Delta S_3=\int_A^D\frac{\mathrm{d}Q}{T}+\int_D^C\frac{\mathrm{d}Q}{T}=\frac{m}{M}C_p\int_{T_D}^{T_C}\frac{\mathrm{d}T}{T}=\frac{m}{M}C_p\frac{\gamma-1}{\gamma}\ln\frac{V_C}{V_A}$$
$$=\frac{m}{M}R\ln 2=\Delta S_1$$

由上述结果可知，沿三条途径的熵变化相同，这说明熵变与过程无关，仅由始末态决定。

思考题

9.1　什么叫作态函数？为什么说温度是态函数？

9.2　内能和热量的概念有何不同？下面两种说法是否正确？(1)温度越高，系统的热量越多；(2)温度越高，系统的内能越大。

9.3　单原子理想气体从一平衡态(p_1，V_1，T_1)经任意过程变化到另一平衡态(p_2，V_2，T_2)，能否求出气体的质量和过程中气体所吸收的热量、对外做的功及内能的增量？

9.4　理想气体在等体过程中的内能增量为 $\Delta E=\frac{m}{M}C_V\Delta T$，此公式是否能用于其他过程？

9.5　在什么过程中气体所做的功可用 p-V 图上的面积表示？在什么过程中吸收的热量也可用 p-V 图上的面积表示？又在什么过程中内能的增量也可用 p-V 图上的面积表示？

9.6　任何热机的效率是否都能用 $\eta=A/Q_1$ 表示？任何可逆机的效率是否都为 $1-T_2/T_1$。

9.7　两卡诺循环，低温热源温度相同，高温热源温度不同，在 p-V 图上两循环过程所包围的面积相等，它们在一次循环过程中吸收的热量、对外做的功和效率是否相同？

9.8　证明一条等温线与一条绝热线不能有两个交点。

9.9　绝热自由膨胀过程中 $\Delta Q=0$，因而 $\Delta S=0$。这一看法是否违背了熵增加原理？试作分析。

9.10　何谓系统的宏观状态，何谓系统的微观状态？宏观状态的热力学概率是什么？它与熵有什么关系？

习　题

9.1　某一定量气体由态 A 经一过程变化到态 B，气体吸收热量 800J，对外做功 500J，问气体的内能改变了多少？若气体经另一过程从态 B 回到态 A 时，外界对气体做的功为 300J，问气体放出热量多少？

9.2　如图题 9.2 所示，当系统沿路径 acb 从状态 a 变化到状态 b 时，系统吸取了 80J 的热量，并做功 30J。(1)如果系统沿路径 adb 做功为 10J，那么有多少热量传递给系统？(2)当系统沿曲线所示的路径从 b 返回 a 时，外界做功 20J，试问系统是吸热还是放热，为多少？(3)如果 $E_d-E_a=40$J，求在过程 ad 和 db 中系统吸取的热量。

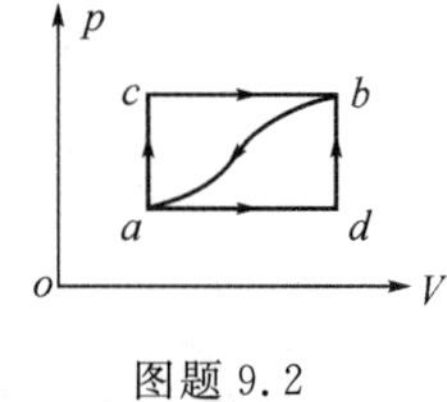

图题 9.2

9.3　一摩尔实际气体的范德瓦尔斯方程为 $\left(p+\frac{a}{V^2}\right)(V-b)=RT$，计算在等温过程中体积从 V_1 变化到 V_2 时气体做的功。

9.4　质量为 1.00kg 的氮气，温度由 300K 升高到 350K，若温度升高是在下面三种不同情况下进行的：(1)体积不变；(2)压强不变；(3)绝热。试问其内能改变各为多少？吸收热量又各为多少？

9.5　质量为 m，摩尔质量为 M，定压与定体摩尔热容比为 γ 的理想气体，由态(p_1，V_1，T_1)经绝热膨胀变化到态(p_2，V_2，T_2)，试证明膨胀过程中气体所做的功为：(1) $A=\frac{m}{M}\frac{RT_1}{\gamma-1}\left[1-\left(\frac{V_1}{V_2}\right)^{\gamma-1}\right]$；(2) A

$=\dfrac{p_1V_1-p_2V_2}{\gamma-1}$。

9.6 质量 5.26×10^{-4}kg 的氧，在温度 300K 和压强 1.00×10^5Pa 时，体积为 $4.10\times10^{-4}\text{m}^3$，做绝热膨胀，体积变为 $4.10\times10^{-3}\text{m}^3$，试求：(1)膨胀后气体的压强和温度；(2)膨胀过程中对外做的功。

9.7 在标准状态下，质量为 4.00×10^{-3}kg 氦气，吸收热量 1.00×10^3J。(1)若是等体过程吸热，问热量转换成什么？温度变为多少？(2)若是等温过程吸热，问热量变为什么？压强和体积各变为多少？(3)若是等压过程吸热，问热量变为什么？温度和体积各变为多少？

9.8 密封在气缸内的理想气体，初态为(p_1,V_1)，先在等压下加热使体积加倍，再于等体下加热使压强加倍，最后绝热膨胀，使温度降至初温。求整个过程中的功、内能的增量和传递的热量(设摩尔热容比为 γ)。

9.9 在 500K 和 300K 之间运转的可逆热机，从高温热源吸取 5.0×10^5J 的热量，求：(1)传给低温热源热量多少？(2)对外做功为多少？(3)效率为多少？

9.10 一卡诺热机，它的低温热源温度为 280K，效率为 40%，要使效率提高到 50%，求：(1)保持低温热源温度不变，高温热源的温度应增加多少？(2)保持高温热源的温度不变，低温热源的温度应降低多少？

9.11 1.00mol 理想气体在 400K 和 300K 之间进行卡诺循环。在 400K 的等温线上，起始体积为 $1.00\times10^{-3}\text{m}^3$，最后体积为 $5.00\times10^{-3}\text{m}^3$，试计算(1)在一次循环中所做的净功、吸收的热量和放出的热量；(2)该循环的效率。

9.12 一定量氮气的循环过程如图题 9.12 所示，求一次循环中气体做的净功和循环效率。

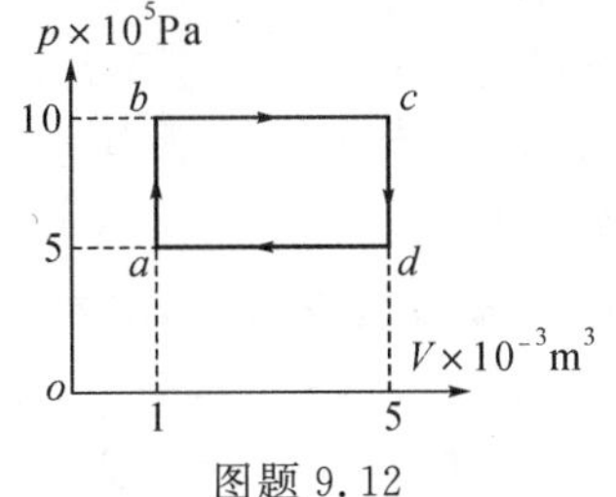

图题 9.12

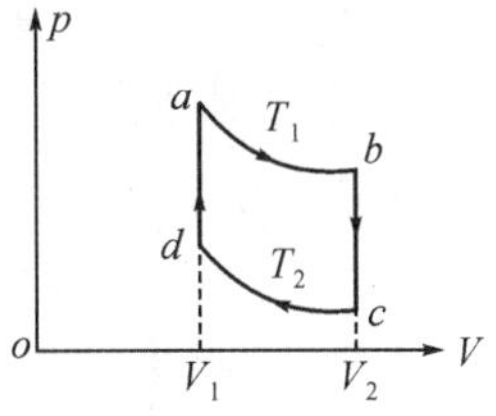

图题 9.13

9.13 320 克氧气作如图题 9.13 所示的循环，ab 和 cd 是等温线，温度分别为 $T_1=300$K 和 $T_2=200$K，$V_2=2V_1$，求循环效率。

9.14 设有以理想气体为工作物质的循环热机，循环如图题 9.14 所示，试证明其效率为 $\eta=1-\gamma\dfrac{(V_2/V_1)-1}{(p_2/p_1)-1}$。

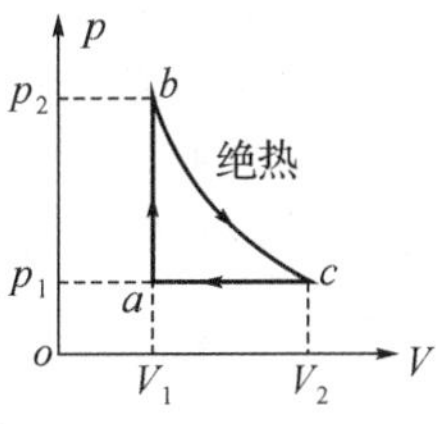

图题 9.14

9.15 一卡诺制冷机，从 0℃ 的水中吸取热量，向 27.0℃ 的房间放热，假定将 50.0kg、0℃ 的水变成了 0℃ 的冰，已知冰的熔解热为 3.35×10^5J/kg，问(1)放到房间里的热量有多少？(2)必须供给制冷机多少能量？(3)制冷系数为多少？

9.16 一台家用电冰箱，放在气温为 300K 的房间内，做一盘 −13℃ 的冰块需从冷冻室取走 2.09×10^5J 热量。设冰箱为理想卡诺制冷机。(1)做一盘冰块需要的功是多少？(2)若此冰箱能以 2.09×10^2J/s 的速率取出热量，则需提供多大电功率？(3)做冰块需多少时间？

9.17 某一定量气体，初态为(p,V,T)，把它体积压缩一半，一是等温压缩，二是绝热压缩，问哪一种方法最后的压强较大？并求出这两个过程的熵变。

9.18 5.00mol 氧气，作等压膨胀，温度由 27.0℃ 升到 127℃，求过程中的熵变。

物理学与现代科学技术

熵与信息

“信息”一词作为日常用语，在我国由来已久。据辞海记载，我国南唐诗人李中的诗中就用信息来泛指音讯和消息。信息作为技术术语而被广泛使用是在计算机技术迅速发展后，指的是计算机处理的所有对象，如数据、记录、报表、文字等。信息作为一个可以用严格的数学公式定义的科学名词首先出现在统计数学中，随后又出现在通信技术中，这是一种统计意义上的信息。

人们对某事件的认识，必须通过获得该被观察事件的信息。被观察的事件，我们称为信息源。获得的信息量越多，越具体，则事件被认识得越透彻。例如，要确定某学生正在教学大楼哪一间教室上课，设教学大楼共有9层，每层8间教室。若不给任何信息，则确定该事件的概率只有1/72，不确定性为最大；若获得该学生在7层楼上课的信息，则概率增加到1/8，不确定性大大减少；再获得在第3间教室上课的信息后，将得到唯一的答案，该学生在703教室上课。因为信息量的增加减少了事件发生的不确定性，因此，我们可以用获得信息所排除的不确定性来度量信息量的大小，即信息是不确定性、无序性的量度。

如何具体地来定义信息量呢？设信息源为一个离散随机变量X，它有N个可取值，分别为$x_1,x_2,\cdots,x_i,\cdots,x_N$，各种取值出现的概率分别为$P(x_1),P(x_2),\cdots,P(x_i),\cdots,P(x_N)$，若为等概率事件，如掷骰子，每一个值出现的概率相等，有$P=P(x_i)=1/N$。显然，取值出现的不确定性与N有关，N越大，不确定性就越大，确定变量所需的信息量就越大，因为变量确定后所排除的不确定性大，意味着人们获得的信息量就大。因此，信息量应是N的增函数，再考虑到获得的信息量应具有可加性，即多次获得的信息量之和应与一次便确定变量的信息量所反映的不确定性相同，而对应的概率又必须是各事件的概率之积，所以对于一个有N个等概率值的变量，定义其信息量为

$$I=\log N=-\log P$$

式中，对数的底可取不同的值，最常用的底是2，这时信息量I的单位为bit(比特)，即二进制单位；若用e为底，那么单位就是nat(奈特)；以10为底，单位是Hartley(哈特利)。

在实际情况中，事件出现的概率往往是不相同的，则随机变量X出现x_i值的信息量$I(x_i)$将随x_i而变

$$I(x_i)=-\log P(x_i)$$

$I(x_i)$称为**自信息**。

对于具有一定概率分布的随机变量X的不确定程度，可以按概率作统计平均。现代信息论的创始人，贝尔实验室的电气工程师香农(C. E. shannon)研究证明变量X的不确定程度为

$$H=-\sum P_i(x_i)\log P_i(x_i)$$

在数学家冯·诺曼(Von Neumann)的建议下，香农把不确定程度H称为**信息熵**。当变量取值是等概率出现时，信息源的信息熵为$H=-\log P=I$，可见信息熵H表征信息源的平均不确定程度。

若随机变量 X 是连续变化的，相应信息熵为

$$H(x)=-\int_a^b P(x)\log P(x)\mathrm{d}x$$

式中，$P(x)$ 是 x 的分布函数，满足归一化条件 $\int_a^b P(x)\mathrm{d}x=1$。

香农在研究随机变量的不确定性量度时所得的信息熵表达式与热力学熵具有类似之处，我们把热力学中克劳修斯提出的熵称为**热熵**，热熵是物理系统无序性的量度，系统在某一宏观状态时所对应的微观状态数目 w 越多，从微观上看，系统就越变化多端，不确定性就越大，而且它们是等概率出现的，$P=1/w$，由式(9.38)，$S=k\ln w$，可得到热熵和信息熵的关系为

$$S=KH$$

K 为比例系数，采用二进制单位 bit 时，$K=k\ln 2=10^{-23}\,\mathrm{J/(K\cdot bit)}$。当系统从外界获得信息，降低了系统的不确定程度，使系统的可能事件数或微观状态数减少，从而导致熵的减少，设系统状态数由 w_0 减少到 w，相应的热熵为 $S_0=k\ln w_0$ 和 $S=k\ln w$，则获得的信息量为

$$I=\Delta H=H-H_0=(S-S_0)/K<0$$

上式说明信息可以转换为负熵，反之亦然，这就是信息的负熵原理。系统的熵增加，无序性增大，信息熵就减少，丢失信息；系统的熵减少，有序性增加，信息熵就增加，获得信息。据此，1951 年，布里渊(L. Broillouin)提出了“负熵有序”说。

自 1865 年克劳修斯提出熵的概念到现在 130 多年里，熵的概念有了很大的发展，先后出现了统计熵、负熵、信息熵、熵流、广义熵等重要概念。特别是信息熵提出后，熵的概念全面进入了信息科学、人文科学、社会科学、生命科学、宇宙科学等各个领域和工业、农业、商业、外贸等各个部门，熵的概念实际上已经泛化了。当代流行甚广的里金夫著的《熵 —— 一种新的世界观》使熵进入了方法论和哲学领域。熵的概念的拓宽和发展，对科学的发展、经济的繁荣和社会的进步都起了积极的推动作用。

耗散结构

1. 熵增加原理与生物进化

熵增加原理表明时间具有方向性。在孤立系统中自然发生的一切过程随着时间的推移总是沿着熵增加的方向进行，即使得系统不可逆地趋于最为混乱的、最为无序的平衡态，这种不可逆过程总是起耗散能量和破坏有序结构的消极作用，因此，从非平衡态到平衡态的演变过程，是从有序到无序、从复杂到简单、从能量品质较高到能量品质较低的退化过程。熵增加原理表示的时间方向是一种退化的方向。

1859 年达尔文(L. R. Darwin)创立的生物进化论表示着另一个时间方向：物种的起源和进化，总是从简单到复杂、从低级到高级、从较为有序到更加有序和精确有序的方向发展。生物进化论表示的时间方向是一种进化的方向。

例如在生物生长过程中，化合物由简单变为复杂。有生命的蛋白质是很复杂的分子，它由 50 个以上的氨基酸连成长肽链，有很高的有序排列，比组成它的成分要高得多，也就是说在组成有生命的蛋白质的过程中，熵变是减少的。又如植物在阳光作用下发生光合作用，吸进二氧化碳和水分，生成葡萄糖和放出氧，在这一过程中，生命系统合成了葡萄糖，它可以提供能量，

使有机体进行"生命"过程,而生物有机体的生命过程是使生物体系更为健全成熟、功能更为复杂完善,是使熵减少的过程。生物体在其形态和功能两方面都是自然界中最复杂最有组织的物体。

人类社会的发展也是使得社会结构和功能变得更加复杂、社会体系趋于更加有序更加有组织,是沿着进化方向进行的。

热力学理论的退化论和达尔文进化论的不一致性,以前人们曾解释为生命现象与非生命现象是由不同规律支配着的。直到1969年,普利高津(I. Prigogine,1917—)在"理论物理与生物学"的国际会议上,提出了"耗散结构"(dissipative structure)的概念,1971年又详细地阐明了耗散结构的热力学理论,创立了耗散结构理论,才把热力学理论与生物学理论从根本原理上统一了起来。

2. 开放系统的熵变和非平衡态

(1)熵产生和熵流

由于开放系统不断地与外界相互作用,与外界交换物质和能量,因此我们可以把这种非孤立系统中的熵变分为两部分,一部分是系统内部的自发过程引起的熵变化,不可逆过程伴有功的耗散,导致系统的熵增加,自发过程是不可逆的,总会使系统的熵增加,这部分熵变称为熵产生,用dS_i表示。另一部分是系统与外界交换能量或物质所引起的熵变,称为熵流,用dS_e表示。于是,整个系统的熵变为

$$dS = dS_i + dS_e$$

熵产生dS_i总是正的。对于开放系统,视外界的作用不同,dS_e可正可负,如系统吸热,有熵流入,是正熵;系统放热,有熵流出,是负熵。如为负熵,$dS_e<0$,且其值大于熵产生,$|dS_e|>dS_i$,就有$dS=dS_i+dS_e<0$,这表明,如果系统吸收负熵,且绝对值比系统的熵产生要大时,系统的总熵就会减少,系统就会由原来的状态进入更加有序的状态,也就是说开放系统存在着由无序向有序演化的可能性。

(2)偏移平衡态系统的熵变

要找出从无序到有序演化时的规律,就需要研究系统离开平衡态时的行为。人们把热力学的这一分支,称为**非平衡热力学**或**不可逆过程热力学**。系统偏离平衡态只有在外界影响下才能发生。系统处在非平衡态时,将出现我们在第8章8.7节中介绍过的迁移现象。由于在外界的影响下,系统中存在有温度、密度和电势等梯度,我们可以把这些梯度看成是产生相应流的力,称为广义力,它们引起相应的热流、质量流和电流等,称为广义流。在系统偏离平衡态较小时,力和流的关系存在着简单的线性关系。如果外界的影响是恒定的,系统最终会到达一个不随时间变化的状态,这种稳定的非平衡态叫作**非平衡定态**。

在平衡态附近的变化过程中,系统总是通过某些迁移过程而达到平衡态或非平衡定态。对于孤立系统,最终达到的是平衡态,这时系统的熵最大,熵产生为零;对于开放系统,最后可以达到非平衡定态。1945年,普利高津提出了**最小熵产生原理**,即在一定的外界影响下,系统偏离平衡态较小而达到非平衡定态时,系统熵产生具有最小值。也就是说,由非平衡态向非平衡定态变化的过程中,熵产生越来越小,并达到最小值,即

$$\frac{dS_i}{dt} \leqslant 0$$

最小熵产生原理表明,当外界迫使系统离开平衡态时,系统中要进行某种不可逆过程,从而要引起能量的耗散,而系统总是选择一个能量耗散最小,即熵产生最小的状态。熵产生最小的非

平衡定态是稳定的，由于涨落现象，系统随时可能偏离这个定态，则系统的熵增加就要大于定态时的熵增加，根据最小熵产生原理，系统还是要回到该定态，这类似于在平衡态附近的涨落现象。因此，在非平衡定态或者说在平衡态附近的热力学线性区，不会自发形成时空有序的结构。

(3)自组织现象

在一定的外界作用下，系统内部自发地由无序变为有序，大量分子按一定规律运动的现象，称为自组织现象。生命过程实际上就是生物体持续进行的自组织过程。自组织现象只可能发生在开放系统远离平衡态的非线性区域内。从宇宙、生物、自然界到人类社会，自组织现象普遍存在，我们常常观察到许多自发形成的宏观有序结构现象。

例如贝纳德(H. Benard)对流现象。1900年法国物理学家贝纳德在做热对流实验时，发现一个在液面产生的从无序到有序的有趣现象。对薄层液体从底部加热，当上下液面温度差超过某一临界值时，从上往下看，液面呈现出许多六边形图案构成的蜂窝状图形，叫作Benard花纹，液流从每个六边形中心涌起，然后再沿六边形边缘下沉，形成对流元胞。这是大量分子自发形成的一种宏观有序的结构。自然界中这种自发有序的现象，在日常生活中也常常可以看到，例如，沸腾的汤锅、烟囱中的“热风”、大气中的对流、海洋中的“洋流”、天空中的“云街”(一块块整齐规则的云彩)，它们都是对流元胞的结构，甚至大陆板块的运动也是地幔中缓慢的对流元胞的作用。从无序到有序，产生对流元胞的原因是由各种不同因素的相互作用形成的。

20世纪60年代出现的激光是时间有序的自组织现象。当激发激光的功率小于某个临界值时，激光器就像普通光源一样，原子都独立地、无规则地发射光子，一旦激励功率大于临界阈值后，各原子就自发地行动，发出频率、相位一致的光子，产生有序的单色性、方向性、相干性极好的受激辐射光。

在化学反应中也有许多耗散结构现象。例如，1958年苏联化学家别洛索夫(Belousov)和包廷斯基(Zhabotinsky)发现的颇为壮观的“化学钟”就是一种，称为B—Z反应，它是化学反应失去稳定性之后，以连贯有节奏的方式发生振荡，呈现出周期性变化的时空花样。B—Z反应是把硫酸铈 $Ce3(SO_4)_2$、丙二酸 $CH_3(COOH)_2$、溴酸钾 $KbrO_3$ 溶于硫酸内，再加适量显色物质，如试亚铁灵。经过搅拌混合，我们会看到溶液的颜色由红变蓝，又由蓝变红，变化的周期是分钟数量级。在某些条件下容器中不同部位各种成分浓度不均匀，呈现出许多漂亮的花纹，并且在某些条件下花纹会成同心圆向外扩展或成螺旋状向外扩展，像波在介质中传播一样。

(4)远离平衡态系统的分支现象

普里高津概括了物理学的、生物学的、化学的各种远离平衡态的系统，在一定条件下经过演化出现的有序结构及其共同规律，创立了耗散结构理论，实现了生命世界和无生命世界的大统一。

开放系统在远离平衡态的非线性区所形成的自组织的有序结构，称为耗散结构。结构的形成需要能量耗散。耗散结构理论揭示了热力学系统从平衡态到远离平衡态的演变规律。

当外界对系统的影响很大，以至相应的广义流与外界作用的广义力之间不成线性关系时，研究系统行为的热力学叫作**非线性平衡态热力学**，目前这是一门还不很成熟的学科。这时描写系统行为的动力学方程的一般表达为

$$\frac{dx}{dt}=f(x,\lambda)$$

式中，x 是一组独立的状态变量，用以描述系统的定态，如 x 可代表化学反应体系中的浓度、扩

散对流体系中的密度，或激光系统中的光子数等。λ 表示外界对系统的控制参数，例如温度、压强等。它的大小表示外界对系统影响的程度和系统偏离平衡态的程度。x 随 λ 变化可用图阅 9.1 表示。与 λ_0 对应的状态 x_0 表示平衡态，在 λ 偏离 λ_0 较小时（$\lambda<\lambda_C$），系统的状态处于非平衡线性区，曲线 a 段是平衡态的延伸，最小熵产生原理保证了非平衡定态的稳定性，在曲线 a 线段上所对应的状态的行为类似平衡态的行为，系统保持时空的均匀性和对各种扰动的稳定性，在这种条件下，体系不可能自发产生任何时空有序结构，因此这一段叫作热力学分支。当控制参数 λ 的值超过某一临界值 λ_C 后，曲线 a 段的延续段 b 上各点的非平衡定态变得不稳定，一个很小的扰动就可以引起系统的突变，离开热力学分支而跃迁到另外两个稳定的分支 c 或 c' 上。这两个分支上的每一个点可能对应某种时空有序状态，这就是耗散结构，分支 c 或 c' 就叫作耗散结构分支。在 $\lambda=\lambda_C$ 附近，热力学分支开始分岔，这称为分岔现象或分支现象。$\lambda=\lambda_C$ 这一点称为分岔点或分支点。在分支点前，热力学分支上各对应点的状态保持空间均匀性和时间均匀性，具有高度的时空对称性，超过分支点 λ_C 后，耗散结构分支上每一点对应于某种时空有序状态，这就破坏了系统原有的对称性，因而这类现象也常叫作对称性破缺不稳定现象。

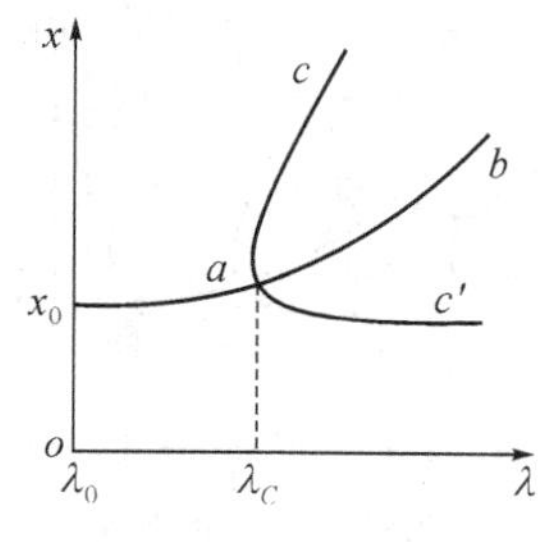

图阅 9.1　分支现象

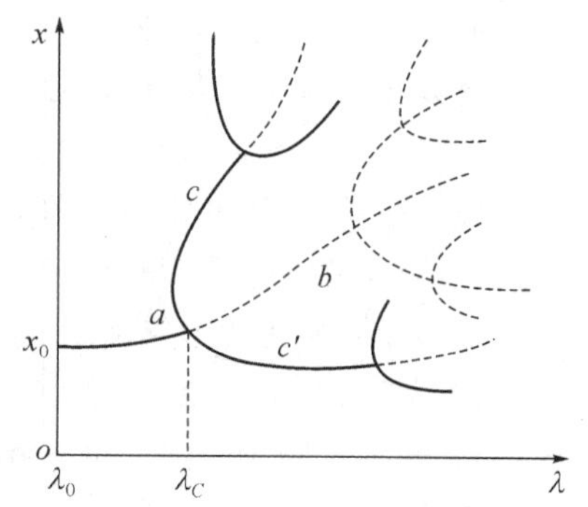

图阅 9.2　高级分支现象

如果控制参数继续改变，系统进一步远离平衡态时，分支理论研究表明，各稳定分支又会变得不稳定而导致所谓二次分支或高级分支现象，如图阅 9.2 所示。高级分支现象说明系统在远离平衡态时，可以有各种可能的有序结构，因而系统可以表现出复杂的时空行为。在系统偏离平衡态足够远时，分支越来越多，系统就具有越来越多的相互不同的可能的耗散结构。系统处于哪种结构完全是随机的，因而系统的瞬时状态不可预测，这时系统又进入一种无序态，叫作**混沌**状态。

第三篇　电磁学

早在公元前几百年，人类就观察到电现象和磁现象。电磁学作为一门科学经历了近三百年的发展，人们对它的认识越来越深刻。从18世纪后半叶的库仑定律，19世纪的电流磁效应、电磁感应、麦克斯韦方程组，到20世纪的光电效应、波粒二象性、电磁波理论在原子结构和分子方面的应用、磁共振、激光等，随着认识的不断深入，电磁学的应用也越来越广泛，其重要性也越来越明显。电磁学的重要性主要表现在：应用、思维方法和理论基础三方面。

在应用方面，电磁学是许多应用学科的基础，如电工学、自动控制学、无线电电子学等；同时它也是认识物质微观结构和性质的基础。在自然现象中，我们已经发现存在着四种相互作用：质量间吸引的引力相互作用，与电荷相联系的电磁相互作用，将原子核中质子和中子束缚在一起的强相互作用，引起原子核放射性衰变的弱相互作用。其中电磁相互作用在很大程度上决定了从原子到活细胞的整个范围内物质的物理和化学性质。巨大的生物分子是由含几万至几十万个原子集合而成的复杂的几何构型，这分子的形状和稳定性取决于邻近原子间电磁相互作用的精巧平衡。因此，电磁相互作用在决定物质的微观结构和性质上起了关键作用。

在思维方法方面，电磁学建立了很多物理模型，如电荷的点模型、线模型、面模型，电流的线模型和面模型，空间无限大和无限远模型，电偶极子模型等，物理模型是对客体形象化的理想抽象。客观事物是千差万别的，它的运动规律也是由多种因素决定的，要全面考虑所有因素的影响，实际上是办不到的。物理模型排除了次要的、非本质的因素，突出地反映客观事物的主要矛盾或主要特性，这种方法正是科学抽象的一种形式。物理模型还可以使抽象的假说和理论形象化。例如，介质的电极化模型，把复杂的微观运动过程形象化为电偶极子的有序排列，介质的磁化则是把磁化的微观过程形象化为分子电流的磁矩的有序排列。培养对复杂事物建立模型，进行形象化的理想抽象的思维方法，对人们的学习、工作都是非常有利的。

在理论基础方面，物理学在理论上大致经历了几次大的综合统一过程，它们是：牛顿运动定律和万有引力定律的发现实现了力学的统一；能量守恒和相互转化定律的发现实现了机械运动、热运动、电磁运动和化学运动之间的统一；电磁运动规律的建立实现了电磁现象与光现象的统一；狭义相对论的建立实现了物质低速运动和高速运动的统一；量子理论的建立实现了微观世界波粒二象性的统一。现在的努力方向是电磁理论、引力理论等进行统一，把它们作为更一般理论的特殊情况进行推广。这种巨大的综合性工作，现在还没有完成。

第 10 章　静电场

静电场是相对于观察者静止的电荷所激发的电场,其与随时间变化的电场的本质区别在于它是一种保守力场。描述静电场有两个重要物理量:电场强度和电势。前者衡量静电场对处于其中的带电体的库仑作用力,后者反映这种作用力做功与路径无关的特点。本章在引入这两个物理量的同时,将系统地介绍它们所服从的叠加原理、高斯定理和环路定理等静电场的基本规律。本章还将研究静电场中有金属导体和电介质存在时的各种问题,最后讨论静电场的能量。

10.1　电荷的基本性质和库仑定律

人类对电现象的认识起源于约在公元前 600 年希腊人的一个偶然观察:经摩擦的琥珀能吸引微小的物体。"Electron"这个字就是希腊文的"琥珀"。在我国,公元前 250 年左右,战国的《韩非子 · 有度》中,就有"先王立司南以端朝夕"的记载。"司南"就是古人用来识别南、北的器械。

然而,静电学作为一门科学则起步很晚。直到 1660 年盖里克发明摩擦起电机后,人们才找到了产生稳定静电的方法,使得对电现象进行细致的观察和研究成为可能。1720 年,格雷(S. Gray,1675—1736)研究了电的传导现象,发现了导体与绝缘体的区别。随后,他又发现了导体的静电感应现象。1733 年,杜菲(Du Fay,1698—1763)经过实验区分出两种电荷,并由此总结出:**同种电荷相互排斥,异种电荷相互吸引。**1747 年,富兰克林(Benjamin Franklin,1706—1790)经过对放电现象的进一步研究,用电流体假说阐述了电荷守恒原理。1785 年,库仑(A. de Coulomb, 1736—1806)从实验上总结出了库仑定律。下面先介绍电荷守恒和量子化这两个基本的电性质,然后介绍描写两个静止的点电荷之间静电作用力的库仑定律。

10.1.1　电荷守恒

用丝绸摩擦玻璃棒,棒上会出现正电荷,实验测得丝绸上出现了等量的负电荷,这说明摩擦过程并没有产生电荷,而只是使电荷从一个物体转移到另一个物体,系统内正、负电荷量的代数和没有变化。实验证明无论是在宏观领域还是微观世界,系统内正、负电荷量的代数和总是保持不变,无一例外,这个规律为**电荷守恒定律。**

现代物理研究表明,在粒子的相互作用过程中,粒子可以产生和消失,但电荷守恒并不因此而遭破坏。例如,一个高能光子与一个重原子核作用时,该光子可以转化为一个正电子和一个负电子,电子对"产生"了,其反应可表示为

$$\gamma + X \longrightarrow e^{+} + e^{-} + X^{*}$$

而一个正电子和一个负电子在一定条件下相遇，又会同时消失而产生两个光子，电子对“湮灭”了，其反应可表示为

$$e^{+} + e^{-} \longrightarrow \gamma + \gamma$$

但在这电子对产生和湮灭的过程中，产生或湮灭前后的净电荷为零，电荷守恒。典型的放射性衰变过程中

$$^{238}_{92}\mathrm{U} \longrightarrow {}^{234}_{90}\mathrm{Th} + {}^{4}_{2}\mathrm{He}$$

具有放射性的铀核$^{238}_{92}\mathrm{U}$含有 92 个质子，发射一个 α 粒子(即$^{4}_{2}\mathrm{He}$)后，蜕变为含 90 个质子的钍核，在这过程中，电荷总量保持不变。

10.1.2 电荷的量子化

电荷曾被认为是连续的流体。然而我们知道：即使是流体它也是由离散的原子或分子所组成的。实验证明，电荷在其载体上严格说来不是连续分布的，任一带电体所带电荷量 q 都是一个基本电荷的整倍数

$$q = ne, \quad n = 0, \pm 1, \pm 2, \pm 3, \cdots$$

e 称为基本电荷，实验测定为

$$e = 1.60217733 \times 10^{-19}\,\mathrm{C}$$

一个物理量，像电荷这样，只能取一些分立的值，而不能取连续变化的值，我们就说这个物理量是**量子化**的。量子化是现代物理学中的一个基本概念，对于电子、质子等微观粒子而言，电荷是量子化的，其能量、动量和角动量也可能是量子化的。

1964 年，美国的盖尔曼(M. Gell-Mann)和兹维格(G. Zweig)提出了夸克模型，认为强子(如质子、中子)是由更基本的粒子夸克所组成的。夸克带有分数电荷，它们是 $\pm\frac{1}{3}e$，$\pm\frac{2}{3}e$。质子的电荷为 $+e$，它由 2 个$(+\frac{2}{3}e)$的夸克和 1 个$(-\frac{1}{3}e)$的夸克所组成。中子的净电荷为 0，它由 2 个$(-\frac{1}{3}e)$的夸克和 1 个$(+\frac{2}{3}e)$的夸克所组成。强子由夸克组成，在理论上已无可置疑。但由于夸克间强相互作用的渐近自由性质，迄今为止在实验室里尚未找到自由状态的夸克。不过，即使对于带分数电荷的夸克，电荷仍取不连续值。电荷的量子性不会改变，只是使最小的一份电量变得更小而已。

基本电荷量是如此的小，100W、220V 的灯泡每秒钟流过钨丝的电子数约为 3×10^{18} 个，以至于在宏观现象中电荷的量子性显现不出来，就像在水中移动手，我们感觉不到水的分子一样。在宏观电磁学研究中我们常常近似地认为电荷在带电体上是连续分布的。

10.1.3 库仑定律

1773 年，英国的卡文迪什(H. Cavendish，1731—1810)精密地用实验证明静电力与带电体间距离的平方成反比。几乎在同时，库仑也设计了精巧的扭秤实验对相对静止的点电荷间的静电作用力做了定量化的研究。这些实验的结果最后确立了静电学的**库仑定律**：两个点电

---

* 注：加入 X 是动量守恒的要求。

荷之间的电力的大小与它们距离的平方成反比，与它们电荷量的乘积成正比；作用力的方向沿着它们的连线，同号电荷相斥，异号电荷相吸。在如图 10.1 所示的情形下，点电荷 q 与 q_0 相距为 r，令 $\boldsymbol{F}$ 代表电荷 q 给 q_0 的作用力，$\boldsymbol{r}_0$ 代表由 q 到 q_0 方向的单位矢量，则

$$\boldsymbol{F}=\frac{1}{4\pi\varepsilon_0}\frac{q_i q_0}{r^2}\boldsymbol{r}_0 \tag{10.1}$$

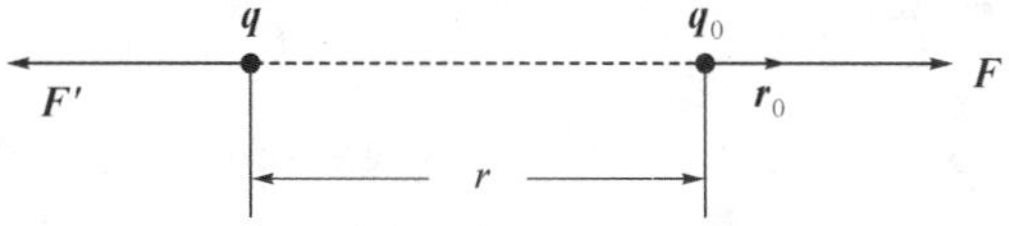

图 10.1　库仑定律

在库仑定律的上述表述中，我们引入了电磁学中的第一个理想模型——点电荷。当带电体的大小比带电体之间的距离小得多时，我们就把这种带电体近似为**点电荷**。无论 q，q_0 的正负如何，式(10.1)都适用。当 q，q_0 同号时，$\boldsymbol{F}$ 沿 $\boldsymbol{r}_0$ 方向；当 q，q_0 异号时，q 与 q_0 的乘积为负，$\boldsymbol{F}$ 沿 $\boldsymbol{r}_0$ 的反方向。根据牛顿第三定律 q_0 给 q 的力 $\boldsymbol{F}'$ 与 $\boldsymbol{F}$ 大小相等，方向相反。

虽然库仑定律仅直接适用于描写真空中两静止的点电荷之间的静电作用力，但它实际上奠定了静电学的理论基础。把库仑定律与力的叠加原理结合起来，我们原则上可以求解任意静电学问题。

式(10.1)是在国际单位制(SI)中写出的。比例系数中的常数 ε_0 称为**真空电容率(又称真空介电常量)**。实验测定，

$$\varepsilon_0=8.85\times10^{-12}\ \mathrm{C^2/(N\cdot m^2)}$$

库仑定律是一条实验定律，其给出的平方反比例有非常高的精度，蕴藏着非常深刻的物理背景。将库仑定律分母中 r 的指数修正为 $2+\alpha$ 是一种简单的对卡文迪什实验或库仑扭秤实验精度的怀疑，然而这一小小的修正却要动摇现代量子电动力学的理论基础。这个指数与光子的静止质量有关。电磁力是一种长程相互作用，光子的静止质量为零，则该指数严格为 2。现代的实验给出光子的静止质量上限为 10^{-48} kg，这差不多相当于 $|\alpha|\leqslant10^{-16}$。库仑定律所适用的 r 值的范围相当大。通过人造地球卫星研究地球磁场时证实，当 r 值大到 10^7 m 数量级时，或者通过现代高能电子散射实验证实，当 r 值小到 10^{-17} m 数量级时，平方反比例均仍然成立。

10.1.4　静电力的叠加原理

库仑定律讨论的是两个点电荷之间的静电力。当空间有两个以上的点电荷时，实验证明，点电荷之间的静电力彼此是独立的，作用于某一点电荷 q_0 的总静电力 $\boldsymbol{F}$ 等于其他各点电荷单独存在时对该点电荷所施静电力 $\boldsymbol{F}_i$ 的矢量和，这一结论为**静电力的叠加原理**。

具体地说，设有 n 个静止的点电荷 $q_1,q_2,\cdots,q_n$ 组成的电荷系，若 $\boldsymbol{F}_1,\boldsymbol{F}_2,\cdots,\boldsymbol{F}_n$ 分别表示它们单独存在时施于另一静止电荷 q_0 上的静电力，则静电力叠加原理断言：q_0 受到的总静电力为

$$\boldsymbol{F}=\sum_{i=1}^{n}\boldsymbol{F}_i=\sum_{i=1}^{n}\frac{1}{4\pi\varepsilon_0}\frac{q_i q_0}{r_i^2}\boldsymbol{r}_{0i} \tag{10.2}$$

式中，r_i 为 q_i 和 q_0 之间的距离，$\boldsymbol{r}_{oi}$ 为从点电荷 q_i 到 q_0 的单位矢量。

库仑定律与静电力的叠加原理是关于静止电荷相互作用的两个基本实验定律，应用它们原则上可以解决电学中的全部问题。

［**例 10.1**］ 一个一角铝硬币质量约为 2g，它含有等量的正、负电荷，试计算其所带的正或者负电荷量。

［**解**］ 一角硬币的铝原子数为

$$n=\frac{m}{M_{\mathrm{mol}}}\times N_A\approx 4.46\times 10^{22}(\text{个})$$

故硬币所带的正或负的电荷量为

$$q=n\times 13e\approx 9.28\times 10^{4}(\mathrm{C})$$

这是一个非常大的电荷量，相当于一个 100W、220V 的灯泡工作近 57 小时流过钨丝的电量。

［**例 10.2**］ 在例 10.1 中，我们知道一角铝硬币所含等量正或负电荷量为 9.28×10^4C，如果能分别将这些正、负电荷集聚成两个小球，并将这两个球放置于相距 100 米远，两球的吸引力为多少？

［**解**］ 根据库仑定律

$$F=\frac{1}{4\pi\varepsilon_0}\frac{q^2}{r^2}\approx 7.75\times 10^{15}\,\mathrm{N}$$

这是一个不小的力，如果将这两个小球分别置于地球的南、北极，可以算出吸引力仍有近 4.73×10^5N。

上述例题告诉我们，人们不能很大程度地破坏一个物体的电中性，如果从一个物体中取出了一可比拟部分的电荷，巨大的库仑力必将它们拉回到原物体。通常在实验室里，利用摩擦起电使物体能获得的电荷量的数量级只是 10^{-6}C，而一个一角硬币所带电荷量的数量级为 10^4C。这样我们已对库仑力作用的强弱有了感性的认识，我们还可以进一步比较万有引力与库仑力的作用强弱。

［**例 10.3**］ 基态氢原子内的质子和电子的间距为 5.29×10^{-11}m，问质子与电子的静电力为多少？质子与电子间的万有引力为多少？静电力为万有引力的多少倍？

［**解**］ 质子与电子间的静电力为

$$F_e=\frac{1}{4\pi\varepsilon_0}\frac{qq_0}{r^2}\approx 8.23\times 10^{-8}(\mathrm{N})$$

质子与电子间的万有引力

$$F_{\text{万}}=G\frac{M_eM_p}{r^2}\approx 3.62\times 10^{-47}(\mathrm{N})$$

静电力与万有引力的比值为

$$\frac{F_e}{F_{\text{万}}}\approx 2.27\times 10^{39}$$

由此可见，质子与电子之间的静电力远大于万有引力，因此，原子核与电子结合成原子时，主要依靠静电力。事实上原子结合成分子，原子或分子组成液体、固体时它们的结合力在本质上都属于电性力。

现在我们已经知道电性力是原子的结合力，星球与星球之间的作用力是万有引力，可以说万有引力是星系的结合力，那么原子核的结合力是什么呢？以铁原子核为例，铁原子核的半径约为 4×10^{-15}m，假设质子间的距离为原子核半径，则两质子间的静电斥力为约 14N。原子核内质子受到如此大的斥力为什么还能结合在一起呢？原来原子核内还有远比此斥力强的作用力——核力。所以，原子核间的结合力为核力。

10.2　电场　电场强度

10.2.1　电场

对于电荷之间作用力的性质,历史上有过两种不同的观点,即超距作用和近距作用。超距作用观点认为电的作用力是超距作用力,这种力的传递的不需要中间物质作介质,也不需要时间。库仑、安培、韦伯等一直用这种观点描述电荷之间的作用力。这种观点概括为

$$\text{电荷} \rightleftharpoons \text{电荷}$$

近距作用观点认为,任何电荷都在其周围空间激发电场,而电场的基本特征是对处在其中的任何电荷都有作用力。因此,电荷之间的作用力是通过电场来传递的,这种观点可概括为

$$\text{电荷} \rightleftharpoons \text{电场} \rightleftharpoons \text{电荷}$$

当电荷静止时,相互作用传递的时间显现不出来。如果电荷突然发生运动,则理论和实验都证明,电荷周围变化的电磁场以光速在空间传播,要经过一定的时间才能影响到另一处。例如无线电发射天线中加速运动着的电子要在时间$\frac{d}{c}$s(d 为两天线间的距离,c 为光速)之后,才能影响远处接收天线中的电子,即发射天线中的电子要通过电磁波才能对接收天线中的电子施加作用。因此,现代物理学接受了电作用力是通过电场来传递的近距作用观点。

10.2.2　电场强度

静电场的一个基本特性是它对位于电场中的任何带电体有力的作用。然而力并不适合于描写电场本身的性质。力同时涉及电场和受力的带电体。我们需要引入新的物理量定量地描述电场本身的性质。在电场中引入一个正的检验电荷 q_0。检验电荷 q_0 的电量和尺度都必须尽可能地小,以至于它的引入不会改变被检测电场的分布。把 q_0 放在空间所要检测的位置,再测量作用在这个检验电荷上的电力 $\boldsymbol{F}$。实验表明该电场力与检验电荷之比值是一个与检验电荷无关,而仅由电场本身性质决定的物理量。我们用它来描述电场,称为**电场强度矢量 $\boldsymbol{E}$**(简称**场强**),则有

$$\boldsymbol{E}=\frac{\boldsymbol{F}}{q_0} \tag{10.3}$$

此式表明电场中某点的电场强度的大小为单位正电荷在该点所受的电场力。

$\boldsymbol{E}$ 是一个矢量,$\boldsymbol{E}$ 的方向就是正电荷在此受到的电场力的方向。在 SI 中,电场强度 $\boldsymbol{E}$ 的单位为牛顿/库仑(N/C)。在本章第 4 节中,我们可以看到,电场强度的单位也可写成 V/m。

10.2.3　点电荷的场强

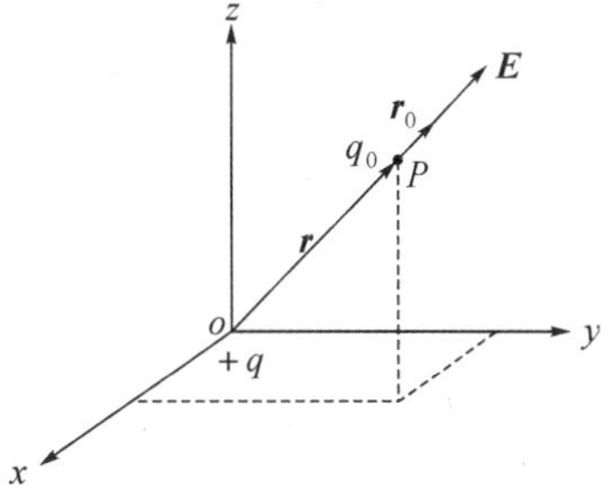

图 10.2　点电荷的场强

真空中点电荷 q,激发的电场的场强 $\boldsymbol{E}$ 为多少呢？由式(10.1)的库仑定律和场强的定义,很容易得到场点 P 的场强为

$$\boldsymbol{E}=\frac{1}{4\pi\varepsilon_0}\frac{q}{r^2}\boldsymbol{r}_0 \tag{10.4}$$

可看出,点电荷 q 在空间任一点所激发的场强的大小,与点电荷的电荷量 q 成正比,与点电荷到该点的距离 r 的平方成反比。如果 q 为正电荷,$\boldsymbol{E}$ 的方向与 $\boldsymbol{r}_0$ 的方向一致,即背离 q,如

图10.2所示；如果 q 为负电荷，$\boldsymbol{E}$ 的方向与 $\boldsymbol{r}_o$ 的方向相反，即指向 q。

10.2.4 电场强度叠加原理

设空中有若干点电荷 $q_1, q_2, \cdots, q_n$，$\boldsymbol{E}_i$ 为第 i 个点电荷单独存在时在任意点 P 处产生电场的场强，由式(10.4)得

$$\boldsymbol{E}_i = \frac{1}{4\pi\varepsilon_0}\frac{q_i}{r_i^2}\boldsymbol{r}_{0i}$$

式中，$\boldsymbol{r}_{0i}$ 是从 q_i 指向 P 点的单位矢量，r_i 为 q_i 到场点 P 的距离，根据场强定义及静电力的叠加原理，各电荷在 P 点处产生的电场的总场强为

$$\boldsymbol{E} = \frac{\boldsymbol{F}}{q_0} = \frac{1}{q_0}\sum_{i=1}^{n}\frac{1}{4\pi\varepsilon_0}\frac{q_0 q_i}{r_i^2}\boldsymbol{r}_{0i}$$

$$\boldsymbol{E} = \sum_{i=1}^{n}\boldsymbol{E}_i = \sum_{i=1}^{n}\frac{1}{4\pi\varepsilon_0}\frac{q_i}{r_i^2}\boldsymbol{r}_{0i} \tag{10.5}$$

上式说明，电场中任一点的总场强等于各个点电荷在该点各自产生场强的矢量和，这就是**场强叠加原理**，是电场的基本性质之一。利用这一原理，可以计算任意带电体所产生的电场，若带电体的电荷是连续分布的，可认为该带电体的电荷是由许多无限小的电荷元 $\mathrm{d}q$ 组成的，每个电荷元都可以当作点电荷处理，而电荷元 $\mathrm{d}q$ 在 P 点所激发的场强，按点电荷的场强公式可写为

$$\mathrm{d}\boldsymbol{E} = \frac{1}{4\pi\varepsilon_0}\frac{\mathrm{d}q}{r^2}\boldsymbol{r}_0$$

带电体的全部电荷在 P 点激发的场强是所有 $\mathrm{d}\boldsymbol{E}$ 的矢量和，即对 $\mathrm{d}\boldsymbol{E}$ 的矢量积分：

$$\boldsymbol{E} = \int \mathrm{d}\boldsymbol{E} = \int \frac{\mathrm{d}q}{4\pi\varepsilon_0 r^2}\boldsymbol{r}_0 \tag{10.6}$$

上式是矢量积分形式。在具体运算时，通常先写出 $\mathrm{d}\boldsymbol{E}$ 在坐标轴方向上的分量式，然后再积分。

［**例 10.4**］ 计算电偶极子中垂线上任一点的电场强度。两个大小相等、符号相反的点电荷 $+q$ 和 $-q$，当它们之间的距离 l 比所考虑的场点到两者的距离小得多时，这一电荷系统就称为**电偶极子**。如图例 10.4 所示，用 $\boldsymbol{l}$ 表示从负电荷到正电荷的矢量。电量 q 与 $\boldsymbol{l}$ 的乘积叫**电偶极矩**或**电矩**，用 $\boldsymbol{P}_e$ 表示，即 $\boldsymbol{P}_e = q\boldsymbol{l}$。

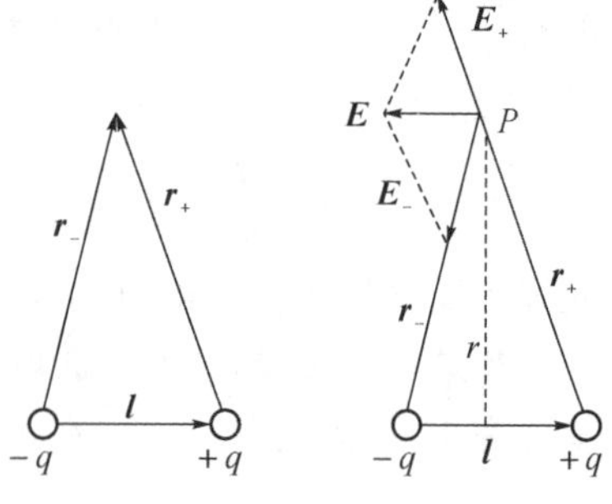

图例 10.4 电偶极子的电场

［**解**］ 设 $+q$ 和 $-q$ 到偶极子中垂线上任一点 P 的矢量分别为 $\boldsymbol{r}_+$ 和 $\boldsymbol{r}_-$，由(10.4)式可知，$+q$ 和 $-q$ 在 P 点的场强 $\boldsymbol{E}_+$ 和 $\boldsymbol{E}_-$ 分别为

$$\boldsymbol{E}_+ = \frac{q}{4\pi\varepsilon_0 r_+^2}\frac{\boldsymbol{r}_+}{r_+}$$

$$\boldsymbol{E}_- = \frac{-q}{4\pi\varepsilon_0 r_-^2}\frac{\boldsymbol{r}_-}{r_-}$$

当 $r \gg l$ 时，$r_+ = r_- = \sqrt{r^2+(l/2)^2} \approx r$，$r$ 为从电偶极子中心到场点 P 的距离。P 处总场强为

$$\boldsymbol{E} = \boldsymbol{E}_+ + \boldsymbol{E}_- = \frac{q}{4\pi\varepsilon_0 r^3}(\boldsymbol{r}_+ - \boldsymbol{r}_-)$$

由于 $\boldsymbol{r}_+ - \boldsymbol{r}_- = -\boldsymbol{l}$，所以上式化为

$$\boldsymbol{E} = -\frac{\boldsymbol{P}_e}{4\pi\varepsilon_0 r^3}$$

由上述结果可见，在远离电偶极子处的场强与距离的三次方成反比，与电偶极子的电矩值成正比。电偶极子的电性质，不仅取决于电荷量 q，而且也取决于两电荷间的距离 l，增大或减小 q，与减小或增大 l 的效果可互相抵消，因此，只有电偶极矩 $\boldsymbol{p}_e = q\boldsymbol{l}$ 能完整表征电偶极子的电性质。电偶极子是一个重要的物理模型，在研究电介质的极化、电磁波的发射和接收，以及中性分子之间的相互作用等问题时，都要用到电偶极子的模型。

［例 10.5］ 试计算均匀带电细圆环轴线上任一点的场强，设圆环半径为 R，所带总电量为 q。

［解］ 将细圆分成无限多段，取一段 $\mathrm{d}l$，其带电量为 $\mathrm{d}q$，$\mathrm{d}q$ 在距离环心 x 处（P 点）的场强为 $\mathrm{d}\boldsymbol{E}$，$\mathrm{d}\boldsymbol{E}$ 的方向如图例 10.5 所示，$\mathrm{d}\boldsymbol{E}$ 的大小为

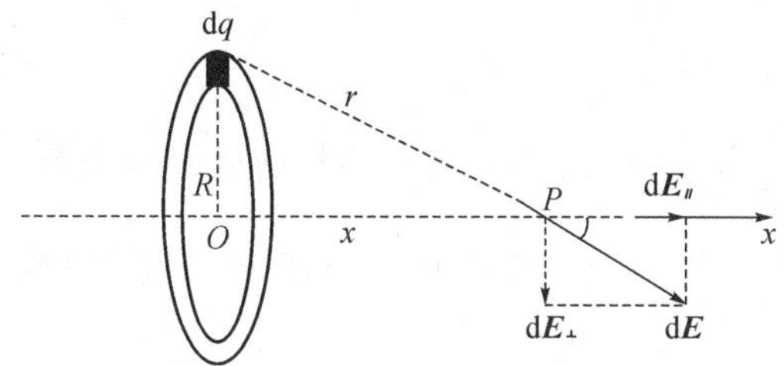

图例 10.5　均匀带电细圆环轴线上的场强

$$\mathrm{d}E = \frac{1}{4\pi\varepsilon_0}\frac{\mathrm{d}q}{r^2}$$

$\mathrm{d}\boldsymbol{E}$ 沿平行轴线的分量为 $\mathrm{d}\boldsymbol{E}_{/\!/}$，沿垂直于轴线的分量为 $\mathrm{d}\boldsymbol{E}_{\perp}$，由于圆环相对轴线的对称性，圆环上所有电荷在 P 点的 $\mathrm{d}\boldsymbol{E}_{\perp}$ 的矢量和为零。因而 P 的场强为所有电荷在 P 点的 $\mathrm{d}\boldsymbol{E}_{/\!/}$ 的叠加，即

$$E = \int \mathrm{d}E_{/\!/}$$

又因为　$$\mathrm{d}E_{/\!/} = \mathrm{d}E\cos\theta = \mathrm{d}E\,\frac{x}{r} = \frac{1}{4\pi\varepsilon_0}\frac{x}{r^3}\mathrm{d}q$$

所以　$$E = \int_q \frac{1}{4\pi\varepsilon_0}\frac{x}{r^3}\mathrm{d}q = \frac{q}{4\pi\varepsilon_0}\frac{x}{(R^2 + x^2)^{3/2}}$$

$\boldsymbol{E}$ 的方向沿 x 轴线方向，当 $q>0$，沿 x 正方向，垂直圆环指向远方；当 $q<0$，沿 x 负方向，垂直圆环指向圆心；当 $x=0$ 时，$E=0$，均匀带电圆环中心处的场强为零。

当 $x \gg R$ 时，$E \approx \dfrac{1}{4\pi\varepsilon_0}\dfrac{q}{x^2}$，即在远离环心处的场强与环上电荷全部集中在环心处的一个点电荷所激发的场强相等。

［例 10.6］ 试计算均匀带电圆盘轴线上任一点的场强，圆盘半径为 R，面电荷密度（单位面积上的电量）为 σ。

［解］ 带电圆板在轴线上 P 点的场强为无限多个带电圆环在 P 点场强的叠加，半径为 r 的圆环，如图例 10.6 所示，带电量 $\mathrm{d}q = \sigma 2\pi r\mathrm{d}r$，由上题结果可知，在 P 点的场强大小为

$$\mathrm{d}E = \frac{\sigma 2\pi r\mathrm{d}r}{4\pi\varepsilon_0}\frac{x}{(r^2 + x^2)^{3/2}} = \frac{x\sigma}{2\varepsilon_0}\frac{r\mathrm{d}r}{(x^2 + r^2)^{3/2}}$$

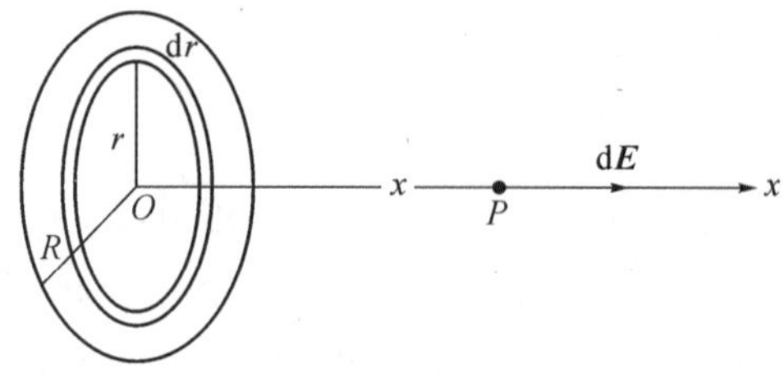

图例 10.6　均匀带电圆盘轴线上任一点的场强

d$\boldsymbol{E}$ 的方向沿 x 轴正向，由于组成圆盘的各圆环的电场 d$\boldsymbol{E}$ 方向都沿 x 轴正向，所以，带电圆盘在 P 点的场强就为 d$\boldsymbol{E}$ 的标量叠加。

$$E=\int \mathrm{d}E=\int_0^R \frac{x\sigma}{2\varepsilon_0}\frac{r}{(x^2+r^2)^{3/2}}\mathrm{d}r=\frac{\sigma}{2\varepsilon_0}\left(1-\frac{x}{\sqrt{R^2+x^2}}\right)$$

$\sigma>0$，$\boldsymbol{E}$ 的方向沿 x 轴正向，垂直于圆盘平面指向远方；$\sigma<0$，$\boldsymbol{E}$ 的方向沿 x 轴负向，垂直于圆盘平面指向圆盘。

我们再对上述结果进行讨论：

(1)若 $x\ll R$ 时，$E=\dfrac{\sigma}{2\varepsilon_0}$，$\sigma$ 为正，方向垂直平面指向远方，σ 为负指向平面。

(2)若当 $x\gg R$，可将$(1+R^2/x^2)^{-\frac{1}{2}}$按二项式展开，略去高阶无穷小，便得 P 点的场强为

$$E=\frac{R^2\sigma}{4\varepsilon_0}\frac{1}{x^2}=\frac{1}{4\pi\varepsilon_0}\frac{q}{x^2}$$

式中 q 为圆盘的带电量 $\pi R^2\sigma$。由此可见带电圆盘在远处 P 点的电场，相当于一个所有电荷集中在圆盘中心的点电荷在 P 点的电场，同时，也可以进一步理解点电荷概念的相对性。

10.3　高斯定理

高斯定理于 1839 年由德国物理学家兼数学家高斯(Gauss，1777—1855)提出的。它反映了通过闭合曲面的电通量与场源电荷量之间的关系，是表征静电场性质的一个基本定理。

10.3.1　电力线

电场的场强在空间的分布可以用电力线来形象地描述，电力线这个概念是由法拉第首先提出的。我们可在电场中描绘一系列的曲线，使曲线上每一点的切线方向都指向该点电场强度 $\boldsymbol{E}$ 的方向，并在该点处取一与电场方向垂直的面积元，通过该处单位面积元的电力线条数等于该点的场强 $\boldsymbol{E}$ 的大小。这样画出的一系列曲线称为**电力线(又称电场线)**。

按照这个规定画出的电力线，形象地反映了电场场强的分布，电力线密处场强大，电力线较疏处场强较小。电力线的切线方向为该点的场强方向，如图 10.3 画出了几种常见电场的场强分布。

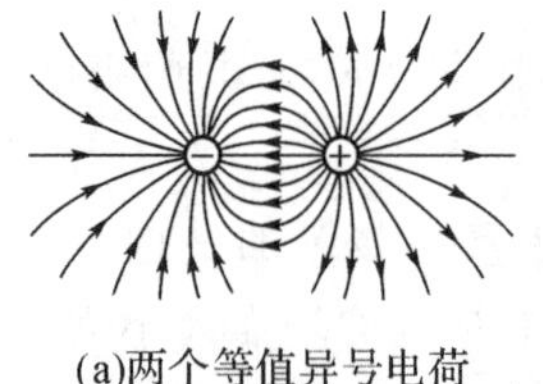

(a)两个等值异号电荷

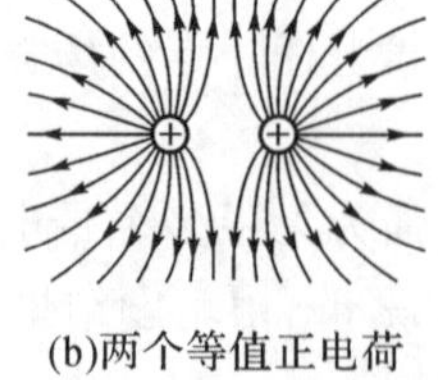

(b)两个等值正电荷

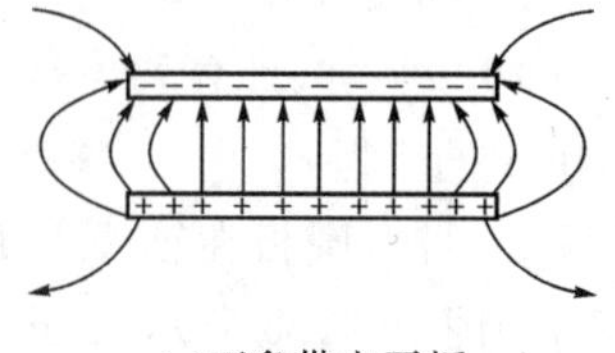

(c)正负带电平板

图 10.3　几种带电体的电力线

由图 10.3 可以看出，静电场的电力线有以下性质：第一，电力线不能形成闭合曲线，也不会在没有电荷的地方中断，它只能起始于正电荷（或无限远处），终止于负电荷（或无限远处），这是静电场的重要特性；第二，任何两条电力线不会相交，这是静电场中每一点的场强具有确定方向的必然结果。

10.3.2　电通量

通量是描述矢量场的一个重要概念。为了便于理解，物理学中通常引入"力线"形象化地表达矢量场的通量。静电场通过任一给定曲面的电通量就可以理解为穿过该曲面的电力线的总数，用符号 Φ_e 表示。

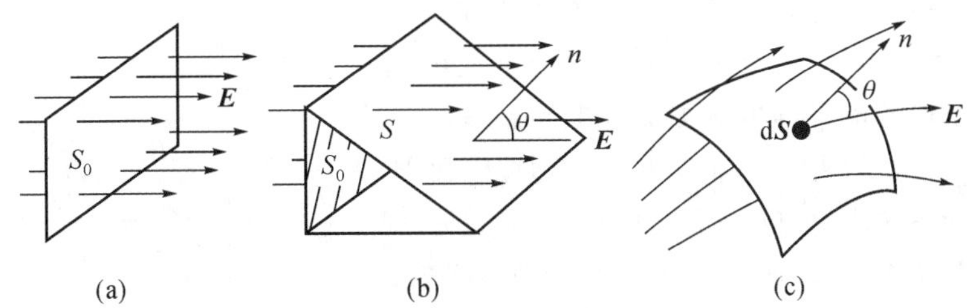

图 10.4　电通量的计算

如图 10.4(a)所示，在均匀电场 $\boldsymbol{E}$ 中，取一垂直于 $\boldsymbol{E}$ 方向的平面，面积为 S_0，通过该平面的电通量 Φ_e 等于穿过该平面的电力线条数，即

$$\Phi_e = ES_0$$

如图 10.4(b)所示，在均匀电场 $\boldsymbol{E}$ 中，取一法线方向与 $\boldsymbol{E}$ 的方向成 θ 角的平面，面积为 S，穿过该平面 S 的电力线全部穿过 S_0（面积 $S_0 = S\cos\theta$），且穿过 S_0 的电力线全部穿过 S，所以通过平面 S 的电通量也为 $\Phi_e = ES_0$。此电通量又可表为：

$$\Phi_e = ES_0 = ES\cos\theta$$

如图 10.4(c)所示，在计算非均匀电场通过任意曲面 S 的电通量时，须首先将曲面"分割"成无限多微元曲面 $\mathrm{d}S$。对于每个微面积元 $\mathrm{d}S$，$\boldsymbol{E}$ 可以看成均匀，其通过 $\mathrm{d}S$ 的电通量按上述均匀电场电通量的公式求得为（设面积元 $\mathrm{d}S$ 的法线方向与该处 $\boldsymbol{E}$ 成 θ 角），

$$\mathrm{d}\Phi_e = E\mathrm{d}S\cos\theta$$

通过整个曲面的电通量为通过所有面积元电通量之代数和，即

$$\Phi_e = \int_s \mathrm{d}\Phi_e = \int_s E\cos\theta \mathrm{d}S$$

为简洁起见，引入面积元矢量 $\mathrm{d}\boldsymbol{S}$，定义 $\mathrm{d}\boldsymbol{S}$ 的大小为 $\mathrm{d}S$，方向为沿面元的法线。对闭合曲面，沿法线由曲面内指向曲面外为正，对非闭合曲面，可沿法线任意一方向为正。这样，电通量可表示为两矢量的标积：

$$\mathrm{d}\Phi_e = \boldsymbol{E} \cdot \mathrm{d}\boldsymbol{S} \tag{10.7}$$

$$\Phi_e = \int_s \mathrm{d}\Phi_e = \int_s \boldsymbol{E} \cdot \mathrm{d}\boldsymbol{S} \tag{10.8}$$

显然，$\mathrm{d}\Phi_e$ 为正表示电力线沿 $\mathrm{d}\boldsymbol{S}$ 方向穿过面元；$\mathrm{d}\Phi_e$ 为负表示电力线沿 $\mathrm{d}\boldsymbol{S}$ 反方向穿过面元。对闭合曲面，Φ_e 为正表示电力线穿出闭合曲面；Φ_e 为负表示电力线穿入闭合曲面。

10.3.3　高斯定理

高斯定理是静电学中的基本定理之一，它反映的是静电场的有源性。高斯定理可表述如

下:静电场通过任一闭合曲面的电通量等于该曲面所包围电荷代数和的$\frac{1}{\varepsilon_0}$倍,与闭合曲面外的电荷无关。即:

$$\Phi_e = \oint_s \boldsymbol{E} \cdot \mathrm{d}\boldsymbol{S} = \frac{1}{\varepsilon_0} \sum_{s内} q_i \tag{10.9}$$

式(10.9)中,S 为任意形状的闭合曲面,$\mathrm{d}\boldsymbol{S}$ 为面积元矢量,大小为 $\mathrm{d}S$,方向沿法线由曲面内指向曲面外,$\boldsymbol{E}$ 是 $\mathrm{d}\boldsymbol{S}$ 面上各点的场强,$\sum\limits_{s内} q_i$ 则为包围在曲面 S 内的电荷的代数和,即 S 内的净电荷。

作为麦克斯韦方程组的基本方程之一(见第 12 章),高斯定理描写的是电磁现象的一条基本规律。然而在静电学中,人们常常并不这样看。高斯定理可以通过静电库仑定律和电场强度叠加原理推导出来。

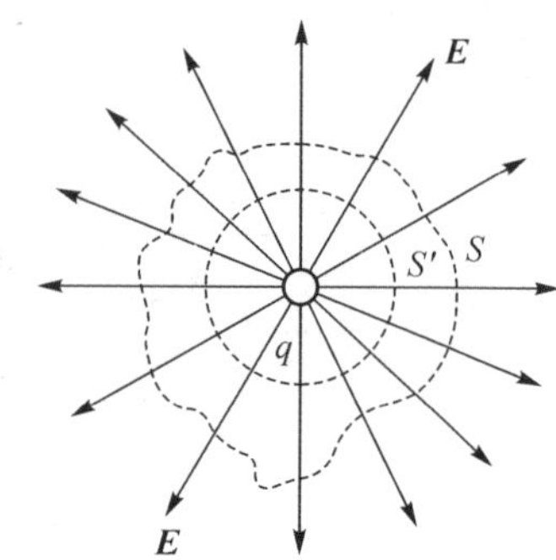

图 10.5　通过包围点电荷 q 的任意闭合曲面 S 的电通量为$\frac{q}{\varepsilon_0}$

如图 10.5 所示,设在点电荷 q 的电场中,球面 S' 和任意闭合曲面 S 包围且仅包围点电荷 q,通过球面 S'的电力线条数显然等于通过曲面 S 的电力线条数。在球面 S'上,面积元矢量 $\mathrm{d}\boldsymbol{S}$ 与电场强度矢量 $\boldsymbol{E}$ 的方向处处相同。则

$$\Phi_e = \oint_s \boldsymbol{E} \cdot \mathrm{d}\boldsymbol{S} = \oint_{s'} \boldsymbol{E} \cdot \mathrm{d}\boldsymbol{S} = \oint_{s'} E\,\mathrm{d}S$$

根据库仑定理,点电荷 q 激发的电场在球面 S'上各处的电场强为$\frac{1}{4\pi\varepsilon_0}\frac{q}{r^2}$,所以

$$\Phi_e = E\oint_{s'} \mathrm{d}S = \frac{1}{4\pi\varepsilon_0}\frac{q}{r^2}4\pi r^2 = \frac{q}{\varepsilon_0} \tag{10.10}$$

如图 10.6 所示,设在点电荷 q 的电场中,闭合曲面 $\boldsymbol{S}$ 不包围电荷 q,由于电力线的连续性,从闭合曲面一侧穿入 S 曲面的电力线,必然从曲面的另一侧穿出。因此净穿出闭合曲面 S 的电力线的总条数为零,即

$$\Phi_e = \oint_s \boldsymbol{E} \cdot \mathrm{d}\boldsymbol{S} = 0 \tag{10.11}$$

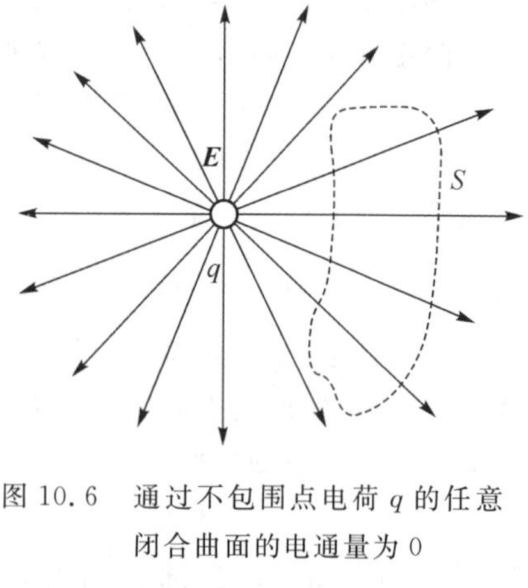

图 10.6　通过不包围点电荷 q 的任意闭合曲面的电通量为 0

当带电体系由多个电荷组成时,按照场强叠加原理,空间任一点的场强是各个点电荷所产生的场强的叠加,即

$$\boldsymbol{E} = \sum_{i=1}^{n} \boldsymbol{E}_i = \boldsymbol{E}_1 + \boldsymbol{E}_2 + \cdots + \boldsymbol{E}_n$$

则通过任意闭合曲面 S 的电通量为

$$\Phi_e = \oint_s \boldsymbol{E} \cdot \mathrm{d}\boldsymbol{S} = \Phi_{e1} + \Phi_{e2} + \cdots + \Phi_{ek} + \Phi_{ek+1} + \cdots + \Phi_{en}$$

如果闭合曲面 S 包含了 $q_1, q_2, \cdots, q_k$ 电荷,而 $q_{k+1}, \cdots, q_n$ 在闭合曲面外,根据式(10.10)和式(10.11)证明可知,

$$\Phi_{e1} = \frac{q_1}{\varepsilon_0}\ ,\ \Phi_{e2} = \frac{q_2}{\varepsilon_0}\ ,\ \Phi_{ek} = \frac{q_k}{\varepsilon_0}$$

$$\Phi_{k+1}=\cdots=\Phi_n=0$$

所以,通过任意闭合曲面 S 的电通量为

$$\Phi_e=\oint_s \boldsymbol{E}\cdot \mathrm{d}\boldsymbol{S}=\frac{1}{\varepsilon_0}\sum_{s内} q_i$$

至此,高斯定理“证明”完毕。

理解高斯定理必须注意以下几点:

(1)高斯定理中的场强 $\boldsymbol{E}$ 指的是曲面上各点的场强,它是由全部电荷(既包括闭合曲面内的电荷,也包括闭合曲面外的电荷)共同产生的合场强。

(2)通过闭合曲面的电通量只决定于它所包围的电荷,闭合曲面外的电荷对电通量无贡献。

虽然在静电学中高斯定理只是库仑定律的一个推论,然而电磁学后来的发展表明:高斯定理应该被恰如其分地看成是电磁场的一条基本规律。库仑定律只适用于静电场,但高斯定理不仅适用于静电荷激发的静电场,也适用于运动电荷激发的时变电场。

10.3.4 利用高斯定理求场强

当电荷的分布具有某种对称性时,我们可以应用高斯定理求电场强度 $\boldsymbol{E}$。

步骤如下:

1. 研究电荷分布的对称性从而确定电场 $\boldsymbol{E}$ 的对称性;

2. 选一合适的闭合曲面为积分曲面,通常称为高斯面,使得 $\Phi_e=\oint \boldsymbol{E}\cdot \mathrm{d}\boldsymbol{S}$ 中场强 $\boldsymbol{E}$ 的大小 E 可以从积分号中提出来。

3. 应用高斯定理求出 E。

下面通过几道例题具体介绍这种方法。

[例 10.7] 求均匀带电球面内外的场强。设球面带电量为 q,半径为 R。

[解] 由于带电体的球对称性,我们可以知道空间的电场没有一个方向是特殊的。在与带电体同心的球面上,任意位置的场强大小相等,方向都沿半径方向,因此电场的分布也呈现为球对称。从图例 10.7 可以看出,电荷的分布对 OP 轴对称,而任意一对称电荷元 $\mathrm{d}q_1$ 和 $\mathrm{d}q_2$ 在 P 点的合场强 $\mathrm{d}\boldsymbol{E}$ 的方向沿 OP 方向,球面上的电荷元都可以找到关于 OP 轴对称的电荷元,所以带电球面所有电荷在 P 点的合场强 $\boldsymbol{E}$ 的方向也沿 OP 方向。

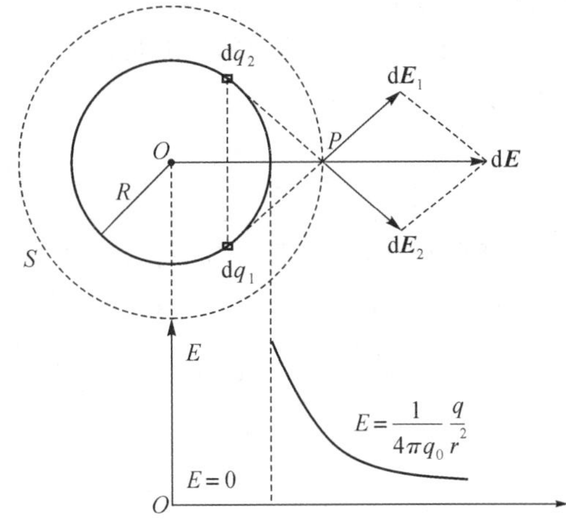

图例 10.7 均匀带电球面的电场分布

根据电场分布的球对称性,取与带电球面同心的、经过场点 P 的球面为高斯面,因为球面上任一面积元 $\mathrm{d}\boldsymbol{S}$ 与该处的 $\boldsymbol{E}$ 垂直,则 $\boldsymbol{E}\cdot \mathrm{d}\boldsymbol{S}=E\mathrm{d}S$,所以通过高斯面的电通量为

$$\Phi_e=\oint_s E\,\mathrm{d}S$$

对于所选定的积分曲面 S 上各处的 $\boldsymbol{E}$ 大小相等,E 与 $\mathrm{d}S$ 无关,所以 E 可以提至积分号的外

面，则

$$\Phi_e = E \cdot 4\pi r^2$$

若 $r>R$，高斯面 S 内包围的电荷为 q，由高斯定律得

$$\Phi_e = 4\pi r^2 E = \frac{q}{\varepsilon_0}$$

$$E = \frac{1}{4\pi\varepsilon_0}\frac{q}{r^2}$$

若 $r<R$，高斯面 S 内包围的电荷为零，由高斯定理得

$$\Phi_e = 4\pi r^2 E = \frac{0}{\varepsilon_0}$$

$$E = 0$$

由上述结果可知，带电球面外任一点的电场与全部电荷集中在球心的点电荷产生的电场一样，带电球面内任一点的场强为零，均匀球面的电荷对球面内没有影响，场强随距离 r 的关系如图例 10.7 所示。

［**例 10.8**］ 求无限长均匀带电圆柱面内外的场强，设圆柱面的半径为 R，单位长度圆柱面带电量为 λ。

［**解**］ 由于均匀带电圆柱面的轴对称性，可以知道空间电场分布的轴对称性，即在以轴线为圆心垂直轴线的圆上，各处的场强大小相等，方向沿半径方向。又由于圆柱面无限长，与轴线垂直的各平面等价。所以，与轴线相距 r 处的圆柱面上任意一点处的场强不具特殊性，即各点的场强大小相等，方向沿半径方向，如例图 10.8 所示。经过场点 P，作半径为 r，高为 h 的与带电圆柱面同轴的圆柱面，取这圆柱面及上下底面为高斯面，通过这一高斯面的电通量为

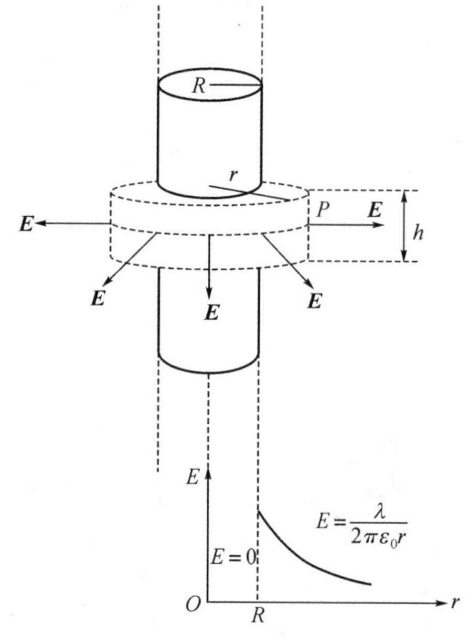

图例 10.8 无限长带电圆柱面的电场分布

$$\Phi_e = \oint_s \boldsymbol{E} \cdot \mathrm{d}\boldsymbol{S}$$

$$= \int_{\text{下底面}} \boldsymbol{E} \cdot \mathrm{d}\boldsymbol{S} + \int_{\text{下底面}} \boldsymbol{E} \cdot \mathrm{d}\boldsymbol{S} + \int_{\text{圆柱面}} \boldsymbol{E} \cdot \mathrm{d}\boldsymbol{S}$$

由于场强方向与上、下底面平行，因此通过上、下底面的电通量为零，所以

$$\Phi_e = \int_{\text{圆柱面}} \boldsymbol{E} \cdot \mathrm{d}\boldsymbol{S} = E\int_{\text{圆柱面}} \mathrm{d}S = E2\pi rh$$

若 $r>R$，高斯面内包围的电荷为 λh，由高斯定理可得

$$E2\pi rh = \frac{\lambda h}{\varepsilon_0}$$

$$E = \frac{\lambda}{2\pi\varepsilon_0 r}, \quad \boldsymbol{E} = \frac{\lambda}{2\pi\varepsilon_0 r^2}\boldsymbol{r}$$

若 $r<R$，高斯面内包围的电荷为零，由高斯定理可得

$$E2\pi rh = 0$$

$$E = 0$$

各点的场强随该点到轴线的距离 r 的变化关系如图例 10.8 所示。可见圆柱面内的场强为零，

无限长均匀带电圆柱面上的电荷对圆柱面内的电场没有影响。从以上电荷对称性的分析可知，无限长均匀带电直导线的电场与圆柱面外的电场相似，同理我们可以得出无限长均匀带电直导线电场的场强为 $\boldsymbol{E}=\frac{1}{2\pi\varepsilon_0}\frac{\lambda}{r^2}\boldsymbol{r}$，所以无限长均匀带电圆柱面在柱面外的电场，与将电荷集中在轴线上，形成的电场相同。

［例 10.9］ 求无限大均匀带电平面的电场强度，设平面的面电荷密度为 σ。

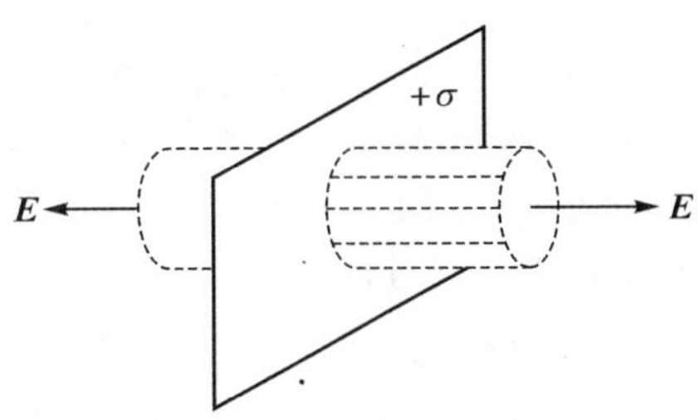

图例 10.9 无限大均匀带电平面的电场分布

［解］ 由于无限大均匀带电平面的电荷分布的对称性，与带电平面平行的平面上任意一点处的场强不具有特殊性，即各点的场强应大小相等，方向垂直于平面。根据电场分布的这些特点，如图例 10.9 所示，我们取一穿过且垂直于带电平面的闭合圆柱体外表面为高斯面 S，圆柱面的底面积为 ΔS，两底面到带电平面等距离，由于 $\boldsymbol{E}$ 与柱面的面积元方向相互垂直，所以通过柱面的电通量为零，通过该高斯面的电通量为

$$\begin{aligned}\Phi_e &= \oint_s \boldsymbol{E}\cdot \mathrm{d}\boldsymbol{S} = \int_{\text{左底面}} \boldsymbol{E}\cdot \mathrm{d}\boldsymbol{S} + \int_{\text{圆柱面}} \boldsymbol{E}\cdot \mathrm{d}\boldsymbol{S} + \int_{\text{右底面}} \boldsymbol{E}\cdot \mathrm{d}\boldsymbol{S} \\ &= E\Delta S + 0 + E\Delta S = 2E\Delta S\end{aligned}$$

高斯面内包围的电荷为 $\sigma\Delta S$，根据高斯定律，有

$$2E\Delta S=\frac{\sigma\Delta S}{\varepsilon_0}$$

$$E=\frac{\sigma}{2\varepsilon_0}$$

可见，无限大均匀带电平面两侧的电场为均匀电场，与离开带电平面的距离无关，这一结论与例 10.6 的结果相同。由此也可看出，无限大带电平面的相对性，当场点到带电平面的距离比带电平面的大小要小得多时，可认为带电平面为无限大带电平面。

从以上例题可以看出，应用高斯定理求场强只适用于电荷分布具有对称性的情况。解这类问题，关键是分析电荷分布的对称性，找出电场分布的对称性，选择合适的高斯面，使 E 从积分号中提出来。

10.4 静电场环路定理和电势

电荷在电场中受到电场力的作用，移动电荷电场力要对它做功，下面我们就静电场力做功讨论电场的另一基本性质：静电场力做功与路径无关，静电场力是保守力。因此，可以引入电势能来描述静电场力做功。

10.4.1 静电场力做的功

在点电荷 q 的电场中，一电荷 q_0 从 a 处经任意路径移动到 b 处，将路径分成无限多小段，每一小段处的电场力可以认为不变，电荷移动任意一小段位移 $\mathrm{d}\boldsymbol{l}$，如图 10.7 所示，电场力做的功为

$$\mathrm{d}A = \boldsymbol{F}\cdot \mathrm{d}\boldsymbol{l} = F\cdot \mathrm{d}l\cos\theta = F\mathrm{d}r$$

$$=\frac{1}{4\pi\varepsilon_0}\frac{qq_0}{r^2}\mathrm{d}r$$

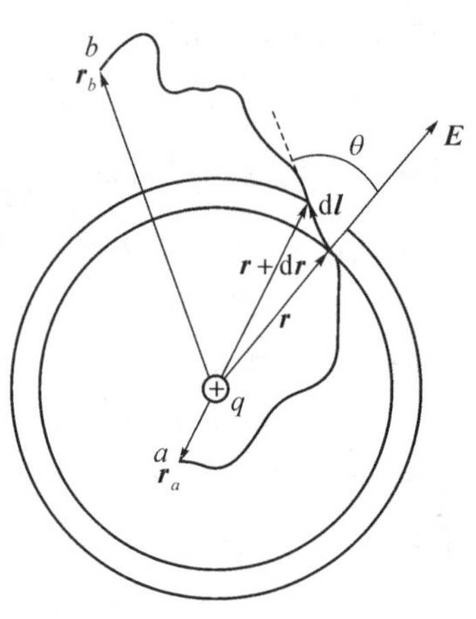

图 10.7 点电荷电场中电场力做功

电荷 q_0 从 a 处运动到 b 处，电场力做功为

$$A=\int_a^b \mathrm{d}A=\int_{r_a}^{r_b}\frac{1}{4\pi\varepsilon_0}\frac{qq_0}{r^2}\mathrm{d}r$$

$$A=\frac{qq_0}{4\pi\varepsilon_0}\left(\frac{1}{r_a}-\frac{1}{r_b}\right) \tag{10.12}$$

式中，r_a 和 r_b 分别为场源点电荷 q 到 a、b 处的距离，从上述结果可看出在点电荷的电场中，电场力做功与路径无关，只与路径的起点和终点位置有关。

对于由许多静止的点电荷 $q_1,q_2,\cdots,q_n$ 组成的电荷系，电荷 q_0 受到的各点电荷对它的力分别为 $\boldsymbol{F}_1,\boldsymbol{F}_2,\cdots,\boldsymbol{F}_N$，由力的叠加原理，电荷 q_0 受到的合力 $\boldsymbol{F}=\boldsymbol{F}_1+\boldsymbol{F}_2+\cdots+\boldsymbol{F}_n$，电荷 q_0 从 a 处运动到 b 处，电场力 $\boldsymbol{F}$ 做功为

$$A=\int_a^b \mathrm{d}A=\int_a^b \boldsymbol{F}\cdot\mathrm{d}\boldsymbol{l}=\int_a^b \boldsymbol{F}_1\cdot\mathrm{d}\boldsymbol{l}+\int_a^b \boldsymbol{F}_2\cdot\mathrm{d}\boldsymbol{l}+\cdots+\int_a^b \boldsymbol{F}_n\cdot\mathrm{d}\boldsymbol{l}$$

由于点电荷电场中，电场力的功与路径无关，只与路径的起点、终点位置有关，上式的各项都与路径无关，它们的和必然与路径无关。所以在任意静止点电荷体系的电场中，电场力的功与路径无关，只与路径的起点、终点位置有关。

任意带电体都可看成由点电荷组成的体系，因此，由电场的叠加原理可知，任意静电场力做功与路径无关，只与路径的起点、终点有关。在力学中，把具有这种性质的力称为**保守力**，所以静电场力是保守力。

10.4.2 静电场的环路定理

静电场力是保守力这一性质可以用另一形式表述，即静电场沿任一闭合回路的积分为零。如图 10.8 所示，一闭合回路由两部分 L_1 和 L_2 组成，因为静电力做功只与路径的起点、终点有关，与路径无关，所以

$$\int_{\substack{a\\L_1}}^b q_0\boldsymbol{E}\cdot\mathrm{d}\boldsymbol{l}=\int_{\substack{a\\L_2}}^b q_0\boldsymbol{E}\cdot\mathrm{d}\boldsymbol{l}$$

$$\int_{\substack{a\\L_1}}^b q_0\boldsymbol{E}\cdot\mathrm{d}\boldsymbol{l}-\int_{\substack{a\\L_2}}^b q_0\boldsymbol{E}\cdot\mathrm{d}\boldsymbol{l}=0$$

$$\int_{\substack{a\\L_1}}^b q_0\boldsymbol{E}\cdot\mathrm{d}\boldsymbol{l}+\int_{\substack{b\\L_2}}^a q_0\boldsymbol{E}\cdot\mathrm{d}\boldsymbol{l}=0$$

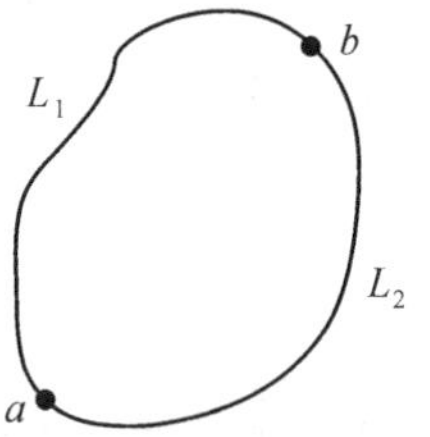

图 10.8 静电场的环路定理

可见，静电场沿任一闭合曲线的环路积分为零：

$$\oint_{L_1-L_2}\boldsymbol{E}\cdot\mathrm{d}\boldsymbol{l}=0 \tag{10.13}$$

这就是**静电场的环路定理**，它是静电场力的保守力性质的反映。环路定理与高斯定理结合在一起，完整地描写了静电场的基本性质。

10.4.3 电势

静电场力与重力相似，都为保守力，它们做的功都与路径无关。就像可用重力势能的减少

来描述重力做的功一样，我们可以认为电荷 q_0 在静电场中任一给定位置具有一定的势能，称为**静电势能**(用 W 表示)。将试验电荷 q_0 在电场中由 a 位置移到 b 位置静电力所做的功定义为体系静电势能的减小：

$$W_a - W_b \equiv A_{ab} = \int_a^b \boldsymbol{F} \cdot \mathrm{d}\boldsymbol{l} = q_0 \int_a^b \boldsymbol{E} \cdot \mathrm{d}\boldsymbol{l} \tag{10.14}$$

与重力势能相似，静电势能只有相对意义。要说明某点的静电势能的大小，应选定一零势能点。如果选择某一参考位置 b 处的电势能为零，即 $W_b=0$，则电荷 q_0 在电场中 a 点的静电势能为

$$W_a = A_{ab} = q_0 \int_a^b \boldsymbol{E} \cdot \mathrm{d}\boldsymbol{l}$$

静电势能是试验电荷 q_0 与电场相互作用的势能，是电荷 q_0 和电场整个系统的能量，与 q_0 的大小成正比。因此，静电势能不能作为描述电场性质的物理量。但比值 W_a/q_0 却与 q_0 无关，只决定于电场的性质及场点 a 的位置。所以，这一比值是反应不同场点电场性质的物理量，我们称它为**电势**。用字母 U 表示。如果选择某一参考位置 b 处的电势为零，即 $U_b=0$，则场中任一点 a 处的电势为

$$U_a \equiv \frac{W_a}{q_0} = \int_a^b \boldsymbol{E} \cdot \mathrm{d}\boldsymbol{l} \tag{10.15}$$

对于电荷分布在有限区域，我们通常选无穷远处的电势为零，即 $U_\infty=0$，则任一与场点 a 处的电势为

$$U_a = \int_a^\infty \boldsymbol{E} \cdot \mathrm{d}\boldsymbol{l}$$

电势是标量，在 SI 中，单位是伏(V)。在静电场中，任意两点的 a 和 b 的电势差，通常叫电压。用式表示为

$$U_{ab} = U_a - U_b = \int_a^b \boldsymbol{E} \cdot \mathrm{d}\boldsymbol{l} \tag{10.16}$$

可见，引入电势后，场中任一点处的电势只与电场及该点的位置有关，而与试验电荷 q_0 无关，电势 U 可以像场强 $\boldsymbol{E}$ 一样，成为描述电场性质的另一基本物理量。场中任一点处的电势的大小为将单位正电荷移动到电势零参考点处，电场力所做的功。电场中任意两处电势的减少等于移动单位正电荷电场力所做的功。

下面我们利用电势的定义，通过场强 $\boldsymbol{E}$ 来求电势分布。

[例 10.10]　求点电荷 q 的电场中的电势分布。

[解]　点电荷 q 的电场的场强为

$$\boldsymbol{E} = \frac{1}{4\pi\varepsilon_0}\frac{q}{r^2}\boldsymbol{r}_0$$

选无穷远处的电势为零，即 $U_\infty=0$，则与点电荷相距 r 处 P 点的电势为

$$U = \int_p^\infty \frac{1}{4\pi\varepsilon_0}\frac{q}{r^2}\boldsymbol{r}_0 \cdot \mathrm{d}\boldsymbol{l} = \frac{1}{4\pi\varepsilon_0}\int_r^\infty \frac{q}{r^2}\mathrm{d}r$$

$$U = \frac{1}{4\pi\varepsilon_0}\frac{q}{r} \tag{10.17}$$

所以点电荷 q 的电场中，与 q 相距 r 的场点的电势为 $\frac{1}{4\pi\varepsilon_0}\frac{q}{r}$，与电荷 q 为球心的球面为等势面，沿场强方向移动单位正电荷电场力做正功，电势减小。

［例 10.11］ 求均匀带电球面电场中的电势分布。设球面半径为 R，带电量为 q。

［解］ 由例 10.7 我们知道，均匀带电球面的场强为

$$E=\begin{cases}0 & (r<R)\\ \dfrac{1}{4\pi\varepsilon_0}\dfrac{q}{r^2}\boldsymbol{r}_0 & (r>R)\end{cases}$$

选无穷远处的电势为零，即 $U_\infty=0$，则与球心相距 r 处的场点 P 的电势为

$$U=\int_p^\infty \boldsymbol{E}\cdot \mathrm{d}\boldsymbol{l}$$

当 $r<R$ 时，$U=\int_r^R \boldsymbol{E}\cdot \mathrm{d}\boldsymbol{r}+\int_R^\infty \boldsymbol{E}\cdot \mathrm{d}\boldsymbol{r}$

$$=0+\int_R^\infty \frac{1}{4\pi\varepsilon_0}\frac{q}{r^2}\mathrm{d}r$$

$$U=\frac{1}{4\pi\varepsilon_0}\frac{q}{R}$$

当 $r>R$ 时，$U=\int_r^\infty \dfrac{1}{4\pi\varepsilon_0}\dfrac{q}{r^2}\mathrm{d}r=\dfrac{1}{4\pi\varepsilon_0}\dfrac{q}{r}$

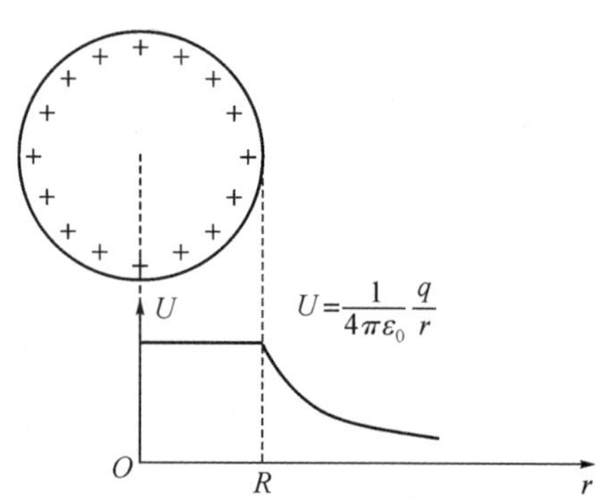

图例 10.11 均匀带电球面的电势

可见，带电球面外的电势与全部电荷集中在球心的点电荷在此空间激发的电势分布相同。带电球面内任意一处的电势都相等，并与带电球面的电势相同。所以，均匀带电球内部及球面是一个等电势区域。电势 U 随距离 r 的变化关系如图例 10.11 所示。

［例 10.12］ 求无限长均匀带电直线电场中的电势分布，设直线的线电荷密度为 λ。

［解］ 由例 10.8 可知，无限长均匀带电直线电场的场强为

$$\boldsymbol{E}=\frac{1}{2\pi\varepsilon_0}\frac{\lambda}{r^2}\boldsymbol{r}$$

对于电荷分布在无限区域的电场，我们讨论其电势时，通常取场中某一确定点处的电势为零，如我们可选 r_0 处 P_0 点电势为零，则任意位置 P 点处的电势根据式 10.15，可知

$$U=\int_p^{p_0}\boldsymbol{E}\cdot \mathrm{d}\boldsymbol{l}=\int_r^{r_0}\frac{\lambda}{2\pi\varepsilon_0 r}\mathrm{d}r=-\frac{\lambda}{2\pi\varepsilon_0}\ln r+\frac{\lambda}{2\pi\varepsilon_0}\ln r_0$$

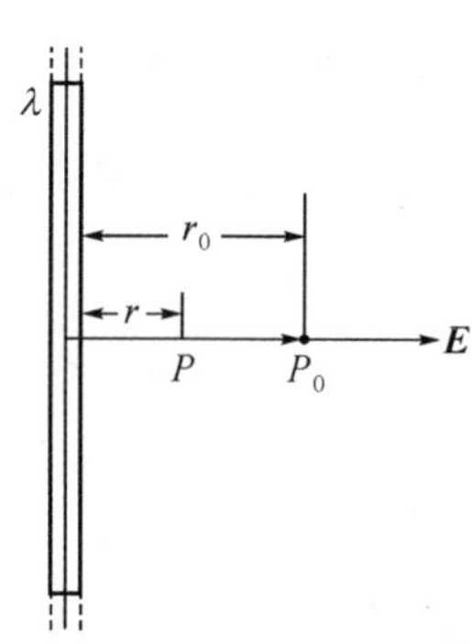

图例 10.12 无限长均匀带电直线的电势

10.4.4 电势叠加原理

若带电体系由 n 个带电体组成，每个带电体单独存在时，在场点 P 处的场强分别为 $\boldsymbol{E}_1$，$\boldsymbol{E}_2$，…，$\boldsymbol{E}_n$，带电体系的总场强为 $\boldsymbol{E}=\boldsymbol{E}_1+\boldsymbol{E}_2+\cdots+\boldsymbol{E}_n$，根据电势的定义，如果令 p_0 处电势为零，在这电荷体系的电场中，场点 P 处的电势为

$$U=\int_p^{p_0}\boldsymbol{E}\cdot \mathrm{d}\boldsymbol{l}=\int_p^{p_0}(\boldsymbol{E}_1+\boldsymbol{E}_2+\cdots+\boldsymbol{E}_n)\cdot \mathrm{d}\boldsymbol{l}$$

$$=\sum_{i=1}^{n}U_i \tag{10.18}$$

此式称为**电势的叠加原理**，它表示带电体系的电场中任一场点 P 处的电势等于各带电体单独存在时在 P 点的电势的代数和。可以看到引入电势后，由于电势为标量，场点的电势为不同带电体产生电势的代数和叠加，因此比场强的矢量叠加方便得多。

若电场由一组点电荷共同激发，各点电荷的电量分别 $q_1,q_2,\cdots,q_n$，则空间任一点的电势为

$$U=\frac{1}{4\pi\varepsilon_0}\sum_{i=1}^{n}\frac{q_i}{r_i} \tag{10.19}$$

式中，r_i 为第 i 个点电荷 q_i 到场点 P 的距离。

若电场由连续带电体激发，将带电体看成无限多个点电荷 $\mathrm{d}q$ 组成，则空中任一点的电势为

$$\mathrm{d}U=\frac{1}{4\pi\varepsilon_0}\int\frac{\mathrm{d}q}{r} \tag{10.20}$$

式中，r 为电荷 dq 到场点 P 的距离。

[例 10.13]　如图例 10.13 所示，4 个点电荷位于正方形的 4 顶点，边长 $d=1.30\mathrm{m}$；q_1,q_2,q_3,q_4 分别为 $1.20\times10^{-10}\mathrm{C}$，$-2.40\times10^{-10}\mathrm{C}$，$3.10\times10^{-10}\mathrm{C}$，$1.70\times10^{-10}\mathrm{C}$，求正方形中心 P 点的电势。

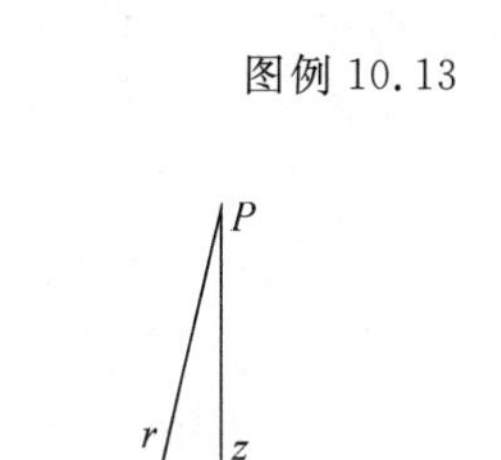

图例 10.13

[解]　根据电势叠加原理

$$U_p=\sum_i U_i=\frac{1}{4\pi\varepsilon_0}\frac{q_1+q_2+q_3+q_4}{R}$$

$$U_p\approx3.53(\mathrm{V})$$

[例 10.14]　求均匀带电细圆环轴线上任意一点 P 的电势，圆环半径为 R，带电量为 q。

[解]　如图例 10.14 所示，P 点与环心距离为 z，将带电圆环分成无限多段，任意一段电荷元 $\mathrm{d}q$ 在 P 点的电势为

$$\mathrm{d}U=\frac{1}{4\pi\varepsilon_0}\frac{\mathrm{d}q}{r}=\frac{1}{4\pi\varepsilon_0}\frac{\mathrm{d}q}{\sqrt{R^2+Z^2}}$$

P 点的电势为所有电荷元在 P 点产生的电势的叠加，即

$$U_p=\int_q\mathrm{d}U=\frac{1}{4\pi\varepsilon_0}\frac{1}{\sqrt{R^2+Z^2}}\int\mathrm{d}q=\frac{1}{4\pi\varepsilon_0}\frac{q}{\sqrt{R^2+Z^2}}$$

图例 10.14　均匀带电细圆环轴线上的电势

10.5　静电场中的导体和电容器

前面四节我们讲了真空中的静电场的基本性质，而电场中有物质存在时，组成物质的带电粒子受到电场力的作用将重新分布，物质中重新分布的电荷又将反过来影响电场的分布。物质的导电性能不同，与电场作用的结果不同。我们将导电能力极强的物体叫**导体**；导电能力极微弱的物体叫**绝缘体**或**电介质**。下面两节我们将分别讨论静电场中有金属导体和电介质存在时的各种问题。

10.5.1　导体的静电平衡

导体的特点是内部有大量可自由运动的电子。把一不带电的导体放入静电场中，如图 10.9 所示，导体内的自由电子在电场力的作用下将作定向运动，从而使导体内正负电荷重新分布，结果使导体的一端带正电荷，另一端带负电荷，这就是**静电感应现象**。感应电荷产生附加电场 $\boldsymbol{E}'$，在导体内部附加场强 $\boldsymbol{E}'$ 的方向与外电场 $\boldsymbol{E}_0$ 相反。当 $E_0>E'$ 时，导体中的自由电荷继续定向运动，当导体内 E' 增大至和 $\boldsymbol{E}_0$ 相等时，合场强 $\boldsymbol{E}=\boldsymbol{E}_0+\boldsymbol{E}'=0$，这时导体内的自由

电子的定向运动完全停止，导体两端的正、负感应电荷不再增加，我们把导体内没有电荷定向运动的状态称为**静电平衡状态**。

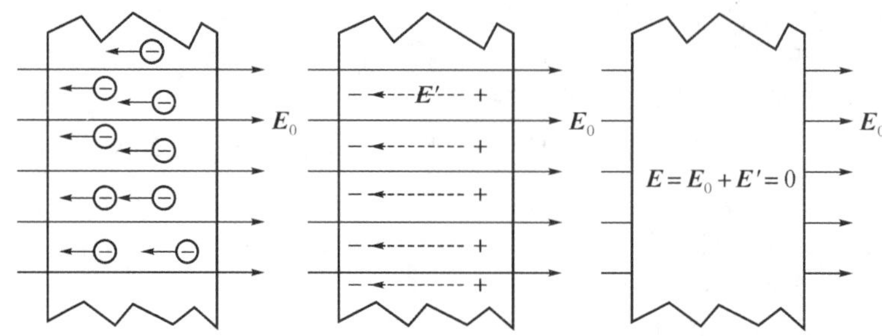

图 10.9　导体的静电平衡

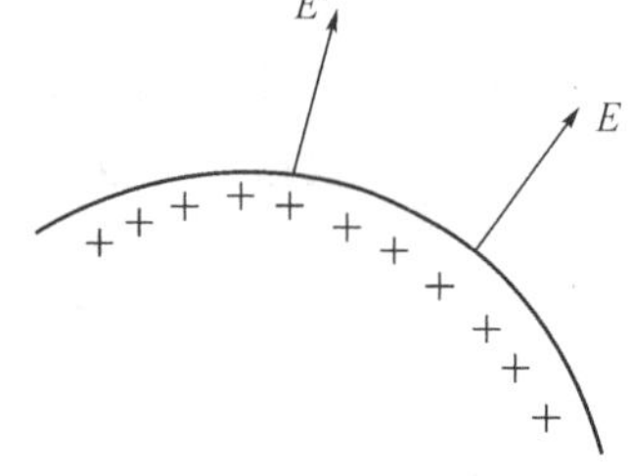

图 10.10　静电平衡状态导体表面场强垂直导体表面

显然，要使导体处于静电平衡状态，即导体内及导体表面上的任意一个自由电子都没有定向运动。导体内部的任意一个自由电子没有定向运动，只有当导体内部电场强度为零，即 $E=0$，自由电子受到的电场力为零。静电平衡时，导体表面的电子没有沿导体表面的定向运动，而导体表面上的场强并不一定等于零，只有当表面场强垂直导体表面，如图 10.10 所示，自由电子沿导体表面的电场力为零才可能。所以导体达到**静电平衡的条件**是：

(1)导体内部任意一点的场强为零，即导体内部 $E=0$。

(2)导体表面的场强和表面垂直，即 $\boldsymbol{E}_{表面}\perp$表面。

10.5.2　导体上的电荷分布

当带电导体处于静电平衡时，导体上的自由电荷只能分布在导体表面，导体内部处处没有净电荷存在。

我们可以从高斯定理推出上述结论，如图 10.11 所示，实心导体处于静电平衡，在导体内任意取一闭合曲面 S 为高斯面，因为导体内的场强为零，因此通过此高斯面的电通量为零，根据高斯定理，高斯面内的净电荷必为零。由于闭合曲面 S 可以取得任意小，曲面的位置可以任意，因此，导体内部处处的净电荷为零，自由电荷只能分布在导体的表面上。

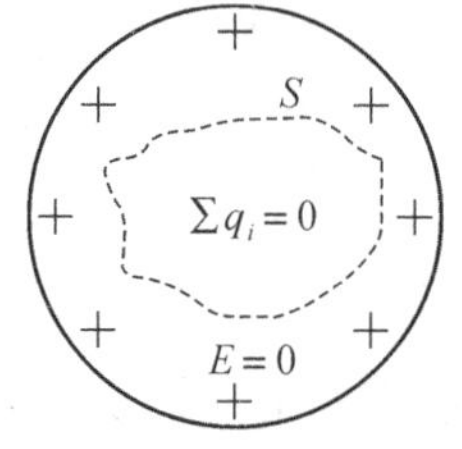

图 10.11　静电平衡的导体中的电荷只能分布在导体表面上

电荷在导体表面上的分布不但和导体自身的形状有关，还和附近其他带电体及其电荷分布有关，对于孤立的带电导体，电荷在其表面上的分布完全由导体自身的形状所决定，根据对实验现象的分析，可以定性地得出：当导体达到静电平衡时，导体表面电荷密度与表面的曲率半径有关，在导体表面凸出而尖锐的地方(曲率较大)，电荷面密度较大；在表面平坦的地方(曲率较小)，电荷面密度较小；在表面凹进去的地方(曲率为负)，电荷面密度更小。

10.5.3　导体表面的场强

导体表面附近的场强可以由高斯定理求得。如图 10.12 所示，在导体的表面上取一圆面积元 ΔS，ΔS 取得足够小，可以认为该面元上的电荷面密度 σ 是均匀的，围绕 ΔS 作一个扁平的圆柱形闭合曲面，使圆柱的轴线垂直于导体表面，而它的上下两个底面与导体表面平行，上底面在导体表面以外，下底面在导体表面以内。由于导体表面场强与表面垂直，圆柱侧面与场强方向平行，所以通过侧面的电场强度通量为零，又因导体内部场强为零，通过下底面的电场强度通量也为零，所以通过该闭合曲面的电通量为

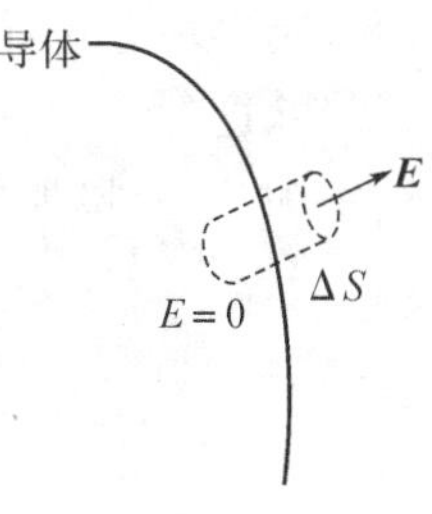

图 10.12 导体表面的场强

$$\begin{aligned}\Phi_e &= \oint_s \boldsymbol{E}\cdot \mathrm{d}\boldsymbol{S} = \int_{侧面}\boldsymbol{E}\cdot \mathrm{d}\boldsymbol{S} + \int_{下底面}\boldsymbol{E}\cdot \mathrm{d}\boldsymbol{S} + \int_{上底面}\boldsymbol{E}\cdot \mathrm{d}\boldsymbol{S}\\ &= 0+0+E\Delta S\end{aligned}$$

该闭合曲面内所包围的电荷为$\sigma\Delta s$，由高斯定理得

$$E\Delta S=\frac{1}{\varepsilon_0}\sigma\Delta S$$

则

$$E=\frac{\sigma}{\varepsilon_0} \tag{10.21}$$

它表明带电导体表面附近的场强与该处导体表面的电荷面密度成正比，场强方向垂直于导体表面。这一结论对孤立导体或处在电场中的任意导体都普遍适用。

由于带电导体尖端附近电荷面密度很大，因而尖端附近的电场也很大，当大到一定值时，空气中原有残留的离子在这个电场作用下将产生激烈的运动，并获得足够大的动能与空气分子碰撞而产生大量的离子。其中和导体上电荷异号的离子被吸引到尖端上，与导体上的电荷中和，而和导体上电荷同号的离子则被排斥而离开尖端，这种现象称为尖端放电。

避雷针就是根据尖端放电的原理制造的。为防止因尖端放电而引起的危险和电能的浪费，高压输电网的导线采用表面光滑的粗导线。带电的高电势仪器，也必须把金属部件都做成光滑的球形表面。

10.5.4 静电屏蔽

由于导体在静电平衡状态的特性，空腔导体外面的带电体不会影响空腔内部的电场分布，一个接地的空腔导体，空腔内的带电体对腔外的物体不会产生影响，这种使导体空腔内的电场不受外界的影响或利用接地的空腔导体将腔内带电体对外界的影响隔绝的现象，称为**静电屏蔽。**

如图 10.13 所示，将一带电体 A 移近内部没有电荷的导体空腔 B，B 的外表面靠近导体 A 端出现负的感应电荷，另一端出现正的感应电荷，而这些电荷重新分布的结果使导体 B 内部及空腔内部的总场强等于零（利用高斯定理，自己证明空腔内部场强为零）。所以，导体空腔外的电场对空腔内场强没有影响。

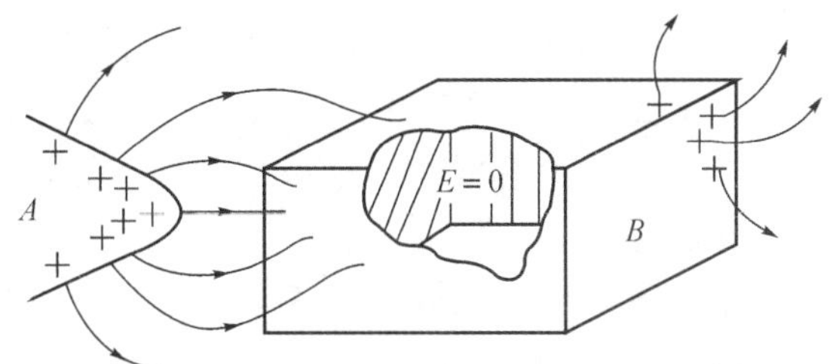

图 10.13 导体空腔内场强不受外面影响

如图 10.14(a)所示，导体空腔 B 中的放有带电体，由于静电感应，导体空腔 B 的内外两表

面分别出现等量异号的感应电荷。B 的外表面上的电荷所产生的电场,要对外界产生影响,为了消除这种影响,可把导体空腔 B 接地,如图 10.14(b)所示,则外表面上的感应电荷因接地而被中和,这样接地导体空腔内的电场对空腔外没有影响。

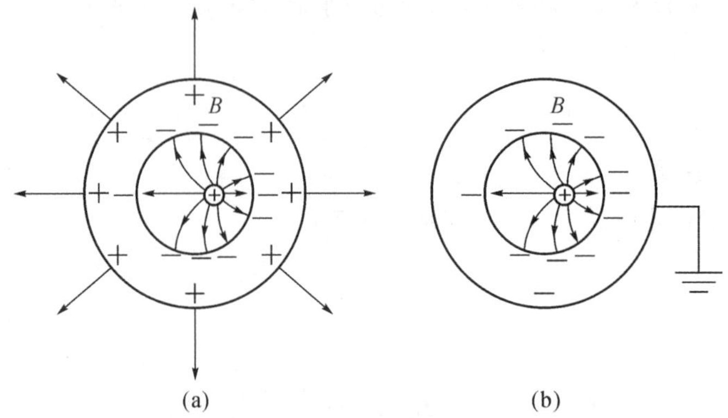

图 10.14　接地导体空腔内的电场对空腔外没有影响

10.5.5　电容器的电容

电容器是储存电荷的容器,是一种常用的电学和电子学元件。设想有一“孤立”导体(导体的附近没有其他导体和带电体),使孤立导体带电量 q,它将具有一定的电势 U,理论和实验表明:随着 q 的增加,电势 U 将按比例地增加。但如果在一个导体 A 的附近还有另外的导体 D 存在,这时导体 A 点的电势不仅与 A 所带电量有关,还有导体 D 的位置和形状等因素有关。为了消除其他导体的影响,用导体空腔 B 把导体 A 屏蔽起来,如图 10.15 所示。这样空腔内电场仅由导体 A 所带的电量 q 和 A 及 B 的内表面的形状决定,与外界无关,若 A 的电量为 q,则 B 的内表面电量为 $-q$。电量 q 增大一倍,腔内任一点的场强也增加一倍,因而 A 和 B 之间的电势差也增大一倍,即 U_A-U_B 与 q 成正比,这个结论具有普遍意义,我们把由导体 A 和 B 构成的一对导体系称为**电容器**,并定义导体上的电量 q 与两导体的电势差 U_A-U_B 之比为**电容器的电容**。即

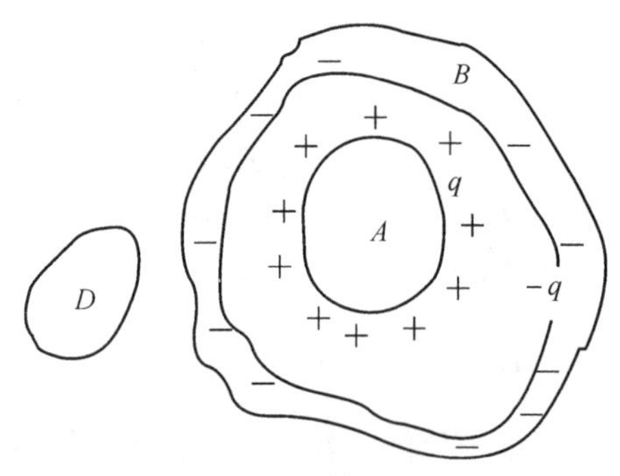

图 10.15　电容器的电容

$$C=\frac{q}{U_A-U_B} \tag{10.22}$$

C 只与导体 A 和 B 的大小、形状、相对位置及周围介质有关。在量值上等于两导体间的电势差为 1V 时极板上所容纳的电荷量,式(10.22)中的 q 为任一极板上电荷量的绝对值。在 SI 中,电容的单位为法拉(F),1 法拉＝1 库仑/伏特(1F＝1C/V)。在实际应用中,法拉这个单位太大,往往要用较小单位,如微法(μF)、皮法(pF),$1\text{F}=10^6\mu\text{F}=10^{12}\ \text{pF}$。

实际上,电容器的屏蔽,不像图 10.15 那样严格,两块非常靠近的金属导体板,就构成一个平行板电容器。下面,我们计算几种常用的电容器的电容。

一、平行板电容器

如图 10.16 所示,平行板电容器由两块靠得很近,相互平行,同样大小的金属板组成,设每

块板的面积为 S，两板内表面之间的距离为 d，并设板面的线度远大于两板内表面之间的距离，因而可以忽略边缘效应。电容器充电后，其极板上的电荷均匀分布在极板内表面上，其电荷面密度分别为 $+\sigma$ 和 $-\sigma$，极板的电量 $q=\sigma S$。两极板间电场为两无限大均匀带电平面激发的电场叠加，两极板在极板间激发的电场同方向，所以，极板间的场强为

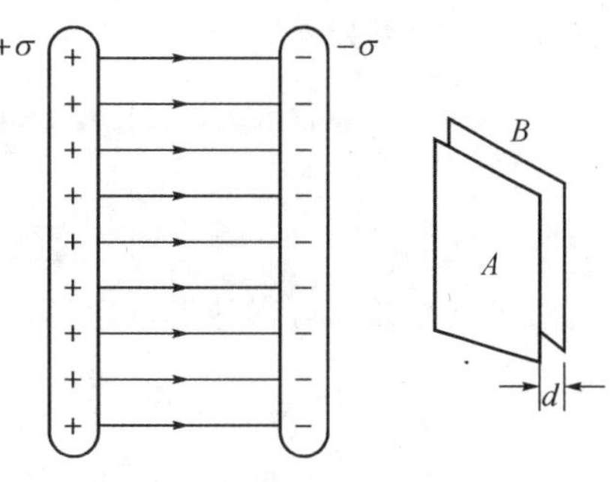

图 10.16 平行板电容器

$$E=2\times\frac{\sigma}{2\varepsilon_0}=\frac{\sigma}{\varepsilon_0} \tag{10.23}$$

两极板间的电势差为

$$U_A-U_B=Ed=\frac{\sigma}{\varepsilon_0}d$$

根据式(10.22)，立即得到平行板电容器的电容为

$$C=\varepsilon_0\frac{S}{d} \tag{10.24}$$

由上式可知，平行板电容器的电容 C 和极板的面积成正比，和两极板内表面的距离 d 成反比。

二、圆柱形电容器

如图 10.17 所示，圆柱形电容器是由两个同轴金属圆柱面组成的。设内、外圆柱面的半径分别为 R_A 和 R_B，长度为 L，且 $L\gg R_B-R_A$，则可忽略两端边缘处电场不均匀的影响。当两圆柱面均匀带电后，电荷将均匀分布在内外两圆柱面上。若两圆柱面单位长度上的电量分别为 $+\lambda$ 和 $-\lambda$，由于两柱面间的电场具有轴对称性，根据高斯定理，可求出在两圆柱面之间距轴线为 r 处的场强为

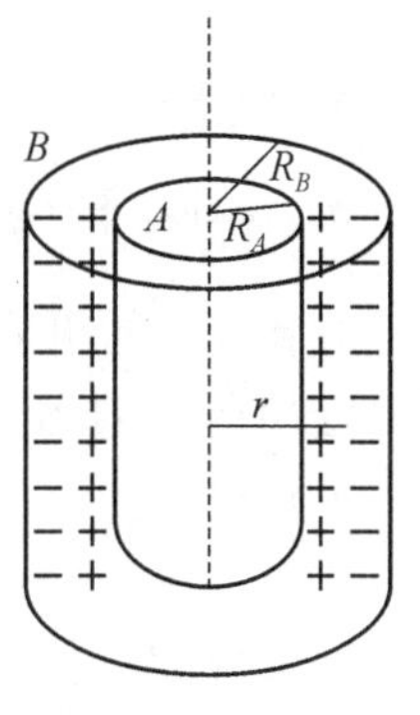

图 10.17 圆柱形电容器

$$\boldsymbol{E}=\frac{1}{2\pi\varepsilon_0}\frac{\lambda}{r^2}\boldsymbol{r}$$

则两圆柱面间的电势差为

$$U_A-U_B=\int_A^B\boldsymbol{E}\cdot\mathrm{d}\boldsymbol{r}=\int_A^B E\,\mathrm{d}r=\int_{R_A}^{R_B}\frac{1}{2\pi\varepsilon_0}\frac{\lambda}{r}\mathrm{d}r$$

$$U_A-U_B=\frac{\lambda}{2\pi\varepsilon_0}\ln\frac{R_B}{R_A}$$

根据式(10.22)，可得圆柱形电容器的电容为

$$C=\frac{q}{U_A-U_B}=\frac{\lambda L}{\frac{\lambda}{2\pi\varepsilon_0}\ln\frac{R_B}{R_A}}=2\pi\varepsilon_0\frac{L}{\ln(R_B/R_A)}$$

三、球形电容器

球形电容器由两个同心球壳组成，设球壳的半径分别为 R_A 和 R_B，如图 10.18 所示。若内、外球壳的带电量分别为 $+q$ 和 $-q$，则正、负电荷将分别均匀分布在内球壳的外表面和外球壳的内表面，在两球壳之间的电场具有球对称性，根据高斯定理距球心为 $r(R_A<r<R_B)$ 处的场强为

$$\boldsymbol{E}=\frac{1}{4\pi\varepsilon_0}\frac{q}{r^2}\boldsymbol{r}_0$$

两球壳内的电势差为

$$U_A - U_B = \int_A^B \boldsymbol{E} \cdot \mathrm{d}\boldsymbol{l} = \int_A^B \boldsymbol{E} \cdot \mathrm{d}\boldsymbol{r} = \int_{R_A}^{R_B} E \mathrm{d}r$$

$$= \int_{R_A}^{R_B} \frac{1}{4\pi\varepsilon_0} \frac{q}{r^2} \mathrm{d}r = \frac{q}{4\pi\varepsilon_0}\left(\frac{1}{R_A} - \frac{1}{R_B}\right)$$

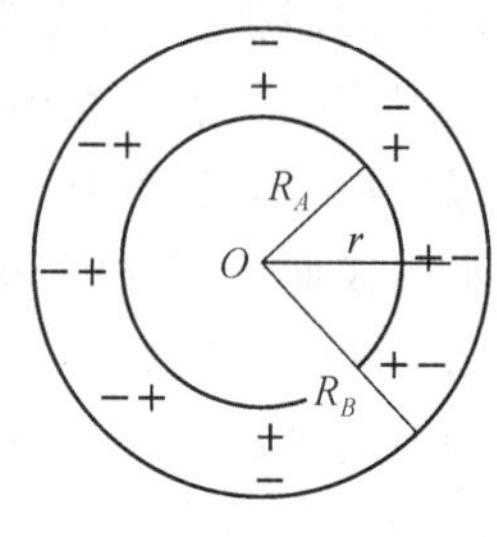

图 10.18 球形电容器

根据式(10.22),可得球形电容器的电容为

$$C = \frac{q}{U_A - U_B} = 4\pi\varepsilon_0 \frac{R_A R_B}{R_B - R_A}$$

从以上三种常见的电容器电容的表达式可以看出,电容器的电容与电容器自身的几何形状有关,与电容器的带电量无关。电容器的形状、尺寸和电介质确定后,其电容就唯一地确定。

*10.6 静电场中的电介质

电介质是导电性能极微弱的物质,如空气、云团、玻璃、陶瓷等。电介质的主要特性在于它的原子或分子中的电子和原子核的结合力很强,电子处于束缚状态。在一般条件下,电子不能挣脱原子核的束缚,因而在电介质内部能作宏观运动的电子极少,导电能力也就极弱。在讨论静电场问题,总是忽略电介质的微弱的导电性,把它看作理想的绝缘体。在静电场中放入电介质,电场将影响电介质中电荷分布,从而在电介质表面出现净电荷,净电荷又反过来影响静电场的分布。

10.6.1 有电介质的电容器

上节所讲的电容器是极板间为真空的电容器,而实际用的电容器多数在两极板充满某种电介质。最早研究在两极板之间充满电介质所引起的效应的是法拉第。1837 年他用两个同样的电容器做实验,在一个电容器中放入电介质,而在另一电容器则含有标准气压的空气。当这两个电容器充电到相同的电势差时,法拉第发现:含有电介质的那个电容器上的电荷比另一个电容器上的电荷多一些,如图 10.19 所示。

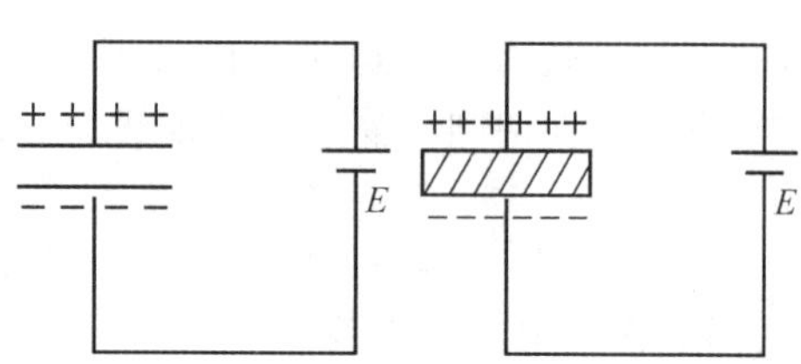

图 10.19 电池 E 提供两个电容器相同的电势差,但电介质电容器的电荷多一些

电容器两极板具有相同的电势差 $U_A - U_B$,有电介质存在时,q 要大些,由电容的定义 $C = \frac{q}{U_A - U_B}$ 可知,如果在电容器之间放入电介质,则这个电容器的电容就要增加。将两极板间充满某种电介质时的电容 C 与两极板间为真空时的电容 C_0 的比值

$$\varepsilon_r = \frac{C}{C_0} \tag{10.25}$$

叫作该**介质的相对电容率**,又称**相对介电常数**。它是表征电介质本身特性的物理量,表 10-1 列出了一些常见的电介质的相对电容率及其击穿场强值。若电容器中的场强太大,两极板间的电介质可能被击穿,即电介质失去绝缘性能而转化为导体。

表 10-1　一些常见电介质的相对电容率

电介质	相对电容率	击穿场强(V/m)
真空	1	∞
空气	1.00059	3×10^6
纯水	80	
云母	3.7～7.5	$(80\sim200)\times10^6$
玻璃	5～10	$(5\sim13)\times10^6$
绝缘用瓷	5.7～6.8	$(6\sim20)\times10^6$
电容器纸	3.7	$(16\sim40)\times10^6$
电木	4.8	12×10^6

由式(10.25)可知，当两极板间充满电介质时，电容器的电容要增至 ε_r 倍，例如，平行板电容器极板间充满相对电容率为 ε_r 的均匀电介质后，其电容为

$$C=\varepsilon_r C_0=\varepsilon_r\frac{\varepsilon_0 S}{d}=\varepsilon\frac{S}{d} \tag{10.26}$$

式中，$\varepsilon=\varepsilon_r\varepsilon_0$，$\varepsilon$ 叫作**电介质的电容率**。由于 ε_r 为电容之比，是一个无量纲的量，所以电介质的电容率 ε 的单位与真空电容率 ε_0 的单位相同。

10.6.2　电介质的极化

电容器中充满介质后，电容变为原来的 ε_r 倍，那么当电容器充电，电介质置于电场中后，发生了什么情况使电容变大呢？下面我们先从电场作用于电介质分子来了解这一过程。

电介质的分子根据外电场不存在时，其自身正负电荷分布情况，可以分为两类。一类电介质，它们的分子的正、负电荷中心不重合，我们可以将它们等效为一个电偶极子。例如：氯化氢分子(HCl)是氢原子失去一个电子而成 H^+ 离子和获得一个电子的 Cl^- 离子相互吸引而成的。如图 10.20 所示，HCl 分子的正电荷和负电荷中心不重合，它的电偶极矩的方向由 Cl 原子指向 H 原子，属于这一类型的分子还有水 H_2O、二氧化硫(SO_2)、甲醇(CH_3OH)等，这一类分子叫**有极分子**。

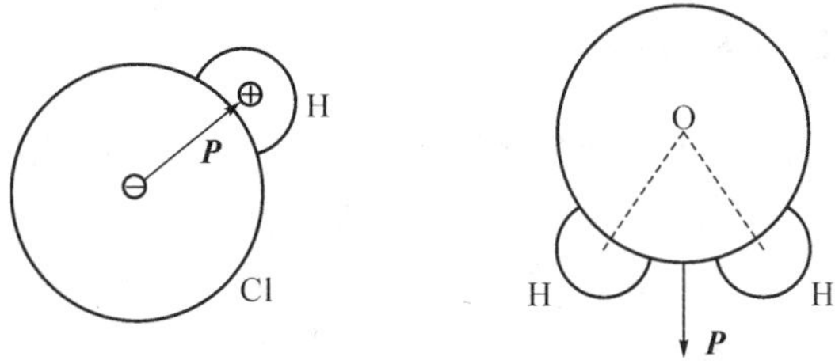

图 10.20　有极分子有及其电偶极矩

另一类电介质分子，由于其结构的对称性，在无外电场时，它的正负电荷中心是重合的，其分子电偶极矩为零，这种分子称为**无极分子**，如 H_2、N_2、CH_4 等。

正负电荷中心重合的无极分子电介质置于外电场 $\boldsymbol{E}_0$ 中，在电场力的作用下，正负电荷中心将产生相对位移，如图 10.21(b)所示，电介质中的每一分子都将形成一个电偶极子，它们的

电偶极矩 $\boldsymbol{P}$ 的方向沿着电场方向。如果介质是均匀的，相邻的电偶极子的正负电荷相互靠近，介质内部仍保持电中性，但电介质与外电场正交的两个表面分别出现了正电荷和负电荷，如图 10.21(c)所示。这些电荷不能在电介质内自由移动，我们称为**束缚电荷**。在外电场作用下，在电介质中出现束缚电荷的现象叫作**电介质的极化**，束缚电荷也称**极化电荷**。

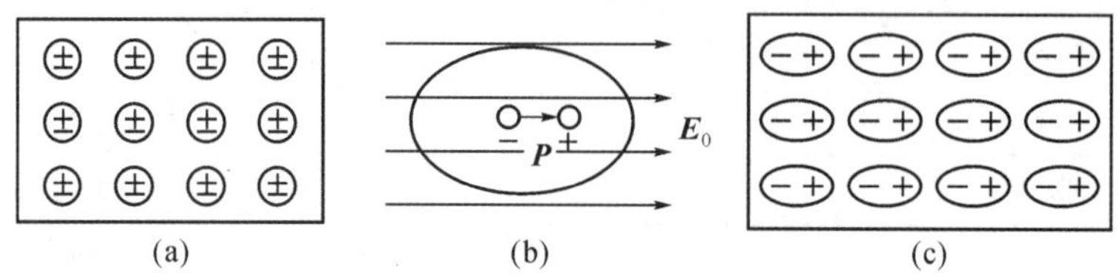

图 10.21　无极分子电介质的极化

有极分子电介质虽然每一个分子的等效电偶极矩不为零，但由于分子的无规则热运动，各个分子的电偶极矩的方向是杂乱无章地排列的，所以不论从电介质整体还是从电介质中的某一部分(其中包含有大量的分子)来看，其中所有分子电偶极矩的矢量和 $\sum \boldsymbol{p}$ 等于零，所以电介质呈电中性，如图 10.22(a)所示。将有极分子电介质放置在外电场 $\boldsymbol{E}_0$ 中，在电场力的作用下，分子的电偶极矩 $\boldsymbol{P}$ 有转向电场方向的趋势，如图 10.22(b)所示。由于分子热运动，这种转向也只是部分的，不可能所有分子全部整齐地按电场的方向排列，如图 10.22(c)所示。所以像无极分子电介质一样，外电场的作用使有极分子电介质表面上出现了束缚电荷。外电场愈强，分子电矩排列愈整齐，束缚电荷愈多，电极化的程度愈高。

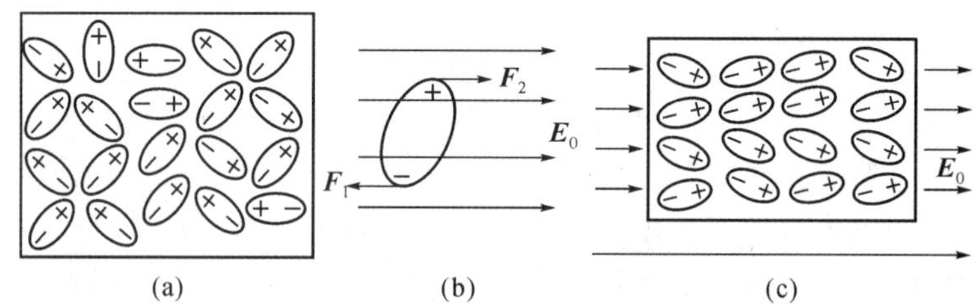

图 10.22　有极分子电介质的极化

从上述分析可以看出，虽然两类电介质电极化的微观过程不同，但宏观结果是相同的，即对均匀介质，只在介质表面上出现极化电荷，因此，讨论电介质与外电场相互作用的宏观现象时，可以不必考虑电介质类型。

10.6.3　电介质中的静电场

均匀电介质置于电场中后，电介质的表面出现极化电荷 q'，极化电荷也会激发电场，用 $\boldsymbol{E}'$ 表示极化电荷在空间任一点激发的场强。为了区别于极化电荷，我们把激发外电场的原有电荷称为自由电荷，空间任一点的场强 $\boldsymbol{E}$ 为自由电荷 q_0 激发的场强 $\boldsymbol{E}_0$ 与极化电荷 q'激发的电场的 $\boldsymbol{E}'$的矢量和，即

$$\boldsymbol{E}=\boldsymbol{E}_0+\boldsymbol{E}'$$

下面我们以充满平行板电容器的均匀电介质为例来讨论电介质内部场强。设一平行板电容器，两极板的面积为 S，带电量 q_0，忽略边界效应，电荷均匀分布在两极板上，自由电荷面密度为 $\pm\sigma_0$，自由电荷在两极板间激发电场 $\boldsymbol{E}_0$，如图 10.23(a)所示。若两极板间为真空，则两极板间的电势差为 $\Delta U_0=E_0 d$，电容器的电容为 $C_0=\dfrac{q_0}{\Delta U_0}=\dfrac{q_0}{E_0 d}$。在两极板中充满相对电容率

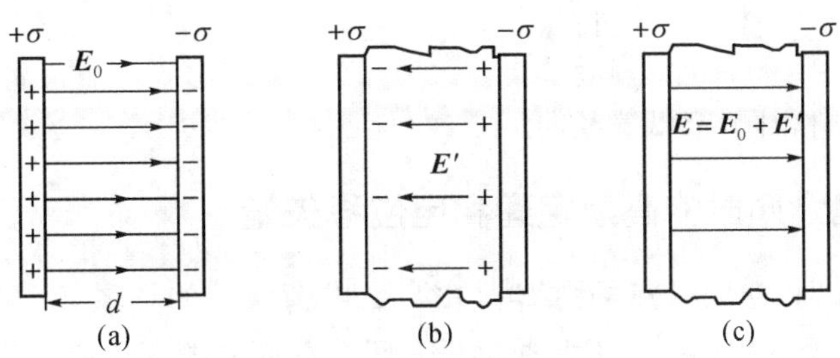

图 10.23　电介质中的场强

为 ε_r、电容率为 ε 的电介质，在外电场 $\boldsymbol{E}_0$ 的作用下，电介质表面出现极化面电荷。在靠近带正电荷的极板的电介质表面出现负的极化面电荷，而靠近带负电荷的极板的电介质表面出现正的极化面电荷，所以极化电荷在两极板间激发的电场 $\boldsymbol{E}'$ 与外加电场 $\boldsymbol{E}_0$ 的方向相反，如图 10.23(b)所示。而电介质中的合场强 $\boldsymbol{E}=\boldsymbol{E}_0+\boldsymbol{E}'$，不难看出，$\boldsymbol{E}$ 的方向与 $\boldsymbol{E}_0$ 相同，$\boldsymbol{E}$ 的大小小于 E_0，如图 10.23(c)所示。此时电容器两极板间的电势差为 $\Delta U=Ed$，电介质电容器的电容为

$$C=\frac{q_0}{\Delta U}=\frac{q_0}{Ed}$$

将上式及 $C_0=\dfrac{q_0}{E_0 d}$代入 $C=\varepsilon_r C_0$ 得

$$\frac{q_0}{Ed}=\varepsilon_r\,\frac{q_0}{E_0 d}$$

$$E=\frac{E_0}{\varepsilon_r}$$

所以
$$\boldsymbol{E}=\boldsymbol{E}_0+\boldsymbol{E}'=\frac{\boldsymbol{E}_0}{\varepsilon_r} \tag{10.27}$$

此式虽从平行板电容器特例推出，但对均匀电介质充满整个电场的情况都适用，即将均匀电介质充满整个电场，电介质中的场强为没有电介质时的$\dfrac{1}{\varepsilon_r}$倍，电介质中任一点场强的方向与原场强方向相同。

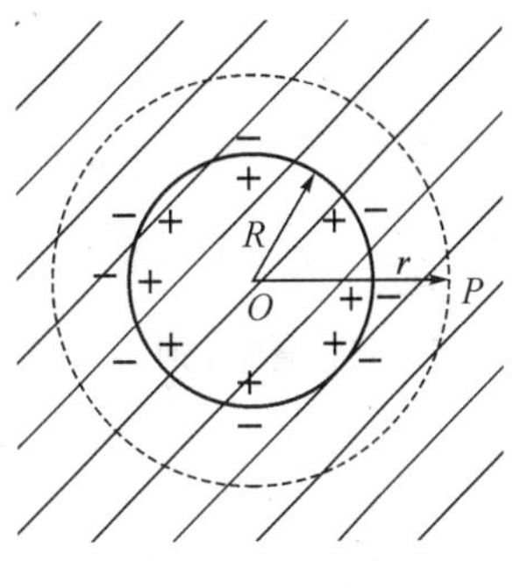

图例 10.15

［例 10.15］　一金属球，半径为 R，带有电荷 q_0，放在均匀"无限大"的电介质中，电介质的电容率为 ε，求球外任一点的场强。

［解］　如果导体球外没有充满电介质而为真空时，球外任意一点 P 处的场强为 E_0。过 P 点作以金属球同心的球面为高斯面 S，则由高斯定理可得

$$\oint_s \boldsymbol{E}\cdot \mathrm{d}\boldsymbol{s}=\frac{q}{\varepsilon_0}$$

$$4\pi r^2 E_0=\frac{q}{\varepsilon_0}$$

$$E_0=\frac{1}{4\pi\varepsilon_0}\frac{q}{r^2}$$

当均匀电介质充满电场时，任意一点 P 处的场强为没有电介质时的$\dfrac{1}{\varepsilon_r}$倍，所以充满电介质后，P 点处的场强为

$$E=\frac{E_0}{\varepsilon_r}=\frac{1}{4\pi\varepsilon_0\varepsilon_r}\frac{q}{r^2}=\frac{1}{4\pi\varepsilon r^2}\frac{q}{}$$

$\boldsymbol{E}$ 的方向与 $\boldsymbol{E}_0$ 的方向相同，都沿着径向。

10.6.4 有电介质时的高斯定理和电位移矢量

在有电介质存在时，空间各点场强 $\boldsymbol{E}$ 是由自由电荷激发的场强 $\boldsymbol{E}_0$ 和极化电荷激发的场强 $\boldsymbol{E}'$ 叠加的结果，即 $\boldsymbol{E}=\boldsymbol{E}_0+\boldsymbol{E}'$。因此通过任一闭合曲面的电通量应与闭合曲面内的自由电荷 q_0 与极化电荷 q' 的代数和有关。即对电介质应用高斯定理时，右端的电量就应为自由电荷 q_0 和极化电荷 q' 之和，可写成

$$\oint_s \boldsymbol{E}\cdot \mathrm{d}\boldsymbol{S}=\frac{1}{\varepsilon_0}\left(\sum q_0+\sum q'\right) \tag{10.28}$$

由于电介质的极化电荷通常难于测定，将上式直接用于求解电介质中的场强分布是困难的。为了解决这个问题，我们设法把 $\Sigma q'$ 从式中消去，并引进一个新的物理量，使等式右边只包含自由电荷，从而得到一个便于求解的公式。为简单起见，仍以平板电容器中充满均匀电介质这个特例来进行讨论。

平行板电容器两极板所带自由电荷的面密度分别为 $\pm\sigma_0$，极板间充满相对介电常数为 ε_r 的均匀各向同性电介质，在靠近电容器两极板的电介质两表面上分别产生极化电荷，面密度为 $\pm\sigma'$，如图10.24所示，作一圆柱形闭合面(图中虚线为所做闭合面的截面)，上底面在导体极板内，下底面在电介质内，此闭合曲面所包围的金属板的面积为 ΔS，则此闭合曲面所包围的自由电荷 $\Sigma q_0=\sigma_0\Delta S$；所包围的介质上端表面上的极化电荷为 $\sum q'=-\sigma'\Delta S$；

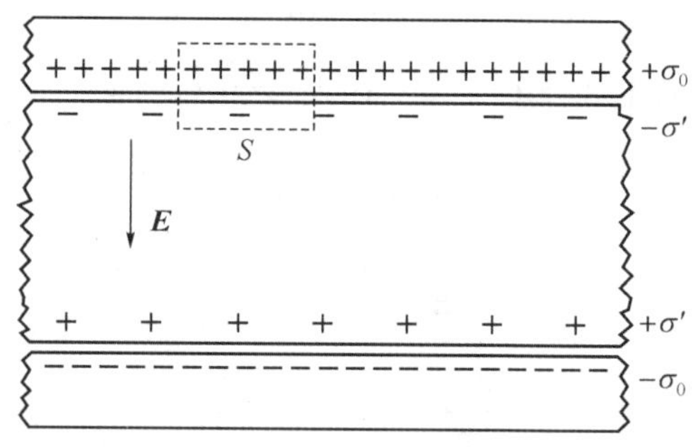

图 10.24　有电介质时的高斯定理

所包围的总电量为 $\sum q_0+\sum q'=(\sigma-\sigma')\Delta s$。又由于自由电荷在两平板间激发的电场场强 $E_0=\dfrac{\sigma}{\varepsilon_0}$，介质表面极化电荷在两平板间激发的电场场强 $E'=\dfrac{\sigma'}{\varepsilon_0}$，介质中的场强 $E=\dfrac{E_0}{\varepsilon_r}=\dfrac{\sigma}{\varepsilon_0\varepsilon_r}$，且 $\boldsymbol{E}=\boldsymbol{E}_0+\boldsymbol{E}'$，则

$$\frac{\sigma}{\varepsilon_0}-\frac{\sigma'}{\varepsilon_0}=\frac{\sigma_0}{\varepsilon_r\varepsilon_0}$$

$$(\sigma-\sigma')=\frac{\sigma_0}{\varepsilon_r}$$

$$\sum q_0+\sum q'=(\sigma-\sigma')\Delta s=\frac{\sigma_0\Delta s}{\varepsilon_r}=\frac{\sum q_0}{\varepsilon_r}$$

将上式代入式(10.28)得到

$$\oint \boldsymbol{E}\cdot \mathrm{d}\boldsymbol{S}=\frac{1}{\varepsilon_0\varepsilon_r}\sum q_0$$

$$\oint \varepsilon_0\varepsilon_r\boldsymbol{E}\cdot \mathrm{d}\boldsymbol{S}=\sum q_0$$

上式中的 ε_0，ε_r 都是常量，引入一个辅助量**电位移矢量** $\boldsymbol{D}$。在均匀各向同性电介质中

$$\boldsymbol{D}=\varepsilon_0\varepsilon_r\boldsymbol{E}=\varepsilon\boldsymbol{E} \tag{10.29}$$

并且依照电力线和电通量 Φ_e 的方法，引入电位移线和电位移通量 Φ_D 规定

$$\Phi_D = \int_s \boldsymbol{D} \cdot d\boldsymbol{S}$$

于是，介质中的高斯定理式(10.28)可写成

$$\oint_s \boldsymbol{D} \cdot d\boldsymbol{s} = \sum q_0 \qquad (10.30)$$

即，通过任一闭合曲面的电位移通量等于该闭合曲面所包围的自由电荷的代数和。

引进电位移矢量 $\boldsymbol{D}$ 后，式(10.30)中就只包含自由电荷，极化电荷不再明显地出现在式中，式(10.30)就是高斯定理在电介质中的推广，称为**有电介质时的高斯定理**。它虽是从特例中推出，但可以证明它是普遍适用的，是电介质情形下静电场的基本定理之一。

应该指出，引入的电位移矢量 $\boldsymbol{D}$ 只是一个辅助物理量，真正描述电场的量仍是电场强度 $\boldsymbol{E}$，引入电位移矢量的好处在于可以绕开极化电荷，利用式(10.30)求出 $\boldsymbol{D}$。求 $\boldsymbol{D}$ 的方法和前面介绍的利用真空中高斯定理求场强 $\boldsymbol{E}$ 相同。求出 $\boldsymbol{D}$ 后，利用 $\boldsymbol{D}=\varepsilon_0\varepsilon_r\boldsymbol{E}=\varepsilon\boldsymbol{E}$，便可求出均匀各向同性电介质中的场强 $\boldsymbol{E}$，这样只是可以避开极化电荷，解出静电场的问题，但极化电荷的影响没有忽略，通过 $\boldsymbol{D}=\varepsilon_0\varepsilon_r\boldsymbol{E}=\varepsilon\boldsymbol{E}$，求 $\boldsymbol{E}$ 时，因子 ε_r 或 ε 把极化电荷对场强分布的影响包括在内。

[例 10.16] 平行板电容器两极板的面积为 S，两极板之间充有两层电介质，介质电容率分别为 ε_1 和 ε_2，厚度分别为 d_1 和 d_2，电容器两极板上自由电荷面密度为 $\pm\sigma$，如图例10.16。求(1)在各层电介质内的电位移矢量和场强。(2)电容器的电容。

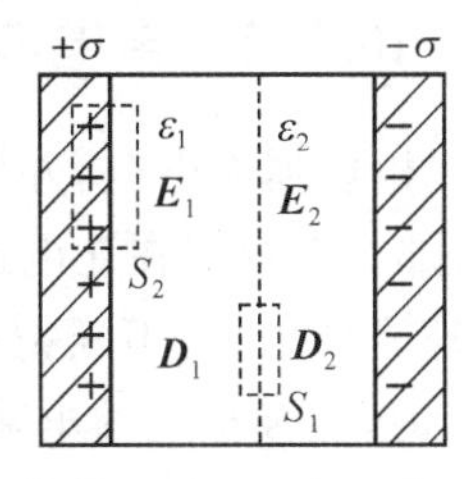

图例10.16　充满两种电介质的平行板电容器

[解] (1)由于自由电荷分布的面对称性，则介质内的电位移矢量的方向与场强 $\boldsymbol{E}$ 的方向相同，垂直极板由左指向右，在与极板垂直的面上各处电位移矢量 D 大小相等。设两介质中的电位移矢量分别为 D_1，D_2，在两层电介质交界面处作一圆柱形高斯面 S_1，左右底面与极板平行，面积为 ΔS_1，如图例10.16所示，在此高斯面内的自由电荷为零，由有介质时的高斯定量可得

$$\oint_{s_1} \boldsymbol{D} \cdot d\boldsymbol{S} = -D_1\Delta S_1 + D_2\Delta S_1 = 0$$

$$D_1 = D_2$$

即在两电介质内各处，电位移 $\boldsymbol{D}_1$ 和 $\boldsymbol{D}_2$ 大小相等，方向垂直极板，由左指向右。为了求出电介质中的电位移，我们另作一圆柱形高斯面 S_2，如图例10.16所示，左右底面与极板平行，左底面位于金属板内，底面积为 ΔS_2，由有介质时的高斯定理可得

$$\oint_{s_2} \boldsymbol{D} \cdot d\boldsymbol{S} = D\Delta S_2 = \sigma\Delta S_2$$

$$D = \sigma$$

所以介质内的电位移为 $D_1=D_2=D=\sigma$，再利用 $\boldsymbol{D}=\varepsilon\boldsymbol{E}$ 可得

$$E_1 = \frac{D}{\varepsilon_1} = \frac{\sigma}{\varepsilon_1}$$

$$E_2 = \frac{D}{\varepsilon_2} = \frac{\sigma}{\varepsilon_2}$$

(2)正、负两极板 A、B 间的电势差为

$$U_A-U_B=E_1d_1+E_2d_2=\frac{\sigma d_1}{\varepsilon_1}+\frac{\sigma d_2}{\varepsilon_2}$$

由电容器电容的定义 $C=\frac{q}{U_A-U_B}$，极板上的带电量 $q=\sigma s$ 得

$$C=\frac{q}{U_A-U_B}=\frac{\sigma s}{\sigma\left(\frac{d_1}{\varepsilon_1}+\frac{d_2}{\varepsilon_2}\right)}=\frac{s\varepsilon_1\varepsilon_2}{d_1\varepsilon_2+d_2\varepsilon_1}$$

10.7 静电场的能量

电荷之间都存在着相互作用的电场力，任何电荷系统在形成过程中，外界必须克服电荷之间的相互作用而做功。根据能量守恒和转换定律，外界提供的能量将转化为电荷系统的静电能。例如，用电池对电容器充电时就消耗电池中的化学能，这部分能量转化为带电电容器储存的静电能。如果把一已充电的电容器两极板用导线短路，可以看到放电的火花。放电火花的能量就是由充了电的电容器中储存的能量转化而来。电容器的储能，在摄影用的闪光灯、激光光源、电子同步子加速器等装置中都有应用。

10.7.1 带电电容器的静电能

电容器充电时，外界必须克服电荷之间的相互作用而做功，这部分功转化为电容器的静电能，那么电容器在充电过程中，外界必须克服电场力做多少功呢？我们可以把充电过程想象为在外界作用下，不断把电荷 $\mathrm{d}q$ 从负极板拉至正极板的过程。当正极板上的电荷从 0 增加到 $+Q$时，负极板上的电荷也从 0 变为$-Q$，我们说电容器充电至带电量为 Q。当移动第一份 $\mathrm{d}q$ 时，两极板不带电，两极板的电压为零，外力克服电场力做功为零。但当极板电荷增至 q 时，两极板间的电压为 Δu（$\Delta u=q/C$，电压随极板电量增加而增加），再将 $\mathrm{d}q$ 的电荷从负极板拉至正极板，外力需克服电场力做功 $\mathrm{d}A$

$$\mathrm{d}A=\Delta u\mathrm{d}q=\frac{q}{C}\mathrm{d}q$$

当极板上的电荷由 0 增加到 Q 时，外力克服电场力做的总功为

$$A=\int\mathrm{d}A=\int_0^Q\frac{q}{C}\mathrm{d}q=\frac{Q^2}{2C}$$

这个功的数值等于电容器静电能的增加，设未充电时静电能为零，则这个功为电容器充电至电量 Q 时的静电能 W_e，故带电电容器的静电能 W_e 为

$$W_e=\frac{Q^2}{2C}=\frac{1}{2}C\Delta U^2=\frac{1}{2}Q\Delta U \tag{10.31}$$

从上式中可知，在确定电压下，电容器的电容 C 越大，储能越多，故电容 C 也可理解为电容器储能本领大小的标志。对给定电容器，电压越高储能越多，但实际的电容器两极板间都充有电介质，极板间的电压不能高于电介质的耐压，否则就会使电介质击穿而损坏。

10.7.2 电场的能量

从上面的讨论我们知道电容器充电的过程，也就是它的两极板间电场建立并逐步增强的过程。在此过程中，电源不断做功转换为电容器系统的静电能。可见静电能是与带电物体电场的存在相联系的。但这些电能是储藏在电荷中，还是储藏在电场中呢？这个问题在静电学

中无法回答，因为静电场情况下，电场总是伴随着电荷而存在的。以后我们将知道，电磁波是一种交变的电磁场，这个电场可以脱离电荷而传播到很远的地方，电磁波携带着能量向前传播，说明电能储藏在电场中。

既然电能分布于电场中，最好能用描述电场的特征量——场强 $\boldsymbol{E}$ 来表示电能，下面以平行板电容器为例来说明。

对平行板电容器，$C=\frac{\varepsilon_0 S}{d}$，$\Delta U=Ed$，代入式 $W_e=\frac{1}{2}C\Delta U^2$ 中，得

$$W_e=\frac{1}{2}\frac{\varepsilon_0 S}{d}E^2 d^2=\frac{1}{2}\varepsilon_0 E^2 Sd$$

$$W_e=\frac{1}{2}\varepsilon_0 E^2 V$$

式中，$V=Sd$ 为电容器极板间电场所占空间的体积。忽略边界效应，电场只存在于两极板间，所以 V 为整个电场所占体积，电容器的静电能与电场所占空间的体积成正比。由于电容器中的电场是均匀分布的，所储藏的电场能量也应该是均匀分布的，因此电场中每单位体积的能量为

$$\omega_e=\frac{1}{2}\varepsilon_0 E^2 \tag{10.32}$$

定义单位体积中的电场能量为**电场能量密度**，单位为 $\mathrm{J/m^3}$。上述结果虽在均匀电场的特例中导出，但对一般的非均匀电场普遍适用。在真空中，任一体积元 $\mathrm{d}V$ 中的电场能量为

$$\mathrm{d}W_e=\omega_e\mathrm{d}V=\frac{1}{2}\varepsilon_0 E^2\mathrm{d}V$$

整个电场的总能量为

$$W_e=\int_V\frac{1}{2}\varepsilon_0 E^2\mathrm{d}V \tag{10.33}$$

式中，积分区域遍及整个电场空间 V。

[例 10.17]　在真空中，有两个半径分别为 R_1 和 $R_2(R_1<R_2)$ 的均匀带电荷球面（厚度不计），分别带有电量 q_1 和 q_2，计算这一带电系统的静电能。

[解]　由高斯定理可得电场场强分布为

$$E=\begin{cases}0, & r<R_1\\ \dfrac{1}{4\pi\varepsilon_0}\dfrac{q_1}{r^2}, & R_1<r<R_2\\ \dfrac{1}{4\pi\varepsilon_0}\dfrac{q_1+q_2}{r^2}, & r>R_2\end{cases}$$

由电场能量密度为 $\omega_e=\frac{1}{2}\varepsilon_0 E^2$，不同区间的电场能量因 E 不同而不同

$$\omega_e=\begin{cases}0, & r<R_1\\ \dfrac{1}{2}\varepsilon_0\left(\dfrac{q_1}{4\pi\varepsilon_0 r^2}\right)^2, & R_1<r<R_2\\ \dfrac{1}{2}\varepsilon_0\left(\dfrac{q_1+q_2}{4\pi\varepsilon_0 r^2}\right)^2, & r>R_2\end{cases}$$

取半径为 r，厚度为 $\mathrm{d}r$ 的球壳层为体积元 $\mathrm{d}V$，$\mathrm{d}V=4\pi r^2\mathrm{d}r$，则体积元中的电场能量为

$$\mathrm{d}W_e=\omega_e\mathrm{d}V=\omega_e 4\pi r^2\mathrm{d}r$$

带电系统的静电能为

$$W_e = \int_V \mathrm{d}W_e = \int_0^{\infty} \omega_e 4\pi r^2 \mathrm{d}r$$

$$= \int_0^{R_1} 0 4\pi r^2 \mathrm{d}r + \int_{R_1}^{R_2} \frac{1}{2}\varepsilon_0 \left(\frac{q_1}{4\pi\varepsilon_0 r^2}\right)^2 4\pi r^2 \mathrm{d}r + \int_{R_2}^{\infty} \frac{1}{2}\varepsilon_0 \left(\frac{q_1+q_2}{4\pi\varepsilon_0 r^2}\right)^2 4\pi r^2 \mathrm{d}r$$

$$= \frac{q_1^2}{8\pi\varepsilon_0}\left(\frac{1}{R_1}-\frac{1}{R_2}\right)+\frac{(q_1+q_2)^2}{8\pi\varepsilon_0}\frac{1}{R_2}$$

$$= \frac{1}{8\pi\varepsilon_0}\left(\frac{q_1^2}{R_1}+\frac{q_2^2}{R_2}+\frac{2q_1q_2}{R_2}\right)$$

思考题

10.1 在真空中有两个相对的平行板，相距为 d，板面积为 S，分别带电量 $+q$ 和 $-q$。有人说，根据库仑定律，两板之间的作用力 $f=\frac{q^2}{4\pi\varepsilon_0 d^2}$；又有人说，因 $f=qE$，而板间 $E=\frac{\sigma}{\varepsilon_0}$，$\sigma=\frac{q}{S}$，所以 $f=\frac{q^2}{\varepsilon_0 S}$；还有人说，由于一个板上的电荷在另一板处的电场为 $E=\frac{\sigma}{2\varepsilon_0}$，所以，$f=qE=\frac{q^2}{2\varepsilon_0 S}$。试问这三种说法哪种正确？为什么？

10.2 在真空中的高斯定理 $\oint_s \boldsymbol{E}\cdot \mathrm{d}\boldsymbol{S}=\frac{1}{\varepsilon_0}\sum_{(S内)} q_i$ 中，电场强度 $\boldsymbol{E}$ 是否完全由闭合曲面 S 内的电荷 $\sum_{(S内)} q_i$ 所产生？

10.3 一点电荷放在球形闭合面的球心处。试讨论下列情况下，电通量的变化情况。

(1)此球面被一与它相切的正方体表面所代替；

(2)点电荷离开球心，但仍在球面内；

(3)将另一个点电荷放在球面外；

(4)将另一个点电荷放入球面内。

10.4 如果一空间区域中电势是常量，对于这个区域内的电场可得出什么结论？如果说一表面上的电势为常量，对于这个表面上的电场又能得出什么结论？

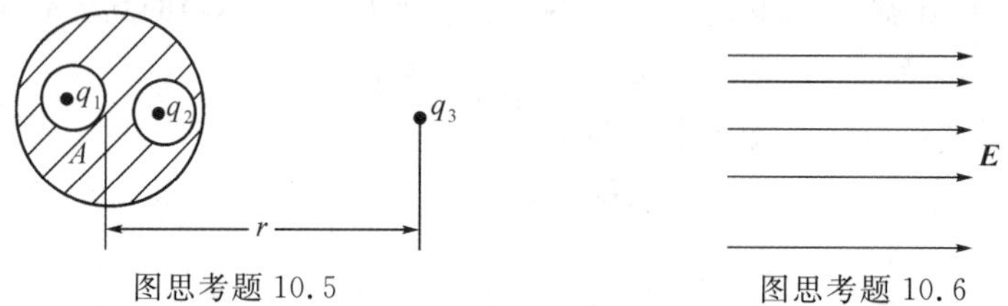

图思考题 10.5　　图思考题 10.6

10.5 一球形导体 A 含有两个球形空腔，这个导体本身的总电荷为零，但在两空腔中心分别有一点电荷 q_1 和 q_2，距导体球心很远的 r 处有另一点电荷 q_3（图思考题 10.5）。试问 q_1，q_2 和 q_3 各受到多大的力？

10.6 试用静电场环路定理 $\oint_L \boldsymbol{E}\cdot \mathrm{d}\boldsymbol{l}=0$，证明如图思考题 10.6 所示，电力线为一系列不均匀分布的平行直线的静电场不存在。

10.7 试用静电场环路定理证明静电场电力线永不闭合。

10.8 如果库仑定律中点电荷间的相互作用力不是恰好与距离平方成反比，静电场高斯定理与环路定理是否成立？

10.9 电子所带的电量（基本电荷 $-e$）最先是由密立根通过油滴实验测出来的。密立根设计的实验装置如图思考题 10.9 所示。一个很小的带电油滴在电场 $\boldsymbol{E}$ 内，调节 E，使作用在油滴上的电场力与油滴的重量平衡。如果油滴的半径为 1.64×10^{-4} cm，在平衡时，$E=1.92\times10^5$ N/C。求油滴上的电荷（已知油的密度为 0.851×10^3 kg/m^3）。

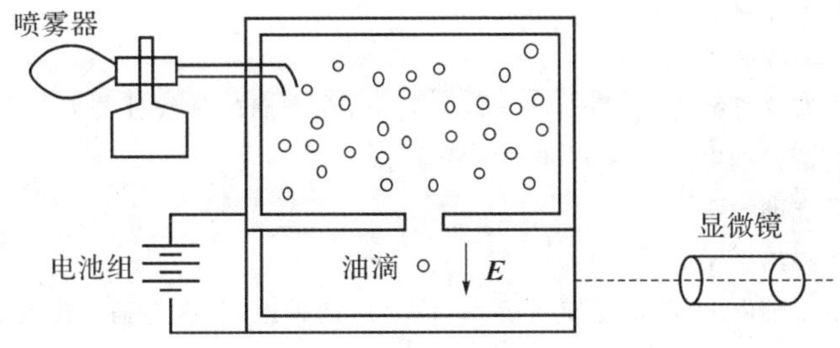

图思考题 10.9

10.10　在早期(1911 年)的一连串实验中，密立根在不同时刻观察在单个油滴上呈现的电荷，其测量结果(绝对值)如下：

6.568×10^{-19} C；13.13×10^{-19} C；19.71×10^{-19} C

8.204×10^{-19} C；16.48×10^{-19} C；22.89×10^{-19} C

11.50×10^{-19} C；18.08×10^{-19} C；26.13×10^{-19} C

根据这些数据，可以推得基本电荷 e 的数值为多少？

习　题

10.1　两个同号点电荷所带电量之和为 Q，相隔一定距离，问它们各带多少电量时，相互作用力最大？

10.2　一均匀带电细棒长为 $2L$，带电量为 q，求带电细棒的延长线上距细棒中点为 $r(r>L)$ 处的场强。

10.3　一根不导电的细塑料棒，被弯成近乎完整的圆，圆的半径为 0.500m，棒的两端有 2.00cm 的缝隙，3.12×10^{-9} C 的正电荷均匀地分布在棒上，求圆心处电场的大小和方向。

10.4　三个无限大平行平面都均匀带电，面电荷密度分别为 $\sigma_1,\sigma_2,\sigma_3$，且 $\sigma_1=\sigma,\sigma_2=\sigma_3=-\sigma$，如图题 10.4，求各处的场强。

图题 10.4

10.5　在半径分别为 10.0cm 和 20.0cm 的两层假想同心球面中间，均匀分布着电荷体密度 $\rho=10^{-9}\,\mathrm{C/m^3}$ 的正电荷，求离球心 5.0cm，15.0cm，50.0cm 处的电场强度。

10.6　求一无限大均匀带电厚壁的电场分布。壁厚为 D，体电荷密度为 ρ，画出 $E-d$ 曲线，d 为垂直于壁面的坐标，原点在厚壁的中心。

10.7　两个无限长同轴圆筒半径分别为 R_1 和 $R_2(R_1<R_2)$，单位长度带电量分别为 $+\lambda$ 和 $-\lambda$。求内筒内，两筒间及外筒外的电场分布。

10.8　一均匀带电球体，半径为 R，体电荷密度为 ρ，今在球内挖去一半径为 $r(r<R)$ 的球体，求证由此形成的空腔内的电场是均匀的，并求其值。

10.9　一点电荷 q_1,q_2,q_3,q_4 的电荷量各为 4.00×10^{-9} C，放置在一正方形的四个顶点上，各顶点距正方形中心 O 点的距离为 5.00cm。

(1)计算 O 点处的场强和电势；

(2)将一试探电荷 $q_0=1.00\times10^{-9}$ C 从无穷远处移到 O 点，电场力做功多少？

(3)问(2)中所述过程中 q_0 的电势能改变为多少？

10.10　如图题 10.10 所示，已知 $r=6.00$cm，$d=8.00$cm，$q_1=3.00\times10^{-8}$ C，$q_2=-3.00\times10^{-8}$ C。

求(1)将电荷量为 2.00×10^{-9} C 的点电荷从 A 点移到 B 点，电场力做功多少？

(2)将此点电荷从 C 点移到 D 点，电场力做功多少？

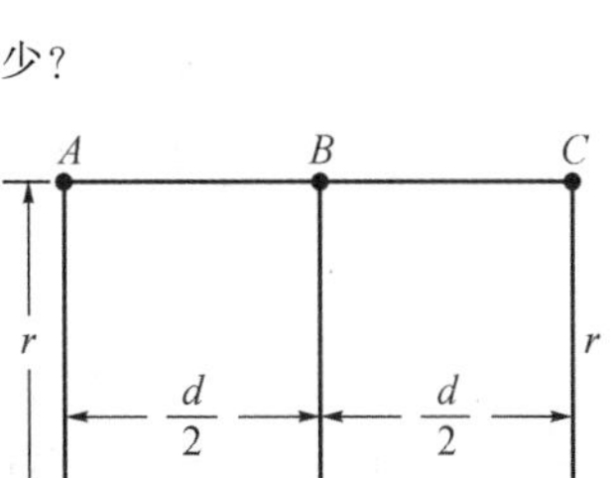

图题 10.10

10.11　一无限长均匀带电圆柱体电荷密度为 ρ，截面半径为 a。

(1)用高斯定理求柱内、外电场强度分布；

(2)求柱内外的电势分布，以轴线为势能零点；

(3)画出 E-r 和 U-r 函数曲线。

10.12　一计数管中有一直径为 2.00cm 的金属长圆筒，在圆筒的轴线处装有一根直径为 1.27×10^{-5} m 的细金属丝，设金属丝与圆筒的电势差为 1.00×10^{3} V。求

(1)金属丝表面的场强的大小；

(2)圆筒内表面的场强的大小。

10.13　一细直棒沿 z 轴由 $z=-a$ 延伸到 $z=a$，棒上均匀带电，其线电荷密度为 λ，试计算 x 轴上 $x>0$ 各点的电势。

10.14　点电荷 $q=4.00\times10^{-10}$ C，处在净电荷为零的导体球壳的中心，壳的内外半径分别为 $R_1=2.00$cm 和 $R_2=3.00$cm。求

(1)导体球壳的电势；

(2)离球心 $r=1.00$cm 处的电势；

(3)把点电荷移开球心 1.00cm 后导体球壳的电势。

10.15　实验表明：在靠近地面处场强不为 0，晴天场强约为 100V/m，方向垂直地面向下；在离地面 1.5km 高的地方，场强也是垂直于地面向下的，大小约为 25V/m。(1)试计算从地面到 1.5km 高度大气中电荷的平均体密度。(2)如果地球上的电荷全部分布在表面，求地面上的电荷面密度。

10.16　半径为 R_1 的金属球 A 带有电荷 Q_A，球外有一个内、外半径分别为 R_2，R_3 的同心导体球壳 B，壳上带有电荷 Q_B，试计算

(1)金属球 A 的电势 U_A 及球壳的电势 U_B；

(2)若用导线把球和球壳连接在一起后 U_A 和 U_B 分别是多少？

(3)若外球壳 B 接地，U_A 和 U_B 为多少？

10.17　上题中若 $R_1=6.00$cm，$R_2=8.00$cm，$R_3=10.00$cm，A 球带有总电量 $Q_A=3.00\times10^{-8}$C，球壳 B 带有总电量 $Q_B=2.00\times10^{-8}$C。将球壳 B 接地然后断开，再把金属球 A 接地。求金属球 A 和球壳 B 内、外表面上各带多少电量以及球 A 和球壳 B 的电势。

*10.18　两个相同的电容器并联后，用电压 ΔU 的电源充电后切断电源，然后在一个电容器中充满相对电容率为 ε_r 的电介质，求此时极板间的电势差。

*10.19　面积为 1.00m^2 的两平行金属板，带有等量异号电荷 $\pm3.00\times10^{-5}$C，其间充满了相对电容率 $\varepsilon_r=2.00$ 的均匀电介质。略去边缘效应，求介质内的电场强度 $\boldsymbol{E}$ 和介质表面上的束缚电荷面密度 σ'。

*10.20　一平板电容器(极板面积为 S，间距为 d)中充满两种介质，如图题 10.20 所示，设两种介质在极板间的面积之比为 $S_1/S_2=3$，试计算其电容。

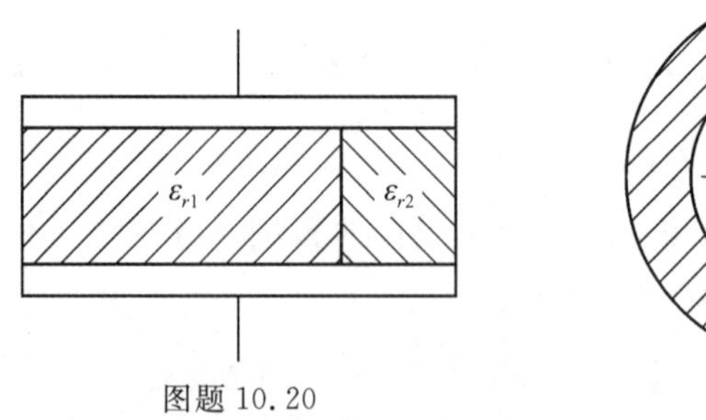

图题 10.20

图题 10.21

*10.21　在半径为 R 的金属球之外包有一层均匀介质层(如图题 10.21)，介质外半径为 R'，设电介质的相对电容率为 ε_r，金属球的电荷量为 Q，求：

(1)介质层内、外的场强分布；

(2)介质层内、外的电势分布；

(3)金属球的电势。

*10.22　圆柱形电容器是由半径为 R_1 的导线和与它同轴的导体圆筒构成，圆筒内半径为 R_2，长为 L，其间充满了相对电容率为 ε_r 的介质，设导线沿轴线单位长度上的电荷为 λ_0，圆筒上单位长度上的电荷为 $-\lambda_0$，忽略边缘效应，求：

(1)介质中的电场强度 E；

(2)电容器的电容 C。

10.23　真空中有一半径为 R 的导体球带电为 Q，求：

(1)导体外空间任一点的电场能量密度；

(2)求带电系统的电场总能量。

物理学与现代科学技术

生物的电现象及其应用

早在公元前，亚里士多德（公元前 384—322 年）就叙述过地中海电鳐（Torpedo）的强烈"震击"作用。后来人们发现电鳗（Electric eel）具有专门的发电器官，可放出 650V 的电击脉冲；降藻（Nitella）、轮藻、含羞草等植物亦存在电势变化。伽尔伐尼（Galvani）通过实验证明了动物电的存在。

生物电现象是生命活动的基本属性，几乎在机体的一切生命过程中都伴随生物电的产生。人体的各种生物电的研究记录已经成为了解人体各器官的功能、临床诊断治疗的可靠依据。

1. 细胞的电学性质

任何动物组织都由含细胞内液的细胞以及细胞间液组成。在细胞内液和细胞间液的分界处有一层隔绝物质称为细胞膜，它是一厚度约为 10^{-8}m 的无水层。膜对各种带有电荷的正、负离子具有不同的通透性，膜内与膜外的离子浓度必然含有差异，因此细胞膜内外有电势差。

活机体内的细胞膜电势有两种基本形式：静息电势和动作电势。静息电势在细胞膜内外任何时间都可以测到。相对于细胞膜外的介质而言，细胞内介质的静息电势为 $-50\sim-100$mV。而动作电势总是伴随着神经、肌肉和其他细胞上的冲动的传导而存在。实验研究表明，各种可兴奋细胞在受刺激而兴奋时，最关键最本质的共同变化是在细胞膜静息电势的基础上发生一次短暂的电势波动。如图阅 10.1 所示，当神经纤维在安静的情况下受到一短促的刺激时，膜内原来存在的负电势将迅速消失，进而变为正电势，在短时间内就由 $-70\sim-90$mV 变到 $+20\sim+40$mV，构成曲线的上升支（去极相）。在兴奋之后，膜的极化状态逐渐恢复，很快又回到静息状态，构成曲线的下降支（复极相）。这种在静息电势的基础上发生的短暂的电势波动称为动作电势。

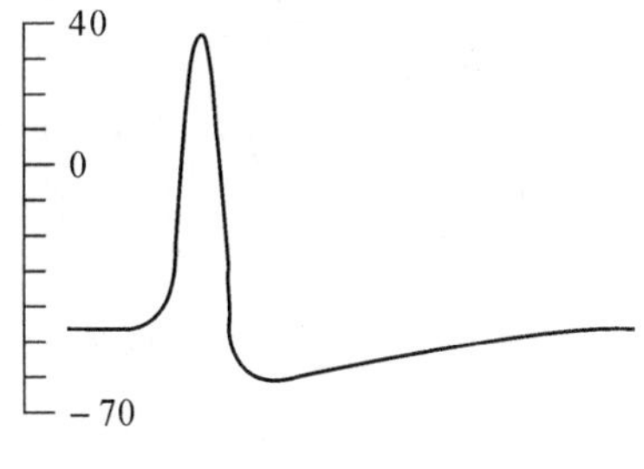

图阅 10.1

2. 心电图

心肌细胞的生物电现象也分为静息电势和兴奋时的动作电势。人与哺乳动物的心室肌细胞的静息电势为 -90mV，当心肌细胞由静止进入兴奋时，即产生动作电势。心肌动作电势始于右心房的窦房结，然后沿结间束传至房室结，沿房室束的左右分束，几乎同时传至两侧心室的全部心内膜后，经浦肯野氏纤维传至心室外膜。由于人体体液为良导体，心脏的每个心动周期，所伴随生物电变化可传达到身体表面各部位。用引导电极把身体特定部位的电势变化通过心电图机便可描记出来。这种在心动周期内由心脏电势变化而引起体表的两个部位之间电势差随时间而变化的图形就是心电图(ECG)，它反映心脏兴奋的产生、传导和恢复过程中的生物电变化。

如图阅 10.2 是一个正常人的典型心电图。

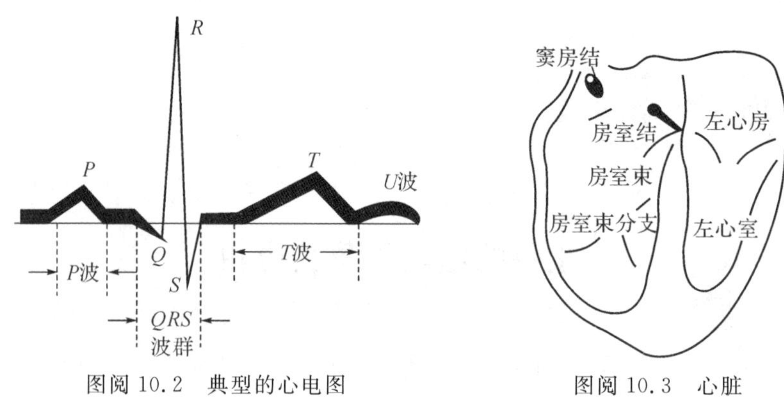

图阅 10.2　典型的心电图　　　　图阅 10.3　心脏

P 波——心脏的激动从窦房结传至两个心房(图阅 10.3)使之激动的过程。*P* 波在各组心电图中最先出现，一般占时 0.11s。*P* 波的波形振幅大小、所跨时间的长短及波型的方向是临床诊断的重要依据。

QRS 波群——典型的 *QRS* 波群包括 3 个紧密相连出现的波形，第一个向下的负波名为 *Q* 波，其后的一个向上的尖狭的波为 *R* 波，与 *R* 波相衔接的又是一个向下的波为 *S* 波，因这三个波紧紧相连，总共时间不到 0.1s，其中 *Q* 波不到 0.04s，故合并称为 *QRS* 波群，它反应心室的激动过程。

T 波——代表心室激动后恢复过程产生的电势变化。

U 波——在 *T* 波后有时可能看到一个很小的正向波，代表心肌激动的后继电势。

3. 脑电图

动物的大脑，特别是皮层细胞，存在着频繁的电活动，因此大脑皮层经常具有持续的节律性电势改变，临床上用双极或单极记录方法在头皮上观察皮层的电势变化，记录到的脑电波称为脑电图 EEG。

脑电波的波形通常根据其频率分为 4 种基本波形，如图阅 10.4 所示。

α 波：8～13Hz　　β 波：13～40Hz

θ 波：4～8Hz　　δ 波：0.5～4Hz

α 波振幅为 20～100μV，在清醒安静闭目时出现；β 波振幅为 5～20μV，睁眼视物，听到音响或进行思考时出现，在额叶和顶叶较显著，一般代表大脑皮层的兴奋；θ 波振幅为 100～150μV，一般在困倦时出现，是中枢神经系统抑制状态的表现；δ 波振幅为 20～200μV，在睡眠时出现，在深度麻醉，缺氧或大脑有器质性病变时也可出现。

一般地说当脑电波由高振幅的慢波转向低振幅的快波时，表示兴奋过程增加，反之，由低振幅的快波转向慢波时，就表示抑制过程的发展。临床上患有皮质肿瘤的病人或癫痫发作的病人，脑电波都会发生变化(图阅 10.4)。因此借助脑电波改变的特点并结合临床资料可以探测肿瘤所在部分或诊断癫痫，脑电图还可用于指示病人在外科手中的麻醉程度。

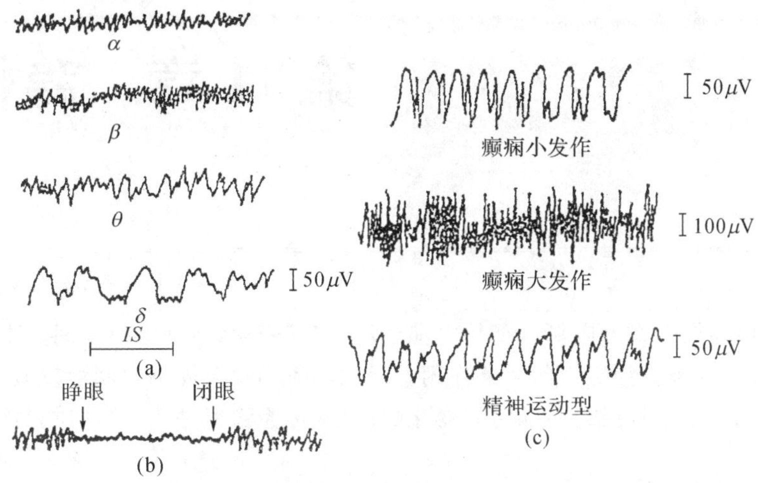

图阅 10.4　自发脑电波形

第 11 章　稳恒磁场

静止的电荷周围存在着电场。如果电荷运动，实验表明，运动电荷之间除了有电场力的相互作用外，还有一种被称为磁力的相互作用。运动电荷不仅在周围空间激发电场，同时还在周围空间激发磁场。本章将讨论不随时间变化的磁场(称为稳恒磁场)的性质和规律。

11.1　磁场和磁感应强度

11.1.1　基本磁现象

磁现象很早就受到人类注意。公元前六七世纪发现了磁石吸铁，磁石指南等现象。天然磁石的化学成分为 Fe_3O_4，现在所用的磁铁多半是人工制成的，可用铁、钴、镍等合金制成永久磁铁。无论是天然磁石或人造磁铁，都具有吸引铁、钴、镍等物质的特性，这种性质称为**磁性**。

在研究磁现象的过程中，人们发现电现象与磁现象相互联系。例如，1731 年有一个英国商人诉述，雷电闪过后，他的一箱新刀叉竟带上了磁性。1751 年，富兰克林发现在莱顿瓶放电后，缝纫针被磁化了。电真的会产生磁吗？这个疑问促使 1774 年德国一家研究机构悬奖征解，题为："电力和磁力是否存在实际和物理的相似性？"许多人对电能否产生磁的实验进行了研究，由于没有稳恒电流，这类实验很难成功。1800 年伏打发明了伏打电池后，人们获得了产生恒定电流的电源，使人们有可能从各方面研究电流的效应。

1820 年 4 月的某一天晚上，丹麦物理学家奥斯特(Oersted，1777—1851)在课堂上作电流磁效应的实验，他把连接伏打电池两极的导线垂直地放在磁针上，没有显示出明显的运动，他尝试磁针放在导线的侧面，他说："让我们现在立即把导线放在与磁针平行的位置来试试看"。当他接通电源时，小磁针大幅度转过去，振荡起来，并在几乎垂直于导线的方向停下来。奥斯特激动万分，意识到这正是他多年盼望的效应。抓住这一发现，经过 60 多次反复实验，奥斯特终于查明电流的磁效应是沿着围绕导线的螺旋方向，并于 1820 年 7 月 21 日，公布了他的实验结果。

奥斯特的发现使整个科学界大为震动，法国物理学家安培(Ampere，1775—1836)在知道这结果的第二天就重复了奥斯特的实验，并加以发展。他发现放在磁铁附近的载流导线也会受到磁力的作用而发生运动，随后，于 1820 年 9 月 18 日，他又报告了载流螺线管产生的磁性与条形磁铁的磁性相同。9 月 25 日和 10 月 9 日他分别报告了载流螺线管之间和两条平行载流导线之间都有相互作用。这时人们知道了磁现象与电流(即电荷的运动)是密切相关的。

1822 年，安培提出了有关物理磁性本质的假说，他认为一切磁现象的根源是电荷的运动。任何物质中的分子都存在有回路电流，称为分子电流，分子电流相当于一个基元，磁铁物质对外显示出磁性，就是物质中的分子电流在外界作用下趋向于沿同一方向排列的结果。如图11.1所示，在磁介质内部任意位置处，通过的分子电流是成对的，而且方向相反，结果相互抵消；只有在截面边缘处，分子电流未被抵消，形成与截面边缘重合的圆电流，从整体来看，磁铁棒就像一个由分子电流组成的螺线管。安培的假说与现代对物质磁性的理解是相符合的，近代理论表明，原子核外电子绕核的运动和电子自旋等运动就构成了等效的分子电流。

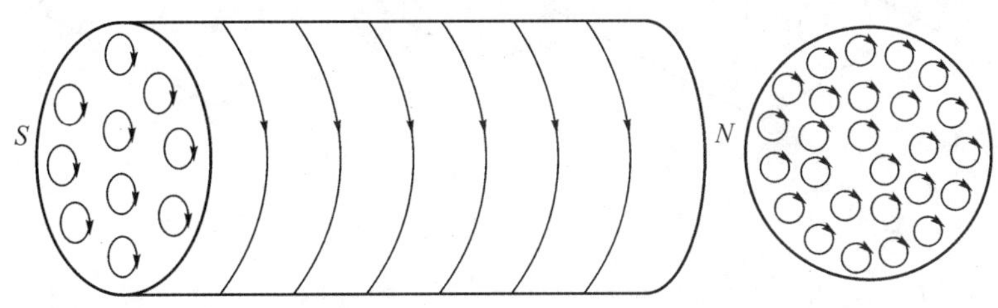

图 11.1　安培分子环流假说

11.1.2　磁场

我们已经知道，磁铁和导线中的电流具有磁性，它们的特点是对它周围的磁铁或电流有作用力，我们称之为磁力。而磁铁或载流导线的磁性源自电荷的运动，所以磁力本质是运动电荷对运动电荷的相互作用力。那么运动电荷之间相互作用的磁力是怎样传递的呢？

历史上曾有许多科学家，包括安培、韦伯等，都认为，磁力是一种“超距作用”，即认为这种力的作用不需要任何时间，是一种超越一无所有的空间的力。但法拉第否定了超距作用，他认为运动电荷周围空间存在着某种物质，它起到传递磁力的媒介作用，并把它称为**磁场**，即运动电荷在其周围空间激发磁场，磁场对其中的运动电荷施加磁力作用，可概括如下：

理论与大量实验证明场的观点是正确的。运动电荷激发的电磁场以光速在空间传递，一处的电磁扰动，要经过一定的时间才能影响到另一处。

11.1.3　磁感应强度

在上一章中，我们利用电场对试验电荷的作用力来定量地描述电场，并引进电场强度这一物理量。与此相似，在这里，我们用磁场对运动电荷的作用力来定量地描述磁场，并把这物理量叫作磁感应强度，用 $\boldsymbol{B}$ 表示。

我们以电荷的电量 q 与其速度$\boldsymbol{v}$ 的乘积 $q\boldsymbol{v}$ 表示一个运动电荷，它是既有大小又有方向的量，我们选取这运动电荷 $q\boldsymbol{v}$ 来探测磁场中受力的情况。实验发现：

(1)在磁场中任一点有一特定的方向；当电荷沿这方向(或其反方向)运动时，磁力为零。此方向也是小磁针北极在该点的指向。我们定义此特定方向为该点的磁感应强度矢量 $\boldsymbol{B}$ 的方向。

(2)运动电荷 $q\boldsymbol{v}$ 所受的磁力的方向总是垂直于运动电荷的运动方向和磁场的方向，如图11.2 所示。

(3)运动电荷 $q\boldsymbol{v}$ 所受的磁力大小，与电荷运动的方向与磁场方向的夹角 θ 有关，如图 11.2

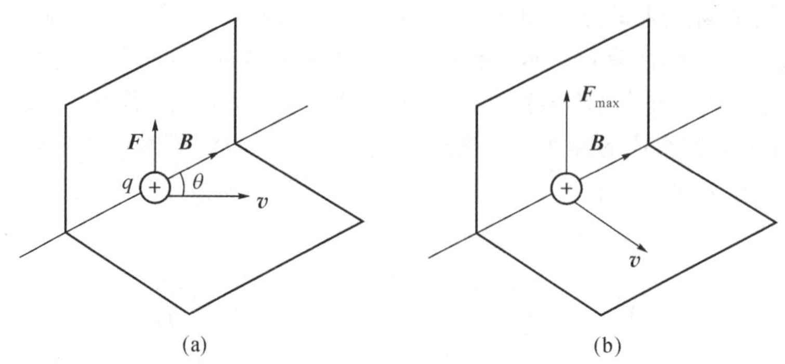

图 11.2　运动电荷受到的磁力

所示。当 $\theta=0$ 时，$F=0$；当 $\theta=\frac{\pi}{2}$ 时，F 最大为 $F_{\max}$。对磁场某一点来说，比值 $\frac{F_{\max}}{qv}$ 是一定的。对磁场中不同位置这个比值有不同的确定值。因此，比值 $\frac{F_{\max}}{qv}$ 与运动电荷无关，只与场点位置有关。我们把它定义为**磁感应强度 $\boldsymbol{B}$** 的大小，即

$$B=\frac{F_{\max}}{qv}$$

在 SI 中，B 的单位叫作特(T)，$1\mathrm{T}=1\mathrm{NsC^{-1}m^{-1}}$。$B$ 的单位有时还用高斯制(Gs)表示，$1\mathrm{T}=10^4\mathrm{Gs}$。表 11.1 列出一些常见磁场的磁感应强度 B 的值。

表 11.1　一些常见磁场的磁感应强度

磁场源	磁感应强度 B(T)
人体心脏	约 3×10^{-10}
地球磁场	约 0.5×10^{-4}
室内电线周围	约 10^{-4}
小磁针	约 10^{-2}
大型磁铁	约 2
某些原子核附近的磁场	约 10^{4}
脉冲星表面磁场	约 10^{8}

11.2　毕奥—萨伐尔定律

11.2.1　毕奥—萨伐尔定律

电流在其周围空间激发磁场，磁场中各点的磁感应强度与产生磁场的电流之间的关系如何？法国物理学家毕奥(Biot，1774—1862)和萨伐尔(Savart，1791—1841)对此首先进行了研究，通过实验发现直线电流对磁针作用的规律：直线电流对磁针的作用正比于电流强度 I，反比于它们之间的距离 r，即 B 与 I，r 有如下关系：

$$B\propto\frac{I}{r}$$

法国数学家、物理学家拉普拉斯(Laplace，1749—1827)在研究和分析了毕奥—萨伐尔等

人的实验资料后，从数学上推出电流回路中任一个电流元，在空间任一点产生的磁感应强度所遵循的规律。如图 11.3 所示，电流元 $I\mathrm{d}\boldsymbol{l}$ 在空间任意一点 P 处激发的磁感应强度为

$$\mathrm{d}\boldsymbol{B}=\frac{\mu_0}{4\pi}\frac{I\mathrm{d}\boldsymbol{l}\times\boldsymbol{r}_0}{r^2} \tag{11.1}$$

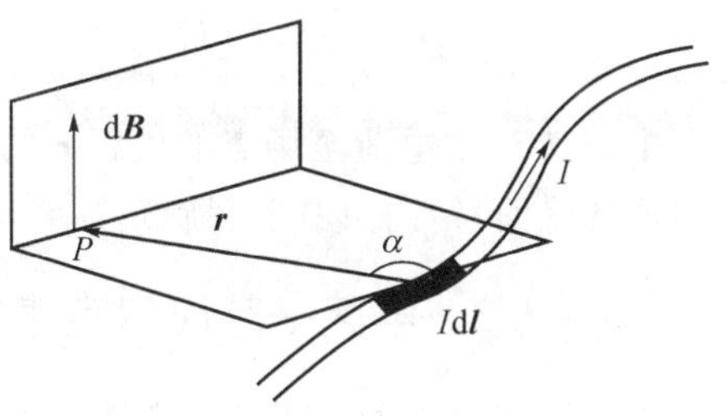

图 11.3　电流元激发的磁感应强度

这个规律称为**毕奥—萨伐尔定律**。式中，r 为从电流元所在点到 P 点的矢径 $\boldsymbol{r}$ 的大小，$\boldsymbol{r}_0$ 为矢径 $\boldsymbol{r}$ 方向的单位矢量，μ_0 为真空中的磁导率，其值为

$$\mu_0=4\pi\times10^{-7}(\mathrm{N}\cdot\mathrm{A}^{-2})$$

$\mathrm{d}\boldsymbol{B}$ 的方向垂直于 $I\mathrm{d}\boldsymbol{l}$ 与 $\boldsymbol{r}$ 组成的平面，指向为由 $I\mathrm{d}\boldsymbol{l}$ 经 α 角转向 $\boldsymbol{r}$ 时右螺旋前进的方向。I 为导线中的电流，$\mathrm{d}l$ 为导线 L 上的无限短的小段，$\mathrm{d}\boldsymbol{l}$ 的方向沿电流流过 $\mathrm{d}l$ 的方向。任意形状的电流在空间某点所产生的磁感应强度 $\boldsymbol{B}$ 为各电流元在该点所产生的磁感应的强度 $\mathrm{d}\boldsymbol{B}$ 的矢量和，即

$$\boldsymbol{B}=\int_L\mathrm{d}\boldsymbol{B}=\frac{\mu_0}{4\pi}\int_L\frac{I\mathrm{d}\boldsymbol{l}\times\boldsymbol{r}_0}{r^2} \tag{11.2}$$

毕奥—萨伐尔定律是根据大量实验事实进行分析后得出的结果，在实验上我们无法得到电荷能在其中作恒定运动的电流元，所以式(11.1)不能直接用实验来验证。但对各种形状的电流回路激发的磁场应用式(11.1)计算的结果，与实验测得的相符，证明式(11.1)的正确，同时也证明了磁感应强度 $\boldsymbol{B}$ 遵循叠加原理。

11.2.2　运动电荷的磁场

按经典电子理论，导体中的电流就是带电粒子的定向运动，那么，电流产生的磁场，本质上是运动电荷产生的磁场。

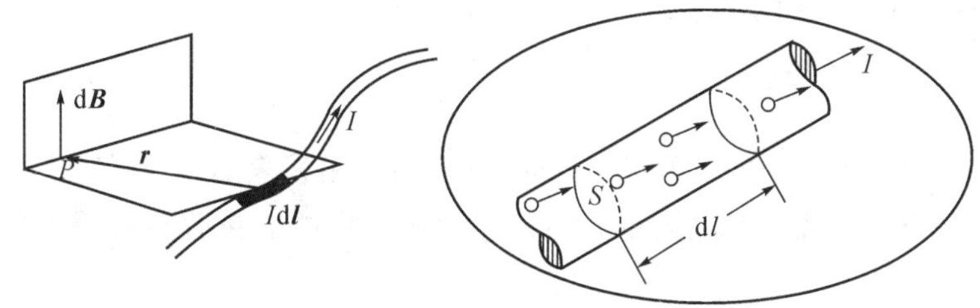

图 11.4　运动电荷的磁场

设在导体的单位体积内有 n 个带电粒子，每个粒子的带电量为 q，以速度 v 沿导体作定向运动而形成电流 I，如图 11.4 所示。如果电流元 $I\mathrm{d}\boldsymbol{l}$ 的截面积为 S，那么，单位时间内通过截面 S 的电量为 $nvSq$，即电流强度 $I=nvSq$，代入毕奥—萨伐尔定律，得

$$\mathrm{d}\boldsymbol{B}=\frac{\mu_0}{4\pi}\frac{nSqv\mathrm{d}\boldsymbol{l}\times\boldsymbol{r}_0}{r^2}=\frac{\mu_0}{4\pi}\frac{(nS\mathrm{d}l)q\boldsymbol{v}\times\boldsymbol{r}_0}{r^2}$$

在电流元 $I\mathrm{d}\boldsymbol{l}$ 内共有 $\mathrm{d}N=nS\mathrm{d}l$ 个运动电荷以速度 v 运动着。从微观意义来说，电流元所产生的磁感应强度就是这 $\mathrm{d}N$ 个运动电荷产生的合磁场。这样，我们就得到每个带电量为 q，以速度 v 运动着的电荷在 P 点所产生的磁感应强度 $\boldsymbol{B}$ 为

$$\boldsymbol{B}=\frac{\mathrm{d}\boldsymbol{B}}{\mathrm{d}N}=\frac{\mu_0}{4\pi}\frac{q\,\boldsymbol{v}\times\boldsymbol{r}_0}{r^2} \tag{11.3}$$

式中，r 为运动电荷至场点的矢径 $\boldsymbol{r}$ 的大小，$\boldsymbol{r}_0$ 为 $\boldsymbol{r}$ 方向的单位矢量，$\boldsymbol{B}$ 的方向垂直于$\boldsymbol{v}$ 和 $\boldsymbol{r}$ 所组成的平面，指向由右手螺旋定则确定。

11.2.3 毕奥—萨伐尔定律的应用

下面应用毕奥—萨伐尔定律讨论一些特殊的截流导线产生的磁场。

[例 11.1] 长度为 L 的直导线通有电流 I，场点 P 到直导线的距离为 a，求 P 点处的磁感应强度 B。

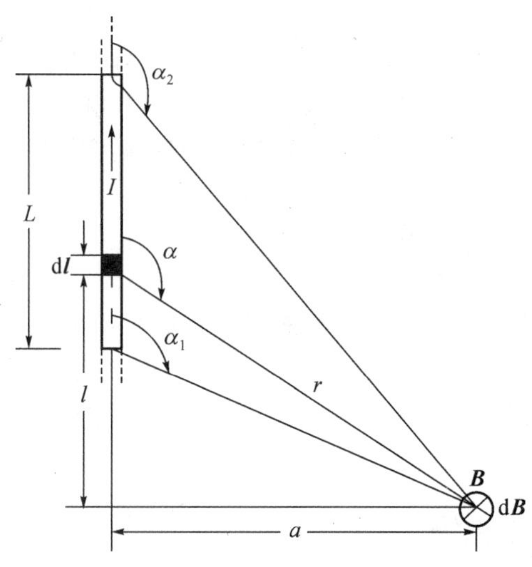

图例 11.1　直线电流的磁场

[解] 在导线上任取一段电流元 $I\mathrm{d}\boldsymbol{l}$，如图例 11.1 所示由毕奥—萨伐尔定律可得，该电流元在 P 点的磁感应强度 $\mathrm{d}\boldsymbol{B}$ 的大小为

$$\mathrm{d}B=\frac{\mu_0}{4\pi}\frac{I\,\mathrm{d}l\sin\alpha}{r^2}$$

$\mathrm{d}\boldsymbol{B}$ 的方向沿 $I\mathrm{d}\boldsymbol{l}\times\boldsymbol{r}_0$ 方向，即垂直于纸面向内(图中用⊗表示)。由于直导线上所有电流元在 P 点产生的 $\mathrm{d}\boldsymbol{B}$ 方向都一致，因此，P 点的磁感应强度的矢量叠加就等于各电流元 $\mathrm{d}B$ 的代数和，即

$$B=\int_L \mathrm{d}B=\frac{\mu_0}{4\pi}\int_L\frac{I\,\mathrm{d}l\sin\alpha}{r^2}$$

式中，l,r,α 是相互联系的三个变量，可变量代换为同一参量 α 表示

$$r=\frac{a}{\sin(\pi-\alpha)}=\frac{a}{\sin\alpha}$$

$$l=\frac{a}{\tan(\pi-\alpha)}=-\frac{a}{\tan\alpha}$$

则得
$$B=\frac{\mu_0 I}{4\pi}\int_{\alpha_1}^{\alpha_2}\frac{\sin\alpha\,\mathrm{d}\alpha}{a}=\frac{\mu_0 I}{4\pi a}(\cos\alpha_1-\cos\alpha_2)$$

P 点 $\boldsymbol{B}$ 的方向垂直纸面向内，如果点 P 到导线的距离 $a\ll L$，并位于导线的中部区域，则导线可视为“无限长”，则 $\alpha_1=0,\alpha_2=\pi$，代入上式可得

$$B=\frac{\mu_0 I}{2\pi a}$$

［例 11.2］ 求圆形载流线圈的轴线上任一点 P 的磁感应强度 $\boldsymbol{B}$，设圆形载流线圈的半径为 R，电流强度为 I。

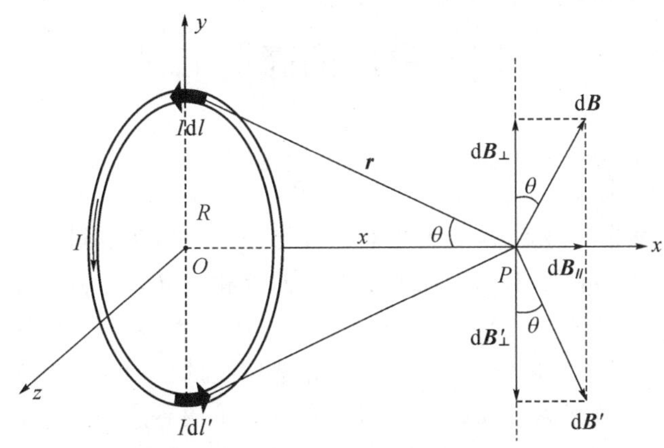

图例 11.2

［解］ 在圆形电流上取一电流元 $I\mathrm{d}\boldsymbol{l}$，如图例 11.2 所示，电流元方向沿 Z 轴方向，垂直于电流元到 P 点的矢径 $\boldsymbol{r}$。所以，$I\mathrm{d}\boldsymbol{l}$ 在 P 点激发的磁感强度 $\mathrm{d}\boldsymbol{B}$ 的大小为：

$$\mathrm{d}B=\frac{\mu_0}{4\pi}\frac{I\mathrm{d}l}{r^2}$$

$\mathrm{d}\boldsymbol{B}$ 的方向如图所示，我们可将 $\mathrm{d}\boldsymbol{B}$ 分解为平行轴线的分量 $\mathrm{d}\boldsymbol{B}_{/\!/}$ 和垂直轴线的分量 $\mathrm{d}\boldsymbol{B}_{\perp}$。在圆形电流上我们可找到与 $I\mathrm{d}\boldsymbol{l}$ 电流元对称的电流元 $I\mathrm{d}\boldsymbol{l}'$，它在 P 点激发的磁感应强度为 $\mathrm{d}\boldsymbol{B}'$，垂直于轴方向的分量为 $\mathrm{d}\boldsymbol{B}_{\perp}'$。$\mathrm{d}\boldsymbol{B}_{\perp}$ 与 $\mathrm{d}\boldsymbol{B}_{\perp}'$ 的方向相反，大小相等，相互抵消。由于对称性，圆形电流上的每一电流元都可找到类似对称电流元，它们在 P 点激发的磁感应强度的垂直轴线分量互相抵消。因此，P 点的磁感应强度为各电流元激发的磁感应强度的平行轴线分量的叠加。即

$$B=\int_L \mathrm{d}B_{/\!/}=\int_L \mathrm{d}B\sin\theta=\int_L \frac{\mu_0}{4\pi}\frac{I\mathrm{d}l}{r^2}\sin\theta=\frac{\mu_0 I}{4\pi}\frac{\sin\theta}{r^2}2\pi R$$

上式积分中，对整个积分回路 L，r、$\sin\theta$ 为常量。考虑到 $\sin\theta=R/r$，$r^2=R^2+x^2$，则上式为

$$B=\frac{\mu_0 R^2 I}{2r^3}=\frac{\mu_0 I}{2}\frac{R^2}{(R^2+x^2)^{3/2}}$$

$\boldsymbol{B}$ 的方向与图中 $\mathrm{d}\boldsymbol{B}_{/\!/}$ 的方向相同，与电流方向成右手螺旋。下面讨论两种特殊情况：

(1)在圆心 O 点处，$x=0$，则 $B_0=\frac{\mu_0 I}{2R}$。对于圆心角为 φ 的一段圆弧电流在轴线上任一点的磁感应强度为

$$B_0=\frac{\mu_0 I}{2R}\frac{\varphi}{2\pi}$$

(2)在远离线圈处，即 $x\gg R$，而 $x\approx r$，轴线上各点 B 值为

$$B=\frac{\mu_0 IR^2}{r^3}\approx\frac{\mu_0}{2\pi x^3}IS$$

式中，$S=\pi R^2$，是圆线圈的面积。由此可见，载流圆线圈远处轴线上某一确定点的磁感应强度与载流线圈的面积 S 和电流强度的乘积成正比。通常我们定义 $\boldsymbol{P}_m=IS\boldsymbol{n}$，$\boldsymbol{P}_m$ 叫作**载流线圈的**

磁矩。$\boldsymbol{P}_m$ 的方向与载流线圈平面的法线方向相同，与电流的方向成右手螺旋。式中 $\boldsymbol{n}$ 表示法线方向的单位矢量。因此，我们可以把远离线圈处轴线上的磁感应强度写成矢量式

$$\boldsymbol{B}=\frac{\mu_0}{4\pi}\frac{2\boldsymbol{P}_m}{x^3}$$

11.3 磁场的高斯定理

11.3.1 磁感应线

与用电场线描绘静电场相类似，为了直观地描绘稳恒磁场在空间的分布，我们可在磁场中画出一系列的曲线，使这些曲线上每一点的切线方向都和该点的磁感应强度的方向一致，这些曲线就叫作**磁感应线(又称磁力线)**。为了使磁感应线不仅能表示磁场中磁感应强度的方向，而且还能表示出各点磁感应强度的大小，我们把磁感应线的数目与磁感应强度的大小联系起来。规定，磁场中某点垂直于磁感应强度 $\boldsymbol{B}$ 的单位面积上磁感应线的条数等于该点的 $\boldsymbol{B}$ 的数值，这样磁场较强的地方，磁感应线较密，反之，磁感应线较疏。

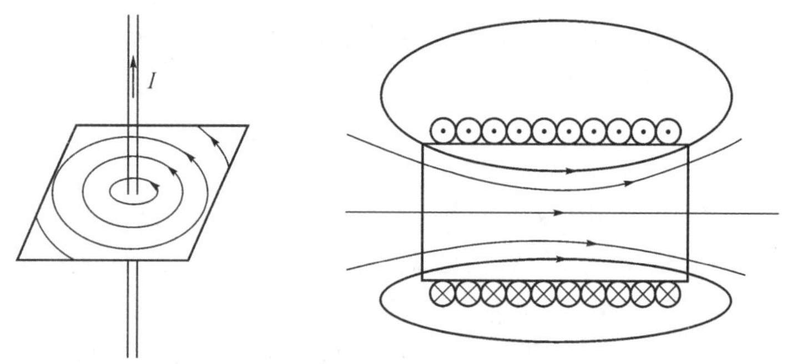

图 11.5　不同形状电流磁场的磁感应线

如图 11.5 所示为几种不同形状的电流所激发的磁场的磁感应线。从磁感应线的图示中，我们发现磁感应线有如下特性；

(1)磁感应线在空间不会相交；

(2)磁感应线都是围绕电流的闭合曲线，没有起点和终点，而且磁感应线的环绕方向和电流流向形成右手螺旋的关系。

11.3.2 磁通量

像电通量一样，对于磁场分布也可以引入磁通量描写其整体性质。形象地讲，磁感应强度通过某一给定曲面的磁通量(用 Φ_m 表示)就是穿过该曲面的磁感应线的数目。在曲面上取面积元 d$\boldsymbol{S}$，如图 11.6 所示，d$\boldsymbol{S}$ 的法线方向与该点的磁感应强度方向之间的夹角为 θ，这样，通过面积元 d$\boldsymbol{S}$ 的磁通量为

$$\mathrm{d}\Phi_m=B\cos\theta\mathrm{d}S=\boldsymbol{B}\cdot\mathrm{d}\boldsymbol{S}$$

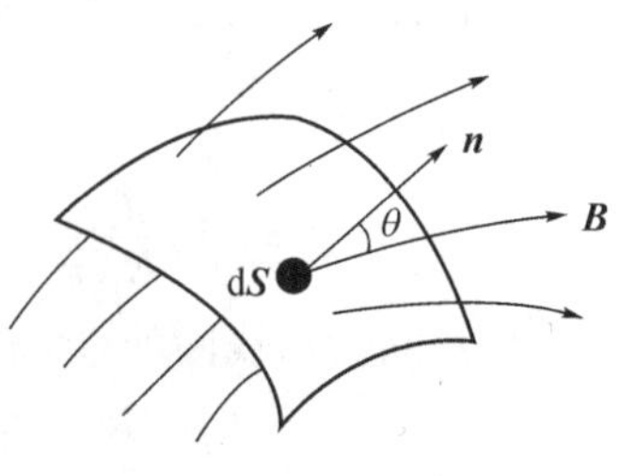

图 11.6　磁通量

对于磁场中的面积有限的曲面 S 来说，通过 S 面的磁通量为

$$\Phi_m=\int_s\mathrm{d}\Phi_m=\int_s\boldsymbol{B}\cdot\mathrm{d}\boldsymbol{S}$$

如果 S 是闭合曲面，则通过它的磁通量为

$$\Phi_m = \oint_s \boldsymbol{B} \cdot \mathrm{d}\boldsymbol{S}$$

通常规定闭合曲面的外法线为正方向，因此，在磁感应线穿出曲面的地方，$\theta<90°$，穿出面积元的磁通量 $\mathrm{d}\Phi_m$ 为正；在磁感应线进入的地方，$\theta>90°$，$\cos\theta<0$，穿入面积元的磁通量 $\mathrm{d}\Phi_m$ 为负。

在 SI 中，磁通量的单位为韦伯(Wb)。$1\mathrm{Wb}=1\mathrm{Tm}^2$

11.3.3　磁场的高斯定理

由于磁感应线是无始无终的闭合线。对于磁场中任一闭合曲面而言，有多少条磁感应线穿入曲面，就必有多少条磁感应线穿出该曲面。所以，穿过任意闭合曲面的总磁通量必然是零

$$\oint_s \boldsymbol{B} \cdot \mathrm{d}\boldsymbol{S} = 0 \tag{11.4}$$

我们把这个结论叫作**磁场的高斯定理**。比较磁场和静电场的高斯定理，我们发现，磁场和静电场为两种不同性质的场，磁场是无源有旋场，其磁感应线无头无尾，永远闭合；而静电场是有源无旋场，其电场线始于正电荷，止于负电荷，是不闭合的。

11.4　安培环路定理

上一章，我们知道静电场为保守力场，因而场强 $\boldsymbol{E}$ 的环流等于零($\oint \boldsymbol{E} \cdot \mathrm{d}\boldsymbol{l} = 0$)。对恒定电流所激发的磁场，也可以用磁感应强度沿任一闭合曲线的线积分 $\oint \boldsymbol{B} \cdot \mathrm{d}\boldsymbol{l}$ 来反映磁场的这一基本性质。我们把反映这一性质的规律称为安培环路定律。

11.4.1　安培环路定理的表述及验证

安培环路定理可表述如下：在磁场中，沿任何闭合曲线 $\boldsymbol{B}$ 矢量的线积分(也称 $\boldsymbol{B}$ 矢量的环流)，等于穿过以这闭合曲线为边界所张任一曲面的各电流的代数和的 μ_0 倍。其数学表达式为

$$\oint_L \boldsymbol{B} \cdot \mathrm{d}\boldsymbol{l} = \mu_0 \sum_i I_i \tag{11.5}$$

其中电流强度的正负与积分时在闭合曲线上所取的环绕方向有关。当电流方向为积分回路的右手螺旋方向，则电流为正，$I_i>0$；反之，电流为负，$I_i<0$。如果 I_i 没有穿过积分回路所围曲面，则对 $\boldsymbol{B}$ 矢量的环流没有贡献。例如图 11.7 所示的(a)(b)两种情况，$\boldsymbol{B}$ 沿各闭合曲线的线积分分别为

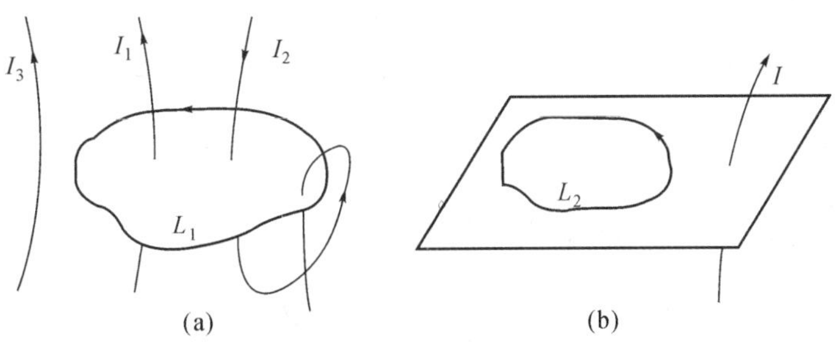

图 11.7　安培环路定理的符号规则

$$\oint_{L_1} \boldsymbol{B} \cdot \mathrm{d}\boldsymbol{l} = \mu_0 (I_1 - 2I_2)$$

$$\oint_{L_2} \boldsymbol{B} \cdot \mathrm{d}\boldsymbol{l} = 0$$

安培环路定理可由毕奥—萨伐尔定律导出，但涉及的数学比较复杂。下面我们通过一个特例，即无限长直线电流的磁场来验证，并把闭合回路 L 限制在与导线垂直的平面内。

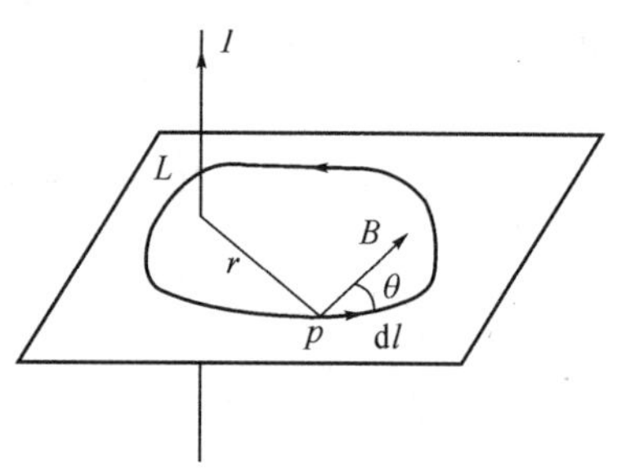

图 11.8　闭合回路包含电流

如图 11.8 所示，积分回路包含电流 I，在闭合曲线 L 上任一点 P 处的磁感应强度的大小为

$$B = \frac{\mu_0 I}{2\pi r}$$

式中，I 为导线中的电流，r 为该点离开导线的距离。沿这条闭合曲线 B 矢量的线积分为

$$\oint_L \boldsymbol{B} \cdot \mathrm{d}\boldsymbol{l} = \oint_L B\cos\theta \mathrm{d}l = \int_0^{2\pi} \frac{\mu_0 I}{2\pi r} r \mathrm{d}\varphi$$

$$= \frac{\mu_0 I}{2\pi} \int_0^{2\pi} \mathrm{d}\varphi = \mu_0 I$$

不难看出，若 I 的方向相反，则 $\boldsymbol{B}$ 的方向相反，$\boldsymbol{B} \cdot \mathrm{d}\boldsymbol{l} = -Br\mathrm{d}\varphi$。上述积分为 $-\mu_0 I$。

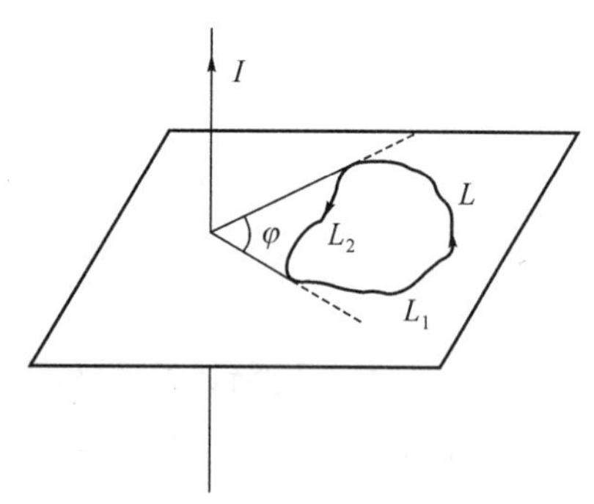

图 11.9　闭合回路不包含电流

如图 11.9 所示，积分回路不包含电流，回路 L 由 L_1 和 L_2 两段组成，显然

$$\oint_L \boldsymbol{B} \cdot \mathrm{d}\boldsymbol{l} = \int_{L_1} \boldsymbol{B} \cdot \mathrm{d}\boldsymbol{l} + \int_{L_2} \boldsymbol{B} \cdot \mathrm{d}\boldsymbol{l}$$

注意到在 L_2 段，$\boldsymbol{B}$ 与 $\mathrm{d}\boldsymbol{l}$ 的夹角为钝角，$\boldsymbol{B} \cdot \mathrm{d}\boldsymbol{l} = -Br\mathrm{d}\varphi$，所以

$$\oint_L \boldsymbol{B} \cdot \mathrm{d}\boldsymbol{l} = \frac{\mu_0 I}{2\pi}\left(\int_{L_1} \mathrm{d}\varphi - \int_{L_2} \mathrm{d}\varphi\right)$$

$$= \frac{\mu_0 I}{2\pi}(\varphi - \varphi) = 0$$

可见积分回路不包围电流时，B 沿这闭合曲线的积为零。

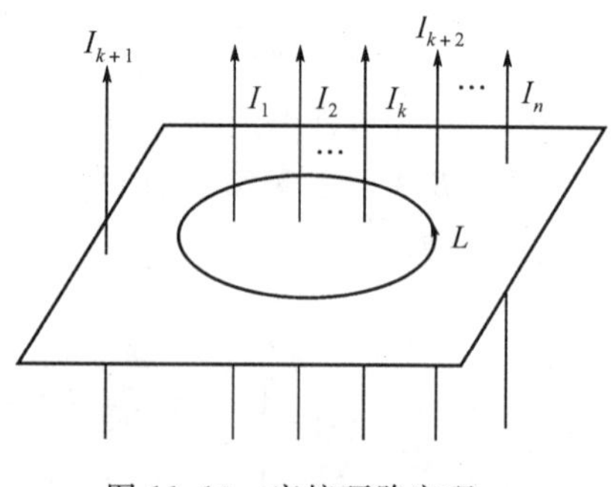

图 11.10　安培环路定理

如图 11.10 所示，若同时有多条无限长载流直导线，电流分别为 $I_1, I_2, \cdots, I_K, I_{K+1}, \cdots, I_n$，其中 $I_1, I_2, \cdots, I_K$ 被 L 包围，而 $I_{k+1}, I_{k+2}, \cdots, I_n$ 不被包围，设各电流单独产生的磁感应强度分别为 $\boldsymbol{B}_1, \boldsymbol{B}_2, \cdots, \boldsymbol{B}_n$，则

$$\oint_L \boldsymbol{B} \cdot \mathrm{d}\boldsymbol{l} = \oint_L (\boldsymbol{B}_1 + \boldsymbol{B}_2 + \cdots + \boldsymbol{B}_n) \cdot \mathrm{d}\boldsymbol{l}$$

$$= \oint_L \boldsymbol{B}_1 \cdot \mathrm{d}\boldsymbol{l} + \oint_L \boldsymbol{B}_2 \cdot \mathrm{d}\boldsymbol{l} + \cdots + \oint_L \boldsymbol{B}_k \cdot \mathrm{d}\boldsymbol{l}$$

$$+ \oint_L \boldsymbol{B}_{k+1} \cdot \mathrm{d}\boldsymbol{l} + \cdots + \oint_L \boldsymbol{B}_{k+n} \cdot \mathrm{d}\boldsymbol{l}$$

$$= \mu_0 I_1 + \mu_0 I_2 + \cdots + \mu_0 I_k + 0 + \cdots + 0 = \mu_0 \sum_i I_i$$

上式，右边是指被回路 L 包围的电流的代数和，这正是我们所要验证的。

应当注意，安培环路定理中，$\boldsymbol{B}$ 的**环量 $\oint_L \boldsymbol{B} \cdot \mathrm{d}\boldsymbol{l}$ 只和穿过环路的电流有关**，而与未穿过环路的电流无关，但是环路上任一点的磁感应强度 $\boldsymbol{B}$ 却是所有电流所激发的场在该点叠加后的总磁感应强度。另外，安培环路定理只适用于闭合的载流导线，而对于任意设想的一段导线是不成立的。$\boldsymbol{B}$ 的矢量的环流不一定等于零，表明磁场不是无旋场，不能引进“标量势”描述磁场。至此，我们已经知道静电场是无旋有源场，而稳恒磁场是无源有旋场。

11.4.2　安培环路定理的应用

安培环路定理可以帮助我们比较简便地计算某些具有一定对称性的载流导线的磁感应强度。下面我们举几种实际应用中常见的磁场分布来说明它。

［例 11.3］　求长直载流螺线管的磁场。设密绕的螺线管，单位长度上有 n 匝线圈，通有电流 I。

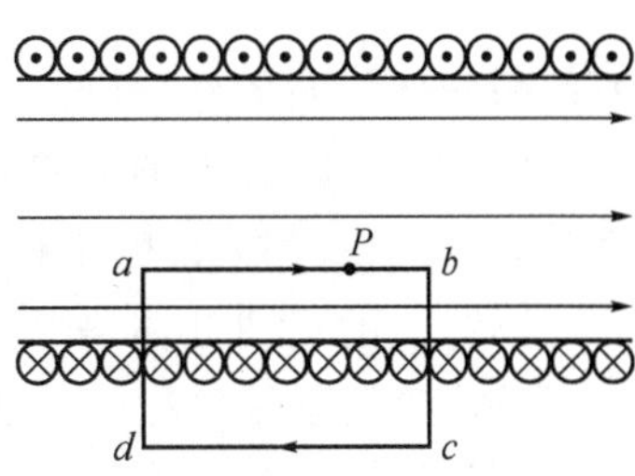

图例 11.3　长直螺线管内的磁场

［解］　我们已经知道长直载流螺线管内的磁感应线是一系列与轴线平行的直线，管外的磁场很弱，可以忽略不计。由于长直螺旋线管相当长，管内中间部分的磁场可以看成是无限长螺线管内的磁场，由于电流分布的对称性，同一磁感应线上各点的 $\boldsymbol{B}$ 相同，为了计算管内一点 P 的磁感应强度，可以通过 P 点，作一矩形回路 $abcd$。如图例 11.3 所示，$\boldsymbol{B}$ 沿此闭合回路的线积分，可以分成四段进行，即

$$\oint_L \boldsymbol{B} \cdot \mathrm{d}\boldsymbol{l} = \int_a^b \boldsymbol{B} \cdot \mathrm{d}\boldsymbol{l} + \int_b^c \boldsymbol{B} \cdot \mathrm{d}\boldsymbol{l} + \int_c^d \boldsymbol{B} \cdot \mathrm{d}\boldsymbol{l} + \int_d^a \boldsymbol{B} \cdot \mathrm{d}\boldsymbol{l}$$

在线段 cd 上以及 bc 和 da 线段位于管外部分，因为在螺线管外，$B=0$，所以 $\boldsymbol{B} \cdot \mathrm{d}\boldsymbol{l}=0$，而在 bc 和 da 位于管内部分，虽然 $B\neq 0$，但 $\boldsymbol{B}$ 与 $\mathrm{d}\boldsymbol{l}$ 垂直，所以 $\boldsymbol{B} \cdot \mathrm{d}\boldsymbol{l}=0$。在线段 ab 上各处，磁感应强度 $\boldsymbol{B}$ 的大小相等，方向与 $\mathrm{d}\boldsymbol{l}$ 相同，因此

$$\oint_L \boldsymbol{B} \cdot \mathrm{d}\boldsymbol{l} = \int_a^b \boldsymbol{B} \cdot \mathrm{d}\boldsymbol{l} = B \cdot \overline{ab}$$

$abcd$ 闭合回路所包围的电流代数和为 $\overline{ab}\,nI$（电流方向与回路的绕行方向符合右螺旋关系，I 取正值），根据安培环路定律，有

$$\oint_L \boldsymbol{B} \cdot \mathrm{d}l = B \cdot \overline{ab} = \mu_0\,\overline{ab}nI$$

所以　　$B=\mu_0 nI$

由于矩形回路是任取的，无论 ab 段在管内什么位置上式都成立。因此，长直载流螺线管内任一点的 $\boldsymbol{B}$ 大小相等，方向平行于轴线，管内磁场为一均匀磁场。

［例 11.4］　求载流螺绕环的磁场。设螺绕环很细，环的平均半径为 R，环上单位长度上密绕 n 匝线圈，线圈中通有电流 I。

［解］　螺绕环的外形和剖面如图例 11.4 所示。因线圈密绕，可认为管外磁场极微弱，磁场几乎全部集中在螺绕环内。根据对称性，环内的磁感应线形成同心圆。选如图所示同心圆为闭合回路 L，其绕行方向与电流 I 符合右手螺旋关系，则 L 所包围的电流为 $2\pi RnI$，根据安培环路定理

$$\int_L \boldsymbol{B} \cdot \mathrm{d}\boldsymbol{l} = B2\pi R = \mu_0 2\pi RnI\ ,\ B=\mu_0 nI$$

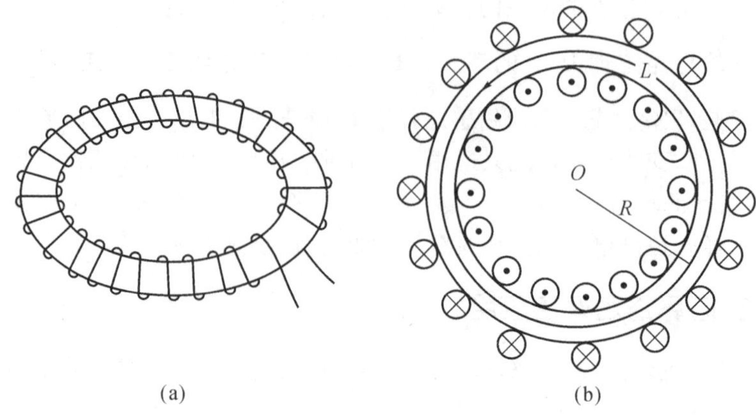

图例 11.4　螺绕环外形(a)及剖面(b)

所以螺绕环的磁场分布与长直螺线管内的磁场分布相同。

［**例 11.5**］　求长直圆柱形载流导线内外的磁场。设一无限长直导线，其圆截面的半径为 R，电流 I 均匀通过横截面。

［**解**］　由于圆柱体是无限长的，且电流均匀分布在截面上，所以，磁场是轴对称的。在垂直于圆柱的平面上磁感应线是与圆柱体同轴的同心圆。在圆柱体外部过场点 P 在与圆柱垂直的平面上，作一与圆柱同轴的同心圆($r>R$)为积分回路 L_1，如图例 11.5 所示。由于积分回路 L_1 上每一点 $\boldsymbol{B}$ 大小相同，$\boldsymbol{B}$ 与 $\mathrm{d}\boldsymbol{l}$ 同向，所以根据安培环路定理有

$$\oint_{L_1} \boldsymbol{B} \cdot \mathrm{d}\boldsymbol{l} = B2\pi r = \mu_0 I$$

$$B = \frac{\mu_0 I}{2\pi r}, \quad r > R$$

在圆柱体内部，即 $r<R$ 时，根据安培环路定理有

$$\oint_{L_2} \boldsymbol{B} \cdot \mathrm{d}\boldsymbol{l} = \mu_0 \sum_i I_i = \mu_0 \frac{r^2}{R^2} I$$

$$B = \frac{\mu_0 I}{2\pi R^2} r$$

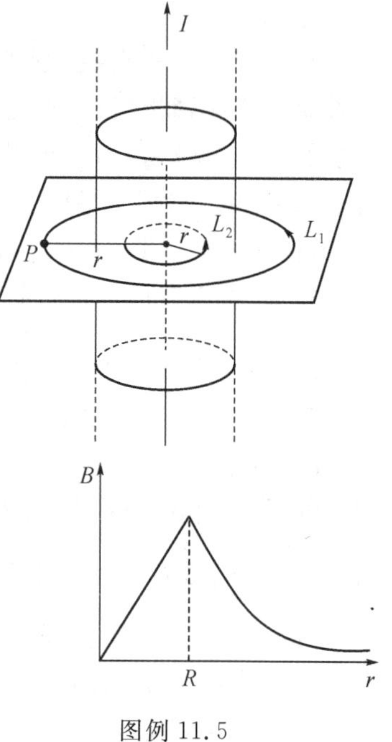

图例 11.5

图例 11.5，给出了磁感应强度与离轴距离 r 的关系曲线。

［**例 11.6**］　求无限大平面电流的磁场。设电流均匀地流过无限大平面导体薄板，面电流密度(通过垂直于电流方向的单位长度的电流)为 $\boldsymbol{j}$。

［**解**］　无限大平面电流可以看作由无限多根线电流组成，如图例 11.6 所示，两相对 OP 轴对称的电流元 $\mathrm{d}l'$ 与 $\mathrm{d}l''$ 在 P 点激发磁场的合磁场方向平行于平面。由于电流平面无限大，每一电流元都可找到其对称电流元。所以，P 点的磁场方向平行于平面，平面两侧 $\boldsymbol{B}$ 的方向相反。又由于电流平面无限大，平面等距离处各点的磁感应强度大小相等。由磁场分布特点，可作如图例 11.6 所示，矩形回路由 ab，bc，cd，da 组成，其中 ab 和 cd 平行导体平面，并且到导体平面的距离相等。在 ab，cd 段 $\boldsymbol{B}$ 与 $\mathrm{d}\boldsymbol{l}$ 垂直，所以 $\oint_L \boldsymbol{B} \cdot \mathrm{d}\boldsymbol{l} = 2B\,\overline{ab}$。而由于回路所包围的电流为 $j\,\overline{ab}$，由安培环路定理得

$$B=\mu_0 j/2$$

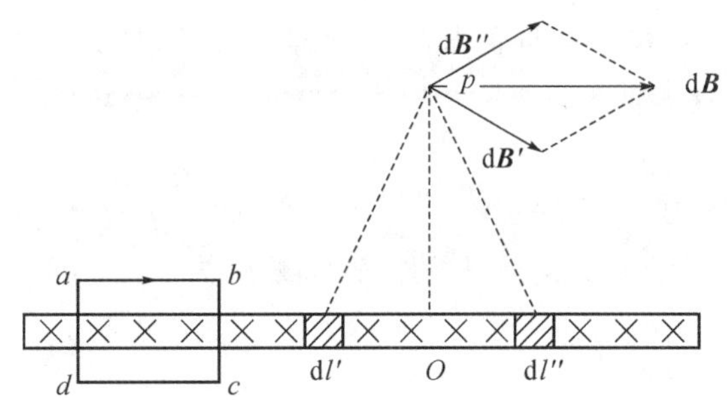

图例 11.6　无限大平面电流的磁场

上式表明,无限大均匀平面电流的磁场为均匀磁场,平面两侧磁场的方向相反。

11.5　洛仑兹力和安培力

11.5.1　洛仑兹力

带电粒子在磁场中运动时,受到的作用力称为**洛仑兹力**,在 11.1 节我们已知道,带电粒子沿磁场方向运动时受力为零;带电粒子运动方向与磁场方向垂直时,受力最大,大小为 qvB,方向垂直$\boldsymbol{v}$与 $\boldsymbol{B}$ 所组成的平面。

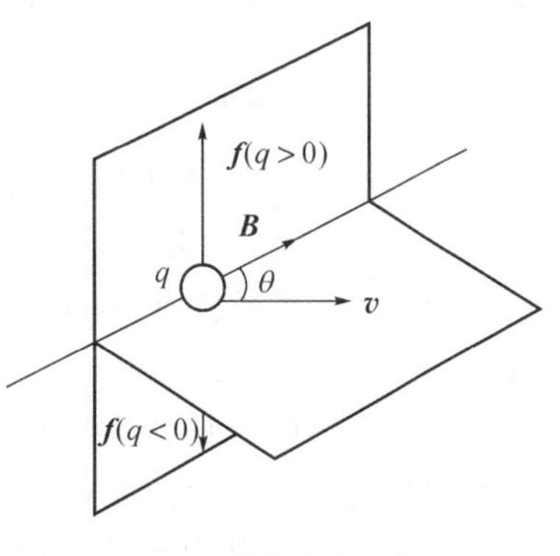

图 11.11　洛仑兹力的方向

如果带电粒子运动的方向与磁场方向成夹角 θ,则所受洛仑兹力 f 的大小为

$$f=qvB\sin\theta$$

方向垂直于$\boldsymbol{v}$和 $\boldsymbol{B}$ 所组成的平面,洛仑兹力用矢量式表示为

$$\boldsymbol{f}=q\boldsymbol{v}\times\boldsymbol{B} \tag{11.6}$$

当 q 为正时,$\boldsymbol{f}$ 的方向为$\boldsymbol{v}\times\boldsymbol{B}$ 的方向;当 q 为负时,$\boldsymbol{f}$ 的方向为$-(\boldsymbol{v}\times\boldsymbol{B})$的方向,如图 11.11 所示,不管 q 为正或负,洛仑兹力 $\boldsymbol{f}$ 的方向永远与带电粒子的速度$\boldsymbol{v}$ 垂直,因此,如果粒子只受洛仑兹力而运动,洛仑兹力永远不对粒子做功,它只能改变粒子的运动方向而不改变粒子的速度大小和动能,这是洛仑兹力的重要特点。

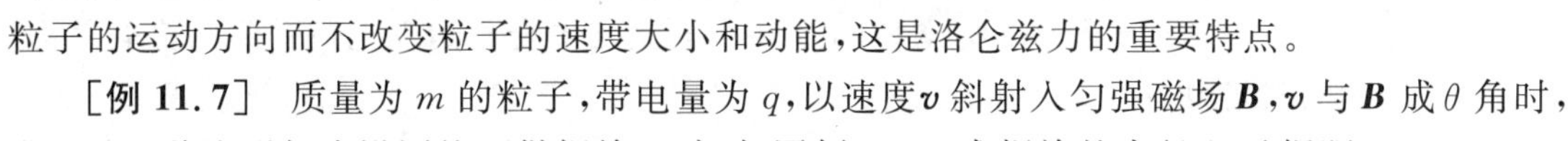

[例 11.7]　质量为 m 的粒子,带电量为 q,以速度$\boldsymbol{v}$斜射入匀强磁场$\boldsymbol{B}$,$\boldsymbol{v}$与 $\boldsymbol{B}$ 成θ 角时,带电粒子将在磁场中沿圆柱面做螺旋运动,如图例 11.7,求螺旋的半径 R 及螺距 h。

[解]　粒子的速度$\boldsymbol{v}$与 $\boldsymbol{B}$ 成 θ 角,我们可以把速度$\boldsymbol{v}$分解为平行 $\boldsymbol{B}$ 的分量 $v_{/\!/}=v\cos\theta$ 和垂直于 $\boldsymbol{B}$ 的分量 $v_{\perp}=v\sin\theta$。粒子受到的洛仑兹力 f 的大小为

$$f=qv_{\perp}B$$

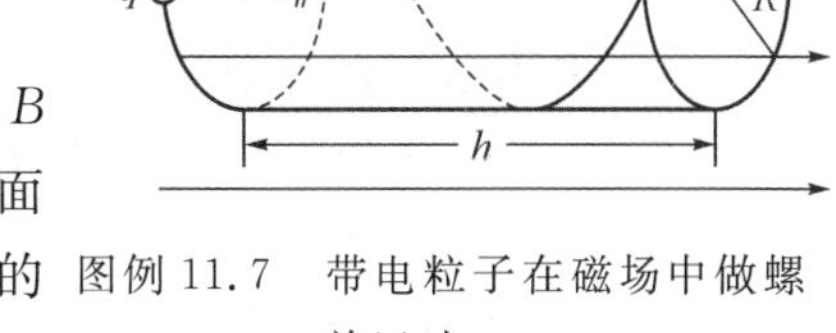

图例 11.7　带电粒子在磁场中做螺旋运动

$\boldsymbol{f}$ 在垂直于 $\boldsymbol{B}$ 的平面内,且垂直于 $v_{\perp}$,所以粒子与 B 平行的方向以速率 $v_{/\!/}$ 做匀速直线运动;在与 $\boldsymbol{B}$ 垂直的平面内以速率 $v_{\perp}$ 做匀速圆周运动,洛仑兹力为维持圆周运动的向心力,根据牛顿定律,有

$$qv_{\perp}B=\frac{mv_{\perp}^{2}}{R},\quad R=\frac{mv_{\perp}}{qB}$$

结果带电粒子就沿轴线与 $\boldsymbol{B}$ 相同的圆柱面做螺旋运动，螺旋的半径为 $R=\frac{mv_{\perp}}{qB}$，而回旋的周期为

$$T=\frac{2\pi R}{v_{\perp}}=\frac{2\pi m}{qB}$$

每经过一个回旋周期，粒子沿 $\boldsymbol{B}$ 方向前进的距离，即螺距为

$$h=v_{/\!/}T=\frac{2\pi m v_{/\!/}}{qB}$$

从上述结果可知，螺距 h 与分速度 $v_{\perp}$ 无关。

这是一个最简单的磁聚焦原理。如果有一束细圆锥的电子流，以相同的速率沿着 B 方向进入匀强磁场，则因为每一电子的角度很少，可以近似地认为 $\cos\theta=1$，所以沿不同螺旋线前进的电子，尽管螺旋线的半径不同，但螺距都近似相等，每回旋一周后相交于同一点，如图 11.12 所示，这与光束经透镜后聚焦的现象有些类似，所以叫作**磁聚焦现象**。

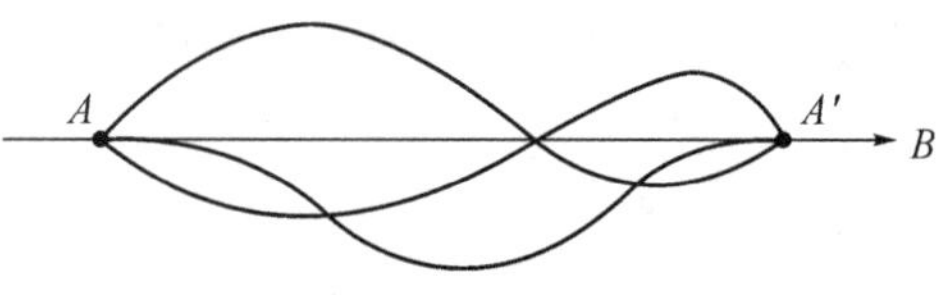

图 11.12　磁聚焦原理

11.5.2　安培力

磁场对载流导线的作用力称为安培力。电流元 $I\mathrm{d}\boldsymbol{l}$ 在磁场 $\boldsymbol{B}$ 中受到的安培力 $\mathrm{d}\boldsymbol{F}$ 为

$$\mathrm{d}\boldsymbol{F}=I\mathrm{d}\boldsymbol{l}\times\boldsymbol{B} \tag{11.7}$$

这个规律称为**安培定律**，是安培从实验总结得到的。下面我们从洛仑兹力的公式来导出这个规律。

导体中的电流是电荷的定向运动形成的，磁场对运动电荷的洛仑兹力宏观表现为导体受到的安培力。设一段长为 $\mathrm{d}l$，横截面积为 S，电流强度为 I 的电流元，置于磁场 $\boldsymbol{B}$ 中，若导体中单位体积内的电荷数为 n，电荷以速度 $\boldsymbol{v}$ 做定向移动，则电流元 $I\mathrm{d}\boldsymbol{l}$ 中全部运动电荷受到的洛仑兹力为

$$\mathrm{d}\boldsymbol{F}=\sum q\boldsymbol{v}\times\boldsymbol{B}=(nS\mathrm{d}l)q\boldsymbol{v}\times\boldsymbol{B}$$

考虑到电流强度 $I=nSv$，$q\boldsymbol{v}$ 与 $I\mathrm{d}\boldsymbol{l}$ 方向相同，所以，电流元中全部运动电荷受到的洛仑兹力，即电流元受到的安培力为

$$\mathrm{d}\boldsymbol{F}=I\mathrm{d}\boldsymbol{l}\times\boldsymbol{B}$$

知道了一段电流元受的安培力，就可以用积分的方法求出一段有限长载流导线 L 受的安培力，即有

$$\boldsymbol{F}=\int_L I\mathrm{d}\boldsymbol{l}\times\boldsymbol{B}$$

式中，$\boldsymbol{B}$ 为各电流元所在处的 $\boldsymbol{B}$。

[例 11.8]　两相距为 a 的无限长平行直导线，分别通过电流 I_1 和 I_2，试求两根导线每单位长度所受的力。

[解]　导线 2 处在导线 1 所产生的磁场 $\boldsymbol{B}_1$ 中，导线 2 处的磁感应强度 $\boldsymbol{B}_1$ 的大小为

$$B_1=\frac{\mu_0 I_1}{2\pi a}$$

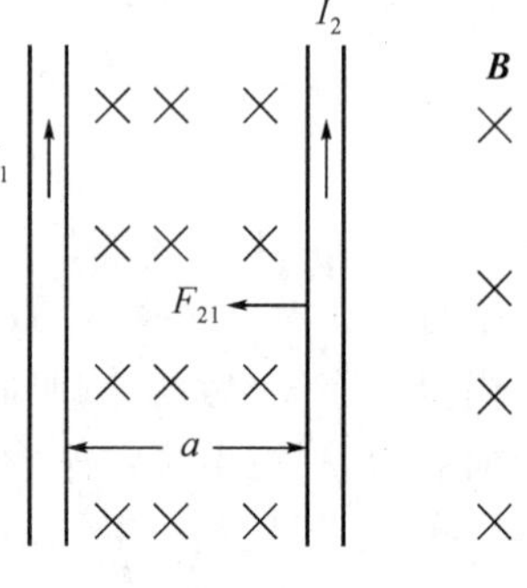

图例 11.8

方向与导线垂直，故导线 2 上电流元 $I_2\mathrm{d}l_2$ 所受作用力的大小为

$$\mathrm{d}F_{21}=I_2\mathrm{d}l_2B_1=\frac{\mu_0I_1I_2\mathrm{d}l_2}{2\pi a}$$

因此，单位长度载流导线上的作用力的大小为

$$f=\frac{\mathrm{d}F_{21}}{\mathrm{d}l_2}=\frac{\mu_0I_1I_2}{2\pi a}$$

I_1 与 I_2 流向相同时，为吸引力；反之，为排斥力。如果两导线中的电流相等，即 $I_1=I_2=I$，则

$$f=\frac{\mu_0I^2}{2\pi a}$$

取 $a=1\mathrm{m}$，$f=2\times10^{-7}\mathrm{N/m}$，则 $I=1\mathrm{A}$。所以电流强度的单位安培也可定义为：载有等量电流，相距 1m 的两根长平行直导线每米长度上的作用力为 $2\times10^{-7}\mathrm{N}$ 时，每根导线中的电流为 1A。

* 11.5.3 磁约束原理

我们已经知道，带电粒子在磁场中沿螺旋线运动的回旋半径与磁感应强度 $\boldsymbol{B}$ 的大小成反比，即磁场越强，半径越小。同时，螺距也与磁感应强度 $\boldsymbol{B}$ 的大小成反比，磁场越强，螺距越短。因此，在很强的磁场中，每个带电粒子的活动便被约束在绕磁感应线环行的小范围内，就好像被磁场“捕捉”一样，如图 11.13(a)所示，这是磁场对粒子的横向约束。

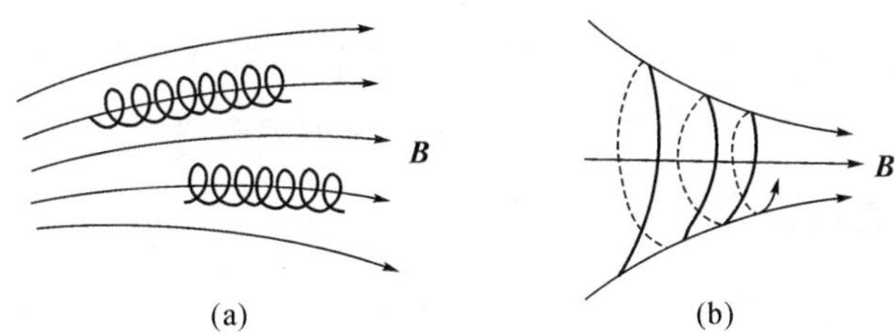

图 11.13 磁约束

在受控热核反应和其他一些实际问题中，还会碰到另一种磁约束，它可以限制带电粒子的纵向移动。为了说明什么是纵向约束，我们先来分析带电粒子在非匀强磁场中的运动。如果磁场是随着带电粒子运动的方向逐渐增强的，那么，带电粒子就会绕着会聚的磁感应线运动，形成半径越来越小、螺距越来越短的螺旋运动，如图 11.13(b)所示。沿着汇聚的磁感应线运动时，既然螺距越来越短，这就意味着带电粒子的纵向速度越来越小。这个问题可从带电粒子所受的洛仑兹力来分析，带电粒子在非匀强磁场中所受的洛仑兹力的方向总是偏向磁场减弱的一方，或者说将此力沿纵向和横向分解后，其纵向力的方向总是偏向磁场减弱的一方。正是这个纵向力阻碍下，带电粒子的纵向速度才越来越小，螺距越来越短，最终被迫掉返转，这种现象与光线在镜面发生反射一样。具有这一作用的磁场称为**“磁镜”**。用两个电流方向相同的线圈产生一个中间弱两端强的磁场(如图 11.14)，对于其中的带电粒子来说，相当于两端各有一面磁镜，那些纵向速度不是太大的带电粒子将在两磁镜之间来回反射，不能逃脱，实现粒子的纵向约束。

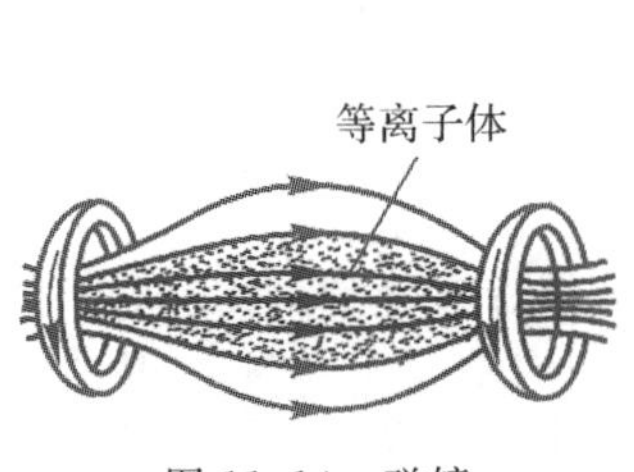

图 11.14　磁镜

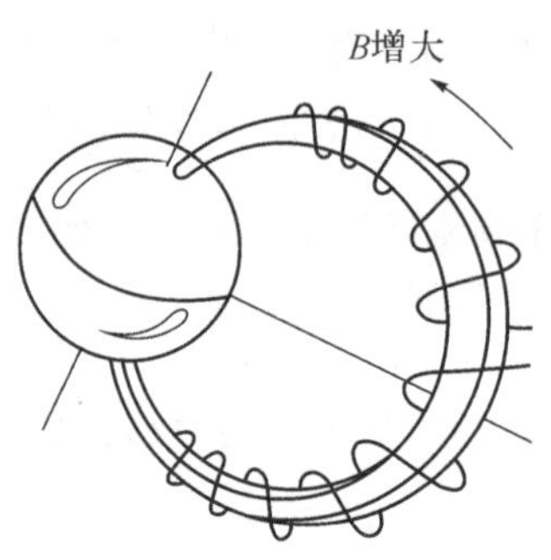

图 11.15　范 · 阿仑辐射带

类似的现象存在于地磁场中。地球磁场的分布为南北两极强赤道附近弱，是一个天然的磁镜捕集器，它能捕获来自宇宙空间的能致生物以死亡的各种高能带电粒子，使它们在南北极之间围绕地磁场的磁感应线往返做螺旋运动而辐射电磁波。这一区域叫范 · 阿仑(Van Allen)辐射带(如图 11.15 所示)。它有两层，外层为电子层，距离地面高度为 3～4 个地球半径，内层为质子层，距地面 1～2 个地球半径。有时，由于太阳表面黑子的活动，会引起地磁场分布的变化，使大量的带电粒子在两极附近漏掉，形成光彩绚丽的极光。

*11.6　介质中的磁场

前面几节介绍的是真空中的磁场，而任何介质在磁场作用下都会或多或少地发生磁变化并反过来对磁场产生影响。本节将进一步说明磁介质对磁场的影响。

11.6.1　磁介质对磁场的影响

由 11.1 节，我们已经知道，每个磁介质分子都相当于一个分子电流，分子电流的磁矩叫分子磁矩。在没有外磁场时，磁介质中各分子磁矩的方向是杂乱的，大量分子磁矩相互抵消，所以宏观上磁介质不显磁性。当外磁场存在时，各分子磁矩受磁场力的作用，或多或少地转向磁场方向，这就是磁介质的磁化。如图 11.16 所示，假设长直螺旋中充满某种均匀介质，导线中的传导电流 I 所产生的磁感应强度为 $\boldsymbol{B}_0$，介质中的分子电流在 $\boldsymbol{B}_0$ 的作用下，分子磁矩转向 $\boldsymbol{B}_0$ 方向，这样在磁介质横截面上的分子电流规则排列(如图 11.16(b)所示)，表面上分子电流未被抵消，介质表面相当于有一层电流 I'流过。这种因磁化而出现的宏观电流叫作**磁化电流。**

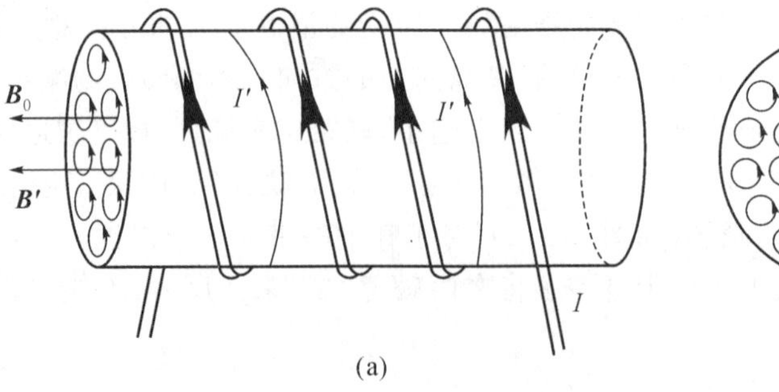

图 11.16　磁化电流

磁介质放在外磁场 $\boldsymbol{B}_0$ 中，将被磁化，并产生磁化电流，磁化电流也将产生磁场。介质磁化后，磁化电流产生的磁场为 $\boldsymbol{B}'$，如图 11.16 所示。因此，介质中的合磁场的磁感应强度 $\boldsymbol{B}$ 为

$$\boldsymbol{B}=\boldsymbol{B}_0+\boldsymbol{B}' \tag{11.8}$$

上式对任意介质都成立，$\boldsymbol{B}'$的大小和方向因介质而异。根据 $\boldsymbol{B}'$的大小和方向，可将磁介质分为三类。

(1)$\boldsymbol{B}'$的方向与 $\boldsymbol{B}_0$ 相同，$B' \ll B_0$，这种磁介质磁化后磁场稍有加强，如铝、锰、铬、铂、氮、氧等。这类磁介质叫作**顺磁质**。

(2)$\boldsymbol{B}'$的方向与 $\boldsymbol{B}_0$ 相反，$B' \ll B_0$，这种介质磁化后磁场稍有削弱，如水银、铜、铋、锑、金、银、铅、氯和氢等。这类磁介质叫作**抗磁质**。

(3)$\boldsymbol{B}'$的方向与 $\boldsymbol{B}_0$ 相同，$B' \gg B_0$，这类介质磁化后磁场显著增强。如铁、钴、镍、钆及其合金和一些非金属的铁氧体。这类磁介质称为**铁磁质**。

为了描述磁介质对磁场影响的强弱，引入磁导率来描述介质的这种性质。定义无限大均匀各向同性介质中的磁感应强度 B 与没有介质时的原磁感应强度 B_0 之比为磁介质的相对磁导率。

$$\mu_r=B/B_0$$

并定义相对磁导率与真空中磁导率的乘积为介质的磁导率 μ。

$$\mu=\mu_r\mu_0$$

因此，无限大均匀磁介质中的磁感应强度 $\boldsymbol{B}$ 与真空中磁感应强度 $\boldsymbol{B}_0$ 的关系为

$$\boldsymbol{B}=\mu_r\boldsymbol{B}_0=\frac{\mu}{\mu_0}\boldsymbol{B}_0 \tag{11.9}$$

表 11-2 分别列出了一些磁介质的相对磁导率，由于顺磁质和抗磁质的相对磁导率几乎等于 1，说明它们对原磁场只产生微弱的影响，而称为**弱磁质**。

表 11-2 几种磁介质的相对磁导率

顺磁质(μ_r-1)		抗磁质(μ_r-1)		铁磁质(μ_r)	
铀	4×10^{-4}	汞	-3.2×10^{-5}	坡莫合金	1.5×10^{5}(最大值)
铂	2.6×10^{-4}	银	-2.6×10^{-5}	硅钢	8.0×10^{4}(最大值)
铝	2.2×10^{-5}	铜	-9.7×10^{-6}	铁氧体	$3.0\times10^{2}\sim5.0\times10^{3}$
氧	1.9×10^{-6}	氮(1atm)	-5.4×10^{-9}	铸铁	200～400

11.6.2 有磁介质时的高斯定理

我们已经知道介质中的磁感应强度，为传导电流产生的磁感应强度 $\boldsymbol{B}_0$ 与磁化电流产生的磁感应强度 $\boldsymbol{B}'$之和，即 $\boldsymbol{B}=\boldsymbol{B}_0+\boldsymbol{B}_0'$。由于传导电流和磁化电流所产生的磁场的磁感应线都是闭合曲线，则

$$\oint_s \boldsymbol{B}_0\cdot \mathrm{d}\boldsymbol{S}=0\ ,\ \oint_s \boldsymbol{B}'\cdot \mathrm{d}\boldsymbol{S}=0$$

因此，有

$$\oint_s \boldsymbol{B}\cdot \mathrm{d}\boldsymbol{S}=0 \tag{11.10}$$

上式表明有磁介质存在时，磁感应线仍是闭合曲线。这就是有磁介质时磁场的高斯定理。

11.6.3 有磁介质时的安培环路定理

前面已经指出，当电流的磁场中有磁介质存在时，空间任一点的磁感应强度 $\boldsymbol{B}$ 为传导电

流 I_i 与磁化电流 I' 激发磁场的矢量和。因此，安培环路定理应为

$$\oint_L \boldsymbol{B} \cdot \mathrm{d}\boldsymbol{l} = \mu_0\left(\sum_i I_i + \sum I'\right) \tag{11.11}$$

等式右边的两项电流是穿过闭合曲线 L 为边界的曲面的总电流，即传导电流 ΣI_i 与磁化电流 $\Sigma I'$ 的代数和，其中 I_i 是可以测量的，而 I' 不能事先给定，也无法测量，它依赖于介质磁化的情况，而介质的磁化情况与又磁介质中的磁感应强度 $\boldsymbol{B}$ 相关联，因此，直接求解方程(11.11)很复杂。为了解决这一问题，与求解电介质中的电场引入电位移矢量 $\boldsymbol{D}$ 一样，在这里我们引入磁场强度 $\boldsymbol{H}$。下面用一个特例来讨论。

设例 11.3 中的无限长载流直螺线管中，充满相对磁导率为 μ_r 的均匀顺磁质，磁介质表面单位长度上的磁化电流为 nI'，利用例 11.3 的结果，可得传导电流及磁化电流在介质内产生的磁感应强度 $\boldsymbol{B}_0$ 及 $\boldsymbol{B}'$ 的方向相同，大小分别为 $B_0=\mu_0 nI$ 和 $B'=\mu_0 nI'$ 又因为 $B=B_0+B'=\mu_r B_0$ 则

$$\mu_0 n(I+I')=\mu_r\mu_0 nI=\mu nI$$

将上式代入式(11.11)中，并取积分回路 L 为例 11.3 所示闭合回路。令 ab 为 1 单位长度，则得

$$\oint_L \boldsymbol{B} \cdot \mathrm{d}\boldsymbol{l} = \mu_0 n(I+I') = \mu nI = \mu\sum_i I_i$$

$$\oint_L \frac{\boldsymbol{B}}{\mu} \cdot \mathrm{d}\boldsymbol{l} = \sum_i I_i$$

引入新的物理量——磁场强度 $\boldsymbol{H}$，$\boldsymbol{H}=\dfrac{\boldsymbol{B}}{\mu}$ 则

$$\oint_L \boldsymbol{H} \cdot \mathrm{d}\boldsymbol{l} = \sum_i I_i \tag{11.12}$$

上式为磁介质中的安培环路定理的数学表达式。它表示：在磁场中，磁场强度矢量 $\boldsymbol{H}$ 沿任一闭合曲线的环流，等于穿过这闭合曲线所围面积的传导电流的代数和。此定理虽然从特例中导出，但可以证明它具有普适性。它是稳恒电流激发的磁场中安培环路定理的通式。

利用磁介质中的安培环路定理计算 $\boldsymbol{H}$ 的方法，与利用真空中的安培环路定理计算 $\boldsymbol{B}$ 的方法类似。求出 $\boldsymbol{H}$ 后，再利用 $\boldsymbol{H}$ 与 $\boldsymbol{B}$ 的关系式 $\boldsymbol{H}=\boldsymbol{B}/\mu$ 求出 $\boldsymbol{B}$，从而避开了利用式(11.11)，需先求磁化电流而带来的麻烦。

思考题

11.1 我们为什么不把作用于运动电荷的磁力方向定义为磁感应强度 $\boldsymbol{B}$ 的方向？

11.2 为什么当磁铁靠近电视机的屏幕时会使图像变形？

11.3 一个半径为 R 的假想球面中心有一运动电荷。问：

(1)在球面上哪些点的磁场最强？

(2)在球面上哪些点的磁场为零？

(3)穿过球面的磁通量是多少？

11.4 圆电流在其环绕的平面内，产生的磁场是不是均匀场？你能否定性地推断出，在圆电流所围的平面内是中心磁场强还是边上的磁场强？

11.5 在电子仪器中，常把载有大小相等、方向相反的电流的两根导线扭在一起，以求减少它们在远处所产生的磁场，这样做为什么有效？

11.6　试讨论库仑定律与毕奥—萨伐尔定律之间的类似与差别。

11.7　如图思考题 11.7 所示，环绕两根通过电流为 I 的导线，有四种环路。问每种情况下 $\oint \boldsymbol{B} \cdot d\boldsymbol{l}$ 等于多少？

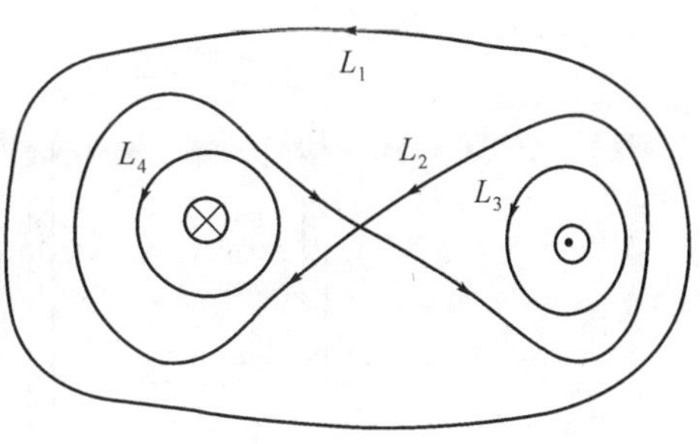

图思考题 11.7

11.8　试证明在没有电流的空间区域里，如果 $\boldsymbol{B}$ 线是平行的直线，则磁场一定是均匀的。

11.9　如图思考题 11.9 所示，I 为有限长的电流，求出图中的闭合回路 L（L 回路平面垂直电流方向，且圆心 O 在有限长电流的中点）的积分，并对安培环路定理应用条件进行讨论。

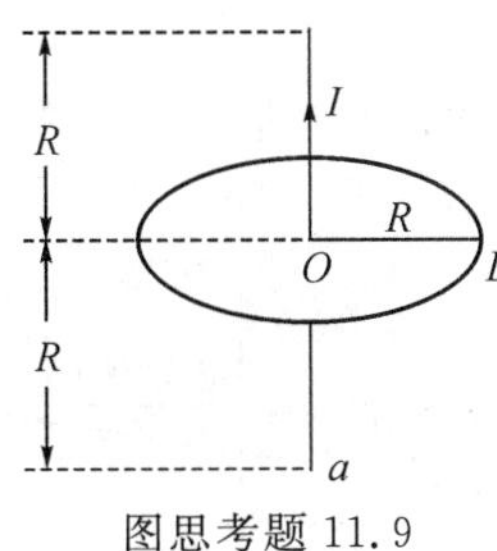

图思考题 11.9

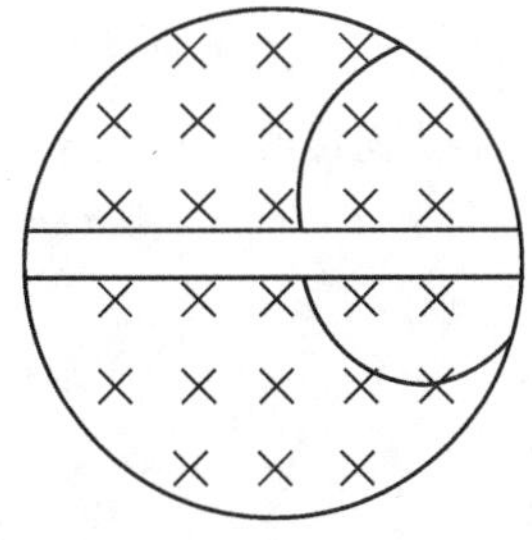

图思考题 11.10

11.10　图思考题 11.10 为一云室照片的示意图，显示出一带电粒子的径迹，云室内有垂直于纸面向里的磁场，中央部分为一水平放置的铅板。

(1)因带电粒子穿过铅板将损失一部分动能，试判断该粒子穿过铅板的方向。

(2)试问该粒子所带电荷是正还是负？

1934 年，美国物理学家安德森(C. D. Anderson)就是利用这个办法发现正电子的，为此他获得了 1936 年诺贝尔物理学奖。

习　题

11.1　氢原子处在基态时，它的电子可以看作是在半径为 $a=0.529\times10^{-10}$ m 的轨道(叫作玻尔轨道)上做匀速圆周运动，速率为 $V=6.92\times10^{6}$ m/s，求电子在轨道中心产生的磁感应强度的大小。

11.2　在闪电中，电流可高达 2.00×10^{4} A，若将闪电电流视作长直电流，问距闪电电流 1.00m 处的磁感应强度有多大？

11.3　求图题 11.3 各图中 P 点的磁感应强度 $\boldsymbol{B}$ 的大小和方向，导线中的电流为 I。(a) P 在半径为 a 圆的圆心，且在直线的延长线上；(b) P 在半圆中心；(c) P 在正方形的中心。

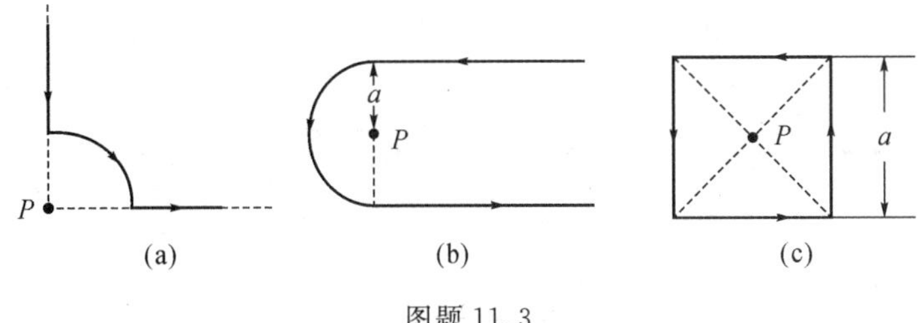

图题 11.3

11.4　在一半径为 $R=1.00$cm 的无限长半圆柱形金属薄片中，如图题 11.4，自下而上地有电流 $I=5$A 通过。求轴线上的磁感应强度。

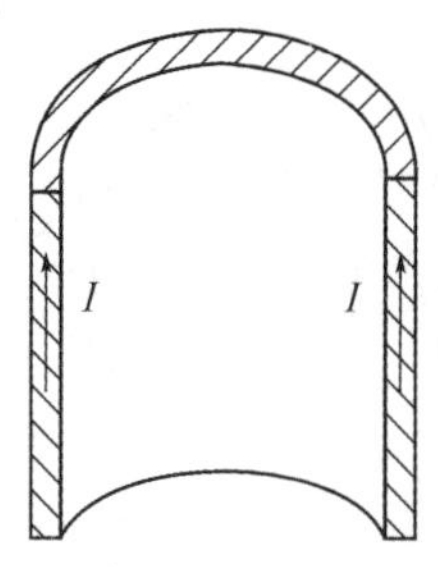

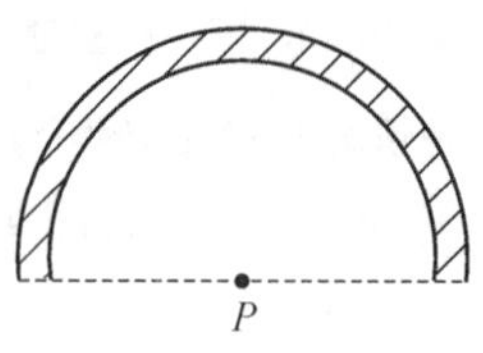

图题 11.4

11.5　一塑料圆片上均匀带电，面密度为 σ，半径为 R，当它绕通过盘心而垂直于盘面的轴以角速度 ω 转动时，证明盘心处的磁感应强度 $B=\frac{1}{2}\mu_0\omega R\sigma$。

11.6　两根导线沿半径方向接到铁环 A、B 两点（见图题 11.6），并与很远处的电源相接。求环中心的磁感应强度。

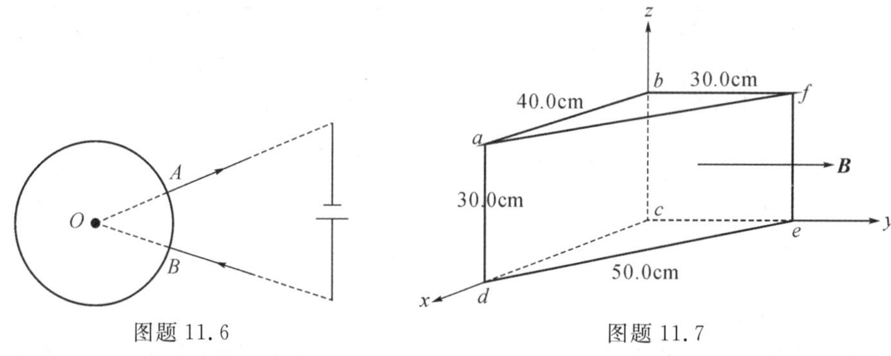

图题 11.6　　　　图题 11.7

11.7　一均匀磁场的磁感应强度 $B=2.0\text{T}$，方向沿 y 轴正向，如图题 11.7，求通过闭合曲面 $abcdef$ 中 $abcd$ 面、$bcef$ 面、$adef$ 面的磁通量分别为多少？

11.8　连到一个电磁铁，通有电流 I 的电缆构造如下：中间是一半径为 R_1 的铝棒，周围同轴地套以内半径为 R_2、外半径为 R_3 的铝筒作为电流的回程（筒与棒间充以油类，并使之流动以散热）。在每件导体的截面上电流均匀分布。计算两导体间及电缆外的磁感应强度（设油本身对磁场分布无影响）。

11.9　矩形截面的螺绕环，内直径为 D_2，外直径为 D_1，高为 h，绕有 N 匝线圈，并载有电流 I，如图题 11.9。(1)求环内磁感应强度的分布；(2)证明通过螺绕环截面（图中阴影区）的磁通量为 $\Phi_m=\frac{\mu_0 NIh}{2\pi}\ln\frac{D_1}{D_2}$。

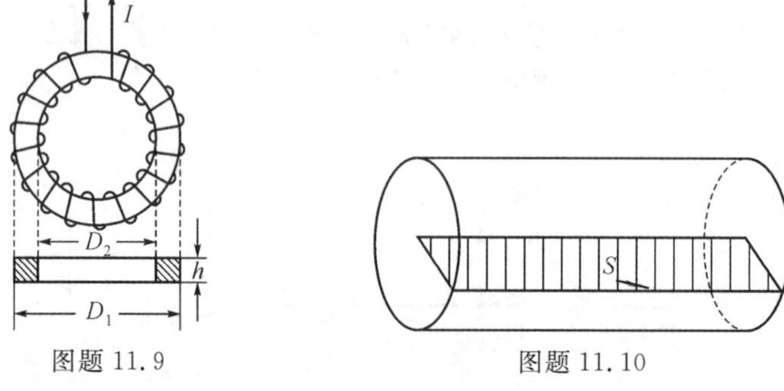

图题 11.9　　　　图题 11.10

11.10　10.0A 的电流均匀地流过一根长直铜导线。在导线内部作一平面 S，一边为轴线，另一边在导线外壁上，长度为 1.00m，如图题 11.10。试计算通过此平面的磁通量。

11.11　如图题 11.11 所示，两无限大平面上都有均匀分布的面电流，其面电流密度分别为 j_1 和 j_2，且 $j_1>j_2$，求：两平面间和两平面外的磁感应强度。

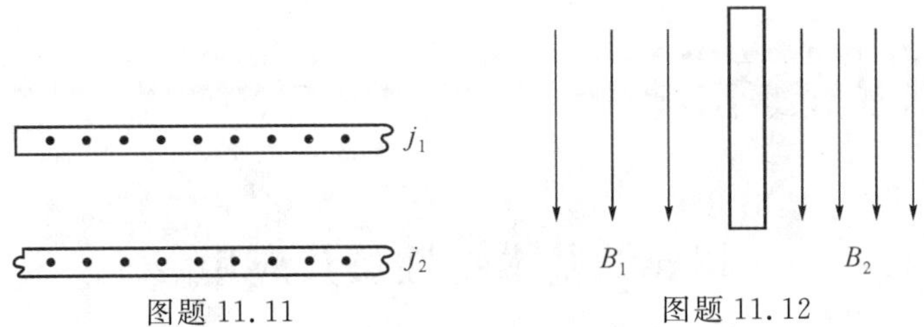

图题 11.11　　图题 11.12

11.12　将一均匀分布着电流的无限大载流平面放入均匀磁场中，电流方向与此磁场垂直。截流平面放入后，平面两侧的磁感应强度分别为 $\boldsymbol{B}_1$ 和 $\boldsymbol{B}_2$，如图题 11.12。求该载流平面单位面积所受的磁场力的大小和方向。

11.13　安培秤如图题 11.13 所示，它的臂下面挂有一个矩形线圈，线圈共有 N 匝，它的下部悬在均匀磁场 $\boldsymbol{B}$ 内，下边长为 L，它与 $\boldsymbol{B}$ 垂直。当线圈的导线中通有电流 I 时，调节砝码使两臂达到平衡。然后使电流反向，这时需要在一臂上加质量为 m 的砝码，才能使两臂再达到平衡。求磁感应强度 $\boldsymbol{B}$ 的大小。

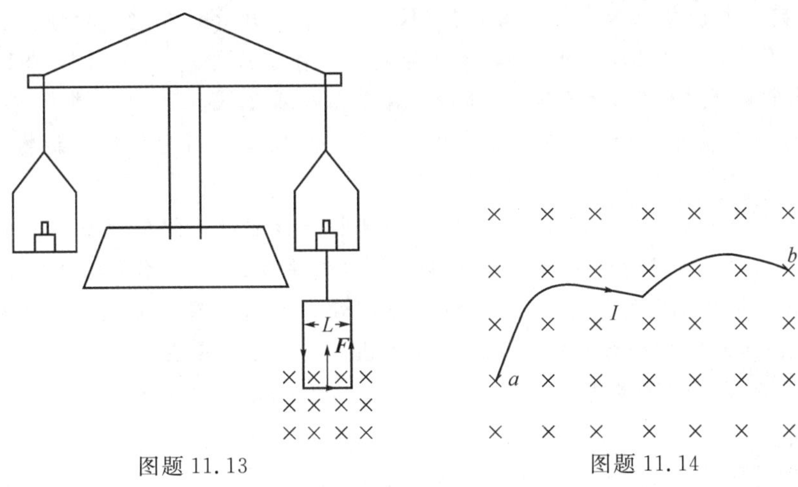

图题 11.13　　图题 11.14

11.14　任意形状的一段导线 ab，其中通有电流 I，导线放在和均匀磁场 $\boldsymbol{B}$ 垂直的平面内，如图题 11.14。证明导线 ab 所受的力等于 a 到 b 间有同样电流的直导线所受的力。

11.15　带电粒子穿过饱和蒸汽时，在它走过的路径上，过饱和蒸汽便凝结成小液滴，从而使得它的运动轨迹显示出来，这就是云室的原理。今在云室中有 $B=1\mathrm{T}$ 的均匀磁场，观测到一个质子的轨迹是圆弧，半径 $r=20\mathrm{cm}$，已知粒子的电荷为 $1.6\times10^{-19}\mathrm{C}$，质量为 $1.67\times10^{-27}\mathrm{kg}$，求它的动能。

*11.16　一根无限长的直圆柱形铜导线，外包一层相对磁导率为 μ_r 的圆筒形均匀磁介质，导线半径为 R_1，磁介质的外半径为 R_2，导线内有电流 I 通过，求磁介质内的磁场强度和磁感应强度。

*11.17　细螺绕环中心周长为 10.0cm，环上均匀密绕线圈 200 匝，线圈中通有电流 0.100A，若管内充满相对磁导率 $\mu_r=4200$ 的均匀磁介质，求管内的磁场强度和磁感应强度的大小。

11.18　回旋加速器是加速带电粒子的装置，由物理学家劳伦斯(E. O. Lawrence)于 1932 年首先创建，其核心部分是分别与高频电源的两极相连的两个“D”形金属盒，两盒间的狭缝中有周期性变化的电场，使粒子在通过狭缝时都能得到加速，两“D”形金属盒处于垂直于盒面的匀强磁场中，如图所示。现有一回旋加速器 D 形金属盒圆周的最大半径为 60cm，用它来加速质量为 $1.67\times10^{27}\mathrm{kg}$、电荷量为 $1.6\times10^{-19}\mathrm{C}$ 的质子，要把质子从静止加速到 4.0MeV 的能量。设两 D 形电极间的距离为 1.0cm，加速电压为 $2.0\times10^{4}\mathrm{V}$，其间电场是均匀的。试求质子加速到上述能量所需的时间。

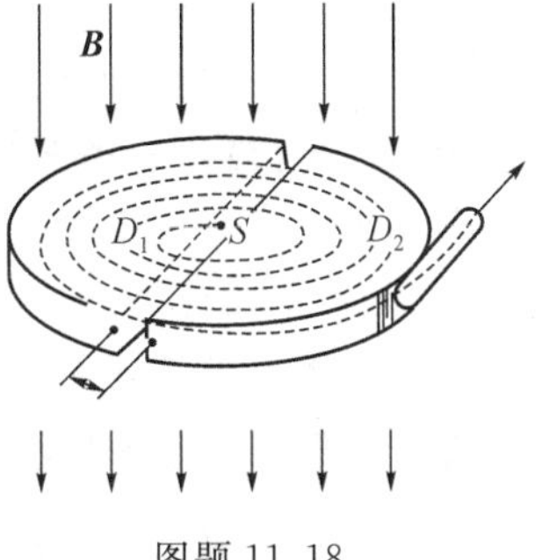

图题 11.18

物理学与现代科学技术

超导的基本特性及其应用

物质的物理性质在低温下会发生很大的变化。由于温度极低，粒子无规则运动极大地减弱了，通常在室温下被掩盖的现象，在低温下便会显露出来。超导现象就是由于物质大量粒子处于能量最低态，致使量子力学效应直接在宏观世界表现出来。

1. 超导的基本特性

(1)零电阻效应

1908 年，荷兰物理学家卡末林 · 昂内斯(Kamerlingh Onnes)首次成功地把称为“永久气体”的氦液化，因而获得 4.2K 的低温源，为超导发现准备了条件。三年后，即 1911 年，在测试纯金属电阻率的低温特性时，他又发现，汞的直流电阻在 4.2K 附近，突然消失，多次精密测量表明，汞柱两端电压为零，昂内斯确认这时汞进入了一种以零电阻为特征的新物态，并定名为“超导态”。

图阅 11.1 是汞的电阻随温度的变化情况，纵坐标是该温度下汞电阻与 0℃时电阻的比值 $R(T)/R(0℃)$。通常把电阻突然变为零的温度称为超导转变温度(临界温度)，用 T_C 表示。

1912—1913 年间昂内斯又发现了锡(Sn)，在3.8K附近也有零电阻现象。随后，科学家们又发现了其他许多金属或合金在低温下都有零电阻效应。昂内斯由于液氦的制备和超导现象的研究获 1913 诺贝尔物理学奖。

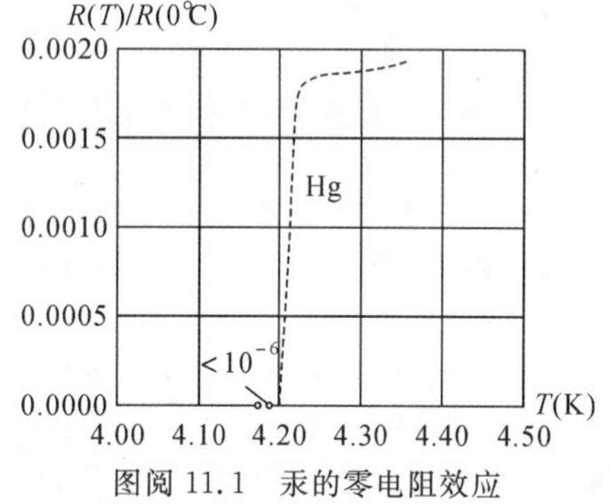

图阅 11.1 汞的零电阻效应

图阅 11.2 迈斯纳效应

(2)完全抗磁性

1933 年，迈斯纳(W. Meissner)通过实验发现，当置于磁场中的导体通过冷却过渡到超导态时，体内的磁通量将全部被排出体外(如图阅 11.2)，超导体内的磁感应强度变为零。这种现象称为迈斯纳现象，它表明超导体是完全抗磁体。

(3)临界磁场 H_C

逐渐增大磁场到某一定值后，超导体会从超导态转变为正常态，把破坏超导电性所需的最小磁场强度称为临界磁场，记为 H_C。实验表明，临界磁场是温度的函数，可用经验公式表示：

$$H_C(T)=H_C(0)\left(1-\frac{T^2}{T_C^2}\right)$$

其中，$H_C(0)$是 $T\to 0K$ 时的临界磁场，对于不同的超导材料有不同的 $H_C(0)$值。

(4)临界电流

超导无阻载流的能力也是有限的，当通过超导体中的电流达到某一特定值时，超导体又重新会出现电阻，发生超导体态到正常态的相变，电流的这一特定值称为临界电流 I_C，常采用临界电流密度 J_C 来表示。

临界磁场 H_C，临界电流 I_C 与临界温度 T_C 是描述超导材料的三个特征参量。这三个参量之间的关系很复杂，图阅 11.3 是它们关系的示意图。

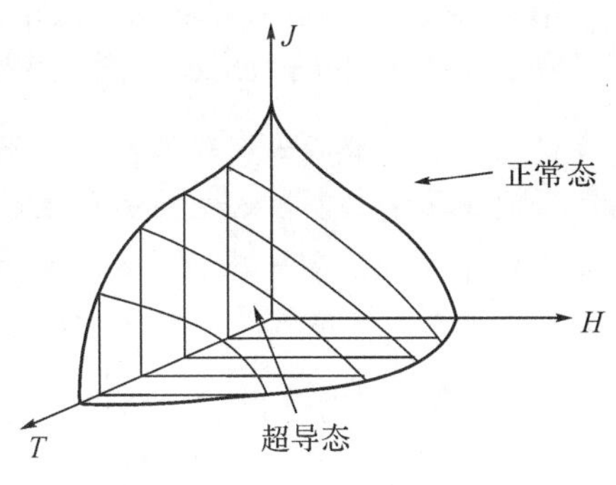

图阅 11.3　T-H-J 临界面

2. 超导的应用

超导体的零电阻效应使电流流经超导体不受任何阻力，没有热损耗，于是就能以小功率得到大电流，从而产生几个甚至几十个特斯拉的超强磁场，因而具有很高的应用价值。

(1)超导磁悬浮列车

利用超导体的无电阻和抗磁性的特点，已研制出时速超过 550km 的磁悬浮列车。磁悬浮列车的铁轨为 U 字型，在 U 型铁轨底部铺设有数千个悬浮用铝线圈，在每列车厢两侧底装有 6～8 个超导磁体。当列车起动和进站时，列车依靠车轮行驶。随着列车加速，超导线圈通电（$j_s\approx 2.7\times 10^4 A/cm^2$）产生强大磁场（≈5.1T），该磁场在铁轨铝线圈感应出电流。由于超导体的抗磁性，超导体内磁场为零，磁感应线全部排在超导体外，因此两个磁场的磁感应线，方向相反，彼此排斥，使列车离开铁轨升起来，用计算机控制磁体电流大小，可使车体与铁轨之间保持 10cm 空气隙。

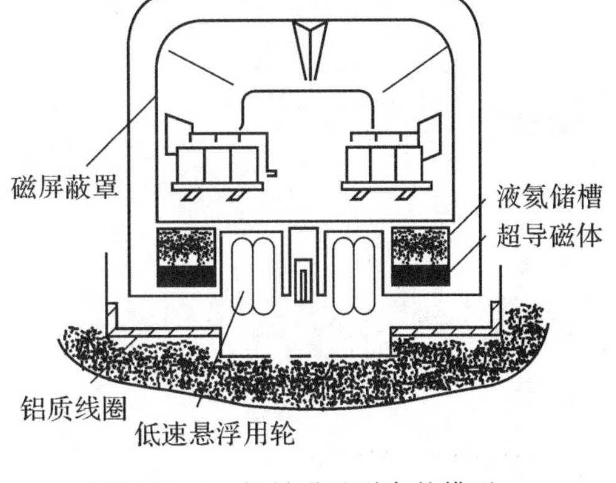

图阅 11.4　超导磁悬列车的模型

(2)超导发电机

用超导材料绕制发电机的电动机线圈，没有焦耳热损耗，故可通入大电流产生强磁场，而不需要铁心和冷却水，可造出功率极大、体积小、效率高的超导发电机。这种电机载流能力可达 $10^4 A/cm^2$ 以上，比常规电机高 1～2 个数量级。

目前研究较多的是直流超导单极电机，图阅 11.5 是单极电机示意图。电枢是一个金属盘（或圆筒），定子为超导励磁线圈，放置在杜瓦瓶液氦（或液氮）中，定子产生的磁场与金属圆盘垂直，圆盘外缘和中轴都与电刷接触。若用动力机带动圆盘旋转，圆盘切割磁感应线，产生的电流通过电刷两端引出，就是一台超导发电机。若从电刷通入电流，在磁场作用下圆盘转动，就成为单极电动机。这种电动机低电压大电流，可连续调整，过载能力强，极限功率可达十万千瓦，适用于船舶推进，轧钢等。

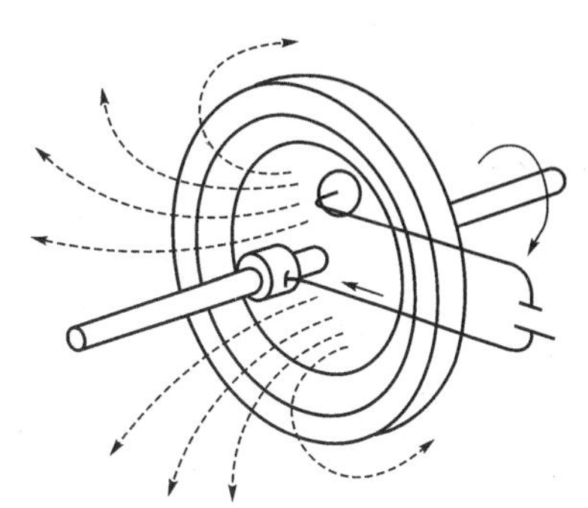

图阅 11.5　单极电机

超导应用前景十分广阔，利用超导电缆可实现无损耗长距离输电，而目前 30%电能在输送电路上损耗掉;超导核磁共振成像仪已在医学上应用,核磁共振成像仪分辨率与磁场强度成正比,采用超导磁体可以提高分辨率,用常规电磁铁一般能产生的最高磁场强度约2T,而超导磁体可产生数十个特斯拉的强磁场,且功耗降低到1/100,10T超导磁体,只需用汽车蓄电池即可供电。超导磁体在磁约束的受控热核聚变反应堆中也是必不可少的,只有利用超导磁体才有可能在几十立方米的空间中产生数十个特斯拉的磁场作为等离子体的加热和约束之用。

1998年我国第一根铋系高温超导输电电缆研制成功,运载电流达到1200A,使我国成为世界上少数几个掌握这一技术的国家。随着超导应用领域的不断扩大,这一高科技领域的产业化必将迅速发展。

第 12 章　电磁感应和电磁场

电流能激发磁场。磁场能否产生电流呢？实验发现：当穿过一闭合回路的磁通量随时间发生变化时，电路中就会产生感应电流。这种现象叫**电磁感应现象**。电磁感应现象揭示了时变的磁场能够激发电场的性质，进一步深化了人们对电、磁现象内在联系的认识。在电磁学的发展史上，电磁感应现象的发现和麦克斯韦的（基于电磁对偶提出的关于时变的电场也能够激发磁场的）位移电流假设最终促成了宏观电磁理论的建立，并为现代电工、电子技术的应用奠定了理论基础。

本章主要讲述电磁感应现象的基本规律及其应用，并简要介绍麦克斯韦电磁场理论的基本概念和反映电磁运动普遍规律的麦克斯韦方程组。

12.1　电磁感应的基本定律

12.1.1　电磁感应现象

1820 年奥斯特发现了电流的磁效应后，电磁热就迅速席卷欧洲。1821 年，法拉第应英国哲学学报之约，写一篇关于电磁问题的述评，而开始了电磁学的研究。法拉第原来是文具店的学徒，由于化学家戴维的帮助，进入皇家研究所的实验室，当了戴维的助手。在开始电磁学的研究之前，他一直在从事化学研究工作。

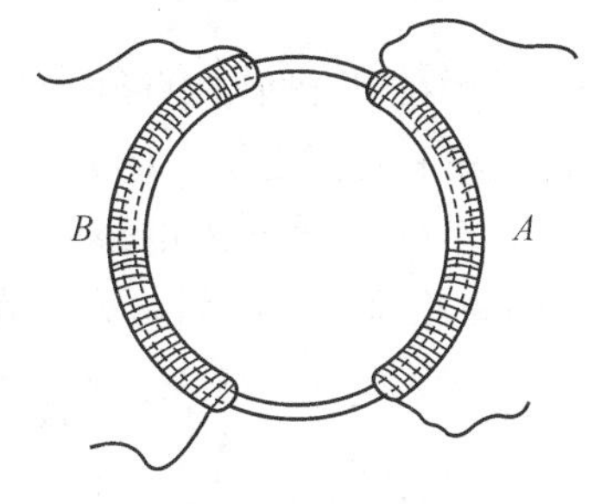

图 12.1　法拉第的电磁感应线圈

经过多次实验，法拉第一直未找到“磁转化为电”的迹象，在他的日记中记录了多次不成功的尝试，但法拉第的信念始终没有动摇。终于，在 1831 年 8 月 29 日，法拉第的实验取得突破性进展。他用一个软铁圆环，环上绕两个互相绝缘的线圈 A 和 B，如图 12.1 所示，“把 B 的两个端点连接，让铜线经过一段距离后，通过一磁针（距铁环 3 英尺）的上方。然后把电池连接在 A 线圈的两端，这时立即观察到磁针的效应，它振荡起来，最后又停在原先的位置上，一旦断开 A 边与电池的联结，磁针再次被扰动。”接着，法拉第进行多种试验，并于一个月后，对各种试验作了总结，定性地用文字表述了电磁感应现象。

电磁感应现象的实验很多，具有代表性的实验只有两类。一类：线圈所在处的磁场发生变化，使得通过线圈的磁通量发生变化，如图 12.2(a)中，磁铁的插入或拉出；如图 12.2(b)中，开关 K 的接通或断开，线圈 A 中的磁场发生变化，通过 A 线圈的磁通量发生变化，线圈 A 中产生感应电流。

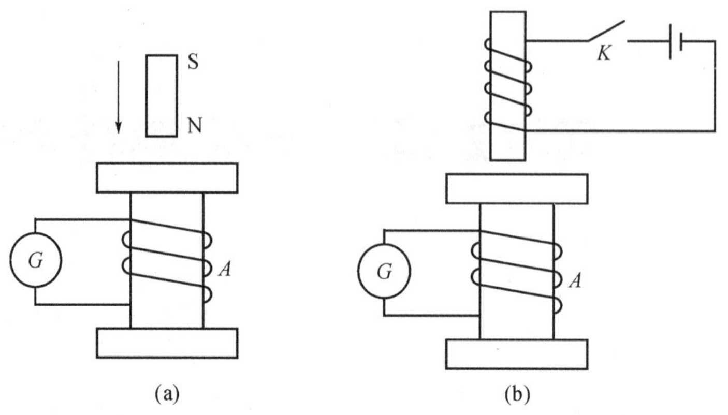

图 12.2　磁场发生变化使通过线圈的磁通量发生变化

另一类，磁场稳恒而均匀，导体的运动使通过闭合回路的磁通量变化。如图 12.3，一矩形线圈 $abcd$，放置在一均匀稳恒磁场中，线圈平面和磁场的方向垂直，当 ab 边滑动时，通过闭合线圈的磁通量发生变化，线圈中产生感应电流。

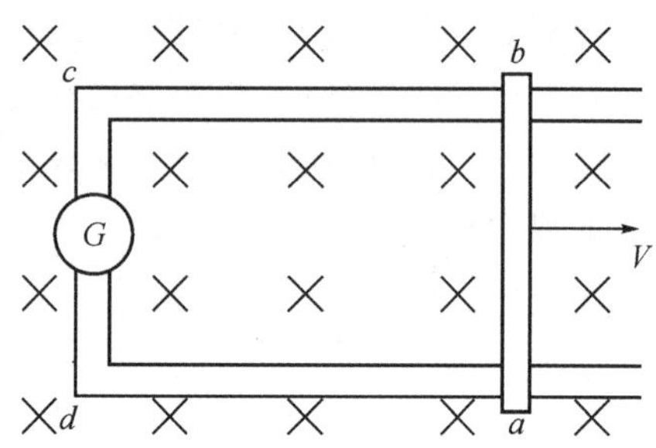

图 12.3　导体的运动使通过闭合回路的磁通量发生变化

回路中有电流，说明回路中有电动势(电磁感应现象的本质在于产生感应电动势)。不论导体闭合回路是否存在，感应电动势都存在。当有导体闭合回路时，在电动势的作用下，形成感应电流。为了更好地理解电磁感应现象，我们先介绍电动势。

12.1.2　电动势

要在闭合回路中形成和维持稳恒电流，必须在闭合回路中有直流电源。如图 12.4 所示，电源的正极 A 和负极 B 之间的电势差，使得正电荷在静电力作用下，通过外电路流向负极，形成电流。要维持恒定电流，必须有电源提供某种非静电力 F_K 把每一瞬时到达负极的正电荷不断地输送到正极上。

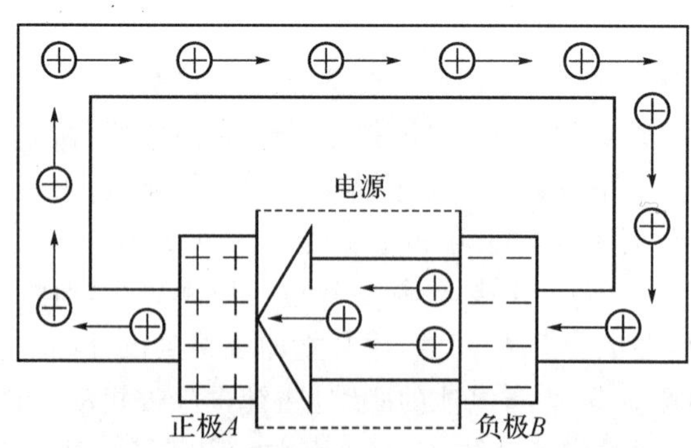

图 12.4　电源的作用

从能量转移的角度看，电源的作用就是依靠电源中的非静电力做功，将其他形式的能转化为电势能。例如化学电池、发电机、热电偶、硅(硒)太阳电池等电源，分别把化学能、机械能、热能、太阳能转变为电势能。为了描写电源将其他形式的能量转化为电势能的本领，即引入电动

势 ε,电源的**电动势** ε 定义为:电源把单位正电荷从负极经电源内部移到正极时,非静电力所做的功。

仿照静电场强的定义,用 $\boldsymbol{E}_K=\boldsymbol{F}_K/q$ 表示单位正电荷在电源中所受非静电力,并将 $\boldsymbol{E}_K$ 称为非静电性场强,若用 $L_{内}$ 表示由电源负极经电源内部到正极的积分路径,则 $\int_{L内}\boldsymbol{E}_K\cdot \mathrm{d}\boldsymbol{l}$ 为沿路径 $L_{内}$ 移动单位正荷非静电力所做的功,所以电动势的定义可表示为

$$\varepsilon=\int_{L内}\boldsymbol{E}_K\cdot \mathrm{d}\boldsymbol{l} \tag{12.1}$$

在图 10.14 所示的闭合电路中,外电路中的 $E_K=0$,所以回路的电动势也可写为

$$\varepsilon=\oint \boldsymbol{E}_K\cdot \mathrm{d}\boldsymbol{l} \tag{12.2}$$

上式表示电动势为非静电场力移动单位正电荷沿闭合回路一周所做的功,即电动势可表示为非静电场 $\boldsymbol{E}_K$ 沿闭合回路的环流。

下一节,我们还会遇到,整个闭合电路中处处存在非静电力的情况,这时,就无法区分“电源内部”和“电源外部”,所以式(12.2)比式(12.1)更具普适性。

电动势是标量,为便于应用,常规定电动势的指向为式(12.2)积分为正的回路方向,有闭合导体存在时,电动势的指向也就是电路中电流的流向。

12.1.3　楞茨定律

关于感应电动势的指向问题,楞茨(H. F. E. Lenz,1804—1865)在法拉第工作的基础上,于 1833 年通过实验总结出楞茨定律,它表述为:闭合回路中的感应电流具有确定的方向,它总是使感应电流所产生的通过回路面积的磁通量,去补偿或者反抗引起感应电流的磁通量的变化。

在图 12.5(a)实验中,当磁棒的 N 极接近线圈时,通过线圈的磁通量 Φ_m 增加,感应电流所产生的通过线圈面积的磁通量要反抗线圈内磁通量的增加,所以线圈中感应电流方向应如图中所示。

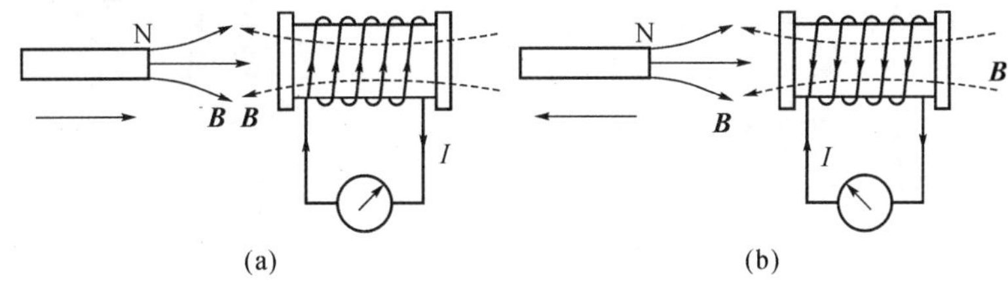

图 12.5　楞茨定律

楞茨定律在本质上是能量守恒定律在电磁感应现象中的反映。在图 12.5 中,当磁棒向着线圈运动时,线圈中产生的感应电流阻碍磁棒的相对运动,因此,在磁棒向前运动过程中外力必须克服磁力做功,外界给出的能量转化为线圈中感应电流的电能,并转化为电路的焦耳热。可以设想,如果感应电流的方向不是这样,它的出现不是阻止磁棒的运动而是促进它的运动。那么,我们只要把磁棒稍稍推动一下,感应电流将使它动得更快些,于是更增长了感应电流,这个增长又促进相对运动。如此不断地反复加强,所以只要在最初微小移动中做出微量的功,就能达到无穷大的机械能和电能,这显然违背能量守恒定律。

12.1.4 法拉第电磁感应定律

法拉第用文字对电磁感应现象进行了定性地描述，楞茨说明了感应电流的方向，电磁感应的定量规律，于 1845 年，由德国物理学家纽曼(Neumann，1798—1895)从理论上导出。它可以叙述如下：通过回路所围面积的磁通量发生变化时，回路中产生的感应电动势 ε 与磁通量 Φ_m 对时间的变化率成正比。即

$$\varepsilon=-\frac{\mathrm{d}\Phi_m}{\mathrm{d}t} \tag{12.3}$$

式中，负号反映了感应电动势的方向，它是楞茨定律的数学表示。如果我们取原磁感应强度 $\boldsymbol{B}$ 的方向为正向，按右手螺旋定则确定导体回路 L 的绕行正向，若 $\frac{\mathrm{d}\Phi_m}{\mathrm{d}t}>0$，$\varepsilon$ 与 L 的绕行正方向相反，若 $\frac{\mathrm{d}\Phi_m}{\mathrm{d}t}<0$，$\varepsilon$ 与 L 的绕行正方向相同。求解实际问题时，可先用 $\varepsilon=\left|\frac{\mathrm{d}\Phi_m}{\mathrm{d}t}\right|$ 算出感应电动势的大小，然后利用楞茨定律判定感应电动势的指向。也可直接利用式(12.3)。

式(12.3)只适用于单匝回路，如果回路是由 N 匝串联的，那么在磁通量变化时，每匝中都将产生感应电动势，N 匝线圈中的总电动势应为各匝中电动势的总和。若每匝中通过的磁通量是相同的，则总电动势为

$$\varepsilon=-N\frac{\mathrm{d}\Phi_m}{\mathrm{d}t}=-\frac{\mathrm{d}\Psi}{\mathrm{d}t} \tag{12.4}$$

式中，$\Psi=N\Phi_m$ 称为线圈的**全磁通量**或**磁通链数**。如果每匝中的磁通量不同，就应该用各线圈磁通量的总和 $\Sigma\Phi$ 来代替 $N\Phi_m$。

[例 12.1] 在均匀磁场 B 中，面积为 S，匝数为 N 的任意形状的平面线圈，以角速度 ω 绕垂直于 B 的轴线转动，如图例 12.1。$t=0$ 时，线圈平面法线 $\boldsymbol{n}$ 与 $\boldsymbol{B}$ 之间的夹角为 α，求线圈中的感应电动势。

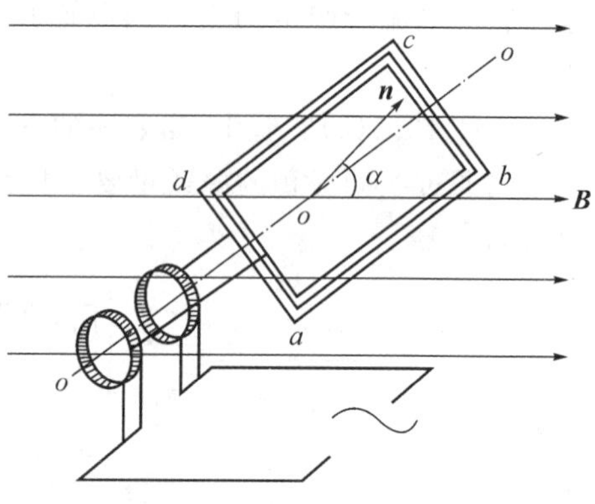

图例 12.1 交流发电机原理

[解] 取原磁场 $\boldsymbol{B}$ 的方向为正向，按右手螺旋定则求出回路 L 的正方向为 $abcda$，在任一时刻通过线圈的全磁通量为

$$\Psi=N\Phi=N\boldsymbol{B}\cdot\boldsymbol{S}=NBS\cos(\omega t+\alpha)$$

由电磁感应定律得

$$\varepsilon=-\frac{\mathrm{d}\Psi}{\mathrm{d}t}=NBS\omega\sin(\omega t+\alpha)$$

式中，N、B、S、ω 皆为常数，令 $\varepsilon_m=NBS\omega$，则

$$\varepsilon=\varepsilon_m\sin(\omega t+\alpha)$$

从上述结果看出，感应电动势随时间变化的关系为正弦函数关系，这种电动势为简谐交变电动势，简称简谐交流电。交流发电机就是根据电磁感应原理制成的。

12.2 动生电动势和感生电动势

上一节，我们已经叙述回路磁通量变化产生感应电动势，按引起回路磁通量变化的原因，

感应电动势可分为两类。一类为：磁场不变，由于导体在磁场中运动而产生的感应电动势，这一类感应电动势称为**动生电动势**；另一类为：导体不动，磁场变化而产生的感应电动势，这一类感应电动势称为**感生电动势**。

12.2.1　动生电动势

如图 12.6 所示，导体回路 $abcda$ 置于匀强磁场 $\boldsymbol{B}$ 中，$\boldsymbol{B}$ 垂直于回路平面，回路的 ab 部分可自由滑动，当 ab 以速度 $\boldsymbol{v}$ 向右滑动时，回路所围面积 S 不断增大，回路产生感应电动势，这是导体 ab 在磁场中运动所致，因而为动生电动势。

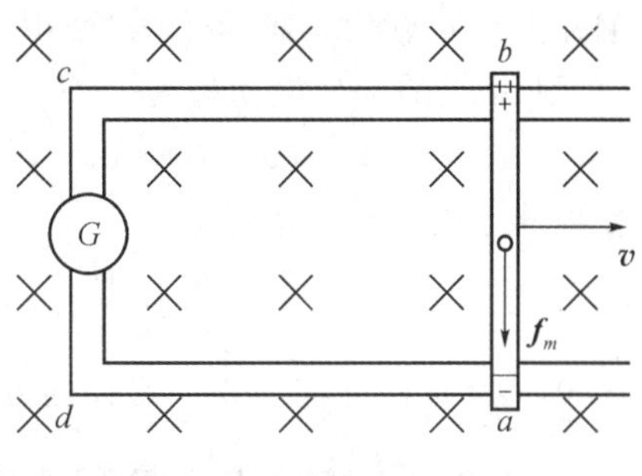

图 12.6　动生电动势

选原磁场 B 的方向为正方向，则按右手螺旋定则，回路 L 的正方向为 $adcba$，由电磁感应定律得：

$$\varepsilon=-\frac{\mathrm{d}\Phi}{\mathrm{d}t}=-\frac{\mathrm{d}(BS)}{\mathrm{d}t}=-\frac{\mathrm{d}(Blx)}{\mathrm{d}t}=-Blv$$

所以电动势的大小为 Blv，$\varepsilon<0$，表示 ε 的方向与积分路径的方向相反，即由 a 指向 b，b 端的电势高于 a 端。

动生电动势实质上是洛仑兹力（非静电力）做功引起的，导线 ab 以速度 v 向右运动时，导线内的自由电子也以速度 $\boldsymbol{v}$ 也跟着它向右运动，每个电子受到的洛仑兹力为

$$f_m=(-e)\boldsymbol{v}\times\boldsymbol{B}$$

由矢积右手螺旋法则判定，f_m 的方向，由 b 指向 a，它驱使电子由 b 向 a 运动，相当于正荷由 a 向 b 运动。在非静电力（洛仑兹力 f_m）的作用下，电子不断由 b 向 a 运动，在回路中形成流向为 $abcda$ 的感应电流，这样运动导线 ab 相当于一个电源，b 端为电源正极，a 端为电源负极，在电源内部，单位正电荷所受的非静电力即非静电性场强为：

$$\boldsymbol{E}_K=\frac{\boldsymbol{f}_m}{(-e)}=\boldsymbol{v}\times\boldsymbol{B}$$

根据电动势的定义式(12.1)得

$$\varepsilon=\int_{L内}\boldsymbol{E}_K\cdot\mathrm{d}\boldsymbol{l}=\int_{L内}(\boldsymbol{v}\times\boldsymbol{B})\cdot\mathrm{d}\boldsymbol{l}$$

在图 12.6 中，沿 ab 方向取线元 $\mathrm{d}\boldsymbol{l}$，$\boldsymbol{v}\times\boldsymbol{B}$ 的方向与 $\mathrm{d}\boldsymbol{l}$ 方向相同，则

$$\varepsilon_{ab}=\int_a^b(\boldsymbol{v}\times\boldsymbol{B})\cdot\mathrm{d}\boldsymbol{l}=Bvl$$

与法拉第电磁感应定律直接导出的结果相同，$\varepsilon_{ab}>0$，电动势由 a 指向 b，b 端的电势高于 a 端。

从以上的讨论可知，动生电动势 ε_{ab} 的定义可表达为：单位正电荷从 a 处经电源内部移动到 b 处的过程中，洛仑兹力（非静电力）所做的功。如果 $\varepsilon_{ab}>0$，表示 ε_{ab} 由 a 到 b，b 端电势高于 a 端；$\varepsilon_{ab}<0$，则表示 ε_{ab} 由 b 到 a。对于在非匀强磁场中运动的任意形状的导线，可以看成是由许多线元 $\mathrm{d}\boldsymbol{l}$ 所组成，而任一线元 $\mathrm{d}\boldsymbol{l}$ 所在区域的磁场可以认为是匀强磁场，每一线元 $\mathrm{d}\boldsymbol{l}$，对应有一速度 $\boldsymbol{v}$，在其中产生的动生电动势为

$$\mathrm{d}\varepsilon=(\boldsymbol{v}\times\boldsymbol{B})\cdot\mathrm{d}\boldsymbol{l}$$

只要把每一线元的动生电动势叠加起来，就可以得到整个导线 L 的动生电动势 ε，即

$$\varepsilon=\int_L(\boldsymbol{v}\times\boldsymbol{B})\cdot\mathrm{d}\boldsymbol{l} \tag{12.5}$$

［**例 12.2**］ 一根长为 L 的铜棒，在磁感应强度为 $\boldsymbol{B}$ 的匀强磁场中，以角速度 ω，在与磁场方向垂直的平面上绕棒的一端 o 匀速转动，如图例 12.2 所示，求这铜棒的动生电动势。

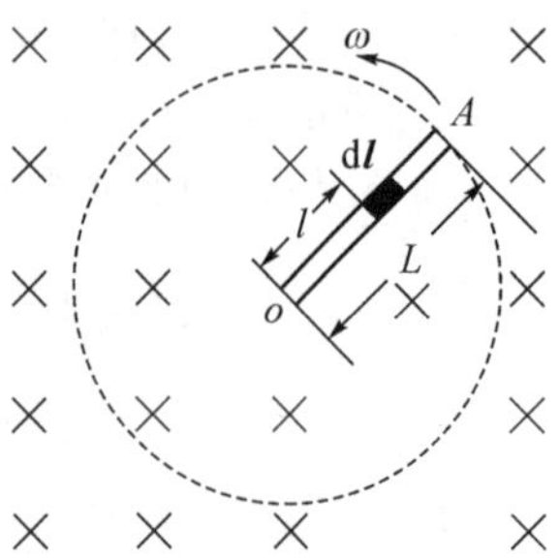

图例 12.2

［**解**］ 因铜棒转动时切割磁感应线，故棒两端产生动生电动势。由于铜棒上各点的速度不同，把棒分成许多线段元来考虑。在铜棒上距 o 点为 l 处，取线段元 $\mathrm{d}\boldsymbol{l}$，方向由 o 指向 A，其速度为 $v=\omega l$，则 $\mathrm{d}\boldsymbol{l}$ 上的动生电动势为

$$\mathrm{d}\varepsilon=(\boldsymbol{v}\times\boldsymbol{B})\cdot\mathrm{d}\boldsymbol{l}=-B\omega l\mathrm{d}l$$

整根棒上的总的电动势为

$$\varepsilon=\int_o^A\mathrm{d}\varepsilon=-\int_0^L B\omega l\,\mathrm{d}l=-B\omega L^2/2$$

$\varepsilon<0$，表示 ε 的方向与积分路径的方向相反，即 ε 从 A 指向 o，o 端的电势高于 A 端。

12.2.2 感生电动势和感生电场

导体在磁场中运动产生动生电动势，其非静电力是洛仑兹力，那么处在变化磁场中的不动导体里产生感生电动势，其非静电力是什么呢？它既不是洛仑兹力，也不是库仑力，而是一种我们尚未认识的力。

既然一个任意形状，由任意金属材料制成的静止闭合线圈内的电子在变化磁场中都受到这个特殊的力，可以推想去掉线圈，在变化磁场中放一静止电子也会受到这样一个特殊的力。可见，变化的磁场周围的空间存在一种特殊的场，这种场对电荷有力的作用。据此，1856 年麦克斯韦将电场和电场力的概念加以推广，提出"变化的磁场在其周围空间激发电场"的假设，称之为**感生电场 $\boldsymbol{E}_i$**。产生感生电动势的非静电力就是感生电场对电荷的作用力——感生电场力。

根据电动势的定义，电动势等于单位正电荷在闭合回路中绕行一周时非静电力所做的功，因此感生电动势可以写成感生电场 $\boldsymbol{E}_i$ 对整个回路 L 的线积分，即

$$\varepsilon=\oint_L\boldsymbol{E}_i\cdot\mathrm{d}\boldsymbol{l}$$

根据法拉第电磁感应定律，有

$$\varepsilon=-\frac{\mathrm{d}\Phi_m}{\mathrm{d}t}=-\frac{\mathrm{d}}{\mathrm{d}t}\int_S\boldsymbol{B}\cdot\mathrm{d}\boldsymbol{S}$$

式中的面积分的区间 S 是以环路 L 为周界的曲面。在我们所讨论的问题中，回路是不动的，面积积分与时间的微商两个运算的顺序可以颠倒，即得：

$$\oint_L\boldsymbol{E}_i\cdot\mathrm{d}\boldsymbol{l}=-\int_S\frac{\partial\boldsymbol{B}}{\partial t}\cdot\mathrm{d}\boldsymbol{S}$$

它表明变化的磁场产生感生电场。式中右边曲面 S 的法线方向应选得与左边的曲线 L 的积分回路成右手螺旋关系，$\boldsymbol{B}$ 对 t 的微商之所以不写为 $\mathrm{d}\boldsymbol{B}/\mathrm{d}t$，而写为$\frac{\partial\boldsymbol{B}}{\partial t}$，是因为 $\boldsymbol{B}$ 是坐标 x，y，z 的函数又是 t 的函数。

由上式可知，感生电场与静电场不同，感生电场的环流不为零，所以感生电场不是有势场，它的电场线是闭合的曲线，因此感生电场又被称为涡旋电场。感生电场的电场线与$-\frac{\partial\boldsymbol{B}}{\partial t}$的方向成右手螺旋，如图 12.7 所示。

应当注意，根据麦克斯韦假设，只要空间某处的磁场发生变化，不论周围空间有没有导体存在，都会在周围空间产生感生电场。如果有导体存在时，感生电场的作用便驱使导体中的自由电荷运动，产生感应电流；如果不存在导体，没有感应电流，但所激发的电场还是客观存在。这个假设已被大量的实验和事实所证实。例如电子感应加速器就是利用这一原理制成的。

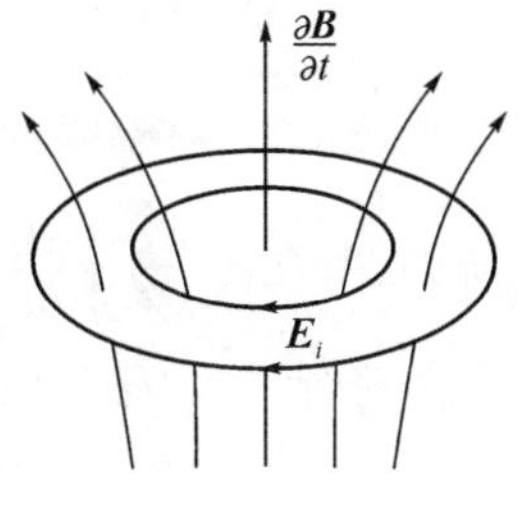

图 12.7　$\boldsymbol{E}_i$ 与 $-\frac{\partial \boldsymbol{B}}{\partial t}$ 成右手螺旋

如果考虑到空间既有静电场又有感生电场，则任一点的电场强度 $\boldsymbol{E}$ 应为静电场 $\boldsymbol{E}_s$ 与感生电场 $\boldsymbol{E}_i$ 的叠加，得

$$\boldsymbol{E} = \boldsymbol{E}_s + \boldsymbol{E}_i$$

$$\oint_L \boldsymbol{E} \cdot \mathrm{d}\boldsymbol{l} = -\int_s \frac{\partial \boldsymbol{B}}{\partial t} \cdot \mathrm{d}\boldsymbol{S} \tag{12.6}$$

此式是描写电场性质的更为普遍的表达式，是电磁学的基本方程之一。在稳恒条件下，$\partial \boldsymbol{B}/\partial t = 0$，方程(12.6)便退化为静电场的环路定理 $\oint_L \boldsymbol{E} \cdot \mathrm{d}\boldsymbol{l} = 0$。

［例 12.3］　电子感应加速器是利用感生电场来加速电子的一种设备。它是美国科学家克斯特(D. W. Kerst)于 1940 年首先制成的。图例 12.3 是它的原理示意图，它的柱形电磁铁两极中间装有环形真空室，电磁铁在频率约每秒数十周的强大交变电流的激励下，在两极间产生交变磁场，这交变磁场又在环形真空室内产生很强的涡旋电场。由电子枪注入环形真空室中的电子，在涡旋电场的作用下被加速，同时在磁场里又受到径向洛仑兹力的作用，使其沿环形真空室的圆周轨道运行。在激磁交变电流的第一个 1/4 周期末将电子引出。由于电子质量小，速度大，在这段时间内可以沿圆形轨道绕行几十万乃至几百万周，从而获得很大的能量。

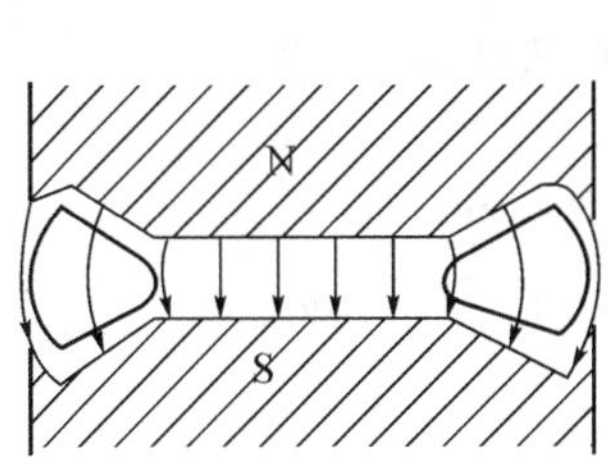

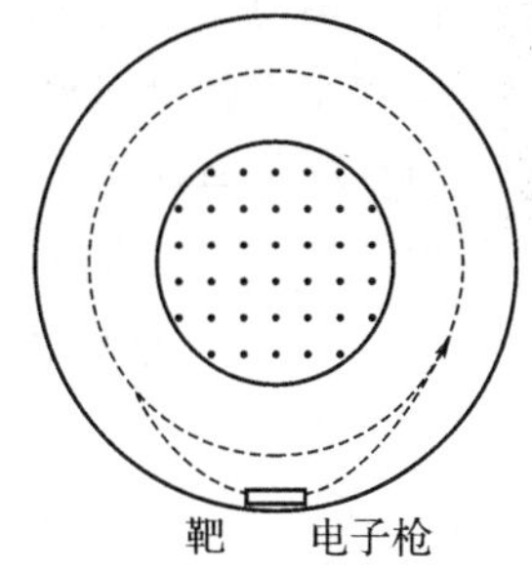

图例 12.3　电子感应加速器

设电子在环形真空室中的运动轨道半径为 1.00m，通过轨道所围平面的磁感应强度的平均变化率 $\frac{\mathrm{d}B}{\mathrm{d}t} = 100\mathrm{T/s}$，问电子每绕一周所获得能量为多大？若在电场方向改变前，电子已绕行 32 万圈，最终电子的能量为多大？

［解］　由磁场分布的轴对称性可知，感生电场的分布也具轴对称性。在电子运动的圆形轨道上，各处的感生电场大小相等，而方向都沿各处的切线方向。因而沿此圆形轨道感生电场的线积分为

$$\oint \boldsymbol{E}_i \cdot \mathrm{d}\boldsymbol{l} = E_i 2\pi r$$

以 $\boldsymbol{B}$ 表示电子圆形轨道上所围的面积上的平均磁感应强度，则通过此面积的磁通量为

$$\Phi = BS = B\pi r^2$$

由式(12.6)可得

$$E_i 2\pi r = -\frac{\mathrm{d}\Phi}{\mathrm{d}t} = -\pi r^2 \frac{\mathrm{d}B}{\mathrm{d}t}$$

所以 $$E_i = -\frac{r}{2}\frac{\mathrm{d}B}{\mathrm{d}t} = -\frac{1}{2}\times 100 \quad (\mathrm{V\cdot m^{-1}})$$

电子绕行一周，感生电场力对电子所做的功为

$$A = -eE_iL = e\times 50\times 2\times 3.14 = 314(\mathrm{eV})$$

根据功能原理，电子最终所获得的能量为

$$E = 314\times 3.2\times 10^5(\mathrm{eV}) = 100(\mathrm{MeV})$$

电子最后获得的能量为100MeV，由相对论能量公式，可以算出这时电子的速度为0.999987c。

12.3 自感和*互感

在电工，电子技术等实际电路中，磁场的变化常常是由于电流的变化引起的，用变化的电流来描述这类感应电动势比用变化的磁通量更为直接、方便。下面我们就讨论，由于电流的变化而引起的两类感应现象。

12.3.1 自感现象

在导体回路中通有电流时，这一电流所产生的磁场的磁感应线将穿过导体回路本身，从而给导体回路提供磁通。当回路中的电流强度发生变化时，通过回路自身所围面积的磁通量也将发生变化，使回路自身产生感应电动势。这种由于回路自身电流变化产生的磁通量发生变化，而在回路中激发感应电动势的现象，称为**自感现象**，所产生的电动势称为**自感电动势**。

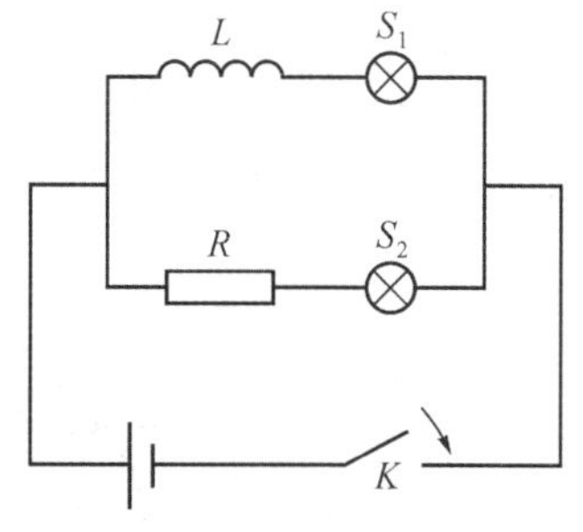

图 12.8 自感现象

如图12.8所示的电路，是演示自感现象的一种装置。S_1 和 S_2 是两个功率相同的灯泡，L 是电感线圈，R 是与 L 的阻值相同的电阻。

当接通 K 时，可以看到灯泡 S_2 立刻就亮，而灯泡 S_1 却逐渐变亮，最后与 S_2 亮度相同。这是因为：当接通开关 K 时，电路中的电流由零增加，在 S_1 支路中，电流的变化使线圈中产生自感电动势，按照楞次定律，自感电动势阻碍电流增加，因此在 S_1 支路中电流的增大要比没有自感线圈的 S_2 支路稍慢一些，灯泡 S_1 比灯泡 S_2 亮得迟一些。

12.3.2 自感电动势和自感系数

设导体回路中的电流强度为 I，根据毕奥—萨伐尔定律，I 在空间各点激发的磁感应强度 B 都与 I 成正比，而对同一回路，其磁通又与 B 成正比，因此通过回路的全磁通量 Ψ 与 I 成正比

$$\Psi = LI \tag{12.7}$$

式(12.7)中的比例系数 L 称为**回路的自感系数**，简称**自感**或**电感**，自感系数的量值决定于回路的几何形状以及周围磁介质的磁导率。有铁芯的线圈的自感比无铁芯的线圈的自感大得多，有铁芯时 L 不是常数，L 随线圈中电流强度的大小而变化。

由法拉第电磁感应定律,回路中的自感电动势应为

$$\varepsilon_L=-\frac{\mathrm{d}}{\mathrm{d}t}(LI)=-\left(L\frac{\mathrm{d}I}{\mathrm{d}t}+I\frac{\mathrm{d}L}{\mathrm{d}t}\right)$$

当回路的几何形状和周围介质的磁导率都不变时,则 $\mathrm{d}L/\mathrm{d}t=0$,上式就可写成

$$\varepsilon_L=-L\frac{\mathrm{d}I}{\mathrm{d}t} \tag{12.8}$$

由此式可以看出,对于相同的电流变化率,自感系数越大的回路产生的自感电动势越大。式(12.8)也可看作是自感系数 L 的定义式。它表示自感在数值上等于回路中电流强度变化率为 1 单位时,在这回路中产生的感应电动势。

在 SI 中,自感系数的单位为 H(亨),在实际中还常用 mH(毫亨)和 μH(微亨)为它的辅助单位。

[例 12.4]　计算均匀密绕直螺线管的自感系数,设螺线管长 l,截面积为 S,总匝数为 N。

[解]　当螺线管中通有电流 I 时,螺线管内的磁感应强度为 $B=\mu_0 nI=\mu_0(N/l)I$,其自感全磁通为

$$\Psi=N\Phi_m=NBS=\mu_0(N^2/l)SI$$

由自感系数的定义式(12.7),得此螺线管的自感为

$$L=\Psi/I=\mu_0(N^2/l)S=\mu_0 n^2 V$$

可见,螺线管的自感系数 L 正比于它的体积 V 和单位长度上匝数 n 的平方,而与螺线管通过的电流无关。

*12.3.3　互感

两个相邻的线圈,当一个线圈中的电流发生变化时,不仅在自身线圈中产生自感电动势,还在邻近的线圈中产生感生电动势。这种一个线圈在附近另一个线圈中产生电动势的现象叫作**互感现象**,这种感生电动势叫**互感电动势**。

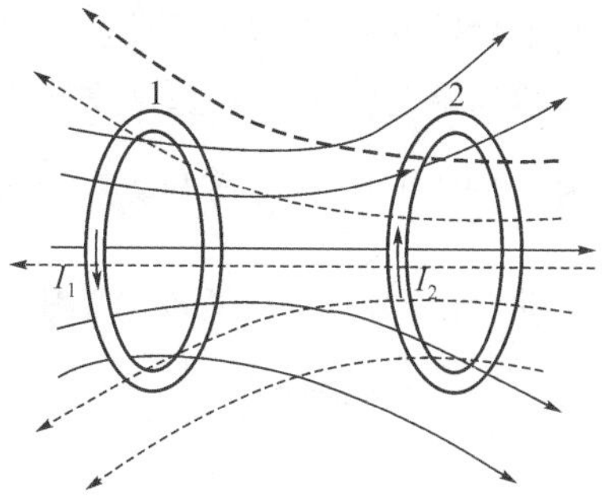

如图 12.9 所示,两线圈回路 1 和 2,分别通有电流 I_1 和 I_2,如果线圈回路周围介质的磁导率不改变,两者的形状、大小、匝数、相对位置都不变,则电流 I_1 产生的磁场正比于 I_1,因而通过线圈 2 的全磁通 Ψ_{21} 也应该和 I_1 成正比,即

$$\Psi_{21}=M_{21}I_1 \tag{12.9}$$

图 12.9　两个线圈之间的互感

同理,设电流 2 激发的磁场通过线圈 1 的全磁通为 Ψ_{12},则

$$\Psi_{12}=M_{12}I_2 \tag{12.10}$$

以上两式中 M_{12} 和 M_{21} 是比例系数,它们由线圈的几何形状、大小、匝数以及线圈之间的相对位置所决定,而与线圈的电流无关。实验和理论都证明,对给定的一对导体回路,有

$$M_{12}=M_{21}=M$$

M 称为这两个导体的**互感系数**,简称为**互感**。

线圈 1 中电流 I_1 变化,在线圈 2 中激起的感应电动势记为 ε_{21},由法拉第电磁感应定律,得

$$\varepsilon_{21}=-\frac{\mathrm{d}\Psi_{21}}{\mathrm{d}t}=-M\frac{\mathrm{d}I_1}{\mathrm{d}t} \tag{12.11}$$

$$\varepsilon_{12}=-\frac{\mathrm{d}\Psi_{12}}{\mathrm{d}t}=-M\frac{\mathrm{d}I_2}{\mathrm{d}t} \qquad (12.12)$$

上式可作互感系数的另一定义，也为测量互感系数提供了途径。互感系数的单位与自感系数的单位相同，在 SI 中为 H(亨)。

[例 12.5] 长直螺线管的中部套了一个同轴的短而粗的线圈，如图例 12.5，它们的长度、横截面积、匝数分别为 L_1, S_1, N_1 和 L_2, S_2, N_2，求螺线管与线圈的互感系数。

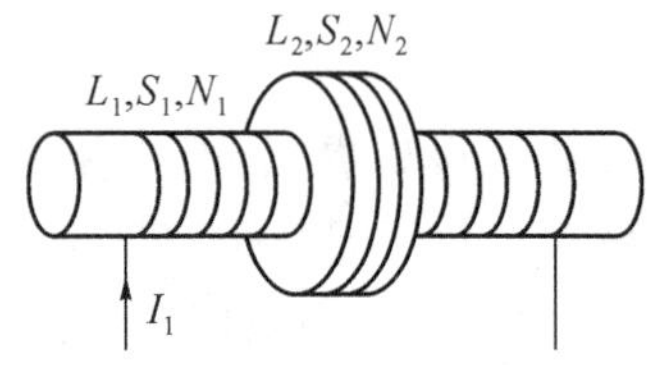

图例 12.5　螺线管与线圈的互感系数

[解] 当长直螺线管通有电流 I 时，螺线管内的磁感应强度 $B_1=\mu_0(N_1/L_1)I_1$，则通过线圈的全磁通为

$$\Psi_{21}=N_2B_1S_2=\mu_0(N_1N_2/L_1)I_1S_2$$

由互感定义式(12.9)得

$$M=\Psi_{21}/I_1=\mu_0(N_1N_2/L_1)S_2$$

12.4　磁场的能量

磁场与电场一样，也具有能量。下面我们通过分析自感现象中的能量转换来介绍磁场的能量。

12.4.1　自感磁能

在图 12.10 中，设灯泡的电阻为 R，线圈自感系数 L 较大，而电阻很小可忽略不计。当电键 K 接"1"时，由于线圈的自感应，会产生自感电动势 ε_L 阻碍电路中电流的增长，使电流 i 由 0 逐渐增大达到稳定值 I，灯泡慢慢亮起来。设任一瞬时电路中电流强度为 i，则线圈中的自感电动势为 $\varepsilon_L=-L\frac{\mathrm{d}i}{\mathrm{d}t}$。由于这时 ε_L 与电源电动势 ε 方向相反，所以电路中的合电动势为 $\varepsilon-L\frac{\mathrm{d}i}{\mathrm{d}t}$。忽略电源内阻，由欧姆定律得

图 12.10　自感电路中的能量转换

$$\varepsilon-L\frac{\mathrm{d}i}{\mathrm{d}t}=iR$$

$$\varepsilon=L\frac{\mathrm{d}i}{\mathrm{d}t}+iR$$

电源在 $\mathrm{d}t$ 时间内做的功为

$$\mathrm{d}A=\varepsilon i\mathrm{d}t=Li\mathrm{d}i+i^2R\mathrm{d}t$$

设经过时间 t，电流由 $i=0$ 增大到稳定值 $i=I$，则 t 时间内电源做功为

$$A=\int_0^t \varepsilon i\,\mathrm{d}t=\int_0^I Li\,\mathrm{d}i+\int_0^t i^2R\mathrm{d}t$$

所以

$$A=\int_0^t \varepsilon i\,\mathrm{d}t=\frac{1}{2}LI^2+\int_0^t i^2R\mathrm{d}t$$

分析上式右端，看看电源在电流由零增大到 I 这段时间内提供的能量用在何处？用来干什么？上式右端第二项 $\int_0^t i^2R\mathrm{d}t$ 为同一时间内电阻上放出的(焦耳)热，右端第一项 $\frac{1}{2}LI^2$ 显然

为此过程中，电源克服线圈自感电动势做的功。由于这个功，线圈周围建立了磁场，这部分功转换为电流磁场的能量 W_m。因此，当线圈中的电流为 I 时，相应的电流磁场能量为

$$W_m=\frac{1}{2}LI^2 \tag{12.13}$$

线圈中电流的磁场能量可以从将电键 K 转向“2”得到定性证实。如果我们将电键 K 转向“2”，此时电源已切断，但灯泡却不会立即熄灭，甚至会在瞬时显得更明亮后才熄灭。在此过程中，线圈中电流的磁场能量转换为放出的焦耳热。

从式(12.13)可看出，当电流一定时，线圈的自感系数越大，储存的磁能就越多，所以自感系数也可用来表征线圈储存磁能的本领。

12.4.2　磁场的能量

以上我们用自感系数 L 与电流 I 表达出了通电螺线管中储存的磁能。经过适当的变换，磁能也可以用描述磁场本身的物理量 $\boldsymbol{B}$ 表达出来。为简单起见，考虑一个长直螺线管，单位长度上密绕 n 匝。当螺线管通有电流 I 时，忽略边界效应，可认为磁场全部集中在管内，且管中磁场可近似看作均匀。因为 $B=\mu_0 nI$，则 $I=B/(\mu_0 n)$ 又由例 12.4，自感系数 $L=\mu_0 n^2 V$，因此式(12.13)可变换为

$$W_m=\frac{1}{2}LI^2=\frac{1}{2}\mu_0 n^2 V\frac{B^2}{\mu_0^2 n^2}=\frac{1}{2}\frac{B^2}{\mu_0}V$$

由于螺线管的磁场全部集中于管内，且管内磁场均匀，则管内单位体积内磁场能量 ω_m 为

$$\omega_m=\frac{1}{2}\frac{B^2}{\mu_0} \tag{12.14}$$

我们把单位体积中磁场的能量叫作**磁场能量密度**。上式虽然是从特例导出，但可以证明它对真空中的磁场都适用。公式说明在真空中，某一点的磁场能量密度，与该点的磁感应强度 B 有关，这也说明磁能量是定域在磁场中的这个客观事实。

利用式(12.14)可以求得真空中一定空间内磁场的总能量。倘若磁场是不均匀的，可以把磁场划分为无数个体积元 $\mathrm{d}V$，在每个小体积内，磁场可以看成是均匀的，于是体积为 $\mathrm{d}V$ 的磁场的能量为

$$\mathrm{d}W_m=\omega_m\mathrm{d}V=\frac{1}{2}\frac{B^2}{\mu_0}\mathrm{d}V$$

所以，在真空中有限体积 V 内的磁场能量则为

$$W_m=\int_v\omega_m\mathrm{d}V=\int_v\frac{1}{2}\frac{B^2}{\mu_0}\mathrm{d}V$$

［例 12.6］　一根很长的同轴电缆(如图例 12.6)，由半径为 R_1 和 R_2 的两个同轴薄圆筒组成。电流由内圆筒流出再经外圆筒返回，形成闭合回路。试计算长为 l 的一段电缆内的磁场中所储存的能量。

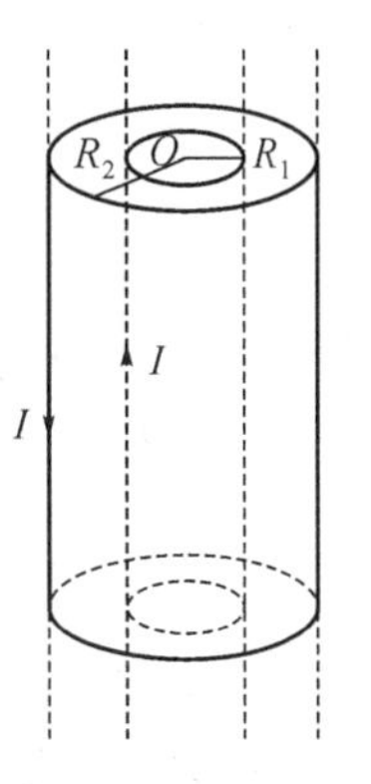

图例 12.6　同轴电缆

［解］　由安培环路定理可知，在内圆筒里面($r<R_1$)和外圆筒外($r>R_2$)的区域，B 处处为零。磁场只存在于两圆筒之间，且磁感应强度为

$$B=\frac{\mu_0 I}{2\pi r}$$

因而，两圆筒间的磁场能量密度为

$$\omega_m = \frac{1}{2}\frac{B^2}{\mu_0} = \frac{\mu_0 I^2}{8\pi^2 r^2}$$

在半径为 r 与 $r+\mathrm{d}r$，长为 l 的圆柱壳体积之内的磁能为

$$\mathrm{d}W_m = \omega_m \mathrm{d}V = \frac{\mu_0 I^2}{8\pi^2 r^2} 2\pi r \mathrm{d}r l = \frac{\mu_0 I^2 l}{4\pi r}\mathrm{d}r$$

则长为 l 的一段电缆的总磁能为

$$W_m = \int_V \mathrm{d}W_m = \frac{\mu_0 I^2 l}{4\pi}\int_{R_1}^{R_2}\frac{\mathrm{d}r}{r} = \frac{\mu_0 I^2 l}{4\pi}\ln\frac{R_2}{R_1}$$

12.5 位移电流和麦克斯韦方程组

对自然现象的研究，人们发现自然规律在许多方面都表现出对称性。在本章第 2 节我们已知道，变化的磁场能够产生涡旋电场，那么，变化的电场是不是也能产生磁场呢？麦克斯韦通过分析和研究，提出位移电流的假设，作出了肯定的回答，并将电磁场的基本规律概括为一组完整的方程式即麦克斯韦方程组，建立了电磁场理论，并预言了电磁波的存在。

12.5.1 位移电流

在引入位移电流之前，我们先来分析一下稳恒电流与它所激发的磁场的特点。由上一章知道，稳恒电流的磁场遵循安培环路定理

$$\oint_L \boldsymbol{B}\cdot \mathrm{d}\boldsymbol{l} = \mu_0 \sum_{L内} I$$

式中，$\sum\limits_{L内} I$ 表示所有穿过以闭合曲线 L 为边界的任意曲面 S 的电流的代数和，如图 12.11(a)所示，在稳定恒电流的情况下，由于电流是闭合的，所以穿过以同一闭合曲线 L 为边界的不同曲面 S_1，S_2，S_3 的电流都等于 I，安培环路定理没有矛盾。

但是，对如图 12.11(b)所示平板电容器充电电路，导线内的电流随时间变化，这电流在电容器极板上中断，对整个电路来说，导线中的传导电流是不连续的。因此，将安培环路定理应用于同一闭合回路 L 时，对不同的曲面有不同的结果。在电容器的一个极板周围取一闭合回路 L，并以它为边界作曲面 S_1 与导线相交，得

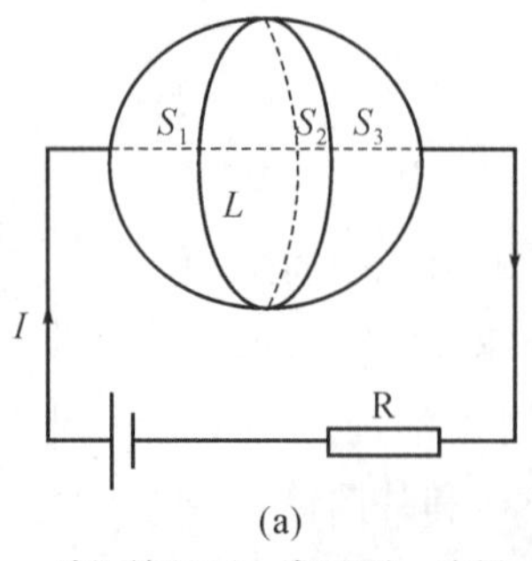

(a)

稳恒情况下，穿过同一边界不同曲面S_1,S_2,S_3的电流相同

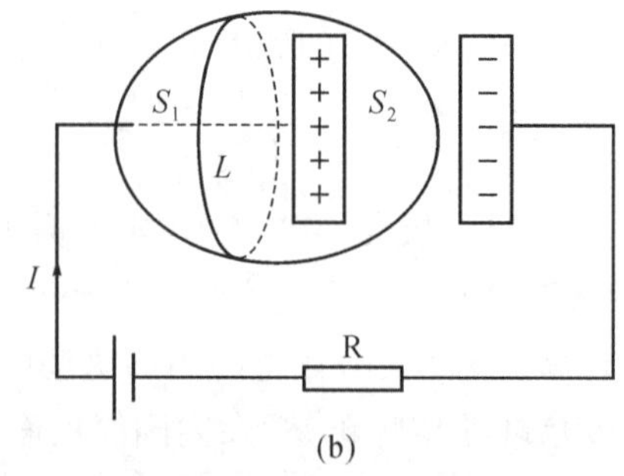

(b)

非稳恒情况下，穿过同一边界不同曲面S_1,S_2的电流不相同

图 12.11 位移电流

$$\oint_L \boldsymbol{B}\cdot \mathrm{d}\boldsymbol{l} = \mu_0 I$$

以同一 L 为边界作曲面 S_2 通过电容器两极板之间，得到

$$\oint_L \boldsymbol{B} \cdot \mathrm{d}\boldsymbol{l} = 0$$

显然，这两个式子是相互矛盾的。这说明在非稳恒电流的情况下，安培环路定理自相矛盾。为了解决这一矛盾，麦克斯韦引入了位移电流的概念。

当电容器充放电时，电容器极板之间没有电荷定向运动，但极板上的电荷在随时间变化，因而极板间的电场在随时间变化，根据高斯定理，q 与极板之间的电场 $\boldsymbol{E}$ 的关系为：

$$\oint_S \boldsymbol{E} \cdot \mathrm{d}\boldsymbol{S} = \frac{q}{\varepsilon_0}$$

式中，S 为 S_1，S_2 组成的闭合曲面，q 为 S 内所包围的电荷，即极板上的电荷 q，由于平行板外的场强为零，$\int_{s_1} \boldsymbol{E} \cdot \mathrm{d}\boldsymbol{S} = 0$，则

$$\int_{s_2} \varepsilon_0 \boldsymbol{E} \cdot \mathrm{d}\boldsymbol{S} = q$$

式中，$\varepsilon_0 \boldsymbol{E} = \boldsymbol{D}$，称为真空中的电位移矢量，将上式对 t 求导得

$$\frac{\mathrm{d}q}{\mathrm{d}t} = \frac{\mathrm{d}\Phi_D}{\mathrm{d}t} = \frac{\mathrm{d}}{\mathrm{d}t}\int_{s_2} \boldsymbol{D} \cdot \mathrm{d}\boldsymbol{S}$$

式中，$\frac{\mathrm{d}q}{\mathrm{d}t}$为极板上电荷的变化率，根据电荷守恒定律有

$$I = \frac{\mathrm{d}\Phi_D}{\mathrm{d}t}$$

所以传导电流在数值上等于电容器极板间电位移通量对时间的变化率，如果把$\frac{\mathrm{d}\Phi_D}{\mathrm{d}t}$看成为一等效电流，那么穿过 S_1 曲面的传导电流，就等于穿过 S_2 曲面的等效电流$\frac{\mathrm{d}\Phi_D}{\mathrm{d}t}$，这样就解决了上述理论的矛盾。麦克斯韦把这一等效电流叫**位移电流**，即：通过电场某一曲面的位移电流 I_d 等于通过该曲面的电位移通量 Φ_D 的时间变化率

$$I_d = \frac{\mathrm{d}\Phi_D}{\mathrm{d}t} \tag{12.15}$$

引入了位移电流后，麦克斯韦认为穿过某一截面的电流应为传导电流与位移电流之和，并把它叫作**全电流**。这样真空中的安培环路定理就应写成

$$\oint_L \boldsymbol{B} \cdot \mathrm{d}\boldsymbol{l} = \mu_0 \left(\sum I + \frac{\mathrm{d}\Phi_D}{\mathrm{d}t} \right)$$

$$\oint_L \boldsymbol{B} \cdot \mathrm{d}\boldsymbol{l} = \mu_0 \sum I + \frac{\mathrm{d}}{\mathrm{d}t}\int_S \boldsymbol{D} \cdot \mathrm{d}S$$

当积分回路不随时间变化时，上式右端对时间 t 的微商与面积分可以互换运算顺序，则

$$\oint_L \boldsymbol{B} \cdot \mathrm{d}\boldsymbol{l} = \mu_0 \sum I + \mu_0 \varepsilon_0 \int_S \frac{\partial \boldsymbol{E}}{\partial t} \cdot \mathrm{d}\boldsymbol{S}$$

上式也称为真空中全电流定理。

全电流定理表明不仅传导电流激发磁场，位移电流（变化的电场）也产生磁场，从磁效应来说，这两种电流是一致的。

12.5.2　麦克斯韦方程组

麦克斯韦在总结前人电磁学方面研究成果的基础上，于 1865 年发表了他的关于磁场理论

的第三篇重要论文《电磁场的动力学理论》(A dynamical theory of the electromagnetic field),在文中他提出感生电场与位移电流假设,认为不但变化的磁场可以激发电场(电磁感应现象),变化的电场也可以激发磁场(位移电流假设的理论预言)。电场和磁场不是彼此孤立的,它们相互联系,相互激发,两者分别是一个统一的电磁场的两个侧面。这就是麦克斯韦关于电磁场的基本概念。

在这篇论文中,麦克斯韦还提出了电磁场的普遍方程组,共 20 个方程,包括 20 个变量。1890 年,德国物理学家赫兹(Hertz, 1857～1894 年)把这组方程写成了简化的对称形式,它们由 4 个对称方程组成,对真空中的电磁场,它们的积分形式为

$$\oint_s \boldsymbol{E} \cdot \mathrm{d}\boldsymbol{S} = \frac{1}{\varepsilon_0}\Sigma q \tag{12.16}$$

$$\oint_L \boldsymbol{E} \cdot \mathrm{d}\boldsymbol{l} = -\int_s \frac{\partial \boldsymbol{B}}{\partial t} \cdot \mathrm{d}\boldsymbol{S} \tag{12.17}$$

$$\oint_s \boldsymbol{B} \cdot \mathrm{d}\boldsymbol{S} = 0 \tag{12.18}$$

$$\oint_L \boldsymbol{B} \cdot \mathrm{d}\boldsymbol{l} = \mu_0 \sum I + \mu_0 \varepsilon_0 \int_s \frac{\partial \boldsymbol{E}}{\partial t} \cdot \mathrm{d}\boldsymbol{S} \tag{12.19}$$

上面方程组既适用于真空中的静电场和稳恒磁场,也适用于真空中变化的电磁场,方程式(12.16)是静电场高斯定理的推广,因为感生电场的电场线是闭合的,感生电场中通过任何一闭合曲面的电通量一定等于零;方程式(12.18)是稳恒磁场高斯定理的推广,因为位移电流产生的磁场的磁感应线也是闭合的,通过任一闭合曲面的 $\boldsymbol{B}$ 通量一定等于零。所以上述麦克斯韦方程组是真空中电磁运动普遍规律的数学表述。

在已知电荷和电流分布及边界条件和初始条件的情况下,由麦克斯韦方程组,原则上能求解任一时刻空间任一点上的电磁场量正如在已知质点受力和初始条件,由牛顿运动定律可求出任一时刻质点的运动情况一样。所以,麦克斯韦方程组在电磁学中的地位如同牛顿运动定律在力学中的地位一样。麦克斯韦方程组是宏观电磁理论的基础,它经受了实践的检验,并在许多工程实践中发挥指导作用。麦克斯韦电磁场理论最卓越的成就还在于它预言了变化的电磁场以波的形式按一定的速度在空间传播,即预言了电磁波的存在,并导出电磁波在真空中的传播速度与光速 c 相同,由此推断光是一类电磁波,从而揭示了光的电磁本质。

12.6 电磁波

12.6.1 电磁波存在的预言及证实

麦克斯韦电磁理论认为变化的磁场在其周围激发感生电场,并且这个感生电场是一个涡旋电场,如图 12.12(a)所示;同时变化的电场又在其周围空间激发磁场,如图 12.12(b)所示。

交变的涡旋电场与涡旋磁场相互激发,闭合电场线和磁感应线互相穿套,可以想象变化的磁场激发交变的涡旋电场,交变的涡旋电场又激发交变的涡旋磁场,闭合的电场线穿套磁感应线,激发的磁感应线又穿套电场线,如此循环,电磁场就在空间传播出去,形成电磁波。图 12.13形象地描述了电磁振荡传播出去,形成电磁波的过程。当然,实际上电磁波是沿各个不同方向传播的,这只是沿某一方向传播的示意图,并不是真空的电场线与磁感应线的分布图。

麦克斯韦的电磁理论预言了电磁波的存在。1878 年,身为柏林大学教授的亥姆霍兹

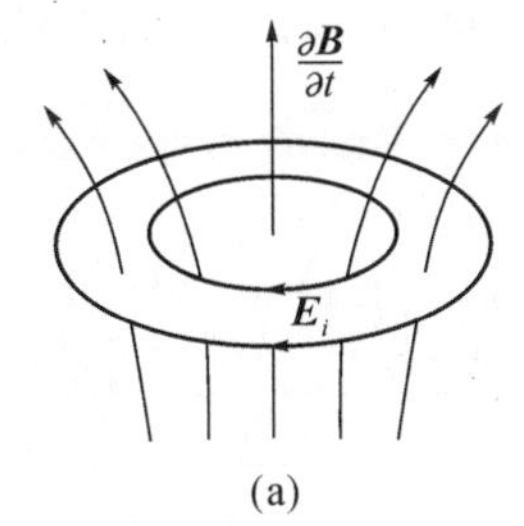

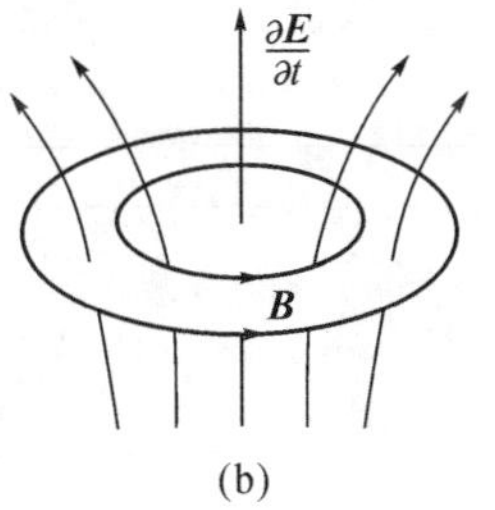

图 12.12　变化的电场和磁场相互激发

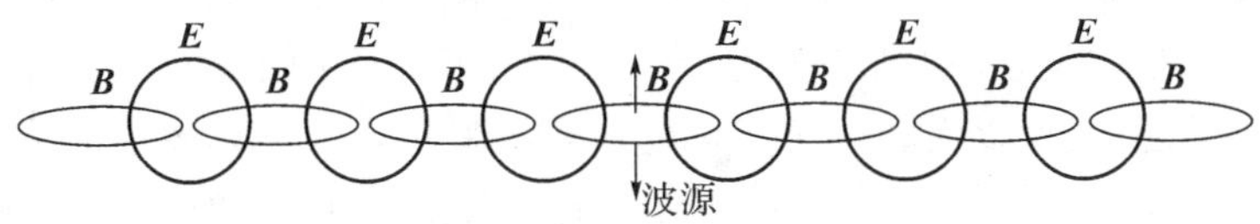

图 12.13　电磁波形成示意图

(H. L.F Helmhotz，1821—1894)出了一个竞赛题，要学生用实验方法来验证麦克斯韦的电磁理论。他的一个学生(赫兹)从此开始了这方面的研究，1886 年，他用振荡偶极子产生了电磁波，第一次用实验证实了电磁波的存在。

12.6.2　电磁波的基本性质

根据麦克斯韦方程组，可以导出在自由空间传播的电磁波有以下基本性质。

(1)电磁波是横波。电磁波中的电矢量 $\boldsymbol{E}$ 和磁矢量 $\boldsymbol{B}$ 相互垂直即 $\boldsymbol{E}\perp\boldsymbol{B}$，且与传播方向垂直，若以 $\boldsymbol{K}$ 表示电磁波传播方向的单位矢量，则 $\boldsymbol{E}$、$\boldsymbol{B}$ 和 $\boldsymbol{K}$ 构成右手螺旋，$\boldsymbol{E}\times\boldsymbol{B}$ 的方向为 $\boldsymbol{K}$ 的方向。

(2)$\boldsymbol{E}$ 与 $\boldsymbol{B}$ 同相且振幅成正比。$\boldsymbol{E}$ 和 $\boldsymbol{B}$ 同时同地达到最大值，同时达到最小值，且任一时刻，真空中任一点的 $\boldsymbol{E}$ 和 $\boldsymbol{B}$ 的大小满足

$$B=\sqrt{\varepsilon_0\mu_0}E \tag{12.20}$$

(3)电磁波的传播速度为 $u=1/\sqrt{\mu\varepsilon}$，在真空中的传播速度等于 c，$u=1/\sqrt{\varepsilon_0\mu_0}=c$。

麦克斯韦指出："电磁波的这一速度与当时测得的光速如此接近，看来有充分理由断定光本身(以及热辐射和其他形式的辐射)是以波动形式按电磁波规律传播的一种电磁振动。"从而把表面上似乎毫不相干的光现象与电磁现象统一了起来，为人类深刻认识光的本质树起了一座历史的丰碑。

12.6.3　电磁波谱

赫兹发现电磁波后，人们进行了许多实验，不仅证明了光是一种电磁波，而且发现了更多形式的电磁波。1895 年发现的 x 射线以及 1896 年发现的放射线中的一种 γ 射线都是电磁波。现在我们已经知道无线电波、微波、红外线、紫外线等都是电磁波。它们的电磁波本质是完全相同的，都遵从波的基本关系。电磁波的波速等于其频率与波长的乘积。真空中为

$$c=\lambda\nu$$

不同的电磁波只是其波长 λ 和频率 ν 不同而已。100 多年来，人们已经认识并且应用的电磁波，波长最长的达 10^5 m，最短的波长只有 10^{-13} m，相应的频率从 1kHz(极低频)到 10^{21} Hz(极

高频)。可以按照频率或波长的顺序把这些电磁波排列成图表,称为电磁波谱,见图12.14。

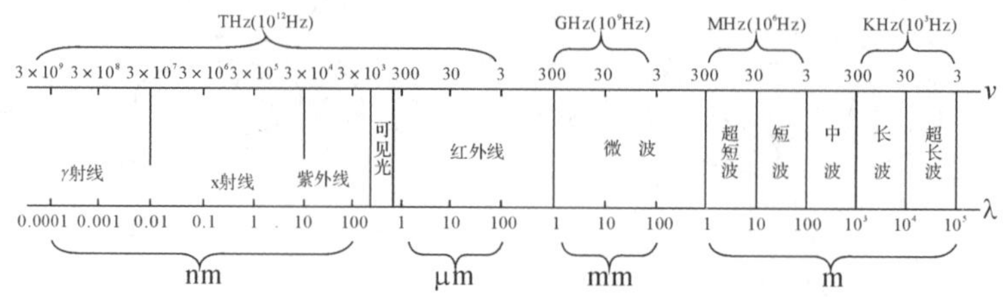

图 12.14 电磁波谱

(1)无线电波。在整个电磁波谱中,无线电波处于频率最低的波段。而在无线电波中,最高频段叫微波,“微”指的是它的波长比普通无线电波相比是很微小的。无线电波用作通信时,频率越高,通信容量越大,所以无线电通信总是朝着越来越高的频率发展。现在,毫米波通信已经被采用,而且正在开发与远红外有部分交叉的波长短于 1mm 的亚毫米波段。利用毫米波通信,可以同时传送几百套电视节目和几十万路电话。微波主要应用在电视、雷达、无线电导航等领域,长波、中波、短波则应用于无线电广播、电视以及电报通信领域。由于辐射功率随频率的减小而急剧下降,因此波长在几百千米以上的低频电磁波通常在应用方面没有明显的优越性。

(2)红外线。波长约 0.76μm～1mm 的电磁波。红外线主要由炽热物体所辐射,给人以热的感觉,故也称之为热辐射。其热效应非常显著,因此被广泛应用于加热、烘烤、理疗等领域。

(3)紫外线。波长从大约从 10～400nm 的电磁波。炽热物体的温度很高时,就会辐射紫外线,太阳光中有大量紫外线,紫外线有较强的杀菌本领。

(4)x 射线。x 射线是波长比紫外线更短的电磁波,其波长范围约 0.01～10nm。它的波长与紫外线和 γ 射线有重叠,它可由高速电子流轰击金属靶得到,具有很强的穿透力,可用于人体透视,检查金属部件的内伤等。

(5)γ 射线。是从某些放射性元素衰变过程中发射出来的一种波长极短的电磁波,其波长在 0.1nm 以下。由于在所有电磁波中,它的能量最高,所以它的穿透力、杀伤力最大。

思考题

12.1 在下列三种情况中,线圈内是否产生感应电动势?若产生感应电动势,其方向如何?

(1)一根无限长载流直导线与一环形导线的直径重合,如图思考题 12.1(a)所示,若直导线与环形导线绝缘,且后者以直导线为轴而转动。

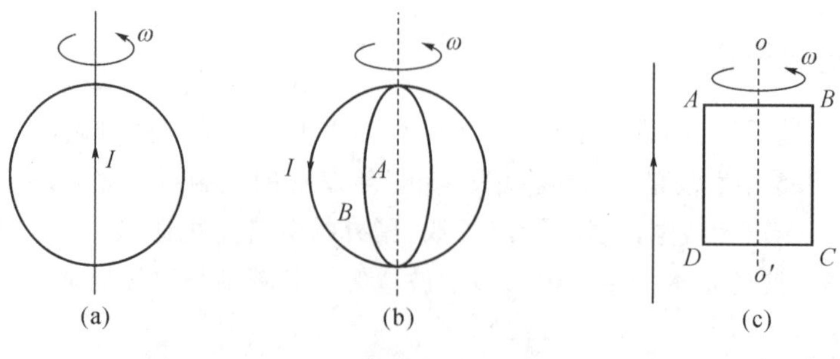

图思考题 12.1

(2)A、B 两个环形导线,如图思考题 12.1(b)所示。B 环固定并通有电流 I,A 环可绕通过环的中心的竖直轴转动。开始时，两环面相互垂直，然后 A 环以逆时针方向转到两环面相互重叠的位置。

(3)矩形金属线框 $ABCD$ 在长直线电流 I 的磁场中，以 oo' 为轴，按图思考题 12.1(c)中所示方向转过 90°。

12.2　将一磁铁插入一个由导线组成的闭合线圈中，一次迅速插入，另一次缓慢地插入，问

(1)两次插入时在线圈中产生的感生电荷量是否相同？

(2)两次手推磁铁的力所做的功是否相同？

12.3　某人在绕制 8W 日光灯的镇流器，采用匝数相同的两只线圈串联，插入铁芯后，发现四只线头无法辨认，是否可任意连接？应用什么方法来判别？

12.4　如图思考题 12.4 所示，一质子通过磁铁附近发生偏转，如果磁铁静止，则质子的动能保持不变，为什么？如果磁铁运动，质子的动能将增加或减小，试说明理由。

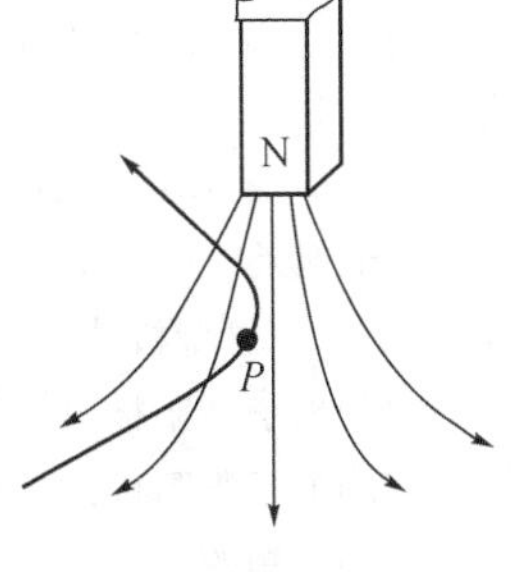

图思考题 12.4

12.5　感生电场与静电场有什么相同之处？有什么不同之处？

12.6　变化的磁场所产生的电场是否也一定随时间而变化？

12.7　(1)真空中静电场和真空中一般电场的高斯定理形式皆为 $\oint \boldsymbol{E} \cdot \mathrm{d}\boldsymbol{S} = \frac{1}{\varepsilon_0}\sum q$，但理解上有何不同？

(2)真空中稳恒电流的磁场和真空中一般磁场的高斯定理皆为 $\oint \boldsymbol{B} \cdot \mathrm{d}\boldsymbol{S} = 0$，但在理解上有何不同？

习　题

12.1　一根导线，弯成半径 R 为 10.0cm 的三段圆形线段，并组成闭合曲线，如图题 12.1 所示。每一圆形线段恰等于 1/4 圆周，ab 位于 xoy 平面，bc 位于 yoz 平面，ac 位于 xoz 平面。

(1)有一磁感应强度 $\boldsymbol{B}$ 沿 x 轴正向的磁场，当磁场以变化率 $\frac{\mathrm{d}B}{\mathrm{d}t} = 3.00 \times 10^{-3}\,\mathrm{T \cdot s^{-1}}$ 增加时，闭合曲线中感应电动势大小为多少？

(2)在线段 bc 中感应电流的方向如何？

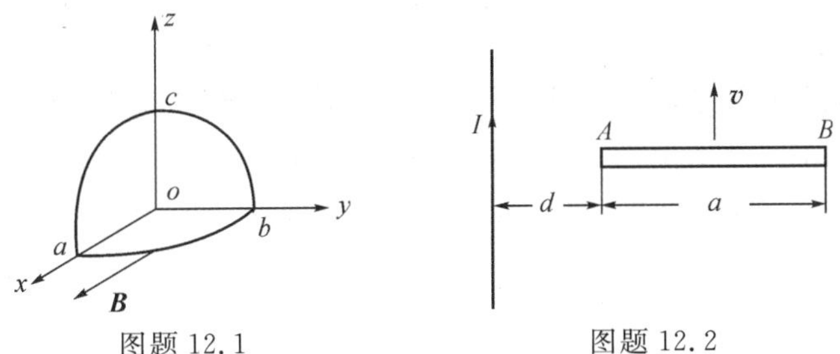

图题 12.1　　图题 12.2

12.2　金属杆 AB，以速度 $v = 10.0\mathrm{m/s}$，平行一长直载流导线匀速运动，如图题 12.2 所示，已知导线载有电流 $I = 5.00\mathrm{A}$，$d = 10.0\mathrm{cm}$，$a = 20.0\mathrm{cm}$。请问此金属杆中的感应电动势，A、B 哪端的电势高？

12.3　一长直载流导线，载有电流 $I = 5.00\mathrm{A}$，另一矩形线圈($a = 10.0\mathrm{cm}$，$l = 20.0\mathrm{cm}$，共 1000 匝)与导线在同一平面，并以 $v = 2.00\mathrm{m/s}$ 的速度向右平动，求当 $d = 10.0\mathrm{cm}$ 时线圈中的感应电动势。

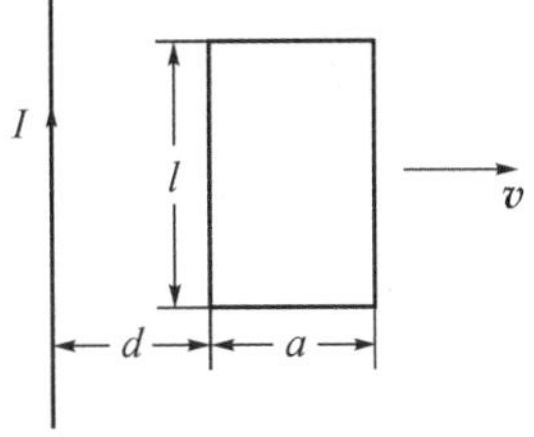

图题 12.3

12.4　上题中若线圈不动，而长直导线通有电流 $I = 10.0\sin 100\pi t$，求线圈中的感应电动势。

12.5　磁感应强度为 $\boldsymbol{B}$ 的均匀磁场，充满在半径为 R 的圆柱形体积内，有一长为 l 的金属棒 ab 放在这磁

场中，如图题 12.5 所示，设磁场在增强，并且$\frac{dB}{dt}$已知，求棒中的感应电动势，并指出哪端电势高。

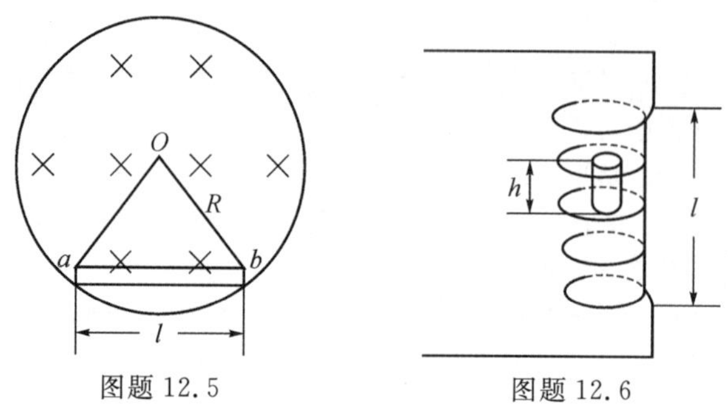

图题 12.5　　图题 12.6

12.6　利用感应加热的方法，可以清除真空仪器的金属部件上的空气。如题 12.6 图所示，设线圈长 l=20.0cm，匝数 N=30.0 匝，线圈中的高频电流 $I=20.0\sin 2\pi\times 10^5 t$，被加热的是电子管阳极，它为一半径 r=4.00mm，而管壁极薄的空圆筒，高度 $h \ll L$（把线圈近似看作是无限长密绕的），其电阻 $R=5.00\times 10^{-3}\,\Omega$，求：

(1)电子管阳极中的感应电流最大值。

(2)电子管阳极内每秒产生的热量。

(3)当频率 f 增加一倍时，热量增加几倍？

12.7　电子加速器中，磁场在直径为 50.0cm 的圆柱形区域内是均匀的，磁场的变化率为 1.00×10^{-2} T/s，在此圆柱外部，磁场为零。试计算离开中心距离为 10.0cm，50.0cm，1.00m 各点处的感生电场。

12.8　一电子在电子加速器中沿半径为 1.00m 的轨道作圆周运动。如它每转一周动能增加 700eV，试计算轨道内磁感应强度随时间的变化率。

12.9　一环形螺线管，共 N 匝，截面为长方形，其尺寸如图题 12.9 所示。求此螺线管的自感系数。

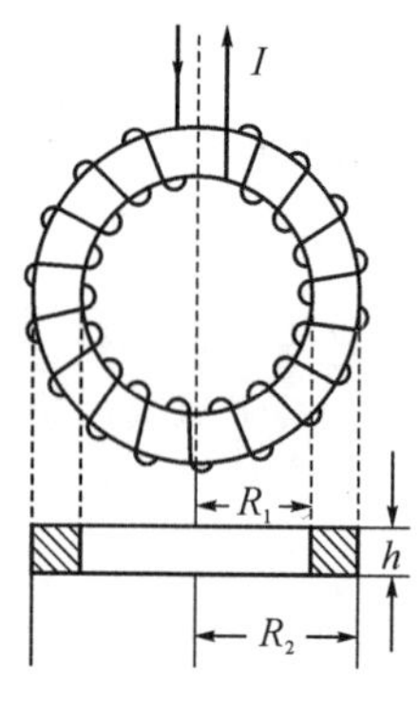

图题 12.9

12.10　有一段 10 号铜线，直径为 2.54mm，每单位长度的电阻为 $3.28\times 10^{-3}\,\Omega$/m，在导线上载有 10.0A 的电流，试计算

(1)导线表面处的磁能密度有多大？

(2)该处的电能密度有多大？

12.11　假定从地面到海拔 6×10^6 m 的范围内，地磁场为 0.5×10^{-4} T，试粗略计算在这区域内地磁场的总磁能。

12.12　一平行板电容器的两极板都是半径为 5.00cm 的圆导体片，充电时其中电场强度的变化率$\frac{dE}{dt}=1.0\times 10^{12}$ N/(C·s)。求两极板间的位移电流。

科学家介绍

法拉第

法拉第(Michael Faraday，1791—1870)出身贫寒，自学成才，工作勤奋，热心科普工作。他既是一位实验大师又是一位取得多方面巨大成就的科学家。在他成长的道路上，屈辱、贫困、压制和失败常常伴随着他，但他从不气馁，以顽强的毅力、勤奋的工作创造了奇迹。

1. 勤奋自学,艰难走上科学之路

1791年9月22日,M.法拉第出生在伦敦城南萨里郡纽英顿镇,父亲是个铁匠。18世纪的英国社会阶级门第森严,平民与贵族之间横亘着一条界限分明的鸿沟。贫寒的家境使法拉第与他哥哥一样,早早地承担了生活的重担。13岁时,父亲把他送到一家经营书籍装帧,销售书籍、文具,出租报纸的铺子当学徒。送了一年报以后,店主正式教他书籍装订的手艺,法拉第很快就学会了,他装订得又快又好。19世纪初,书是一种奢侈品,只有有钱人才买得起。法拉第有幸当书籍装订学徒,店堂里到处是书,他就利用工余时间仔细阅读。从《一千零一夜》到《莎士比亚戏剧全集》,从通俗科学读物到《大英百科全书》,拿到什么读什么,正是通过读书。法拉第渐渐走上了科学之路。

《大英百科全书》中吉尔伯特,富兰克林等人关于电学的研究成果,以及伦敦一个医生的妻子玛西特夫人所写的科普读物《化学漫谈》中的化学实验,把法拉第迷住了。他到药房去拣人家扔掉的小瓶子,花半个便士买一点最便宜的药品,回到自己住的阁楼上,依照书中所述,把能够做到的实验都做一遍。就这样,他与科学越走越近,而越走近他越爱科学。法拉第经常参加一些科学报告会和讨论会,1812年2月—4月英国皇家学院的顿斯帮助他参加了著名化学家戴维(Humphrey Davy,1778—1829)在皇家学院的四次化学讲座,每次他都细心笔录,整理成稿。戴维的讲座坚定了他走科学之路的决心。1812年12月他给戴维写了一封信,并附上了自己整理、装订的戴维的讲演记录,希望戴维有机会帮助他实现"进入科学部门工作"的愿望。当戴维去向英国皇家学院的最老理事之一谈关于雇用法拉第一事时,理事说:"让他涮瓶子吧!如果他有点用处就会答应干,要是他不干,就说明他毫无用处。"法拉第答应了,1813年3月戴维把法拉第推荐到皇家学院实验室做他的助理实验员。

2. 主要科学成就

1813年10月法拉第随戴维到欧洲大陆作科学考察,游历了法国、意大利和瑞士,历时18个月。法拉第在这次学术考察中详细记载了戴维在各地的讲学内容,参观了各国的实验室,并了解了许多著名科学家的实验方法,扩大了眼界。

1815年5月法拉第回到英国后,在戴维的支持和指导下,从事化学研究工作,并于1816年发表了他的第一篇化学论文。1823年,他发现了氯气和其他气体的液化方法。1824年1月当选为英国皇家学会会员,1825年2月法拉第担任了英国皇家学院实验室主任,同年,发现苯,为芳香族化合物的研究和应用开辟了道路,并开始研究光学玻璃的制造技术。

1831年8月29日,法拉第第一次观察到电磁感应的效应。他在一个圆形软铁环两边绕上A、B两组线圈,在将A组线圈同伏打电池接通或切断的瞬间,就会在B组线圈中感应出电流。10月又发现,磁铁和导线的闭合回路有相对运动时回路中会产生感应电流。电磁感应现象的发现为电在未来的大规模应用奠定了基础。这项工作获得皇家学会的科普利奖章。

受电磁感应的启示,法拉第直觉地揣测到磁铁周围是一个充满力线的场。1832年3月12日,他在文稿中写道:"使我相信,磁的作用是渐进的,是需要时间的","有理由假设,电的感应也是类似的,渐进方式进行的。"这是物理学史上第一次认真地向力的超距作用概念提出的挑战。

1833—1834年他发现了两条电解定律,这是电化学的开创性工作,其中第二个定律是基本电荷存在的有力证据。法拉第还制订了许多电化学术语,如电极、阳极、阴极、电解质、阳离子、阴离子等,他用"电解"一词表示整个过程,测定了电解1g当量物质所需要的电量为96484C(库仑),后来这被称为法拉第常量。

从1834年起,法拉第对伏打电池、静电、电容和电介质的性质进行了大量实验研究,为纪念他在这方面的工作,电容的单位命名为法拉。

1841年9月发现磁致旋光效应,后来称为法拉第效应。这是人类第一次认识到电磁现象与光现象之间的关系。

3. 永远是普普通通的法拉第

历史上有很多科学家在成名后,科学生命就终止了。但法拉第在发现震惊世界的电磁感应现象后,继续保持谦虚谨慎的美德,仍不声不响地埋头于他的科学研究工作,两年后又发现了著名的电解定律,此后,还有一系列重大发现伴随他。

1857年英国皇家学会会长辞职,皇家学会学术委员会一致认为,如果能请德高望重的法拉第教授出来继任会长,那是再理想不过的。这是一个英国科学家所能享受的最高荣誉,学术委员会派了几个人来劝说法拉第接受这个职位,法拉第回答说:"我是个普通人,到死我都是普普通通的迈克尔·法拉第。"

几年以后,皇家学院院长去世,学院理事会又想请法拉第当院长,法拉第又谢绝了。

法拉第热爱的是科学,他不追求荣誉,他冠着铁匠的姓氏出生,也愿意以普普通通的法拉第离开。但是,他的身后却留下了耀目的光芒,照亮人类科学和文明发展的道路。

第四篇　波动光学

光是一种非常普遍的自然现象，它是地球上一切生命活动的能量来源，与人类的生活息息相关。正因为如此，人类对光的认识和研究进行得很早，光学也是人类历史上最古老的学科之一。

人类对光性质及其应用的研究大约是在公元前 5 世纪开始的，公元前 5 世纪到公元 16 世纪约两千年的时间为光学的萌芽时期。在这一时期，人们对于光的直线传播、反射与折射、光的色散等表面现象有了直观的了解，发明了平面镜、透镜等简单的光学仪器。我国先秦时期的墨子对小孔成像等方面的研究以及希腊人阿基米德用凹面镜反射阳光使入侵的罗马舰队起火的传说就发生在这个时期。从 17 世纪开始，光学进入了一个较快的发展阶段。光的反射与折射定律等定量公式的提出为几何光学的发展奠定了基础，显微镜、望远镜等较为复杂的光学仪器也随之产生。这时在理论上，越来越多的物理学家开始关注“光到底是什么?”这一涉及光本性的问题。

光的本性问题一直是贯穿在光学发展中的一个根本问题。从 17 世纪开始，就存在两种不同的学说：**微粒学说**和**波动学说**。在前人研究的基础上，牛顿在 1672 年根据光直线传播的事实提出了光的微粒说，认为光是光源发射出来的一种速度极快的微粒流。微粒学说能够解释光的直线传播特性以及光的反射、折射等定律，但是无法进一步对光的干涉、衍射等现象做出解释。另一方面，与牛顿同时代的荷兰物理学家惠更斯(C. Huygen)于 1678 年提出了光的波动说，认为光是在一种特殊弹性介质中传播的机械波。波动学说认为光是一种波动，光的传播不是物质微粒的迁移过程，而是运动能量以波动方式迁移的过程。惠更斯还引入了波和波阵面的概念，提出了著名的**惠更斯原理**，并定量解释了反射和折射定律。由于牛顿在当时科学界的权威性，以及早期的波动学说缺乏数学基础，还很不完善，在随后的百余年间占统治地位的是光的微粒学说。

1809 年，法国物理学家马吕斯(E. Malus)发现了偏振现象。1817 年英国物理学家托马斯·杨(Thomas Young)用双缝干涉等实验使光的干涉现象变成不可否认的事实，并定性地提出了光波的干涉理论，成功地解释了薄膜的彩色等干涉现象。1821 年，法国物理学家菲涅尔(A. Fresnel)以杨氏干涉原理补充了惠更斯原理，得到了著名的惠更斯—菲涅尔原理，为光的波动说建立了一整套定量的理论，用这个原理既能圆满地解释光的直线传播，也能解释光通过障碍物时所产生的衍射现象。更为重要的是，19 世纪下半叶，英国物理学家麦克斯韦的电磁理论和赫兹实验证明了可见光是波长在 400～760nm 波段的一种电磁波，从而进一步肯定了光是一种波动的基本观点。这样，光的波动学说逐渐占据了主导地位。

19世纪末至20世纪初，人们的研究开始深入到光和物质的相互作用，这时发现了一系列新的现象，如黑体辐射、光电效应等。这些现象不能用光的波动理论来解释，必须假定光是具有一定能量和动量的粒子所组成的粒子流。于是，爱因斯坦提出了**光量子假说**，认为光是由一个个能量小球或"粒子"组成。爱因斯坦的光量子假说可以称为关于光本性的粒子说，这一假说不仅可以成功地解释了光电效应，而且被后来的许多实验所证实(例如康普顿效应)。

这样，光究竟是微粒还是波动？这个古老的问题又摆在了人们面前。一方面，光的干涉、衍射等现象证明光具有波动性，另一方面光电效应等又证明了光具有粒子性。

光到底是什么呢？近代物理学特别是**量子力学**的发展使人们对光本性的认识达成了以下共识：从整体上来说，光既不是波动，也不是粒子，更不是两者的混合物，光在传播过程中显示的是波动的性质，光与物质相互作用时显示的是粒子的性质，这就是所谓光的"**波粒二象性**"。

随着人们对光的本性问题不断深入探索，光学在理论和实际应用中也都有了重大突破。特别是1960年第一台激光器问世以来，使光学开始了一个全新的发展时期，出现了许多新的光学分支，如信息光学、激光物理、非线性光学等，并在光通信等领域得到了广泛的应用。

光学通常可分为**几何光学**和**物理光学**两部分，物理光学又可分为波动光学与量子光学两个分支。本篇主要讨论波动光学中最基本的干涉、衍射、偏振等现象及其应用。另外，本篇通常意义上的光是指可见光，即能引起人的视觉的电磁波，不同波长的电磁波可以引起不同的色觉，波长与颜色的大致对应关系如下表：

篇表1　可见光的颜色与波长的关系

颜色	中心波长(nm)	波长范围(nm)
红	660	760～622
橙	610	622～597
黄	570	597～577
绿	540	577～492
青	470	492～470
蓝	460	470～455
紫	410	455～400

第 13 章　光的干涉

干涉现象是一切波动过程的基本特征之一。光是电磁波，因此光也有干涉现象。本章主要讨论光干涉的基本原理、实现方法及其简单应用。

13.1　光干涉的基本原理

13.1.1　光的干涉现象

对于可见光波，**干涉现象**表现为两列光波在传播过程中相遇时，在叠加区域内，有些地方始终较亮，有些地方始终较暗，即合成光波的强度形成一系列不随时间而变的、稳定的空间强弱分布——明暗条纹，这些明暗条纹称为**光的干涉条纹**。

光的干涉现象通常要通过一定的装置才能实现，如杨氏干涉实验、洛埃镜实验等。在自然界中我们有时也能看到光的干涉现象。例如，吹起的肥皂泡以及浮于水面上的油膜呈现的彩色图案，就是自然光在薄膜两表面的反射光相互干涉形成的干涉条纹。

13.1.2　产生光干涉的基本条件

跟机械波类似，并不是任意的两束光相遇都会产生干涉现象。相反，只有很特殊的两束光相遇才会产生干涉现象，会产生干涉的两束光称为**相干光**。所谓的相干光必须满足下列**相干条件**：①两波具有相同的频率；②两波在相遇点所产生的振动方向相同；③两波在相遇点的相位差恒定。

相干光一般是很难获得的，为什么呢？这要从光源的发光机理去理解。普通光源发光均是由光源内部大量原子跃迁产生的辐射，这些原子的跃迁能级不同，跃迁时间也不同，各原子的每次发光是彼此独立、互不相关的，不可能满足光的相干条件。因此，由两个独立的光源或者同一光源不同部分所发出的光都是不相干的，这些光在相遇区域的合成光强都是原来两个光强的简单相加。

通常获取相干光的方法是将光源上同一点发出的光波用分束的办法分成两束，让它们经过不同路径后再相遇，这样的两束光满足相干条件，才可能在叠加区域出现干涉现象。

另外，一个静止原子在不受外界干扰情况下，每次自发跃迁所能持续的发光时间 τ 约为 10^{-8} s，但实际上由于原子间的相互碰撞以及原子的热运动等干扰因素的存在，都会使发光提前停止而大大缩短发光时间。因为光是以光速传播的，所以一个光波的长度可以用 $L_0=\tau c$（c 为光速）来计算。因此原子每次所发出的光波是一个在时间上很短、在空间上也是有限长的**波列**。如图 13.1(a)所示。有限长的**光波列长度** L_0 也会对产生光干涉造成很大的限制。设某个原子前后发射了三个波列 1,2,3,波列长度均为 L_0,把这三个波列分别分为两部分 a_1 与 b_1,a_2 与 b_2,a_3 与 b_3,使它们经过不同的路径在 P 点相遇,如图 13.1(b)所示。当路程相差不太大时,在 P 点相遇的是 a_1 和 b_1,a_2 和 b_2,a_3 和 b_3,由于它们都是相干的,可以产生干涉现象。但是,如果路程相差太大,以至 a_1 的尾部已通过 P 点而 b_1 的首部尚未到达,则和 b_1 相遇的不是 a_1,也许是 a_2。由于 1、2、3 这三列波之间是不相干的,在 P 点就不能产生干涉现象。

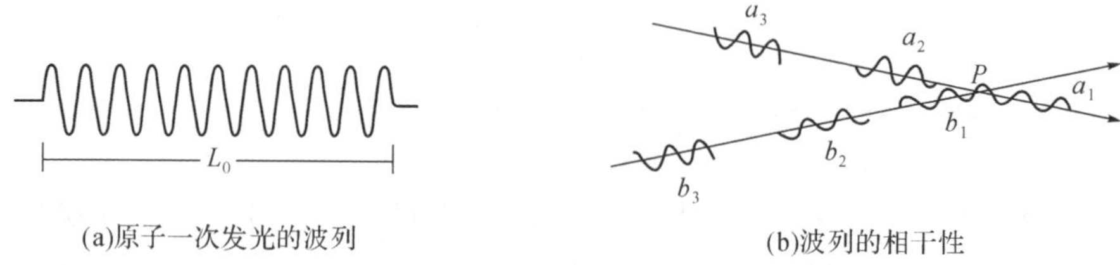

(a)原子一次发光的波列

(b)波列的相干性

图 13.1 光的波列长度与相干性

由此可见,两束光波要产生光干涉,除了要满足相干条件外,从分束到合成点的路程差不能太大,必须小于 L_0 才能相遇产生干涉现象。所以光的波列长度 L_0 又称为该**光源的相干长度**,相干长度通常可以用来描述光源相干性的好坏,相干长度越长的光源相干性越好。几种常见光源的相干长度如下表所示:

表 13.1 常见光源的相干长度

光源	中心波长(nm)	相干长度(cm)
低压汞灯	546	1～2
氦 灯	588	14
氖 灯	585	30
氪 灯	606	77
氦氖激光	633	～几十公里

13.1.3 光干涉的计算方法

我们知道,**两列光波在相遇区域产生干涉现象,其本质是两列波在相遇各点引起的两个同方向同频率振动合成的结果**,相遇点的光强与合振幅的平方成正比。由振动合成理论可知,两振动在相遇点的合振幅由它们在该点的**振动相位差**决定,当相位差 $\Delta\varphi$ 满足:

$$\Delta\varphi=\begin{cases}\pm 2k\pi, & k=0,1,2,\cdots \quad 加强\\ \pm(2k+1)\pi, & k=0,1,2,\cdots \quad 减弱\end{cases} \tag{13.1}$$

两相干光波到达相遇点的振动相位差,取决于从分束开始到相遇这段过程中各自经过的几何路程及物理因素。具体地说,光波每传播一个波长,其相位就要改变 2π。但光波在不同介质中传播的波长是不同的,因此在不同介质中经过同样的距离 r 引起的相位变化也是不同的。

设有一频率为 ν 的单色光在真空中的传播速度为 c,波长为 λ。实验表明,该单色光在折射率为 n 的介质中传播时,速度为

$$v=\frac{c}{n}$$

波长为

$$\lambda_n=\frac{v}{\nu}=\frac{c}{n\nu}=\frac{\lambda}{n} \tag{13.2}$$

当它在介质中经过几何路程 r 时,相应的相位变化为

$$\varphi=\frac{2\pi}{\lambda_n}r=\frac{2\pi}{\lambda}nr$$

由此可见，光在折射率为 n 的介质中经过 r 的距离时所引起的相位变化，相当于同频率的光在真空中经过 nr 距离时所引起的相位变化。我们**将光在某介质中所经过的几何路程 r 与该介质折射率 n 的乘积称为光程**，用 L 来表示，即

$$L=nr$$

如果光连续通过折射率分别为 $n_1,n_2,\cdots$ 的多层介质，相应的几何路程分别为 $r_1,r_2,\cdots$，则总光程应为各分段光程之和，即

$$L=n_1r_1+n_2r_2+\cdots=\sum n_ir_i$$

与此光程相应的相位改变

$$\varphi=\frac{2\pi}{\lambda}L \tag{13.3}$$

根据上述原理，如果统一采用真空中的波长（各种书籍及文献中给出的均为真空中的波长）和光程的概念，就可以非常方便地计算两相干光的相位差

$$\Delta\varphi=2\pi\frac{L_2}{\lambda}-2\pi\frac{L_1}{\lambda}=2\pi\frac{\delta}{\lambda} \tag{13.4}$$

其中，L_1，L_2 分别为两相干光经过不同路径、不同介质而到达相遇点的光程，$\delta=L_2-L_1$ 称为**光程差**。再根据式(13.1)和式(13.4)，确定干涉条纹的条件变为

$$\delta=L_2-L_1=\begin{cases}\pm k\lambda, & k=0,1,2,\cdots\quad 加强\\ \pm(2k+1)\dfrac{\lambda}{2}, & k=0,1,2,\cdots\quad 减弱\end{cases} \tag{13.5}$$

由此可见，**研究光干涉现象时，只要找到两相干光束，然后计算它们从分束开始到相遇叠加的光程差 δ，根据式(13.5)就可以确定整个干涉条纹的空间分布情况。**

在光的干涉、衍射实验中常使用透镜，下面我们简单地讨论一下透镜对光程的影响。

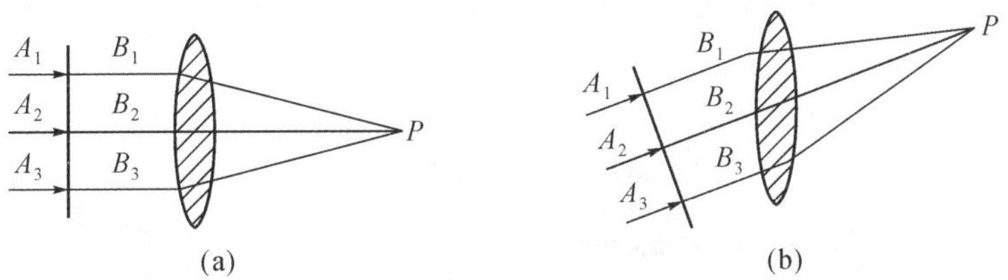

图 13.2　平行光通过透镜的光程

由几何光学知道，平行光束通过透镜会聚于焦平面上，相互加强形成一亮点，如图 13.2 所示。这说明在会聚点各光线的相位是相同的。而平行光束波前上各点（图中的 A_1，A_2，A_3 各点）的相位相同，所以从该波前发出的光线经透镜直到会聚点，各光线的光程应该都是相等的。这一事实可以这样理解：图 13.2(a)中，虽然光线 A_1B_1P 比 A_2B_2P 经过的几何路程长，但是光线 A_2B_2P 在透镜中经过的几何路程比 A_1B_1P 长，而透镜的折射率大于 1，因此换算成光程，A_1B_1P 的光程与 A_2B_2P 的光程是相等的。图 13.2(b)中，由类似情况讨论可知，A_1B_1P，A_2B_2P，A_3B_3P，…，的光程均相等。由此可以得出结论：一束平行光通过透镜后会聚于焦平面上某一点，透镜的存在不会引起附加的光程差。

[例 13.1]　如图例 13.1 所示，由相干光源 S_1 和 S_2（设它们的初相位相同）所发出的两相干光在 P 点相遇，它们到 P 点的几何距离均为 r。S_1 发出的光只经过折射率为 n' 的介质，

而 S_2 发出的光要经过一段折射率为 n、厚度为 d 的介质。计算由 S_1 和 S_2 发出的光到达 P 点的相位差。

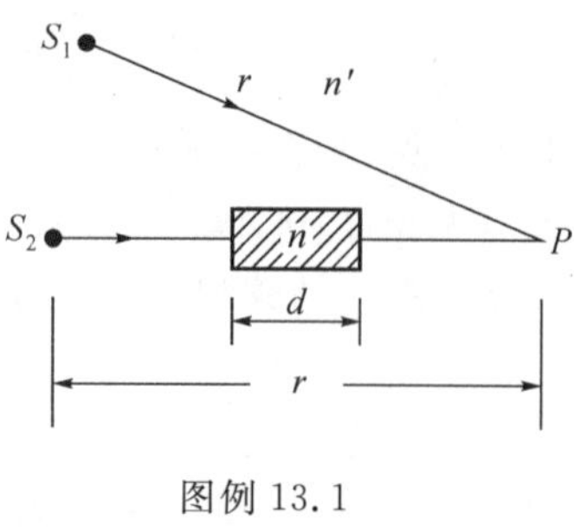

图例 13.1

［解］ 由图例 13.1 所示可知，从 S_1 和 S_2 发出的光到达 P 点所经过的光程分别是 $n'r$ 和 $n'(r-d)+nr$。则它们的光程差

$$\delta = n'(r-d) + nd - n'r$$

根据式(13.4)可求得相位差

$$\Delta\varphi = \frac{2\pi}{\lambda}\delta = \frac{2\pi}{\lambda}(n-n')d$$

根据所求得的光程差或相位差，就可以进一步研究两束光在 P 点干涉后是加强还是减弱。

13.2 光干涉的实现方法及应用

为了实现光的干涉，通常要把从光源同一点发出的光分为两束相干光波，分束方法有两种：分波阵面法和分振幅法。**分波阵面法**是指从一点(线)光源发出光波的同一波阵面上，通过隔截、反射或折射取出其中的两部分或几部分波面当作新的光波源，让它们发出的光束分开传播后再相遇，**杨氏双缝干涉、洛埃镜干涉**等实验就是利用分波阵面法获得相干光束的。**分振幅法**是指利用光在介质分界面上的部分反射和部分透射，将入射光的振幅分为若干部分，让这些光束分开传播后再相遇，**薄膜干涉**就是利用分振幅法得到相干光束的。

13.2.1 分波阵面的双光束干涉

一、杨氏双缝实验

杨氏双缝实验是用分波阵面法实现光干涉的典型例子。在 1801 年，英国科学家托马斯·杨首先用实验的方法研究了光的干涉现象。最早干涉实验是让日光通过一针孔 S，再通过离 S 一段距离的两针孔 S_1 和 S_2，从而实现两光束的相干叠加。后来将针孔改为狭缝，就称为**杨氏双缝实验**。

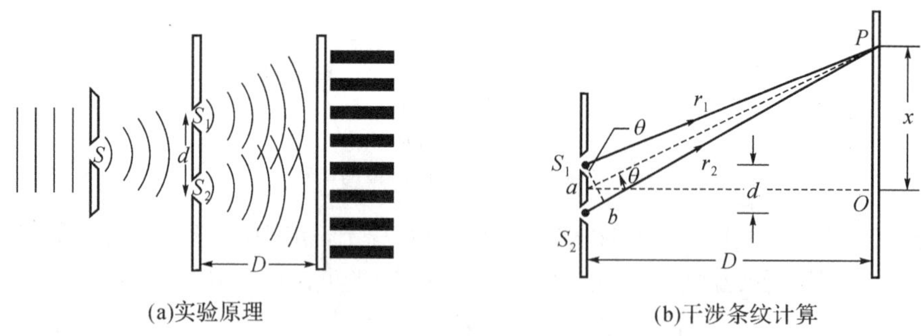

图 13.3 杨氏双缝干涉实验

现代的杨氏双缝实验装置的原理图如图 13.3(a)所示。单色平行光垂直照射到开有狭缝 S 的不透明的遮光板上，通过 S 后再入射到后面另一开有两个狭缝 S_1 和 S_2 的遮光板上，S_1 和 S_2 到 S 的距离相等，且均与 S 平行。从 S_1 和 S_2 透出的光波，是同一波阵面上分离出来的，所以满足相干条件，这样在它们的交叠区域就会产生干涉现象。若在 S_1 和 S_2 后放一屏幕，在屏幕上将出现一组稳定的、与缝平行的明暗相间的直条纹，即**杨氏双缝干涉条纹**。

下面我们来定量分析杨氏双缝干涉条纹的形成及特点。

如图 13.3(b)所示，杨氏双缝实验中的相干光就是从 S_1 和 S_2 发出到屏幕上叠加的两束光线。设 S_1 和 S_2 之间的距离为 d，中心点为 a，到屏幕中心 O 点的距离为 D，整个实验装置放在空气中。在屏幕上任取一点 P，P 到 S_1、S_2 的距离分别为 r_1、r_2。则从 S_1 和 S_2 所发的光到达 P 点的光程差为

$$\delta = r_2 - r_1 \approx d\sin\theta$$

式中，θ 是 Pa 和 S_1S_2 的中垂线 Oa 之间的夹角。通常实验中 $D \gg d$，$D \gg x$，所以这一夹角是非常小的。

由式(13.5)可知，若入射单色光的波长为 λ，则有

$$\delta = d\sin\theta = \begin{cases} \pm k\lambda, & k=0,1,2,\cdots \text{ 明纹} \\ \pm(2k+1)\dfrac{\lambda}{2}, & k=0,1,2,\cdots \text{ 暗纹} \end{cases} \tag{13.6}$$

相应于 $k=0$ 的明条纹称为**零级明条纹**或称**中央明纹**。中央明条纹 O 点的两侧干涉条纹对称分布，依次是第一级暗纹、第一级明纹；第二级暗纹、第二级明纹……

如果两光束到达 P 点时的光程差对上述两条件均不满足，则 P 点光强介于最明与最暗之间。

综上所述，在干涉区域内，我们在屏幕上可以看到以中央明纹 O 点为中心的、两侧对称的、明暗相间的干涉条纹。设 P 点到屏幕上的对称中心 O 点的距离为 x，从图 13.3(b)可得 $\tan\theta = \dfrac{x}{D}$，当 θ 很小时，$\tan\theta \approx \sin\theta \approx \dfrac{x}{D}$，利用式(13.6)可得到的各级干涉条纹中心的位置为

$$x_k = \begin{cases} \pm k\dfrac{D}{d}\lambda, & k=0,1,2,\cdots \text{ 明纹中心} \\ \pm(2k+1)\dfrac{D}{2d}\lambda, & k=0,1,2,\cdots \text{ 暗纹中心} \end{cases} \tag{13.7}$$

从式(13.7)还可进一步得到相邻两条明纹或相邻暗纹之间的距离为

$$\Delta x = \frac{D}{d}\lambda \tag{13.8}$$

此 Δx 称为**条纹的间距**。由式(13.8)可知，Δx 与条纹级次 k 无关，即干涉条纹是等间距分布的。

如果用普通白光作为平行光，用来入射杨氏双缝干涉实验，则屏上的干涉条纹除中央明纹中心是白色外，其余各级明纹略有分离并显彩色。这是因为白光中有各种不同波长的光，从式(13.7)可以看出，不同波长光的干涉条纹在屏上的位置是不同的，只有中央明纹中心对各种波长的光是相同的，故重合叠加后仍显示白色。白光干涉条纹的这一特点提供了判断零级干涉条纹位置的方法，在干涉测量中经常用到它。

图 13.4　杨氏双缝实验的白光干涉条纹

在白光干涉中，我们常将条纹级数 k 相同的各种干涉明纹的组合称为 k **级光谱**。在同一级光谱中，紫光明纹最靠近中央明纹中心，红光明纹则离得最远，从而形成一系列彩色条纹的分布。另外级数 k 越

高的光谱,各种颜色的明纹分离就越大,还会发生不同级次的光谱重叠以致模糊一片分不清条纹。杨氏双缝实验的白光干涉条纹分布如图 13.4 所示。

二、洛埃镜实验及半波损失

除了杨氏双缝干涉实验外,还有利用反射、折射等多种方法来实现分波阵面光干涉的实验,其中比较著名的有菲涅尔(Fresnel)的双棱镜、双面镜干涉实验,洛埃(H. Lloyd)的洛埃镜干涉实验等。下面我们仅对洛埃镜实验作一简要介绍。

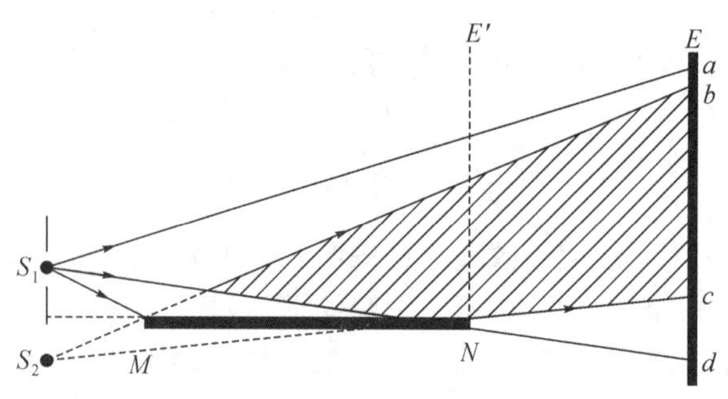

图 13.5 洛埃镜实验

洛埃镜实验装置如图 13.5 所示。E 是一屏幕,MN 是一块平面反射镜,S_1 是一狭缝光源。从 S_1 射出的光一部分直接射到屏幕 E 上,另一部分以接近 90°的入射角射向平面镜 MN,然后反射到屏幕 E 上。显然,这两束光是同一光源 S_1 发出的相干光,在屏上会产生干涉现象。图中画有阴影的区域表示相干光叠加的区域,在屏幕上的对应位置就可看到明暗相间的干涉条纹。

通常我们可以把洛埃镜实验中的反射光看作是由**虚光源** S_2(S_2 是 S_1 的虚像)发出的,则 S_2 和 S_1 就构成了一对类似杨氏双缝实验中的相干光源,因而其干涉原理及干涉条纹的分布也非常相似。但在计算 S_1 和 S_2 发出的两相干光到屏幕的光程差时,却与杨氏双缝干涉实验有很大的区别。

我们先来分析以下的实验事实,在图 13.5 中,如果把屏幕 E 移近到 E' 位置,和平面镜一端 N 相接触,由于从 S_1 和 S_2 发出的光到接触点 N 的距离相等,N 点处似乎应出现明纹,但实验结果却显示 N 处为一暗纹。这是为什么呢?这说明直接射到屏幕上的光和由镜面反射的光在 N 处相位相反。由于直接入射的光不可能有相位的变化,所以只能认为当光从空气掠射到玻璃再反射的过程中,其相位改变了 π。其实电磁波理论对这种现象有严格的证明:在正入射和掠入射的情况下,光线从光疏介质(折射率小)射向光密介质(折射率大)时,再从分界面的反射回来的光线有相位 π 的突变,即相当于有 $\frac{\lambda}{2}$ 的路程改变,所以这种现象常称为"**半波损失**"。

洛埃镜实验中得到证实的半波损失现象,在相干光的光程差计算中会经常碰到。**只要两相干光中有反射光线,在计算反射光线的光程时,就必须注意它在介质分界面的反射过程中有无半波损失。**在下一节的薄膜干涉中就经常要考虑半波损失引起的**附加光程差** $\frac{\lambda}{2}$。

[例 13.2] 在杨氏双缝干涉实验中,设两缝间的距离为 $d=0.2\text{mm}$,屏与缝之间的距离为 $D=100\text{cm}$,试求:

(1)以波长为 589nm 的单色光照射,第 10 级明条纹离开中央明纹的距离;

(2)第 10 级明纹的宽度；

(3)以白色光垂直照射时，屏幕上出现彩色干涉条纹，求第 2 级光谱的宽度。

［解］ 根据杨氏双缝干涉的规律可知

(1)杨氏双缝干涉实验中两相干光线的光程差为

$$\delta = d\sin\theta \approx d\,\frac{x}{D}$$

则相应其明纹位置为

$$x_k = \pm k\,\frac{D}{d}\lambda$$

$$x_{10} = \pm 10 \times \frac{100\times 10^{-2}}{0.2\times 10^{-3}} \times 589\times 10^{-9} = \pm 2.94\times 10^{-2}\,(\mathrm{m})$$

表明第 10 级明纹在中央明纹两侧各有一条。

(2)第 10 级明纹宽度与所有明纹宽度相同

$$\Delta x = \frac{D}{d}\lambda = 2.94\times 10^{-3}\,(\mathrm{m})$$

(3)白光的波长范围在 400～760nm，第 2 级光谱的宽度就是指屏幕上波长最短的紫光($\lambda_{紫}=400\mathrm{nm}$)的第 2 级明纹与波长最长的红光($\lambda_{红}=760\mathrm{nm}$)的第 2 级明纹之间的距离，故有

$$\begin{aligned}\Delta x &= x_{2红} - x_{2紫} = k\,\frac{D}{d}(\lambda_{红} - \lambda_{紫}) \\ &= 2\times \frac{100\times 10^{-2}}{0.2\times 10^{-3}}(760\times 10^{-9} - 400\times 10^{-9}) \\ &= 3.60\times 10^{-3}\,(\mathrm{m})\end{aligned}$$

13.2.2　分振幅的双光束干涉

分振幅法的双光束干涉的典型例子就是薄膜干涉。**薄膜干涉通常是指由薄膜上、下两表面的反射光在薄膜表面附近所产生的干涉现象。**

研究薄膜干涉时，首先要找到相应的薄膜，如浮在水面上的油膜或光盘表面的镀膜、两玻璃片之间的空气膜等等，这些薄膜的厚度不能太厚，往往要与所用光线的波长相比拟时才会有明显的干涉现象；**其次是要确定相干的两束反射光线**，它们必须是由同一束入射光线分别经过薄膜的上、下两表面反射而产生的；另外在计算这两束反射光的光程时要**特别注意它们在各自的反射过程中有无半波损失。**

薄膜干涉通常又可以分为两类：等倾干涉与等厚干涉。等倾干涉中薄膜的厚度是处处相同的，相等倾角的入射光线经薄膜反射干涉后会出现在同一级干涉条纹上，故称**等倾干涉。**等厚干涉中薄膜的厚度是不相同的，在同一方向的入射光照射下，薄膜上厚度相等各处的反射光干涉后会出现在同一级干涉条纹上，故称**等厚干涉**。下面我们讨论最简单的等倾干涉以及较常见几种的等厚干涉。

一、减反射膜和增反射膜(等倾干涉)

最简单的等倾干涉就是用一个方向的入射光束来照射厚度均匀的薄膜，此时整个薄膜上所有相干光的光程差处处相等，故只有一个干涉条纹，即整个薄膜的反射光均相互减弱或者均相互加强。这个原理被广泛用于各种光学仪器的镀膜中，通过镀膜使反射光减弱的薄膜称为**减反射膜**，通过镀膜使反射光加强的薄膜称为**增反射膜**。

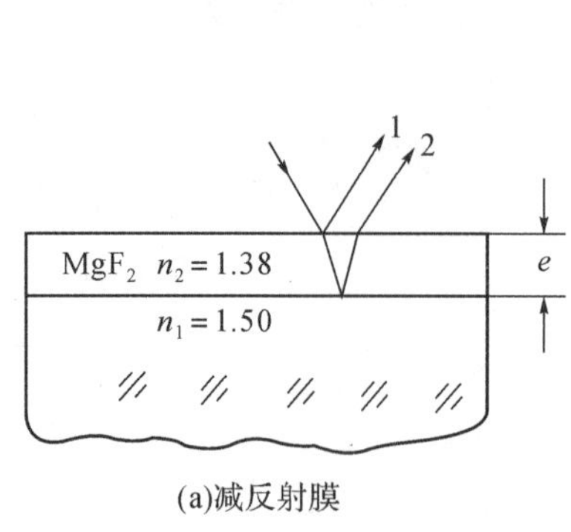

(a)减反射膜

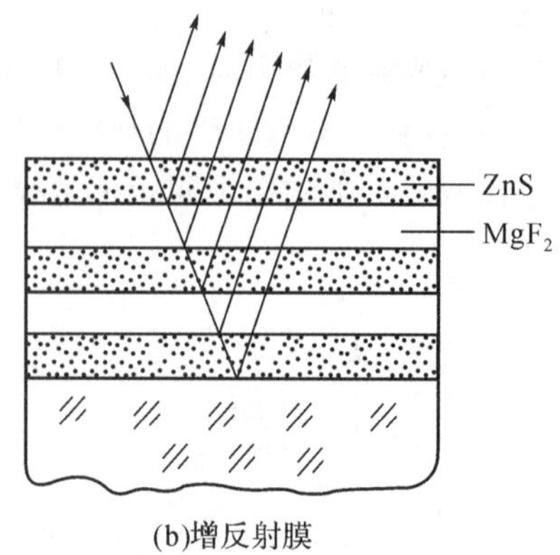

(b)增反射膜

图 13.6 均匀薄膜的等倾干涉

如图 13.6 所示，光学仪器的镀膜通常是在折射率为 n_1 的透镜玻璃表面镀上一层或几层折射率 $n_2(n_2\neq n_1)$ 的薄膜，如氟化镁(MgF_2)或硫化锌(ZnS)等。当光从空气垂直入射到所镀的薄膜上时，在膜的上、下两表面产生的两反射光将会叠加而发生干涉。如果我们适当选择镀膜的折射率及厚度，就可以使反射光实现干涉相消或者干涉相长，从而达到减弱反射光或者增强反射光的目的。

下面我们来定量地分析上述薄膜干涉的情况，以减反射膜为例。

如图 13.6(a)所示，在透镜玻璃(折射率 $n_1=1.50$)表面上镀一层 $MgF_2(n_2=1.38)$ 的透明介质薄膜，并假设空气中的光线垂直入射。显然，这里产生薄膜干涉的薄膜就是 MgF_2 镀膜，两相干光就是 MgF_2 膜的上、下两表面产生的两反射光 1 和 2。

由于光线是垂直入射的，薄膜下表面反射光线 2 的光程比上表面反射光线 1 的光程多了 $2n_2e$。另外由于薄膜上表面处 MgF_2 的折射率 n_2 大于空气折射率($n_{空}\approx 1$)，薄膜下表面处玻璃的折射率 n_1 大于 MgF_2 的折射率 n_2，因此薄膜上、下两表面的反射光线在反射过程中均有半波损失，故不需要计入附加光程差。所以它们的光程差为

$$\delta=2n_2e=\begin{cases}k\lambda, & k=0,1,2,\cdots \text{ 加强}\\(2k+1)\dfrac{\lambda}{2}, & k=0,1,2,\cdots \text{ 减弱}\end{cases}$$

由上式可知，反射光干涉相消时有

$$\delta=2n_2e=(2k+1)\frac{\lambda}{2},\qquad k=0,1,2,\cdots \tag{13.9}$$

即 MgF_2 膜的厚度 e 为$\dfrac{\lambda}{4n_2}$，$\dfrac{3\lambda}{4n_2}$，…时，这些膜就为减反射膜。根据能量守恒定律，某些波长的反射光减弱，同一波长的透射光必然增强，故减反射膜又称为**增透膜**。

应该指出，所有减反射膜都是针对具体某一波长 λ 而言的，至于要控制哪一波长的反射光达到极小，视实际需要而定。例如，在电影放映机、投影仪、幻灯机光源的反光杯上镀一层防止热红外线反射的介质薄膜，可使大量产生热效应的红外线干涉相消不反射，从而保护胶片和光学系统，透射的红外线热量则由风扇排出机外。又如在照相机、电视摄像机、望远镜和显微镜等光学仪器上，一般选择对视觉及普通照相底片较敏感的黄绿光($\lambda=550$nm)来消除反射，增加透射，这样的镜头在白光照射下，反射光中将呈现与它互补的紫红色。这是因为波长小于或大于 550nm 的反射光不满足干涉相消的条件，这也是日常生活中我们注视上述光学仪器镜头时，经常看到紫红色的原因。对于由多个透镜(如潜水艇上用的潜望镜约有 20 个透镜)组成的

光学仪器，由于多个界面的连续反射，会造成图像的亮度不够，同时反射中产生的杂光也会影响图像的清晰度等，这种情况下就更需要对每个透镜进行镀膜的方法来减少反射。

与减反射膜相反，有的光学元件要求反射光越强越好。例如通常的反光镜及激光器谐振腔中的反射镜等，为了增强反射，通常也是在镜面上镀上一层透明的介质膜。该介质膜能降低透射，提高反射，故称为**增反射膜**。

如图 13.6(b)所示，在折射率为 n_1 的玻璃上镀一层硫化锌(ZnS，$n_3=2.35$)介质薄膜。则该膜的上、下表面所产生的反射光将发生干涉，干涉原理与减反射膜相同，只是此时 ZnS 膜下表面的反射光线没有半波损失，故两相干光的光程差为

$$\delta=2n_3e+\frac{\lambda}{2}=\begin{cases}k\lambda, & k=1,2,\cdots \quad 加强\\(2k+1)\dfrac{\lambda}{2}, & k=0,1,2\cdots \quad 减弱\end{cases}$$

由上式可知，反射光干涉相长时有

$$\delta=2n_3e+\frac{\lambda}{2}=k\lambda,\quad k=1,2,\cdots \tag{13.10}$$

当 ZnS 膜的厚度 e 为$\frac{\lambda}{4n_3}$，$\frac{3\lambda}{4n_3}$，…时，波长为 λ 的反射光就会因薄膜干涉而大大加强。

计算表明，依靠单膜是无法把反射率(反射光强与入射光强之比)提高太多的。例如在玻璃上镀一层硫化锌，其反射率约为 34%。为进一步提高反射率，应该采用多层膜。如图 13.6(b)所示，在玻璃基底上，依次交替地镀上硫化锌和氟化镁，当镀三层氟化镁和四层硫化锌时，反射率可达 70%左右，而 13 层这样的膜系，可使反射率高达 99%以上。用这样的方法，我们可以得到反射率极高的镀膜镜片。

[例 13.3]　为了使照相机镜头能对人眼和底片最敏感的波长 $\lambda=550$nm 的黄绿光反射最小，镜头上所镀的氟化镁(MgF_2)减反射膜至少应为多厚?

[解]　如图 13.6(a)所示，产生薄膜干涉的薄膜就是 MgF_2 镀膜，两相干光线就是 MgF_2 膜的上、下两表面产生的两反射光 1 和 2。由于 MgF_2 的折射率 n_2 介于空气和玻璃的折射率之间，所以光从空气垂直入射到 MgF_2 镀膜时，在膜上、下表面反射的两反射光均存在着半波损失，故两束反射光的光程差为 $\delta=2n_2e$。要使黄绿光的反射最小，必须有

$$\delta=2n_2e=(2k+1)\frac{\lambda}{2},\quad k=0,1,2,\cdots$$

为了减少镀膜对光能的吸收，通常用最薄的膜($k=0$)，则可求得 MgF_2 膜的最小厚度为

$$e_{\min}=\frac{\lambda}{4n_2}=\frac{550\times10^{-9}}{4\times1.38}\approx100(\text{nm})$$

二、劈尖干涉(等厚干涉)

下面我们讨论膜厚度不均匀时的等厚干涉——劈尖干涉。

如图 13.7(a)所示，薄膜上表面略有倾斜，与下表面构成一夹角 θ 很小的楔形膜，简称**劈尖**。当光波的入射角不大时，在膜上、下表面的两反射光将在膜的表面附近相互叠加而产生干涉。实际上当平行单色光接近于垂直地入射到劈面上时，因为劈尖角很小，从劈尖上、下两表面反射的光可看作是垂直反射。为了定性地说明干涉的形成，考虑一波长为 λ 的光线垂直入射到劈尖 A 处。设介质薄膜的折射率为 n_2，此处膜的厚度为 e，则上、下两表面的反射光线 1 和 2 的光程差为

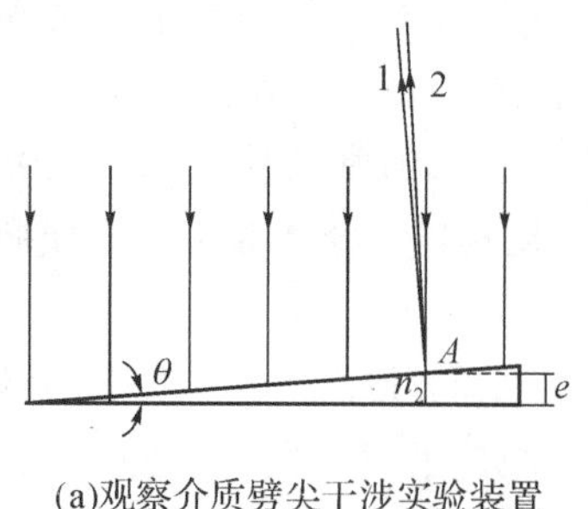

(a)观察介质劈尖干涉实验装置

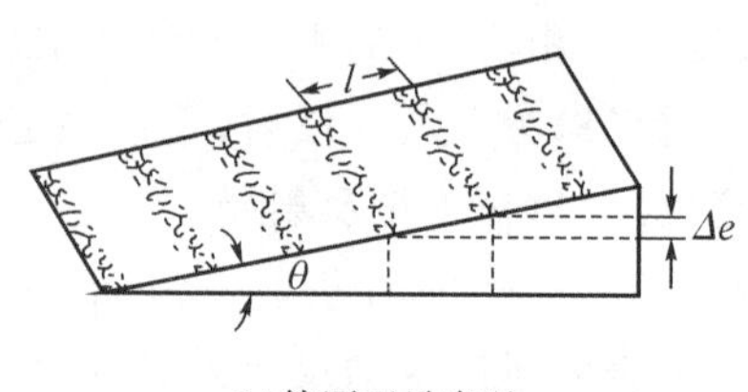

(b)等厚干涉条纹

图 13.7　介质劈尖的等厚干涉

$$\delta=2n_2e+\frac{\lambda}{2}$$

其中，$\frac{\lambda}{2}$来自于反射光的半波损失。因此，劈尖反射光干涉出现明纹和暗纹的条件为

$$\delta=2n_2e+\frac{\lambda}{2}=\begin{cases}k\lambda, & k=1,2,\cdots\quad \text{明纹}\\(2k+1)\frac{\lambda}{2}, & k=0,1,2\cdots\quad \text{暗纹}\end{cases}\tag{13.11}$$

由上式可知，在劈尖干涉中，反射光的光程差完全决定于膜的厚度。膜的厚度相同的各点，反射光的光程差相同，有相同的 k 值，构成同一级干涉条纹。因此这种干涉称为**等厚干涉**，所形成的干涉条纹称**等厚干涉条纹**。

由式(13.11)还可求出任何相邻明纹(或相邻暗纹)之间的厚度差 Δe 以及它们之间的距离 l。设 k 级和 $k+1$ 级暗纹处的膜厚分别为 e_k 和 e_{k+1}，由式(13.11)可得

$$2n_2e_k+\frac{\lambda}{2}=(2k+1)\frac{\lambda}{2}$$

$$2n_2e_{k+1}+\frac{\lambda}{2}=(2k+3)\frac{\lambda}{2}$$

两式相减得

$$\Delta e=e_{k+1}-e_k=\frac{\lambda}{2n_2}\tag{13.12}$$

由图 13.7(b)可求得

$$l=\frac{\Delta e}{\sin\theta}=\frac{\lambda}{2n_2\sin\theta}\tag{13.13}$$

对明纹也可求得同样的结论。由式(13.13)可知，条纹间距 l 和膜的厚度 e 无关，即条纹是等间距的，但 l 和劈尖角 θ 有关。θ 越大，条纹间距越小，条纹越密。θ 过大时，条纹过密，明暗难辨，成模糊一片，观察不到干涉现象，所以干涉条纹只能在劈尖角很小时才能观察到。

实验上常用如图 13.8(a)所示的装置观察等厚干涉条纹。图中 MN、MQ 为两片平板玻璃，一端接触，一端夹一张薄纸，这样 MN 的下表面和 MQ 的上表面就构成一空气劈尖——等厚干涉的空气膜。

如图 13.8(b)所示，干涉条纹是一系列平行于棱边的明暗相间的等距条纹。在棱边处 $e=0$，两反射光的光程差为$\frac{\lambda}{2}$，所以在该处应看到暗条纹，而实验结果正是这样。这是“半波损失”的又一个有力证据。

空气劈尖中产生等厚干涉的空气薄膜折射率 $n_2\approx1$，故由式(13.12)及式(13.13)可知，任

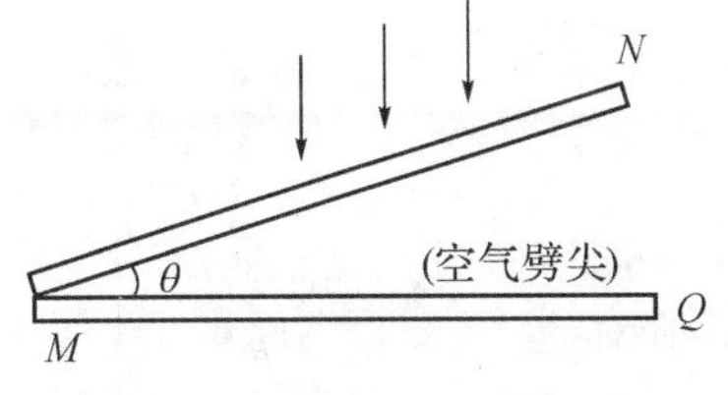

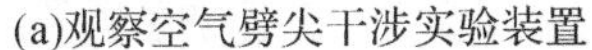
(a)观察空气劈尖干涉实验装置

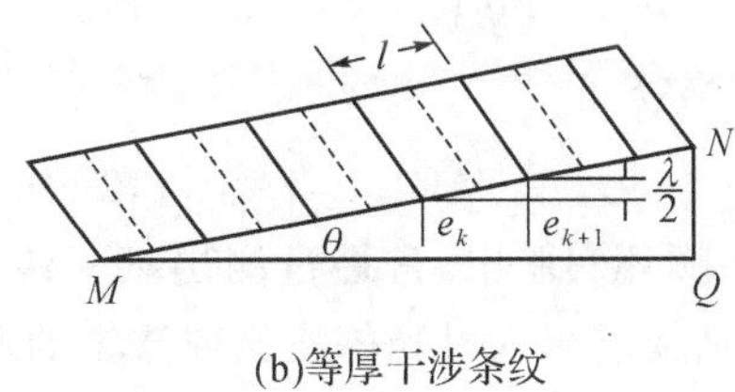

(b)等厚干涉条纹

图 13.8　空气劈尖的等厚干涉

何相邻明纹(或相邻暗纹)之间的空气膜厚度差为

$$\Delta e=\frac{\lambda}{2}$$

以及任何相邻明纹(或相邻暗纹)之间在上玻璃表面的间距为

$$l=\frac{\lambda}{2\sin\theta}$$

三、牛顿环(等厚干涉)

如图 13.9(a)是观察牛顿环的实验简图。在一块平玻璃板 B 上,放一曲率半径 R 很大的平凸透镜 A。透镜的凸面和平玻璃板的上表面之间形成一个类似于劈尖的空气层。当平行光垂直入射时,在空气层的上、下两表面的反射光将发生干涉。如果考虑在空气层厚度为 e 处的反射,则在上、下两表面反射光的光程差 $\delta=2e+\frac{\lambda}{2}$。由于这一光程差取决于空气薄层的厚度,所以这种干涉也是一种等厚干涉。又由于空气层厚度相等的地方是以 O 为圆心的同心圆,所以干涉条纹是一系列明暗相间的同心圆环,如图 13.9(b)所示,称为**牛顿环**。形成明环和暗环的条件为

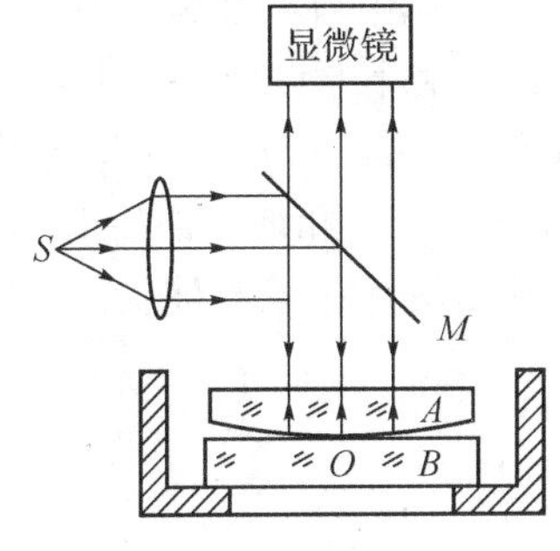

(a)观察牛顿环实验简图

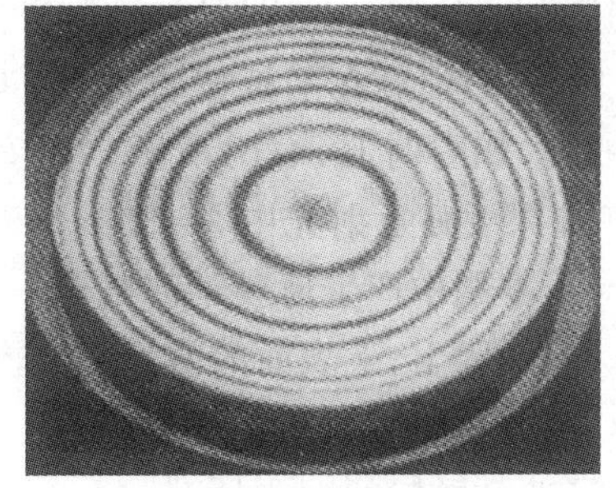

(b)牛顿环的干涉条纹

图 13.9　牛顿环实验

$$\delta=2e+\frac{\lambda}{2}=\begin{cases} k\lambda, & k=1,2,\cdots \quad \text{明环} \\ (2k+1)\frac{\lambda}{2}, & k=0,1,2,\cdots \quad \text{暗环} \end{cases} \tag{13.14}$$

根据这一条件可求出相应明环和暗环的半径。由图 13.10 所示的几何关系可得

$$r^2=R^2-(R-e)^2=2eR-e^2$$

式中 e 为空气层的厚度,r 为相应圆环半径。因为 $R\gg e$,上式中 e^2 可略去。于是得

$$r=\sqrt{2eR}$$

再利用式(13.14)可得 k 级明环半径为

$$r_k=\sqrt{\left(k-\frac{1}{2}\right)R\lambda},\quad k=1,2,\cdots \tag{13.15}$$

k 级暗环半径

$$r_k=\sqrt{kR\lambda},\quad k=0,1,2,\cdots \tag{13.16}$$

在牛顿环实验中，常通过测出某一级明环（或暗环）所对应的半径，从而求出入射光的波长或透镜的曲率半径。

值得一提的是，牛顿环现象是牛顿首先发现的，这一现象本可以作为光具有波动性的一个很好的实验证明，但由于牛顿主观上坚信光是一种粒子，因而对该现象始终无法给出解释。后来，托马斯·杨利用光的干涉原理才给出了完满的解释。

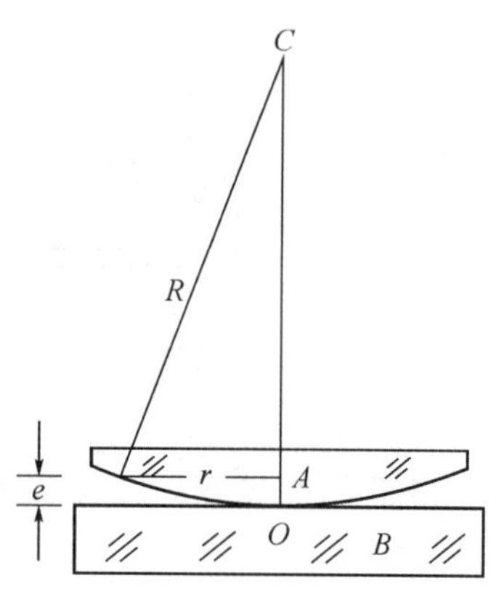

图 13.10 计算牛顿环半径用图

［例 13.4］ 如图例 13.4(a)所示，一透明油滴（$n_2=1.40$）滴在折射率为 $n_3=1.50$ 的平板玻璃表面上，用波长 $\lambda=600$nm 的黄光垂直照射该油滴，从反射光中观察到共有 10 个亮环和 10 个暗环，问：

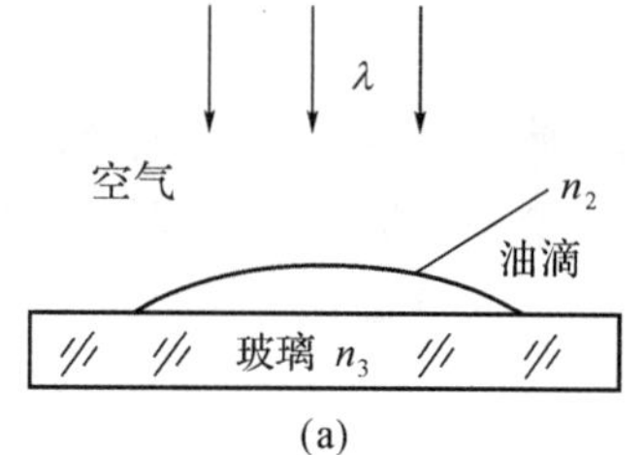

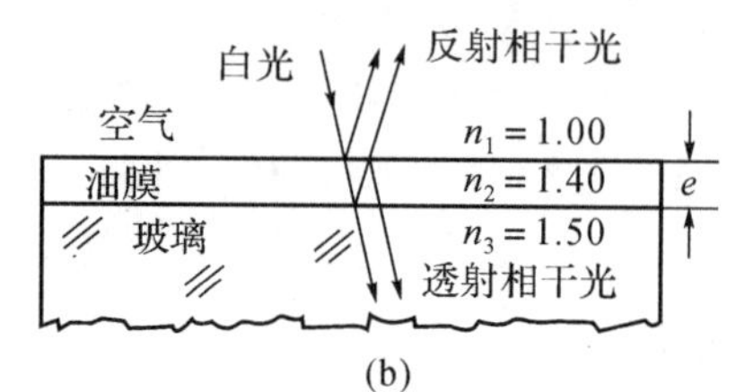

图例 13.4

(1) 油滴最边缘处出现的是亮环还是暗环？该油滴的最高厚度为多少？

(2) 如果该油滴在平板玻璃表面上扩散成厚度为 $e=250$nm 的均匀透明油膜，用白光垂直照射该油膜，如图例 13.4(b)所示。则哪些波长的可见光在反射光中得到加强？

(3) 如果要使反射光中 $\lambda=550$nm 的光消失，该均匀油膜的最小厚度应为多大？

［解］ 本题中产生薄膜干涉的薄膜是玻璃表面的油滴膜（$n_2=1.40$），产生薄膜干涉的两相干光线是油膜上、下表面的两反射光。由于油膜的折射率介于空气和玻璃的折射率之间，所以光线从空气垂直入射到油膜时，在膜上、下表面反射的反射光均存在着半波损失，故两束反射光的光程差为

$$\delta=2n_2e$$

反射光干涉加强或减弱的条件为

$$\delta=2n_2e=\begin{cases}k\lambda, & k=0,1,2,\cdots \ \text{加强}\\(2k+1)\dfrac{\lambda}{2}, & k=0,1,2,\cdots \ \text{减弱}\end{cases}$$

(1)油滴边缘处膜的厚度 $e=0$，故 $\delta=2n_2e=0$，出现亮环。

因为边缘处为亮环，而油滴的反射光共有 10 个亮环和 10 个暗环，故油滴中心处必为暗环（亮、暗环交替出现），且 $k=9$，该油滴的最高厚度为

$$e_{\max}=\frac{(2k+1)\lambda}{4n_2}=\frac{(2\times9+1)\times600}{4\times1.40}\approx2035.7(\text{nm})\approx2.04(\mu\text{m})$$

(2)由反射光干涉加强的条件 $2n_2e=k\lambda$ 得

$$\lambda=\frac{2n_2e}{k}$$

因为此时油膜厚度 e 为不为零的恒值，故 $k\neq 0$

当 $k=1$ 时，得

$$\lambda_1=2n_2e=2\times 1.40\times 250=700(\text{nm})(\text{为红光})$$

当 $k=2$ 时，得

$$\lambda_2=n_2e=1.40\times 250=350(\text{nm})(\text{为紫外光，不可见})$$

故只有 700nm 的红光在反射光中得到加强。

(3)由反射光干涉减弱的条件 $2n_2e=(2k+1)\dfrac{\lambda}{2}$，得

$$e=\frac{(2k+1)\lambda}{4n_2}$$

故最小厚度($k=0$)为

$$e_{\min}=\frac{\lambda}{4n_2}=\frac{550}{4\times 1.40}=98.2(\text{nm})$$

13.2.3　光干涉在现代科技领域中的应用

光干涉现象使得我们能以光的波长为尺度进行各种测量，由于可见光的波长在 400～760nm 之间，一根头发丝粗细的长度包含有成千上万个波长，所以利用光干涉进行检测比一般机械和电磁测量的精确度要高得多。光干涉计量方法由于极高的精密度得到广泛的应用，并在实际测量过程中形成了一个专门学科，称为**干涉计量学**。

在光干涉计量方法的实际应用中，遇到最多的情况是光干涉条纹的移动。我们知道，干涉条纹的移动是由于两相干光线的光程差变化引起的，**根据干涉理论，每移动一条干涉条纹，其光程差的变化量为一个波长。**当光程差变化为 $\Delta\delta$ 时，如条纹移过 N 条，则有

$$\Delta\delta=N\cdot\lambda \tag{13.17}$$

因此，利用光干涉条纹的位置、形状和间距等的变化，就可以精确测定一些物理量的微小量值及其变化。

一、测量微小的物理量

在制造半导体元件时，常常要精确测定二氧化硅(SiO_2)薄膜的厚度，生产中常把二氧化硅薄膜的一部分腐蚀掉，使其形成劈尖，如图 13.11(a)所示。用单色光 λ 垂直照射此劈尖，再用读数显微镜测出劈尖上的干涉条纹数目 N，根据式(13.12)，就可得到所镀薄膜的厚度为

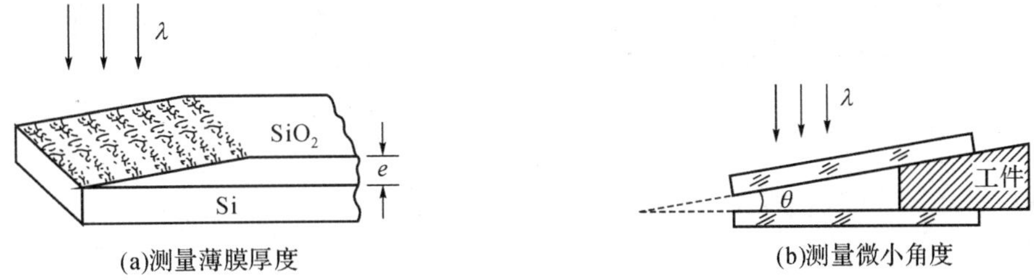

(a)测量薄膜厚度　　(b)测量微小角度

图 13.11　测量微小物理量

$$e=N\cdot\frac{\lambda}{2n_2}$$

式中，n_2 为二氧化硅薄膜的折射率。

同样，在测定劈形工件的微小楔角时，可用两块玻璃顺着劈形工件的表面组成一个空气劈

尖，则该空气劈尖的倾角 θ 与工件的微小楔角相等，如图 13.11(b)所示。测定玻璃上相邻干涉条纹之间的距离 l，根据式(13.13)就可推知工件楔角为

$$\theta \approx \sin\theta = \frac{\lambda}{2n_2} \cdot \frac{1}{l}$$

因为是空气劈尖，所以 $n_2 \approx 1$，则有

$$\theta \approx \frac{\lambda}{2l}$$

二、测量微小物理量的变化

机械测量中经常要用到**量规**，量规是一种长度标准器，它是一块经过精密加工的钢质长方体，上、下两端面磨平抛光，很精确地相互平行，两端面间的距离就是长度标准。可以用它来校正其他测量工具，如游标卡尺、螺旋测微器等。量规在日常使用中受到磨损时，就需要标准量规来校正。

如图 13.12(a)所示，M 为一标准量规，A 为与 M 同型号的待校量规。将两块量规 M、A 置于玻璃平台 B 上，使它们相距一定的距离，上面盖以另一光学玻璃板 G 与量规端面间形成空气劈尖。再用波长为 λ 的单色光垂直照射，比较两量规端面上的干涉条纹图样就可以找到两者的差别。

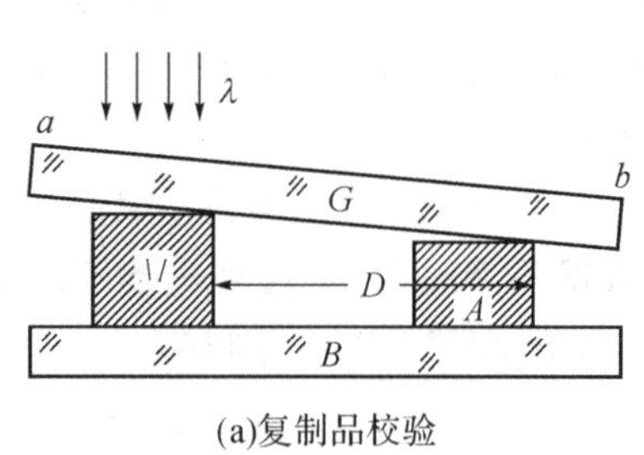

(a)复制品校验

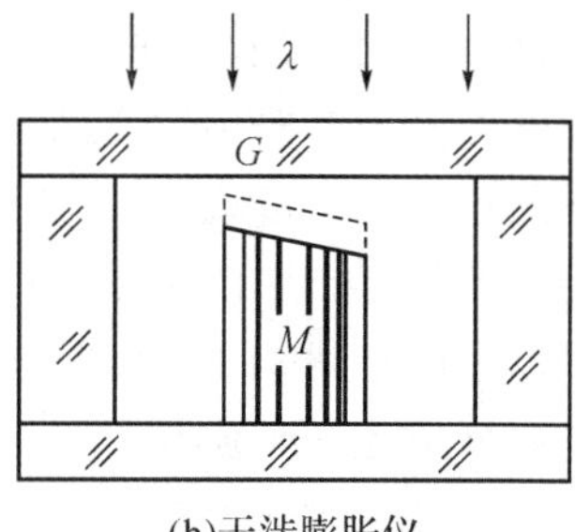

(b)干涉膨胀仪

图 13.12 测量微小物理量的变化

由于有些样品随着环境温度的变化会发生微小的胀缩，这种变形用光干涉方法就可以很快地检查出来，从而来测定它的热膨胀系数。图 13.12(b)所示是干涉膨胀仪的原理图，在一石英容器 G 内有一待测样品 M，其一端磨光并具一小楔角，与上方石英平面构成一空气劈尖，用波长为 λ 的单色光垂直照射，就可观察到等厚干涉条纹。

样品受热膨胀时，空气膜的厚度将改变，可看到干涉条纹的移动。若仪器的温度从 t_0 升至 t，观察到条纹移动的数目为 N，由式(13.17)知光程差的变化为 $\Delta\delta = N \cdot \lambda$。同时光线从上方入射到样品再反射回去，所以空气劈尖中的 $\Delta\delta = 2\Delta L$，故有

$$\Delta L = L - L_0 = N \cdot \frac{\lambda}{2}$$

由此可求出样品的热膨胀系数 α 为

$$\alpha = \frac{L - L_0}{L_0(t - t_0)} = \frac{N\lambda}{2L_0(t - t_0)}$$

干涉膨胀仪的最大优点是只需很小的样品便可进行相应的测量。

三、检查工件表面的平整度

利用光干涉现象还可以检测精密工件表面的平整程度。如光学仪器所用的棱镜或透镜要求具有非常精确的平面和球面，检测这样高精度的表面，常用到光干涉的方法。

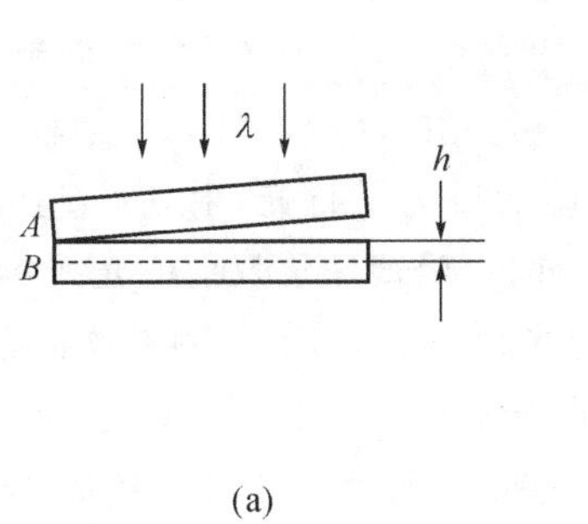

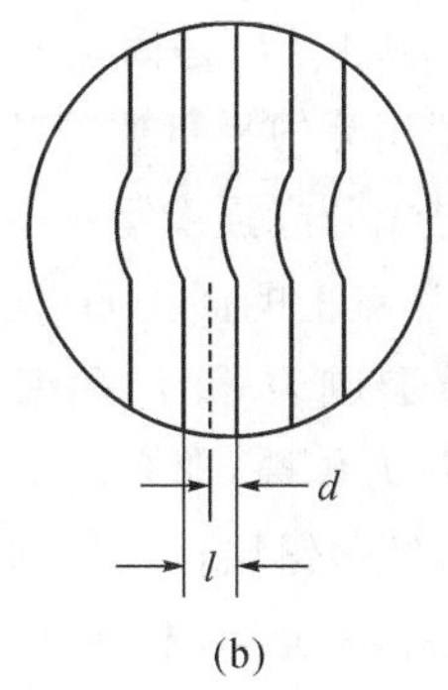

(a)　　　(b)

图 13.13　干涉法检测平面平整度

如图 13.13(a)所示，将标准平面 A 放在待测平面 B 的上方，形成空气劈尖。当单色光垂直入射时，在此劈尖上，将观察到明暗相间的等厚条纹。根据条纹的形状，便可推知待测平面的质量。如待测平面 B 上有深度为一凹痕，则凹痕处的空气膜厚度比平整部分高，由于同一条干涉条纹对应的空气膜厚度相同，等厚直条纹在凹痕处将劈尖棱边方向发生弯曲，如图 13.13(b)所示。由于空气劈尖中相邻两干涉条纹之间的空气膜厚度差为 $\frac{\lambda}{2}$，在实验中测出弯曲条纹的偏离距离 d 以及相邻条纹的间距 l，根据比例关系就可求出凹痕的深度 h 为

$$h=\frac{d}{l}\cdot\frac{\lambda}{2}$$

一般情况下，待测表面的缺陷是杂乱无章的，因此观察到的等厚条纹也是比较复杂的。

四、迈克尔逊干涉仪

光干涉现象的应用非常广泛，在实际应用中还发展出了许多专门的**光学干涉仪**，如精密机械中检测表面光洁度的显微干涉仪，测量气体或液体折射率的瑞利干涉仪，测量星体视直径和双星间距的天体干涉仪等等。这些干涉仪尽管名称不同，形式多样，但基本上都是以迈克尔逊干涉仪为原型发展起来的，所以下面就对迈克尔逊干涉仪作一简单介绍。

迈克尔逊干涉仪是 100 多年前迈克尔逊设计的用分振幅法产生双光束干涉的仪器，迈克尔逊干涉仪的实物图及光路图分别如图 13.14(a)、(b)所示。图中 M_1 和 M_2 是一对精密磨光

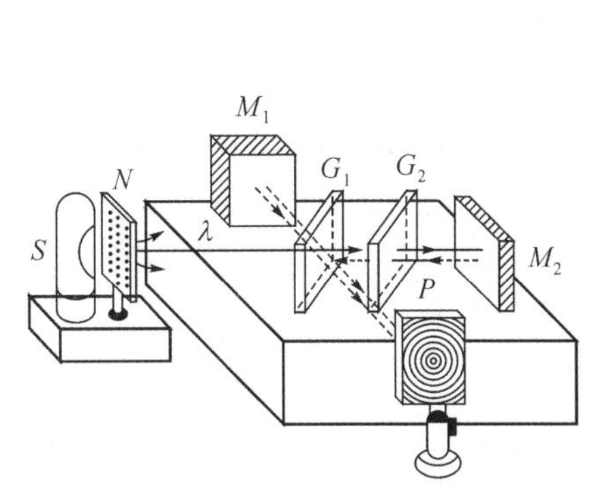

(a)迈克尔逊干涉仪实物图

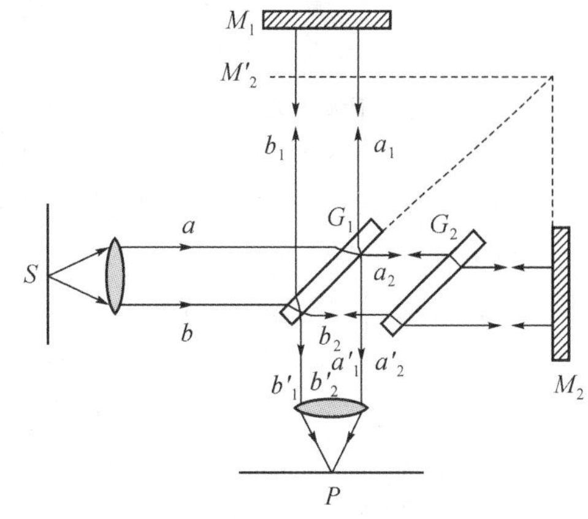

(B)迈克尔逊干涉仪原理

图 13.14　迈克尔逊干涉仪实物及原理

的平面反射镜，其中 M_1 是固定的，M_2 由螺旋测微计控制可做微小的移动。G_1 和 G_2 是两块材料相同，厚度相等的平行玻璃片，它们与 M_1、M_2 均成 45°角。在 G_1 的背面镀有半透明的薄银层，可将入射光分成强度差不多相等的反射光和透射光两部分，因此 G_1 常称为**分光板**。

置于透镜焦点上的面光源 S 发出的光经过透镜后成为平行光，射在 G_1 上，在 G_1 的薄银层上，光束 a 分裂成 a_1 和 a_2 两束光线(光束 b 也一样)。经薄银层反射的光线 a_1，经 M_1 反射，再经过 G_1 向 P 处传播，即光线 a_1'。透过薄银层的光线 a_2，通过 G_2 射向 M_2，经 M_2 反射又通过 G_2 到达 G_1，经薄银层再次反射也向 P 处传播，即光线 a_2'。由于光线 a_1' 和 a_2' 来自同一束光，所以它们是相干光，在相遇 P 处会发生光干涉现象，出现干涉条纹。由图 13.14(b)中的光路图可以看出，光线 $a_1\ a_1'$ 三次通过了平板玻璃，G_2 的存在使光线 $a_2\ a_2'$ 也三次通过厚度相等的玻璃板，从而避免了 a_1' 和 a_2' 存在过大的光程差，G_2 起了补偿光程的作用，故 G_2 常称为**补偿板**。

根据平面反射镜的成像原理，M_2' 是 M_2 经分光板上的薄银层所形成的虚像，如图 13.14(b)所示，来自 M_2 的反射光线 a_2' 可看作是从 M_2' 处反射回来的，因此相遇 P 处出现的干涉图样可以理解为是由 M_2' 和 M_1 之间的空气膜产生的干涉条纹。如果 M_2' 和 M_1 严格平行，则 M_2' 和 M_1 之间的空气层是一厚度均匀的空气膜，这时 P 处可观察到等倾干涉条纹。如果 M_2' 和 M_1 不严格平行，M_2' 和 M_1 之间的空气层是一空气劈尖，因此在 P 处将观察到等厚干涉条纹。

下面以 M_2' 和 M_1 不严格平行时的等厚干涉条纹为例说明迈克尔逊干涉仪的测量原理。在实际测量过程中，被测物体常与 M_2 连在一起，若 M_2 移动了距离 d，则从图 13.14(b)中的光路图可以看出，光线 $a_2\ a_2'$ 前后光程差的变化量为 $2d$，此时 P 处的干涉条纹将发生移动。若入射光的波长为 λ，P 处观察屏上移过的干涉条纹数目为 N，由式(13.17)就可求出 M_2 移动的距离，因为 $\Delta\delta=2d=N\lambda$，故有

$$d=N\cdot\frac{\lambda}{2}$$

迈克尔逊干涉仪最初是迈克尔逊为了探测“以太”而设计的，即著名的**迈克尔逊—莫雷实验**。迈克尔逊干涉仪的主要特点是两相干光束的光路分得很开，并且可以用在一条光路中插入待测物体或移动反射镜 M_2 的方法，来改变两光束之间的光程差，这就使它具有了非常广泛的用途，如可用于测量各种长度(包括光的波长)、折射率和检查光学器件的质量等等。

思考题

13.1 什么是光干涉现象？产生光干涉现象的基本条件是什么？

13.2 为什么要引入光程的概念？光程差与相位差的关系如何？

13.3 如图思考题 13.3 所示，分别用钠光灯和激光器上的光束来做杨氏双缝干涉实验，在观察屏上能否观察到干涉条纹？为什么？

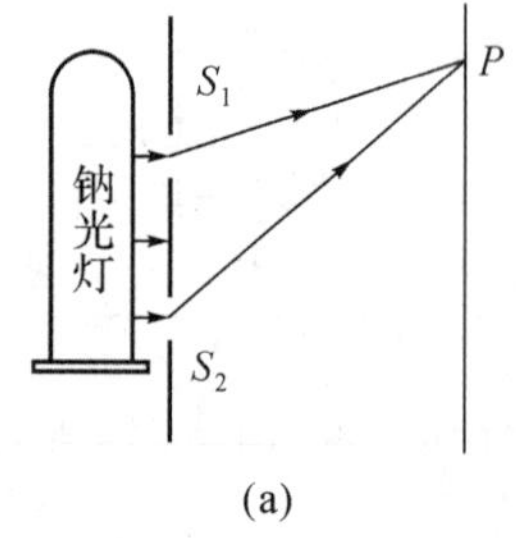

(a)

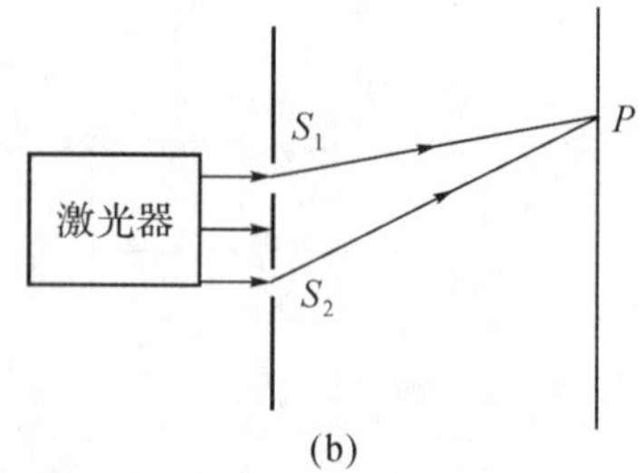

(b)

图思考题 13.3

13.4　在杨氏双缝干涉实验中。(1)当双缝间距 d 增大或减小时，屏上干涉条纹将如何变化？为什么？(2)若将整个杨氏双缝干涉实验装置浸入水中，屏上干涉条纹又如何变化？(3)用白光作缝光源 S，并在缝 S_1 后面放一红色滤光片，S_2 后面放一绿色滤光片，问此时屏上能否观察到干涉条纹？为什么？

13.5　将铁丝环浸入加有甘油的肥皂水里，就能在环面上拉出一肥皂膜。将环面竖直放置，在白光照射下肥皂膜上呈现彩色图案，这是什么原因？当肥皂膜在重力作用下逐渐变薄接近破裂时，上部首先出现黑斑，这又是什么原因？

13.6　日常生活中的窗玻璃在太阳光照射下，为什么观察不到像肥皂膜上常见的彩色条纹？

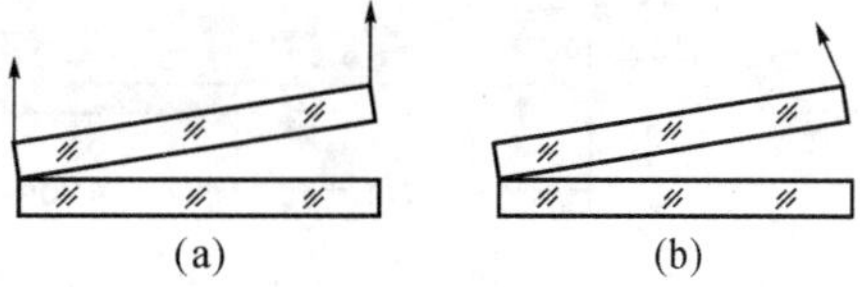

图思考题 13.7

13.7　用两块平玻璃板构成的空气劈尖观察等厚条纹时。(1)若将劈尖上表面向上缓慢地平移，如图思考题 13.7(a)所示，干涉条纹有什么变化？(2)若将壁尖角逐渐增大，如图思考题 13.7(b)所示，干涉条纹又有什么变化？(3)若在劈尖中充入折射率为 n 的液体，干涉条纹又将怎样变化？

13.8　军事用的隐形飞机为了不让敌方的雷达发现，要在飞机表面上镀一层电介质(如塑料或者橡胶)，从而使入射的雷达波反射非常微弱。试说明这层电介质是如何减弱反射波的？

13.9　在迈克尔逊干涉仪中，在其中一光路插有一块补偿板 G_2，试问该补偿板在光干涉中起什么作用？

习　题

13.1　在杨氏双缝干涉实验中，当一束单色平行光垂直照射两相距 0.450mm 的狭缝时，在 1.15m 远处的屏幕上出现干涉条纹，用读数显微镜测得屏上 11 条明条纹中心之间的距离为 15.0mm。试求该单色光的波长，并指出属于何种颜色？

13.2　用氦氖激光器发出的激光($\lambda=632.8$nm)垂直照射一双缝，在缝后 2.0m 处的观察屏上测到相邻两明纹中心之间的距离为 14cm。

(1)求两狭缝的间距；

(2)在屏幕上总共能观察到多少条明条纹？

13.3　利用杨氏双缝干涉也可以测定薄膜的厚度。如图题 13.3 所示，将一待测的肥皂膜($n=1.33$)覆盖在双缝实验的缝 S_1 上，用钠光灯($\lambda=589.3$nm)垂直照射。发现这时屏幕上的零级明条纹移动到原来的第三级明条纹的位置上，试求此肥皂膜的厚度。

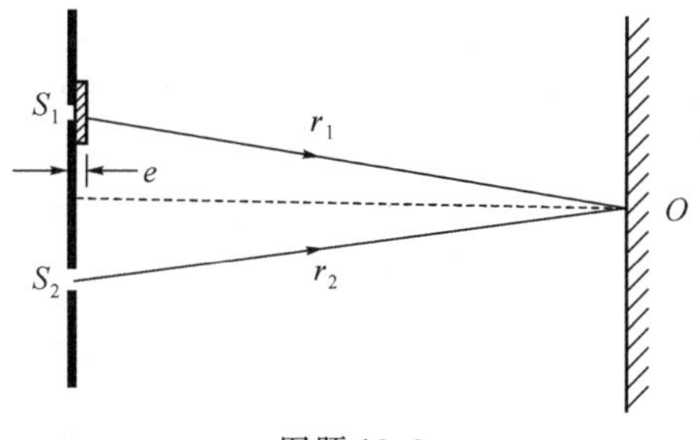

图题 13.3

13.4　利用洛埃境实验观察干涉条纹装置如图题 13.4 所示，已知从缝光源 S_1 发出的单色光波长为 600nm，求观察屏上相邻干涉条纹的间距。

13.5　一移动通信的发射塔高度为 60m，发出频率为 98MHz 的无线电波信号，这些信号可能直接到达手机，也可能经过地面反射后再传到手机，这样在有些地方可能发生干涉相消而使信号减弱。如图题 13.5 所示，假设一手机用户刚好在发射塔旁边 60m 高的办公楼上，若要使该用户收到清晰的通信信号，则两楼间水平地面的最大有限宽度是多少？(注意：无线电信号在地面反射时有半波损失。)

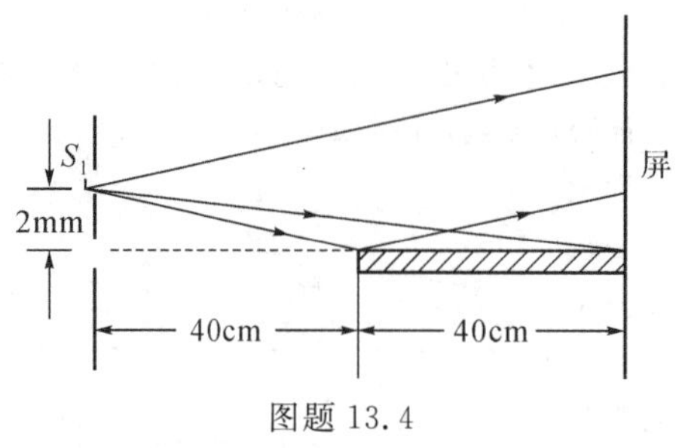

图题 13.4

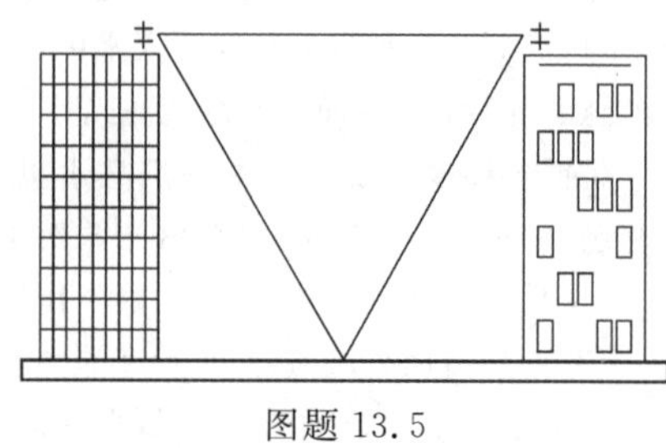
图题 13.5

13.6　一束白光垂直照射到空气中一片均匀的肥皂水膜上，肥皂膜的厚度 $e=0.320\mu m$，其折射率为 1.33，问哪些波长的光在反射中加强？哪些波长的光在反射中减弱？

13.7　现代农业中已广泛使用塑料大棚，利用塑料薄膜(折射率为 1.400)来调节通光的波长及光强。为了增加塑料薄膜的透射(即减少反射)，常在塑料膜上涂一层氟化镁($n=1.380$)的薄膜，如果要使该塑料薄膜对波长为 570.0nm 的光加强透射，则此氟化镁镀膜的厚度至少为多少？

13.8　为了测量金属细丝的直径，把金属细丝夹在两块平玻璃板之间，形成空气劈尖，如图题 13.8 所示。设金属细丝和棱边之间的距离为 $L=28.8mm$。用波长为 $\lambda=589.3nm$ 的钠黄光垂直照射，测得 30 条明条纹之间的总距离为 4.295mm，则该金属细丝的直径为多少？

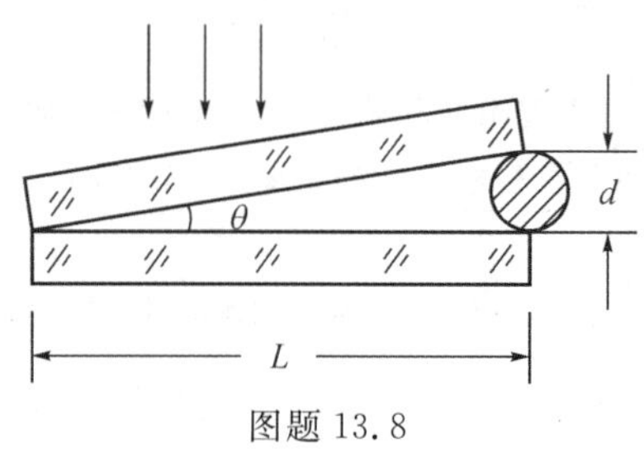

图题 13.8

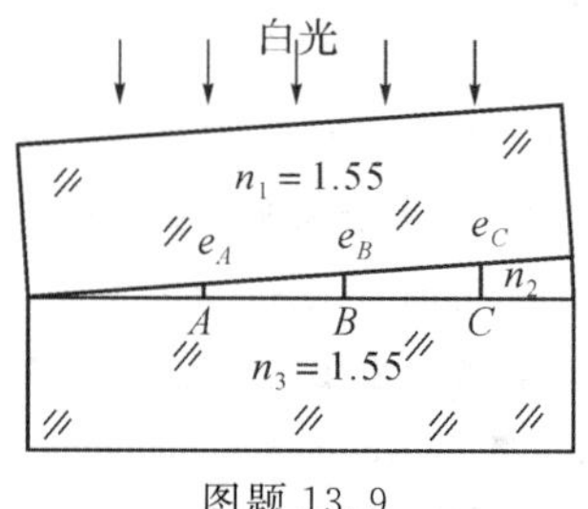

图题 13.9

13.9　在两块折射率均为 1.55 的平板玻璃构成的空气劈尖中充满折射率 $n_2=1.38$ 的透明介质，若已知 A,B,C 三点处的介质厚度分别为 $e_A=0.150\mu m$，$e_B=0.210\mu m$，$e_C=0.250\mu m$，如图题 13.9 所示。现用白光垂直入射，试分别计算 A,B,C 三点处的透射光中，哪种波长的可见光因干涉而加强？

13.10　在牛顿环干涉实验中，用波长为 589.3nm 的钠黄光垂直照射，测得第 k 级暗环的半径 $r_k=4.0$ mm，第 $k+5$ 级暗环半径 $r_{k+5}=6.0mm$，试求平凸透镜的曲率半径 R 及暗环的 k 值。

13.11　用牛顿环干涉实验可以测量透明液体的折射率。设平凸透镜的曲率半径为 1.00m，在牛顿环实验装置中的透镜与平面玻璃之间充以某种液体时，发现某一级干涉条纹的直径由 4.73mm 变为 4.10mm，求该液体的折射率。

13.12　用平行光垂直入射如图题 13.12 所示装置，从平玻璃的上表面可以观察到等厚干涉条纹。试画出这些反射光的干涉条纹，并标出条纹的级次(只画暗纹)。

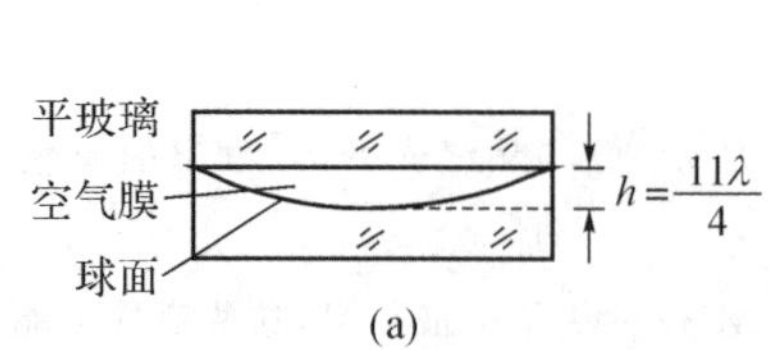

(a)

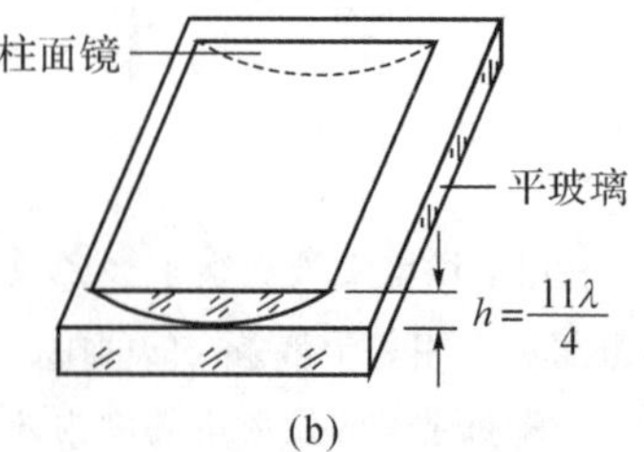

(b)

图题 13.12

13.13　用迈克尔逊干涉仪可测量单色光的波长。若某次可移动反射镜的移动距离 $d=0.322mm$，从观察屏上移过干涉条纹数为 1024 条，则所用单色光的波长为多少？

13.14　用钠光灯($\lambda=589.3\text{nm}$)作光源，在迈克尔逊干涉仪的一条光路上，放置一个长度为 140mm 的玻璃容器，当用 NH_3 气体充满该容器时，观察到干涉条纹移动了 180 条。问 NH_3 气体的折射率多大？已知空气的折射率为 1.000276。

13.15　雅敏干涉仪也常用来测定气体在各种温度和压力下的折射率。其原理图如图题 13.15 所示，S 为单色光源，L 为凸透镜，G_1、G_2 为两块完全相同的平行玻璃板，T_1、T_2 为等长的两个玻璃管，长度为 d。测量前先将 T_1、T_2 抽成真空，然后将待测气体缓缓注入其中一管，这时在 E 处测出干涉条纹的变化，就可以求出待测气体的折射率。现测得某种气体从开始进入 T_2 管到标准状态时，干涉条纹移动了 98 条。已知管长 $d=20\text{cm}$，所用光源的波长为 589.3nm，求该气体在标准状态下的折射率。

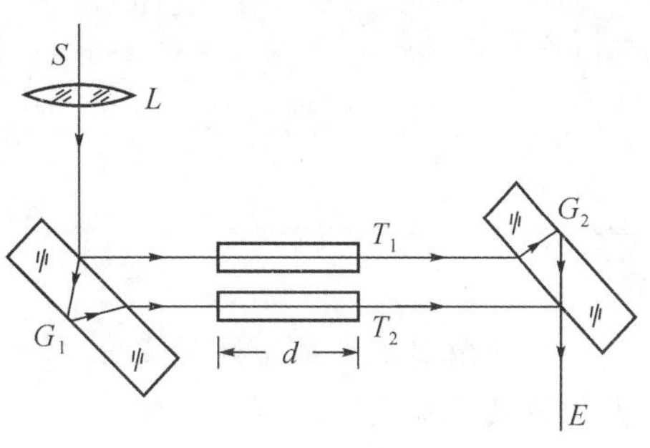

图题 13.15

第 14 章　光的衍射

光的衍射现象是光具有波动性的又一重要特征。本章主要讨论光衍射的基本原理、实现方法及其简单应用。

14.1　光衍射的基本原理

14.1.1　光的衍射现象

除干涉现象外，衍射也是波的重要特征。**波的衍射**是指波在其传播路径上遇到障碍物而偏离直线传播的现象，即波可以绕过障碍物的边缘弯曲地向障碍物后面传播过去，所以衍射又称为**绕射**。

波的衍射现象在日常生活中是常见的，如湖面上的水波纹能绕到障碍物的背后，房间里的说话声能透过门窗等缝隙传到室外墙后去，"隔墙有耳"。同样山区里的人们能接收到广播电视信号，也是电磁波能绕过山峰等障碍物传播的结果。

光也是电磁波，所以也有衍射现象。当光在其传播路径上遇到障碍物时，如果能够绕过障碍物而进入几何阴影区内，并使光强重新分布，产生明暗相间的条纹，这种现象称为**光的衍射现象**。图 14.1 中分别表示了光遇到小圆屏、剃须刀片、狭缝时在屏上出现的衍射条纹。

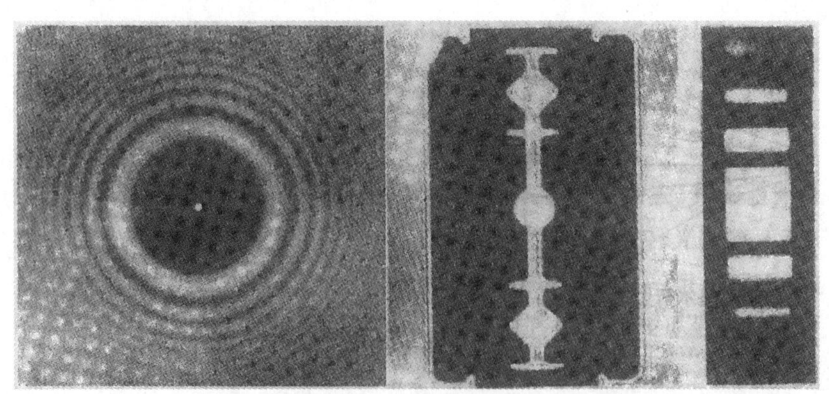

(a)小圆屏的衍射图样　(b)剃须刀片的衍射图样　(c)狭缝的衍射图样

图 14.1　光的衍射现象

14.1.2　产生光衍射的基本条件

为什么在日常生活中我们只观察到光的直线传播，而很少观察到光的衍射观象呢？这是因为**只有当障碍物的线度和入射光波的波长可比拟时，才可观察到明显的衍射现象**。而可见光波波长较短(400～760nm)，日常生活中物体的线度远远大于光的波长，故通常显示的都是光的直线传播。

要产生和观察明显的光衍射现象，除了光源、大小与光波长可比拟的障碍物，还需要有观察屏。因为光在衍射过程中，不仅在于光会“绕弯”传播，更重要的是绕弯后出现了光强的不均匀分布，即出现了光的衍射条纹，这都需要通过观察屏才能呈现出来。例如，把一条金属细丝作为对光的障碍物放在屏幕的前面，在“影”的中央按光直线传播应该是最暗的地方，实际在屏上呈现的却是一条亮线，周围还伴随有明暗相间的条纹。

因此，要产生和研究光衍射现象，一般必须有光源、大小合适的障碍物和观察屏。

事实上，在日常生活中，采用合适的方法也可以粗略观察光衍射现象，如果将手的五指并拢，通过指缝观看日光灯管，可以看到灯管两旁有明暗相间并带有彩色的条纹，这就是光通过指缝产生的衍射。用天文望远镜观察恒星时，也可看到在恒星周围有一些明暗相间的圆环，这是星光透过望远镜的透镜时所产生的衍射现象。

14.1.3　光衍射的分类及计算方法

按照光源、障碍物和观察屏三者的位置，可把衍射分为两类：一类是障碍物到光源和观察屏的距离都是有限远或者离其中之一有限远，这时出现的衍射称为**菲涅尔**(A. Fresnel)**衍射**，又称**近场衍射**，如图 14.2(a)所示。另一类是障碍物到光源和观察屏的距离都是无限远，这时光源发出的光到达障碍物时是平行光，通过障碍物的衍射光，到达观察屏时也是平行光，这类衍射称为**夫琅禾费**(J. Von Frauhofer)**衍射**，又称**远场衍射**。夫琅禾费衍射是菲涅尔衍射的极限情况，可通过如图 14.2(b)所示的装置来实现，把光源 S 放在透镜 L' 的前焦点上，这时照在障碍物上的光是平行光，屏幕 P 放在透镜 L 的后焦平面上，这样就把无限远处的衍射图样通过 L 的后焦平面上呈现出来，便于观察和测量。

在上述两类衍射中，由于夫琅禾费衍射的应用价值相对较大，因此，本章主要讨论夫琅禾费衍射。

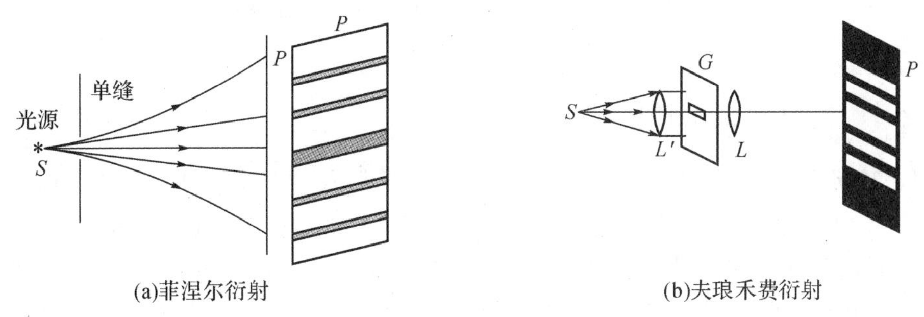

图 14.2　光衍射的分类

对于光衍射现象，在机械波中已介绍过的惠更斯原理可定性解释衍射过程中光偏离直线传播的问题，如图 14.3(a)所示。但惠更斯原理只是一个纯几何、作图的构想，它完全没有考虑**次波**的振幅和相位等物理因素，因而无法说明形成衍射明暗条纹的原因，也完全不知道次波为何只朝前传播而不后退等问题。

1814 年，菲涅尔对惠更斯原理作了重要补充和修正，他认为：空间任一点 P 的光振动是到达该点的所有次波干涉叠加的结果。同时又假设每个次波向前传播的光振幅与衍射角 θ 的余

弦 $\cos\theta$ 成正比，如图 14.3(b)所示。后来基尔霍夫(Kirchhoff)等人将次波光振幅的倾斜因子 $\cos\theta$ 作了一些修正，用 $K(\theta)$ 表示，解决了 θ 在超过 90° 后次波不后退的问题，如图 14.3(c)所示。

这里我们要特别强调**衍射角** θ 的物理意义，它是指由于光的衍射效应导致光线偏离原直线传播方向的角度，它最直接地反映了衍射效应的大小，同时也决定了屏幕上衍射条纹的分布情况。

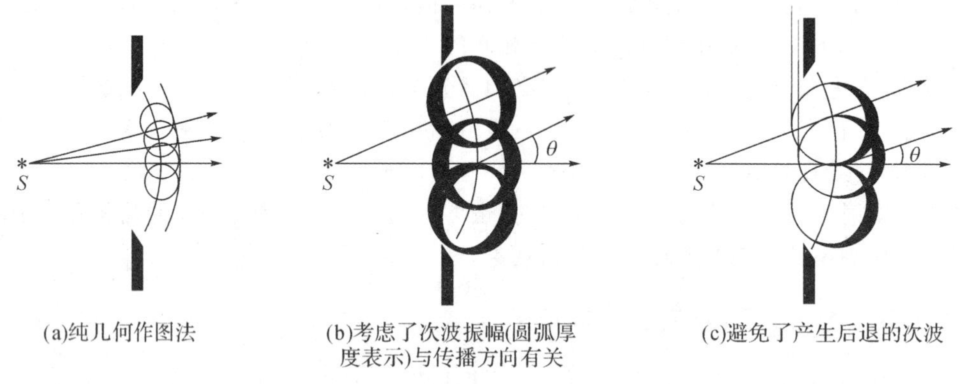

(a)纯几何作图法　(b)考虑了次波振幅(圆弧厚度表示)与传播方向有关　(c)避免了产生后退的次波

图 14.3　惠更斯—菲涅尔原理

经过这样修正后的惠更斯原理称为**惠更斯—菲涅尔原理，可表述为：波源 S 发出的任一波阵面上的任一点都可看作一个新的次波波源；这些次波源向空间发射满足相干条件的球面次波；次波向前各个方向的光振幅与衍射角 θ 有关；波前方空间任一点的光振幅等于由全部次波源传播到该点的次波干涉合成的结果。**

惠更斯—菲涅尔原理是研究光衍射现象的基本原理和理论基础，利用它能够定量地计算出各种光衍射结果。但由于惠更斯—菲涅尔原理涉及的定量积分计算比较复杂，所以今后我们采用建立在惠更斯—菲涅尔原理思想上，比较简明的"半波带法"来定量计算光衍射现象。

14.2　光衍射的实现方法及应用

14.2.1　单缝夫琅禾费衍射

单缝夫琅禾费衍射是实验上实现光衍射的一种最常用的方法。其实验原理图如图 14.4 所示。S 为一单色光源，放在透镜 L_1 的前焦点上，从 L_1 发出的平行光垂直入射到宽度为 a 的狭缝 G 上，将观察屏放在透镜 L_2 的后焦平面上，结果在屏上出现一组平行于狭缝的明暗相间的直条纹，中央明纹最宽，约为其他各级明纹宽度的两倍；中央明纹也最亮，两侧明纹的强度由内向外逐渐减弱。

对夫琅禾费衍射条纹的分布，可以用上述的惠更斯—菲涅尔原理对单缝所在处的波阵面 AB 上各点发出的次波进行相干叠加来定量计算，但是计算过程比较复杂。对此，菲涅尔提出了所谓划分半波带的方法，用这种方法可以简便地得出条纹的分布规律。

如图 14.4 所示，在单缝所在处的波阵面 AB 上各点发出的次波向各个方向传播，这些次波组成了单缝后的衍射光，同一衍射角 θ 方向上的衍射光经过透镜 L_2 会聚于焦平面上同一点 P，P 点的位置直接由通过透镜光心的衍射光线 MP 决定(因为通过透镜光心的光线不改变传

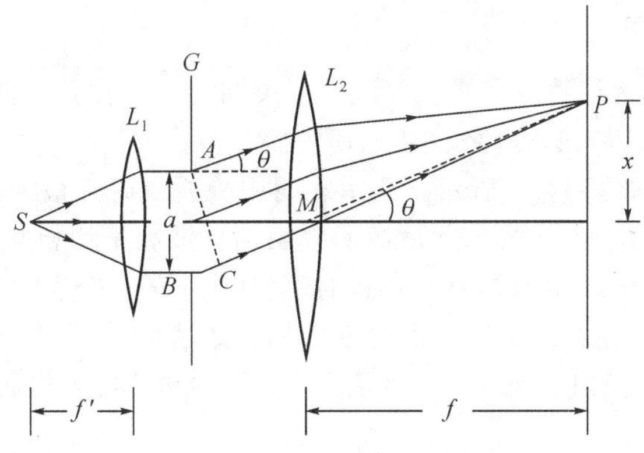

图 14.4　单缝夫琅禾费衍射原理图

播方向)，所以 P 点与衍射角 θ 是一一对应的，所有这一方向的衍射光在该点进行相干叠加。

菲涅尔提出：将单缝处的波阵面切割成 $AA_1, A_1A_2, A_2A_3, \cdots$ 若干个等宽度的波带，相邻两个波带上的对应点(如图 14.5(b)中的 G 点与 G' 点)发出的光到 P 点的光程差均为半个波长，这样的波带称为**半波带**。由于相邻两个半波带的每一对应点上发出的次波在 P 点的相位差均为 π，所以相邻两半波带所发出的光在 P 处合成后将相互抵消。

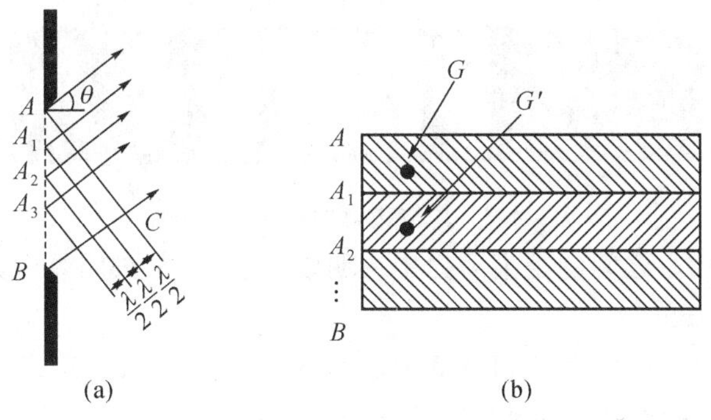

图 14.5　菲涅尔半波带法

要得到符合上述条件的半波带，可以过 A 点作一与衍射角 θ 上的衍射光传播方向垂直的平面 AC，再作一些平行于 AC 的平面，使相邻平面之间的距离等于入射单色光波长的一半，如图 14.5(a)所示。由于透镜本身不会产生附加光程差，所以由平面 AC 上各点到达 P 点的光程都相同，即波阵面 AB 上各次波到 P 点的光程差就等于各次波到 AC 面的光程差。由此可见，半波带的数量完全取决于波阵面 AB 上、下两边缘的光线到 AC 面的总光程差 $BC=a\sin\theta$，即 BC 相当于几个半波长。

对某些衍射角 θ，如果 $BC=a\sin\theta$ 正好是半波长的偶数倍，波阵面 AB 分为偶数个半波带，所有半波带所发出的光在 P 点成对地相互抵消，则 P 点为暗条纹中心；若对某些衍射角 θ，BC 正好是半波长的奇数倍，波阵面 AB 分为奇数个半波带，所有半波带所发出的光在 P 点成对地相互抵消后，还剩一个半波带的光未被抵消，则 P 点为明纹中心；若对某些衍射角 θ，BC 不为半波长的整数倍，波阵面 AB 不能分成整数个半波带，则 P 点的强度介于相邻的最明和最暗之间。

综上所述，当平行光垂直入射单缝时，单缝衍射形成的明暗条纹的位置如下：

明条纹中心　　$$a\sin\theta=\pm(2k+1)\frac{\lambda}{2},\quad k=1,2,\cdots \tag{14.1}$$

暗条纹中心 $a\sin\theta=\pm 2k\dfrac{\lambda}{2}=k\lambda,\quad k=1,2,\cdots$ (14.2)

式中,k 值为明纹或暗纹的级数。当 $\theta=0$ 时,为**中央明纹**中心位置。两侧对称分布着第一级($k=1$),第二级($k=2$),…暗纹,两暗纹中间为明纹。

单缝衍射光强分布如图 14.6 所示。此图表明中央明纹光强最大,其他明纹光强迅速下降。这是因为中央明纹是 AB 上所有次波源所发出的次波相干均相互加强形成的,所以光强最强。其他各级明纹是奇数个半波带中成对相抵消后剩下的一个半波带发出的次波相干叠加形成的,因此强度比中央明纹弱得多。而且,明纹的级数越高,能分成的半波带数也越多,每一个半波带的面积也越小,所以明条纹的强度从内向外随级数 k 的增加而迅速下降。

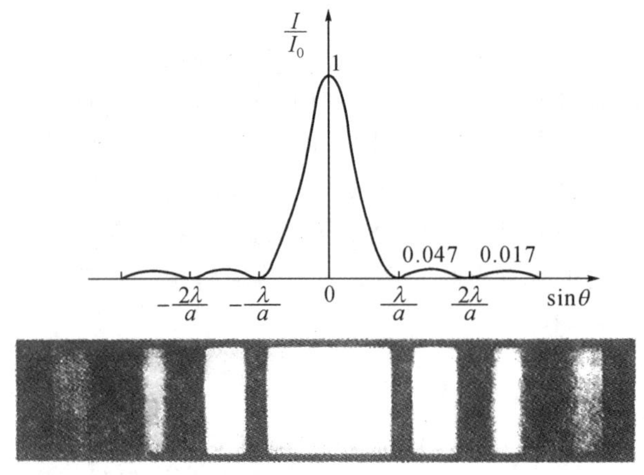

图 14.6 单缝衍射的相对光强分布

两个第一级暗纹中心之间的距离即为**中央明纹宽度**,故中央明纹区的范围为

$$-\lambda<a\sin\theta<\lambda$$

由图 14.4 可知,P 点处的条纹到屏幕中心 O 的距离 $x=f\tan\theta$,式中 f 是 L_2 的焦距。根据式(14.2),可得第一级暗纹中心到 O 的距离 x_1 为

$$x_1=f\tan\theta_1\approx f\sin\theta_1=f\frac{\lambda}{a}$$

所以中央明纹宽度为

$$\Delta x_{中}=2x_1\approx 2f\frac{\lambda}{a} \tag{14.3}$$

而其他各级明纹宽度为

$$\Delta x=f\tan\theta_{k+1}-f\tan\theta_k\approx f\sin\theta_{k+1}-f\sin\theta_k=f\frac{\lambda}{a}$$

由此可见,中央明纹宽度约为其他各级明纹宽度的两倍。同时由式(14.3)可看出,当 λ 一定时,单缝宽度 a 越小,$\Delta x_{中}$ 越大,衍射作用越明显;单缝宽度 a 越大,$\Delta x_{中}$ 越小,衍射作用越不明显。当 $a\gg\lambda$,各级衍射条纹都密集于中央明纹附近而分辨不清,只能观察到一条亮纹,它就是线光源 S 通过透镜所成的几何光学的像。因此,几何光学实际上是波动光学在 $a\gg\lambda$ 条件下的近似。

若以白光入射上述单缝,白光中不同波长的光产生的衍射图样除中央明纹中心处重合外,其他各级明条纹将彼此错开,所以观察到的衍射图样其中央明纹的中心部分是白色的,边缘伴有彩色,其他各级明纹分布由中心到外侧是由紫到红的彩色条纹。

［**例 14.1**］ 单色平行光垂直入射到缝宽为 $a=0.500\text{mm}$ 的单缝上，缝后面的会聚透镜的焦距 $f=100\text{cm}$，位于焦平面的屏上出现衍射条纹。若在离屏上中央明纹中心距离为 1.50mm 处的 P 点为一亮纹，求：

(1)入射光的波长；

(2)P 点条纹的级数和该条纹对应的衍射角；

(3)单缝处的波阵面可分为几个半波带；

(4)中央明纹的宽度。

［**解**］ (1)根据式(14.1)，对单缝的明纹中心有

$$a\sin\theta=\pm(2k+1)\frac{\lambda}{2}$$

同时因为 $\sin\theta\approx\tan\theta=\dfrac{x}{f}$，所以有

$$\lambda=\frac{2ax}{(2k+1)f}=\frac{2\times0.500\times10^{-3}\times1.50\times10^{-3}}{(2k+1)\times1.00}=\frac{1500}{(2k+1)}(\text{nm})$$

当 $k=1$ 时，$\lambda=500\text{nm}$；当 $k=2$ 时，$\lambda=300\text{nm}$，…，因为 k 越大得到的波长越小，当 $k\geqslant2$ 时的波长均不在可见光范围。又因 P 点为亮纹，故入射光的波长为 500nm。

(2)因 P 点的明纹对应的 $k=1$，故有

$$\sin\theta_p=(2k+1)\frac{\lambda}{2a}=\frac{3\times500\times10^{-9}}{2\times0.500\times10^{-3}}=1.50\times10^{-3}$$

$$\theta_p=0.086^\circ$$

(3)单缝处的波阵面所分的波带数和明条纹对应的级数的关系为

$$\text{波带数}=2k+1$$

因为 $k=1$，所以单缝处的波阵面可分为 3 个半波带。

(4)中央明纹的宽度为

$$\Delta x_{\text{中}}=2f\,\frac{\lambda}{a}=2\times\frac{1.00\times500\times10^{-9}}{0.500\times10^{-3}}$$

$$=2.00\times10^{-3}(\text{m})=2.00(\text{mm})$$

14.2.2 圆孔夫琅禾费衍射

将单缝夫琅禾费衍射中的狭缝换成小圆孔，同样也能产生光衍射现象，不过此时屏上的衍射图样不再是一些明暗相间的直条纹，而是一些明暗相间的同心圆环，这种衍射称为**夫琅禾费圆孔衍射**。由于大多数光学仪器的通光孔都是圆形的，并且是对平行光或近似于平行光成像，所以了解夫琅禾费圆孔衍射具有实际意义。

夫琅禾费圆孔衍射实验原理图及衍射图样分别如图 14.7(a)、(b)所示。在圆孔衍射图样中，第一圈暗环所包围的中心亮斑最亮，这个中心亮斑称为**爱里**(A. G. Airy)**斑**，其上分布的光能占通过圆孔总光能的 84%左右。圆孔衍射图样中各级明、暗的角位置和光强分布可根据惠更斯—菲涅尔原理用积分的方法来确定(比较繁琐，故略)。可以算得，第一级暗环的角位置，即爱里斑半径对应的角宽度 θ 满足的关系式为

$$\sin\theta=1.22\,\frac{\lambda}{D}\tag{14.4}$$

式中，D 为圆孔的直径，λ 为入射平行光的波长。一般 θ 很小，可用 θ 代替 $\sin\theta$，于是有

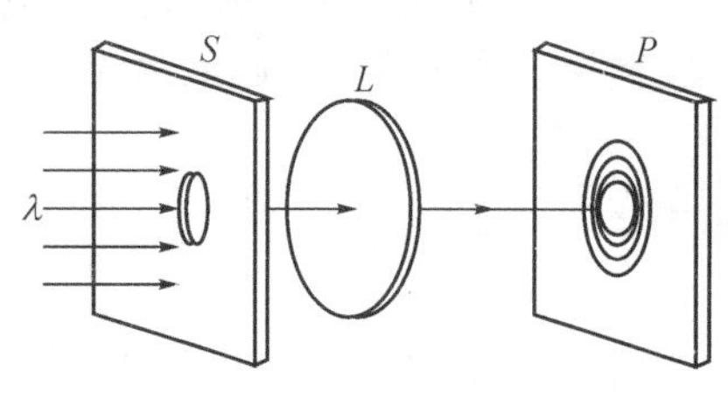

(a)圆孔衍射原理

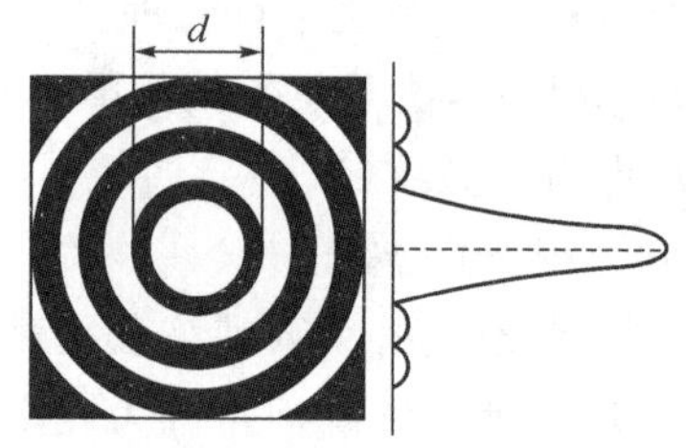

(b)圆孔衍射图和光强分布

图 14.7　圆孔衍射实验装置、衍射图样和光强分布

$$\theta=1.22\frac{\lambda}{D} \tag{14.5}$$

如果 L 的焦距为 f，则爱里斑的半径 $R(R=\frac{d}{2})$ 为

$$R=f\cdot\theta=1.22\frac{f\lambda}{D} \tag{14.6}$$

由上可知，圆孔直径 D 越小，爱里斑就越大，衍射效果越明显。反之，D 越大，爱里斑越小，衍射效果越不明显。当 $D\gg\lambda$，则 $R\to 0$，其他各级明暗环也向中心靠拢，衍射图样成为一个亮点，这就是几何光学成的像。在此，我们又一次看到，当障碍物的线度远大于入射光的波长时，波动光学将过渡到几何光学。

14.2.3　光栅衍射

一、光栅

前面讨论的衍射，无论是狭缝还是圆孔，其障碍物都是单一的，没有周期性的几何结构。任何具有空间周期性结构的衍射屏都称为**光栅**，光栅能周期性地分割波阵面。

光栅通常分两类，一类是透射光栅，另一类是反射光栅。**透射光栅**是在一块透明板上，刻上一系列平行的、等宽等距的直痕。刻痕处相当于毛玻璃不易透光，而两刻痕之间可以透光，相当于一个狭缝。这样平行地排列在一起的许多等距离、等宽度的狭缝就构成了透射光栅。透光缝的宽度为 a，不透光刻痕的宽度为 b，则相邻刻痕间的距离 $d=a+b$，称为**光栅常量**。如图 14.8(a)所示。**反射光栅**是在光洁度很高的金属表面上刻画斜的平行等间距刻痕，斜面能反射光，如图 14.8(b)所示。

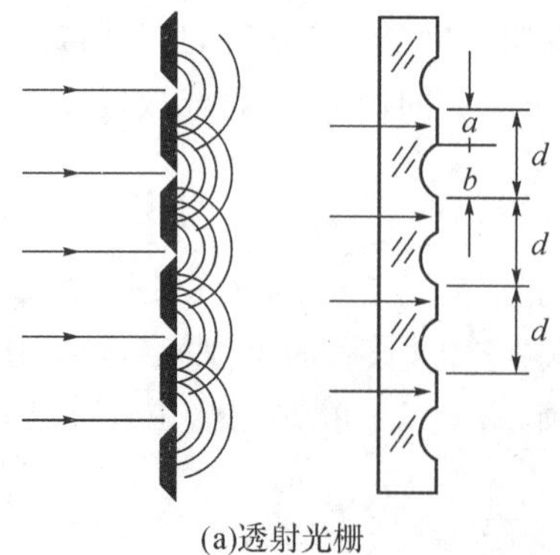

(a)透射光栅

(b)反射光栅

图 14.8　光栅的种类(截面图)

刻制光栅是一门非常精密的技术，普通的光栅在几厘米宽度内要刻上万条刻痕，所以原刻光栅十分贵重，一般使用的大多是复制品。简易的光栅可用照相的方法制造，印有一系列平行而且等间距的黑色条纹的照相底片就是透射光栅。

实验中光栅对单色光可以产生明亮尖锐的亮纹，可用来测定入射光波的波长。光栅能将入射的复色光按其波长的不同展现在光屏上，据此人们可以对入射光的波长成分进行分析，所以光栅是近代物理实验中经常用到的一种重要的光学元件。

二、光栅衍射

由于普通光栅相当于由许多狭缝并排组成，当平行光入射光栅时，每条缝都会产生夫琅禾费单缝衍射，而缝与缝之间的透射光在观察屏上相遇时还会产生干涉，因此**光栅衍射产生的衍射图样是各单缝的夫琅禾费衍射和各单缝之间的光束干涉的综合结果。**

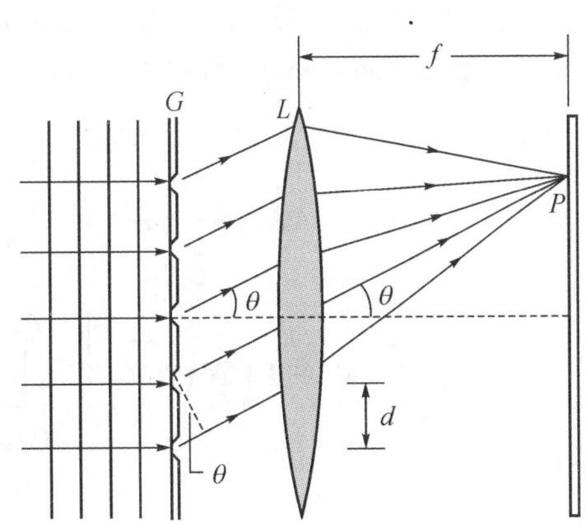

图 14.9　光栅衍射光路图

光栅衍射光路图如图 14.9 所示。设光栅的总缝数为 N，当单色平行光垂直照射光栅 G 时，在各个狭缝处将发生衍射，衍射光通过透镜聚焦在焦平面上，于是观察屏上就出现衍射图样。

我们先来研究图 14.9 中的光栅 G 上每条狭缝的衍射情况。假设 G 上只留下一条缝，而把其余的缝都遮住，这时观察屏上呈现的就是单缝衍射图样。如果换另一缝单独开放，其余的遮住，屏上的衍射图样的位置和强度分布没有任何变化。这是因为单缝衍射时 P 点的光强完全由衍射角 θ 决定，每条缝相同衍射角的衍射光线，经透镜聚焦后会出现在焦平面的同一点上，而与缝的位置无关。因此，如果光栅上 N 条缝同时都开放时，观察屏上将有 N 套完全重合的单缝衍射图样叠加在一起。

那么观察屏上叠加后的衍射图样是否只是光强增大 N 倍，总的图样仍然是单缝衍射图样呢？实际上光栅是一种与杨氏双缝干涉实验很类似的分波阵面装置，因此从各个缝所发出的衍射光都是相干光，它们通过透镜的会聚作用在屏上重叠时还会产生多缝干涉现象。

如图 14.9 所示，对于衍射角为 θ 的所有衍射光线，都会到达屏上的 P 点，但由于各缝到 P 点的光程不相同，所以各缝传到 P 点的光波有相位差，此相位差与 P 点的位置有关(也即与衍射角 θ 有关)，干涉的结果有些位置相互加强，有些位置相互减弱，多缝之间的干涉图样就与原来各单缝衍射图样叠在一起，形成**光栅衍射图样**。

在衍射角为 θ 时，光栅从上到下，相邻两缝发出的光到达 P 点的光程差都是相等的，如图 14.9 所示，该光程差为 $\delta = d\sin\theta$，由光的相干规律可知，当 θ 满足

$$d\sin\theta = \pm k\lambda, \quad k = 0,1,2,\cdots \tag{14.7}$$

所有缝发出的光到达 P 点时都是同相位，相互加强形成明条纹。因各缝的光振幅相同，P 点的合振幅是每条缝分振幅的 N 倍，而合光强将是来自一条缝光强的 N^2 倍。所以光栅多光束干涉形成的明纹非常亮，式(14.7)为决定这些明条纹的公式，称为**光栅方程**。而满足光栅方程的明纹又称**主极大**。

按照分析单缝衍射的半波带法类推，当光栅的最上一条缝和最下一条缝发出的光的光程差 $Nd\sin\theta$ 等于 $k'\lambda$，而且 k' 不是 N 的整数倍(因为 $k' = kN$ 属于出现主极大的情况)时，P 点将出现暗条纹，即

$$Nd\sin\theta=\pm k'\lambda$$
$$k'\neq Nk, k'=1,2,\cdots,N-1,N+1,\cdots,2N-1,2N+1,\cdots \tag{14.8}$$

这时可以把光栅处波阵面宽度 Nd 分成 $2k'$ 个半波带，相邻两个半波带上的对应缝发出的光线在 P 点的光程差为半个波长，相位差为 π，合成后相互抵消，由于半波带共有 $2k'$ 个，故出现暗条纹。

从 k' 的值可知，在相邻两主极大之间存在($N-1$)条暗纹。而两暗纹间应为明纹，故相邻两主极大之间必定还有($N-2$)条明纹。但这些明纹是大量半波带相互抵消剩下一个半波带的光强，相对光强接近于零，称为**次极大**。图 14.10(b)中画的是 $N=5$ 的情形。当光栅缝数 N 很大时，在两主极大之间实际上是一片暗区。

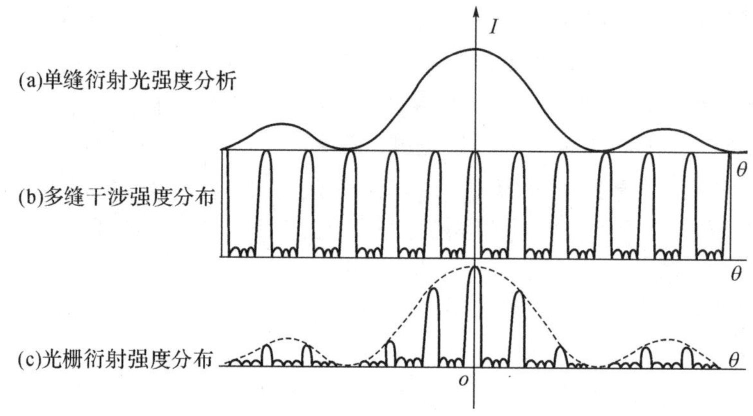

图 14.10　光强度分布

必须指出的是，图 14.10(b)中的光强分布曲线是假设各缝在各方向的衍射光的强度都一样得出。而我们知道，单缝衍射强度随衍射角 θ 的不同而不同，如图 14.10(a)所示。不同 θ 方向的衍射光相干叠加形成的主极大强度也要受单缝衍射强度的调制，即是说单缝衍射强度分布曲线给出了强度分布的“轮廓”，决定了光强在各个主极大之间如何分配。由单缝衍射和多缝(多光束)干涉共同决定的光栅衍射图样如图 14.10 (c)所示。

如果光栅衍射中某衍射角 θ 方向上出现主极大的位置恰好同时为单缝衍射暗纹的位置，则该级主极大就不会出现，这种衍射调制的特殊结果称为**缺级现象**。所缺的级次由光栅常量 d 与缝宽 a 的比值决定。因为干涉主极大条件为

$$d\sin\theta=\pm k\lambda$$

同时单缝衍射暗纹条件为

$$a\sin\theta=\pm k''\lambda$$

如果衍射角 θ 同时满足这两个方程，则 k 级主极大缺级。两式相除可得

$$k=\frac{d}{a}k'',\quad k''=1,2,\cdots \tag{14.10}$$

式(14.10)称为**缺级条件**。如果 $\frac{d}{a}$ 为整数，例如 $\frac{d}{a}=3$，则 $k=3k''$，当 $k''=1,2,\cdots$ 时，则 ±3，$\pm6,\cdots$，主极大都要缺级，如图 14.10 (c)所示。如果 $\frac{a+b}{a}$ 不为整数，例如 $\frac{d}{a}=\frac{3}{2}$，则 $k=\frac{3}{2}k''$，只有当 $k''=2,4,\cdots$ 时，主极大 $\pm3,\pm6,\cdots$ 才会出现缺级。

［**例 14.2**］　波长为 600.0nm 的单色光垂直入射在一光栅上，第二级主极大出现在 $\sin\theta=$

0.20 处，第四级缺级。求：(1)光栅常量 d；(2)光栅上狭缝可能的最小宽度；(3)按上述选定的 a、b 值，写出观察屏上实际呈现的光谱线级数。

[解]　(1)按照出现主极大的光栅方程

$$d\sin\theta=\pm k\lambda,\quad k=0,1,2,\cdots$$

由题意知，$\sin\theta=0.20$ 时，$k=2$。所以

$$d=\frac{k\lambda}{\sin\theta}=6.0\times10^{-6}(\text{m})$$

(2)据缺级条件

$$k=\frac{d}{a}k''$$

因为第四级缺级，可得

$$a=\frac{d}{4}k''$$

当 $k''=1$ 时，a 取极小值

$$a_{\min}=\frac{d}{4}=1.5\times10^{-6}(\text{m})$$

(3)把 $\sin\theta=\pm1$ 代入光栅方程，则可求得主极大的最高级数

$$k_{\max}=\frac{d}{\lambda}=10$$

再考虑

$k=\frac{d}{a}k''=4''$，$k''=1,2,\cdots$ 时，主极大 ±4，$\pm8\cdots$ 为缺级，所以实际上所能看到的级数为 0，±1，±2，±3，±5，±6，±7，±9，共 15 条光谱线。($k=10$ 时，$\theta=90^\circ$，这样的衍射光线不能到达观察屏)

14.2.4　光衍射在现代科技领域中的应用

一、光学仪器的分辨本领

借助光学仪器观察细小物体时，按几何光学的成像规律，每一个物点有一个对应的像点。两个物点不论离得多么近，通过光学仪器总是可以得到两个分开的像点。

而按照波动光学，光学仪器的分辨本领要受到光衍射现象的限制。光源所发出的光波经过狭缝或小圆孔后，由于光的衍射，一个物点所成的像并不是一个几何点，而是一个衍射图样。如果两个物点靠得太近，两个对应的衍射图样就要相互重叠，以至不能清楚地分辨为是两个物点的像。一般的光学仪器(人的眼睛，透镜、望远镜和显微镜等)的通光孔都是圆形的，所以下面我们以圆孔的夫琅禾费衍射来讨论光学仪器的分辨本领。

图 14.11 表示了是两个非常靠近的恒星，经望远镜中的会聚透镜成像后，能否分辨出是双星的示意图。那么，两个亮的圆斑(爱里斑)重叠到什么程度才是分辨的极限呢？除了不同人的主观能力差异之外，客观上人们常采用**瑞利**(Rayleigh)**判据**。这判据规定：**当一个爱里斑的边缘(即第一级暗环)正好落到另一个爱里斑的中心时，是两个物点刚能分辨的极限**，如图 14.11所示。这时两个爱里斑重叠部分中心处的光强约为每个爱里斑中心处光强的 80%，大多数人能判断出这是两个物点的图像。

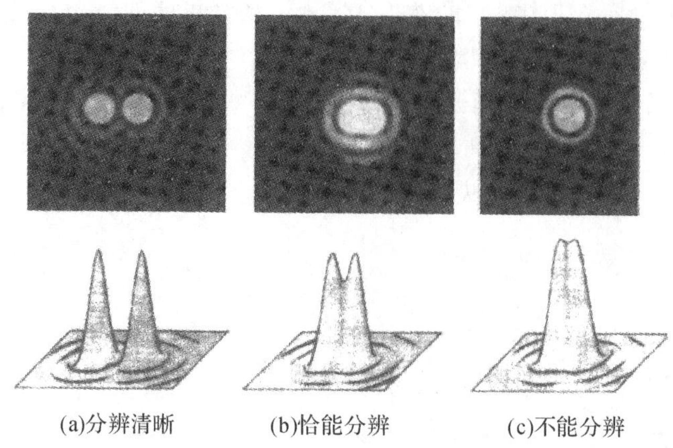

图 14.11 分辨两个衍射图样的条件

按照瑞利判据，一透镜恰能分辨的两物点的衍射图样中心之间的距离，应等于爱里斑的半径。此时两物点对通光圆孔中心的张角称为**最小分辨角**，用 $\theta_{\min}$ 表示，如图 14.12 所示。由式(14.5)，最小分辨角为

$$\theta_{\min}=1.22\frac{\lambda}{D} \tag{14.11}$$

通常将光学仪器最小分辨角的倒数称为该仪器的**分辨本领**，用 R 表示，则

$$R=\frac{1}{\theta_{\min}}=\frac{D}{1.22\lambda} \tag{14.12}$$

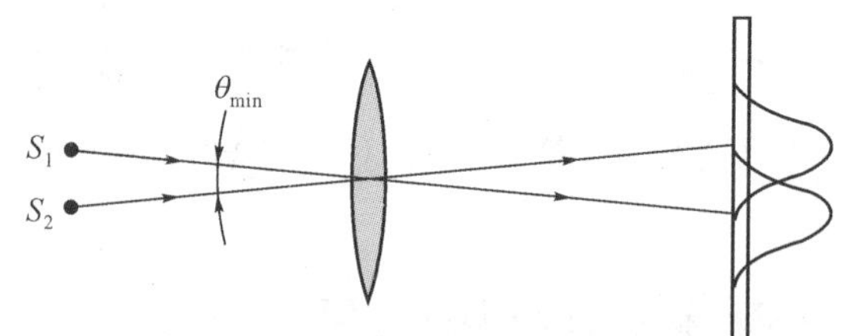

图 14.12 最小分辨角

由式(14.12)可见，要提高光学仪器的分辨本领，一是加大孔径，天文望远镜就是采用大口径的物镜来提高其分辨本领的。目前世界上最大的光学望远镜直径已达 5m，射电天文望远镜的圆形接收天线直径已达到 300～500m。二是采用波长较短的光源，例如用紫外显微镜来代替可见光显微镜，用电子显微镜来代替紫外显微镜等。电子显微镜是利用电子的波动性成像，其波长比可见光波要小得多，一般小于 0.1nm，所以电子显微镜的分辨本领要比普通光学显微镜的分辨本领大数千倍，从而使我们能够对病毒那样小的物体进行细致的观察。

[例 14.3] 已知人眼瞳孔直径在 2～8mm 之间变化，取直径 $D=2.0$mm。白光中对人视觉最敏感的波长为 550nm(黄绿光)。人的眼球直径(瞳孔到视网膜的距离)约为 16～24mm，取眼球直径 $f=22$mm，视网膜处在折射率 $n=1.337$ 的玻璃状液体中。求人眼的最小分辨角及视网膜上爱里斑的大小。

[解] 由式(14.11)可得人眼的最小分辨角为

$$\theta_{\min}=1.22\frac{\lambda_n}{D}=1.22\frac{\lambda/n}{D}=1.22\times\frac{550\times10^{-9}}{1.337\times2.0\times10^{-3}}$$

$$=2.5\times10^{-4}\quad(\text{rad})$$

视网膜上爱里斑的半径为

$$R=f\cdot\theta_{\min}=22\times10^{-3}\times2.5\times10^{-4}=5.5\times10^{-6}(\mathrm{m})$$

这个数值略大于眼睛中圆锥状细胞的直径，约与相邻细胞之间的距离相等。由此可见，视网膜的构造刚刚适合眼睛所形成的爱里斑大小，达到既不浪费圆锥细胞，也不至于因为细胞数过少而导致分辨不清微小的细节。

二、光栅光谱

光栅是近代物理实验中一种重要的光学元件，当用单色光入射时，在观察屏可以得到明亮尖锐的衍射条纹，如图 14.13 所示。由图可见，光栅的狭缝数目越多，屏上得到的明条纹愈亮和愈细锐，并且相互分离的愈开。由于一般实际使用的光栅狭缝数都很大($N>10^4$)，所以每个明条纹就是一条非常细的亮线，即主极大，于是利用光栅方程式(14.7)就可以很精确地测定入射光波的波长。

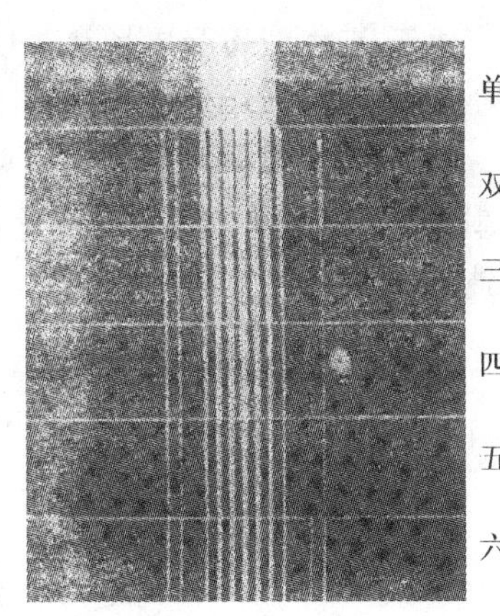

图 14.13　光栅光谱

如果入射光是包含不同波长的复色光，由光栅方程式(14.7)可知，不同波长的光除零级条纹重合以外，其他各级条纹的位置是不重合的，并按波长由短到长的次序自中央向外侧依次分开排列，每一干涉级次都有这样一组谱线。在较高级次时，各级谱线可能相互重叠。光栅衍射产生的这种按波长排列的谱线称为**光栅光谱**。以白光的光栅光谱为例，其中央明纹中心是白色的，边缘伴有彩色，两侧的各级明纹是由紫到红的彩色光谱，并在第二和第三级光谱发生重叠，级数越高，重叠情况越复杂，如图 14.14 所示。

由于各种物质都有它们自己特定的光谱，测定其光栅光谱中谱线的波长及相对强度，可以确定该物质的成分和含量。测定物质中原子或分子的光谱，可以揭示原子和分子的内部结构和运动规律。这种分析方法称**光谱分析**。它是现代物理学研究的重要手段，在工程技术等领域有着广泛的应用。

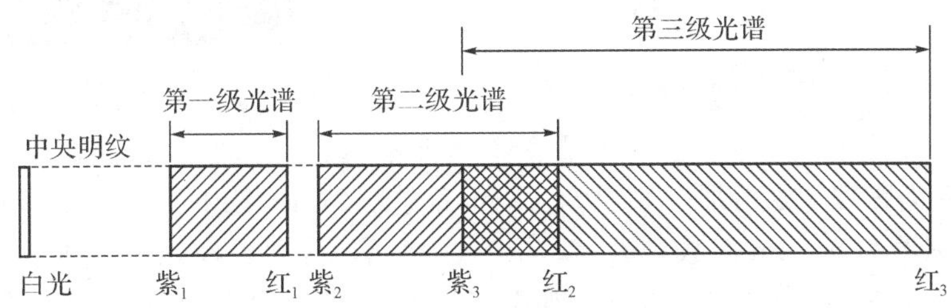

图 14.14　光栅光谱

三、X 射线衍射

1895 年，德国物理学家伦琴(W. K. Röntgen)发现，当高速电子撞击某些固体时会产生一种人眼看不见的射线，这种射线它能透过对可见光不透明的木头、铝和许多其他物质，并能使有些物体产生荧光。由于当时对它的本质还不了解，伦琴称它为 ***X* 射线**，现在人们又称它为**伦琴射线**。图 14.15(a)是一种能产生 X 射线的真空管，图中 K 是发射电子的热阴极，A 是由钼、钨或铜等制成的阳极，也叫**对阴极**。两极间加有数万伏特的高电压，阴极发射的电子在强电场作用下加速，高速电子撞向阳极时，就从阳极发射 X 射线。

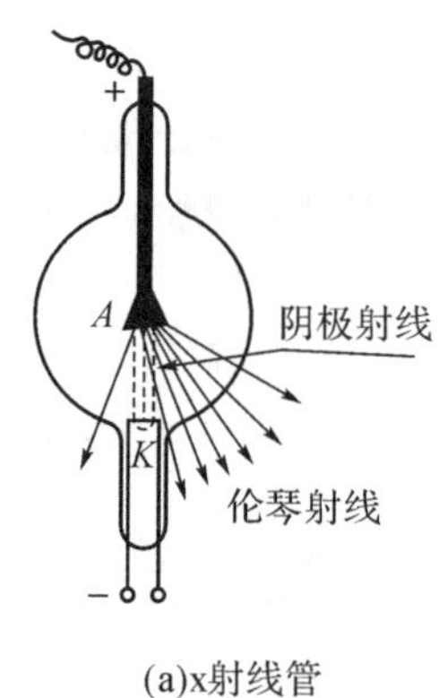

(a)x射线管

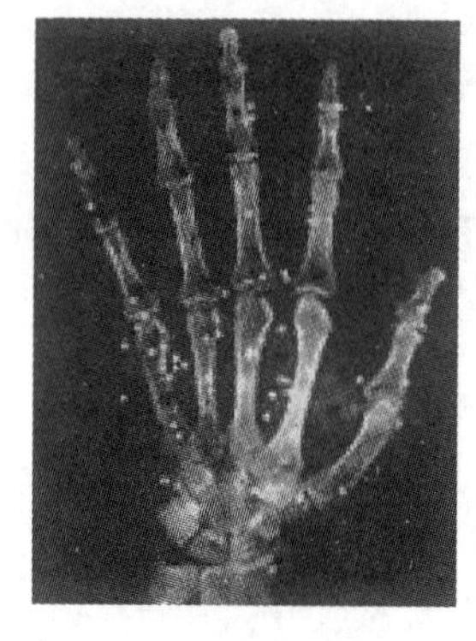

(b)手的x射线照片

图 14.15　X 射线

由于 X 射线不受电场和磁场的作用而偏转，所以当时人们认为 X 射线是一种波长极短的电磁波，波长在 0.01nm 到 10nm 之间。既然 X 射线是一种电磁波，也应该有干涉和衍射现象。但是由于 X 射线的波长太短，用普通光栅根本观察不到 X 射线的衍射现象的。要观察到 X 射线的衍射，必须用光栅常量为纳米(nm)数量级的光栅，这样的光栅也是无法用机械方法制造的。

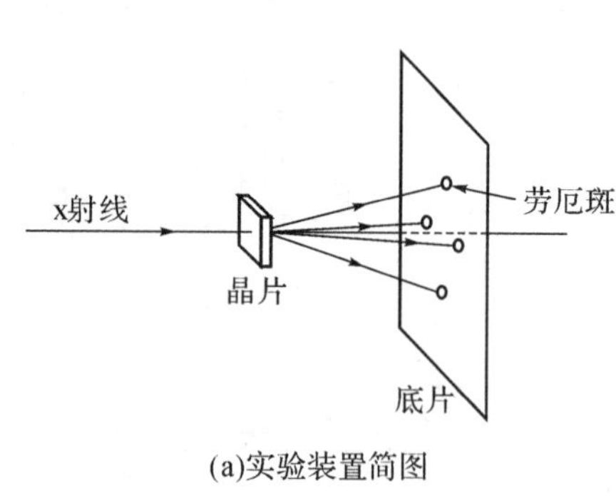

(a)实验装置简图

(b)劳厄斑

图 14.16　劳厄实验

1912 年，德国物理学家劳厄(M. Von Laue)首先想到，晶体内的原子是有规则排列的，且原子之间的距离约为 0.1nm 的数量级。原子的这种规则排列也许是一种适合 X 射线的天然三维衍射光栅。基于这一想法，他设计了如图 14.16(a)所示的实验，他让很细的一束 X 射线射到一单晶片上，结果在晶体后面的在底片上形成了对称分布的一些衍射斑点，称为**劳厄斑**，如图14.16(b)所示。劳厄因 X 射线衍射实验成功地证实了 X 射线的波动性，另一方面又证实了晶体具有空间周期性的点阵结构，荣获 1914 年诺贝尔物理奖。

为了从理论上解释 X 射线的衍射，英国物理学家布喇格（W. H. Bragg，W. L. Bragg）父子提出了一种比较简明的方法。布喇格父子认为，晶体中周期性排列的原子可以看成一系列相互平行的原子层，这些原子层称为**晶面**。两相邻晶面之间的距离用 d 表示，称为**晶格常量**，如图14.17所示。

当一束单色、平行的 X 射线以 θ 角掠射到晶面上时，将分别被表面及内部各原子层所散射。这些散射线相互叠加，就形成衍射图样。

可以证明，在各原子所散射的射线中，只有按反射定律反射的射线强度为最大。由图

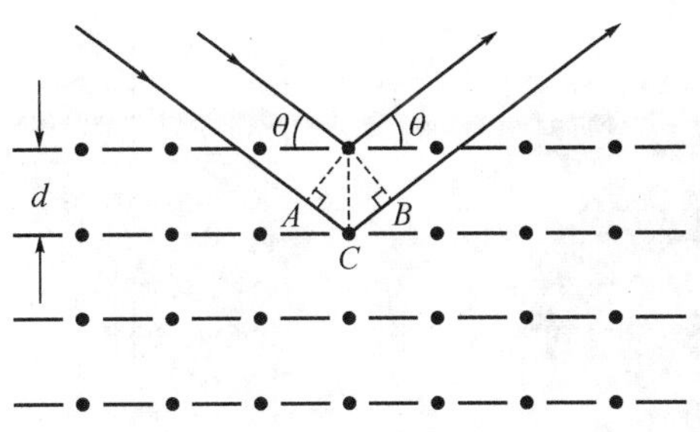

图 14.17　晶体原子对 X 射线的散射

14.17可见，被上、下两原子层所反射的反射线的光程差为

$$\delta = AC + BC = 2d\sin\theta$$

当上述光程差满足

$$2d\sin\theta = k\lambda,\quad k = 1,2,\cdots \tag{14.13}$$

时，各原子层之间的反射线将相互加强，出现亮点。式(14.13)称为**布喇格公式**。

应该指出，同一块晶体的空间点阵结构，从不同方向看，可以取不同的晶面排列和不同的晶格常量 d。凡是满足布喇格公式的，都能在相应的反射方向得到加强。

［例 14.4］　以波长为 0.110nm 的 X 射线照射食盐(NaCl)晶体的某一组晶面(设恰好为晶体表面)上，在掠射角为 11°15′时，获得第一级极大的反射光。问这组晶面的间距多大？又以一束待测 X 射线照射同一组晶面，测得第一级极大的反射光的掠射角为 17°30′。问待测 X 射线的波长为多少？

［解］　按照式(14.13)的布喇格公式

$$d = \frac{k\lambda}{2\sin\theta} = \frac{1\times 0.110}{2\times\sin 11°15'} = 0.282(\mathrm{nm})$$

利用此晶面间距，又可得待测 X 射线的波长为

$$\lambda' = 2d\sin\theta' = 2\times 0.282\times\sin 17°30' = 0.170(\mathrm{nm})$$

X 射线衍射最初主要用在无机晶体上，如已知晶体光栅的结构或晶面间距 d 来测定 X 射线的波长，或者用已知波长的 X 射线来研究晶体的结构。布喇格父子由于在应用 X 射线研究晶体结构方面的贡献，荣获 1915 年诺贝尔物理奖。

20 世纪 50 年代以后，X 射线衍射被广泛用于蛋白质、核酸等生物分子的研究中，因为这些生物分子的大小与 X 射线的波长是相同数量级的，故会有明显的衍射效应。佩鲁茨(Perutz)等利用 X 射线衍射研究血红蛋白的原子链结构，荣获了 1962 年的诺贝尔化学奖。霍奇金(D. Hodgkin)由于应用 X 射线测定了一系列重要的生物化学物质的晶体结构，荣获了 1964 年的诺贝尔化学奖。1953 年克里克(F. Crick)和沃森(J. Watson)利用 X 射线衍射还发现了生命遗传信息的物质载体——脱氧核糖核酸(DNA)的双螺旋结构，如图 14.18 所示。从图中我们可以看出 DNA 分子的基本结构与 X 射线的波长是相同数量级的，他们也因这项 20 世纪生物学的最伟大成就，荣获了 1962 年的诺贝尔生理学及医学奖。目前在沃森的倡导下，调查人类基因图谱的国际合作计划已于 1991 年开始，投资数十亿美元。这一计划一旦完成，我们就可以从人体的 DNA 分子中获取 10^{10} 比特(bit，信息单位)的信息量，从而查明生命的本质及其遗传机理。

20 世纪 60 年代，南非出生的美国物理学家科马克(A. Cormack)和英国电气工程师豪斯菲尔德(S. Hounsfield)，提出了用计算机控制的 X 射线断层扫描原理，并发明了 **X 射线断层**

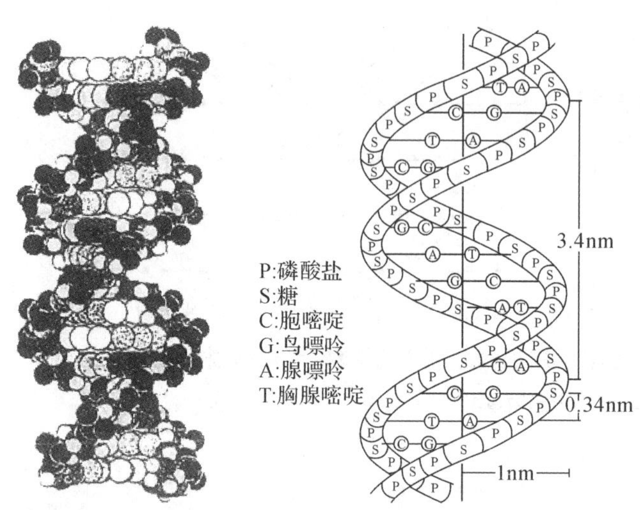

图 14.18 DNA 的双螺旋结构

扫描仪(简称 CT 扫描仪)。这一发明使医生们能看到人体内各种内脏器官的横断面图像,因而能准确诊断许多病症,大大丰富了医用 *X* 射线诊断的内容。他们两人也因此而荣获 1979 年度的诺贝尔生理学及医学奖。

至今为止,使用 *X* 射线衍射等分析方法研究晶体、蛋白质、核糖核酸、青霉素和维生素等内部结构,而荣获诺贝尔物理学奖、诺贝尔化学奖、诺贝尔生理学与医学奖的科学家已有 10 多人。可以这样说,如果没有 *X* 射线衍射等分析法,我们人类是不可能深入到微观领域,来探测生命的奥秘等基本问题。*X* 射线对科学技术的发展及人类社会进步产生了极其深刻的影响,它就像一把金钥匙,为我们打开了一个个新发现的大门,诞生了许多新的学科,如 *X* 射线晶体学、*X* 射线光谱学、*X* 射线激光等,并在医学、化学、生物学及其他相关学科领域得到广泛应用。

思考题

14.1 光衍射的本质是什么?光衍射与光干涉有什么区别和联系?

14.2 什么是菲涅尔半波带法?它处理光衍射的基本出发点是什么?

14.3 声波和无线电波可以绕过建筑物传播,但对可见光却观察不到明显的拐弯现象,这是为什么?

14.4 在观察单缝夫琅禾费衍射时,如果衍射装置有如下变动,试讨论衍射图样的变化。

(1)单缝在纸面内垂直于透镜的光轴向上或向下移动;

(2)光源在纸面内垂直于光轴向上或向下移动;

(3)将整个实验装置浸入水中。

14.5 试说明光栅衍射中多缝之间的干涉如何受到单缝衍射的调制?衍射光谱中主极大产生缺级的原因是什么?

14.6 为什么夫琅禾费光栅衍射中的明纹比夫琅禾费单缝衍射中的明纹要亮得多?

14.7 什么是爱里斑?光学仪器的分辨本领是如何定义的?它与哪些因素有关?

14.8 为什么天文望远镜物镜的直径很大?又为什么用显微镜对物体进行显微摄影时,用波长较短的光照射较好?

14.9 假如人眼能感知的电磁波段不是在 400~760nm 附近,而是移到毫米波段。人眼的瞳孔仍保持 3mm 左右的孔径,那么人们所看到的外部世界将是一幅什么景象?

习　题

14.1　一单色平行光束垂直照射在宽为 0.200mm 的单缝上，在缝后放一焦距为 3.00m 的会聚透镜。已知位于透镜焦面处的屏幕上第一级暗纹与第二级暗纹之间的距离 $\Delta x=0.885$cm。求该入射光的波长及中央明条纹宽度。

14.2　钠光灯发出的波长为 589.3nm 的黄色平行光，垂直入射到一单缝上，缝后透镜的焦距为 100cm，测得透镜后焦面上中央明条纹宽度为 2.00mm，试求此单缝的宽度。

14.3　用波长 $\lambda=632.8$nm 的平行光垂直入射到缝宽为(1)$a=0.15$mm；(2)$a=4.6$mm 的单缝上，缝后面的会聚透镜的焦距 $f=40$cm。试分别计算上述两种情况下，屏上中央明纹的宽度及第一级明纹的宽度。

14.4　在白色平行光形成的单缝夫琅禾费衍射图样中，若其中某一波长的光的第一级明纹与波长为 650nm 的光的第一级暗纹重合，求这个光波的波长。

14.5　工厂中抽制细丝时，为保证细丝粗细均匀，常用激光来监控其生产过程。如图题 14.5 所示，激光束越过细丝时所产生的衍射条纹与它通过遮光板上一条同样宽度的单缝所产生的相同。设所用的激光为氦氖激光(波长为 632.8nm)，观察屏离细丝的距离为 $D=2.65$m，如果要求细丝的直径为 1.37mm，则观察屏上两个第 10 级暗纹之间的距离多大？

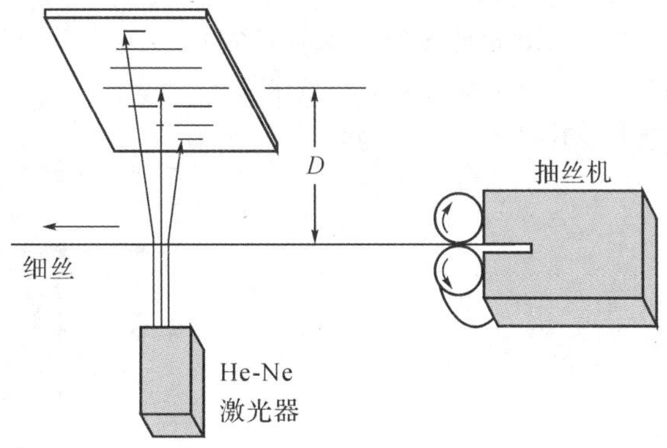

图题 14.5

14.6　由于光栅衍射的光谱非常细锐，因而用其测定光的波长就非常精确。已知某平面光栅每毫米有 100 条刻痕，用置于光栅后的透镜将光谱投射到屏上，透镜与屏间距离为 450.6mm(即透镜焦距)，用某种激光垂直照射此光栅，测得光栅光谱中的第一级主极大离开中央主极大的距离为 28.50mm，问该激光的波长为多少？

14.7　一衍射光栅，每厘米有 2000 条透光缝，每条透光缝的宽度 $a=2.5\times10^{-4}$cm，在光栅后放一焦距为 1m 的会聚透镜，现以 $\lambda=600$nm 的单色光垂直照射光栅，求：

(1)每条缝的单缝衍射中央明纹的宽度；

(2)在单缝衍射中央明纹的宽度内，干涉主极大的数目；

(3)屏上实际呈现的干涉主极大的总条数。

14.8　一束波长 $\lambda=600$nm 的单色平行光垂直入射到一光栅上，测得第二级主级大的衍射角为 30°，且第三级是缺级。试求：

(1)光栅的光栅常量；

(2)透光狭缝的最小宽度；

(3)在狭缝取最小宽度时，屏幕上可能出现的主极大的级数。

14.9　(1)在单缝夫琅禾费衍射中，入射光有两种波长的光：$\lambda_1=400$nm 和 $\lambda_2=760$nm，已知单缝宽度为 $a=1.0\times10^{-2}$cm，透镜焦距 $f=50$cm，求这两种光的第一级明纹中心在屏上的位置及它们之间的距离；

(2)若用光栅常量 $d=1.0\times10^{-3}$ cm 的光栅替换上述单缝,其他条件不变,求这两种光的第一级主极大在屏上的位置及它们之间的距离。

14.10　据说间谍卫星上的照相机可以清楚地识别地面上汽车的牌照号码。

(1)设汽车牌照上的字划之间的距离为 5cm,在 160km 高空的卫星上的照相机的最小分辨角应为多大?

(2)此照相机的孔径需要多大?设感光波长为 500nm。

14.11　已知汽车的两前灯之间的距离为 1.5m,一般环境下人眼睛瞳孔直径为 3.0mm,视觉最敏感的波长为 550nm。当汽车迎面驶来时,问人眼刚好能分辨出两车灯的最远距离是多少?

14.12　在通常的亮度下,人眼瞳孔直径约为 3.00mm,问人眼的最小分辨角是多大?如果人到黑板的距离是 12.0m,试计算人眼能分辨的黑板上最小的线距离。

14.13　如果将一束直径为 2mm 的氦氖激光($\lambda=632.8$nm)投向月球,已知月球和地面的距离为 3.76×10^5 km,问在月球上得到的光斑直径多大?若将激光束的直径经扩束器扩展为 2.00m,则月球上的光斑为多大?

14.14　用波长为 0.110nm 的 X 射线照射某岩盐晶面,实验测得在该 X 射线和晶面的夹角为 $11°30'$ 时获得反射光的第一级极大,问:

(1)此岩盐晶体原子平面之间的间距 d 多大?

(2)如换另一束待测的 X 射线照射此岩盐晶面,测得 X 射线与晶面的夹角为 $17°30'$ 时获得反射光的第一级极大,则此待测的 X 射线的波长为多少?

14.15　一束波长为 0.095～0.130nm 的 X 射线,以掠射角 $\theta=45°$ 入射到晶体上,如图题 14.15 所示。已知晶格常量 $d=0.275$nm。问该晶体对其中哪些波长的 X 射线产生强反射?

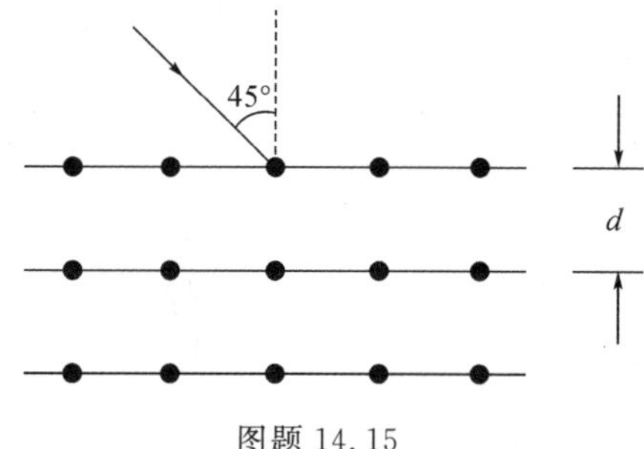

图题 14.15

第 15 章　光的偏振

光的干涉和衍射现象说明光具有波动性，而光的偏振现象则进一步说明光是横波。本章主要讨论偏振光的基本特性、产生和检验方法，并简要介绍光偏振现象的应用。

15.1　光偏振的基本原理

15.1.1　光的偏振现象

早在 1669 年，丹麦的巴塞林纳斯(E. Bartholinus)就发现了方解石(又称冰洲石)的双折射现象。约过了一个半世纪之后，法国物理学家马吕斯(E. Malus)才重新注意到了方解石的双折射现象，他对着强烈的太阳光转动方解石，发现有时只见一个像，有时却会出现两个像。由于受牛顿“光微粒说”的影响，马吕斯对这种现象无法作出正确的解释。

随着对光干涉和光衍射现象研究的不断深入，光的波动学说得到确立。但横波与纵波都有干涉和衍射现象，光究竟是横波还是纵波仍然无法确定。

1864 年，英国物理学家麦克斯韦(J. C. Maxwell)的电磁场理论进一步证明光是一种电磁波。由于电磁波中电场强度矢量的振动与磁场强度矢量的振动始终保持在各自的平面内，大小同步变化，而且均与传播方向 c 垂直，所以**光波(电磁波)是横波**，如图 15.1 所示。

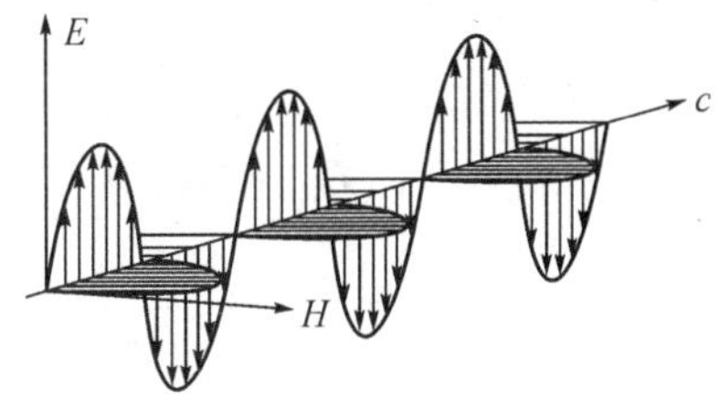

图 15.1　光波的偏振性

另外在光波中，电场振动 E 在诱发人眼视觉、乳胶感光的光化学反应及光电接收器的光电转换等方面都比磁场振动 H 所起的作用大得多，因此我们在今后均采用电场强度矢量 $\boldsymbol{E}$ 的传播来代表光波，并称为**光振动矢量**，简称**光矢量**。

由于光波是横波，所以光波列的光矢量振动方向始终与光的传播方向垂直，而且始终维持在某一个平面内(见图 15.1)，即光波的振动方向对光的传播方向具有不对称性，这种光振动方向对波的传播方向的不对称性，称为**光的偏振性**。由此可见，**光的横波特性是光具有偏振性的根源。**

15.1.2　光偏振的产生及计算

虽然每一种光波列均具有偏振性，但自然界中的普通光束并没有表现出偏振性。这是由于人们日常接触到的光波不是图 15.1 中那样简单的光波列，因为普通光源在任一时刻都有无数个原子、分子在随机地发出一个个光波列，这无限多个光波列的相位、振幅和振动方向都是杂乱无序的，但从统计平均的观点来看，在垂直于光的传播方向的平面内，光矢量可取任何方向的振动，没有哪一个方向比其他方向更占优势，即没有偏振性。

要从这种完全杂乱振动的自然光波产生偏振光是很容易的，我们可以通过光在某些物质上的反射、折射、散射、透射和双折射等过程，将光矢量某些方向的振动削弱或者完全吸收，这样处理过的光波在不同振动方向上的振幅不再相等，就具有了偏振性。

光偏振的计算主要是确定某一振动方向上各种光矢量的合振幅的大小。同时，从波动理论我们知道，偏振光的光强是由光矢量合振幅的平方 A^2 决定的。

15.1.3 光偏振状态的分类及表示

一、线偏振光

任何光波经过某些物质反射、折射或吸收后，可能只剩下了某一方向的光振动，则这种光矢量只沿某一固定方向振动的光称为**线偏振光**，又称**完全偏振光**。图 15.2(b)所示的是光振动在纸面内的线偏振光，图 15.2(c)所示的是光振动垂直于纸面的线偏振光。

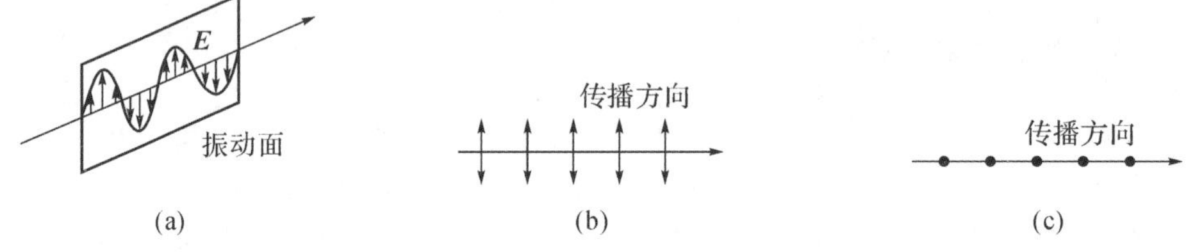

图 15.2 线偏振光

线偏振光的振动方向与传播方向组成的平面称为**振动面**，如图 15.2(a)所示。线偏振光的振动面是固定不动的，所以线偏振光也叫**平面偏振光**。

二、自然光

在垂直于光传播方向的任一个横截面内，光矢量可取任何方向的振动，没有哪一个方向比其他方向更占优势，即在所有可能的方向上，光矢量的振幅都相等，这样的光称为**自然光**。如图 15.3(a)所示。

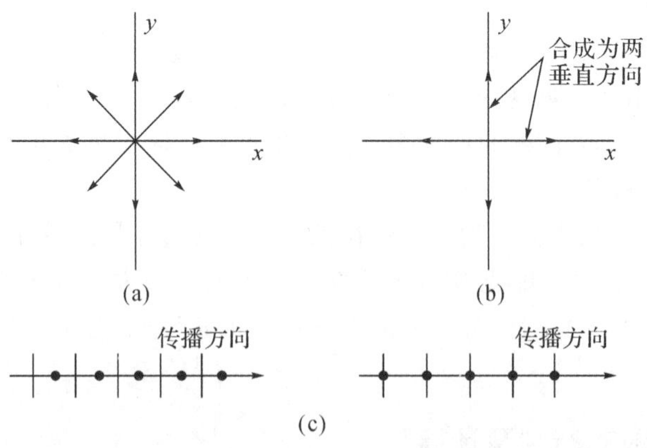

图 15.3 自然光

由于任一方向的光振动均可以分解为两个互相垂直方向(x 方向和 y 方向)的分振动，故所有不同方向的光振动在这两个方向的分量的时间总平均值应该彼此相等，即 $A_x = A_y$。因此，**自然光可以用两束等振幅的、振动方向互相垂直的、无固定的相位关系的线偏振光来表示，**

如图 15.3(b)所示。这样的两束线偏振光具有相等的强度 $I_x = I_y$，又因为自然光强度 $I_0 = I_x + I_y$，故有

$$I_x = I_y = \frac{I_0}{2} \tag{15.1}$$

通常用图 15.3(c)来表示自然光，点表示垂直于纸面的光振动，短线表示在纸面内的光振动。点子和短线交替均匀画出，表示这两方向振动强度相同。

三、部分偏振光

这是一种偏振状态介于线偏振光和自然光之间的偏振光。如果在垂直于光的传播方向的平面内，光矢量可取任何一个方向的振动，但不同方向其振幅不同，如某一方向振动最强，则与该方向垂直的方向振动就最弱，这种光称为**部分偏振光**。通常用图 15.4(b)表示，这种偏振光常用数目不等的点和短线来表示其偏振状态，上图表示在纸面内的振动强于垂直纸面振动的部分偏振光，下图则表示垂直于纸面的振动强于在纸面内振动的部分偏振光。

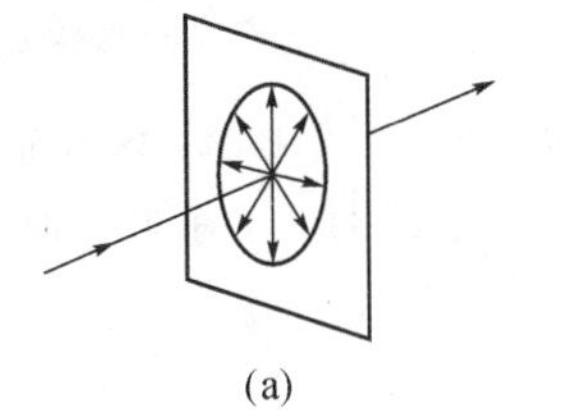

(a)

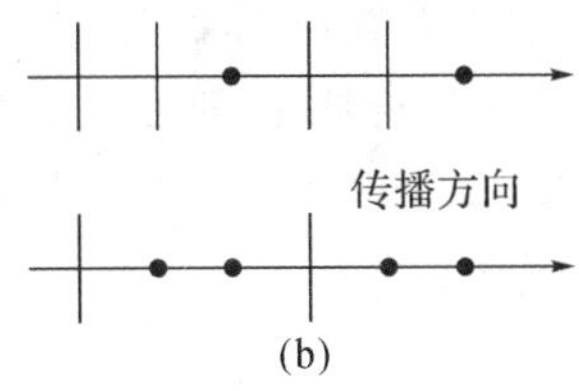

(b)

图 15.4　部分偏振光

四、椭圆偏振光和圆偏振光

如果在垂直于光的传播方向的平面内，光矢量按一定的频率旋转(左旋或右旋)，当光矢量端点轨迹是圆时，这种光称为**圆偏振光**，如图 15.5(a)所示。当矢量端点的轨迹是椭圆时，这种光称为**椭圆偏振光**，如图 15.5(b)所示。根据振动合成规律，椭圆偏振光和圆偏振光都可以看成是两个相互垂直的、频率相同的、相位差恒定的两个线偏振光的合成。圆偏振光是椭圆偏振光的一种特例。

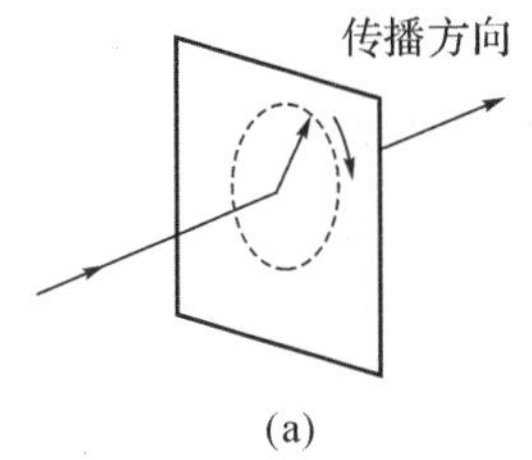

(a)

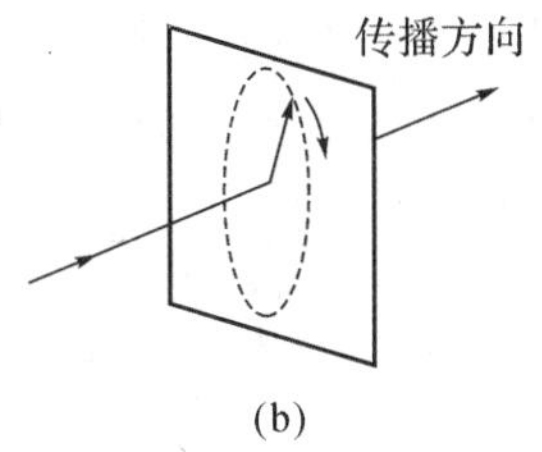

(b)

图 15.5　椭圆偏振光及圆偏振光

15.2　光偏振的实现方法及应用

15.2.1　偏振片的起偏和检偏

从自然光中获得线偏振光的器件叫**线偏振器**，实验室中最常用的线偏振器是**偏振片**。偏振片是一种人造的透明薄片。某些物质(如硫酸碘奎宁晶体)对某一方向的光振动有强烈的吸收，而对与这个方向垂直的光振动则吸收很少。把这种物质蒸镀在透明薄片上，就成为偏振

片。这样的偏振片基本上只允许振动面在某一特定方向的偏振光通过，我们通常用记号“↕”表示偏振片允许通过的光振动方向，这个方向称为**偏振化方向**。让自然光垂直通过这样的偏振片，透射光就是与偏振化方向相同的线偏振光，如图 15.6 所示。用于获取偏振光的偏振片常称为**起偏器**。

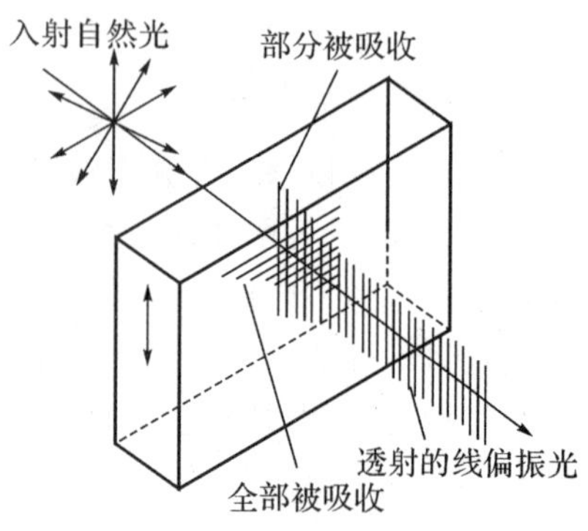

图 15.6　偏振片的起偏

偏振片不但可以用来使自然光变为偏振光，而且可以用来检验某一光波是否为偏振光，用于检验偏振光的偏振片称为**检偏器**。如图 15.7 所示，当一束线偏振光射到检偏器 P 上，当 P 的偏振化方向与入射偏振光的振动方向相同时，则该偏振光可以全部通过 P，透过 P 的光强最大；当 P 的偏振化方向和入射偏振光的振动方向相互垂直时，则该偏振光不能通过 P，透过 P 的光强为零，透射光强为零的现象称为**消光**。如果以光的传播方向为轴慢慢转动 P，则透过 P 的光经历着由明变暗，再由暗变明的变化过程。如果射向 P 的是自然光，那么在旋转 P 的过程中，就不会出现明暗变化。如果射向 P 的光是部分偏振光，当转动 P 时，会有明到暗，暗到明的变化，但没有消光现象。

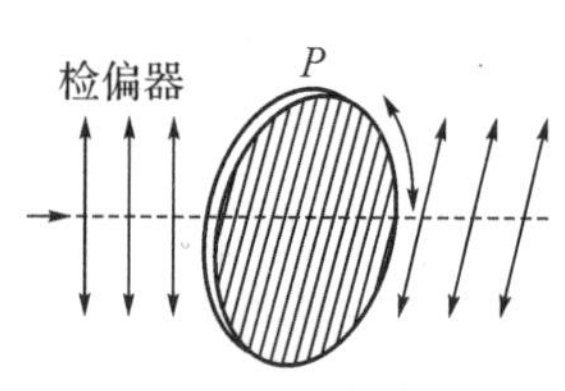

图 15.7　偏振光的检偏

上述实验只定性说明了线偏振光通过检偏器后光强的变化，那么入射线偏振光的光强与透射光强的定量关系到底遵循什么规律呢？

设入射的线偏振光振幅为 A_0，光强为 I_0，振动方向与检偏器的偏振化方向成 α 角。将光矢量分解为平行和垂直于偏振化方向的两个分量，其中平行分量的振幅为 $A=A_0\cos\alpha$，如图 15.8 所示。因光强与振幅的平方成正比，所以透射光的光强 I 为

$$\frac{I}{I_0}=\frac{A^2}{A_0^2}=\cos^2\alpha$$

$$I=I_0\cos^2\alpha \tag{15.2}$$

这一结论称为**马吕斯定律**。由式(15.2)可见，当 $\alpha=0$ 或 $\alpha=\pi$ 时，$I=I_0$，透射光光强最大；当 $\alpha=\frac{\pi}{2}$ 或 $\frac{3\pi}{2}$ 时，$I=0$，光强为零，出现消光现象。

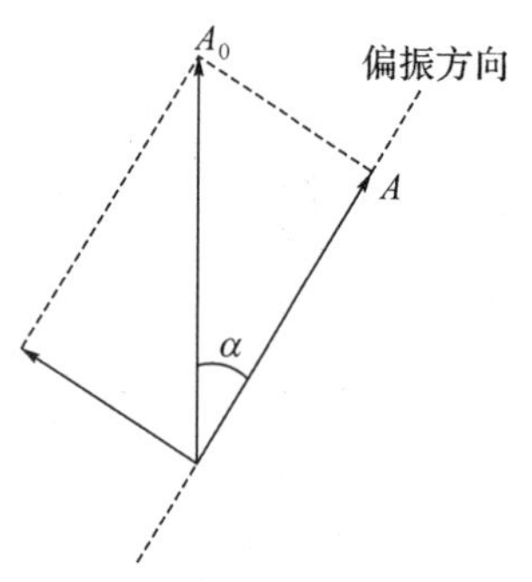

图 15.8　马吕斯定律

必须指出，马吕斯定律仅仅对入射光为线偏振光时才适用。

偏振片的应用非常广泛，可以做成汽车灯玻璃、太阳镜和照相机的滤光镜等，如观看立体电影的眼镜的左右两个镜片就是用偏振片制成的，而且它们的偏振化方向互相垂直。

［例 15.1］ 光强为 I_0 的一束自然光，连续垂直经过两块理想的偏振片，如果这两块偏振片的偏振化方向夹角为 30°，45°和 60°，试分别求出上述各种情况下的透射光的强度。

［解］ 自然光通过第一块偏振片后成为偏振光，其光强为 $\frac{I_0}{2}$。此强度的线偏振光射向第二块偏振片，从第二块偏振片透过的光强可由马吕斯定律求得

$$I=\frac{1}{2}I_0\cos^2\alpha$$

$$\alpha=30°\text{时}，\quad I=\frac{1}{2}I_0\cos^2 30°=\frac{3}{8}I_0$$

$$\alpha=45°\text{时}，\quad I=\frac{1}{2}I_0\cos^2 45°=\frac{1}{4}I_0$$

$$\alpha=60°\text{时}，\quad I=\frac{1}{2}I_0\cos^2 60°=\frac{1}{8}I_0$$

15.2.2　介质分界面上的反射和折射

早在 19 世纪初，人们就从大量的实验中发现，当自然光入射到两种各向同性介质的分界面上而产生反射和折射时，其偏振状态也要发生变化。一般情况下，反射光和折射光都是部分偏振光。实验测量表明，在反射光中垂直于入射面的光振动强于平行入射面的光振动，而在折射光中平行入射面的光振动强于垂直入射面的光振动，如图 15.9(a)所示。

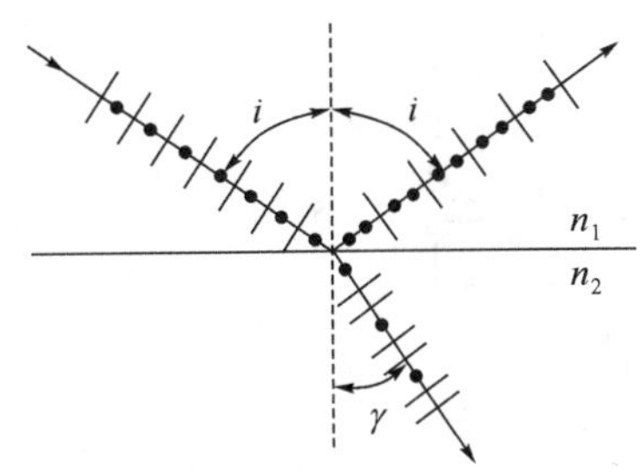

(a)反射光和折射光均为部分偏振光

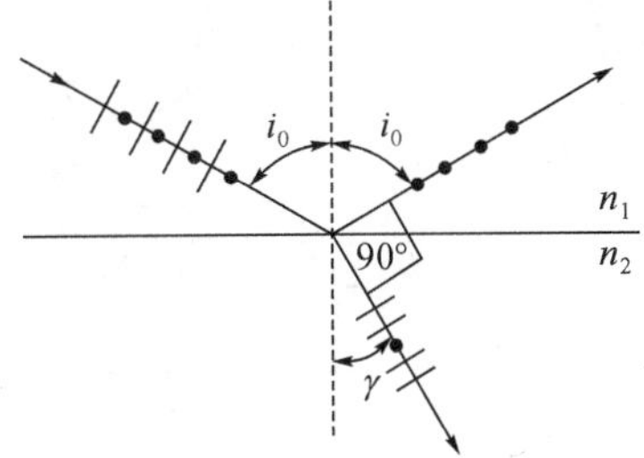

(b)反射光威线偏振光

图 15.9　反射和折射时产生的偏振光

实验进一步表明，改变入射角时，反射光和折射光的偏振化程度都将随之改变。当入射角为某一特定值 i_0 时，反射光中为完全偏振光，其光振动方向垂直于入射面。而此时的折射光仍为部分偏振光，只是其中垂直入射面的光振动更少了，而且此时反射光和折射光的传播方向相互垂直，如图 15.9(b)所示。这个特定的入射角 i_0 称为**起偏角**，由于该现象是布儒斯特(D. Brewster)于 1812 年通过实验确定的，此起偏角 i_0 又称为**布儒斯特角。**

设入射介质和折射介质的折射率分别为 n_1 和 n_2，由图 15.9 可知，当自然光以起偏角 i_0 入射到两种介质分界面上时，有

$$i_0+\gamma=90°$$

根据折射定律有

$$n_1\sin i_0=n_2\sin\gamma=n_2\cos i_0$$

将两式联立求解得

$$\tan i_0=\frac{n_2}{n_1} \tag{15.3}$$

式(15.3)称为**布儒斯特定律**。

[**例 15.2**]　一束太阳光，以某一入射角射到平面玻璃上，这时反射光为完全偏振光，折射光的折射角 32°，试问：

(1)太阳光的入射角是多少？

(2)玻璃的折射率是多少？

[**解**]本题为反射产生偏振光的问题。

(1)根据布儒斯特定律，当反射光为完全偏振光时，反射光线与折射光线互相垂直，$i_0+\gamma=90°$，故有

$$i_0=90°-\gamma=90°-32°=58°$$

(2)由布儒斯特定律可知，当反射光为完全偏振光时，入射角 i_0 必满足

$$\tan i_0=\frac{n_2}{n_1}$$

本题中空气的折射率 $n_1\approx1$，所以玻璃的折射率为

$$n_2=\tan i_0=\tan58°=1.6$$

必须指出，自然光以起偏角 i_0 入射时，反射光中虽然只有垂直于入射面的光振动，但并不意味着入射自然光中的全部垂直于入射面的光振动都被反射。实验表明，对一般的光学玻璃，反射光的强度通常只占入射光强的 7.5%，所以折射光是一束比反射光强很多的部分偏振光。

为了增强反射光的强度和提高折射光的偏振化程度，可以将许多平行玻璃片叠成**玻璃片堆**，如图 15.10 所示。当自然光以布儒斯特角入射后，连续地通过许多玻璃片，由折射定律可知，透射光线始终会以布儒斯特角入射下一块玻璃片。这样每经过一块玻璃片，垂直于入射面的振动在每一个玻璃与空气的分界面上都要被反射掉一部分，而与入射面平行的振动在分界面上都不被反射。当玻璃片数量足够多时，从玻璃堆透出的光就非常接近于线偏振光，而且与入射光在同一方向上。因此，利用玻璃片堆可做成偏振器来得到偏振光，同样也可以利用它们来检验偏振光。

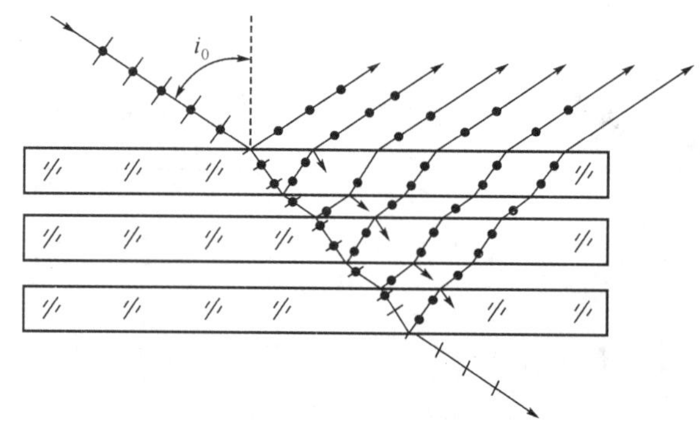

图 15.10　利用玻璃片堆产生偏振光

图 15.11 所示的激光管中的布儒斯特窗就是根据上述原理制成。它只用了 G_1 和 G_2 两块玻璃片作为偏振化器件，两玻璃片的法线与管轴间的夹角为布儒斯特角，故称为**布儒斯特窗**。它利用反射镜 M 和平板玻璃 G 使入射光 S 的折射光束来回地在 G_1 和 G_2 的上、下两表面之间反射，当光束以布儒斯特角经过玻璃片表面时，垂直于入射面的光振动被陆续反射掉，最后只有平行入射面振动的光可以在激光器内反射振荡而形成激光，通过 G 射出，这样的激光为线偏振光。

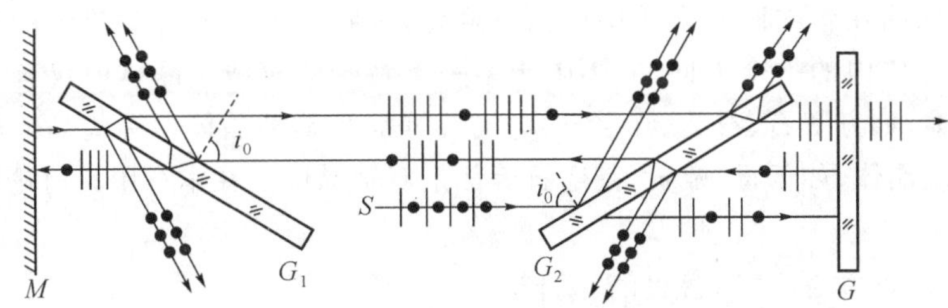

图 15.11　激光管中的布儒斯特窗

反射光的部分偏振化现象在日常生活中也经常可以观察到，如我们用一偏振片来观察太阳光，将发现来自天空的太阳光也是部分偏振的。天文学上还根据从行星来的反射光的偏振性质，推断出金星的表面覆盖着冰晶或水滴，并确定土星的光环也是由冰晶所组成的。

15.2.3　双折射

一、双折射现象

上述由反射和折射产生的偏振光都发生在两种光学各向同性介质的分界面上，如玻璃与空气、水与空气等分界面。光波在这一类介质中的传播速度与光的传播方向及偏振状态无关，这类介质常称为**各向同性介质。**还有些介质，如方解石、石英等许多晶体，光在其中的传播速度与光的传播方向及偏振状态有关，这些物质称为**各向异性介质。**

在各向同性介质的分界面上，对应于一束入射光的折射光只有一束，其传播方向遵守折射定律。但当光射向各向异性介质中时，一束入射光将产生两束折射光，且它们沿不同的方向传播，如图 15.12(a)所示，这种现象称为**双折射现象**，早在 1669 年，丹麦的巴塞林纳斯就发现方解石的双折射现象。如图 15.12(a)所示的光束垂直入射的情况下，一束折射光仍沿原方向传播，遵从与在各向同性介质中一样的折射定律，这束折射光称为**寻常光**，简称 ***o* 光**。另一束折射光显然偏离了原传播方向，不遵从折射定律，而且也不在入射面内，这束折射光称为**非常光**，简称 ***e* 光**。如果将晶体绕光的入射方向慢慢转动时，*o* 光方向不变，*e* 光则随着晶体绕 *o* 光旋转。如用偏振片检查这两束光，发现这两者都是线偏振光，它们的振动方向互相垂直。

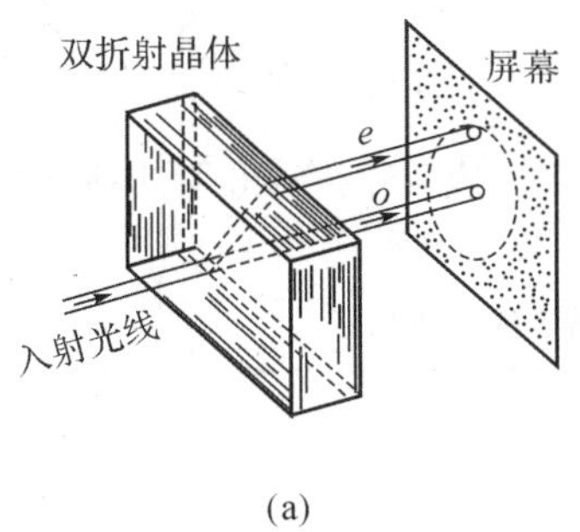

(a)

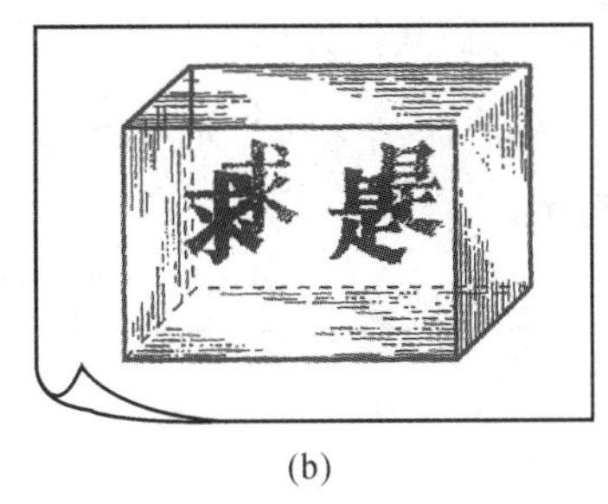

(b)

图 15.12　双折射现象

应该指出，所谓 *o* 光和 *e* 光，只在晶体的内部才有意义，射出晶体以后就无所谓 *o* 光和 *e* 光了，它们仅是两束振动方向不同的线偏振光而已。

能够产生双折射现象的晶体称为**双折射晶体**，大部分晶体(除立方系晶体，如岩盐外)都是双折射晶体。通过双折射晶体观察物体时，可看到物体的双重像，如图 15.12(b)所示。进一步研究发现，在双折射晶体内部存在着一特殊的方向，当光在晶体内沿着这一方向传播时不发生双折射现象，如同在各向同性介质中传播一样，这一特殊的方向称为**晶体的光轴**。应该注意，光轴仅表示晶体内的一个方向，并不限于某一条特殊的直线。晶体中仅有一个光轴方向的，称为**单轴晶体**，如方解石、石英、红宝石、电气石等都是单轴晶体。有些晶体具有两个光轴方向的，称为**双轴晶体**，如云母、硫黄、蓝宝石等都是双轴晶体。在本章中只讨论单轴晶体的双折射现象。

二、o 光和 e 光在单轴晶体中的传播

光在晶体内传播时会产生双折射现象，其根源是晶体本身具有周期性的规则结构。晶体中的原子排列有序，构成各种空间点阵结构，因为沿不同方向的原子排列密度不同，从而导致晶体在不同方向上具有不同的物理性质，即**各向异性**。

用晶体结构和光的电磁理论可以对双折射现象作出严格的理论解释，但比较复杂。1900年惠更斯利用惠更斯原理对双折射现象给予了定性地说明，下面作一简单介绍。

惠更斯假设在晶体内有一单色点波源 S，如图 15.13 所示，它发出的光波在各向异性晶体内分解成 o 光和 e 光。o 光沿各方向传播的速度相同，用 v_o 表示，它任意时刻在晶体中形成的波阵面是一个以 S 为球心的球面。e 光除了在光轴方向与 o 光具有相同的传播速度外，在其他方向上的速度则随传播方向而变化，在垂直于光轴的方向上，o 光和 e 光的传播速度相差最大。我们将垂直于光轴方向传播的 e 光速度作为一个特征值，用 v_e 表示，则 e 光任意时刻在晶体中形成的波阵面是一个以通过的光轴为转轴的旋转椭球面，它与 o 光球面在光轴方向上是相切的。

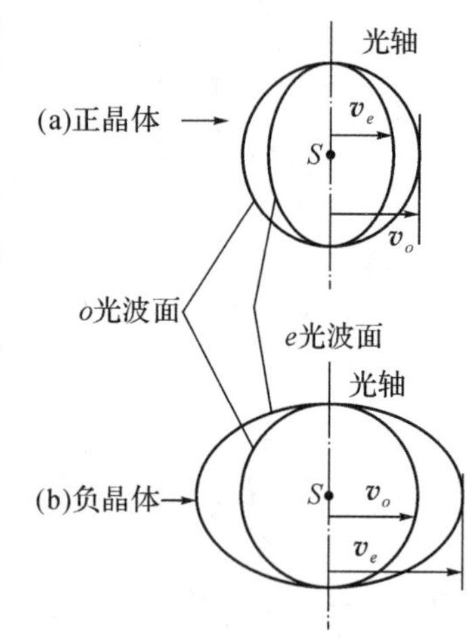

图 15.13　晶体中的次波波阵面

在图 15.13 中，如果作一个垂直光轴的横截面，在此横截面内，o 光的波阵面和 e 光的波阵面的截线都是圆（当然半径不相同）。由此可见，在垂直于光轴的平面内，e 光沿各个方向传播的速度均为 v_e，具有固定的折射率。设真空中光的传播速度为 c，则 o 光在晶体内沿各个方向上的折射率均为 $n_o=\frac{c}{v_o}$，e 光在光轴方向上的折射率与 o 光相同为 n_o，在沿垂直于光轴方向上的折射率均为 $n_e=\frac{c}{v_e}$，e 光在其他方向上的折射率则介于 n_o 和 n_e 之间。通常将 n_o 和 n_e 合称为**晶体的主折射率**，它是描述晶体特性的一个重要参数。表 15.1 列出了几种晶体对钠黄光($\lambda=589\text{nm}$)的主折射率。

表 15.1　几种单轴晶体的主折射率

晶　体	n_o	n_e
石英	1.544	1.553
冰	1.309	1.313
方解石	1.658	1.486
电气石	1.640	1.620

折射率 $n_o<n_e$（即 $v_o>v_e$）的晶体称为**正晶体**，如石英、冰等。折射率 $n_o>n_e$（即 $v_o<v_e$）的晶体称为**负晶体**，如方解石、电气石等。

下面介绍光轴平行于晶体表面，并在入射面内，平行光垂直正入射时晶体中 o 光和 e 光的传播情况。

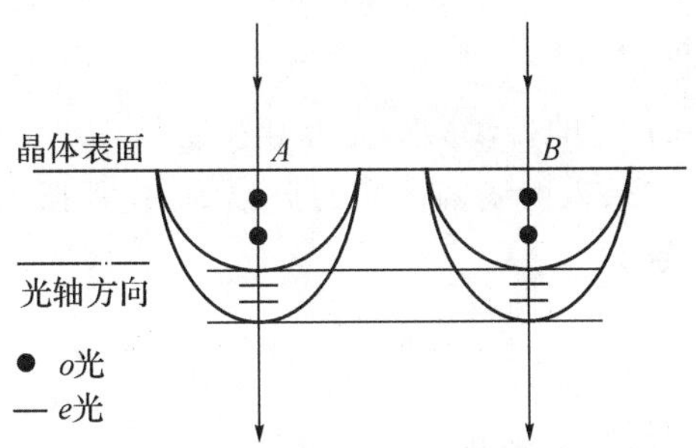

图 15.14　o 光和 e 光在晶体中的传播

如图 15.14 所示，这种情况下入射波波阵面各点同时到达晶体（负晶体）表面，从晶体表面上各点（如 A 点和 B 点）向晶体内部发出的 o 光的球波面和 e 光的椭球波面在光轴方向上相切。o 光在晶体内的传播遵守折射定律，所以仍然沿原入射方向（因为入射角 $i=0°$）在晶体中以波速 v_o 传播。在垂直光轴的传播方向上，e 光在 A、B 各点的传播速度均为 v_e，折射率也均为主折射率 n_e，故也遵守折射定律，所以 e 光也沿原入射方向（因为入射角 $i=0°$）在晶体中传播，传播速度为 v_e。这时虽然 o 光和 e 光的传播方向相同，但传播速度不同，所以从晶体表面到达晶体中同一位置时会出现一定的相位差，故这也是双折射现象。

在上述双折射现象中，我们同时从图 15.14 中可以发现，在晶体中 o 光的振动方向始终与光轴垂直，而 e 光的振动方向始终与光轴平行。在入射面包含光轴的情况下，o 光和 e 光在双折射晶体的传播时，其振动方向都有这种特性。这种光轴平行晶体表面的情形，在用晶体制作的波片和双折射偏振器件中有着广泛的应用。

双折射晶体偏振器件是指利用晶体的双折射效应来获取线偏振光的专用装置。因为双折射中产生的 o 光和 e 光都是完全偏振光，所以双折射偏振器件的性能比偏振片和玻璃片堆都要优越，使用较广的这类偏振器件有尼科耳（W. Nicol）棱镜、渥拉斯顿（W. Wollaston）棱镜和洛匈（Rochen）棱镜等。

三、波晶片与椭圆偏振光的获得

双折射现象的另一重要应用是制作波晶片。从单轴晶体中切出一块厚度均匀的薄片，使其两个表面都与晶体光轴平行，这样的一片晶体称为**波晶片**。

如图 15.15 所示，让一束波长为 λ 的单色自然光通过起偏器成为线偏振光，再垂直入射到厚度为 d 的波晶片 C 上。由上节内容可知该线偏振光进入晶体后会产生双折射，分解为 o 光和 e 光，两者传播方向相同，但传播速度不同。

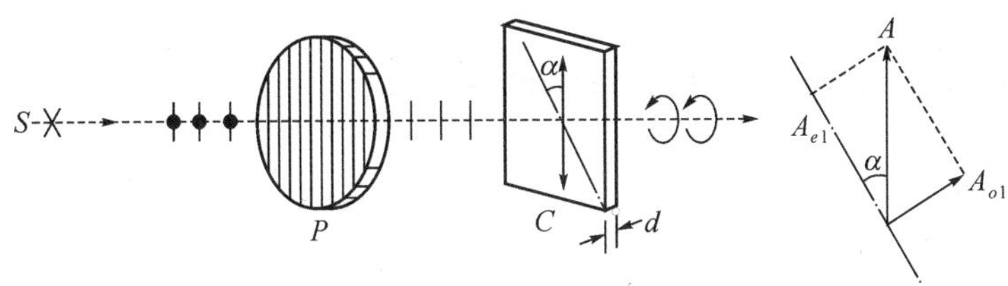

图 15.15　椭圆偏振光的获得

通过波晶片（设晶体为负晶体，$n_o>n_e$）后，两束光的光程差为

$$\delta=(n_o-n_e)d \tag{15.4}$$

产生附加的相位差为

$$\Delta\varphi=\frac{2\pi}{\lambda}(n_o-n_e)d \tag{15.5}$$

另外，在波晶片中 o 光和 e 光的振动方向是互相垂直的，o 光的振动方向与光轴垂直，而 e 光的振动方向与光轴平行。如果入射线偏振光的振幅为 A，其振动方向与波晶片的光轴夹角为 α，则 o 光和 e 光的振幅分别为

$$\begin{cases}A_{o1}=A\sin\alpha\\A_{e1}=A\cos\alpha\end{cases} \tag{15.6}$$

由此可见，从波晶片后出射的 o 光和 e 光仍然在同一方向上，而且两束光振动频率相同，振动方向相互垂直，具有恒定的相位差，互相叠加后就会形成各种类型的椭圆偏振光。

适当选取波晶片的厚度，使 o 光和 e 光经过波晶片后的光程差 $\delta=(n_o-n_e)d=\frac{\lambda}{4}$（相位差 $\Delta\varphi=\pi/2$），此时的波晶片称为**四分之一波片**。如果让线偏振光入射四分之一波片，再使 $\alpha=45°$，则有 $A_{o1}=A_{e1}$，此时透过波晶片后形成的偏振光将是圆偏振光。

线偏振光经过波晶片后，o 光和 e 光的光程差 $\delta=\frac{\lambda}{2}$（相位差 $\Delta\varphi=\pi$）的波晶片称为**二分之一波片**，光程差 $\delta=\lambda$（相位差 $\Delta\varphi=2\pi$）的波晶片称为**全波片**等。值得注意的是，所有波片都是对特定的波长为 λ 的光而言的，不能通用。

[例 15.3] 如果用方解石来制作红光的四分之一波片，红光的波长为 $\lambda=632.8\text{nm}$，则该波晶片的最小厚度是多少？

[解] 从表 15.1 中可以查知，方解石的主折射率 $n_o=1.658$，$n_e=1.486$。设波晶片的厚度为 d，根据四分之一波片的定义有

$$\delta=(n_o-n_e)d=\frac{\lambda}{4}$$

得到

$$d=\frac{\lambda}{4(n_o-n_e)}=\frac{632.8\times10^{-9}}{4\times(1.658-1.486)}=9.200\times10^{-7}(\text{m})$$

可见这样的波晶片厚度非常薄，制作起来很困难，实际的四分之一波片常采用较厚的波晶片，使 o 光和 e 光的光程差为

$$\delta=k\lambda+\frac{\lambda}{4}$$

式中的 k 为整数，这是因为光程差增加 $k\lambda$（相当于相位差增加 $2k\pi$）对形成波晶片后的偏振光状态是没有影响的。

15.2.4 光偏振在现代科技领域中的应用

一、偏光显微镜

偏光显微镜是根据光偏振的基本原理设计的显微镜，它比普通显微镜有更清晰的视场，分辨细微差别的灵敏度也大大高于普通显微镜，它在地质和冶金中的矿物成分鉴定、生物学中的样品结构观察等方面有着广泛的应用。偏光显微镜的原理图如图 15.16 所示。它与普通显微镜相比，在光路增加了两个偏振片 P_1 和 P_2，P_1 作为起偏器使入射光成为线偏振光，P_2 作为

检偏器使用，并且 P_1 和 P_2 的偏振化方向是设计成相互垂直的。

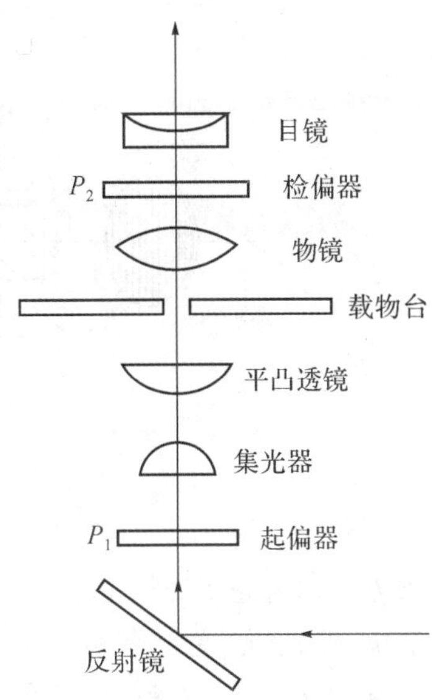

图 15.16　偏光显微镜

如果载物台上没有样品或者样品不能使从 P_1 发出的偏振光的振动转过一定角度，那么偏振光就不能通过检偏器 P_2，从目镜中观察到的视场是全黑的。如果载物台上的样品具有双折射性质，那么从 P_1 发出的偏振光垂直经过样品后，会分解成振动方向垂直于光轴的 o 光和振动方向平行于光轴的 e 光，如上一节中的图 15.15 所示，这两束光的传播方向相同。当这两束光再经过检偏器 P_2 时，o 光和 e 光的振动振幅 A_{o1}，A_{e1} 将再次在 P_2 的偏振化方向上分解，只有它们的平行分量 A_{o2} 和 A_{e2} 才能通过 P_2，如图 15.17 所示。

由于这两束光 A_{o2} 和 A_{e2} 的振动方向相同（都沿着 P_2 的偏振化方向），而且它们来自同一束偏振光，所以满足相干条件，于是通过 P_2 后会发生干涉现象，其干涉图样将由样品的内部结构决定。如果入射起偏器 P_1 是白光，干涉图样将呈现彩色，旋转各向异性的双折射样品时，彩色图样中的各种颜色会随之变化，因此这种偏振光干涉又称**色偏振**。

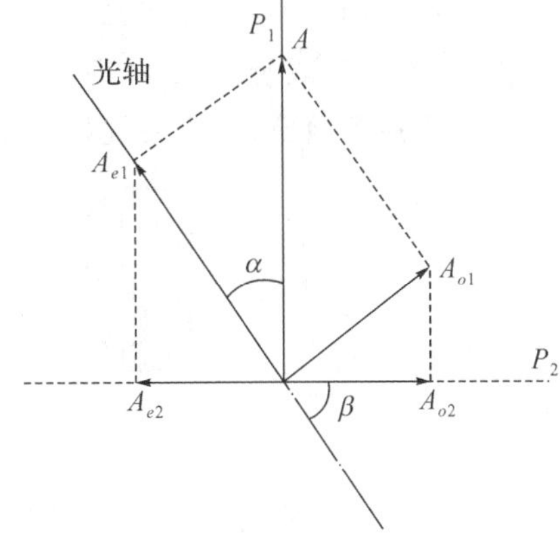

图 15.17　偏光显微镜中的光振动分解

地质和冶金中的矿物质大都是各向异性的晶体，可以用偏光显微镜来分析它们的成分及内部结构。许多生物材料，如棉花纤维、神经纤维、毛发、胆固醇、染色体和细胞壁等都具有双折射性质，因此均可以用偏光显微镜来研究它们的细微结构。更有意思的是，许多动物的纤维组织在其结构变化过程中，其双折射性质也随之变化，这时可以在偏光显微镜下观察纤维组织的整个变性过程。

二、光弹性效应

某些各向同性的透明物质（如玻璃、塑料和树脂等），在机械力作用下产生变形时，它们会变成各向异性，从而和单轴晶体一样会产生双折射，这种现象称为**光弹性效应**，这是一种**人为双折射现象**。能产生光弹性效应的材料称为**光弹性材料**。

实验表明，在一定的应力（类似于压强）范围内，光弹性材料中 o 光的折射率和 e 光折射率之差 (n_o-n_e) 与应力 p 成正比，即

$$n_o-n_e=kp$$

式中，k 为常量，其值由材料的性质决定。

利用光弹性效应可以研究机械构件内部应力的分布情况。先用光弹性材料（如有机玻璃）把待测量的构件（如齿轮）按比例做成模型，将这种透明的模型插到两正交的偏振片之间，如图 15.18(a)所示。然后根据实际使用时的受力情况，按比例对模型施力，由于不同的地方应力不同，(n_o-n_e) 也不同，所以 o 光和 e 光的相位差也不同，在第二个偏振片后将观察到一定的干涉图样。在白光照射下则呈现彩色的干涉图样。图 15.18(b)所示是圆盘受压时观察到的干涉图样。

通过对干涉条纹的形状和分布规律的分析，按一定法则就可以推算出模型内的应力分布，

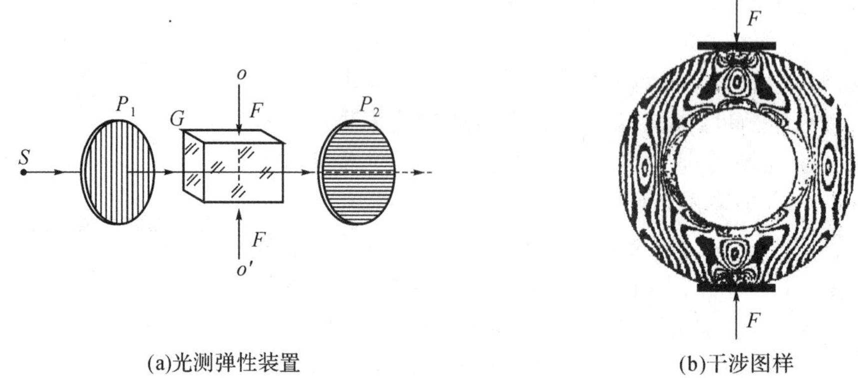

图 15.18　光测弹性装置及干涉图样

该方法称为**光测弹性法**。许多物体内部很复杂的应力(如桥梁、水坝等)分布,用数学分析难于解决,但光测弹性法就可以很直观表现出来,正是由于这种方法具有直观、可靠、经济、迅速等优点,现已发展为专门的学科——**光测弹性学**,在工程技术中的设计中有着广泛的应用。

三、电光效应

某些各向同性的介质,如水、硝基苯($C_6H_5NO_2$)等,在外界强电场的作用下也会变成各向异性,从而产生双折射,这种现象称为**电光效应**。这是克尔(J. Kerr)于 1875 年首次发现的,通常又称为**克尔效应**,实验装置如图 15.19 所示。

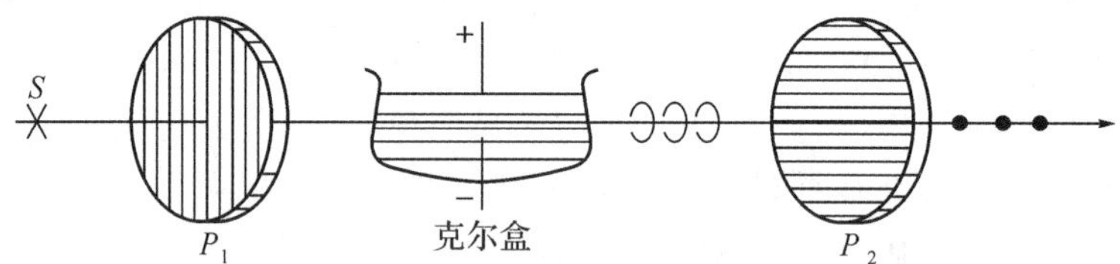

图 15.19　克尔效应装置

在两正交偏振片 P_1 和 P_2 之间,放置一个充有硝基苯液体的小盒,盒内装有可以产生电场的平行板电极,该盒称为**克尔盒**。在不加电场时,液体呈各向同性,光不能通过偏振片 P_2。加了强电场后,发现有光通过 P_2,液体显示出各向异性。实验表明,o 光和 e 光的折射率之差与所加电场的平方成正比,即

$$n_0 - n_e = kE^2$$

其中,k 是决定于液体性质的常数,称为**克尔常数**。

由于克尔效应随电场发生(或消失)的**弛豫时间**极短(约 10^{-9} s),故常用来制造快速的"光阀门"(克尔开关)或光脉冲调制器,其响应频率可达 10^{10} Hz。随着激光技术的发展,对电光开关、电光调制器的要求越来越高,同时由于克尔盒常用的硝基苯液体是有毒液体,且极易爆炸,所以近年来克尔盒逐渐被某些具有电光效应的晶体(如磷酸二氢铵 $NH_4H_2PO_4$)所代替。

四、旋光现象及应用

1811 年,法国物理学家阿喇果(D. Arago)首先发现,当线偏振光沿着石英晶体的光轴方向通过晶体时,其振动面在经过晶体时会发生连续的旋转,如图 15.20 所示,这种现象称为**旋光现象**。

实验发现,旋光现象可分为两种类型:迎着光传播方向观察,振动面按顺时针方向旋转的

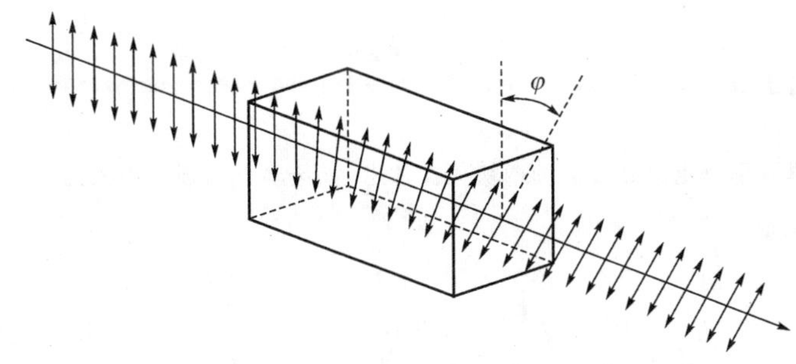

图 15.20　旋光效应

称为**右旋物质**，振动面按逆时针方向旋转的则称为**左旋物质**。振动面旋转的角度大小与通过旋光物质的距离等因素有关。

旋光现象不仅在石英等晶体存在，在很多自然物质(如松节油、糖、酒石酸)的蒸气和液态形式中也有发现。利用人工方法也可以产生旋光性，其中最重要的是磁致旋光，是法拉第在 1846 年发现的，又称为**法拉第旋转效应**。当线偏振光通过磁性物质时，如果沿光的传播方向加磁场，线偏振光的振动面将转过一个角度。利用这一性质可以制成光隔离器，用磁场来控制光的传播。

进一步的研究发现，旋光现象是生命物质的一种普遍现象。更有意思的是，人工合成的氨基酸、碳水化合物均有左旋与右旋两种类型，但地球上生物体系中的蛋白质都是由左旋的氨基酸组成的，而蛋白质以外的碳水化合物却都是右旋的，这说明生物体系在形成过程中对生物分子的旋光特性具有很强的识别和选择能力。而当生物死亡后，左旋的氨基酸便会逐渐变成右旋光物质，这又为我们判断生物的死亡时间提供了一种很好的科学方法。

思考题

15.1　偏振光与自然光的主要区别是什么？有哪些方法可以从自然光中获得偏振光？偏振光在实际应用中主要利用它的哪些特性？

15.2　为了使汽车驾驶员既能看清自己车灯所照亮的路面，而不受迎面驶来的汽车灯光所晃眼，可以采用给汽车的挡风玻璃和车灯装上偏振片的方法。问这些偏振片的偏振化方向应该怎样放置？

15.3　用一个偏振片对着自然光观察，并以自然光为轴线转动，为什么光强不变？用两个偏振片观察自然光，并转动其中的一个偏振片时，为什么光强会变化？如果两个偏振片一起转动，光强会不会改变？

15.4　在杨氏双缝干涉实验的装置中，在两狭缝 S_1、S_2 后面各放一个偏振片，用单色自然光垂直照射，如图思考题 15.4 所示。

(1)如果两偏振片的偏振化相互垂直，则屏上的干涉条纹有何变化？

(2)如果两偏振片的偏振化相互平行，则屏上的干涉条纹又如何变化？

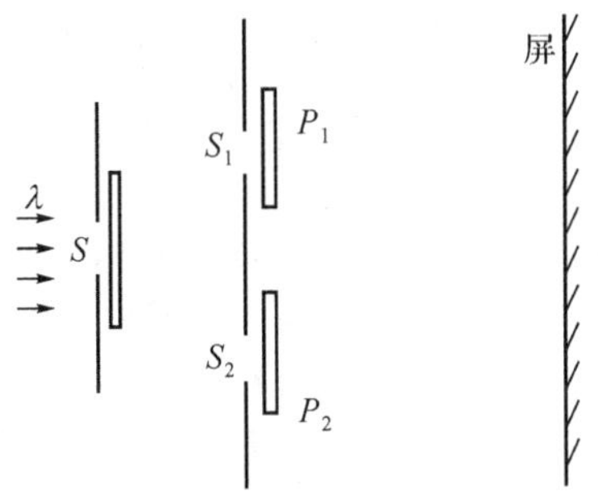

图思考题 15.4

15.5　某一束光可能是(1)线偏振光；(2)部分偏振光；(3)自然光。如何用偏振片来检验这束光究竟是上述三种光的哪一种？

15.6　如果有一块偏振片没有标明偏振化方向，你能否想出一个简单方法来确定这个方向？

15.7　怎样利用光偏振现象来测定不透明介质的折射率？

15.8　怎样区分二分之一波片、四分之一波片和偏振片？

习 题

15.1 自然光垂直入射到重叠在一起的两块偏振片上，如透射光的强度为入射光强度的$\frac{1}{4}$，求这两块偏振片偏振化方向之间的夹角。

15.2 在两个偏振化方向互相垂直的偏振片 P_1 和 P_2 之间再放置另一块偏振片 P，P 的偏振化方向与 P_1 的偏振化方向成相交 30°角。用光强为 I_0 的自然光垂直入射 P_1 时，从 P_2 上出来的透射光强多大？

15.3 用一束线偏振光和自然光的混合光束垂直照射一偏振片，当转动此偏振片时，测得透射光光强的最大值是最小值的 5 倍，求该混合光束中线偏振光和自然光的光强之比。

15.4 根据图题 15.4 所给出的入射光的性质及入射条件，定性画出反射光和折射光，并用圆点、短线等符号表明其偏振性质。图中的 i_0 为布儒斯特角，i 为不等于 i_0 的任意入射角。

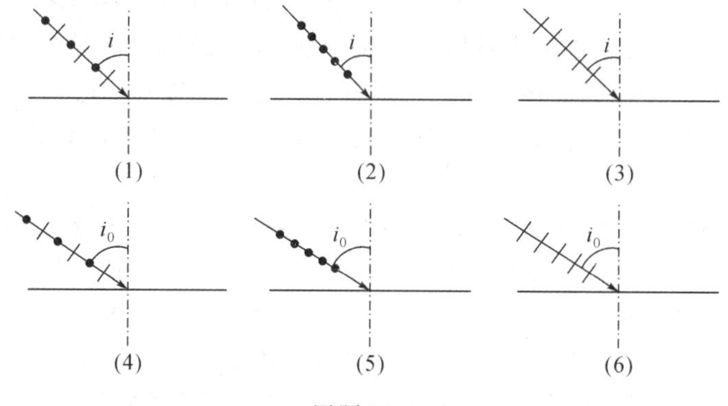

图题 15.4

15.5 利用反射光的起偏振现象可以测定不透明电介质的折射率。今测得釉质的起偏角 $i_0=58°$，则该釉质的折射率是多少？

15.6 水的折射率为 1.33，玻璃的折射率为 1.50。当光由水中射向玻璃而反射时，起偏角为多少？当光由玻璃中射向水而反射时，起偏角又为多少？这两个起偏角的数值之间有何关系？

15.7 如图题 15.7 所示，如果从一池静水($n=1.33$)的表面反射出来的太阳光为完全偏振光，那么太阳在地平线上多大仰角处？

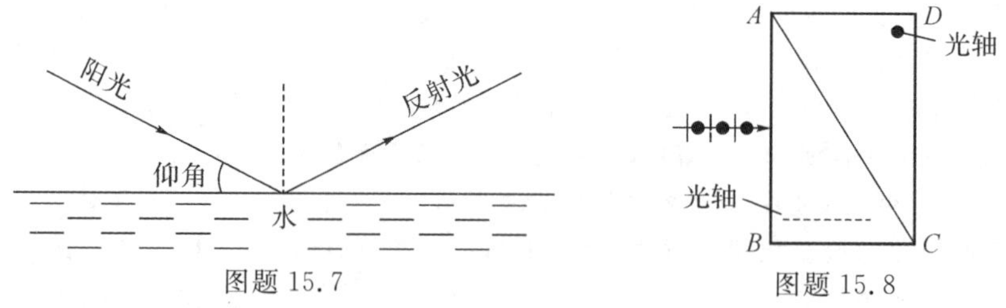

图题 15.7

图题 15.8

15.8 如图题 15.8 所示，洛匈(Rochen)棱镜是由两块方解石直角三棱镜黏合而成的，并且棱镜 ABC 的光轴平行于 BC，棱镜 ADC 的光轴垂直于图截面。当自然光垂直 AB 入射时，试在图中画出 o 光和 e 光的传播方向及光矢量的振动方向。

15.9 石英晶体对黄光(波长 589.3nm)的主折射率分别为 $n_o=1.544$ 及 $n_e=1.553$，如要将它制成适用于此波长的四分之一波片，晶片至少要多厚？

第五篇　近代物理及其应用

19 世纪末，经典物理学已经发展到相当完善的阶段，以至于当时有的物理学家认为：物理学的基本问题已经解决，“物理大厦”已经造好，留下的工作将只是一些零碎的修补或把实验数据做得更精确，把“物理大厦”装饰得好看一点而已。如果说尚有不足的是“在物理学晴朗天空的远处还有两朵小小的令人不安的乌云”。两朵乌云指的是当时物理学尚无法解释的热辐射实验和迈克耳逊—莫雷实验。恰恰正是为了解决这两朵小小的乌云，迎来了近代物理量子力学和相对论的诞生。量子力学指出经典物理学在微观领域的局限性，相对论指出经典物理学在高速领域的局限性。

本篇首先阐述了光的量子性，进而对量子理论的建立、量子力学的基本概念作了简要介绍。

第16章 量子光学概论

光究竟是什么？是粒子还是波？经过约三百年的争论，到19世纪末，得出了结论，光是一种电磁波。在经典物理学中，电磁波是连续扩展的，能量是连续分布的。但到了20世纪初，科学家发现，当光与原子、电子相互作用时，却显示出了粒子特性，使经典物理学处于非常困难的境地。为了摆脱经典物理学的困难，科学家们提出了新的假设和概念，指出了光的量子性。本章介绍热辐射现象、光电效应和康普顿效应，这些现象都是光的量子性的表现。

16.1 黑体辐射

16.1.1 热辐射现象

实验发现，凝聚态物质(固体、液体)在任何温度下都会不断地向空间发射电磁波。在常温下物体单位时间内发射出去的电磁波能量较少，且辐射能分布在电磁谱的红外区域，随着温度升高，辐射的能量增加，辐射能波长也向短波区移动。例如，碳在700K时发出暗红色的可见光，随着温度升高，颜色逐渐变为赤红、黄白、蓝白等。物体的这种与温度有关的电磁辐射现象，称为**热辐射**或**温度辐射**。

物体在向外辐射电磁波能量的同时，也吸收外界的能量，当辐射与吸收相等时，物体的温度不再发生变化而达到动态平衡，这种处于平衡状态下的热辐射称为**平衡热辐射**。物体处于平衡热辐射时，可用温度T来描述其状态。

在温度为T的平衡热辐射状态下，物体吸收能量的本领越大，则辐射本领也越大，为了描述物体辐射能量按波长分布的规律，定义：在一定温度T时，单位时间内从物体单位表面积上辐射的波长在λ到$\lambda+\mathrm{d}\lambda$范围内的辐射能$\mathrm{d}M_\lambda$与波长间隔$\mathrm{d}\lambda$的比值，为**单色辐射出射度**，简称**单色辐出度**，用$M_\lambda(T)$表示之，即

$$M_\lambda(T)=\frac{\mathrm{d}M_\lambda}{\mathrm{d}\lambda} \tag{16.1}$$

单色辐出度$M_\lambda(T)$随着辐射波长λ变化，与温度T成正比，与物体的材料、表面状况(如颜色、粗糙程度)有关，在SI中单位是$\mathrm{W/m^3}$。

在温度T一定时，单位时间内，物体单位表面上辐射的所有波长的辐射能总和，称为物体的**辐射出射度**，简称**辐出度**，记作$M(T)$，显然有

$$M(T)=\int_0^\infty M_\lambda(T)\mathrm{d}\lambda \tag{16.2}$$

实验发现，物体对照射到其表面的电磁波并非全部吸收，而是部分反射，也有部分从物体

透射出去。物体吸收的能量与总照射的能量之比,称为物体的吸收系数,它与温度和波长有关。在温度为 T 时,物体对特定波长的吸收系数称为**单色吸收系数**,用 $a(\lambda,T)$ 表示。对于一般物体,$a(\lambda,T)$ 总是小于 1。如果一个物体能够全部吸收照射到其表面的各种波长的辐射能,这种物体称为**绝对黑体**,简称**黑体**。黑体的吸收系数 $a_B(\lambda,T)=1$。显然,在相同温度下,黑体的吸收本领最大,辐射本领也最大。

不同物体的辐出度和吸收系数可能存在着很大差异,但两者之间却有着内在的联系。1859 年德国物理学家基尔霍夫(Kirchhoff,1824—1887)指出,各种不同的物体,在同一温度下达到热平衡时,物体对任一波长的单色辐射出射度 $M_\lambda(T)$ 与单色吸收系数 $a(\lambda,T)$ 的比值与物体本身的性质无关,对所有物体,这一比值都相等,是波长和温度的普适函数。因黑体的吸收系数等于 1,所以这一比值等于黑体的单色辐出度,即

$$\frac{M_\lambda(T)}{a(\lambda,T)}=M_{B\lambda}(T) \tag{16.3}$$

上式被称为**基尔霍夫定律**。

16.1.2 黑体辐射定律

从基尔霍夫定律可知,如果知道了黑体的辐射出射度,就能知道任何物体的热辐射性质。因此,对黑体辐射的理论探索是热辐射研究中最重要的课题。但是绝对黑体是一个理想模型,在自然界中并不存在,即使是煤烟、黑色珐琅质对太阳的吸收系数也不超过 0.99,因而称为灰体。在实验室中,可用不透明材料制成带有小孔的等温空腔作为研究黑体的模型。如图 16.1 所示,从小孔入射的强度为 I 的电磁波,在空腔内壁上经过多次吸收和反射,很难再从小孔中逸出,设空腔内壁的吸收系数为 a,经 n 次吸收后,反射的强度变为 $(1-a)^nI$,当 n 足够大时,可认为入射的电磁能都被吸收。因此空腔上的小孔就相当于绝对黑体的表面,小孔的吸收系数与黑体等效,小孔的辐出度也与黑体等效。日常生活中你会发现,远处楼房的窗口,在晴朗的白天显得特别幽暗,这就非常类似于黑体,光线进入窗口后,在室内经多次反射和吸收,很少有光线再能从窗口射出。

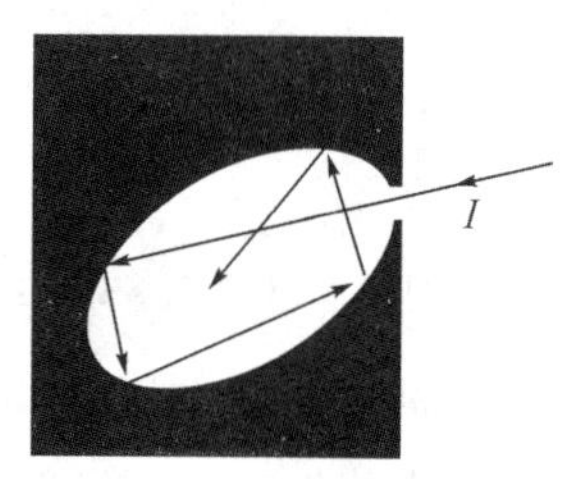

图 16.1 绝对黑体模型

利用上述黑体模型,可用实验方法测出绝对黑体的单色辐出度。改变空腔的温度,相应测出小孔辐射出的按波长分布的能量值,便可得到黑体单色辐出度 $M_{B\lambda}(T)$ 随波长的变化关系,如图 16.2 所示。图中每一条曲线下的面积代表黑体在一定温度下的辐射出射度 $M_B(T)$。1879 年,德国物理学家斯特藩从实验结果中得到黑体的辐射出射度与温度 T 的四次方成正比,即

$$M_B(T)=\int_0^\infty M_{B\lambda}(T)\mathrm{d}\lambda=\sigma T^4 \tag{16.4}$$

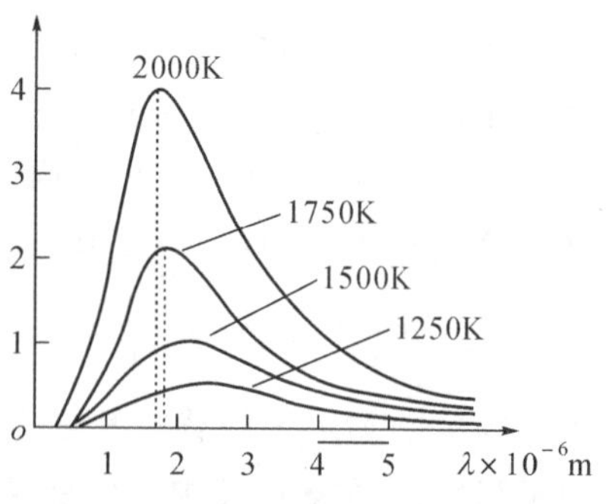

图 16.2 黑体 $M_{B\lambda}(T)$ 的分布曲线

式中,$\sigma=5.67\times10^{-8}\,\mathrm{W\cdot m^{-2}\cdot K^{-4}}$,称为斯特藩—玻尔兹曼常量。1884 年玻尔兹曼从热力学理论导出了同样的结果,因而上式称为**斯特藩—玻尔兹曼定律**。

从 $M_{B\lambda}(T)$ 的分布曲线中看出,每一条曲线都存在着一个峰值,相应的峰值波长 λ_m 随着温

度的升高，向着短波方向移动，同时各种波长的单色辐出度都随着温度升高而增大，此外，在 λ 很小和很大时，$M_{B\lambda}(T)$都趋于零。1893 年德国物理学家维恩（Wien，1864—1928）确定了黑体在温度 T 时的峰值波长 λ_m 与 T 的关系

$$T\lambda_m = b \tag{16.5}$$

式中，常量 $b=2.989\times10^{-3}\text{m}\cdot\text{K}$。

上式被称为**维恩位移定律**。

热辐射的规律在现代科学技术上得到了广泛的应用，它是遥感、红外跟踪、红外热像等技术的物理基础。例如，根据维恩位移定律制成的光测高温计，可从恒星发光的颜色来判断星体的表面温度，因而在天体物理中得到了广泛的应用。

［**例 16.1**］ 设恒星表面的行为和绝对黑体相同，现测得太阳和北极星辐射波谱的峰值波长 λ_m 分别为 510nm 和 350nm，试估计这两个恒星的表面温度及每单位面积上所发射的功率。

［**解**］ 根据维恩位移定律，对于太阳

$$T=\frac{b}{\lambda_m}=\frac{2.898\times10^{-3}}{510\times10^{-9}}\approx5.70\times10^{3}(\text{K})$$

对于北极星

$$T=\frac{b}{\lambda_m}=\frac{2.898\times10^{-3}}{350\times10^{-9}}\approx8.30\times10^{3}(\text{K})$$

在 5700K 时，太阳表面辐射的能量大部分分布在可见光区域，这提示，在漫长的岁月中，人类的眼睛进化成适应于太阳，而变得对太阳辐射最强的峰值波长最为灵敏。

由斯特藩—玻尔兹曼定律可以求出恒星的辐射出射度，即单位表面积上的发射功率：

对于太阳

$$E=\sigma T^4=5.67\times10^{-8}\times(5.70\times10^{3})^4\approx5.99\times10^{7}(\text{W/m}^2)$$

对于北极星

$$E=\sigma T^4=5.67\times10^{-8}\times(8.30\times10^{3})^4\approx2.69\times10^{8}(\text{W/m}^2)$$

热辐射现象并不局限于高温物体，其实凡是温度高于绝对零度的一切物体都以电磁波的形式持续向外辐射能量。只是温度高的物体辐射峰值波长较短的电磁波，温度低的物体辐射峰值波长较长的电磁波。例如太阳表面温度五千多度，辐射的为可见光，而人体表面温度为三十几度，辐射的为远红外光。目前在医学上得到广泛应用的热像仪，其工作范围就在远红外波段，因而称为红外热像仪。红外热像仪的工作原理是以斯特藩—玻尔兹曼定律为依据的。其工作过程是：以光敏元件为主的扫描器（测温探头），将接收到的来自探测目标如人体表面的红外辐射能量转换为电信号，再经放大后传输到显示器上。最后显示器将人体温度分布以图像形式显示出来。目前，热像技术发展相当迅速，最新的热像仪其温度分辨率已非常高，因而它在临床诊断上应用非常广泛。现已确认的各种适应病症包括：血液循环障碍、新陈代谢障碍、慢性疼痛、自主神经障碍、炎症、肿瘤等各类疾病。

16.1.3 普朗克量子假设

从实验中得到了绝对黑体的辐射规律曲线后，科学家们就试图从理论上找出符合实验曲线的函数关系。然而以经典物理学为基础的所有理论推导都未能成功。其中较为接近实验曲线的有瑞利—金斯公式和维恩公式。

瑞利—金斯公式为

$$M_{B\lambda}=2\pi ckT\lambda^{-4}$$

式中,c 是光速,k 为玻尔兹曼常量。公式在长波区域与实验相符,但在短波紫外光区域,$M_{B\lambda}$ 趋向于无穷大,被称为“紫外灾难”。

维恩公式为

$$M_{B\lambda}=\frac{c_1}{\lambda^5}e^{-\frac{c_2}{\lambda T}}$$

式中,c_1、c_2 是常数。公式在短波区域与实验结果相符,而在长波区域却与实验曲线相差较大。两公式与实验结果的比较见图 16.3。

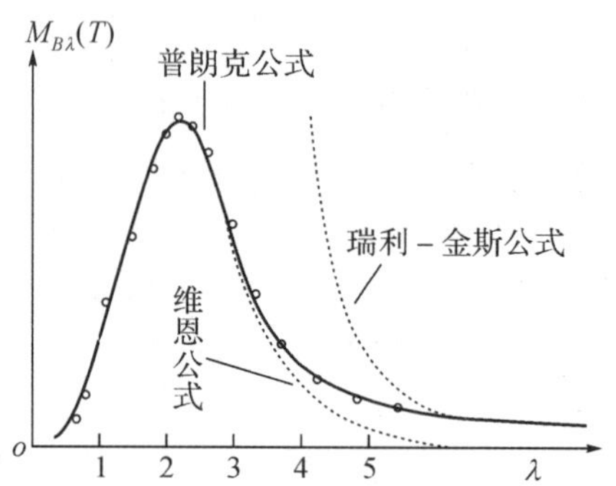

图 16.3　黑体辐射的理论公式与实验结果比较

1900 年,德国物理学家普朗克(Planck,1858～1947)为了解决上述困难,提出了一个全新的黑体辐射公式

$$M_{B\lambda}(T)=\frac{2\pi hc^2}{\lambda^5(e^{\frac{hc}{\lambda kT}}-1)} \tag{16.6}$$

式中 c 为光速,k 为玻尔兹曼常量,h 为普适常量,称为普朗克常量,其值为 $h=6.626\times10^{-34}$ J · s。上式称为**普朗克公式**,它与实验结果符合得很好。

为了导出这一公式,普朗克提出了与经典物理理论完全不相容的能量量子化假设,他认为频率为 ν 的带电谐振子(如振动的分子、原子)在振动时所具有的能量只能是一系列不连续的能量值,它的能量只能取

$$E_n=nh\nu,\quad n=1,2,3,\cdots$$

$n=1$ 时,谐振子具有的最小能量 $h\nu$ 叫作能量子,h 为普朗克常量,利用能量量子化的条件,普朗克推导出了式(16.6)。

从式(16.6)可以导出维恩公式和瑞利—金斯公式。当 λ 足够小时,式(16.6)中的 $e^{hc/\lambda kT}\gg1$,故略去式中分母上的 1 即得维恩公式。当 λ 足够大时,把式中的$(e^{hc/\lambda kT}-1)$用级数展开

$$(e^{hc/\lambda kT}-1)=\frac{hc}{\lambda kT}+\frac{1}{2}\left(\frac{hc}{\lambda kT}\right)^2+\cdots$$

略去高阶小量,代回式(16.6)即可得到瑞利—金斯公式。

对式(16.6)进行变量代换,令 $x=hc/\lambda kT$,并进行积分,可得斯特藩－玻尔兹曼定律,对式(16.6)求极值可得到维恩位移定律。

普朗克不仅成功地解释了黑体辐射的实验结果,而且他提出的能量量子化的概念打破了经典物理关于能量连续变化的传统观念,它标志着近代量子理论的诞生。为此,在 1918 年普朗克获得了诺贝尔物理学奖。

16.2　光电效应

普朗克的量子假设指出谐振子与电磁场交换的能量是不连续的,是以能量子的形式进行的,而光电效应进一步说明电磁波在传播时能量也是不连续的,是以粒子形式进行的。

16.2.1　光电效应的实验规律

1887 年赫兹在研究电磁波的波动性质时偶然发现,当电磁辐射照射到金属表面时,有电

子从金属表面逸出，这种因金属表面受光照射而释放出电子的现象称为**光电效应**，所释放的电子叫作**光电子**，光电子在电场作用下所形成的电流叫作**光电流**。

研究光电效应的实验装置如图 16.4 所示。

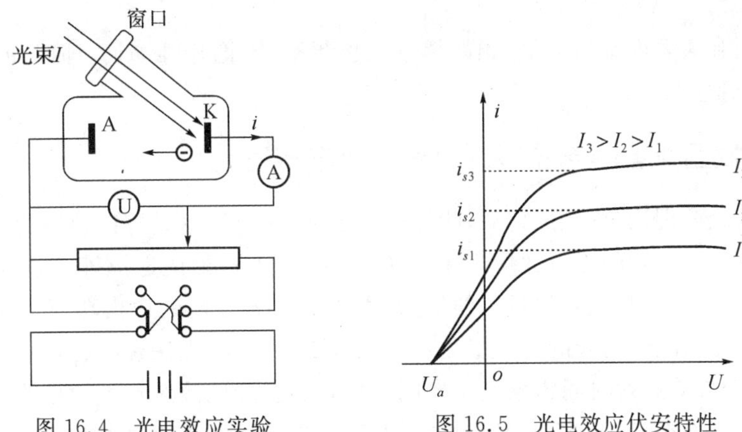

图 16.4　光电效应实验　　　图 16.5　光电效应伏安特性

在抽成真空的光电管中装有阳极 A 和阴极 K，光线经石英窗口照射到阴极 K 上，便有光电子从阴极表面逸出，经电场加速后被阳极 A 收集，形成光电流 i。改变电压 U，改变照射光强 I，测得光电流 i，可做出光电效应伏安特性曲线，如图 16.5。

实验中发现光电效应有如下基本规律：

一、入射光强与饱和电流

实验中发现，当入射光频率一定且强度不变时，光电流随着电压 U 的升高而增强，当 U 达一定值后，光电流不再增加而趋于饱和值 i_s，这时从阴极 K 逸出的光电子全部被阳极 A 所接收。将入射光的强度增加，相同的 U 值下，光电流 i 增加，相应的饱和电流 i_s 也增大，这表明单位时间内从阴极逸出的光电子数和入射光强成正比。

二、遏止电压

保持光照不变，改变电压 U，当 U 减小到零伏时，实验发现仍有光电流 i，这表明逸出的光电子有一定的初动能，在无电场的作用下仍能运动到阳极 A 形成光电流。将 U 负向增加，达某一值 U_a 时，光电流降至零，电压值 U_a 称为**遏止电压**，这时具有最大初动能的光电子在克服电场力做功后恰好不能到达阳极 A，因此有能量关系 $\frac{1}{2}mv_m^2=eU_a$，式中 m、e 为电子的质量和电荷量，v_m 为光电子的最大初速度。从图 16.5 中看出遏止电压 U_a 与入射光强无关，而实验发现 U_a 与入射光的频率有如下关系

$$U_a=k\nu-U_0 \tag{16.7}$$

式中 k 是与金属材料无关的普适恒量，U_0 是对应不同材料的恒量，材料不同 U_0 值不同。将式(16.7)代入光电子初动能的能量关系式，得

$$\frac{1}{2}mv_m^2=eU_a=ek\nu-eU_0 \tag{16.8}$$

三、截止频率

实验发现，对一定的金属，当入射光的频率 ν 改变时，遏止电压 U_a 随之改变，减小入射光频率 ν 到某一值 ν_0 时，光电效应将不发生，这一产生光电效应所必需的最小频率 ν_0 称为**截止**

频率,也叫作**红限频率**。从式(16.8)中,可得出$\frac{1}{2}mv_m^2=ek\nu-eU_0\geqslant 0$,$\nu\geqslant\frac{U_0}{k}$,而$\nu_0=\frac{U_0}{k}$即为截止频率。

四、光电效应与照射时间

当光照射到金属表面上后,只要频率超过截止频率,不论光强如何,即时便可产生光电效应,滞后时间不超过10^{-9} s。

16.2.2 爱因斯坦的光子假设和光电效应方程

按照经典电磁波理论,受光照射后,物体表面能逸出电子,这是可以预料的,但根据电磁波理论却不能解释实验得到的光电效应规律。如经典电磁波理论认为,不管照射光的频率如何,电子在电磁场的作用下,总能获得足够的能量,以克服金属表面的逸出功而从物质表面逸出。逸出光电子的动能应随照射光的强度变化而与频率无关,因此无法说明红限频率;当光强较弱时,电子需要有较长的照射时间积累能量才能逸出,因此,光电效应不可能是即时的,等等。

为了解决上述困难,1905年爱因斯坦在普朗克能量量子化假设的基础上提出了光子假说,从而成功地解释了光电效应现象。爱因斯坦指出,一束光是以光速运动的粒子流,这些粒子称为**光子**,频率为ν的光,每一光子都具有不可再分割的能量,其值为$h\nu$,在与物质作用时,它们被整个地吸收或产生出来。

按照光子假说,当金属中的自由电子从入射光中吸收了一个光子的能量$h\nu$之后,如果$h\nu$大于电子从金属表面逸出时所需克服的逸出功A,则这个电子就能从金属表面逸出,根据能量守恒,应有

$$h\nu=A+\frac{1}{2}mv_m^2 \tag{16.9}$$

此式称为**爱因斯坦光电效应方程**。应用光子理论可以成功地解释光电效应现象,当入射光强增加时,光子数量增加,单位时间内产生的光电子数量增加,因而光电流、饱和光电流都与光强成正比;从爱因斯坦光电效应方程中看出,光电子的初动能与入射光的频率成线性关系;当入射光的频率减小到截止频率ν_0时,光电子的初动能为零,不再产生光电效应,这一截止频率应由金属的逸出功A确定,即$\nu_0=\frac{A}{h}$。不同的金属逸出功不同,ν_0也不同。电子是整个地吸收一个光子的能量,因此光电效应是即时产生的,无需积累能量的时间,若能量不够,则所吸收的能量随即丢失而不能产生光电效应。

16.2.3 光电效应的应用

光电效应不仅在理论研究上有重大意义,而且在科学和技术等许多领域都有着广泛的应用。

利用光电效应制成的光电管和光电倍增管,可用于光功率的测量和记录,广泛地应用于光信号、电视、电影、自动化生产、控制等过程。光电倍增管可将电流放大数百万倍,并具有很高的灵敏度,已被广泛地用于弱光探测方面。

光电效应可以用来把光能转换为电能,如用半导体材料硒制成的硒光电池。硒有很强的吸光能力,当光照射到光电池上时,硒中处于束缚态的电子吸收光子后成为自由电子,自由电子在半导体p-n结的电场作用下移动,产生了光生电动势,连接外回路,便可获得与照射光强

度成正比的光电流。

在医学上根据光电效应原理制成的影像增强管被用于 X 线机的透视显示，可大大提高 X 线机的透视效果。根据内光电效应原理制成的光电池、光电二极管等器件在光电比色、CT 图像检测等方面得到了广泛的应用。

16.3　康普顿效应

1923 年美国物理学家康普顿(A . H. Compton)在研究 X 射线经过物质散射的实验时，证实了 X 射线具有粒子性。

16.3.1　康普顿效应

图 16.6 是康普顿散射实验装置的示意图。X 射线源发射的一束单色 X 射线，照射到散射体石墨上，利用摄谱仪在不同的散射角度上测量出散射波长及相对强度。实验中发现，当用波长为 λ_0 的单色 X 光照射时，散射 X 光线中有波长比 λ_0 大的射线 λ 出现，称为康普顿偏移，并且波长的改变量 $\Delta\lambda=\lambda-\lambda_0$ 与入射 X 光线的波长 λ_0 及散射物质无关，仅随散射角 θ 的增大而增大。这种波长随散射角增加的散射现象称为**康普顿效应**。

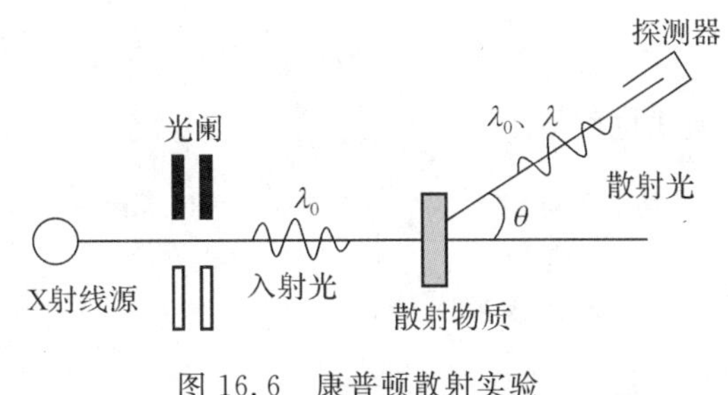

图 16.6　康普顿散射实验

实验还表明，对轻元素，康普顿效应较明显；而对重元素，散射光线中波长变大的射线强度相对较弱。

16.3.2　光子理论的解释

从经典波动理论来看，当 X 射线投射到散射体上时，能使物质中的电子受迫振动而向四周辐射电磁波，受迫振动的频率应与入射波的频率相同，因此散射 X 射线的波长应与入射 X 射线的波长相同，实验中却出现了不同波长的散射线，这是经典理论无法解释的。

康普顿应用光的量子理论成功地解释了他自己的实验结果。光束是粒子流，每一个光子都具有确定的能量和动量。X 射线光子的能量约为 10^4 eV，比散射物质中那些受原子核束缚较弱的电子离开原子核，以至离开固体表面所需的能量大得多，也比电子热运动的能量大得多，因此当光子与这些电子作用时，可以认为是光子和一个静止的自由电子作弹性碰撞。

设碰撞前，入射光的频率为 ν_0，光子具有能量 $h\nu_0$，动量 $h\nu_0/c$，自由电子静止能量为 m_0c^2，动量为零。相互作用时电子吸收入射光子，同时发射一个能量较小的光子，电子获得能量后总能量变为 mc^2，动量变为 mv，成为反冲电子，以反冲角 θ 弹出，如图 16.7 所示，新产生的光子像弹性粒子在碰撞后被弹出一样，在碰撞中损失一部分能量，沿散射角 φ 弹出，相应的能量为 $h\nu$，动量为 $h\nu/c$。

由动量守恒定律和能量守恒定律，可得

$$\frac{h\nu_0}{c}=mv\cos\theta+\frac{h\nu}{c}\cos\varphi$$

$$0=mv\sin\theta-\frac{h\nu}{c}\sin\varphi$$

$$h\nu_0+m_0c^2=h\nu+mc^2$$

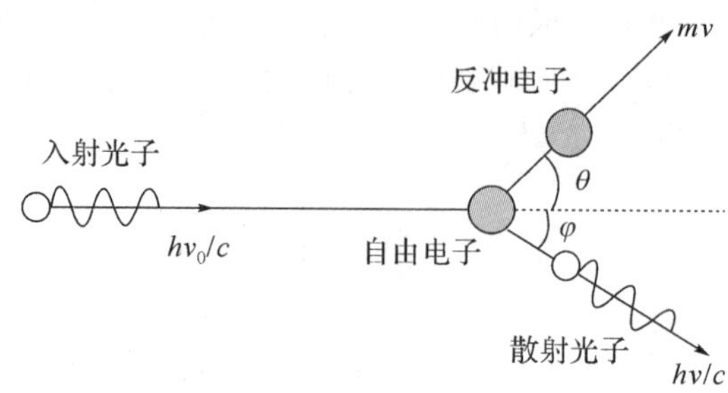

图 16.7 光子与自由电子的碰撞

将 $m=\dfrac{m_0}{\sqrt{1-v^2/c^2}}$，以及 $\nu_0=\dfrac{c}{\lambda_0}$，$\nu=\dfrac{c}{\lambda}$ 代入上述三式，便可解得

$$\Delta\lambda=\lambda-\lambda_0=\frac{h}{m_0c}(1-\cos\varphi) \tag{16.10}$$

上式也可写成

$$\Delta\lambda=\lambda-\lambda_0=2\frac{h}{m_0c}\sin^2\frac{\varphi}{2}=2\lambda_c\sin^2\frac{\varphi}{2} \tag{16.11}$$

这就是康普顿散射公式。式中，常量 $\lambda_c=\dfrac{h}{m_0c}=0.00243\text{nm}$，是散射角 $\varphi=90°$ 方向测得的波长改变量，称为**康普顿波长**。

在散射线中还有波长不变的成分，这是光子与束缚较紧的原子内层电子碰撞而产生的，这时相当于光子与整个原子发生碰撞，光子散射，大质量原子不动，因此散射光波长改变极微小。对于重元素物质，原子中大多数电子受到核的强束缚，因此，康普顿效应较弱。

康普顿散射现象在理论和实验上的一致性，有力地证实了光子理论，说明光子具有一定的质量、能量和动量。在康普顿散射实验中单个光子和单个电子发生碰撞，不仅显示了光的粒子性，同时也证实了能量守恒定律和动量守恒定律在微观领域里的正确性。

[例 16.2] 波长为 0.0200nm 的 X 射线被散射，在与入射方向成 90°的方向上，求：(1)散射 X 线的波长；(2)反冲电子的能量；(3)反冲电子的动量和反冲角。

[解] (1)将 $\varphi=90°$ 代入散射公式，得到散射光的波长

$$\lambda=\lambda_0+2\frac{h}{m_0c}\sin^2\frac{\varphi}{2}=0.0200+2\times0.00243\times\frac{1}{2}\approx0.0224(\text{nm})$$

(2)根据能量守恒，反冲电子获得的能量就是光子损失的能量，所以

$$E=h\nu_0-h\nu=\frac{hc}{\lambda_0}-\frac{hc}{\lambda}=\frac{hc\Delta\lambda}{\lambda_0\lambda}$$

$$=\frac{6.63\times10^{-34}\times3.00\times10^8\times2.40\times10^{-12}}{2.00\times10^{-11}\times2.24\times10^{-11}}\approx1.07\times10^{-15}(\text{J})\approx6.69\times10^3(\text{eV})$$

(3)根据动量守恒，有 $\dfrac{h}{\lambda_0}=p_e\cos\theta$，$\dfrac{h}{\lambda}=p_e\sin\theta$，所以

$$p_e=h\sqrt{\frac{\lambda^2+\lambda_0^2}{\lambda^2\lambda_0^2}}=6.63\times10^{-34}\times\sqrt{\frac{2.24^2\times10^{-22}+2.00^2\times10^{-22}}{(2.24\times10^{-11}\times2.00\times10^{-11})^2}}$$

$$\approx4.44\times10^{-23}(\text{kg}\cdot\text{m}\cdot\text{s}^{-1})$$

$$\theta=\arccos\frac{h}{\lambda_0p_e}=\arccos\frac{6.63\times10^{-34}}{2.00\times10^{-11}\times4.44\times10^{-23}}\approx41°42'$$

16.3.3　光的波粒二象性

康普顿效应进一步证实了光子假说的正确性，使人们加深了对光的本性的认识。光的波动实验，如干涉、衍射、偏振等实验表明光在传播的过程中具有波动性，可用波长 λ 和频率 ν 来描述，而光电效应、康普顿散射又表明光是粒子，具有粒子性，可由粒子的质量、能量和动量来描述，这说明光兼有**波粒二象性**。

每个光子的能量为 $E=h\nu$，根据相对论的质能关系，光子的质量 m_φ 为

$$m_\varphi=\frac{E}{c^2}=\frac{h\nu}{c^2}=\frac{h}{\lambda c} \tag{16.12}$$

又根据相对论质量和速度的关系式 $m=\dfrac{m_0}{\sqrt{1-v^2/c^2}}$，当运动的光子具有确定的质量 m_φ 时，必须假定光子的"静止质量"为零，因为光子不存在静止状态，所以也就不会有静止质量。

光子的动量为

$$p=m_\varphi c=\frac{h\nu}{c}=\frac{h}{\lambda} \tag{16.13}$$

思考题

16.1　什么是黑体？黑体看上去一定是黑的吗？

16.2　炼钢工人凭观察炼钢炉内的颜色就可以估计炉内的温度，这是根据什么原理？

16.3　黑体只吸收不反射，那么在太阳光照射下，黑体的温度能无限上升吗？为什么？

16.4　经典理论解释光电效应时遇到了哪些困难？爱因斯坦的光子理论如何解释光电效应的？

16.5　试述爱因斯坦光子假说和光电效应方程。

16.6　光电效应实验中，阴极材料一定，入射光频率一定时，光强与下述哪些量有关？光电子最大初动能、饱和光电流、遏止电压、截止频率。

16.7　能否用可见光来观察和研究康普顿散射效应？为什么？

16.8　为什么说光兼有波粒二象性？它们之间有什么联系？

习　题

16.1　太阳射到地球表面的辐射能，每平方厘米每分钟约为 8.36J，设太阳到地球的距离 $R=1.50\times10^8$ km，太阳半径 $r=6.90\times10^5$ km，若把太阳看成黑体，试求太阳的表面温度。

16.2　工人测得炼钢炉壁小孔射出来的能量为 20W/cm^2，求炉内温度及辐射最大强度所对应的波长。

16.3　设黑体的表面温度为 6000K，此时辐射最强波长 $\lambda_m=483$nm，问：(1)为了使 λ_m 增加5.00nm，该黑体的温度需改变多少？(2)当 λ_m 增加 5.00nm 时，总辐射能与原总辐射能之比是多少？

16.4　锂的光电效应红限波长 $\lambda_0=0.500\mu$m，求(1)锂的电子逸出功；(2)用波长 $\lambda=0.330\mu$m 的紫外光照射时的遏止电压。

16.5　已知铂的电子逸出功是 6.30eV，求能使它产生光电效应所需的光的最长波长。

16.6　钾的红限波长为 577nm，问光子的能量至少为多少，才能使钾中释放出电子？

16.7　用钙作光电效应实验，测得光波波长 λ 和相应遏止电压 U_a 的数据如下：

λ(nm)	253.6	313.2	365.0	404.7
U_a(V)	1.95	0.98	0.50	0.14

作出 $U_a\sim\nu$ 曲线图，并利用图求出普朗克常量。

16.8 钾原子的半径 $r=1.00\times10^{-10}\mathrm{m}$,逸出功为 2.22eV,如用波长为 400nm、光强为 $1.00\times10^{-2}\mathrm{W/m^2}$ 的光照射到金属钾表面,试按经典理论估计产生光电效应所需的时间。

16.9 已知 x 射线的能量为 0.6MeV,在康普顿散射之后波长变化了 20%,求反冲电子的能量。

16.10 一个静止电子与一能量为 $4.00\times10^3\mathrm{eV}$ 的光子碰撞后,电子能获得的最大动能是多少?

16.11 求和一个静止的电子能量相等的光子的频率、波长和动量。

第 17 章　量子力学简介

20 世纪，物理学的研究深入到了物质的微观范畴和高速领域，从 1900 年普朗克提出量子观点和 1905 年爱因斯坦的相对论建立，揭开了现代物理学的序幕，科学家们逐步建立了描述微观粒子运动规律的量子力学。本章将介绍玻尔建立的早期量子理论和量子力学中的一些基本概念。

17.1　早期量子论

量子理论的建立始于对原子结构的研究。1913 年玻尔将普朗克的量子概念引入到原子结构的研究中，结合普朗克理论和经典力学，建立了氢原子结构的量子理论，称为早期量子论，它对现代量子力学的发展有着重要的历史意义。它明确地指出了在微观世界中量子理论将起着主导作用。

17.1.1　原子模型

到了 19 世纪末，人们已经发现原子并非是组成物质的最小单元，原子内还有更微小的粒子，它们有着复杂的内部结构。

1897 年汤姆逊(J. J. Thomson)发现了带负电的电子，由于原子通常是电中性的，足见原子中还有正电荷。从确定电子的荷质比的实验中又发现电子的质量约占原子质量的二千分之一，根据这些实验资料，汤姆逊在 1904 年提出一种原子结构模型。他假设原子是具有弹性、冻胶状的球体，正电荷均匀分布，带负电的电子则嵌在球体内，并作简谐振动，可发射各种频率的光谱，从而解释原子的辐射特性。这一模型被形象地称为“布丁—面包模型”。

1909 年，汤姆逊的学生卢瑟福(Rutherford，1871—1937)和一同工作者盖革(H. Geiger)、马斯顿(E. Marsden)利用放射性物质衰变时发射的高速氦原子核(称为 α 粒子)进行穿射金属箔的实验。他们发现 α 粒子经金属箔散射时，绝大多数能轻易地穿透原子，散射角平均只有 2°～3°，原子并不像是实体球。而有 1/8000 的 α 粒子散射偏转角度却大于 90°，甚至接近 180°。这使得卢瑟福感到“难以令人置信，正好像你用 15 英寸的枪射击一张薄纸，而子弹居然反弹回

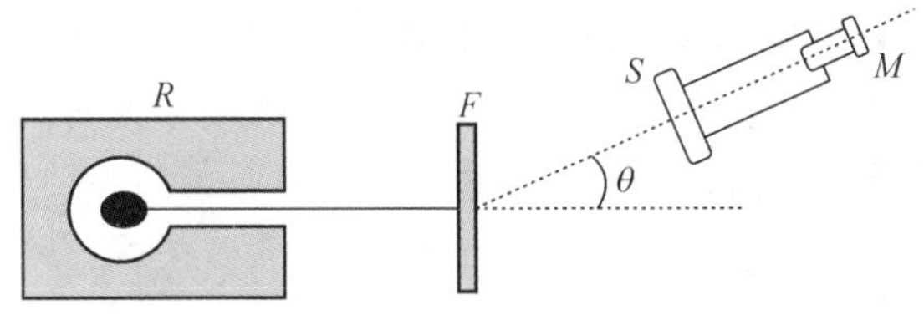

图 17.1　α 粒子散射实验

来把你打中了一样”。

他们的 α 粒子散射实验装置如图 17.1 所示，R 是 α 粒子源，发射的 α 粒子束打在金属箔薄膜 F 上，涂有荧光物硫化锌的荧光屏 S 探测由不同散射角 θ 散射出的 α 粒子，当 α 粒子打在荧光屏上，就会发生微弱的闪光，可通过显微镜 M 观察记录。

通过计算可以知道，汤姆逊的原子模型不能解释实验中大角度的散射事实。为此，1911 年卢瑟福提出了原子的核式模型结构，他设想原子中带正电的部分很小，线度约为 $10^{-14}\sim10^{-15}$ m，并集中了几乎所有的质量，带有 Ze 正电荷，称为原子核，而电子在核外很大的空间绕核运动。当 α 粒子接近原子时，因为 α 粒子的质量大于电子质量的 7300 倍，所以它受电子的作用很小，很容易贯穿电子的运动区域，当 α 粒子接近原子核时，因 α 粒子带 $2e$ 正电荷，所以受到原子核的静电斥力 $F=\dfrac{2Ze^2}{4\pi\varepsilon_0 r^2}$ 却可以很大，当 r 很小时，α 粒子几乎正对着原子核运动，便可产生大角度散射，如图 17.2 所示。

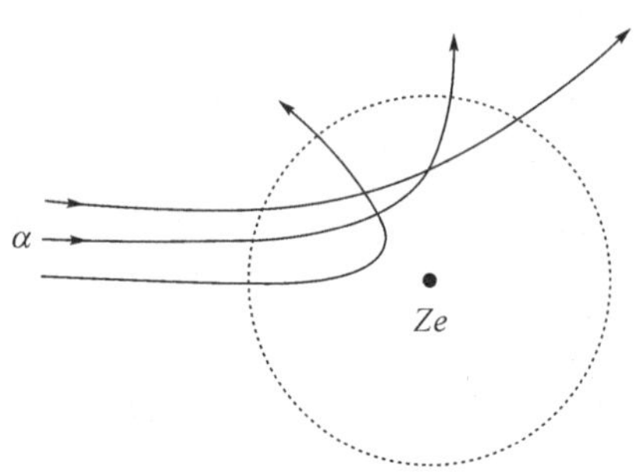

图 17.2 α 粒子在核式模型中的散射

17.1.2 氢原子光谱

早在原子理论建立以前，人们在对各种发光现象进行研究时就发现原子辐射的光谱是线状光谱。不同原子辐射不同的光谱，说明不同原子具有不同的原子结构。各种元素的原子光谱都十分复杂，是由许多不同频率的光谱线构成。1885 年人们从某些星体的光谱中观察到的氢光谱线已达 14 条，这年巴尔末(J. J Balmer，1825—1898)发现，这些谱线中在可见光区域的四条光谱线 H_α、H_β、H_γ 和 H_δ 可以纳入简单的公式

$$\lambda=B\frac{n^2}{n^2-4},\quad n=3,4,5,\cdots$$

式中 $B=3.6456\times10^{-7}$ m。上式称为**巴尔末公式**，满足该式的光谱系叫**巴尔末系**。巴尔末公式可用波长的倒数(称为波数)来表示

$$\frac{1}{\lambda}=R\left(\frac{1}{2^2}-\frac{1}{n^2}\right),\quad n=3,4,5,\cdots \tag{17.1}$$

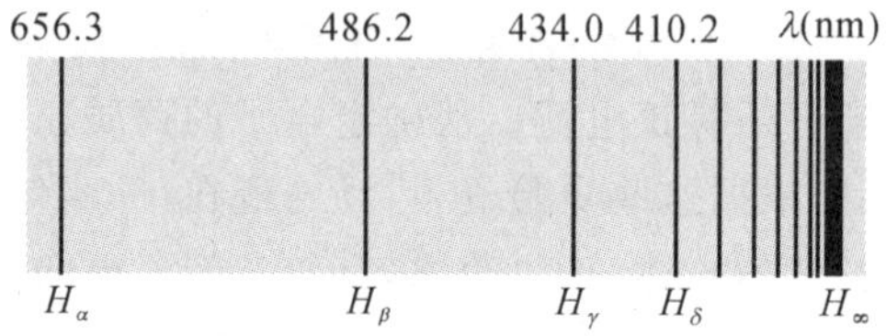

656.3 486.2 434.0 410.2 λ(nm)

H_α H_β H_γ H_δ H_∞

图 17.3 氢原子巴尔末线系

式中 R 的实验值为 $1.0967758\times10^7\,\text{m}^{-1}$，称为**里德伯常量**。当 $n\to\infty$ 时对应的光谱线称为**极限线**，用 H_∞ 表示，见图 17.3。

此后，氢原子的其他光谱线系也都被发现，它们可以用统一的公式来表示：

$$\frac{1}{\lambda}=R\left(\frac{1}{k^2}-\frac{1}{n^2}\right),\quad n=k+1,k+2,k+3,\cdots \tag{17.2}$$

对应于 $k=1(n=2,3,4,\cdots)$ 的一组谱线称为**赖曼系**；$k=2$ 便是巴尔末系；$k=3(n=4,5,6,\cdots)$ 的一组谱线称为**帕邢系**；$k=4(n=5,6,7,\cdots)$ 的一组谱线称为**布喇开系**；$k=5(n=6,7,8,\cdots)$ 的一组谱线称为**普芳德系**。由式(17.2)计算得到的波长与实验结果符合得很好。

17.1.3 玻尔氢原子理论

自从 1911 年卢瑟福通过 α 粒子散射实验建立了原子的核式结构后，人们了解到原子核半

径约为 10^{-15} m，带正电，在闭合的轨道上绕核旋转的电子带负电，活动区域的半径约为 10^{-10} m，然而这一模型却不能说明原子的线状光谱现象。原子光谱的规律性反映了原子内部运动的规律，按照经典电磁理论，电子在旋转过程中具有向心加速度，应该不断向外辐射电磁波，辐射频率就等于电子的旋转频率，其结果是电子的能量将不断减小，轨道半径不断减小，旋转频率连续增加，从而辐射频率也连续变化，最终电子将撞向原子核，原子崩塌，寿命不到 10^{-8} s。原子不可能是一个稳定系统，也只能发射连续光谱。显然，这与现实不符，原子结构的经典理论在解释原子光谱实验规律时陷入了困境。

1913 年，丹麦物理学家尼耳斯 · 玻尔（Niels Bohr，1885—1962）在原子的核式模型基础上，考虑原子光谱的规律性，抛弃了部分经典理论的概念，将普朗克量子理论引入原子系统，提出三条假设，建立了玻尔氢原子理论。玻尔的假设为

（1）定态假设　假设电子在绕核转动时具有一系列稳定的运动轨道，在这些轨道上电子不辐射能量而处于稳定状态，称为**定态**。对应于不同的定态，原子具有相应的能量，$E_n=E(n)$（$n=1,2,3,\cdots$），称为**能级**。

（2）跃迁假设　原子从一个定态 E_n 变到另一个定态 E_k 称为跃迁，这一过程中，原子会发射或吸收一个光子，光子的频率 ν 应满足能量公式

$$h\nu=E_n-E_k \tag{17.3}$$

（3）量子化假设　对原子的任一定态，电子绕核转动时，其角动量 L 等于 $h/2\pi$ 的整数倍：

$$L=mvr=n\frac{h}{2\pi}=n\hbar,n=1,2,3,\cdots \tag{17.4}$$

式中，n 称为**量子数**，这是玻尔的**轨道角动量量子化条件**。

由玻尔假设很容易求得原子中电子的运动状态。电子在半径为 r 的定态圆轨道上以速率 v 绕核做圆周运动，向心力由库仑力提供，$m\dfrac{v^2}{r}=\dfrac{1}{4\pi\varepsilon_0}\dfrac{e^2}{r^2}$，将玻尔的量子化假设式(17.4)代入，消去 v，得到原子处于第 n 个定态时的电子轨道半径

$$r_n=n^2\frac{\varepsilon_0 h^2}{\pi me^2},\quad n=1,2,3,\cdots \tag{17.5}$$

当 $n=1$ 时，$r_1=0.529\times10^{-10}$ m 是电子的最小轨道半径，称为**玻尔半径**。其他轨道半径可表示为 $r_n=n^2r_1$。

氢原子的能量等于电子的动能与电势能之和，$E=\dfrac{1}{2}mv^2-\dfrac{1}{4\pi\varepsilon_0}\dfrac{e^2}{r}=-\dfrac{e^2}{8\pi\varepsilon_0 r}$，处在量子数为 n 的定态时，氢原子的能量为

$$E_n=-\frac{e^2}{8\pi\varepsilon_0 r_n}=-\frac{1}{n^2}\frac{me^2}{8\varepsilon_0^2h^2},\quad n=1,2,3,\cdots \tag{17.6}$$

当 $n=1$ 时，得到氢原子的最低能级的能量 $E_1=-13.6$eV，其他能级的能量可表示为$E_n=E_1/n^2$。

由上面可知，氢原子中电子存在着不连续的稳定轨道和相应的稳定能量状态，它们由量子数确定。$n=1$ 的定态称为**基态**，此时原子具有最低的能量而最稳定；$n=2,3,4,\cdots$，各态均称为**激发态**；当 $n\to\infty$时，$r\to\infty$，$E\to0$，电子已脱离原子核，原子被电离，称为**电离态**。使原子电离的能量称为**电离能**，实验中测得处于基态氢原子的电离能为 13.6eV，与玻尔理论相符。

图 17.4 是玻尔氢原子理论的能级图。根据玻尔假设，当原子从较高能级 E_n 向较低能级 E_k 跃迁时，发射一个光子，其频率和波数为

$$\nu=\frac{E_n-E_k}{h}$$

$$\frac{1}{\lambda}=\frac{\nu}{c}=\frac{E_n-E_k}{hc}=\frac{me^4}{8\varepsilon_0^2h^3c}\left(\frac{1}{k^2}-\frac{1}{n^2}\right),\quad n>k \tag{17.7}$$

所得结果与氢原子光谱实验规律式(17.2)是一致的，由此计算得里德伯常量的理论值为

$$R=\frac{me^4}{8\varepsilon_0^2h^3c}=1.0973731\times10^7\,\mathrm{m}^{-1}$$

与实验值符合得很好。式(17.7)中 $k=1,2,3,\cdots$ 分别对应赖曼系、巴尔末系、帕邢系…，图 17.4 中画出了能级跃迁时产生的各谱线系。玻尔的量子理论成功地解释了氢原子的光谱规律性，继普朗克提出谐振子能量量子化的假设之后，玻尔理论又指出原子中电子的轨道角动量、能量、轨道半径等也是量子化的。

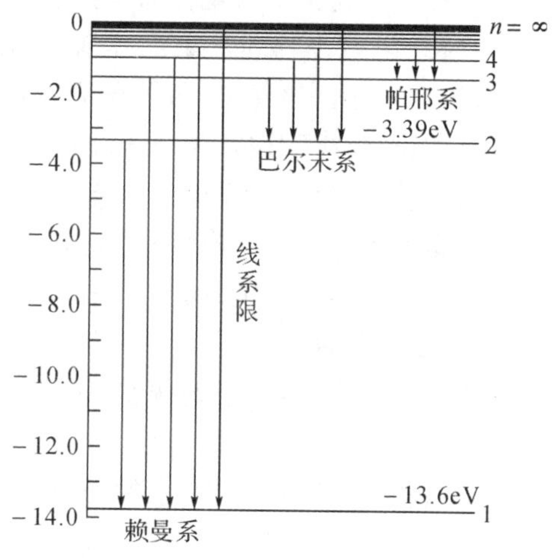

图 17.4　氢原子能吸

[例 17.1]　试求(1)氢原子光谱巴尔末线系辐射的能量最小的光子波长；(2)巴尔末线系的极限波长。

[解]　(1)从图 17.4 中看出，巴尔末线系中能量最小的光子波长对应于从 $n=3$ 到 $n=2$ 的跃迁。按式 $E_n=E_1/n^2$ 有

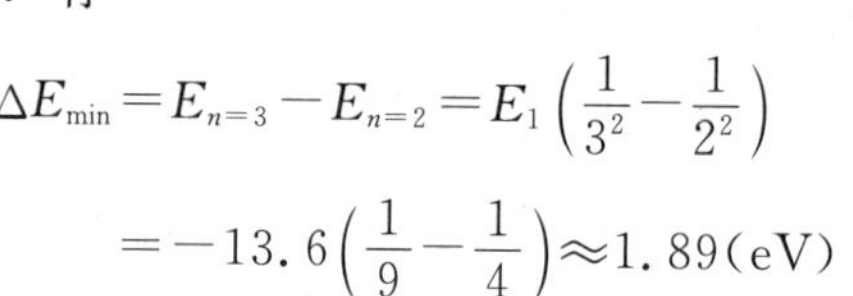

$$\Delta E_{\min}=E_{n=3}-E_{n=2}=E_1\left(\frac{1}{3^2}-\frac{1}{2^2}\right)$$

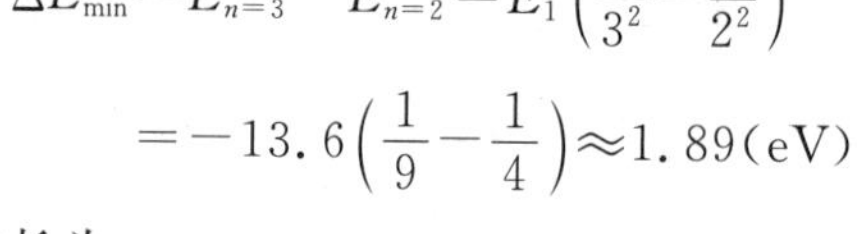

$$=-13.6\left(\frac{1}{9}-\frac{1}{4}\right)\approx1.89(\mathrm{eV})$$

与此相应的波长为

$$\lambda=\frac{hc}{\Delta E_{\min}}=\frac{6.63\times10^{-24}\times3.00\times10^8}{1.89\times1.60\times10^{-19}}\approx0.658(\mu\mathrm{m})$$

(2)巴尔末线系的极限波长对应于从 $n=\infty$ 到 $n=2$ 跃迁时辐射的波长。

$$\Delta E_\infty=-\frac{E_1}{2^2}\approx3.40(\mathrm{eV})$$

$$\lambda_\infty=\frac{hc}{\Delta E_\infty}=\frac{6.63\times10^{-34}\times3.00\times10^8}{3.40\times1.60\times10^{-19}}\approx0.366(\mu\mathrm{m})$$

17.2　量子力学基本概念

尽管玻尔的早期量子理论成功地解释了氢原子的一些运动规律，但由于玻尔并未能跳出经典理论的局限，仍把微观粒子视为经典力学中的质点，采用坐标、轨道等概念，所以这个理论存在着许多缺陷，它在解释多电子原子的光谱规律、谱线的强度、宽度、谱线的分裂和偏振等现象上都遇到了困难。

能够正确反映微观世界运动规律的理论是续玻尔之后，在实验基础上经过德布罗意、薛定谔、玻恩等科学家的工作而建立的量子力学理论。这一理论解释了微观粒子的运动规律，并给出了许多后来被证实了的预言。

17.2.1　物质波

正当玻尔早期量子理论在进一步解释原子、分子等微观粒子运动规律遇到困难时，1924年，年青的法国物理学家路易·德布罗意(Louis de Broglie，1892—1987)在光的波粒二象性的启示下，根据自然界具有和谐和对称性的思想，首次大胆地提出了微观粒子也应具有波粒二象性的假设。他指出人们在对光的研究上是过于忽略了光的粒子性，而对粒子的研究上是否发生了相反的错误呢？是否忽略了粒子所具有的波动性？德布罗意的这一假设随后被电子衍射实验所证实，为此，他获得了 1929 年诺贝尔物理学奖。

德布罗意认为，一切实物粒子，如电子、原子、分子等也具有波动性，与粒子运动相联系着的能量 E 和动量 p 也应该和光子一样，对应于某一确定的频率 ν 和波长 λ，类似于光子，对于质量为 m、运动速度为 v 的粒子，应有 $E=mc^2=h\nu$，$p=mv=h/\lambda$，从这两式可以得到

$$\nu=\frac{E}{h}=\frac{mc^2}{h}=\frac{m_0c^2}{h\sqrt{1-v^2/c^2}} \tag{17.8}$$

$$\lambda=\frac{h}{p}=\frac{h}{mv}=\frac{h}{m_0v}\sqrt{1-v^2/c^2} \tag{17.9}$$

上两式称为德布罗意公式，所描述的与实物粒子相联系的波称为**德布罗意波**，或称为**物质波**。

对于静止质量为零的光子，$p=mc$，$E=mc^2=cp$，而对于实物粒子，$p=mv$，$E=\frac{1}{2m}p^2+$常量。

设自由运动粒子动能为 E_k，粒子运动速为 $v(v\ll c)$，则

$$E_k=\frac{1}{2}mv^2=\frac{p^2}{2m}$$

或

$$p=\sqrt{2mE_k}$$

将上式代入德布罗意公式(17.9)得

$$\lambda=\frac{h}{p}=\frac{h}{\sqrt{2mE_k}}$$

德布罗意首先用物质波的概念对玻尔氢原子理论中轨道角动量量子化条件的假设作了较合理的解释，他认为只有当电子运动的物质波在相应的圆形轨道上形成稳定的驻波时，原子才处于定态。设轨道半径为 r，根据驻波条件和德布罗意公式，有

$$2\pi r=n\lambda=n\frac{h}{mv},\qquad n=1,2,3,\cdots$$

轨道角动量

$$L=mvr=n\frac{h}{2\pi}=n\hbar,\qquad n=1,2,3,\cdots$$

这正是玻尔理论中的角动量量子化条件。

德布罗意在物质波的假设提出后，曾预言："一束电子穿过非常小的孔可能产生衍射现象，这也许是实验上验证我们想法的方法。"1927 年美国物理学家戴维逊(J. Davisson)和革末(L. H. Germer)在研究电子束在镍单晶体表面散射时，观察到散射电子束的强度按散射角的分布与 x 射线衍射时的强度分布很相似，戴维逊和革末利用计算 x 射线衍射的布拉格公式计算了电子的波长，所得结果与用德布罗意公式计算的波长符合得相当好，这就证明了德布罗意公式的正确性，也证实了电子具有波动性。之后，发现电子的 J. J. 汤姆孙之子 G. P. 汤姆孙(G. P.

Thomson,1892—1975)完成了专门为证实电子波动性的电子衍射实验,所得衍射图样与 X 射线衍射图样完全相同。接着,1929 年埃斯特曼用氦原子束和氢分子束进行了衍射实验,1936 年冯哈尔巴恩和普赖斯沃克获得了中子的衍射实验结果。这些实验结果都明确地显示了微观粒子具有与光波相同的波动性。

图 17.5(a)和(b)分别是相等波长的 X 射线和电子束入射到铝晶片上的衍射结果。从图上看到两者的衍射条纹相同。图 17.6 是电子束通过单缝、双缝、三缝、四缝、五缝衍射图样的照片,实验采用的电子波长约 0.005nm。

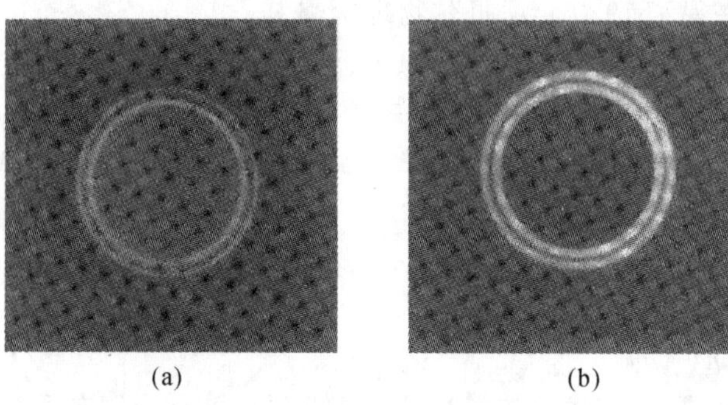

图 17.5　X 射线和电子束的衍射图样

图 17.6　电子束的狭缝衍射图样

[例 17.2]　计算质量 $m=1.00\times10^{-2}$kg,速度 $v=300$m/s 的子弹的德布罗意波长,并与由 150V 电势差加速的电子的德布罗意波长比较。

[解]　子弹的德布罗意波长:把所给数据代入德布罗意公式,注意到子弹的速度远小于光速

$$\lambda=\frac{h}{p}=\frac{h}{mv}=\frac{6.63\times10^{-34}}{1.00\times10^{-2}\times300}=2.21\times10^{-34}(\text{m})$$

电子的德布罗意波长:电子被电压 V 加速后,若速度远小于光速(本题的情况)时,它的动能为

$$\frac{1}{2}mv^2=eV$$

式中,m 为电子的质量,e 为电子的电量,因此电子的速度为

$$v=\sqrt{\frac{2eV}{m}}$$

代入德布罗意公式

$$\lambda=\frac{h}{mv}=\frac{h}{\sqrt{2emV}}=\frac{6.63\times10^{-34}}{\sqrt{2\times1.60\times10^{-19}\times9.11\times10^{-31}\times150}}$$
$$\approx1.00\times10^{-10}(\text{m})$$

可以看出,对于宏观物体而言,普朗克常量 h 是个非常小的量,宏观物体的德布罗意波长是如此之小,以致不能观察到它的波动性。而对于微观粒子,其德布罗意波长相对要大得多,电子的德布罗意波长已接近原子的大小,因此,在原子范围内,电子明显地表现出波动性。

17.2.2　波函数及其统计解释

考虑到微观粒子具有波动性的事实，1925 年奥地利物理学家薛定谔(E. Schrödinger，1887—1961)首先提出用物质波的波函数来描述微观粒子的运动状态。在经典物理学中，一个频率为 ν、波长为 λ、沿 x 方向传播的平面简谐波(如机械波、电磁波)的波动方程可以表示为

$$y(x,t)=A\cos 2\pi\left(\nu t-\frac{x}{\lambda}\right)$$

将上式写成复数形式

$$y(x,t)=A\mathrm{e}^{-i2\pi\left(\nu t-\frac{x}{\lambda}\right)}$$

对于沿 x 方向运动的自由粒子，利用德布罗意关系式 $E=h\nu$ 和 $p=h/\lambda$，用 $\Psi(x,t)$ 和 Ψ_0 表示物质波的波函数及振幅，便可得到

$$\Psi(x,t)=\Psi_0\mathrm{e}^{-i2\pi\left(\nu t-\frac{x}{\lambda}\right)}=\Psi_0\mathrm{e}^{\frac{i2\pi}{h}(px-Et)}=\Psi_0\mathrm{e}^{\frac{i}{\hbar}(px-Et)} \tag{17.10}$$

这就是一维自由粒子物质波的波函数。式中 Ψ_0 是待定常数，$\Psi_0\mathrm{e}^{\frac{i}{\hbar}px}$ 相当于 x 处波函数的复振幅，而 $\mathrm{e}^{-\frac{i}{\hbar}Et}$ 反映波函数随时间的变化。

对于三维空间运动的粒子，可以将波函数的公式推广为

$$\Psi(\boldsymbol{r},t)=\Psi_0\mathrm{e}^{-\frac{i}{\hbar}(\boldsymbol{p}\cdot\boldsymbol{r}-Et)} \tag{17.11}$$

物质波的存在已经得到了很好的证实，物质波的波函数也已提出，但物质波究竟是什么性质的波？是否有对应物理量的振动？事实上，实验中并没有观察到微观粒子有类似的波动过程，只是在产生干涉、衍射等现象上与光波具有共同的特征。

对于光的干涉、衍射现象，我们知道，图样中亮处表示光的强度大，暗处光的强度小，而光的强度与波函数振幅的平方成正比，$I\propto A^2$。由光子理论，光强度大处，单位时间内光子到达的数目多，即光子在该处单位体积内出现的数目多，概率大；光强度小处，单位时间内光子到达的数目少，光子出现的概率小。用 $n/\Delta V$ 表示单位体积内的光子数，则光子在该处的概率密度 $w\propto n/\Delta V$。

据此，1926 年玻恩(Born，1882—1972)提出了物质波的统计解释。他指出物质波是一种概率波，t 时刻粒子在空间 r 处附近单位体积内出现的概率 $\mathrm{d}W$ 与该处波函数模的平方成正比，可以写成

$$\mathrm{d}W(\boldsymbol{r},t)=|\Psi(\boldsymbol{r},t)|^2\mathrm{d}V=\Psi^*(\boldsymbol{r},t)\Psi(\boldsymbol{r},t)\mathrm{d}V \tag{17.12}$$

式中，$\Psi^*(\boldsymbol{r},t)$ 是波函数 $\Psi(\boldsymbol{r},t)$ 的共轭复数，$|\Psi(\boldsymbol{r},t)|^2$ 代表 t 时刻粒子在空间 r 处单位体积中出现的概率，称为**概率密度**。

利用弱电子束通过金属薄膜的实验表明，只有在曝光时间很长的情况下才能得到衍射图样，单个电子通过狭缝后将出现在空间的什么位置上，是具有偶然性的，而对于大量电子，不管是同时通过还是逐一通过狭缝后，电子在空间的位置分布就显示出一定的规律，衍射条纹加强处电子数目增加，衍射相消处电子出现很少，结果出现干涉条纹，呈现出概率分布的特征。

实物粒子的波函数 $\Psi(\boldsymbol{r},t)$ 既然具有概率统计的物理意义，则它还必须满足一定条件。空间任一点粒子出现的概率应该是唯一和有限的，空间各点概率分布应该是连续变化的，这就要求波函数必须是单值、有限、连续的。实物粒子存在于空间，总要在空间某处出现，因此粒子在整个空间出现的总概率应该等于 1，即

$$\int_V |\Psi(\boldsymbol{r},t)|^2 \mathrm{d}V = 1 \tag{17.13}$$

上式称之为**波函数的归一化条件**。

17.2.3 不确定关系

在经典力学中，粒子的运动状态可由位置和动量(速度)来描述，它们可以同时被确定。而在微观世界中，微观粒子运动的主要特征是它们的位置和动量不能同时被精确地确定，这是德国物理学家海森伯(W. K. Heisenberg，1901—1976)在1927年首先发现的。他指出，对于微观粒子的运动状态，要同时测出位置和动量，其精度有一定的限制，若微观粒子位置的不确定范围是Δx，同时测得动量的不确定范围是Δp，则两者的乘积总是大于某一数值，海森伯经过严格的计算，得到的关系为

$$\Delta x \cdot \Delta p \geqslant \frac{h}{4\pi} = \frac{\hbar}{2} \tag{17.14}$$

式中，h为普朗克常数。上式称之为**海森伯不确定关系**，它表示微观粒子的位置及相应的动量不能同时具有确定的值，不确定关系给出了测定一个微观粒子位置和动量的精度的极限。无论测量仪器精度如何，测量结果都不可能超过这一极限，因此，也称式(17.14)为**测不准关系**。

微观粒子的不确定关系来源于物质的波粒二象性，是微观粒子的客观属性。我们以电子的单缝衍射来说明微观粒子的不确定关系。

设一束电子沿y轴通过一宽度为a的狭缝，产生单缝衍射，如图17.7。电子从狭缝中哪一点通过是任意的，即不确定的，也就是说电子坐标的不确定范围是$\Delta x = a$。电子具有波动性，通过狭缝后产生衍射现象，电子在x方向上动量有了改变，由于大多数电子都落在第一级衍射图样内，若只考虑一级衍射，电子达第一衍射极小处的动量为p，此时电子动量在x方向的分量为$p_x = p\sin\theta_1$，电子可到达一级衍射内的任意处，所以，这也是x方向上电子的动量的不确定范围，$\Delta p_x = p_x = p\sin\theta_1$。根据衍射理论，第一暗纹处满足$a\sin\theta_1 = \lambda$，即$\Delta x = \frac{\lambda}{\sin\theta_1} = \frac{h}{p\sin\theta_1}$，得到$\Delta x \cdot \Delta p = h$，再考虑衍射图样的次级，则有$\Delta x \cdot \Delta p \geqslant h$，这与海森伯经过严格推导的不确定关系在物理含意上是完全相同的。它表明缝宽a越小，Δx的测定越准确，则衍射主极大的范围就越大，动量的不确定范围越大；反之亦然。微观粒子的位置和动量不能同时被精确地确定。

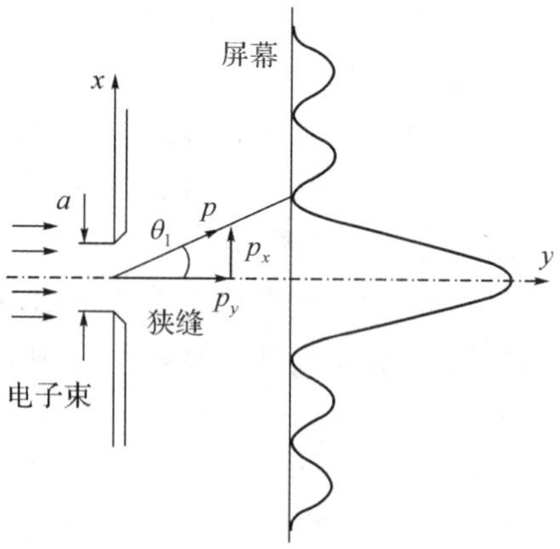

图17.7 电子单缝衍射说明不确定关系

不确定关系是微观世界中的普遍原则，是微观体系普遍遵从的规律。这一关系也存在于微观体系的能量和时间之间，由相对论的能量、动量公式$E = \frac{p^2}{2m}$，可得$\Delta E = \frac{p\Delta p}{m} = v\Delta p$，将$v = \frac{\Delta x}{\Delta t}$代入，得$\Delta E \cdot \Delta t = \Delta x \cdot \Delta p$，即有

$$\Delta E \cdot \Delta t \geqslant \frac{h}{4\pi} = \frac{\hbar}{2} \tag{17.15}$$

还可以有其他形式的不确定关系，因为这一关系是建立在波粒二象性基础上的普遍原则，

是物质本身固有特性决定的，它更真实地揭示了微观体系的运动规律。由于普朗克常数 h 是一个极小的量，所以对于宏观物体，其坐标和动量的不确定量相对很小，说明物体的波动性可以忽略，仍可用经典力学的方法处理。

［**例 17.3**］　原子的线度约为 1.00×10^{-10} m，求原子中电子速度的不确定量，分析这时电子能否看成经典力学中的粒子。电视显像管中的电子受到约 1 万伏的加速电压作用，速度可达到 10^7 m/s 的数量级，若电子束的直径为 1.00×10^{-4} m，此时电子横向速度的不确定量为多少？能否用经典力学处理？

［**解**］　原子中电子位置的不确定范围就是原子的线度，即 $\Delta x\approx1.00\times10^{-10}$ m。由不确定关系式(17.14)，电子速度的不确定量为

$$\Delta v_x=\frac{\Delta p_x}{m}\geqslant\frac{\hbar}{2m\Delta x}=\frac{6.63\times10^{-34}}{4\times3.14\times9.11\times10^{-31}\times1.00\times10^{-10}}=5.79\times10^5\,(\text{m/s})$$

由玻尔理论可以估算出氢原子中电子速率约为 10^6 m/s，可见速度的不确定量与速度大小的数量级基本相同，显然原子中电子在任一时刻都没有完全确定的位置和速度，谈论电子的轨道也就没有意义，故这时电子不能看作经典粒子。

在显像管中，由题意知电子横向位置的不确定量 $\Delta x=1.00\times10^{-4}$ m，则由不确定关系得

$$\Delta v_x\geqslant\frac{\hbar}{2m\Delta x}=\frac{6.63\times10^{-34}}{4\times3.14\times9.11\times10^{-31}\times1.00\times10^{-4}}=0.579\,(\text{m/s})$$

由于这时电子速度约为 10^7 m/s，有 $v\gg\Delta v_x$，所以从电子运动速度的相对量来看，速度的不确定量非常小，完全可以忽略，波动性不起什么实际作用，因此电子运动仍可用经典力学处理。

17.2.4　薛定谔方程

在经典力学中，描述质点运动状态的位置矢量 $\boldsymbol{r}(t)$ 遵从牛顿运动方程 $\boldsymbol{F}=m\boldsymbol{a}=m\dfrac{\mathrm{d}^2\boldsymbol{r}}{\mathrm{d}t^2}$，描述波动的波函数 $y(\boldsymbol{r},t)$ 遵从二阶偏微分方程 $\dfrac{\partial y}{\partial t}=\dfrac{1}{u}\dfrac{\partial^2 y}{\partial x^2}$，那么在量子力学中，描述微观粒子运动状态的波函数 $\Psi(\boldsymbol{r},t)$ 将遵从怎样的方程呢？

我们考虑一个在一维空间运动的自由粒子，其波函数由式(17.10)给出，即

$$\Psi(x,t)=\Psi_0\mathrm{e}^{\frac{i}{\hbar}(px-Et)}$$

将上式对时间 t 求一阶偏导数，对坐标 x 求二阶偏导数，得

$$\frac{\partial\Psi}{\partial t}=-\frac{i}{\hbar}E\Psi \tag{17.16}$$

$$\frac{\partial^2\Psi}{\partial x^2}=-\frac{p^2}{\hbar^2}\Psi \tag{17.17}$$

设微观自由粒子的运动速度远小于真空中的光速，则粒子的动量和能量依然可用经典力学中的关系

$$E=\frac{p^2}{2m}$$

将能量式代入式(17.16)，并与式(17.17)比较，可得

$$i\hbar\frac{\partial\Psi}{\partial t}=-\frac{\hbar^2}{2m}\frac{\partial^2\Psi}{\partial x^2} \tag{17.18}$$

这是低速时一维自由粒子所需满足的微分方程。

若粒子在空间运动时还受到势场的作用，设粒子在一维势场中相应的势能为 $U(x,t)$，则粒子的总能量为

$$E=\frac{p^2}{2m}+U(x,t)$$

将此能量式代入式(17.16)，利用式(17.17)便可得到

$$i\hbar\frac{\partial\Psi}{\partial t}=-\frac{\hbar^2}{2m}\frac{\partial^2\Psi}{\partial x^2}+U(x,t)\Psi \tag{17.19}$$

这是微观粒子在一维势场中运动时所需满足的微分方程。

对于更一般的情形，粒子在三维空间运动，空间势场为 $U(\boldsymbol{r},t)$，可将上式推广为

$$i\hbar\frac{\partial}{\partial t}\Psi(\boldsymbol{r},t)=-\frac{\hbar^2}{2m}\left(\frac{\partial^2}{\partial x^2}+\frac{\partial^2}{\partial y^2}+\frac{\partial^2}{\partial z^2}\right)\Psi(\boldsymbol{r},t)+U(\boldsymbol{r},t)\Psi(\boldsymbol{r},t)$$

式中，$\frac{\partial^2}{\partial x^2}+\frac{\partial^2}{\partial y^2}+\frac{\partial^2}{\partial z^2}=\nabla^2$ 称为拉普拉斯算符，方程式可以写成

$$i\hbar\frac{\partial}{\partial t}\Psi(\boldsymbol{r},t)=-\frac{\hbar^2}{2m}\nabla^2\Psi(\boldsymbol{r},t)+U(\boldsymbol{r},t)\Psi(\boldsymbol{r},t) \tag{17.20}$$

这就是微观粒子运动所需满足的微分方程的一般形式，称为**含时薛定谔方程**，它描述了粒子运动状态随时间的变化关系，反映了微观粒子运动的基本关系。

在许多情况下，微观粒子的势能 U 仅是位置 $\boldsymbol{r}$ 的函数而与时间无关，理论研究表明，此时可以把波函数 Ψ 分离为坐标函数与时间函数的乘积，如可将一维波函数 $\Psi(x,t)$ 写成

$$\Psi(x,t)=\psi(x)\mathrm{e}^{-\frac{i}{\hbar}Et} \tag{17.21}$$

式中，$\psi(x)=\psi_0\mathrm{e}^{\frac{i}{\hbar}px}$，将上式代入一维薛定谔方程式(17.19)中，可得

$$\frac{\mathrm{d}^2\psi(x)}{\mathrm{d}x^2}+\frac{2m}{\hbar^2}[E-U(x)]\psi(x)=0 \tag{17.22}$$

上式称之为**一维定态薛定谔方程**。如果粒子在三维空间运动，上式可以推广为

$$\frac{\partial^2\psi(\boldsymbol{r})}{\partial x^2}+\frac{\partial^2\psi(\boldsymbol{r})}{\partial y^2}+\frac{\partial^2\psi(\boldsymbol{r})}{\partial z^2}+\frac{2m}{\hbar^2}[E-U(\boldsymbol{r})]\psi(\boldsymbol{r})=0$$

利用拉普拉斯算符，简写成

$$\nabla^2\psi(\boldsymbol{r})+\frac{2m}{\hbar^2}[E-U(\boldsymbol{r})]\psi(\boldsymbol{r})=0 \tag{17.23}$$

这是**一般的定态薛定谔方程**。之所以称为定态，并不仅仅是因为粒子所在势场中的势能只是位置的函数，与时间无关，而且系统的能量也是与时间无关的常量，粒子的概率密度 $\psi^*(\boldsymbol{r})\psi(\boldsymbol{r})$ 也不随时间改变，这些都是定态所具有的特征。

需要说明，以上我们只是建立了薛定谔方程，并不是用任何原理从数学上将它推导出来的。薛定谔方程的建立是从描写自由粒子的平面波所满足的微分方程推广到一般情况而得到的。薛定谔方程也如物理学中其他基本方程(如牛顿力学方程、热力学定律、麦克斯韦电磁场方程)一样，其正确性只能由实验来验证。大量的近代物理实验已经指出，由薛定谔方程推导所得的结果比较好地反映了微观粒子的运动规律，从而证实了薛定谔方程的正确性。因此，薛定谔方程是量子力学中一条最基本的规律。

[**例 17.4**] 一维势阱问题。设粒子在一维势阱中运动，其势能函数 $U(x)$ 在 $0<x<a$ 的范围内为零，在 $x\leqslant 0$ 和 $x\leqslant a$ 时趋于无穷。即

$$U(x)=\begin{cases}0, & 0<x<a\\ \infty, & x\leqslant 0, x\geqslant a\end{cases}$$

这样的势能曲线称为**一维无限深方势阱**，求粒子运动的能量和波函数。

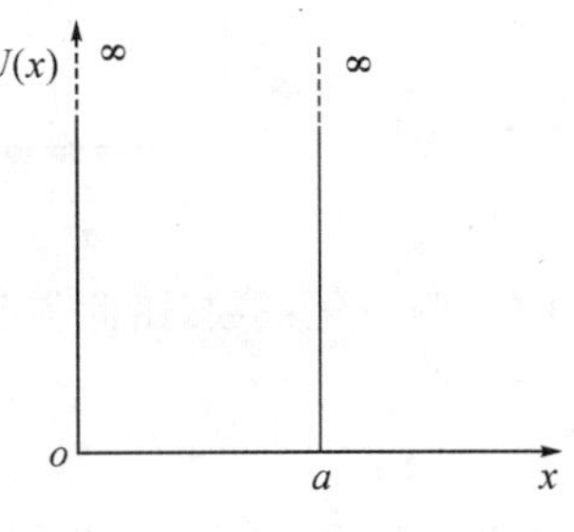

图 17.8　一维无限深方势阱

一维无限深方势阱可用图 17.8 表示。这是一个从实际问题中抽象出来的理想模型，例如金属中的自由电子在金属中可以自由运动，但不能逸出金属表面，这就像在势阱中的粒子。按照经典力学来看，粒子在势阱中将以一定的速度在 0 与 a 之间来回往复地运动，其能量可以是连续变化的任何有限值，粒子在势阱中各处出现的概率是相等的。

下面我们用量子力学中的薛定谔方程来求解。

［解］　所给势能与时间无关，属于定态问题。由一维定态薛定谔方程式(17.22)，在势阱内，即 $0<x<a$ 时，粒子所满足的运动方程为

$$\frac{\mathrm{d}^2\psi(x)}{\mathrm{d}x^2}+\frac{2m}{\hbar^2}E\psi(x)=0$$

为简单起见，令常数

$$k=\frac{\sqrt{2mE}}{\hbar}$$

化简方程

$$\frac{\mathrm{d}^2\psi(x)}{\mathrm{d}x^2}+k^2\psi(x)=0$$

这是二阶线性齐次微分方程，它的通解可以写成

$$\psi(x)=A\sin kx+B\cos kx$$

其中，A、B 为积分常数，可利用波函数需满足的条件和边界条件来确定。由波函数的连续性条件，在边界 $x=0$ 和 $x=a$ 处，波函数必为零，即

$$\psi(0)=0,\psi(a)=0$$

可得

$$B=0,A\sin ka=0$$

上式中 A 不能再为零，否则 $\psi(x)$ 恒为零，粒子不在势阱中出现，这样的解无意义。因此有

$$\sin ka=0$$

解得

$$ka=n\pi,\text{ 或 } k=\frac{n\pi}{a}\ ,\ n=1,2,3,\cdots$$

上面的解中除去了 $n=0$ 和 n 为负整数的情形，因为当 $n=0$ 时，仍将得出 $\psi(x)=0$，势阱中无粒子的解；而 n 取负整数时并不影响波函数模的平方，即粒子的概率 $\psi^*(x)\psi(x)$ 不变。

将上式 k 与 k 的引进式 $k=\frac{\sqrt{2mE}}{\hbar}$ 比较，得到粒子可能具有的能量

$$E_n=\frac{n^2\pi^2\hbar^2}{2ma^2}\ ,\ n=1,2,3,\cdots$$

将 k 式代入薛定谔方程的通解，得

$$\psi(x)=A\sin\frac{n\pi}{a}x$$

式中的常数 A 可以利用波函数的归一化条件求得，即

$$\int_{-\infty}^{+\infty}\psi^*(x)\psi(x)\mathrm{d}x=\int_0^a\psi^*(x)\psi(x)\mathrm{d}x=A\int_0^a\sin^2\frac{n\pi}{a}x\,\mathrm{d}x=A^2\ \frac{a}{2}=1$$

因此 $A=\sqrt{\dfrac{2}{a}}$

称为归一化系数,由此得到归一化定态波函数

$$\psi(x)=\sqrt{\frac{2}{a}}\sin\frac{n\pi}{a}x,\quad 0\leqslant x\leqslant a,\quad n=1,2,3,\cdots$$

如果将时间因子也考虑进去,则

$$\Psi(x,t)=\sqrt{\frac{2}{a}}\sin\frac{n\pi}{a}x\cdot \mathrm{e}^{-\frac{i}{\hbar}E_n t}$$

这就是一维无限深势阱中粒子的波函数。

下面我们对解的结果进行一些讨论。

1. 能量量子化条件

从解得的能量表达式中可以看出,粒子在一维势阱中运动时,能量是量子化的,式中的 n 称为量子数,对应不同的 n,粒子处于不同的能级,$n=1$ 称粒子处于基态,$n=2,3,\cdots$分别称为第一激发态、第二激发态、…,这表明粒子的能量只能取分立的不连续值。能量量子化是物质波粒二象性的必然性质,是求解薛定谔方程的必然结果。

图 17.9 画出了粒子能量为 E_1、E_2、E_3 和 E_4 时的波函数 $\psi(x)$和$|\psi(x)|^2$ 曲线图。从图中看出,波函数在势阱内的分布与在弦上形成驻波的情形很相似,在基态的波函数,势阱内无节点,势阱宽度等于半波长,相当于半波长的驻波,处于第一激发态时,势阱内出现一个节点,相当于一个波长的驻波,随着量子数 n 的增加,波长缩短,频率增加,相应状态的能量增加。

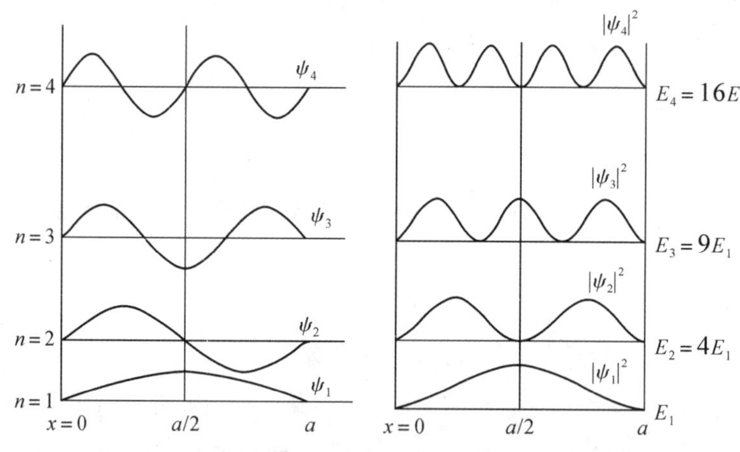

图 17.9 一维无限深方势阱中粒子的能级和概率密度

在能量表达式中,由于 n 不能等于零,所以 $n=1$ 时粒子具有最小的能量值,$E_1=\dfrac{\pi^2\hbar^2}{2ma^2}$,$E_1$ 称为系统的**零点能**。零点能是一切量子系统所特有的现象,它说明势阱中的粒子是不会静止的。按量子理论,即使温度在绝对零度时,粒子也具有零点能。

2. 概率分布

从图 17.9 中还可以看出,在不同能级上的粒子出现的概率是不相同的。在基态,粒子的概率在势阱的中部为最大,越接近势阱壁概率越小。在激发态,粒子在势阱中各处出现的概率

是起伏变化的，随着 n 的增加，起伏变化的振荡频率越来越大，在 n 很大时，实验中无法分辨概率密度的振荡变化，所得值只能是平均值，这时量子力学的概率分布过渡到经典力学的概率分布。

思考题

17.1　氢原子光谱有哪些规律？

17.2　为什么经典电磁学不能说明原子光谱的规律性？

17.3　什么是德布罗意波？它与机械波、电磁波有何本质区别？

17.4　在日常生活中，我们为什么观察不到粒子的波动性和电磁波的粒子性？

17.5　如何理解波函数？它需满足那些条件？归一化条件的物理意义是什么？

17.6　不确定关系说明“微观粒子的运动是无法确定的”，对吗？为什么？

17.7　薛定谔方程是如何建立的？如何说明它的正确性？

17.8　宏观物体和微观粒子在一维无限深方势阱中运动时有什么本质不同？什么情况下又趋于一致？

习　题

17.1　计算氢原子基态中电子绕核转动的频率、线速度、加速度、动量、动能、势能和总能量。(电子质量 $m=9.11\times10^{-31}\,\text{kg}$，电子电量 $e=1.60\times10^{-19}\,\text{C}$)

17.2　计算氢原子光谱中赖曼系的最短波长和最长波长。(里德伯常量取 $R=1.097\times10^{7}\,\text{m}^{-1}$)

17.3　用能量为 12.50eV 的电子去激发基态的氢原子，受激发的氢原子在向低能级跃迁时，会出现哪些波长的光谱线？

17.4　求下列各粒子的德布罗意波长：(1)能量为 100eV 的自由电子；(2)能量为 0.100eV 的自由中子(中子质量 $m_n=1.68\times10^{-27}\,\text{kg}$)；(3)能量为 0.100eV、质量为 1.00g 的质点；(4)温度 $T=1.00\text{K}$ 时，具有动能 $E_k=\frac{3}{2}kT$ 的氦原子。

17.5　若电子和光子的波长均为 0.200nm，则它们的动量和动能各为多少？

17.6　当电子的动能为多大时，其德布罗意波长等于钠原子所发出的黄光的波长($\lambda=589.3\text{nm}$)。

17.7　α 粒子在磁感应强度为 $2.50\times10^{-2}\,\text{T}$ 的均匀磁场中，沿半径为 $8.30\times10^{-3}\,\text{m}$ 的圆作圆周运动，求 α 粒子的德布罗意波长。

17.8　电子位置的不确定量为 $5.00\times10^{-11}\,\text{m}$ 时，其速率的不确定量为多少？

17.9　一质量为 $4.00\times10^{-2}\,\text{kg}$ 的子弹以 $1.00\times10^{3}\,\text{m/s}$ 的速率飞行，求：(1)子弹的德布罗意波长；(2)若测量子弹位置的不确定量为 0.100mm，则其速率的不确定量为多少？

17.10　(1)电子处于某能态的寿命为 $1.00\times10^{-8}\,\text{s}$，则该能态能量的最小不确定量为多少？(2)若电子从该能态跃迁到基态，辐射能量为 3.40 eV 的光子，则这个光子的波长和波长的最小不确定量为多少？

17.11　微观粒子一维运动的波函数为

$$\psi(x)=\begin{cases}Ax\mathrm{e}^{-\lambda x}, & x\geqslant 0\\ 0, & x<0\end{cases}$$

式中 $\lambda>0$，试求(1)归一化常数 A 和归一化波函数；(2)粒子在空间出现的概率密度；(3)粒子在何处出现的概率最大？

第 18 章　当代物理的新进展及应用简介

随着科学技术的不断提高和人们对自然界认识的不断深入，物理学近年来在许多领域取得了重大进展，同时也产生了更多的新技术和新应用。由于这方面的内容非常丰富，本章只选择了近年发展较快的现代光学、亚原子物理以及它们在科技生产中的应用作一简单介绍。

18.1　现代光学及其应用

现代光学是自 1960 年第一台红宝石激光器诞生以来逐步形成的新学科，主要研究激光理论、激光技术及应用，内容包括新型激光器的研发、激光应用技术、激光全息与信息存贮、激光精密计量、非线性光学、光通信与光子计算机等等，内容非常丰富，在工业、农业及日常生活都有广泛的应用，并产生了激光加工、激光印刷、激光光盘、光纤通信、激光医疗和激光武器等高新技术产业。本节先对激光产生的机理、特性及应用作一概括介绍，再以激光全息、激光农业与激光通信为例介绍其在当代科技生产中的应用。

18.1.1　激光

激光（Laser）是受激辐射光放大（Light amplification by stimulated emission of radiation）的简称，它是量子力学对原子在能级间的激发和辐射规律研究及应用的直接结果，也是现代物理学的一个重大成果。

一、激光的产生

量子理论告诉我们，原子的能量只能取一系列分立的值，即**能级**。在热平衡状态下，物质中的原子数在能级间的分布服从玻尔兹曼关系

$$N_i = A\mathrm{e}^{-E_i/kT} \tag{18.1}$$

式中，A 为比例系数，k 为玻尔兹曼常量。可见，处在高能级的原子数远远低于处在低能级的原子数。所以，在一定的温度下，物质中绝大多数原子都处于能量最小的能级状态，即**基态**。只有少数原子处于较高的能级状态，即**高能态**，又称**激发态**。

处于激发态的原子是不稳定的，常常在没有任何外界作用的情况下，会自发地通过发射光子或其他形式放出能量跃迁到低能态。如图 18.1(a)所示，处于高能态 E_2 的原子向低能态 E_1 跃迁，同时辐射出能量为 $h\nu = E_2 - E_1$ 的光子，这一过程称为**自发辐射**。自发辐射是一种随机的发射过程，各个原子都是自发地、独立地进行的，因而各个光子的发射方向和初相位都不相同。此外，由于大量原子所处的激发态不尽相同，所以发出光子的频率也不相同。普通光源发光就属于自发辐射，所以普通光源所发的光没有相干性。

处于低能态的原子受到外界的作用，如受到别的原子的撞击或者吸收一定能量的光子，也

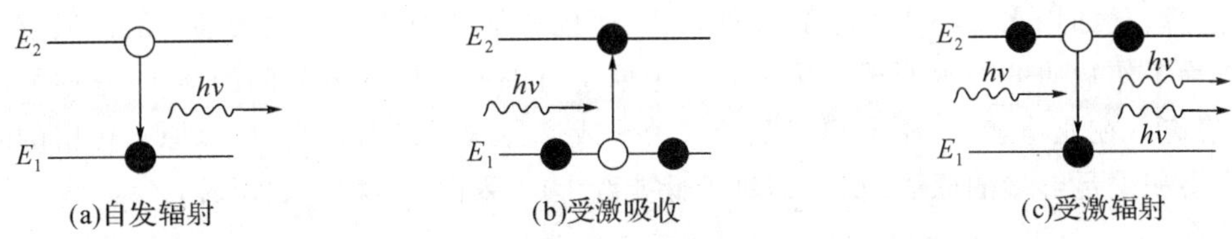

图 18.1　(a) 自发辐射　(b)受激吸收　(c)受激辐射

有可能跃迁到高能态。如图 18.1(b)所示，处于低能态的原子，吸收了一个能量恰好为 $h\nu=E_2-E_1$ 的光子，从而跃迁到能量为 E_2 的激发态，此过程称为**受激吸收**。这就是一般的物质对光有一定吸收的原因。

1916 年，爱因斯坦在研究光辐射与原子跃迁时发现，处于高能态 E_2 的原子，在它发生自发辐射之前，如果受到外来的、能量为 $h\nu=E_2-E_1$ 的光子的刺激作用，也会从高能态 E_2 跃迁到低能态 E_1，同时辐射出一个能量也为 $h\nu$ 的光子，如图 18.1(c)所示。跃迁产生的光子不仅和外来光子的频率相等，而且发射方向、初相位以及偏振状态也都相同，这一过程称为**受激辐射**。

在受激辐射中，通过一个光子的作用，能得到两个状态完全相同的光子，如果这两个光子再引起其他原子产生受激辐射，就能得到更多的状态相同的光子。此时如果高能态上的原子数足够多，就可以引起大量原子产生受激辐射，产生大量状态完全相同的光子，从而实现**光的放大。产生激光的过程实际上是一种受激辐射光放大的过程**。

然而一般情况下，上述受激辐射光放大过程是无法持续实现的。这是因为在外来光子与原子系统发生相互作用时，自发辐射、受激吸收和受激辐射三种过程总是同时存在的。一个能量为 $h\nu=E_2-E_1$ 的外来光子入射到原子系统，既可以引起受激辐射，也可以产生受激吸收。受激辐射使光子数增加，受激吸收使光子数减小，两种过程彼此抵消，哪一个过程占优势，则由原子发光体系中处于 E_1 状态的原子数 N_1 和处于 E_2 状态的原子数 N_2 的多少来决定。如果 $N_1>N_2$，则吸收过程占优势，光子数将减少，总的效果光被吸收；如果 $N_2>N_1$，则受激辐射占优势，光子数增多，总的效果光被放大。由式(18.1)可知，在热平衡状态下，一般物质处于高能级上的原子数总小于处于低能级上的原子数，即 $N_1>N_2$，所以受激吸收占主导地位。这种 $N_1>N_2$ 的分布通常称为原子数的**正常分布**，如图 18.2(a)所示。

图 18.2　原子分布

由此可见，为了维持受激辐射光放大过程，就必须使受激辐射占主导地位，也即必须设法使高能级上的原子数大于低能级上的原子数，形成 $N_2>N_1$ 的分布，这种分布与正常的分布相反，常称为**粒子数(原子数)反转分布**，简称**粒子数反转**，如图 18.2(b)所示。粒子数反转是产生激光的必要条件。

那么，如何来实现粒子数反转分布呢？实际上有两个问题需要解决：①需要某种方式将尽可能多的原子输运到高能级上去，这个过程称为**激励**或**抽运**。激励的方式是通过外界输入能量，使原子不断地跃迁到高能级上去，输入的能量可以是光能、气体放电、化学能或核能等。这种激励过程，犹如用水泵将水抽运到高处一样，所以通常又把这些提供激励的能源系统称为**泵浦**；②作为工作物质的微观原子必须要有一个原子可以停留较长的时间的能级，这些能级通常称为**亚稳态**。在亚稳态上，原子辐射跃迁被禁止或这种跃迁概率很小，所以原子停留的时间比较长，容易积聚足够多的原子，从而相对于低能级上的原子实现粒子数反转。

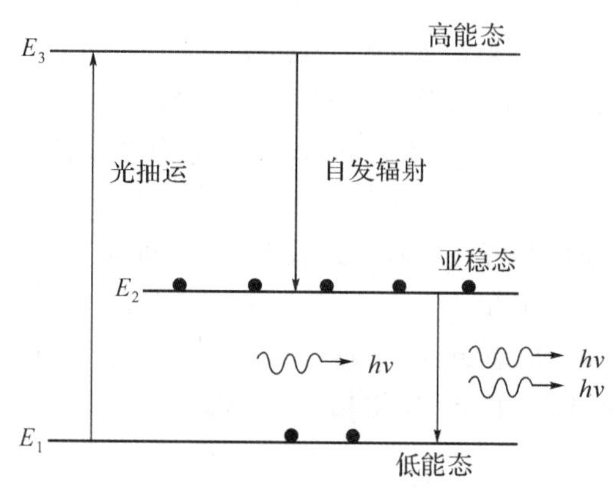

图 18.3 粒子数反转的实现

如图 18.3 所示，通过泵浦将大量低能态 E_1 上的原子抽运到激发态 E_3 上，由于 E_3 能级的寿命(原子停留时间)很短，大量原子通过自发辐射会跃迁到亚稳态能级 E_2 上，亚稳态 E_2 的寿命较长，自发跃迁的概率也很小，如果光抽运的强度足够大，就可以使处于 E_2 状态的原子数 N_2 超过处于 E_1 状态的原子数 N_1，并达到 $N_2 \gg N_1$，从而在能级 E_1 和 E_2 之间实现粒子数反转。具有这样原子数分布的发光体系在外来光子诱导下就可以产生激光。

二、激光器

能产生激光的器件称为**激光器**。激光器除了具有亚稳态结构的工作物质、泵浦外，还必须有一个光学谐振腔。如图 18.4 所示，在工作物质的两端放置两块反射镜，这两块反射镜可以是平面的，也可以是凹面的，或者是一平面一凹面的，并使两反射镜的轴线与工作物质的轴线平行放置，这时反射镜就构成了**光学谐振腔**，图 18.4 所示的是平行平面谐振腔。

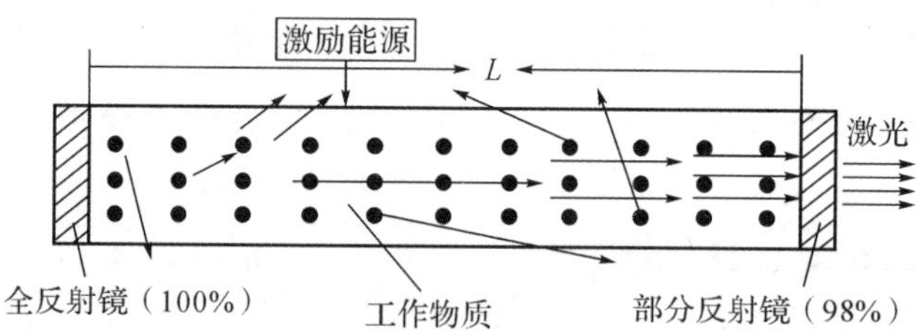

图 18.4 激光器的光学谐振腔

光学谐振腔的主要作用是获得单色性和方向性都很好的激光。谐振腔可以使偏离轴线的光子经反射后从侧面直接逸出腔外或者经过几次来回反射最终逸出腔外，只有和轴线平行的光子能在这谐振腔两反射镜之间不断往复地运行，迫使其他处于高能态的原子发生受激辐射，使轴线方向运行的光子不断增加并从部分反射镜输出，从而得到具有很高方向性的激光束。

谐振腔不仅对激光束的方向具有选择性，对激光的频率也能加以选择性。当激光在谐振腔中来回反射时，将形成以反射镜为节点的驻波。根据驻波条件，对一定的腔长 L，仅当受激发射光波的波长 λ 满足

$$L=k\cdot\frac{\lambda}{2},\quad k=1,2,\cdots \tag{18.2}$$

的光才能在腔内形成稳定的驻波，即才能实现稳定的光振荡，而不满足上述条件的光，则在多次反射过程中相互减弱以至消失。利用谐振腔的这种特性可获得单色性很好的激光。

有的激光器的光学谐振腔中还装有布儒斯特窗，布儒斯特窗的法线与放电管轴线间的夹角等于布儒斯特角 i_0（参见图15.11激光管中的布儒斯特窗），它的作用是减少激光的反射损失和获得所需要的线偏振光。当激光在两反射镜之间来回运行时，要反复通过布儒斯特窗，每次通过布儒斯特窗时总会把入射激光束中垂直于入射面的振动部分被反射掉一部分，而且这些反射光一般不能引起振荡。而平行于入射面的振动全部穿过布儒斯特窗，这样来回反射多次，垂直振动全部损失，而平行振动光则全部保留下来，如果将布儒斯特窗作为封口，输出的激光就是完全线偏振光。

激光器的种类很多，可以从不同角度进行分类。例如按激励方式的不同，可分为光激励激光器、电激励激光器和化学激励激光器等等；按激光输出波长的不同，可分为远红外激光器、中红外激光器、近红外激光器和可见光激光器等等；最重要的是按工作物质分类，因为激光器的工作物质一旦确定后，它所采用的激励方式、输出波长范围也就基本上确定了，按工作物质激光器可分为固体激光器、气体激光器、液体激光器和半导体激光器等几大类。

在所有激光器中，固体激光器的功率可以做得最大，如钕玻璃激光器；液体激光器的输出波长连续可调；气体激光器最简单、最常用；半导体激光器是各类激光器中体积最小、重量最轻的激光器，整个激光器的体积可以做得比一颗纽扣还要小，而且使用寿命很长，有效使用时间超过10万小时。半导体激光器在光通信领域应用非常广泛。

二、激光的特性及应用

与普通光源发出的光相比，激光具有一系列优异的特性及应用。

(1)**方向性好。**普通光源向四面八方发射光，而激光是沿一定方向射出的光束，而且光束的发散角很小，接近衍射极限，称得上是高度平行的光束。激光的方向性好可用于测距、定位准直和导航等。例如利用激光可测月球和地球之间的距离。

(2)**能量集中**。由于激光束方向性好，使能量在空间高度集中。因此激光的亮度极高，比太阳光的亮度还高100万亿倍。利用激光束能量的高度集中，可在瞬间产生上万度的高温。在工业上可用于打孔、切割、焊接、表面处理等。在医学上可用于激光外科手术，其优点是切口小、不流血、无接触感染及无痛。还可以用激光直接照射癌肿瘤，杀死癌细胞而不损伤周围的正常组织等。

(3)**单色性好。**普通原子光谱的每条谱线并不是严格单色的，但激光的单色性非常好，比普通光源高1万倍以上。如氦氖激光器发射的波长为632.8nm的谱线宽度可小到 10^{-9} nm。

(4)**相干性好。**由于激光的单色性好，所以它的相干长度很长。例如氦一氖激光器所发的激光其相干长度可达几十公里，因此它的相干性很好。所以激光可广泛用作各种光干涉仪器的光源。

18.1.2 激光全息术

早在1948年，伽伯(D. Gabor)为了提高显微镜的分辨本领就提出全息原理，并开始了全息照相的研究工作。但由于没有好的相干光源，这方面工作进展相当缓慢。直到1960年激光出现以后，全息才得以迅速地发展，并成为科学技术的一个新领域——**激光全息术。**

普通照相是应用几何光学的透镜成像原理，将来自三维物体表面各点的光振幅记录在底片的感光乳胶上，冲洗过的底片上各处的明暗反映的是入射光的强弱。由于普通照相底片所记录的只是光的振幅分布，所以人们只能看到三维物体的平面像。

激光全息利用激光的高度相干性和高强度等特性，应用光干涉的基本原理，在感光底片上同时记录光的振幅和相位这两种信息。再利用光衍射原理，在一定的条件下使物体各点发出光的全部信息再现出来。因此，通过激光全息底片，我们就可以观察到原三维物体逼真的立体像。

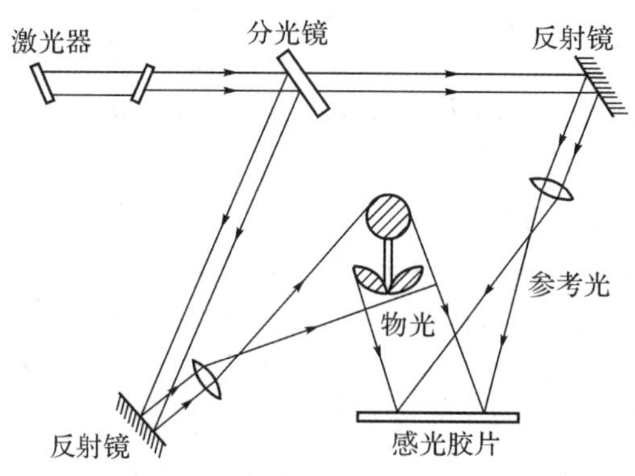

图 18.5　激光全息记录的实验

如图 18.5 所示，从激光器发出的激光经过分光镜分为两束相干光波，一部分经平面镜反射后直接投射到照相底片上，称为**参考光**。另一部分经平面镜反射后投射到被拍摄物体上，经物体各处散射的光也投射到照相底片上，这部分光称为**物光**。参考光和物光在底片上各处相遇时将发生干涉，结果在照相底片上形成复杂的干涉条纹。照相底片记录的是两束光干涉条纹的强弱分布，经过处理就制成激光全息底片。由上可知，直接观察拍摄好的激光全息底片时，并看不到被摄物体的形象，看到的只是一幅复杂的条纹图样，如图 18.6 所示，正是这些条纹记录了物光的全部信息(振幅和相位)，所以这些底片常称为**激光全息片**，简称**全息片**。

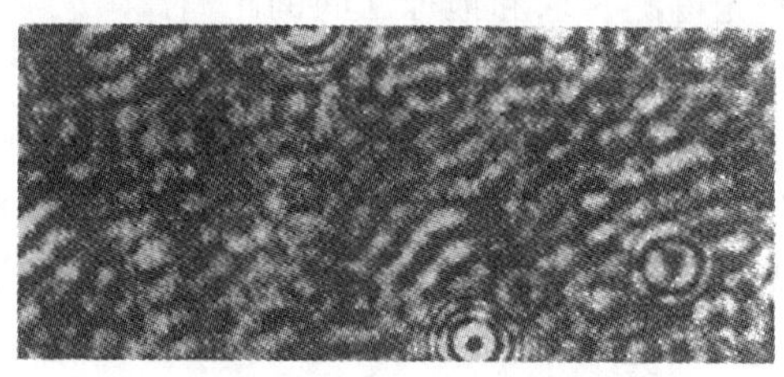

图 18.6　激光全息片

观察激光全息片上所记录的物像时，只需用拍摄该全息片时所用的波长相同的激光束(称为**照明光**)沿原参考光的方向照射激光全息片，如图 18.7 所示。这时从全息片的背面向全息片看，就可以看到拍摄时物体的位置上呈现一个栩栩如生的原物立体像。如果移动眼睛，还可以像面对原物一样看到被原物体挡住视线的物体，正如像人们通过窗户观看室外景色一样。这是普通照片无法比拟的。

激光全息片能有这样的神奇效果，完全是光衍射的结果。由于激光全息片包含大量的、细密分布的干涉条纹，它相当于一个衍射光栅，照明光通过它时会产生衍射，产生了复杂的衍射场。具体地说，透过激光全息片有三列衍射光波，它们都是激光全息片上所有的“光栅”产生的衍射波的叠加。在沿原物光方向再现原来的物光波，即这时的＋1 级衍射光波，在被摄物体的

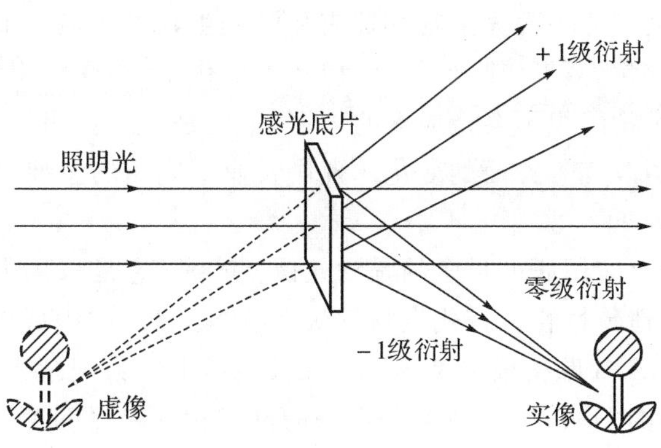

图 18.7　激光全息像的再现

原位置上产生一个与原物相同的虚像。沿照明光方向直接透射的光是零级衍射光。-1 级衍射光波将形成原物的实像,与虚像呈对称分布。

除此之外,激光全息术拍摄的照片还具有与普通照片完全不同的重要特征。用普通照相术产生的底片,每一局部只记录原物的相应局部信息,如果底片不幸破损,就无法重现完好的物像。全息片则不同,全息片的每一局部都完整地记录了整个物光波的全部信息。当不慎将全息底片破成几块时,任取一小块都仍然可用来重现物光波,看到的仍然是完整的物像。不过光信息的容量有所减少,只能在某些方向才能看清整个物体的像。犹如通过小窗口来观察景物那样。

由于全息照相具有一系列不同于普通照相的独特优点,使它在许多领域得到广泛应用。

(1)**全息干涉技术。**利用两次曝光或连续曝光的全息图可以将物体的变化状况记录在同一张全息照片上。再现时就得到两个或多个互相交叠的像,这两个或多个像的再现光会因干涉而形成干涉条纹,根据干纹条纹可以确定物体形变的大小。利用该技术可对物体的微小形变、高速运动、容器内的爆炸过程等进行研究。

(2)**全息信息存储。**它主要利用全息照相具有多次记录性,在一张全息照片上重复记录许多物体的全息图,利用入射光的不同角度的可选择性依次读出不同的信息。激光全息存储器,可比磁存储或集成半导体存储高几个数量级。由于全息存储具有可靠性高,记录与再现快的优点,是目前正在大力发展的几种存储器之一。

(3)**全息显微技术。**它是激光全息术的一种主要应用,采用激光全息术的显微镜可以一次拍摄下透明体积内粒子在某一瞬时的运动情况的全息图,即该时刻的粒子分布情况。再现时,利用显微镜对激光全息片进行层层聚焦,就可从容地观察各层次当时真实的粒子分布情况和运动状态。

18.1.3　激光生物学与现代农业

我国是一个农业大国,农业的现代化研究对提高我国农产品的质量与产量都非常重要。根据激光方向性好、能量集中、相干性好且易于控制等特点,利用其独特的热、光、电磁场等物理性质对生物体作用使之发生改变的生物学效应,在生物分子水平上来进行诱变育种、细胞融合、生物检测甚至进行生命系统模拟实验等,逐渐形成了一门全新的研究科学——**激光生物学**。本节主要介绍激光生物学的研究方法及其在现代农业中的几个重要应用。

按激光作用到生物体上产生效应的机理来分类,可分为**热效应**和**非热效应**两种,前者是通过发热使生物体系发生变化,后者是通过光压、电磁、光化学等方式使生物体系发生变化。按采用激光的强度分类，又可分为**强光生物学效应**和**弱光生物学效应**。前者需要的激光功率较大，生物材料常会发生汽化、蒸发、热凝、热杀、切断等变化，这在医学上应用广泛；后者需要的激光功率较小，激光对生物组织不会造成大的破坏，主要是让生物组织吸收激光能量，引起生物体出现遗传变异、代谢改变等方面的变化。现代农业中应用的主要是弱激光产生的生物学效应。

弱激光照射在农业上应用研究最多的是激光诱变育种，它是采用强度较弱的激光照射来改变种子内生物分子的遗传性状。现代生物学认为，DNA、RNA 组成的染色体是遗传信息的载体，由特定顺序的 DNA 片断构成的基因定位在染色体上。当用激光照射生物时，如果光子的能量恰好与生物体内的 DNA 分子中某一键联的键能相等时，DNA 分子就会对这种光子产生很强的吸收，从而使 DNA 结构发生断裂、缺失或破坏，造成基因突变。当这些变化了的基因再复制时就会发生遗传性状的变化。

由于 DNA 分子中各种不同的键联之间有不同的键能，采用不同波长的激光照射时会引起不同键联的破坏，因此可利用激光单色性极好的特点，通过控制波长和能量有选择地使 DNA 分子发生突变，使遗传性状发生有利的变化，达到品种改良的目的。

因为激光在能量、单色性、方向性等方面都有独特的性质，所以激光诱变育种具有突变率高、突变范围广以及选择性好等许多优点，并且使用方便，可以根据需要照射种胚、花粉、根系、茎尖等特定部位。近十几年来，激光诱变育种的范围已涉及了几乎所有作物以及家禽、微生物甚至哺乳动物，取得了显著的经济效益。

弱激光照射除了激光诱变育种以外，研究还发现某些波长的低剂量激光虽不造成生物遗传性状的改变但可以明显地刺激生长，由此还产生了农作物的**激光促长技术**和**家禽促孵技术**。前者是用低剂量激光在播种前照射种子或在生长期照射植株以打破休眠、促进发芽与生长；后者是用低剂量激光照射种蛋，促进胚胎发育，提高孵化率。

利用激光的方向性好的特点，可以将激光束聚焦在一个极小的范围内，从而产生极高的能量密度，将它照射在生物材料上就会在瞬间形成微孔。这种激光束就像一把锋利的刀口极小的微型手术刀，用它可以在生物材料的组织、细胞乃至染色体上进行显微切割手术，这就是**微束激光技术**。

微束激光技术在现代农业中主要应用于细胞工程和基因工程两个方面。

细胞工程最主要的研究领域是激光诱导细胞融合，其工作原理是将待融合的细胞单层排布于显微镜下，用 He-Ne 激光瞄准两个紧贴在一起的细胞接触处，用另一个会聚后的工作激光在与细胞排列相互垂直的方向上照射，使细胞膜产生可逆光击穿，这样，两个细胞的内含物就可通过击穿孔洞相互交流实现细胞融合。这种方法的突出优点是定位和定时性强、可控性高，不会引起细胞其他部位的损伤等。

微束激光技术在基因工程中主要用于基因转移，即将目的基因转移到宿主细胞中。其做法是将受体细胞浸入含有目的基因或染色质的溶液中，然后用微束激光照射细胞，在细胞膜上打孔，使目的基因进入受体细胞，或者先用微束激光在细胞上打孔，再用微管注入外源基因。

微束激光技术除了可应用于细胞工程和基因工程外，还可应用于染色体工程，即用微束激光进行染色体的切割与重组，近年来，这方面的研究已非常活跃。

生物样品检测是现代农业科学研究的重要组成部分，激光技术的发展为现代农业中的生物检测提供了潜力巨大的研究手段。近十几年来，由激光技术发展起来的生物检测分析技术就有激光荧光光谱技术、激光微探针分析技术、激光多普勒散射技术、激光拉曼光谱技术、激光光镊技术、共焦激光扫描显微技术等等。目前应用较多的是激光荧光光谱技术和激光微探针分析技术。

激光除了作为一种新技术应用于现代农业和生物学的各个领域外，从激光器的结构、辐射和激光功能等方面理解和研究生命现象也是近年来人们感兴趣的新课题。因为已有证据表明，生命系统也具有产生受激辐射的本领，每个活细胞类似于一种激光器，这方面最有力的证据是**生物超弱发光**(ultra-weakluminescence)和**叶绿素激光**(chlorophyll laser)的发现。关于生命系统产生的受激辐射，现在一般认为是光子在细胞信息传递、调控、分化、识别等生理过程中起着重要的作用。例如，细胞免疫反应和催补过程除了用光相干场的花样识别外几乎无法理解；生物的律动性也可以用 DNA 的相干弱耦合给出定量的描述；而酶反应的高效性和特异性也可以由光相干场来调控。

18.1.4　光通信

随着社会的发展，人们对传递信息的速度和容量的要求越来越高。无线电通信可以使信息的传递速度接近光速，而提高信息传递容量比较简单而有效的方法是提高无线电通信使用的载波频率，例如，用波长 10cm 的电波代替波长 100m 的电波，通信容量就可以提高 1000 倍。因此从 19 世纪开始无线电通信以来，人们不断发展短波长的通信，从波长为几千米的长波通信，发展到波长为几百米的中波通信，再到 20 世纪 50 年代的波长为厘米数量级的微波通信。波长再缩短就进入光波波段，光波波长不到一个微米(μm)，所以光波通信的容量又比微波通信提高 1 万倍到 10 万倍，光波通信常简称为**光通信**。

由于普通光源发射的是非单色光，故并不适合做通信的载波。早在 1880 年，美国人贝尔就发明了利用太阳光来传递信息(通话)的装置，这是世界上最早的光通信研究，但由于没有合适的光源和传输媒质而得不到应用和推广。1960 年，激光器问世，激光单色性好，且振动方向一致、相位相同，易于调制，因而是一种理想的光载波。其次，激光的方向性好，光束的发散角极小，几乎为一束平行光束，因而作通信用时，各通信系统不会互相干扰。第三，激光的频率高(约为 $10^{13}\sim10^{15}$ Hz)，因而可用作通信的容量很大(约为成百亿个话路)。所以在单色性极好的激光发明以后，光通信才真正进入了实用化阶段。

光通信的基本原理与微波通信相类似，激光器输出的光束经过光电调制器调制后送到发射天线(一面很大的光学反射镜)发射出去。在远方的用户接收端，接收天线(也是反射镜)把传送过来的光信号汇集在光电接收器上转化为电信号，经电放大和解调之后就可以得到传递的信息。应该指出，这种通过大气无线传输的光信号，会受到云、雾、雨和大气尘埃的吸收和散射，造成光能量的严重损耗而大大限制光通信的传输距离。因此实际上光通信常采用有线通信方式，即利用光纤来传送光信号，与微波波导传输很相似。

光纤就是光导纤维的简称，它是用一种非常细(直径在几个微米到几百个微米之间)的特殊玻璃材料制成的，光信号在这种透明的光导纤维中传播时，传播方向可以随着光纤的方向随意弯曲而不会从玻璃管壁上泄漏出去，就像电流在铜导线中传输一样。

光纤能传递光信号是由它的特殊结构决定的。以最早于 1930 年发明的石英光纤为例，它是由制成同心圆的双层透明石英玻璃制成的，其中内层介质(石英)称为**纤芯**，外层介质称为**包层(包皮)**，通过在介质中掺锗、磷、氟等杂质的方法来调节纤芯或包层的折射率，使包层的折射率 n_1 高于纤芯的折射率 n_2。当光线进入纤芯后便会在包层间不断地以反射式前进，其剖面如图 18.8(a)所示。由于设计时保证了光信号进入光纤后在介质分界面上的入射角 $\theta_A>\theta_C$(全

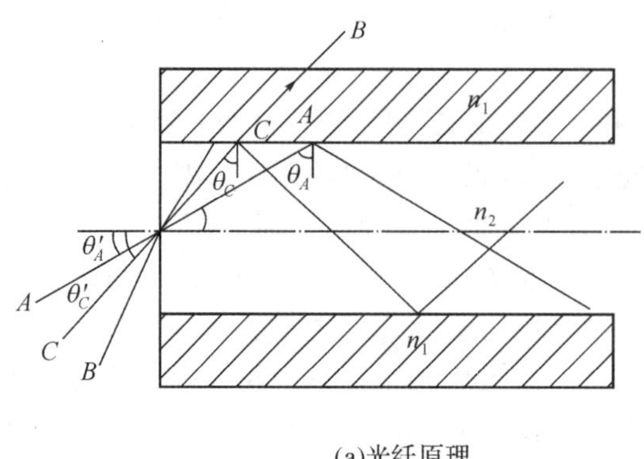

(a)光纤原理

(b)实际的光纤

图 18.8　光导纤维

反射角)，使光线在光纤内只能全反射，从而保证了不使光外散，因而很好地解决了光通信的信道问题。由于目前常用的光纤都是石英光纤，石英材料本身很脆，容易断裂，所以在实际工程技术上多用**光缆**，它由单根或多根光纤组合并加高强度的外套，其制作方法与电缆的制法相似。

光纤通信容量大、体积小、重量轻(1kg 超纯玻璃可拉数百公里长的光纤)，而且具有很强的抗高压和雷电的电磁感应干扰的能力(光纤是绝缘体)，所以被广泛应用于数据及各种军事、民用通信设施上。如光纤通信可将电话、可视电话、电视和数据等多种信号用同一光缆传送，组成一个统一的综合数字通信网。在医学上常用光纤来探视人体内部(如膀胱)的病情。在军事上常利用光纤导弹，使其攻击目标的命中率大大提高。

另外，光纤通信中巨大光信息的处理与计算机的运算速度有紧密的联系，所以**光计算机**的研制也是光通信发展的一个重要课题。因为光波的平行性好，又可以交叉传播，即几束光在一起不发生相互影响(电流则会相互作用)，所以用光波束代替电流构造光计算机，会获得更高的计算速度和容量。目前设计的光计算机总体结构基本上是仿电脑的，主要由光运算器、光存储器和光控制器组成，它们之间和它们的内部靠光纤互联进行通信，光计算机的原理图如图 18.9 所示。

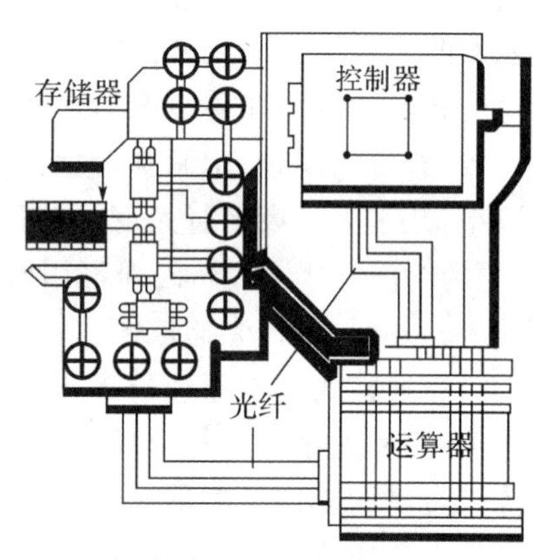

图 18.9　光计算机原理

与电子计算机相比，光计算机具有平行处理能力强、运算速度快和互联密度高等显著特点，并且无时钟扭曲、信息堵塞等现象，理论上光计算机的运算速度可达到每秒 1000 亿次，信息存储量可达 10^{18} 位。构成光计算机的硬件主要有激光器、光反射镜和透镜滤波器等光学元件和设备。由于目前这些光学元器件的性能还比较低，所以研制成功的光计算机还远远没有达到理想的水平。但从发展潜力上来说，光计算机的性能将来肯定会大大超过电子计算机。

18.2　亚原子物理简介

亚原子物理学是研究原子核和基本粒子的内部结构、运动规律及应用的学科。在现代科学技术中，无论从人类对物质世界的认识还是对自然能源(特别是核能)的利用来说，亚原子物理学都占有非常重要的地位。本节主要对原子核的基本结构、原子核的放射性衰变、核反应、粒子物理与宇宙演化作一简单的介绍。

18.2.1　原子核的基本结构

人们对原子核的系统研究，是从 1896 年贝克勒尔(H. Becquerel)发现了铀的放射性开始的，1911 年卢瑟福提出原子的核式模型，1932 年英国物理学家查德威克(J. Chadwick)发现了中子，海森伯和伊万宁柯(Iwanehko)提出原子核是由质子和中子组成的假说，从此原子核的理论开始建立并很快地发展起来。

目前我们已经知道，最简单的原子——氢原子，它的核由一个称为质子的粒子组成。所有其余原子的核都由两种类型的粒子——**质子**(proton，用 p 表示)和**中子**(neutron，用 n 表示)组成。这些粒子统称为**核子**(nucleon)。

质子带有一个单位的正电荷，其质量 m_p 约是电子质量的 1836.1 倍。中子不带电，其质量 m_n 很接近质子的质量，约为电子质量的 1838.6 倍。

原子核最重要的特征量是电荷数 Z，它等于核中所含的质子数目并决定其电荷，原子核的电荷为 $+Ze$。Z 决定化学元素在门捷列夫元素周期表中排列的序号，故常称为**原子序数**。

原子核中质子和中子的总数目用字母 A 表示，并称为核的**质量数**。核里面的中子数 $N=A-Z$。我们采用符号 ${}_Z^AX$ 来标记核，其中 X 是元素的化学符号，左上角 A 为质量数，左下角 Z 为原子序数。

对于原子核的大小和密度，实验表明，一部分核的形状近于球形，其余核的形状为椭球形，不过它们绝大部分相对球形的变形是较小的，原子核的半径与质量数 A 有如下的经验公式

$$R=r_0A^{1/3} \tag{18.3}$$

式中，r_0 是由实验确定的常量，约为 1.2×10^{-15} m。由此可知，原子核的半径大小约在 10^{-15} m 的数量级。

原子核的密度 ρ 可用原子核的质量 m(为计算方便，质子与中子的质量均取 1.67×10^{-27} kg)与原子核的体积之比来计算，故有

$$\rho=\frac{m}{\frac{4}{3}\pi R^3}=\frac{1.67\times10^{-27}\times A}{\frac{4}{3}\times3.14\times(1.2\times10^{-15}\times A^{1/3})^3}=2.3\times10^{17}(\mathrm{kg/m^3})$$

由此可见，原子核的密度大得惊人，1cm³ 的核物质竟有 2.3 亿吨重。另外，所有原子核的密度几乎都是相同的，与核的大小无关。

那么原子核的内部是一个什么样的结构呢？关于原子核的内部结构，人们提出过费米气体模型、液滴模型、壳层模型和集体运动模型等许多模型，虽然这些模型都有一定的事实根据，都从某个方面反映了原子核的结构和内部运动情况，但从理论上建立核模型的尝试却遇到了两个困难：一个是对核子间相互作用力认识不够，另一个是多体的量子力学问题的处理极为繁难。下面我们对上述模型中的两种典型模型作一简单介绍。

(1)**液滴模型**：原子核的液滴模型是 1939 年由苏联物理学家弗伦克尔(Я. И. Френкелъ)提出随后又由玻尔和其他学者予以发展的。该模型将原子核比作带电的液滴，利用液滴模型，可以推出原子核结合能的半经验公式。此外，还可解释其他一些现象，其中包括重核的裂变过程。

(2)**壳层模型**:核的壳层模型是1949年由梅耶(Maria. G. Mayer)夫人和詹森(J. H. D. Jensen)提出的。这种模型的基本出发点是认为核子是彼此独立地在其他核子产生的平均势场中运动。与此相应,核子存在着一些分立的能级,它们按泡利不相容原理被核子占据着,这些能级集合成壳层,每一壳层中都可以有一定数目的核子,完全填满的壳是一个特别稳定的结构。壳层模型很好地解决了**幻数之谜**。梅耶夫人和詹森因此而获得1963年诺贝尔物理奖。

18.2.2 放射性衰变和应用

实验发现,目前知道的2600多种原子核中绝大多数是不稳定的,都会自发地衰变为其他原子核,同时放出各种射线,这种现象称为**放射性衰变**。

研究表明,单个放射性核的衰变完全是一种随机事件,无法精确预言它究竟何时发生衰变(其实这是具有亚微观属性的原子核的一种量子行为,它是自然界中关于量子不确定性的最显著的例子之一)。但对大量的原子核而言,它们的整体衰变规律却是十分确定的

$$N(t)=N_0 e^{-\lambda t} \tag{18.4}$$

式中,λ是衰变常量,N_0是初始时刻($t=0$)的数目,N是t时刻尚未衰变核的数目。式(18.4)称为**放射性衰变定律**,它表明未衰变核的数目随时间按指数规律而减少。通常将原子核的原有数目衰变到一半所需的时间叫作**半衰期**T。由式(18.4)可求得半衰期为

$$T=0.693\tau \tag{18.5}$$

式中,$\tau=\dfrac{1}{\lambda}$叫**核的平均寿命**,半衰期T与平均寿命τ是成比例的。每种放射性核都有一个的固定半衰期,不同放射性核的半衰期相差很大,从微秒(甚至更小)到万亿年(甚至更长)都有,半衰期是衡量放射性核衰变快慢的主要特征量。

放射性衰变的一个重要应用就是鉴定古物的年龄,这种方法称为**放射性鉴年法**。下面介绍一种用于生命物体的遗物(如骨骼、皮革、木头、纸张等)的$^{14}_{6}C$**放射性鉴年法**。它是20世纪50年代里贝(W. F. Libby)发明的,并因此获得了1960年诺贝尔化学奖。

$^{14}_{6}C$放射性鉴年法的依据是这样的:地球上的碳(C)基本上全是两种稳定的同位素$^{12}_{6}C$和$^{13}_{6}C$中的一种,但是在地球的大气中,大约每1万亿个碳原子中有一个放射性同位素$^{14}_{6}C$的原子(占$1/10^{12}$),这些$^{14}_{6}C$的原子是由于大气宇宙线中的中子不断轰击大气中的氮核而产生($^{1}_{0}n+^{14}_{7}N\rightarrow ^{14}_{6}C+^{1}_{1}p$)的,实验表明$^{14}_{6}C$的半衰期为5730年。

下面用$^{14}_{6}C$测定古代生物死亡的例子来说明。因为一切生物有机体的碳最终来自大气,$^{14}_{6}C$在整个生物世界中也有与大气中相同的比例分布,即每1万亿个碳原子中有一个$^{14}_{6}C$原子。放射性碳与稳定碳的这个比率一直维持着,直到生物体死亡为止。如果生物体死亡,新陈代谢停止,$^{14}_{6}C$就得不到补充,但体内的$^{14}_{6}C$又在不断衰变,而稳定的碳原子($^{12}_{6}C$和$^{13}_{6}C$)数量是不变的,测量残留的$^{14}_{6}C$的数量占总碳原子的比率,就可求出古代生物的死亡年代。例如,一具古代生物尸体中的$^{14}_{6}C$只有正常生物的1/4,那么就可以推知此生物一定已经死了11460年,即$^{14}_{6}C$的两个半衰期。

上述天然放射性是在1896年由法国科学家贝克勒尔研究铀盐和钾盐混合物的荧光现象时首先发现的,居里夫妇(M. S. Curie和P. Curie)对放射性物质的研究也作出了巨大的贡献。为此,他们共同获得了1903年的诺贝尔物理奖。

18.2.3 核反应及其应用

原子核由质子和中子组成,但实验发现,一个原子核的总质量总是小于组成它的核子的质

量和，其原因是各个核子组成原子核时要将核子彼此之间的结合能释放掉。这个质量的差额称为原子核的**质量亏损**，一般以 Δm 表示：

$$\Delta m = Zm_{\rm p} + (A-Z)m_{\rm n} - m_A$$

式中，m_A 表示质量数为 A 的原子核的质量。

根据相对论的质能关系，核子的静止能量与其质量的关系是 $E_0 = mc^2$。由此可见，静止原子核的能量比彼此之间无相互作用的静止单个核子的总能量要小如下一个差值

$$\Delta E = \Delta mc^2 = [Zm_{\rm p} + (A-Z)m_{\rm n} - m_A]c^2 \tag{18.6}$$

式中，ΔE 称为**原子核的结合能**，它实际上就是单个核子结合成一个原子核时所释放的能量，结合能与质量亏损的关系是 $\Delta E = \Delta mc^2$。如果要使一个原子核分裂成单个质子和中子，就必须提供与结合能等值的能量。

不同的原子核的结合能不相同，但更令人注意的是原子核中单个核子的**平均结合能** $E_{b,1}$，它表示在结合成该原子核时平均每个核子所释放的能量，或将该原子核分离成各个独立核子时平均每个核子所需要的能量。图 18.10 画出了稳定原子核的平均结合能 $E_{b,1}$ 与质量数 A 的关系。

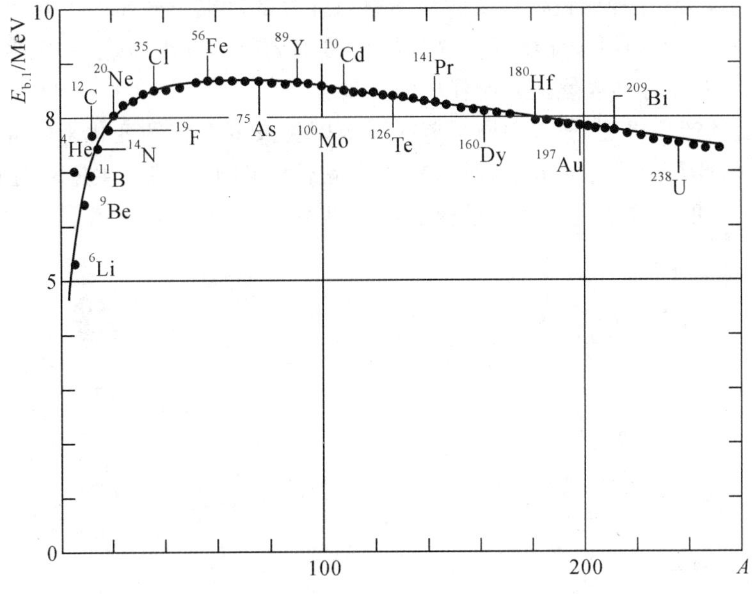

图 18.10　平均结合能与质量数的关系

从图 18.10 中可以看出，中等核（$30 < A < 150$）的核子平均结合能较大，由于各不同原子核中的核子平均结合能不相等，故当一个原子核变到另一个的原子核时，引起各种不同结合能的核子重新排列或组合，就必然伴随着释放或者吸收原子内部的能量——**核能**。

核能的释放或者吸收都要通过核反应来完成，**核反应**就是指一个原子核在与其他原子核或粒子的作用过程中产生的变化。前述的原子核放射性衰变就是一种自发性的核反应，但大多数核反应是人类为了获取原子核内部的能量而人工制造的。常见的核反应有两种：一种是重核（$A > 150$）分裂成两个中等质量的核而放出能量，这种核反应称为**核的裂变反应**，简称**核裂变**；另一种是轻核（$A < 30$）聚合成重核而放出能量，这种核反应称为**核的聚变反应**，简称**核聚变**。

核裂变与核聚变的类型很多，下面介绍几种常用的核裂变与核聚变反应以及它们所释放

核能的应用。

(1)**核裂变与核反应堆**

最有实际意义的人工核裂变是1938年由德国学者哈恩(O. Hahn)和同事斯特拉斯曼(F. Strassmann)发现的,他们在实验中用中子轰击铀,发现俘获中子后的铀核($^{235}_{92}U$)将分裂成两个大致相等的部分,作为同事的物理学家梅特涅(L. Meitner)和弗里施(O. Frisch)研究后认为这种分裂过程与细胞分裂过程很相似,所以为这种过程取了一个新名称——**裂变**。进一步的研究表明,分裂能够以不同的途径发生,最概然的是分裂成质量比约为2∶3的两块碎片,两种常见的反应式如下

$$^{235}_{92}U+^{1}_{0}n \longrightarrow ^{236}_{92}U \longrightarrow ^{142}_{56}Ba+^{91}_{36}Kr+3^{1}_{0}n \tag{18.7}$$

$$^{235}_{92}U+^{1}_{0}n \longrightarrow ^{236}_{92}U \longrightarrow ^{139}_{54}Xe+^{95}_{38}Sr+2^{1}_{0}n \tag{18.8}$$

除了裂变成两块之外,偶尔也有分裂成三块甚至四块的现象。三分裂是我国科学家钱三强和何泽慧夫妇在1947年发现,它出现的概率仅为千分之三。

核裂变能释放巨大能量,这是因为裂变产物的总质量小于反应物的质量之和。根据相对论的质能关系式 $\Delta E=\Delta mc^2$,可知式(18.7)或式(18.8)反应中每个发生裂变的铀核大约可释放出200MeV的能量,这种能量以裂变碎片飞速分开时的动能形式出现。每个原子释放的能量几乎为任何普通炸药中原子化学反应释放能量的1亿(10^8)倍,1kg$^{235}_{92}U$ 发生核裂变时释放的热量相当于2700吨标准煤燃烧时所释放的热量。

对于核裂变的产生机理,玻尔用原子核的液滴模型及复合核的变化来解释。他假设原子核就像液滴一样,俘获中子后形成复合核,复合核是不稳定的,它将发生振动而变形,最后完全分裂开。式(18.7)的裂变反应的变化过程示意如图18.11(a)所示。

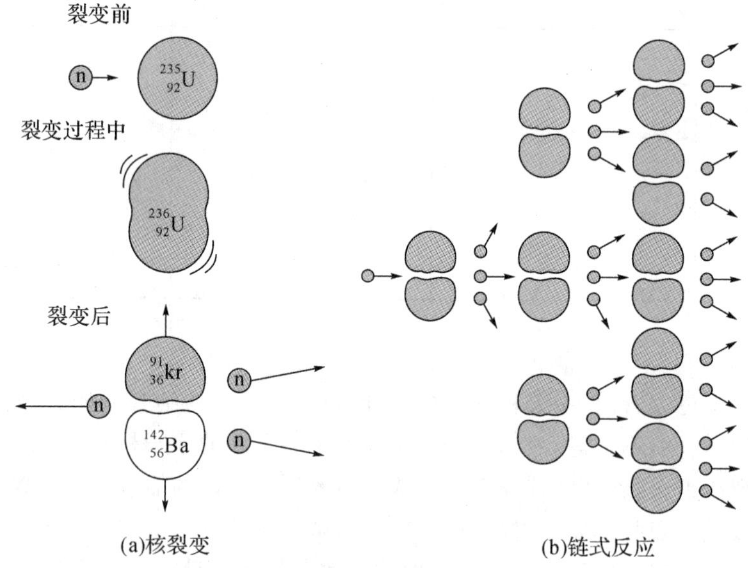

图18.11 核裂变与链式反应

从式(18.7)或式(18.8)可知,原子核的裂变过程中不仅能释放大量的能量,更重要的是每次裂变还会发射出更多的中子,例如$^{235}_{92}U$ 每次裂变总能产生2～3个中子,这些新的中子有可能产生新的裂变,并释放出更多的中子,后者又能引起更多的其他核发生裂变,这个过程叫作**链式反应**。如图18.11(b)所示。

关于核裂变能量的利用,主要有两类装置:原子弹和核反应堆。它们的主要区别是对链式

反应的控制上。简单地说,核裂变中对中子的快速增殖产生的链式反应不加控制,从而产生巨大能量导致爆炸性质的,就是**原子弹**。核裂变中对产生的链式反应能进行有效控制的就是**核反应堆**。

一般情况下,由于裂变物体积很有限而且中子穿透本领大,很多中子还来不及为铀核俘获产生裂变就会从反应区跑掉,这样就不能形成链式反应。为了不让中子飞出跑掉,可以增大铀核体积(大于**临界体积**就要产生快速链式反应而爆炸),或者添加中子**减速剂**(常用的减速剂是石墨、重水等不吸收中子的轻元素,通过这些原子与中子的不断碰撞使中子的速度减慢),来保证链式反应的持续进行。首次由可裂变铀产生大规模链式反应是 1941 年在物理学家费米(E. Fermi)指导下实现的。

原子弹是通过控制裂变物体的临界体积(或**临界质量**,即核裂变物体达到临界体积时的质量)来实现链式反应。其基本原理是这样的:在一颗原子弹内,先将可裂变铀分为两个具有亚临界质量的部分,分开放置。普通高效炸药起爆后使两块铀块猛撞合在一起,形成一个质量达到或超过临界质量(临界体积)大的铀块。然后由来自宇宙中辐射的一个中子触发链式反应,这样的链式反应以非常高的速率展开,并在最短时间内释放出最多的能量。1945 年在广岛上空爆炸的那颗原子弹中被转化成能量的质量还不到原子弹总质量的千分之一,但爆炸力相当于两万吨 TNT 炸药。核爆炸造成灾难性的破坏是由于它能产生引起火灾的巨大热量、强烈的冲击波以及裂变产物的放射性。

目前世界上能源的消耗急剧增加,如仅利用现有的石油和煤等燃料,只够用 100 年。因此,通过建设核反应堆来利用核能已经受到世界各国的极大重视。

核反应堆是通过中子减速剂来实现和控制链式反应。它是利用低含量的浓缩铀做成铀棒放置在反应容器中,容器中充满中子减速剂(如水),通过减速剂将裂变产生的快中子变成速度很慢的**热中子**,以便增加$^{235}_{92}U$ 产生裂变的概率。同时为了控制链式反应的快慢,在铀棒的四周还要插入能强烈吸收中子的材料,如镉元素做成的**控制棒**。调节控制棒插入的深度可有效控制参加裂变的中子数,以达到平稳的链式反应。

现代的核电站就是利用核反应堆产生的热能来推动发电机工作的。世界上第一座核电站是 1954 年由苏联建造的。目前发达国家核电已占总发电量的一半以上。"七五"期间,我国已在浙江海盐县的秦山和广东的大亚湾分别兴建了两座核电站,其中秦山核电站第一期工程(2 台 15×10^4 kW)已于 1991 年 12 月 15 日建成发电,实现了我国核电零的突破。大亚湾核电站的第一期工程由 2 台 90×10^4 kW 的压水堆发电机组组成,其中第一台机组已于 1994 年 2 月 1 日投入运行,年发电量可达 126 亿度(1.26×10^{10} kW · h)。

核电站的工作原理示意图如图 18.12 所示。核反应堆主要由四部分构成:提供能量的**燃料棒**;将热量从燃料中带出来的**冷却剂**;吸收中子的**控制棒**;降低中子速度的**减速剂**。世界上的大多数核电站都采用天然水既作为冷却剂,又充当核反应的减速剂,当中子与水中的氢原子核碰撞时,其速度就会降低到对裂变反应最有效的速度。

另一方面,核电站是一种热污染源和低强度辐射源,同时核裂变反应堆中的废弃物有放射性等,这是它的缺点。因此,涉及核电站的一个主要问题,是反应堆的安全性。目前世界上仅发生两起核反应堆的事故,一起发生在美国的爱达荷州一座试验核电站,另一起发生在乌克兰的切尔诺贝利核电站。目前世界各国的商用核电站的安全性都是非常可靠的。

(2)**核聚变与受控热核反应**

除了重核裂变能够放出大量的能量之外,轻核聚变也能够放出大量的能量。我们从图

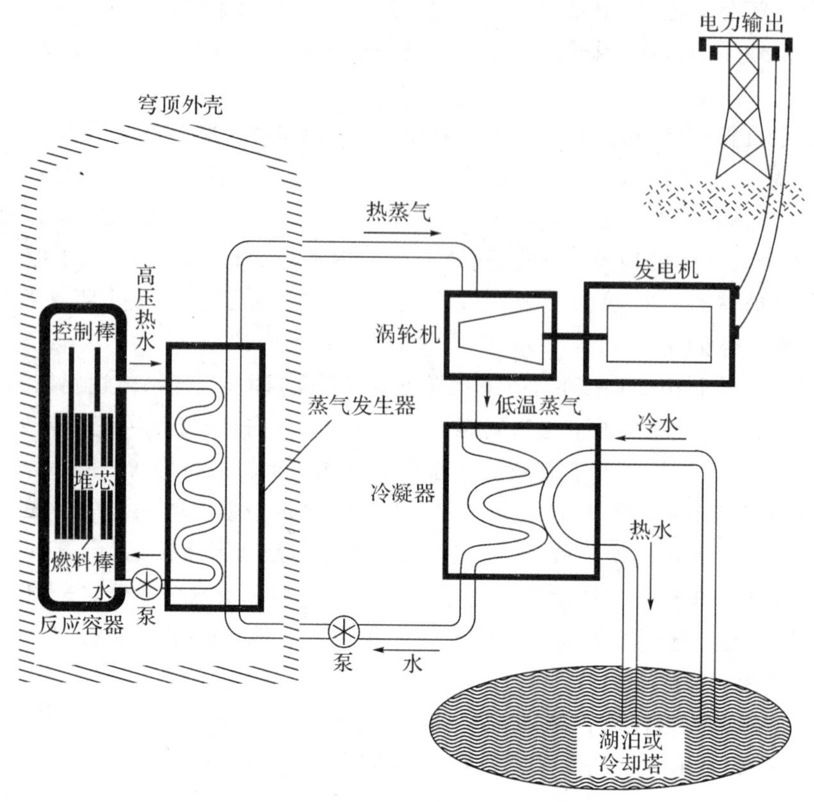

图 18.12　核电站工作原理(中子减速剂为水)

17.10的核子平均结合能曲线中可以知道,由于轻核($A<30$)的核子平均结合能较小,所以聚合成稳定的中等原子核时就会释放出巨大的原子核能。自然界中最容易实现的聚变反应是氢的同位素——氘与氚的聚变,其反应式如下

$$ {}_1^2\mathrm{H}+{}_1^3\mathrm{H} \longrightarrow {}_2^4\mathrm{He}+{}_0^1\mathrm{n} \tag{18.9}$$

利用反应前后的质量亏损可得出该反应释放的能量为 17.6MeV,平均每个核子释放3.5MeV,它比铀裂变的平均每个核子释放的能量(约 0.9MeV)大 4 倍。

与核裂变相比,核聚变不仅释放的能量更大,而且聚变反应生成的核基本上不具有强烈的放射性,使放射性污染大为减少。另外核聚变所用的核燃料是氘(${}_1^2\mathrm{H}$)和氚(${}_1^3\mathrm{H}$),都是氢的同位素。氚也可以由氘聚变产生,故实际上核聚变的燃料就是氘。而氘在地球的海水中藏量丰富,多达 40 万亿吨,如果全部用于聚变反应,按目前全世界的耗电量估计,聚变反应产生的能量可供人类使用几百亿年。

在实验室中利用高能加速器已经观测到聚变反应,但要使聚变反应能够持续发生却有很大的困难。这是因为聚变的原料都是带电粒子,不像中子那样容易进入原子核,它们必须克服库仑斥力才能彼此靠近而被核力吸引。以上述的氘核聚变反应为例,当两个氘核互相接触时,每个氘核要有 206keV 的动能才能产生聚变反应,以它作为热运动的平均动能$\frac{3}{2}kT$来计算,相应的温度 $T=1.6\times10^9\mathrm{K}$。考虑到其他因素,一般估计实现可控核聚变反应的温度至少要 $10^8\mathrm{K}$。在这样高的温度下,一切物质的原子都已电离,形成电子与正离子并存的物质第四态——**等离子体**。等离子体是一种充分电离的、整体呈电中性的气体。在等离子体中,由于高温,电子已获得足够的能量摆脱了原子核的束缚,原子核完全裸露,为核子的碰撞准备了条件。

当等离子体的温度达到几千万度甚至几亿度时，原子核就可以克服斥力聚合在一起。因为聚变反应要在非常高的温度下才会发生，所以聚变反应又叫**热核反应**。实际上，要使热核反应能自行持续地进行下去，除了高温要求之外，还必须将高温等离子体约束在一定区间，以形成足够大的密度并维持足够长的时间，使热核反应释放出的能量大于维持等离子体所需要的能量，热核反应才会持续进行下去。

热核反应在宇宙空间许多恒星的发光放热过程中普遍存在，太阳就是最典型的例子。太阳内部的温度高达 1500 万度(1.5×10^7 K)，组成太阳的物质主要是氢。氢在太阳这个“火炉”中就是作为核燃料用的，氢在如此高温下产生聚变反应并释放出巨大的能量，估计它的消耗速度为数百万吨每秒，然而相对太阳质量而言仍然是微不足道的，因为太阳的质量非常大(约 2×10^{30} kg，为地球质量的 33.34 万倍)。也正是太阳巨大质量产生的引力，把处于高温(10^7 K)的等离子体约束在一起维持热核反应，同时它有足够多的氢，故太阳的发光核聚变估计还能维持数十亿年之久。

目前已经实现的人工热核反应还只有氢弹。**氢弹**的基本原理是这样的：氢弹内部包含一颗小原子弹，利用原子弹爆炸产生的高温高压使热核燃料产生聚变反应。氢弹的原料主要是氘化锂($^{6}_{3}\mathrm{Li}^{2}_{1}\mathrm{H}$)，原子弹发生链式反应产生的大量中子与$^{6}_{3}$Li 反应产生氚，氘与氚在高温高压下产生聚变反应，聚变产生的快中子又能使廉价的$^{238}_{92}$U 裂变，因此通常将$^{238}_{92}$U 与氘化锂混合在一起，产生裂变—聚变—裂变，整个过程在瞬间完成。裂变的原子弹爆炸力一般相当于几万吨 TNT 炸药，而氢弹中瞬间完成的裂变加聚变的爆炸力可达百万吨，甚至千万吨 TNT 炸药。如果设法使氢弹中聚变的贡献大大超过裂变的贡献，产生的快中子将大大增加，爆震、冲击波和热辐射等相应减少，这就是近年来发展的**中子弹**的基本原理。

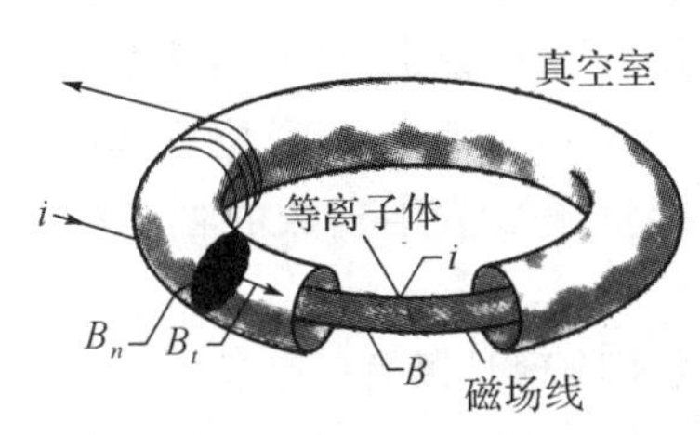

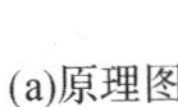
(a)原理图

(b)实验装置

图 18.13　受控热核反应的托卡马克装置

受控热核反应尚处于实验阶段，由于它的诱人前景，世界上许多国家投入大量的人力物力进行研究。目前最成功的实验装置是**托卡马克装置**，如图 18.13(a)所示。它是苏联科学家于 20 世纪 60 年代发明的一种环形磁约束装置，它利用强磁场在一真空的环形器中感生出等离子体电流，并利用产生的强电流使等离子体加热。然后利用环形器上的纵向磁场使等离子体被约束在环形真空室的中心区域使它维持一定的密度，从而引发聚变反应。美、日、欧等发达国家的大型常规托卡马克装置在短脉冲(数秒量级)运行条件下，做出了许多重要成果。等离子体温度已达 4.4 亿度(×10^8K);脉冲聚变输出功率超过 16MW;Q 值(表示输出功率与输入功率之比)已超过 1.25。所有这些成就都表明:在托卡马克上产生聚变能的科学可行性已被证实。但这些结果都是在数秒时间内以脉冲形式产生的,与实际反应堆的连续运行仍有较大的距离。目前在该领域的重大突破是将超导技术成功地应用于产生托卡马克强磁场的线圈上,建成了超导托卡马克,使得磁约束下的连续稳态运行成为现实。全世界仅有俄、日、法、中四国拥有超导托卡马克。法国的超导托卡马克是世界上第一个真正实现高参数准稳态运行的装置,放电时间长达 120 秒。我国的 HT－7 超导托卡马克,如图 18.13(b)所示,在准稳态运行的总体宏观参数、放电时间长度等方面在全世界排第二。

另一种受控热核反应装置是**激光聚变装置**。它的基本原理是利用激光惯性约束,在一个直径约为 400μm 的小球内充满压强为 30～100 大气压的氘－氚混合气体,用多束能量很高的强激光束(目前达到 10^{12}W,争取达到 10^{14}W)从各个方向均匀照射小球,靶丸表面层吸收激光束能量熔化后向外喷射,高速喷射产生的反冲力使靶内氘氚燃料迅速压缩至高密度,并进一步达到 10^8K 以上的高温,从而发生强烈的聚变反应。我国著名核物理学家、中国科学院院士、浙江大学校友王淦昌教授早在 20 世纪 60 年代就提出用激光进行受控热核反应,目前这一研究也还在进行当中。

18.2.4 粒子物理与宇宙演化

组成世界万物的最小单元到底是什么?这是无数科学家特别是物理学家长期以来一直在探索的问题。19 世纪末认为原子(直径大约是 10^{-10}m 的数量级)是组成物质的最小单元,1897 年汤姆逊发现电子后又认识到原子是由原子核(直径大约是 10^{-14}m 数量级)和电子组成,1932 年查德威克又发现了中子,从而进一步认识到原子核是由质子和中子(直径大约是 10^{-15}m 数量级)组成。至此质子、中子、电子和光子被认为可能是构成物质的最小单元,故称为**基本粒子**。另外,凡是可以和上述基本粒子直接发生相互作用和转化并在当时认为是同一层次的粒子,也称为**基本粒子**(必须说明的是,由于进一步研究发现基本粒子数量很多,而且基本粒子还有更基本的结构,故目前不再称基本粒子,统称**粒子**)。总的说来,粒子的质量都很小而且是量子化的,所带的电荷值也都是量子化的(通常为 $-e$,0,$+e$ 三种),每个粒子具有固定的自旋量子数。自旋量子数为整数的粒子称为**玻色子**,自旋量子数为半整数的粒子称为**费米子**。

研究粒子的产生、相互转化、内部结构及作用规律等的**粒子物理**是以第一个反粒子——正电子的发现为诞生标志的。所谓**反粒子**,其质量、自旋和寿命与原粒子完全相同,但它的电磁性质如电荷和磁矩则与原粒子大小相同、符号相反。正反粒子碰到一起可以**湮灭**,它们的静止质量是以别的粒子形式(如光子)转变成能量。反粒子的存在是 1931 年狄拉克(P. Dirac)曾从相对论量子理论出发预言的,1932 年安德森(C. D. Anderson)在宇宙线实验中首先发现了电子的反粒子——正电子,而且理论研究表明,各种粒子都有相应的反粒子存在,这个规律是普遍的。

随着高能加速器的发展,粒子的数量越来越多,实验物理学家至今已发现各种粒子的数目达到 400 多种,其中比较稳定,寿命较长($\tau>10^{-16}$s)有 30 多种。但研究表明某些粒子(如质子、中子等)内部还有更小的结构,已有粒子的产生、转化等规律也各不相同。实际上,粒子间的一切过程都是通过一定的相互作用来实现的,而自然界的基本相互作用共有四种(本教材的牛顿力学部分已有简单介绍),下面我们从粒子物理的角度对四种相互作用的主要特征作一归纳，如表 18.1 所示。

将数量众多的粒子进行科学的分类有助于对物质世界的组成提供一个简单明确的物理图像。分类方法很多，但比较常用是按粒子间的相互作用进行分类。已经发现的粒子按照它们参与相互作用的性质一般可分为场玻色子(field boson)、轻子(lepton)和强子(hadron)三大类。

(1) **场玻色子**：就是在各种相互作用中传递作用的粒子。如表 18.1 所示，这样的粒子共有 13 种。其中传递强相互作用的 8 种胶子、传递电磁相互作用的光子和传递弱相互作用的中间玻色子(W^+，W^-，Z^0)的自旋量子数为 1，称为**规范玻色子**，都已经被实验证实。传递引力作用的、自旋量子数为 2 的引力子至今还没有直接的实验证据。

表 18.1　四种相互作用的主要特征

相互作用类型	强相互作用	电磁作用	弱相互作用	引力作用
相对强度	1	10^{-2}	10^{-9}	10^{-39}
作用力程(m)	10^{-15}	∞	10^{-18}	∞
作用对象	强子	强子、轻子	强子、轻子	一切物体
传递作用的粒子	胶子(共 8 种)	光子(1 种)	中间玻色子(W^+，W^-，Z^0 共 3 种)	引力子(?)
范例	核力	原子结合	β 衰变	天体之间

(2)**轻子**：为不直接参与强相互作用，但直接参与弱、电相互作用的粒子。现已发现的轻子共有 6 种，连同它们的反粒子共 12 种，最常见的轻子是电子。轻子的自旋量子数均为$\frac{1}{2}$，所以它们都是费米子。至今也没有发现轻子内部有任何结构，可称得上是真正的基本粒子。

(3)**强子**：能直接参与强相互作用的粒子统称为强子，最常见的强子是质子和中子。强子又可按自旋量子数区分为两类：自旋量子数为整数的**介子**，到现在为止已发现并确认存在的介子有 160 种；：自旋量子数为半整数的**重子**(或反重子)，目前已发现并已确认的重子和反重子有 276 种。

如此众多的强子，很难说它们是基本的粒子了。实验也证明强子内部的确存在着结构。1964 年，盖尔曼(M. Gell-Mann)和兹韦格(G. Zweig)相互独立地提出了强子内部结构的**夸克**(Quark)模型，认为强子是由 3 种夸克组成，它们是上夸克(u)、下夸克(d)和奇夸克(s)。后来人们又从理论上预言了另外 3 种夸克：粲夸克(c)、低夸克(b)和顶夸克(t)，并陆续在实验上得到了证实。各种夸克均有反夸克。所有的夸克均具有分数电荷，自旋量子数都是$\frac{1}{2}$，均为费米子，如表 18.2 所示。

表 18.2 夸克最基本的特征

特性 \ 名称	上夸克(u)	下夸克(d)	奇夸克(s)	粲夸克(c)	低夸克(b)	顶夸克(t)
质量 (MeV/c^2)	330	330	500	1500	5000	180000
电荷 Q	$+\frac{2}{3}e$	$-\frac{1}{3}e$	$-\frac{1}{3}e$	$+\frac{2}{3}e$	$-\frac{1}{3}e$	$+\frac{2}{3}e$
自旋量子数 S	$\frac{1}{2}$	$\frac{1}{2}$	$\frac{1}{2}$	$\frac{1}{2}$	$\frac{1}{2}$	$\frac{1}{2}$

夸克模型的成功之处在于用上述夸克就能组成已知的所有强子。重子由 3 种夸克组成，如质子是由 2 个 u 夸克和 1 个 d 夸克组成的。而介子则都由 1 个夸克和 1 个反夸克组成，如 π^+ 由 1 个 u 夸克和 1 个反 d 夸克组成的。夸克和反夸克结合成强子是通过强相互作用实现的，传递作用的粒子是**胶子**。当然，夸克模型目前在理论上也遇到了一些困难，如夸克都是费米子，但在解释重子能谱性质时，却又像玻色子。另外，至今为止实验上还没有观测到自由的独立存在的夸克，这又导致了**"夸克囚禁"**的假设。

随着人们对物质结构研究的不断深入，对自然界的四种相互作用也有了进一步的了解，各种基本相互作用的统一模型也逐渐形成，如图 18.14 所示。

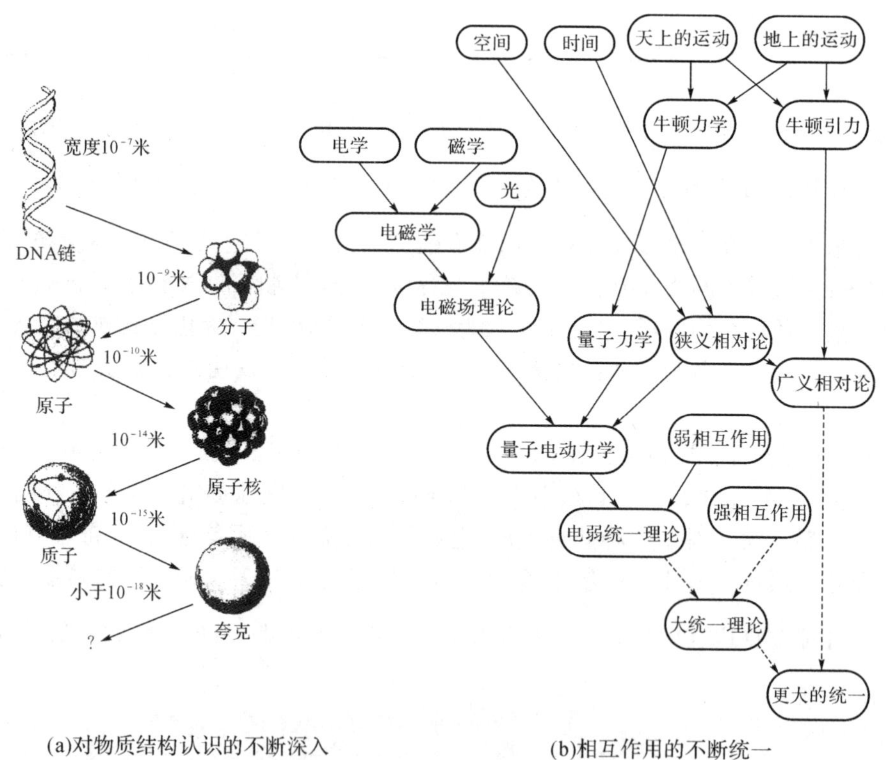

图 18.14 物质结构的深入与相互作用的统一

20 世纪 60 年代，在对中微子等粒子的研究过程中，格拉肖(S. L. Glashow)、温伯格(S. Weinberg)和萨拉姆(A. Salam)提出了**电弱统一理论**，认为电磁相互作用和弱相互作用实际上是一种相互作用，称为**电弱相互作用**，这种理论很快得到实验的证实。

在对夸克的研究过程中，发现夸克与反夸克共有 12 种，而且都是费米子，这与轻子的情况完全相同。因此，在 1974 年乔基(H. Georgi)和格拉肖提出了**大统一理论**(GUT)。该理论将强相互作用、弱相互作用和电磁相互作用统一在一个理论框架内。在这个大统一理论中，组成世界的轻子和夸克可以相互转化，以至不可区分。另外，粒子物理的研究始终与宇宙的演化研究紧密地联系在一起，大统一理论许多的研究结果均与研究宇宙起源的大爆炸理论相符合，**宇宙大爆炸理论**根据宇宙的膨胀来进行推理，认为宇宙起源于过去的某一时刻，此时宇宙压缩在一个极小的范围内——奇点。由于物质密度极大、温度极高而产生宇宙大爆炸。爆炸后 1s 内。宇宙的温度高于百亿度(10^{10} K)，此时宇宙只有一些粒子。而后随着宇宙的不断膨胀，温度逐渐下降，产生各种原子核、原子，直至形成现在的世界万物。宇宙大爆炸理论对整个宇宙演化过程的描述如表 18.3 所示。

表 18.3　宇宙的演化过程

时间	温度(K)	时代	物理过程
奇点			发生大爆炸
10^{-44} s	10^{32}	普朗克时代	时空起源，粒子产生
10^{-36} s	10^{28}	大统一时代	粒子与反粒子产生不对称性
10^{-6} s	10^{13}	强子时代	夸克凝聚成强子
10^{-2} s	10^{11}	轻子时代	轻子为宇宙的主要成分
1s	10^{10}		中微子不再参与宇宙演化
5s	5×10^{9}		正负电子湮灭，中子自由衰变
3min	10^{9}	核合成时代	氘核、氦核等生成
40 万年	4×10^{3}	复合时代	中性原子形成，星系形成，太阳系形成
(170～190)亿年			生命在地球上形成
200 亿年	2.7	现在	出现人类

粒子物理研究的另一个前沿问题就是对宇宙中反物质的探索。物质是有分子和原子组成的，现在的原子都是由带负的电子和带正电的原子核组成，如果由带正电的电子和带负电的原子核组成原子，那就是**反原子**，由反原子就可组成**反物质**。

根据对称性，科学家认为宇宙诞生时产生了大体相等的物质和反物质，那么现在的反物质到哪里去了呢？一种观点认为在宇宙的某些地方存在着由反物质组成的星系；另一种观点认为，宇宙诞生时产生的物质比反物质稍微多了一点，物质与反物质相互湮灭后，剩下的物质就构成了现在的宇宙。

为了探索反物质之谜，目前科学家采取了两种途径：一种是在自然界中寻找反物质，研究反物质的自然状态。1997 年 4 月，美国科学家利用 γ 射线探测卫星发现在银河系上方约 3500 光年处有一个不断喷射反物质的反物质源，它喷出的反物质在宇宙中形成了一个高达 2940 光年的“喷泉”;另一种途径是在实验室中制造反物质,从更多的角度研究反物质。1995 年,欧洲核子研究中心(CERN)的科学家制造了第一批反物质——反氢原子,在累计 15 小时的实验中,他们共记录到 9 个反氢原子存在的证据。1996 年,美国费米国家加速器实验室(FNAL)也成功制造了 7 个反氢原子。

1998 年 6 月 2 日美国“发现号”航天飞机升空,把人类的第一个高能物理实验“阿尔法磁谱仪”送上太空,研究人员将利用阿尔法磁谱仪在太空中寻找反物质。2000 年 8 月 10 日,欧洲核子研究中心的反质子减速器投入使用,这一“反物质工厂”也将帮助科学家进一步探索反物质之谜,揭示宇宙诞生和演化以及物质世界构成等奥秘。

思考题

18.1 何谓激光?激光的产生条件是什么?谐振腔在激光形成中起哪些作用?

18.2 激光有哪些主要特性?为什么?激光目前主要应用于哪些方面?

18.3 何谓光通信?光纤通信有哪些优点?

18.4 原子核有哪些基本性质?什么是原子核的放射性衰变?如何利用放射性衰变规律来鉴定古物的年龄?

18.5 什么是原子核的平均结合能?它与核反应中放出的能量有何关系?

18.6 核能开发利用的途径有哪些?物理依据是什么?你对核能的利用前景有何看法?

18.7 为什么核的聚变要在高温下进行?而核的裂变不需要在高温下进行?

18.8 基本粒子可分为几类?基本粒子之间有哪几种相互作用?其中哪一种相互作用将粒子合在一起?哪一种相互作用趋向于将粒子分开?

18.9 宇宙大爆炸理论的主要观点是什么?试举出目前支持该理论的证据。

18.10 什么是反物质?目前主要用哪些方法来研究和探寻反物质?

科学家介绍

玻　尔

丹麦物理学家尼尔斯·玻尔(Niels Bohr,1885—1962)不仅是 20 世纪与爱因斯坦齐名的伟大科学家,而且是伟大的科学活动组织者,他最善于将各种优秀人才组织在他的周围,和谐而紧张的工作,造就了一大批世界著名的科学家,建立了**哥本哈根学派**,创造了物理学界永远光芒四射的哥本哈根精神。

玻尔 1885 年 10 月 7 日出生于哥本哈根,他的父亲克里斯琴·玻尔教授是位国际知名的生理学家,这使玻尔有条件受到良好的正规教育,同时克里斯琴从小就鼓励玻尔思考问题和动手实验。

1903 年,玻尔从冈莫尔霍姆中学考入哥本哈根大学攻读物理学。读书期间,玻尔参加了丹麦皇家学会组织的优秀论文竞赛,撰写了关于精确测定表面张力的论文,并由此获得丹麦皇家文理科学院的金质奖章。玻尔作为一名才华出众的物理系学生和一名球技高超的足球运动员而蜚声全校。

图 18.15　玻尔

1909 年，玻尔获硕士学位。1911 年，玻尔以应用电子论解释金属性质的论文获哥本哈根大学哲学博士学位。随后，玻尔到了剑桥大学，希望在电子的发现者汤姆逊指导下，继续他的电子论研究，然而汤姆逊已对这个课题不感兴趣。不久，他转到曼彻斯特卢瑟福实验室工作，在那里，他和卢瑟福建立了良好的友谊，并奠定了他在物理学上取得伟大成就的基础。

1913 年，玻尔回到哥本哈根，在卢瑟福、普朗克、爱因斯坦等人工作的基础上，开始研究原子辐射问题。玻尔在原子结构的研究中，受巴尔末公式的启发，将作用量子引入原子系统，提出了量子态的崭新概念，并写成长篇论文《论原子和分子结构》，由卢瑟福推荐，分三部分发表在伦敦皇家学会的《哲学杂志》上。后人将玻尔的这三部分论文称为"三部曲"，大家熟悉的定态、原子辐射的频率条件和角动量量子化条件就是在这"三部曲"中提出来的。

1916 年，玻尔担任哥本哈根大学理论物理学教授，进一步研究原子系统，并提出了著名的**"对应原理"**，解释了经典行为与量子力学之间的关系。1917 年，玻尔成为丹麦皇家科学院院士。

1921 年，丹麦理论物理研究所建成（现名玻尔研究所），玻尔以他崇高的声望在自己周围吸引了一大批优秀的年轻人，创立了哥本哈根学派。许多著名的科学家如海森伯、泡利、狄拉克和朗道等都曾在玻尔研究所工作过的，其中有 10 人先后获得了诺贝尔物理学奖。玻尔自己因对原子结构及原子放射性的研究而获 1922 年的诺贝尔物理学奖。

玻尔不断完善他的原子论，他的开创性工作加上 1925 年泡利提出的不相容原理，从根本上揭示了元素周期表的奥秘。在玻尔的领导下，这些年轻的科学家创立了许多新的理论如矩阵力学、泡利不相容原理、不确定关系和互补原理和量子力学的哥本哈根解释等等。

随着量子力学的建立，特别是玻恩、海森伯和玻尔等提出了量子力学的诠释以后，引起了物理学界的关于**量子力学完备性**的大争论，争论的焦点是关于不确定关系。以爱因斯坦为代表的物理学家反对带有不确定性的理论，认为："……从根本上来说，量子理论的统计表现是由于这一理论所描述的物理体系还不完备。"爱因斯坦认为，玻尔还没有研究到根本上，而将不完备的答案当成了根本性的东西。他相信，只要掌握了所有定律，一切运动都是可以预言的。1935 年，爱因斯坦与波多尔斯基（B. Podolsky）以及罗森（N. Rosen）合作，通过理想实验提出了一个著名的悖论，即 EPR 悖论。通过这个"假想实验"，可以实现对微观粒子的位置和动量，或时间和能量同时进行准确的测量，但结果都被玻尔否定。在争论的基础上，玻尔还写了两本著作《原子理论和对自然的描述》、《原子物理学和人类的知识》，分别于 1931 年和 1958 年出版。

1936 年，玻尔在论文《电子的俘获及原子核的构成》中，提出了原子核的液滴模型。

1937 年，玻尔怀着对中国人民十分友好的感情来中国访问、讲学。访问后玻尔发现，他的伟大创造——互补原理与中国的古代文明中"阴阳"图意义非常相似。之后，他曾在很多场合用中国的"阴阳"图来解释他的互补原理。1947 年，由玻尔亲自设计的他家族的族徽中心，就采用了我国古代流传的、具有阴阳图案的太极图。

1939 年，玻尔与约翰 · 惠勒合作发表了关于核裂变力学机制的论文。在发现链式反应后，玻尔继续完善他的原子核分裂的理论。

二次大战期间，玻尔参加了制造原子弹的曼哈顿计划，但他坚决反对使用原子弹。

1952 年，欧洲核子研究中心成立，玻尔任主席。

玻尔很热爱自己的祖国，他经常用安徒生的话来作为自己的座右铭："丹麦是我出生的地方，是我的家乡。这里是我心中世界开始的地方。"

爱因斯坦曾这样评价玻尔：作为一个科学思想家，玻尔之所以有这么惊人的吸引力，在于他具有大胆和谨慎这两种品质的难得融合；很少有谁对隐秘的事物具有这样一种直觉的理解力，同时又兼有这样强有力的批判能力。他不但有关于细节的全部知识，而且还始终坚定地注视着基本原理。他无疑是我们时代科学领域中最伟大的发现者之一。

附录Ⅰ　矢量

一、矢量的意义及其表示

1. 矢量和标量

物理量分为两类。一类如时间、体积、质量、功、温度等，仅需大小即可表征的物理量称为**标量**。另一类，如位移、速度、力、力矩、电场强度，磁场强度等，需要以大小和方向表征，并且要按照平行四边形法则合成的物理量称为**矢量**。

2. 矢量的表示

图示时，用有向线段表示矢量，长度表示其大小，箭头表示其方向。

书写时，用黑体字母（如 $\boldsymbol{A}$、$\boldsymbol{B}$）或带箭头字母（如 $\vec{A}$、$\vec{B}$）表示矢量。矢量的大小称为矢量的**模**，用 $|\boldsymbol{A}|$ 或 A 表示。

模等于 1 的矢量称为**单位矢量**。

3. 矢量相等和相反

若矢量 $\boldsymbol{A}$ 与矢量 $\boldsymbol{B}$ 大小相等，方向相同，则说 $\boldsymbol{A}=\boldsymbol{B}$。平行移动时矢量不变。

若矢量 $\boldsymbol{A}$ 与矢量 $\boldsymbol{B}$ 大小相等、方向相反，则说 $\boldsymbol{B}=-\boldsymbol{A}$。

图附录 1　矢量相等　　图附录 2　矢量相反

二、矢量相加和相减的作图法

1. 合矢量

矢量相加又叫矢量合成。物理学中所谓矢量相加就是要找到一个矢量，使它的作用和某几个同类矢量共同的作用完全等价，这个矢量就叫作这几个矢量的**合矢量**。例如在力学中，当我们已知同时作用在物体上的两个力时求合力，或已知某物体同时参与两个方向上的运动时求合运动的速度等，都是矢量合成的问题。

2. 矢量合成的作图法

(1)**平行四边形法则**：如图附录 3 所示，使两个矢量 $\boldsymbol{A}$ 和 $\boldsymbol{B}$ 的始端重合，以它们为邻边作平行四边形，这两个边中间所夹的那条对角线就是合矢量 $\boldsymbol{C}$。

$$\boldsymbol{C}=\boldsymbol{A}+\boldsymbol{B}$$

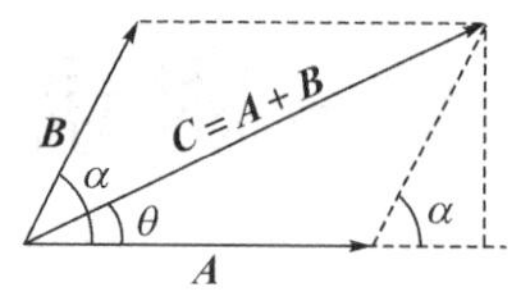

图附录 3　平行四行形法

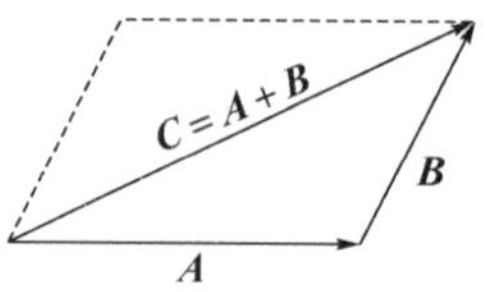

图附录 4　三角形法

(2)**三角形法则**：它是矢量相加的平行四边形法的另一形式，把图附录 3 中矢量 $\boldsymbol{B}$ 平移到平行四边形的对边，可得图附录 4，并可看到 $\boldsymbol{A}$、$\boldsymbol{B}$ 以及它们的合矢量 $\boldsymbol{C}$ 构成一个三角形。因此，我们可以按下述作图法求两个矢量的合矢量：使第二个矢量的始端与第一个矢量的终端重合，然后由第一矢量的始端连向第二矢量的终端作一矢量即得合矢量 $\boldsymbol{C}$，这就是矢量相加的三角形法则。

(3)**合矢量的大小和方向**：设两个矢量 $\boldsymbol{A}$、$\boldsymbol{B}$ 的大小以及两者间夹角 α 已知，则合矢量 $\boldsymbol{C}$ 的大小和方向由下式确定

$$C=\sqrt{A^2+B^2+2AB\cos\alpha} \tag{Ⅰ.1}$$

$$\tan\theta=\frac{B\sin\alpha}{A+B\cos\alpha} \tag{Ⅰ.2}$$

式(Ⅰ.2)中，θ 是矢量 $\boldsymbol{C}$ 与矢量 $\boldsymbol{A}$ 间的夹角。

由两个矢量相加的作图中可以清楚地看出，所得的合矢量与两个矢量相加的顺序无关，即

$$\boldsymbol{A}+\boldsymbol{B}=\boldsymbol{B}+\boldsymbol{A} \tag{Ⅰ.3}$$

矢量的加法服从**交换律**。

(4)**多个矢量相加的多边形法则**：如图附录 5 所示。可以按三角形法则，顺次使各矢量首尾相接，然后直接由第一个矢量的始端连向最末一个矢量的终端作一矢量，就是所有这些矢量的合矢量(图附录 5)。由 $\boldsymbol{D}=\boldsymbol{A}+\boldsymbol{B}+\boldsymbol{C}$ 可以看出，多个矢量求和时，多边形法比平行四边形法简便得多。

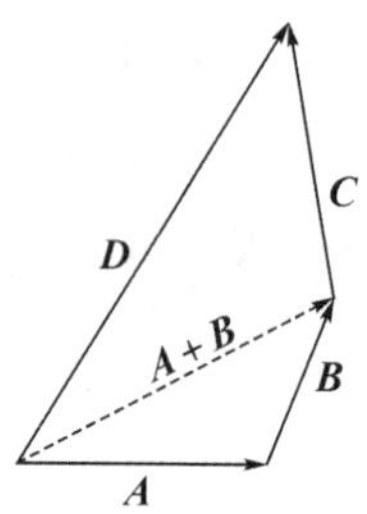

图附录 5　多边形法

3. 矢量相减的作图法

矢量 $\boldsymbol{A}$ 与矢量 $\boldsymbol{B}$ 之差 $\boldsymbol{A}-\boldsymbol{B}$ 可以看成是矢量 $\boldsymbol{A}$ 和矢量 $(-\boldsymbol{B})$ 之和，即 $\boldsymbol{A}-\boldsymbol{B}=\boldsymbol{A}+(-\boldsymbol{B})$，而 $(-\boldsymbol{B})$ 则和矢量 $\boldsymbol{B}$ 大小相同，方向相反。这样，就可以把矢量相减变为矢量相加来处理。如图附录 6 所示，按矢量加法画出 $\boldsymbol{A}+(-\boldsymbol{B})$ 就是 $\boldsymbol{A}-\boldsymbol{B}$。由图附录 7 可看出，矢量减法的三角形法则为：使两个矢量的始端重合，由矢量 $\boldsymbol{B}$ 的终端连向矢量 $\boldsymbol{A}$ 的终端作一矢量，即为两矢量之差 $\boldsymbol{A}-\boldsymbol{B}$。

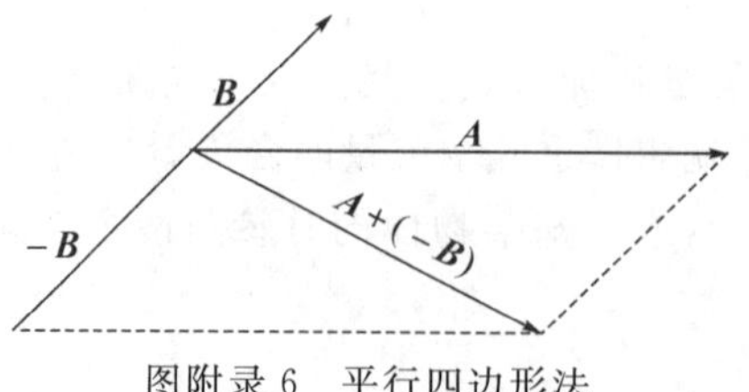

图附录 6　平行四边形法

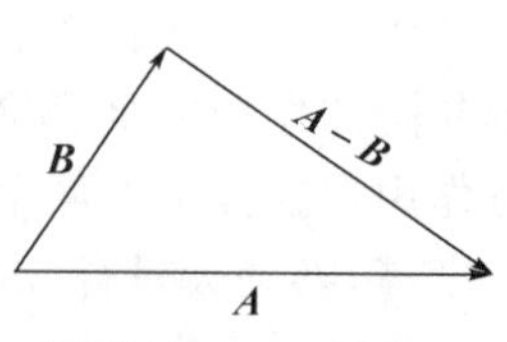

图附录 7　三角形法

三、矢量合成和相减的解析法

1. 在直角坐标系中矢量的坐标表示

根据矢量合成法则，一个矢量 A 可用空间直角坐标系 $oxyz$ 三个坐标轴上的分矢量表示。设 $\boldsymbol{i}$、$\boldsymbol{j}$、$\boldsymbol{k}$ 分别为 x、y、z 三坐标轴的单位矢量，A_x、A_y、A_z 为 A 在三坐标轴上的投影，如图附录8所示，则

$$\boldsymbol{A}=A_x\boldsymbol{i}+A_y\boldsymbol{j}+A_z\boldsymbol{k} \tag{Ⅰ.4}$$

$$A=|\boldsymbol{A}|=\sqrt{A_x^2+A_y^2+A_z^2} \tag{Ⅰ.5}$$

$\boldsymbol{A}$ 的方向可由三个方向余弦决定

$$\cos\alpha=A_x/A,\quad \cos\beta=A_y/A,\quad \cos\gamma=A_z/A \tag{Ⅰ.6}$$

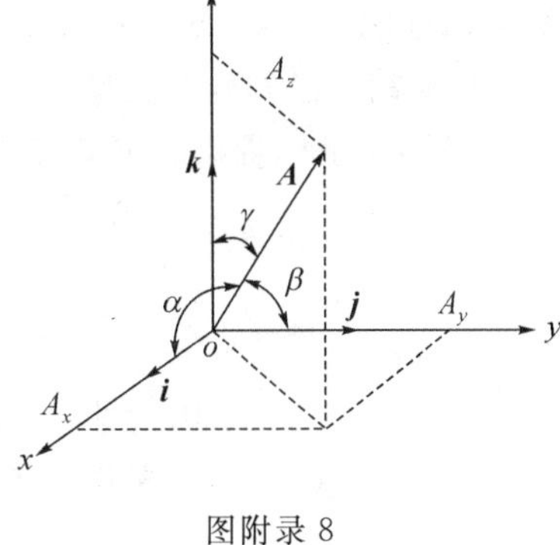

图附录 8

2. 矢量合成的解析法

该合矢量

$$\boldsymbol{R}=\boldsymbol{A}+\boldsymbol{B}+\boldsymbol{C}+\cdots=R_x\boldsymbol{i}+R_y\boldsymbol{j}+R_z\boldsymbol{k}$$

则

$$\left.\begin{aligned}R_x&=A_x+B_x+C_x+\cdots\\R_y&=A_y+B_y+C_y+\cdots\\R_z&=A_z+B_z+C_z+\cdots\end{aligned}\right\}$$

$$R=\sqrt{R_x^2+R_y^2+R_z^2}$$

$\boldsymbol{R}$ 的方向可由三个方向余弦决定

$$\cos\alpha=R_x/R,\quad \cos\beta=R_y/R$$

$$\cos\gamma=R_z/R$$

3. 矢量相减的解析法

两矢量 $\boldsymbol{A}$、$\boldsymbol{B}$ 相减，如图附录7所示，可变化为：

$$\boldsymbol{A}-\boldsymbol{B}=\boldsymbol{A}+(-\boldsymbol{B})$$

或

$$\boldsymbol{A}-\boldsymbol{B}=(A_x-B_x)\boldsymbol{i}+(A_y-B_y)\boldsymbol{j}+(A_x-B_z)\boldsymbol{k}$$

［例1］ 已知矢量 $\boldsymbol{A}=8\boldsymbol{i}-6\boldsymbol{j}$，矢量 $\boldsymbol{B}=8\boldsymbol{i}+6\boldsymbol{j}$，求 $\boldsymbol{A}$ 和 $\boldsymbol{B}$ 的合矢量 $\boldsymbol{C}$。

［解］ 合矢量 $\boldsymbol{C}=\boldsymbol{A}+\boldsymbol{B}=(A_x+B_x)\boldsymbol{i}+(A_y+B_y)\boldsymbol{j}=(8+8)\boldsymbol{i}+(-6+6)\boldsymbol{j}=16\boldsymbol{i}$

这个结果表示，合矢量 $\boldsymbol{C}$ 的方向与 x 轴正方向相同。

四、矢量的乘法

两矢量相乘有两种形式。一种相乘后的积是标量，称为**标量积**；另一种相乘后的积是矢量，称为**矢量积**。

1. 两个矢量 A 和 B 的标量积(点积)

点积写作 $\boldsymbol{A}\cdot\boldsymbol{B}$，定义为这两个矢量 $\boldsymbol{A}$，$\boldsymbol{B}$ 的模以及 $\boldsymbol{A}$，$\boldsymbol{B}$ 之间的夹角 θ(取小于 π 的角)的余弦的乘积，即

$$\boldsymbol{A}\cdot\boldsymbol{B}=AB\cos\theta \tag{Ⅰ.7}$$

由于两矢量的标量积的表示法是在两个矢量符号之间加一圆点，所以又称为矢量的点积。

根据标量积的定义，可得出下列推论：

(1)$\boldsymbol{A},\boldsymbol{B}$ 两矢量平行时，$\theta=0$，$\cos\theta=1$；$\boldsymbol{A}\cdot\boldsymbol{B}=AB$。由此可见，$\boldsymbol{A}\cdot\boldsymbol{A}=A^2$，即矢量自身的点积等于该矢量模的平方。

(2)$\boldsymbol{A},\boldsymbol{B}$ 两矢量相互垂直时，$\theta=\frac{\pi}{2}$，$\cos\theta=0$，$\boldsymbol{A}\cdot\boldsymbol{B}=0$，即两个相互垂直的矢量的点积为零。反之，若两个大小不为零的矢量的点积为零，则这两个矢量必然相互垂直。

(3)在直角坐标系中三个互相垂直的单位矢量之间有如下关系：

$$\boldsymbol{i}\cdot\boldsymbol{i}=\boldsymbol{j}\cdot\boldsymbol{j}=\boldsymbol{k}\cdot\boldsymbol{k}=1,\quad \boldsymbol{i}\cdot\boldsymbol{j}=\boldsymbol{j}\cdot\boldsymbol{k}=\boldsymbol{k}\cdot\boldsymbol{i}=0$$

(4)矢量的点积遵守乘法交换律　$\boldsymbol{A}\cdot\boldsymbol{B}=\boldsymbol{B}\cdot\boldsymbol{A}$

若两个矢量为：$\boldsymbol{A}=A_x\boldsymbol{i}+A_y\boldsymbol{j}+A_z\boldsymbol{k}$，$\boldsymbol{B}=B_x\boldsymbol{i}+B_y\boldsymbol{j}+B_z\boldsymbol{k}$

则可以证明：
$$\boldsymbol{A}\cdot\boldsymbol{B}=A_xB_x+A_yB_y+A_zB_z \tag{Ⅰ.8}$$

［例 2］　已知两个矢量 $\boldsymbol{A}=\boldsymbol{i}+2\boldsymbol{j}-2\boldsymbol{k}$，　$\boldsymbol{B}=4\boldsymbol{i}+3\boldsymbol{j}$；求 $\boldsymbol{A}$ 与 $\boldsymbol{B}$ 之间的夹角。

［解］　由标量积的定义式，得

$$\cos\theta=\frac{\boldsymbol{A}\cdot\boldsymbol{B}}{AB}$$

$$A=\sqrt{A_x^2+A_y^2+A_z^2}=\sqrt{1^2+2^2+(-2)^2}=3$$

$$B=\sqrt{B_x^2+B_y^2+B_z^2}=\sqrt{4^2+3^2+0}=5$$

$$\begin{aligned}A\cdot B&=A_xB_x+A_yB_y+A_zB_z\\&=1\times4+2\times3+(-2)\times0=10\end{aligned}$$

$$\cos\theta=\frac{10}{3\times5}=\frac{2}{3},\qquad \theta\approx48.2^\circ$$

2. 两个矢量 A 和 B 的矢量积(叉积)

矢量积写作 $\boldsymbol{A}\times\boldsymbol{B}$。定义为一个矢量，这个矢量的模等于两个矢量的模以及两者之间夹角的正弦的乘积，即

$$|\boldsymbol{A}\times\boldsymbol{B}|=AB\sin\theta \tag{Ⅰ.9}$$

$\boldsymbol{A}\times\boldsymbol{B}$ 的方向规定为垂直于这两个矢量所决定的平面，它的指向用右手螺旋定则决定，如图附录 9 所示。

因为矢量积的表示法是在两个矢量符号之间画上一个"×"，所以矢量积又称叉积。

根据矢量叉积的定义，可以得出下列推论：

(1)当 $\boldsymbol{A}$、$\boldsymbol{B}$ 两矢量互相平行时，$\theta=0$，$\sin\theta=0$；$\boldsymbol{A}\times\boldsymbol{B}=0$。反之，当两个大小不为零的矢量的叉积为零时，这两个矢量必然平行或反平行。在特殊情形下，一个矢量和它自身的叉积为零，即 $\boldsymbol{A}\times\boldsymbol{A}=0$。

(2)当 $\boldsymbol{A}$、$\boldsymbol{B}$ 两矢量互相垂直时，$\theta=\frac{\pi}{2}$，$\sin\theta=1$，$|\boldsymbol{A}\times\boldsymbol{B}|=AB$，叉积的模具有最大值。

(3)(右旋)直角坐标系中，三个互相垂直的单位矢量 $\boldsymbol{i}$、$\boldsymbol{j}$、$\boldsymbol{k}$ 之间有如下关系：$\boldsymbol{i}\times\boldsymbol{i}=\boldsymbol{j}\times\boldsymbol{j}=\boldsymbol{k}\times\boldsymbol{k}=0$；$\boldsymbol{i}\times\boldsymbol{j}=\boldsymbol{k}$，$\boldsymbol{j}\times\boldsymbol{k}=\boldsymbol{i}$，$\boldsymbol{k}\times\boldsymbol{i}=\boldsymbol{j}$

(4)当两个作叉积的矢量交换前后位置时，所得叉积的模不变，但方向相反，即

$$\boldsymbol{A}\times\boldsymbol{B}=-\boldsymbol{B}\times\boldsymbol{A}$$

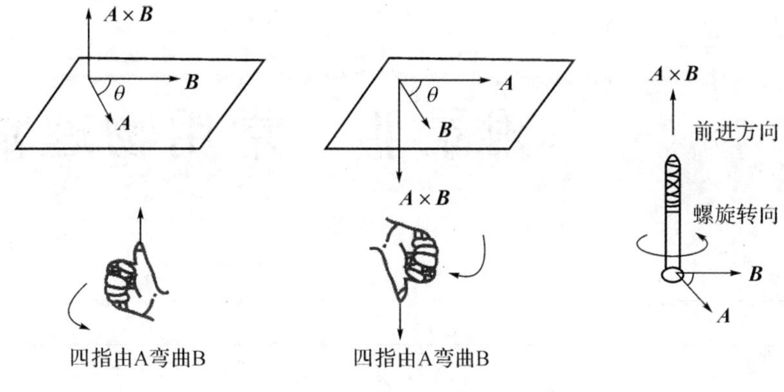

图附录 9

在右旋空间直角坐标系中,矢量叉积可以用如下解析式表示

$$\boldsymbol{A}\times\boldsymbol{B}=(A_x\boldsymbol{i}+A_y\boldsymbol{j}+A_z\boldsymbol{k})\times(B_x\boldsymbol{i}+B_y\boldsymbol{j}+B_z\boldsymbol{k})$$
$$=(A_yB_z-A_zB_y)\boldsymbol{i}+(A_zB_x-A_xB_z)\boldsymbol{j}+(A_xB_y-A_yB_x)\boldsymbol{k}$$

或写成行列式的形式:

$$\boldsymbol{A}\times\boldsymbol{B}=\begin{vmatrix}\boldsymbol{i} & \boldsymbol{j} & \boldsymbol{k}\\ A_x & A_y & A_z\\ B_x & B_y & B_z\end{vmatrix} \tag{Ⅰ.10}$$

[例 3]已知 $\boldsymbol{A}=\boldsymbol{i}+2\boldsymbol{j}$,$\boldsymbol{B}=3\boldsymbol{i}-2\boldsymbol{j}$;求 $\boldsymbol{A}\times\boldsymbol{B}$。

[解] $A_x=1, A_y=2, A_z=0$

$B_x=3, B_y=-2, B_z=0$

$$\boldsymbol{A}\times\boldsymbol{B}=(A_yB_z-A_zB_y)\boldsymbol{i}+(A_zB_x-A_xB_z)\boldsymbol{j}+(A_xB_y-A_yB_x)\boldsymbol{k}$$
$$=[2\times0-0\times(-2)]\boldsymbol{i}+[0\times3-1\times0]\boldsymbol{j}+[1\times(-2)-2\times3]\boldsymbol{k}=-8\boldsymbol{k}$$

$\boldsymbol{A}\times\boldsymbol{B}$ 的方向与 z 轴正方向相反,大小为 8。

附录Ⅱ 常用物理常量表

物 理 量	符 号	1986 年国际推荐值
真空中的光速	c	$2.997\ 924\ 58\times10^{8}\mathrm{m\cdot s^{-1}}$
标准重力加速度	g_n	$9.80665\mathrm{m\cdot s^{-2}}$
引力常量	G	$6.672\ 59\times10^{-11}\mathrm{m^3\cdot kg^{-1}\cdot s^{-2}}$
玻耳兹曼常量	k	$1.380\ 658\times10^{-23}\mathrm{J\cdot K^{-1}}$
阿伏伽德罗常量	N_A	$6.022\ 136\ 7\times10^{23}\mathrm{mol^{-1}}$
摩尔气体常量	R	$8.314\ 510\mathrm{J\cdot mol^{-1}\cdot K^{-1}}$
标准摩尔体积	V_m	$22.413\ 83\times10^{-3}\mathrm{m^3\cdot mol^{-1}}$
基本电荷	e	$1.602\ 177\ 33\times10^{-19}\mathrm{C}$
电子的荷质比	e/m_e	$1.758\ 804\ 7\times10^{11}\mathrm{C/kg}$
库仑定律常量	k	$8.99\times10^{9}\mathrm{N\cdot m^2/C}$
真空电容率	ε_0	$8.854\ 187\ 817\times10^{-12}\mathrm{F\cdot m^{-1}}$
真空磁导率	μ_0	$12.566\ 370\ 614\times10^{-7}\mathrm{H\cdot m^{-1}}$
普朗克常量	h	$6.626\ 0755\times10^{-34}\mathrm{J\cdot s}$
	$\hbar$	$1.054\ 588\ 7\times10^{-34}\mathrm{J\cdot s}$
斯特藩常量	σ	$5.670\ 51\times10^{-8}\mathrm{W/(m^2K^4)}$
里德伯常量	R_∞	$1.097\ 373\ 153\times10^{7}\mathrm{m^{-1}}$
玻尔半径	a_0	$5.291\ 772\ 49\times10^{-11}\mathrm{m}$
电子磁矩	μ_e	$9.284\ 770\ 1\times10^{-24}\mathrm{A\cdot m^2}$
电子康普顿波长	λ_c	$2.426\ 308\ 9\times10^{-12}\mathrm{m}$
原子质量单位	u	$1.660\ 540\ 2\times10^{-27}\mathrm{kg}$
		$931.493\ 92\mathrm{MeV/c^2}$
电子静止质量	m_e	$9.109\ 389\ 7\times10^{-31}\mathrm{kg}$
		$5.485\ 802\ 6\times10^{-4}\mathrm{u}$
		$0.510\ 990\ 6\mathrm{MeV/c^2}$
质子静止质量	m_p	$1.672\ 648\ 5\times10^{-27}\mathrm{kg}$
		$1.007\ 276\ 470\mathrm{u}$
		$938.272\ 31\ \mathrm{MeV/c^2}$
		$1836.152\ 701m_e$
中了静止质量	m_n	$1.674\ 928\ 6\times10^{-27}\mathrm{kg}$
		$1.008\ 665\ 012\mathrm{u}$
		$939.565\ 63\mathrm{MeV/c^2}$

注:计算值通常取表中 1986 年国际(科技数据委员会)推荐值的三位有效数字。

附录Ⅲ　有关银河系、太阳、地球、月球的数据

名　称		计 算 用 值
银河系	质量	10^{42} kg
	半径	约 9.46×10^{20} m
	恒星数	1.6×10^{11}
太　阳	质量	1.99×10^{30} kg
	半径	6.96×10^{8} m
	平均密度	1.41×10^{3} kg/m^{3}
	表面重力加速度	274m/s^{2}
	自转周期	约 26 天
	绕银河系中心的公转周期	2.5×10^{8} 年
	总辐射功率	4×10^{26} W
地　球	质量	5.98×10^{24} kg
	平均半径	6.37×10^{6} m
	赤道半径	6.378×10^{6} m
	极半径	6.357×10^{6} m
	平均密度	5.52×10^{3} kg/m^{3}
	表面重力加速度 g	9.81m/s^{2}
	自转周期	1 恒星日=8.616×10^{4} S
	对自转轴的转动惯量	8.05×10^{37} kg · m^{2}
	到太阳的平均距离	1.50×10^{11} m
	公转周期	1 回归年=3.16×10^{7} s
	公转速率	29.8km/s
月　球	质量	7.35×10^{22} kg
	半径	1.74×10^{6} m
	平均密度	3.34×10^{3} kg/m^{3}
	表面重力加速度	1.62m/s^{2}
	自转周期	27.3 天≈2.36×10^{6} s
	到地球的平均距离	3.84×10^{8} m
	绕地球运行周期	1 恒星月=27.3 天

附录Ⅳ　数学公式

一、三角函数

1. $\sin^2\theta+\cos^2\theta=1$，　$\sec^2\theta=1+\tan^2\theta$，　$\csc^2\theta=1+\cot^2\theta$

2. $\sin(\alpha\pm\beta)=\sin\alpha\cos\beta\pm\cos\alpha\sin\beta$，　$\cos(\alpha\pm\beta)=\cos\alpha\cos\beta\mp\sin\alpha\sin\beta$

3. $\sin2\theta=2\sin\theta\cos\theta$

4. (1)正弦定理　$\dfrac{a}{\sin A}=\dfrac{b}{\sin B}=\dfrac{c}{\sin C}=2R$

式中 R 为外圆半径

(2)余弦定理　$c^2=a^2+b^2-2ab\cos C$

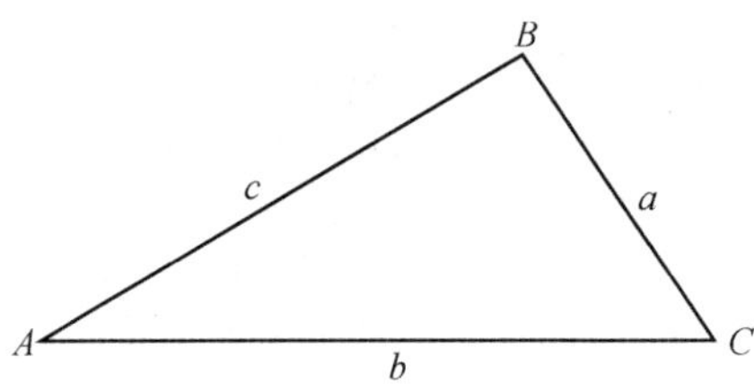

二、级数展开式

1. $\dfrac{1}{1+x}=1-x+x^2-x^3+x^4-\cdots$，　$-1<x<1$

2. $\dfrac{1}{\sqrt{1\pm x}}=1\mp\dfrac{1}{2}x+\dfrac{1\times3}{2\times4}x^2\mp\dfrac{1\times3\times5}{2\times4\times6}x^3+\dfrac{1\times3\times5\times7}{2\times4\times6\times8}x^4\mp\cdots$，　$-1<x\leqslant1$

3. $e^x=1+x+\dfrac{x^2}{2!}+\dfrac{x^3}{3!}+\cdots$，　$-\infty<x<\infty$

4. $\sin x=x-\dfrac{x^3}{3!}+\dfrac{x^5}{5!}-\dfrac{x^7}{7!}+\cdots$，　$-\infty<x<\infty$

三、导数和积分

常用导数公式	常用积分公式
1. $(x^a)'=ax^{a-1}$(a 为常数)	1. $\int dx=x+c$
2. $(\ln x)'=\dfrac{1}{x}$	2. $\int x^a dx=\dfrac{x^{a+1}}{a+1}+C\ (a\neq-1)$
3. $(e^x)'=e^x$	3. $\int\dfrac{1}{x}dx=\ln x+C$
4. $(\sin x)'=\cos x$	4. $\int e^x dx=e^x+C$
5. $(\cos x)'=-\sin x$	5. $\int\cos x dx=\sin x+C$

6. $(\tan x)' = \sec^2 x$	6. $\int \sin x \mathrm{d}x = -\cos x + C$
7. $(\cot x)' = -\csc^2 x$	7. $\int \sec^2 x \mathrm{d}x = \tan x + C$
8. $(uv)' = uv' + vu'$	8. $\int (u+v)\mathrm{d}x = \int u \mathrm{d}x + \int v \mathrm{d}x$

附录Ⅴ　希腊字母表

字母		读音		字母		读音	
大写	小写	汉语拼音	英语读音	大写	小写	汉语拼音	英语读音
A	α	arfa	alpha	N	ν	niu	nu
B	β	beita	beta	Ξ	ξ	kesei	xi
Γ	γ	gama	gamma	O	o	oumikrong	omicron
Δ	δ	deirta	delta	Π	π	pai	pi
E	ε	eipuseilong	epsilon	P	ρ	rou	rho
Z	ζ	zeita	zeta	Σ	σ	seigama	sigma
H	η	eita	eta	T	τ	tao	tau
Θ	θ	seĭta	theta	Φ	φ	fai	phi
I	ι	youta	iota	X	χ	kai	chi
K	κ	kapa	kappa	Υ	υ	ypuseilong	upsilon
Λ	λ	lamuda	lambda	Ψ	ψ	pusai	psi
M	μ	miu	mu	Ω	ω	oumiga	omega

习题答案

第1章

1.1 (1)$v_2=-28\text{m/s}$， $a_2=12\text{m/s}^2$；(2)向 x 轴负方向做变减速运动

1.2 (1)$y=2-x^2/4$； (2)$\boldsymbol{r}_1=2\boldsymbol{i}+\boldsymbol{j}$，$\boldsymbol{r}_2=4\boldsymbol{i}-2\boldsymbol{j}$； (3)$|\Delta\boldsymbol{r}|=3.6\text{m}$，$\Delta\boldsymbol{r}$ 的方向 $\beta\approx-56°$；(4)$|\boldsymbol{v}_2|\approx4.8\text{m/s}$，$\boldsymbol{v}_2$ 的方向 $r\approx-63°$； (5)$\boldsymbol{a}$ 的大小为 2.0m/s^2，方向沿 y 轴负向，质点做匀变速曲线运动

1.3 (1)$a_2=8.0\text{m/s}^2$； (2)$x=20+10t+\dfrac{2}{3}t^3$； (3)$\Delta x\approx23\text{m}$

1.4 $v=\dfrac{1}{2}t^2+2t+1$，$x=\dfrac{1}{6}t^3+t^2+t$

*1.5 $v=\sqrt{3x^2+8x+25}$

1.6 (1)$t=9.5\text{s}$ $L=318\text{m}$； (2)$v_0=55.2\text{m/s}$

1.7 (1)$\alpha=14.6°$； (2)$v_0=344\text{m/s}$； (3)$H_{\max}=386\text{m}$； (4)$v=339\text{m/s}$，$\theta=-10.3°$(俯角)

1.8 (1)$t\approx2.4\text{s}$； (2)$v_x\approx13\text{m/s}$

1.9 $\omega_1\approx19\text{rad/s}$； $\omega_2\approx38\text{rad/s}$

1.10 $a=-R\alpha$，$v=-R\alpha t$， $x=h-\dfrac{1}{2}R\alpha t^2$

1.11 $a_n=0.25\text{m/s}^2$， $a=0.32\text{m/s}^2$， $\alpha\approx51°$

1.12 (1)$x'=(2.74-5.51t^2)\text{m}$； (2)$t\approx0.71\text{s}$； (3)$\Delta x\approx-0.71\text{m}$

1.13 证明略

1.14 $u=12.4\text{km/s}$

第2章

2.1 $v_T=\sqrt{4\rho_{水}\,gr/(3c)}$，大雨滴比小雨滴落得快

2.2 F 不大于 735N

2.3 $\alpha=\arctan\mu_s$，$F_{\min}=mg(\sin\theta-\mu_s\cos\theta)/\sqrt{1+\mu_s^2}$

2.4 (1)$T_A\approx1.78\times10^3\text{N}$， $T_B=T_C=888\text{N}$， (2)$N=296\text{N}$

*2.5 (1)$a_{1i}=-1.96\text{m/s}^2$， $a_{3i}=-1.96\text{m/s}^2$， $a_{4i}=5.88\text{m/s}^2$； (2)$T_2=15.7\text{N}$， $T_4=7.84\text{N}$

*2.6 (1)$a_{4i}=12.25\text{m/s}^2$； (2)$T_B=4.9\text{N}$， $T_4=2.45\text{N}$

*2.7 $R=(2M+4m)g/3$

2.8 (1)$\omega=\sqrt{2g/a}$； (2)$T=2mg$

*2.9 $v\approx2.7\text{m/s}$

第3章

3.1 $A=882\boldsymbol{j}$

3.2 $A\approx4.2\times10^6\boldsymbol{j}$， $t\approx1.5\times10^2\text{s}$

3.3 $A=690\boldsymbol{j}$

3.4 (1)$E_k=GmM_E/(6R_E)$； (2)$E_p=-GmM_E/(3R_E)$； (3)$E=-GmM_E/(6R_E)$

3.5 $x_2 \approx 1.41\text{cm}$

3.6 $A=\frac{1}{2}ka^2\theta^2+mga\sin\theta$

3.7 $v_2 \approx 6.30\text{km/s}$

3.8 $F=1.0\times 10^3\text{N}$

3.9 22kg

3.10 $x=0.27\text{m}$

3.11 $v_B=v_C=3(v_0-gt)/(2\sin\alpha)$

3.12 $x=1.2\text{m}$

3.13 (1)$v=\sqrt{\frac{2MgR}{M+m}}, V=-m\sqrt{\frac{2gR}{M(M+m)}}$； (2)$A=\frac{m^2gR}{M+m}$； *(3)$N=(3+\frac{2m}{M})mg$

3.14 (1)$\frac{\mathrm{d}m'}{\mathrm{d}t'}\geqslant 58.8\text{kg/s}$； (2)$\frac{\mathrm{d}m'}{\mathrm{d}t}\geqslant 176\text{kg/s}$；

3.15 (1)$M=Rma$； (2)$L=Rm(v_0+at)$； (3)略

3.16 (1)$M=Rmg$； (2)$v=\sqrt{2gh}$

3.17 证明略

3.18 $r_2=5.26\times 10^{12}\text{m}$

3.19 $v_1=5.91\times 10^4\text{m/s}, v_2=3.88\times 10^4\text{m/s}$

第4章

4.1 (1)$\theta_4=0$， $\omega_4=1.5\pi\ \text{rad/s}$， $\beta=\pi\ \text{rad/s}^2$； (2)$\Delta\theta=\pi$； (3)$t=2.5\text{s}$前做匀减速转动；$t=2.5\text{s}$后做匀加速转动

4.2 (1)$\alpha=40\pi\ \text{rad/s}^2$， $\Delta N=2.5\text{r}$； (2)$\omega=400\pi\ \text{rad/s}$， $v=60\pi\text{m/s}, a\approx 2.4\times 10^5\text{m/s}^2$，$\boldsymbol{a}$的方向近似转向轮心

4.3 (1)$a=[m_1-\mu m_2]r^2g/(J+m_1r^2+m_2r^2)$， $T_1=[J+(1+\mu)m_2r^2]m_1g/(J+m_1r^2+m_2r^2)$，
$T_2=[\mu J+(1+\mu)m_1r^2]m_2g/(J+m_1r^2+m_2r^2)$； (2)$a=m_1gr^2/(J+m_1r^2+m_2r^2)$，
$T_1=(J+m_2r^2)m_1g/(J+m_1r^2+m_2r^2)$， $T_2=m_1m_2gr^2/(J+m_1r^2+m_2r^2)$

4.4 $v=\sqrt{\frac{4mgh}{2m+M}}$， $\omega=\frac{v}{R}=\frac{\sqrt{\frac{4mgh}{2m+M}}}{R}$

4.5 $M_{30^\circ}=10.2\text{N}\cdot\text{m}$， $L_{30^\circ}=3.36\text{kg}\cdot\text{m}^2/\text{s}$， $\alpha_{30^\circ}=10.6\text{rad/s}^2$， $v_{30}=4.20\text{m/s}$；
$M_{90^\circ}=0, L_{90^\circ}=4.75\text{kg}\cdot\text{m}^2/\text{s}$， $\alpha_{90^\circ}=0$， $v_{90^\circ}=5.94\text{m/s}$

4.6 (1)$J_0=\frac{1}{12}ml^2\sin^2\alpha$； (2)$J_A=\frac{1}{3}ml^2\sin^2\alpha$

4.7 $J_1=\frac{1}{2}mr^2$， $J_2=\frac{1}{4}mr^2$

4.8 (1)$J_z=\frac{1}{2}m(R_1^2+R_2^2)$； (2)$J_y=\frac{1}{4}m(R_1^2+R_2^2)$

4.9 $F=3.1\times 10^2\text{N}$

*4.10 $A=5.45\times 10^3(\text{J})$

*4.11 $v=\sqrt{\frac{4mgh}{2m+M}}$

4.12 $\omega_2=0.95\text{rad/s}$

*4.13 4.00m/s, $1.50\times 10^5\text{Pa}$

*4.14 1.0m/s

*4.15 1.5cm

第5章

5.1 $v=0.99c$

5.2 $v=0.999c$

5.3 $v=0.65c$

5.4 $l'\approx 267m$

*5.5 飞船 B 相对飞船 A 的速度为 -1.12×10^8 m/s， 飞船 A 相对飞船 B 的速度为 1.12×10^8 m/s

5.6 $v=0.90c$

5.7 $\Delta E=2.45$MeV， $\Delta m=4.79m_0$

5.8 $\Delta E=0.6172$MeV

5.9 $v=0.99c$， $p=4.46$MeV/c

*5.10 $v=0.866c$

5.11 $E=2.60\times10^9$eV， $E/(m_0c^2)=1.39$

第6章

6.1 在作简谐振动

6.2 (1)$\omega=8\pi$rad/s， $T=0.250$s， $A=5.00\times10^{-3}$m， $\varphi=\pi/3$， $v_m=0.126$m/s， $a_m=3.16$m/s^2；
(2)$\varphi_1=26.2$rad， $\varphi_2=51.3$rad， $\varphi_{10}=252$rad； (3)略

6.3 (1)π； (2)$3\pi/2$ 或 $-\pi/2$； (3)$\pi/3$； (4)$7\pi/4$ 或 $-\pi/4$

6.4 (1)$T=4.19$s； (2)$a_m=4.50\times10^{-2}$m/s^2； (3)$x=2.00\times10^{-2}\cos(1.5t-\frac{\pi}{2})$m

6.5 $T\approx1.3$s， $x=1.4\times10^{-2}\cos(5t+\pi/4)$m

6.6 (1)$x=0.17$m； (2)$F=-4.2\times10^{-3}$N； (3)$t_3=\frac{2}{3}$s；(4)$E_k=5.3\times10^{-4}\boldsymbol{j}$，
$E_p=1.8\times10^{-4}\boldsymbol{j}$， $E=7.1\times10^{-4}\boldsymbol{j}$

6.7 $E_k=1.1\times10^{-6}\boldsymbol{j}$， $E_p=3.3\times10^{-6}\boldsymbol{j}$

6.8 (1)$A=7.8\times10^{-2}$m， $\varphi\approx85^\circ$； (2)$\varphi_3=\frac{3}{4}\pi$， $\varphi_3{}'=\frac{5}{4}\pi$

6.9 $x=10\cos(2t-0.403)$cm

6.10 $\Delta\varphi=84^\circ$

第7章

7.1 $\lambda_1=0.340$m， $\lambda_2=1.450$m

7.2 (1)略；(2)$\varphi_1=-\pi/2$， $\varphi_E=\pi/2$， $\varphi_c=0$；(3)略

7.3 $y=1.0\cos[\pi(t-\frac{x}{0.4})+\frac{\pi}{2}]$cm

7.4 $y=0.01\cos1100\pi(t+x/330)$m

7.5 $u=6.0$m/s， $y=3.0\times10^{-2}\sin50\pi(t-x/6.0)$m

7.6 (1)$A=0.10$m， $v=1$Hz， $u=2$m/s， $\lambda=2$m； (2)$v_m=0.63$m/s

7.7 (1)$\Delta x=0.117$m； (2)$\Delta\varphi=\pi\approx3.14$

7.8 (1)$y=1.0\times10^{-4}\cos25\times10^3\pi t$ m (2)$y=1.0\times10^{-4}\cos25\times10^3\pi[t-x(5.0\times10^3)]$m
(3)$y=1.0\times10^{-4}\cos(25\times10^3\pi t-\pi/2)$m； (4)$\Delta\varphi=\pi/2$； (5)$=1.0\times10^{-4}\sin5\pi x$m

7.9 $I_L=80.4$dB

*7.10 $I=\frac{1}{2}\rho A a_m u$； (2)$I=\frac{1}{2}\rho v_m^2 u$

*7.11 A 点取为原点时， $x=(2k+1)$m， $k=0,1,2,\cdots,14$

*7.12 (1)$y_1=1.0\times10^{-2}\cos750\left(t-\frac{0.16x}{750}\right)$m， $y_2=1.0\times10^{-2}\cos750\left(t+\frac{0.16x}{750}\right)$m，

$A=1.0\times10^{-2}$m， $u=4.7\times10^{3}$m/s； (2)$\Delta x\approx20$m； (3)$v=-15$m/s

*7.13 6.3×10^{2}

*7.14 (1)$\nu'=1.42\times10^{3}$Hz； (2)$u=331$m/s； (3)$\lambda=0.233$m

第8章

8.1 (1)8.20×10^{-5}m^3， (2)3.34×10^{-4}kg

8.2 $\frac{M_1-M_2}{p_1-p_2}\frac{RT}{V}$

8.3 1.16kg/m^3， 2.51×10^{25}m^{-3}

8.4 (1)5.26%； (2)0.139×10^{5}Pa

8.5 4.99×10^{3}J， 3.32×10^{3}J， 8.31×10^{3}J， 4.99×10^{3}J， 0， 4.99×10^{3}J

8.6 5

8.7 2.45×10^{15}/m^3， 5.32×10^{-26}kg， 1.30kg/m^3， 6.21×10^{-21}J

8.8 1.88×10^{4}Pa

8.9 1.28×10^{-2}K

8.10 2.00×10^{3}m/s

8.11 1.93×10^{3}m/s， 4.83×10^{2}m/s， 1.93×10^{2}m/s， 6.21×10^{-21}J

8.12 $\sqrt{\frac{\mu_2}{\mu_1}}$， $\frac{2E}{3V}$

8.13 $\frac{RT}{Mg}\ln2$

8.14 (1)5.42×10^{8}/s； (2)0.712/s

8.15 3.22×10^{17}m^{-3}， 真空管的线度(7.77m≫真空管线度)

8.16 1.7×10^{3}Pa

8.17 1.4×10^{3}Pa

第9章

9.1 300J， 600J

9.2 (1)$Q=60$J； (2)$Q=-70$J,放热； (3)$Q_{ad}=50$J， $Q_{db}=10$J

9.3 $RT\ln\left(\frac{V_2-b}{V_1-b}\right)-a\left(\frac{1}{V_1}-\frac{1}{V_2}\right)$

9.4 (1)3.71×10^{4}J， 3.71×10^{4}J； (2)3.71×10^{4}J， 5.19×10^{4}J； (3) 3.71×10^{4}J， 0

9.5 略

9.6 (1)3.98×10^{3}Pa， 119K， (2)61.7J

9.7 (1)353K； (2)6.52×10^{4}Pa， 3.48×10^{-2}m^3； (3)321K， 2.63×10^{-2}m^3

9.8 $\Delta E=0$， $Q=A=\frac{\gamma+2}{\gamma-1}p_1V_1$

9.9 (1)3.0×10^{5}J； (2)2.0×10^{5}J； (3)40%

9.10 (1)93K； (2)46K

9.11 (1)1.34×10^{4}J， 5.35×10^{4}， 4.01×10^{4}J； (2)25.0%

9.12 2.0×10^{4}J， 13%

9.13 15.2%

9.14 略

9.15 (1)1.85×10^{7}J； (2)1.70×10^{6}J； (3)10.1

9.16 (1)3.22×10^{4}J； (2)32.2W； (3)10^{3}s

9.17 $-\frac{pV}{T}\ln2$， 0

9.18 41.8J/K

第10章

10.1 $q=\frac{1}{2}Q$

10.2 $E=\frac{1}{4\pi\varepsilon_0}\frac{q}{r^2-L^2}$，沿带电细棒指向远方

10.3 $E=0.715\text{N/C}$，指向缝隙

10.4 区间Ⅰ：$E=\frac{\sigma}{2\varepsilon_0}$向右；区间Ⅱ：$E=\frac{3\sigma}{2\varepsilon_0}$向右；区间Ⅲ：$E=\frac{\sigma}{2\varepsilon_0}$向右；区间Ⅳ：$E=\frac{\sigma}{2\varepsilon_0}$向左

10.5 $E=0$；$E=3.98\text{V/m}$；$E=1.05\text{V/m}$

10.6 $E=\frac{\rho}{\varepsilon_0}d$，$d<\frac{D}{2}$；$E=\frac{D\rho}{2\varepsilon_0}$，$d>\frac{D}{2}$

10.7 $E=0$，$r<R_1$；$E=\frac{1}{2\pi\varepsilon_0}\frac{\lambda}{r}$，$R_1<r<R_2$；$E=0$，$r>R_2$

10.8 $\boldsymbol{E}=\frac{\rho}{3\varepsilon_0}\boldsymbol{a}$，$\boldsymbol{a}$为从带电体中心到空腔中心的矢径

10.9 (1)$E=0$，$U=2.88\times10^3\text{V}$；(2)$A=-2.88\times10^{-6}\text{J}$；(3)$\Delta W=2.88\times10^{-6}\text{J}$

10.10 (1)$A=3.6\times10^{-6}\text{J}$；(2)$A=-3.6\times10^{-6}\text{J}$

10.11 (1)$E=\frac{\rho}{2\varepsilon_0}r$，$r\leqslant a$；$E=\frac{a^2\rho}{2\varepsilon_0 r}$，$r\geqslant a$

(2)$U=-\frac{\rho}{4\varepsilon_0}r^2$，$r\leqslant a$；$U=\frac{a^2\rho}{4\varepsilon_0}(2\ln\frac{a}{r}-1)$，$r\geqslant a$

10.12 (1)$E=2.14\times10^7\text{N/C}$；(2)$E=1.36\times10^4\text{N/C}$

10.13 $U=\frac{\lambda}{4\pi\varepsilon_0}\ln\left[\frac{\sqrt{a^2+x^2}+a}{\sqrt{a^2+x^2}-a}\right]$

10.14 (1)$U=120\text{V}$；(2)$U=300\text{V}$；(3)$U=120\text{V}$

10.15 (1)$\rho=4.43\times10^{-13}\text{C/m}^3$；(2)$\sigma=-8.85\times10^{-10}\text{C/m}^2$

10.16 (1)$U_A=\frac{1}{4\pi\varepsilon_0}\left(\frac{Q_A}{R_1}-\frac{Q_A}{R_2}+\frac{Q_A+Q_B}{R_3}\right)$；$U_B=\frac{1}{4\pi\varepsilon_0}\frac{Q_A+Q_B}{R_3}$；

(2)$U_A=U_B=\frac{1}{4\pi\varepsilon_0}\frac{Q_A+Q_B}{R_3}$；

(3)$U_A=\frac{1}{4\pi\varepsilon_0}\left(\frac{Q_A}{R_1}-\frac{Q_A}{R_2}\right)$；$U_B=0$

10.17 $q_A=2.12\times10^{-8}\text{C}$，$q_{B内}=-2.12\times10^{-8}\text{C}$；

$q_{B外}=-8.8\times10^{-8}\text{C}$，$U_A=0$，$U_B=-7.92\times10^2\text{V}$

10.18 $U_A-U_B=\frac{2}{\varepsilon_r+1}\Delta U$

10.19 $E=1.69\times10^6\text{V/m}$，$\sigma'=1.5\times10^{-5}\text{C/m}^2$

10.20 $C=\frac{\varepsilon_0(3\varepsilon_{r_1}+\varepsilon_{r_2})S}{4d}$

10.21 (1)$E=\frac{Q}{4\pi\varepsilon_0\varepsilon_r r^2}$，$R<r<R'$；$E=\frac{Q}{4\pi\varepsilon_0 r^2}$，$r>R'$；

(2)$U=\frac{Q}{4\pi\varepsilon_0\varepsilon_r}\left(\frac{1}{r}+\frac{\varepsilon_r-1}{R'}\right)$，$R<r<R'$；$U=\frac{Q}{4\pi\varepsilon_0 r}$，$r>R'$

(3)$U=\frac{1}{4\pi\varepsilon_0\varepsilon_r}\left(\frac{1}{R}+\frac{\varepsilon_r-1}{R'}\right)$

10.22 (1)$E=\frac{\lambda}{2\pi\varepsilon_0\varepsilon_r r}$；(2)$E=\frac{2\pi\varepsilon_0\varepsilon_r L}{\ln(R_2/R_1)}$

10.23 (1)$\omega_e=\frac{Q^2}{32\pi^2\varepsilon_0 r^4}$； (2)$W_e=\frac{Q^2}{8\pi\varepsilon_0 R}$

第 11 章

11.1 $B=39.6\text{T}$

11.2 $B=4.00\times10^{-3}\text{T}$

11.3 (a)$B=\frac{\mu_0 I}{8a}$； (b)$B=\frac{\mu_0 I}{4\pi a}(\pi+2)$； (c)$B=\frac{2\sqrt{2}\mu_0 I}{\pi a}$

11.4 $B=6.37\times10^{-5}\text{T}$

11.6 $B=0$

11.7 $\Phi_m=-0.240\text{Wb}$;$\Phi_m=0$;$\Phi_m=0.240\text{Wb}$

11.8 $B=\frac{\mu_0 I}{2\pi r}$， $R_1<r<R_3$； $B=0$， $r>R_3$

11.9 (1)$B=\frac{\mu_0 NI}{2\pi r}$； (2)证明略

11.10 $\Phi_m=1.00\times10^{-6}\text{Wb}$

11.11 两平面间:$B=\frac{\mu_0}{2}(j_1-j_2)$； 两平面外:$B=\frac{\mu_0}{2}(j_1+j_2)$

11.12 $F=\frac{1}{2\mu_0}(B_2^2-B_1^2)$， 方向向右

11.13 $B=\frac{mg}{2NIL}$

11.15 $E_k=1.92\times10^6\text{eV}$

11.16 $H=\frac{I}{2\pi r}$;$B=\frac{\mu_r\mu_0 I}{2\pi r}$

11.17 $H=200\text{A/m}$;$B=1.06\text{T}$

11.18 $1.41\times10^{-5}\text{s}$

第 12 章

12.1 (1)$\varepsilon=2.36\times10^{-5}\text{V}$;2)$c\to b$

12.2 (1)$\varepsilon=1.10\times10^{-5}\text{V}$;2)$U_A>U_B$

12.3 $\varepsilon=2.00\times10^{-3}\text{V}$ 方向为顺时针

12.4 $\varepsilon=-8.71\times10^{-2}\cos100\pi t$

12.5 $\varepsilon=\frac{l}{2}\sqrt{R^2-\left(\frac{l}{2}\right)^2}\frac{\mathrm{d}B}{\mathrm{d}t}$， $U_b>U_a$

12.6 (1)$I_{\max}=23.8\text{A}$ (2)$Q=1.42\text{J}$ (3)热量增至原来的 4 倍

12.7 $E=5.00\times10^{-4}\text{N/C}$， $E=6.25\times10^{-4}\text{N/C}$， $E=3.13\times10^{-4}\text{N/C}$

12.8 $\frac{\mathrm{d}B}{\mathrm{d}t}=223\text{T/s}$

12.9 $L=(\mu_0 N^2 h/2\pi)\ln\frac{b}{a}$

12.10 $\omega_m=0.987\text{J/m}^3$， $\omega_e=4.76\times10^{-15}\text{J/m}^2$

12.11 $W_m=7\times10^{18}\text{J}$

12.12 $I_d=6.95\times10^{-2}\text{A}$

第 13 章

13.1 $\lambda=587\text{nm}$， 黄光

13.2 (1)$d=9.0\mu\text{m}$;(2)$N=29$ 条

13.3 $e=5.36\mu m$

13.4 $\Delta x=1.2\times10^{-4}m$

13.5 $D=2.4km$

13.6 $\lambda_1=568nm$ 加强， $\lambda_2=426nm$ 减弱

13.7 $e=103.3nm$

13.8 $d=57.4\mu m$

13.9 $\lambda_A=414nm$， $\lambda_B=580nm$， $\lambda_C=690nm$

13.10 $R=6.8m$， $k=4$

13.11 $n=1.33$

13.12 略

13.13 $\lambda=628.9nm$

13.14 $n=1.000655$

13.15 $n=1.0002888$

第 14 章

14.1 $\lambda=590nm$， $\Delta x_{中}=1.77cm$

14.2 $a=0.589mm$

14.3 (1)$\Delta x_{中}=3.4mm$， $\Delta x=1.7mm$； (2)$\Delta x_{中}=0.11mm$， $\Delta x=5.5\times10^{-2}mm$

14.4 $\lambda=433nm$

14.5 $\Delta x=2.45cm$

14.6 $\lambda=632.5nm$

14.7 (1)$\Delta x_{中}=48cm$； (2)$N_1=3$ 条； (3)$N=9$ 条

14.8 (1)$d=2.4\mu m$； (2)$a_{min}=0.80\mu m$； (3)$0,\pm1,\pm2$

14.9 (1)$\Delta x=2.7mm$； (2)$\Delta x=1.8cm$

14.10 (1)$\theta_{min}=3\times10^{-7}rad$； (2)$D=2m$

14.11 $l=6.7km$

14.12 $\theta_{min}=2.24\times10^{-4}rad$， $l_{min}=2.69mm$

14.13 $d_1=296km$， $d_2=296m$

14.14 (1)$d=0.276nm$； (2)$\lambda=0.166nm$

14.15 $\lambda_1=0.130nm$， $\lambda_2=0.097nm$

第 15 章

15.1 $\alpha=45°$

15.2 $I_{透}=\frac{3}{32}I_0$

15.3 $I_{偏}:I_{自}=2:1$

15.4 略

15.5 $n=1.60$

15.6 $i_{01}=48°26'$， $i_{02}=41°34'$， $i_{01}+i_{02}=90°$

15.7 $\theta=36°56'$

15.8 略

15.9 $d=1.6\times10^{-2}mm$

第 16 章

16.1 $T=5.84\times10^3K$

16.2 $T=1.37\times10^3K$;$\lambda=2.12\times10^{-6}m$

16.3 (1)$\Delta T=-61.5\text{K}$; (2)$E'/E=96.0\%$

16.4 (1)$A=2.49\text{eV}$; (2)$U_a=1.28V$

16.5 $\lambda=197\text{nm}$

16.6 $E=2.15\text{eV}$

16.7 略

16.8 $t=18.8\text{min}$

16.9 $E=0.1\text{MeV}$

16.10 $E_k=62.5\text{eV}$

16.11 $\nu=1.24\times10^{20}\text{Hz}$;$\lambda=2.42\times10^{-12}\text{m}$;$p=2.74\times10^{-22}\text{kg}\cdot\text{m/s}$

第 17 章

17.1 $\nu=6.56\times10^{15}\text{Hz}$;$v=2.18\times10^{6}\text{m/s}$;$a=8.98\times10^{22}\text{m/s}^2$;$p=1.98\times10^{-24}\text{kg}\cdot\text{m}\cdot\text{s}^{-1}$;
$E_k=2.16\times10^{-18}\text{J}$;$E_p=-4.35\times10^{-18}\text{J}$;$E=E_k+E_p=-2.19\times10^{-18}\text{J}$

17.2 $\lambda_{\min}=91.16\text{nm}$;$\lambda_{\max}=121.5\text{nm}$

17.3 $\lambda_1=103\text{nm}$;$\lambda_2=122\text{nm}$;$\lambda_3=658\text{nm}$

17.4 (1)0.123nm; (2)$9.04\times10^{-2}\text{nm}$; (3)$1.17\times10^{-13}\text{nm}$; (4)0.676nm

17.5 $p=3.32\times10^{-24}\text{kg}\cdot\text{m}\cdot\text{s}^{-1}$, $E_k=37.8\text{eV}$;$p=3.32\times10^{-24}\text{kg}\cdot\text{m}\cdot\text{s}^{-1}$, $E_k=6.22\text{keV}$

17.6 $E_k=4.34\times10^{-6}\text{eV}$

17.7 $\lambda=9.98\times10^{-12}\text{m}$

17.8 $\Delta v=1.16\times10^{6}\text{m/s}$

17.9 (1)$\lambda=1.66\times10^{-35}\text{m}$; (2)$\Delta v=1.32\times10^{-29}\text{m/s}$

17.10 (1)$\Delta E=3.30\times10^{-8}\text{eV}$; (2)$\lambda=3.67\times10^{-7}\text{m}$;$\Delta\lambda=3.56\times10^{-15}\text{m}$

17.11 (1)$A=2\lambda^{3/2}$, $\psi(x)=2\lambda^{3/2}xe^{-\lambda x}\ (x\geqslant0)$; (2)$|\psi(x)|^2=4\lambda^3x^2e^{-2\lambda x}\ (x\geqslant0)$; (3)$x=1/\lambda$

主要参考文献

1. 中国大百科全书. 物理学(Ⅰ,Ⅱ). 北京:中国大百科全书出版社,1987

2. 赵凯华,罗蔚茵. 力学. 北京:高等教育出版社,1995

3. 蔡枢,吴铭磊. 大学物理(当代物理前沿专题部分). 北京:高等教育出版社,1996

4. 陆果. 基础物理学教程. 北京:高等教育出版社,1998

5. 刘克哲. 物理学. 北京:高等教育出版社,1999

6. 马文蔚等. 物理学. 北京:高等教育出版社,1999

7. 程宋洙. 普通物理学. 北京:高等教育出版社,1998

8. 张三慧. 大学物理学. 北京:清华大学出版社,2000

9. 向义和. 大学物理导论. 北京:清华大学出版社,1999

10. 朱雪龙. 应用信息论基础. 北京:清华大学出版社,2001

11. 郭奕玲. 物理学史. 北京:清华大学出版社,1993

12. 高政祥. 原子与亚原子物理学. 北京:北京大学出版社,2001

13. 阎守胜,甘子钊. 介观物理. 北京:北京大学出版社,1997

14. 曾谨言等. 量子力学新进展(第一辑). 北京:北京大学出版社,2000

15. 曾谨言等. 量子力学新进展(第二辑). 北京:北京大学出版社,2001

16. 倪光炯. 改变世界的物理学. 上海:复旦大学出版社,1999

17. 程稼夫. 力学. 合肥:中国科学技术大学出版社,1996

18. 吴锡珑主编. 大学物理教程. 上海:上海交通大学出版社,1991

19. 陈宜生等. 大学物理. 天津:天津大学出版社,1999

20. 张丰德,樊廷立. 现代生物技术. 天津:南开大学出版社,1996

21. 李金锷. 大学物理. 北京:科学出版社,2001

22. [美]J. 默根. 物理科学及其现代应用. 北京:科学出版社,1983

23. 张立德,牟季美. 纳米材料和纳米结构. 北京:科学出版社,2001

24. 邓明成. 新编大学物理学. 北京:科学出版社,1999

25. 金仲辉等. 大学基础物理学. 北京:科学出版社,2000

26. 吴百诗. 大学物理. 北京:科学出版社,2001

27. [美]阿特·霍布森著. 秦克诚等译. 物理学:基本概念及其与方方面面的联系. 上海:上海科学出版社,2001

28. 王鸿儒. 物理学. 北京:人民卫生出版社,1999

29. 丁俊华等. 物理(二). 沈阳:辽宁大学出版社,1999

30. 田志伟等. 大学物理学. 杭州:浙江大学出版社,1999

31. 吴泽华等. 大学物理. 杭州:浙江大学出版社,2001

32. 吴泽华,陈小凤. 大学物理学(上册). 北京:高等教育出版社,2011

33. 诸葛向杉. 工程物理学. 杭州:浙江大学出版社,1999

34. 盛正卯,叶高翔. 物理学与人类文明. 杭州:浙江大学出版社,2000

35. Resnick R, Halliday D, Krane K. Physics(4th Edition). John & Sons, Inc. , 1992

36. Thomas Griffith W. The Physics of Everyday Phenomena(3rd Edition). McGraw-Hill, Inc. , 2001

37. 毛骏健,顾牡. 大学物理学. 北京:高等教育出版社,2013